# MATEMÁTICA APLICADA À ECONOMIA E ADMINISTRAÇÃO

**LOUIS LEITHOLD**
Universidade de Pepperdine

*Tradução:*
**Cyro de Carvalho Patarra**
Professor Doutor do Departamento de Matemática
da Universidade de São Paulo

*Revisão Técnica Relativa à Economia e Administração:*
**Jean Jacques Salim**
Economista e Mestre em
Administração pela E.A.E.S.P.
da Fundação Getúlio Vargas

editora HARBRA ltda.

*Para Farley e Jenny*

| | |
|---|---|
| *Direção Geral:* | Julio E. Emöd |
| *Supervisão Editorial:* | Maria Pia Castiglia |
| *Coordenação Editorial:* | Maria Elizabeth Santo |
| *Revisão de Estilo:* | Maria Lúcia G. Leite Rosa |
| *Assistente Editorial e* | |
| *Revisão de Provas:* | Vera Lucia Juriatto da Silva |
| *Capa:* | Mônica Roberta Suguiyama |
| *Fotografia da Capa:* | Pete Saloutos/Contexto |
| *Composição:* | AM Produções Gráficas Ltda. |
| *Fotolitos:* | Policolor Fotolito |

MATEMÁTICA APLICADA À ECONOMIA E ADMINISTRAÇÃO – edição 2001
Copyright © por **editora HARBRA ltda.**

Rua Joaquim Távora, 629 – Vila Mariana
04015-001 – São Paulo – SP
*Promoção:* (011) 5084-2482 e 5571-1122. Fax: (011) 5575-6876
*Vendas:* (011) 5549-2244, 5084-2403 e 5571-0276. Fax: (011) 5571-9777

Tradução de ESSENTIALS OF CALCULUS FOR BUSINESS, ECONOMICS, LIFE SCIENCES, SOCIAL SCIENCES
Copyright © por Louis Leithold. Publicado originalmente nos Estados Unidos da América por
Harper & Row, Publishers, Inc.

É proibido reproduzir esta obra, total ou parcialmente, por quaisquer meios, sem autorização por escrito dos editores.

Impresso no Brasil          *Printed in Brazil*

# MATEMÁTICA APLICADA
À ECONOMIA
E ADMINISTRAÇÃO

# CONTEÚDO

Prefácio

Agradecimentos

### CAPÍTULO 1  NÚMEROS REAIS, GRÁFICOS E FUNÇÕES  1

Introdução  2
1.1 Números Reais, o Plano Numérico e Gráficos de Equações  3
1.2 Equações de uma Reta  10
1.3 Funções e seus Gráficos  20
1.4 Notação de Função, Tipos de Funções e Aplicações  27
1.5 Funções como Modelos Matemáticos  36
1.6 Equações de Oferta e de Demanda  41
*Exercícios de Recapitulação do Capítulo 1*  46

### CAPÍTULO 2  A DERIVADA  49

2.1 O Limite de uma Função  50
2.2 Limites Laterais e Infinitos  59
2.3 Continuidade de uma Função  70
2.4 A Reta Tangente  80
2.5 A Derivada  86
2.6 Técnicas de Diferenciação  93
*Exercícios de Recapitulação do Capítulo 2*  102

### CAPÍTULO 3  APLICAÇÕES DA DERIVADA E A REGRA DA CADEIA  105

3.1 Custo Marginal, Elasticidade-Custo e Receita Marginal  106
3.2 A Derivada como Taxa de Variação  113
3.3 A Regra da Cadeia  119
3.4 Diferenciação Implícita  125
3.5 Taxas de Variação Relacionadas  129
*Exercícios de Recapitulação do Capítulo 3*  136

### CAPÍTULO 4  VALORES EXTREMOS DAS FUNÇÕES E APLICAÇÕES  139

4.1 Valores Máximos e Mínimos das Funções  140
4.2 Aplicações Envolvendo um Extremo Absoluto em um Intervalo Fechado  147

4.3 Funções Crescentes e Decrescentes e o Teste da Derivada Primeira    153
4.4 Derivadas de Ordem Superior e o Teste da Derivada Segunda    159
4.5 Outros Problemas Envolvendo Extremos Absolutos    165
*Exercícios de Recapitulação do Capítulo 4    172*

## CAPÍTULO 5   OUTRAS APLICAÇÕES DA DERIVADA    175

5.1 Concavidade e Pontos de Inflexão    176
5.2 Aplicações ao Esboço do Gráfico de uma Função    184
5.3 Gráficos de Funções em Economia    189
5.4 Elasticidade-Preço da Demanda    195
5.5 O Lucro    202
*Exercícios de Recapitulação do Capítulo 5    208*

## CAPÍTULO 6   A DIFERENCIAL E ANTIDIFERENCIAÇÃO    211

6.1 A Diferencial    212
6.2 Antidiferenciação    219
6.3 Equações Diferenciais com Variáveis Separáveis    229
6.4 Aplicações de Antidiferenciação em Economia    235
*Exercícios de Recapitulação do Capítulo 6    238*

## CAPÍTULO 7   A INTEGRAL DEFINIDA    241

7.1 A Notação Sigma e Limites no Infinito    242
7.2 Área    254
7.3 A Integral Definida    265
7.4 Aplicações de Integral Definida    275
7.5 Área de uma Região em um Plano    285
7.6 Excedente do Consumidor e Excedente do Produtor    294
7.7 Propriedades da Integral Definida (Opcional)    302
*Exercícios de Recapitulação do Capítulo 7    310*

## CAPÍTULO 8   AS FUNÇÕES EXPONENCIAL E LOGARÍTMICA    313

8.1 Tipos de Juros e o Número $e$    314
8.2 Funções Exponenciais    321
8.3 As Funções Logarítmicas    332
8.4 Derivadas das Funções Logarítmicas e Integrais que Dão Lugar à Função Logarítmica Natural    341
8.5 Diferenciação e Integração das Funções Exponenciais    349
8.6 Leis de Crescimento e Decaimento    355
8.7 Aplicações Adicionais das Funções Exponenciais    363
8.8 Anuidades    370
*Exercícios de Recapitulação do Capítulo 8    378*

| | | | |
|---|---|---|---|
| CAPÍTULO 9 | **TÓPICOS EM INTEGRAÇÃO** | | **381** |
| 9.1 | Integração por Partes 382 | | |
| 9.2 | Integração de Funções Racionais por Frações Parciais | 388 | |
| 9.3 | Integração Aproximada 401 | | |
| 9.4 | Como Usar uma Tabela de Integrais 413 | | |
| 9.5 | Integrais Impróprias 417 | | |
| | *Exercícios de Recapitulação do Capítulo 9 426* | | |
| CAPÍTULO 10 | **CÁLCULO DIFERENCIAL DE FUNÇÕES COM MUITAS VARIÁVEIS** | | **429** |
| 10.1 | $R^3$, o Espaço Numérico Tridimensional 430 | | |
| 10.2 | Funções de Mais de uma Variável 437 | | |
| 10.3 | Derivadas Parciais 447 | | |
| 10.4 | Algumas Aplicações de Derivadas Parciais em Economia | 455 | |
| 10.5 | Limites, Continuidade e Extremos de Funções de Duas Variáveis 461 | | |
| 10.6 | Aplicações de Extremos de Funções de Duas Variáveis | 469 | |
| 10.7 | Multiplicadores de Lagrange 480 | | |
| 10.8 | O Método dos Mínimos Quadrados 486 | | |
| | *Exercícios de Recapitulação do Capítulo 10 498* | | |
| APÊNDICE | **FUNÇÕES TRIGONOMÉTRICAS** | | **A-1** |
| A.1 | As Funções Seno e Co-Seno A-2 | | |
| A.2 | As Funções Tangentes, Co-Tangente, Secante e Co-Secante A-15 | | |
| | **Tabelas** | | **A-25** |
| | **Índice Remissivo** | | **A-43** |

# PREFÁCIO

Este livro foi planejado para servir de texto em um curso de cálculo ministrado a estudantes que estejam cursando ciências administrativas, sociais ou biológicas. Os tópicos incluídos foram selecionados para dar o tipo e a quantidade de cálculo e aplicações essenciais para um programa profissional nesses campos. Numerosos exemplos e exercícios em administração, economia, biologia, sociologia, psicologia e estatística são dados de tal maneira que não sejam necessários conhecimentos prévios da terminologia técnica utilizada nessas áreas. Requer-se apenas uma base em álgebra do curso colegial, dispensando-se conhecimentos em trigonometria. No Apêndice há duas secções dedicadas ao cálculo de funções trigonométricas para aqueles que desejarem uma introdução ao assunto.

Admite-se que o estudante, ao usar este livro, esteja interessado principalmente nas aplicações do cálculo a seu campo particular. Todavia, para uma completa compreensão das aplicações – seja a análise marginal em economia, a otimização em administração, o crescimento de bactérias em biologia, ou o crescimento logístico em sociologia – é necessário um conhecimento dos conceitos matemáticos envolvidos. Assim sendo, meu objetivo foi dar um tratamento correto do cálculo elementar, com uma exposição cuidadosa das definições e teoremas básicos. Levando em conta que este livro-texto deveria ser escrito para tais estudantes, tentei manter uma apresentação compatível com a experiência e maturidade de um iniciante, e nenhuma etapa ficou sem explicação ou foi omitida. A prova da maioria dos teoremas não foi incluída. Contudo, à discussão de cada teorema acresceram-se ilustrações e exemplos elaborados sobre seu conteúdo.

No Capítulo 1, apresentei fatos básicos sobre os números reais, bem como alguns tópicos em álgebra necessários a um entendimento do cálculo. Dependendo do preparo dos estudantes, o capítulo pode ser visto em detalhe, ou pode-se omitir alguns dos assuntos das duas primeiras secções. As secções de 1.3 a 1.6 devem ser estudadas, pois contêm material necessário ao que se segue.

Os conceitos de limite, continuidade e derivada no Capítulo 2 são a base de qualquer curso introdutório em cálculo. A noção de limite de uma função é primeiro dada passo a passo, conduzindo ao exame do cálculo do valor de uma função próximo a um número, através de um tratamento intuitivo do processo de limite. Apresentei uma definição formal de limite de uma função que evita a terminologia dos "epsilon-delta". Uma seqüência de exemplos em dificuldade crescente foi incluída. Ao examinar a continuidade, usei como exemplos e contra-exemplos funções "comuns do cotidiano" e me abstive daquelas com pouco sentido intuitivo. Antes da definição formal de derivada, defini reta tangente a uma curva. Os teoremas sobre diferenciação foram demonstrados e ilustrados com exemplos.

As aplicações de derivada do Capítulo 3 foram escolhidas para apelar para a intuição e incluem conceitos marginais em economia e taxas de variação em tópicos como oferta, demanda, população, temperatura e pressão. O problema de encontrar extremos absolutos de uma função está apresentado no Capítulo 4 e este conceito é aplicado a problemas de administração e ciências biológicas. A derivada neste capítulo é também usada como ajuda no esboço de curvas. Métodos adicionais para o traçado de um gráfico são dados no Capítulo 5, sendo usados para gráficos de funções em economia. A elasticidade-preço da demanda na Secção 5.4 e o lucro na Secção 5.5 são outras aplicações importantes da derivada em economia.

A antiderivada é tratada no Capítulo 6. Usei o termo "antidiferenciação" em vez de integração indefinida, mas mantive a notação tradicional $\int f(x)dx$. Esta notação sugerirá que deve existir alguma relação entre as integrais definidas, introduzidas no Capítulo 7, e antiderivadas; contudo, não vejo problema, uma vez que a exposição dá a definição teórica de integrais como um limite de somas. Na Secção 6.3 equações diferenciais com variáveis separáveis são examinadas e apresentados exemplos e exercícios aplicando-as à biologia e à administração. Na Secção 6.4 temos aplicações de antidiferenciação em economia.

A medida da área sob uma curva como um limite de somas está motivada por uma situação em administração na Secção 7.2, e este exame precede a introdução da integral definida. Exercícios envolvendo o cômputo de integrais definidas através do limite de somas são dados no Capítulo 7 para ilustrar como elas são calculadas. As propriedades elementares da integral definida são estabelecidas e o teorema fundamental do cálculo é apresentado. É enfatizado que este é um teorema importante, pois fornece-nos uma alternativa para calcular limites de somas. Ressalta-se ainda que a integral definida não é em nenhum sentido um tipo especial de antiderivada. Na Secção 7.4, há aplicações da integral definida em decisões gerenciais, controle de estoque e probabilidade. Excedentes do consumidor e do produtor são tratados na Secção 7.6 e fornecem uma aplicação da integral definida em economia.

O número $e$ é introduzido na Secção 8.1, considerando-se juros sobre um investimento a uma taxa composta continuamente. Segue a este exame um estudo da função exponencial. O crescimento exponencial é ilustrado pelo aumento no montante de um investimento e o número de bactérias presentes numa cultura, enquanto que o decaimento exponencial é um modelo para a diminuição do montante de uma substância radioativa e do valor de um equipamento. A curva de aprendizagem é usada para demonstrar um crescimento limitado. O crescimento logístico é mostrado e ilustrado por meio da disseminação de uma doença ou de um boato. Na Secção 8.5 a função logarítmica natural é definida como a inversa da função exponencial. Nas Secções 8.2 a 8.7, as funções exponencial e logarítmica são usadas para dar aplicações adicionais do cálculo às ciências administrativas, sociais e biológicas. Anuidades, envolvendo juros compostos e juros compostos continuamente, são tratadas na Secção 8.8.

O Capítulo 9, sobre técnicas de integração, envolve um dos mais importantes aspectos computacionais do cálculo. Limitei o estudo às técnicas mais freqüentemente usadas. Estão incluídas integração por partes e integração por frações parciais. O domínio das técnicas de integração depende de exemplos, e usei como problemas ilustrativos aqueles que os estudantes certamente encontrarão na prática. O material sobre aproximações de integrais definidas inclui a formulação de teoremas que permitem estabelecer os limites do erro envolvido nessas aproximações. As integrais impróprias são introduzidas na Secção 9.5, e é dada uma aplicação delas à economia.

Uma introdução ao cálculo de funções de várias variáveis é apresentada no Capítulo 10. Aplicações de derivadas parciais à economia incluem demanda marginal parcial e elasticidade parcial de demanda. Extremos de funções de duas variáveis são dados junto com problemas de otimização em administração e em biologia. Os multiplicadores de Lagrange, discutidos na Secção 10.7, fornecem um instrumento útil aos economistas. O método dos mínimos quadrados foi tratado na Secção 10.8 e são incluídos problemas pertinentes à medicina, estatística e maximização de lucros.

Utilizei o material deste livro, ainda em fase preparatória, em um curso dado na Universidade Pepperdine. Aos estudantes dessas classes desejo expressar meus agradecimentos por suas sugestões e entusiasmo.

*Louis Leithold*

# AGRADECIMENTOS

REVISORES

James Blackburn, Faculdade Tulsa Júnior
Raymond Cannon, Universidade Baylor
John Cunningham, Faculdade Estadual de Keene
Charles Friedman, Universidade do Texas em Austin
Bodh Gulati, Universidade Estadual do Sul de Connecticut
Darrell Horwath, Universidade John Carroll
James Hurley, Universidade de Connecticut
Joseph Katz, Universidade Estadual da Geórgia
Teddy C.J. Leavitt, Universidade Estadual de Nova Iorque em Plattsburgh
Dennis Luciano, Faculdade do Oeste de New England
Marcus McWaters, Universidade do Sul da Flórida
Eldon Miller, Universidade do Mississipi
James Modeer, Universidade do Colorado
Kenneth Perrin, Universidade Pepperdine
Eric Pianka, Universidade do Texas em Austin
Paul Spannbauer, Faculdade Comunitária Hudson Valley
Robert Wherritt, Universidade Estadual de Wichita

A todos e à equipe da Harper & Row, eu expresso minha gratidão.

L.L.

# CAPÍTULO 1

# NÚMEROS REAIS, GRÁFICOS E FUNÇÕES

# 2 NÚMEROS REAIS, GRÁFICOS E FUNÇÕES

## INTRODUÇÃO

As duas operações matemáticas fundamentais em cálculo são a *diferenciação* e a *integração*. Estas operações envolvem o cômputo da *derivada* e da *integral* e suas aplicações ocorrem em muitos campos diferentes. Por exemplo, ao longo do livro lidaremos com alguns problemas tais como:

- Um fabricante de caixas de papelão deseja fazer caixas sem tampa de pedaços quadrados de papelão com 30 cm de lado, cortando quadrados iguais nos quatro cantos e virando para cima os lados. Ache o comprimento dos lados dos quadrados a serem cortados a fim de obter uma caixa com o maior volume possível.
- Os pontos $A$ e $B$ são opostos, um em cada margem de um rio, que corre em linha reta, com 3 km de largura. O ponto $C$ está do mesmo lado que $B$, porém 2 km rio abaixo. Uma companhia telefônica deseja estender um cabo de $A$ a $C$. Se o custo por quilômetro do cabo for 25% maior sob as águas do que em terra, qual a linha mais barata à companhia?
- Um distribuidor atacadista tem um pedido constante de 25.000 caixas de detergente que chegam a cada 20 semanas. As caixas são despachadas pelo distribuidor a uma razão constante de 1.250 caixas por semana. Se a armazenagem custa $ 0,03 por caixa numa semana, qual é o custo total de manutenção do estoque durante 20 semanas?
- Um depósito de $ 1.000 é feito num banco que anuncia juros à base de 7% compostos diariamente. Ache a quantia aproximada ao fim de 1 ano, tomando-se a taxa como 7% composta continuamente.
- Uma pintura abstrata, historicamente importante, foi comprada em 1922 por $ 200 e seu valor vem sendo dobrado a cada 10 anos desde a sua compra. Determine a taxa à qual o valor foi acrescido em 1982.
- O PIB (Produto Interno Bruto) de certo país cresce a uma razão proporcional (ao PIB). Se o PIB em 1.º de janeiro de 1978 era $ 80 bilhões e em 1.º de janeiro de 1981 passou a $ 96 bilhões, quando se espera um PIB de $ 128 bilhões?
- Dispõe-se de $ 10 para gastos com material na confecção de uma caixa retangular sem tampa. O custo do material para a base da caixa é de $ 0,15 a cada 30 cm$^2$, e o material para os lados custa $ 0,30 por centímetro quadrado. Ache as dimensões da caixa com o maior volume possível.
- O número máximo de bactérias suportável por um dado ambiente é 900.000 e a taxa de crescimento das bactérias é conjuntamente proporcional ao número presente e à diferença entre 900.000 e o número presente. Determine o número de bactérias presentes quando a taxa de crescimento é um máximo.
- Em uma extensa floresta um predador alimenta-se de uma presa e em qualquer instante a população de predadores é uma função do número de presas na floresta naquele instante. Supondo-se que existam $x$ presas na floresta e seja $y$ a população de predadores, tal que $y = \frac{1}{6}x^2 + 90$. Além disso, se decorreram $t$ semanas desde o fim da estação de caça, $x = 7t + 85$. Qual a taxa de crescimento da população de predadores 8 semanas após o término da estação de caça?
- Num dado vilarejo a taxa segundo a qual um boato se espalha é conjuntamente proporcional ao número de pessoas que o ouviram e ao número de pessoas que não ouviram. Mostre que o boato está sendo espalhado à maior taxa, quando metade da população conhece o boato.
- Vamos supor que um tumor no corpo de uma pessoa tenha uma forma esférica. Se, quando o raio do tumor é 0,5 cm, a taxa de crescimento do raio é 0,001 cm por dia, qual a taxa de crescimento do volume do tumor naquele instante?

● Se um termômetro é tirado de um ambiente, no qual a temperatura é 75°, para fora, onde a temperatura é 35° e a leitura do termômetro é 65° após 30 s, quanto tempo após a retirada ter-se-á uma leitura de 50°?

Antes de introduzirmos as idéias básicas do cálculo, é necessário que você se familiarize com alguns pontos sobre números reais, bem como com alguns tópicos de álgebra. Este assunto será apresentado nas Secções 1.1 e 1.2. Dependendo dos conhecimentos prévios do leitor, estas secções podem ser vistas em detalhe ou tratadas como revisão.

## 1.1 NÚMEROS REAIS, O PLANO NUMÉRICO E GRÁFICOS DE EQUAÇÕES

Um **número real** é um número positivo, negativo ou zero e em cálculo elementar estamos interessados no conjunto dos números reais. Supõe-se que você esteja familiarizado com as operações algébricas de adição, subtração, multiplicação e divisão de números reais, bem como com os conceitos algébricos de soluções de equações, fatoração, e assim por diante. Nesta secção estamos interessados nas propriedades dos números reais que são importantes para o estudo de cálculo.

Qualquer número pode ser classificado como um *número racional* ou *irracional*. Um **número racional** é qualquer número que pode ser expresso como o quociente de dois inteiros. Isto é, um número racional é da forma $p/q$, onde $p$ e $q$ são dois inteiros e $q \neq 0$. Os números racionais consistem dos seguintes:

● Os **inteiros** (positivos, negativos e zero)

$$\ldots, -5, -4, -3, -2, -1, 0, 1, 2, 3, 4, 5, \ldots$$

● As **frações** positivas e negativas, tais como

$$\tfrac{2}{7} \qquad -\tfrac{4}{5} \qquad \tfrac{83}{5}$$

● As **decimais limitadas** positivas e negativas, tais como

$$2,36 = \frac{236}{100} \qquad -0,003251 = -\frac{3.251}{1.000.000}$$

● As **decimais repetidas ilimitadas** (dízimas) positivas e negativas, tais como

$$0,333\ldots = \tfrac{1}{3} \qquad -0,549549549\ldots = -\tfrac{61}{111}$$

Os números reais não racionais são chamados **números irracionais**. Eles são as **decimais não repetidas ilimitadas**, por exemplo

$$\sqrt{3} = 1,732\ldots \qquad \pi = 3,14159\ldots$$

O conjunto dos números reais é denotado por $R^1$. Este conjunto pode ser representado como pontos de uma reta horizontal chamada **eixo**. Veja a Figura 1.1.1. Um ponto sobre o eixo é escolhido para representar o número 0. Este ponto é chamado **origem**. Uma unidade de distância é selecionada. Então cada número positivo $x$ é representado por um ponto a uma dis-

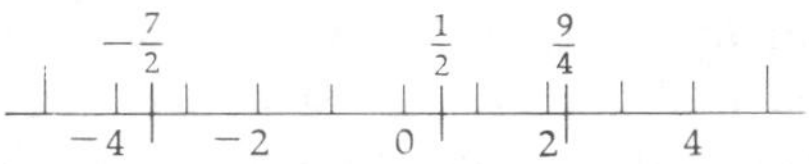

**Figura 1.1.1**

tância de $x$ unidades à direita da origem e cada número negativo $x$ é representado por um ponto a uma distância de $-x$ unidades à esquerda da origem (deve ser observado que se $x$ for negativo, então $-x$ será positivo). A cada número real corresponde um ponto no eixo e a cada ponto do eixo está associado um único número real; dizemos então que há uma correspondência um a um entre o conjunto dos números reais e os pontos sobre o eixo. Assim sendo, os pontos sobre o eixo são identificados com os números que eles representam, e é usado o mesmo símbolo, tanto para o número como para o ponto correspondente a ele sobre o eixo. Identificamos $R^1$ com o eixo e denominamos $R^1$ à reta real.

Há uma ordenação para o conjunto $R^1$ efetuada através de uma relação indicada pelos símbolos < (leia "é menor que") e > (leia "é maior que"), os quais estão definidos por:

$a < b$  significa  $b - a$ é positivo

$a > b$  significa  $a - b$ é positivo

• ILUSTRAÇÃO 1

$3 < 5$ pois $5 - 3 = 2$, e 2 é positivo

$-10 < -6$ pois $-6 - (-10) = 4$, e 4 é positivo

$7 > 2$ pois $7 - 2 = 5$, e 5 é positivo

$-2 > -7$ pois $-2 - (-7) = 5$, e 5 é positivo

$\frac{3}{4} > \frac{2}{3}$ pois $\frac{3}{4} - \frac{2}{3} = \frac{1}{12}$, e $\frac{1}{12}$ é positivo   •

Vemos que $a < b$ se e somente se o ponto na reta real que representa o número $a$ estiver à esquerda do representado por $b$. Analogamente, $a > b$ se e somente se o ponto que representa $a$ estiver à direita do ponto que representa $b$. Por exemplo, o número 3 é menor do que o número 5, e o ponto 3 está à esquerda do ponto 5. Poderíamos também escrever $5 > 3$ e dizer que o ponto 5 está à direita do ponto 3.

Os símbolos ≤ (leia "é menor que ou igual a") e ≥ (leia "é maior que ou igual a") são definidos por:

$a \leq b$   se e somente se   ou   $a < b$   ou   $a = b$

$a \geq b$   se e somente se   ou   $a > b$   ou   $a = b$

As afirmações $a < b$, $a > b$, $a \leq b$ e $a \geq b$ são chamadas **desigualdades**. Em particular, $a < b$ e $a > b$ são chamadas desigualdades **estritas**, enquanto que $a \leq b$ e $a \geq b$ são chamadas desigualdades **não estritas**.

Pares ordenados de números reais serão considerados agora. Dois números reais quaisquer formam uma **dupla**, e quando a ordem da dupla de números reais é especificada, nós a chamamos uma **dupla ordenada de números reais**. Se $x$ for o primeiro número real e $y$ o segundo, notamos esta dupla ordenada escrevendo-a entre parênteses, com uma vírgula separando-os, como $(x, y)$. Observe que a dupla ordenada $(3, 7)$ é diferente da dupla ordenada $(7, 3)$.

O conjunto de todas as duplas ordenadas é chamado **plano numérico**, e cada dupla ordenada $(x, y)$ é chamada um **ponto** no plano numérico. O plano numérico é notado por $R^2$. Da mesma forma que $R^1$ pode ser identificado com os pontos de um eixo (um espaço unidimensional), podemos identificar $R^2$ com os pontos em um plano geométrico (um espaço bidimensional). O método usado com $R^2$ é aquele desenvolvido pelo matemático francês René Descartes (1596-1650), a quem se atribui a criação da geometria analítica em 1637.

Uma reta horizontal é escolhida no plano geométrico e é chamada **eixo** $x$. Uma reta vertical é escolhida e chamada **eixo** $y$. O ponto de intersecção do eixo $x$ com o eixo $y$ é chamado

Números Reais, o Plano Numérico e Gráficos de Equações  5

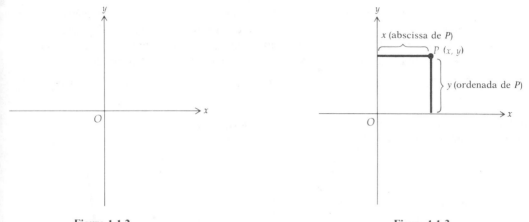

Figura 1.1.2                                Figura 1.1.3

**origem**, sendo denotado pela letra $O$. Uma unidade de comprimento é escolhida (normalmente a unidade de comprimento em cada eixo é a mesma). Estabelecemos a direção positiva sobre o eixo $x$ à direita da origem, e a direção positiva sobre o eixo $y$ acima da origem. Veja a Figura 1.1.2.

Associamos agora uma dupla ordenada de números reais $(x, y)$ com o ponto $P$ no plano geométrico. Veja a Figura 1.1.3. A distância de $P$ ao eixo $y$ (considerada positiva se $P$ está à direita do eixo $y$ e negativa se $P$ está à esquerda do eixo $y$) é chamada **abscissa** (ou **coordenada $x$**) de $P$, sendo denotada por $x$. A distância de $P$ ao eixo $x$ (considerada positiva se $P$ está acima do eixo $x$ e negativa se $P$ está abaixo do eixo $x$) é chamada **ordenada** (ou **coordenada $y$**) de $P$, sendo denotada por $y$. A abscissa e a ordenada de um ponto são chamadas **coordenadas cartesianas retangulares** do ponto. Há uma correspondência um a um entre os pontos do plano geométrico e $R^2$; isto é, a cada dupla ordenada $(x, y)$ está associado um único ponto e a cada ponto uma única dupla ordenada $(x, y)$. Esta correspondência um a um é chamada **sistema de coordenadas cartesianas retangulares**.

Os eixos $x$ e $y$ são chamados **eixos coordenados**. Eles dividem o plano em quatro partes chamadas **quadrantes**. O primeiro quadrante é aquele onde ambas abscissas e ordenadas são positivas, isto é, o quadrante à direita, em cima. Os demais quadrantes são numerados no sentido anti-horário, sendo o quarto, por exemplo, o da direita embaixo. Veja a Figura 1.1.4.

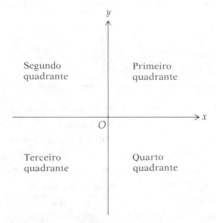

Figura 1.1.4

**6** NÚMEROS REAIS, GRÁFICOS E FUNÇÕES

Devido à correspondência um a um, $R^2$ fica identificado com o plano geométrico, e por esta razão uma dupla ordenada $(x, y)$ é chamada um **ponto**. Analogamente, referimo-nos a uma **reta** em $R^2$ como sendo o conjunto de todos pontos correspondentes à reta no plano geométrico, e usamos outros termos geométricos para conjuntos de pontos em $R^2$.

**EXEMPLO 1** Faça o gráfico dos pontos $(-6, 0)$, $(-8, -6)$, $(-4, 5)$, $(0, -4)$, $(1, 2)$, $(2, 0)$, $(9, -7)$ e $(8, 5)$.

**Solução** A Figura 1.1.5 mostra um sistema de coordenadas cartesianas retangulares, sendo nele marcados os pontos dados.

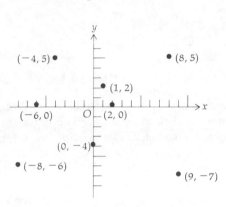
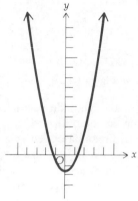

Figura 1.1.5        Figura 1.1.6

Consideremos a equação

$$y = x^2 - 2 \tag{1}$$

onde $(x, y)$ é um ponto em $R^2$. Nós a chamamos uma equação em $R^2$.

Para solucionar esta equação, determinamos uma dupla ordenada de números, um para $x$ e outro para $y$, que satisfazem a equação. Por exemplo, se $x$ é substituído por 3 na Equação (1), vemos que $y = 7$; assim $x = 3$ e $y = 7$ constitui uma solução da equação. Se qualquer número substituir $x$ no lado direito de (1), obteremos um valor correspondente para $y$. Vê-se, então, que (1) tem um número ilimitado de soluções. A Tabela 1.1.1 nos mostra algumas destas soluções.

**Tabela 1.1.1**

| $x$ | 0 | 1 | 2 | 3 | 4 | $-1$ | $-2$ | $-3$ | $-4$ |
|---|---|---|---|---|---|---|---|---|---|
| $y = x^2 - 2$ | $-2$ | $-1$ | 2 | 7 | 14 | $-1$ | 2 | 7 | 14 |

Se fizermos um esquema dos pontos tendo por coordenadas os pares de números $(x, y)$ satisfazendo (1), teremos um esboço do gráfico da equação. Na Figura 1.1.6 fizemos um mapa dos pontos cujas coordenadas são os pares de números obtidos da Tabela 1.1.1. Estes pontos estão ligados por uma curva suave. Qualquer ponto $(x, y)$ desta curva tem coordenadas que satisfazem (1). Também, as coordenadas de um ponto fora desta curva não satisfazem a equação. O gráfico de (1), mostrado na Figura 1.1.6, é uma **parábola**.

O **gráfico de uma equação** em $R^2$ é o conjunto de todos pontos $(x, y)$ em $R^2$ cujas coordenadas são números que satisfazem a equação. Tal gráfico é também chamado uma **curva**. Salvo menção contrária, uma equação com duas incógnitas, $x$ e $y$, é considerada uma equação em $R^2$.

Números Reais, o Plano Numérico e Gráficos de Equações   7

No próximo exemplo usaremos a raiz quadrada de um número. Você deve-se recordar da álgebra que o símbolo $\sqrt{a}$, onde $a \geq 0$, é definido como o único número **não negativo** $x$, tal que $x^2 = a$. Entendemos $\sqrt{a}$ como sendo "a raiz quadrada principal de $a$". Por exemplo,

$$\sqrt{4} = 2 \qquad \sqrt{0} = 0 \qquad \sqrt{\tfrac{9}{25}} = \tfrac{3}{5}$$

*Nota*: $\sqrt{4} \neq -2$, mesmo que $(-2)^2 = 4$, pois $\sqrt{4}$ denota somente a raiz quadrada *positiva* de 4.

Uma vez que estamos interessados apenas em números reais neste livro, $\sqrt{a}$ não está definida se $a < 0$.

**EXEMPLO 2**  Faça um esboço do gráfico da equação

$$y^2 - x - 2 = 0 \tag{2}$$

**Solução**  Resolvendo (2) para $y$ teremos

$$y = \pm \sqrt{x + 2} \tag{3}$$

(3) é equivalente às duas equações

$$y = \sqrt{x + 2} \tag{4}$$

$$y = -\sqrt{x + 2} \tag{5}$$

As coordenadas de todos pontos que satisfazem (3) irão satisfazer (4) ou (5), e as coordenadas dos pontos que satisfazem (4) ou (5) irão satisfazer (3). A Tabela 1.1.2 dá alguns destes valores de $x$ e $y$.

**Tabela 1.1.2**

| $x$ | 0 | 0 | 1 | 1 | 2 | 2 | 3 | 3 | $-1$ | $-1$ | $-2$ |
|---|---|---|---|---|---|---|---|---|---|---|---|
| $y$ | $\sqrt{2}$ | $-\sqrt{2}$ | $\sqrt{3}$ | $-\sqrt{3}$ | 2 | $-2$ | $\sqrt{5}$ | $-\sqrt{5}$ | 1 | $-1$ | 0 |

Observe que para todo $x < -2$ não há valor real para $y$. Também, para cada valor de $x > -2$ existem dois valores para $y$. Um esboço do gráfico de (2) é mostrado na Figura 1.1.7. O gráfico é uma parábola.

**EXEMPLO 3**  Faça esboços dos gráficos das equações

$$y = \sqrt{x + 2} \tag{6}$$

e

$$y = -\sqrt{x + 2}$$

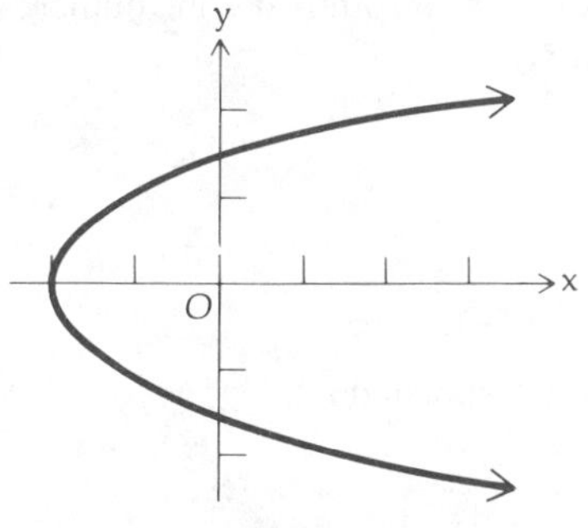

**Figura 1.1.7**

**8** NÚMEROS REAIS, GRÁFICOS E FUNÇÕES

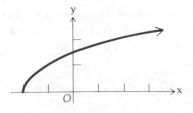

Figura 1.1.8

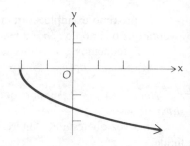

Figura 1.1.9

**Solução** A Equação (6) é a mesma que (4). O valor de $y$ é não negativo; assim o gráfico de (6) é a metade superior do gráfico de (2). Um esboço desse gráfico é mostrado na Figura 1.1.8.

Analogamente, o gráfico da equação

$$y = -\sqrt{x+2}$$

cujo esboço está na Figura 1.1.9, é a metade inferior da parábola da Figura 1.1.7.

O conceito de *valor absoluto* de um número aparece em algumas definições importantes no estudo de cálculo. A seguir está sua definição formal.

Definição de valor absoluto

> O **valor absoluto** de $x$, cuja notação é $|x|$, está definido por
> 
> $|x| = x$ se $x > 0$
> 
> $|x| = -x$ se $x < 0$
> 
> $|0| = 0$

• ILUSTRAÇÃO 2

$|3| = 3$   $|-5| = -(-5)$   $|8 - 14| = |-6|$
$\phantom{|3| = 3}$   $\phantom{|-5|} = 5$   $\phantom{|8 - 14|} = -(-6)$
$\phantom{|3| = 3}$   $\phantom{|-5| = 5}$   $\phantom{|8 - 14|} = 6$   •

Segue, da definição, que o valor absoluto de um número é um número positivo ou zero; isto é, um número não negativo.

Observe que

$$\sqrt{x^2} = |x|$$

Por exemplo,

$$\sqrt{5^2} = |5| = 5 \qquad \sqrt{(-3)^2} = |-3| = 3$$

A Figura 1.1.10 mostra um esboço do gráfico da equação

$$y = |x|$$

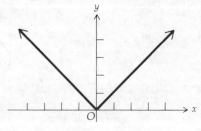

Figura 1.1.10

A Tabela 1.1.3 nos dá algumas duplas de números $(x, y)$ que são coordenadas de pontos do gráfico.

**Tabela 1.1.3**

| $x$ | 0 | 1 | 2 | 3 | $-1$ | $-2$ | $-3$ |
|---|---|---|---|---|---|---|---|
| $y$ | 0 | 1 | 2 | 3 | 1 | 2 | 3 |

**EXEMPLO 4** Faça um esboço do gráfico da equação
$$y = |x + 3| \qquad (7)$$
**Solução** Da definição de valor absoluto de um número temos
$y = x + 3$   se   $x + 3 \geq 0$
e
$y = -(x + 3)$   se   $x + 3 < 0$
ou, de forma equivalente,
$y = x + 3$   se   $x \geq -3$
e
$y = -(x + 3)$   se   $x < -3$

A Tabela 1.1.4 nos dá alguns valores de $x$ e $y$, satisfazendo (7).

**Tabela 1.1.4**

| $x$ | 0 | 1 | 2 | 3 | $-1$ | $-2$ | $-3$ | $-4$ | $-5$ | $-6$ | $-7$ | $-8$ | $-9$ |
|---|---|---|---|---|---|---|---|---|---|---|---|---|---|
| $y$ | 3 | 4 | 5 | 6 | 2 | 1 | 0 | 1 | 2 | 3 | 4 | 5 | 6 |

Um esboço do gráfico de (7) é apresentado na Figura 1.1.11.

Considere um círculo tendo seu centro na origem e raio $r$. Veja a Figura 1.1.12. Do teorema de Pitágoras, sobre os comprimentos dos lados de um triângulo-retângulo, segue que $P(x, y)$ está sobre o círculo se e somente se
$$x^2 + y^2 = r^2 \qquad (8)$$
Assim sendo, (8) é a equação do círculo na Figura 1.1.12.

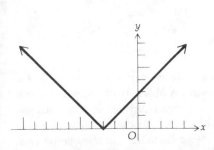

Figura 1.1.11

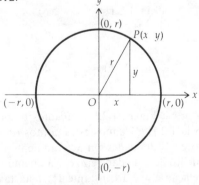

Figura 1.1.12

## Exercícios 1.1

Nos Exercícios de 1 a 20, trace o gráfico da equação.

1. $y = 2x + 5$
2. $y = 4x - 3$
3. $y = \sqrt{x - 3}$
4. $y = -\sqrt{x - 3}$
5. $y^2 = x - 3$
6. $y = 5$
7. $x = -3$
8. $x = y^2 + 1$
9. $y = |x - 5|$
10. $y = -|x + 2|$
11. $y = |x| - 5$
12. $y = -|x| + 2$
13. $y = 4 - x^2$
14. $y = 4 + x^2$
15. $y = x^3$
16. $y = (x - 3)^2$
17. $y = (x + 3)^2$
18. $y = -x^3$
19. $x^2 + y^2 = 16$
20. $4x^2 + 4y^2 = 1$

Nos Exercícios de 21 a 26, trace o gráfico das equações.

21. (a) $y = \sqrt{2x}$ (b) $y = -\sqrt{2x}$ (c) $y^2 = 2x$
22. (a) $y = \sqrt{-2x}$ (b) $y = -\sqrt{-2x}$ (c) $y^2 = -2x$
23. (a) $y = \sqrt{4 - x^2}$ (b) $y = -\sqrt{4 - x^2}$ (c) $x^2 + y^2 = 4$
24. (a) $y = \sqrt{25 - x^2}$ (b) $y = -\sqrt{25 - x^2}$ (c) $x^2 + y^2 = 25$
25. (a) $x + 3y = 0$ (b) $x - 3y = 0$ (c) $x^2 - 9y^2 = 0$
26. (a) $2x - 5y = 0$ (b) $2x + 5y = 0$ (c) $4x^2 - 25y^2 = 0$

27. (a) Escreva uma equação cujo gráfico é o eixo $x$. (b) Escreva uma equação cujo gráfico é o eixo $y$. (c) Escreva uma equação cujo gráfico é o conjunto de todos os pontos, seja no eixo $x$ ou no eixo $y$.

28. (a) Escreva uma equação cujo gráfico é o conjunto de todos os pontos tendo uma abscissa de 4. (b) Escreva uma equação cujo gráfico é o conjunto de todos os pontos cuja ordenada é $-3$. (c) Escreva uma equação cujo gráfico é o conjunto de todos os pontos tendo ou uma abscissa de 4 ou uma ordenada de $-3$.

## 1.2 EQUAÇÕES DE UMA RETA

Há situações nas quais a taxa de variação de uma quantidade com relação a outra é constante. Por exemplo, suponhamos que custa $ 15 para fabricar um determinado produto, além de uma despesa fixa diária de $ 400. Então, se $x$ unidades forem produzidas por dia e $y$ dólares for o custo total diário para o fabricante,

$$y = 15x + 400$$

Algumas das soluções desta equação são dadas na Tabela 1.2.1.

Tabela 1.2.1

| $x$ | 0 | 10 | 20 | 30 | 40 |
|---|---|---|---|---|---|
| $y = 15x + 400$ | 400 | 550 | 700 | 850 | 1.000 |

Na Figura 1.2.1 marcamos os pontos cujas coordenadas são as duplas numéricas da Tabela 1.2.1, e ligamos estes pontos obtendo uma *linha reta*. Vamos observar que a cada aumento de 10 unidades em $x$, $y$ aumenta em 150 unidades ou, de forma equivalente, para cada aumento de 1 unidade em $x$, $y$ aumenta em 15 unidades. Assim sendo, a taxa de variação de $y$ com relação a $x$ é a constante 15. Esta taxa de variação constante é chamada a *inclinação* da reta. Passaremos agora a buscar uma definição formal de *inclinação*.

Equações de uma Reta   **11**

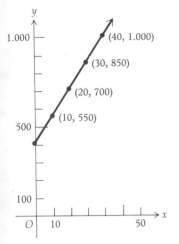

Figura 1.2.1

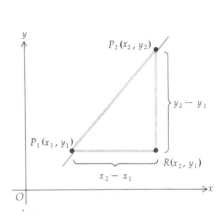

Figura 1.2.2

Seja $l$ uma reta não vertical e $P_1(x_1, y_1)$, $P_2(x_2, y_2)$ dois pontos distintos em $l$. A Figura 1.2.2 mostra tal reta. Na figura, $R$ é o ponto $(x_2, y_1)$, e os pontos $P_1$, $P_2$ e $R$ são os vértices de um triângulo-retângulo; além disso, $\overline{P_1R} = x_2 - x_1$ e $\overline{RP_2} = y_2 - y_1$. O número $y_2 - y_1$ dá a medida da variação nas ordenadas de $P_1$ a $P_2$ e ele pode ser positivo, negativo ou zero. O número $x_2 - x_1$ dá uma medida da variação nas abscissas de $P_1$ a $P_2$, podendo ser positivo ou negativo. Como a reta $l$ não é vertical, $x_2 \neq x_1$ e, portanto, $x_2 - x_1$ não pode ser zero. Seja

$$m = \frac{y_2 - y_1}{x_2 - x_1}$$

O valor de $m$ calculado por esta equação é independente da escolha dos dois pontos $P_1$ e $P_2$ em $l$. O número $m$ é chamado *inclinação* da reta. A seguir daremos a definição formal.

Definição de inclinação de uma reta

Se $P_1(x_1, y_1)$ e $P_2(x_2, y_2)$ forem dois pontos distintos quaisquer sobre a reta $l$, a qual não é paralela ao eixo $y$, então a **inclinação** de $l$, denotada por $m$, será dada por

$$m = \frac{y_2 - y_1}{x_2 - x_1} \qquad (1)$$

Multiplicando ambos os lados da equação na definição acima por $x_2 - x_1$ obtemos

$$y_2 - y_1 = m(x_2 - x_1) \qquad (2)$$

Pode ser visto de (2) que se considerarmos uma partícula movendo-se ao longo da reta $l$, a variação na ordenada da partícula é proporcional à variação na abscissa, e a constante de proporcionalidade é a inclinação da reta.

Se a inclinação de uma reta for positiva, então enquanto a abscissa de um ponto sobre a reta aumenta, a ordenada aumenta. Tal reta é ilustrada na Figura 1.2.3. Por outro lado, na Figura 1.2.4 há uma reta cuja inclinação é negativa. Para essa reta, enquanto a abscissa de um ponto sobre ela aumenta, a ordenada diminui. Observe que se a reta é paralela ao eixo $x$, então $y_2 = y_1$ e, portanto, $m = 0$.

**12** NÚMEROS REAIS, GRÁFICOS E FUNÇÕES

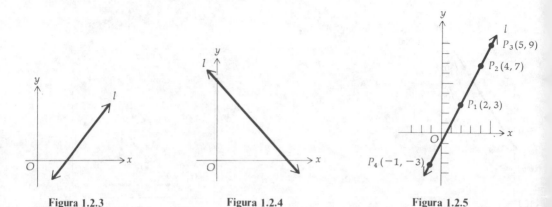

Figura 1.2.3                Figura 1.2.4                Figura 1.2.5

Se a reta é paralela ao eixo $y$, $x_2 = x_1$; assim sendo a Equação (1) perde significado, pois não podemos dividir por zero. Esta é a razão pela qual as retas paralelas ao eixo $y$, ou retas verticais, estão excluídas da definição de inclinação. Assim sendo, uma reta vertical não tem inclinação.

• ILUSTRAÇÃO 1

Seja $l$ a reta que passa pelos pontos $P_1(2,3)$ e $P_2(4,7)$. A inclinação de $l$ é dada por

$$m = \frac{7-3}{4-2} = 2$$

Consulte a Figura 1.2.5, a qual mostra a reta $l$. Se uma partícula está se movendo ao longo de $l$, a variação na ordenada é o dobro da variação na abscissa. Isto é, se a partícula está em $P_2(4,7)$ e a abscissa é aumentada em uma unidade, então a ordenada ficará aumentada em duas unidades e a partícula estará em $P_3(5,9)$. Analogamente, se a partícula estiver em $P_1(2,3)$ e a abscissa for diminuída em três unidades, então a ordenada ficará diminuída em seis unidades e a partícula estará em $P_4(-1,-3)$.

Prova-se em geometria analítica que duas retas distintas são paralelas se e somente se tiverem a mesma inclinação

• ILUSTRAÇÃO 2

Se $L_1$ for a reta que passa pelos pontos $A(1,-2)$ e $B(-3,6)$, e $m_1$ for a sua inclinação, então

$$m = \frac{6-(-2)}{-3-1} = \frac{8}{-4} = -2$$

Se $L_2$ for a reta que passa pelos pontos $C(-3,4)$ e $D(5,-12)$, e $m_2$ for a sua inclinação, então

$$m_2 = \frac{-12-4}{5-(-3)} = \frac{-16}{8} = -2$$

Como $m_1 = m_2$ segue que $L_1$ e $L_2$ são paralelas. Veja a Figura 1.2.6.

Dois pontos distintos quaisquer determinam uma reta. Três pontos distintos podem ou não pertencer à mesma reta. Se três ou mais pontos estiverem na mesma reta, eles são chamados **colineares** Portanto, três pontos $A$, $B$ e $C$ são colineares se e somente se a reta que passa

Equações de uma Reta    13

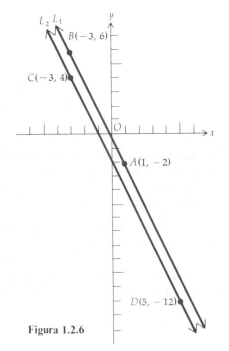

Figura 1.2.6

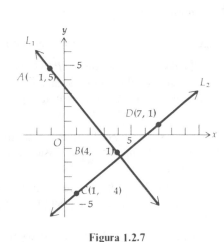

Figura 1.2.7

por $A$ e $B$ for a mesma reta que passa por $B$ e $C$. Como a reta através de $A$ e $B$ e a reta através de $B$ e $C$ têm em comum o ponto $B$, elas serão a mesma reta se suas inclinações forem iguais.

**EXEMPLO 1** Prove que os pontos $A(-2, -5)$, $B(1, -1)$ e $C(4, 3)$ são colineares.

**Solução** Se $m_1$ for a inclinação da reta que passa por $A$ e $B$, então
$$m_1 = \frac{-1-(-5)}{1-(-2)} = \frac{4}{3}$$
Se $m_2$ for a inclinação da reta que passa por $B$ e $C$, então
$$m_2 = \frac{3-(-1)}{4-1} = \frac{4}{3}$$
Portanto, $m_1 = m_2$. Assim sendo, a reta que passa por $A$ e $B$ e a reta que passa por $B$ e $C$ têm mesma inclinação e têm em comum o ponto $B$. Conseqüentemente, trata-se de uma mesma reta e $A$, $B$ e $C$ são colineares.

Um outro teorema de geometria analítica estabelece que duas retas, $L_1$ e $L_2$, não sendo verticais, são perpendiculares se e somente se o produto de suas inclinações for $-1$. Isto é, se $m_1$ for a inclinação de $L_1$ e $m_2$ for a inclinação de $L_2$, então $L_1$ e $L_2$ serão perpendiculares se e somente se
$$m_1 m_2 = -1$$

• **ILUSTRAÇÃO 3**

Consulte a Figura 1.2.7. Seja $L_1$ a reta que passa por $A(-1, 5)$ e $B(4, -1)$. Então, se $m_1$ for a inclinação de $L_1$,
$$m_1 = \frac{-1-5}{4-(-1)} = \frac{-6}{5} = -\frac{6}{5}$$

Seja $L_2$ a reta que passa por $C(1, -4)$ e $D(7, 1)$. Então, se $m_2$ for a inclinação de $L_2$,
$$m_2 = \frac{1-(-4)}{7-1} = \frac{5}{6}$$
Como
$$m_1 m_2 = \left(-\frac{6}{5}\right)\frac{5}{6} = -1$$
segue que $L_1$ e $L_2$ são perpendiculares.

Dado que dois pontos $P_1(x_1, y_1)$ e $P_2(x_2, y_2)$ determinam uma única reta, deveríamos ser capazes de obter uma equação da reta que passa por estes pontos. Seja $P(x, y)$ um ponto qualquer da reta. Queremos uma equação que seja satisfeita por $x$ e $y$ se e somente se $P(x, y)$ estiver na reta determinada por $P_1(x_1, y_1)$ e $P_2(x_2, y_2)$. Distinguimos dois casos.

*Caso 1*: $x_2 = x_1$. Neste caso, a reta através de $P_1$ e $P_2$ é paralela ao eixo $y$ e todos os pontos nela têm a mesma abscissa. Assim, $P(x, y)$ é um ponto da reta se e somente se
$$x = x_1 \qquad (3)$$
A Equação (3) é a de uma reta paralela ao eixo $y$. Observe que esta equação é independente de $y$; isto é, a ordenada pode assumir qualquer valor, e $P(x, y)$ está na reta sempre que a abscissa for $x_1$.

*Caso 2*: $x_2 \neq x_1$. A inclinação da reta que passa por $P_1$ e $P_2$ é dada por
$$m = \frac{y_2 - y_1}{x_2 - x_1} \qquad (4)$$
Se $P(x, y)$ for qualquer ponto da reta exceto $(x_1, y_1)$, a inclinação será dada também por
$$m = \frac{y - y_1}{x - x_1} \qquad (5)$$
O ponto $P$ estará alinhado com $P_1$ e $P_2$ se e somente se o valor de $m$ de (4) for igual ao valor de $m$ de (5), isto é, se e somente se
$$\frac{y - y_1}{x - x_1} = \frac{y_2 - y_1}{x_2 - x_1}$$
Multiplicando ambos os lados da equação por $(x - x_1)$ obtemos
$$\boxed{y - y_1 = \frac{y_2 - y_1}{x_2 - x_1}(x - x_1)} \qquad (6)$$
A Equação (6) está satisfeita pelas coordenadas de $P_1$, bem como pelas coordenadas de qualquer outro ponto sob a reta que passa por $P_1$ e $P_2$.

A Equação (6) é chamada equação da reta dada por **dois pontos**. Ela dá uma equação da reta que passa por dois pontos conhecidos.

• ILUSTRAÇÃO 4

Uma equação da reta que passa pelos pontos $(6, -3)$ e $(-2, 3)$ é
$$y - (-3) = \frac{3-(-3)}{-2-6}(x - 6)$$
$$y + 3 = -\tfrac{3}{4}(x - 6)$$
$$4y + 12 = -3x + 18$$
$$3x + 4y = 6$$

Se em (6) substituímos $(y_2 - y_1)/(x_2 - x_1)$ por $m$, obtemos

$$\boxed{y - y_1 = m(x - x_1)} \qquad (7)$$

A Equação (7) é chamada equação da reta dada por um **ponto** e a **inclinação**. Ela dá uma equação de uma reta, sendo conhecidos um ponto da reta $P_1(x_1, y_1)$ e a sua inclinação $m$. É recomendável que você use a forma ponto-inclinação mesmo que sejam dados dois pontos da reta, como está mostrado na seguinte ilustração.

**ILUSTRAÇÃO 5**

Para achar uma equação da reta passando pelos pontos $Q(2, 1)$ e $R(4, 7)$, primeiro calculamos $m$.

$$m = \frac{7-1}{4-2} = \frac{6}{2} = 3$$

Usando a forma ponto-inclinação de uma equação da reta, com $Q$ em lugar de $P_1$, temos

$$y - 1 = 3(x - 2)$$
$$y - 1 = 3x - 6$$
$$-3x + y + 5 = 0$$
$$3x - y - 5 = 0 \qquad \bullet$$

**EXEMPLO 2** Ache uma equação da reta que contém o ponto $(-4, 3)$ e tem a inclinação $-\frac{2}{5}$. Trace um esboço da reta.

**Solução** Usando a forma ponto-inclinação da equação da reta temos

$$y - 3 = -\frac{2}{5}[x - (-4)]$$
$$5(y - 3) = -2(x + 4)$$
$$5y - 15 = -2x - 8$$
$$2x + 5y - 7 = 0$$

Um esboço da reta está mostrado na Figura 1.2.8.

Se escolhermos o ponto $(0, b)$ (isto é, o ponto onde a reta intercepta o eixo $y$) como sendo o ponto $(x_1, y_1)$ em (7), temos

$$y - b = m(x - 0)$$

$$\boxed{y = mx + b} \qquad (8)$$

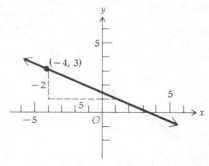

Figura 1.2.8

# 16 NÚMEROS REAIS, GRÁFICOS E FUNÇÕES

O número $b$, que é a ordenada do ponto onde a reta encontra o eixo $y$, é chamado de **intercepto** $y$ da reta. Conseqüentemente, (8) é chamada de forma **inclinação-intercepto** da equação da reta. Esta forma é particularmente importante porque permite encontrar a inclinação da reta a partir da equação. É também importante porque expressa a coordenada $y$ explicitamente, em termos da coordenada $x$.

• ILUSTRAÇÃO 6

Para achar a inclinação da reta com equação $3x + 4y = 7$, resolvemos a equação para $y$ e obtemos

$$4y = -3x + 7$$
$$y = -\tfrac{3}{4}x + \tfrac{7}{4}$$

Comparando esta equação com (8) vemos que $m = -\tfrac{3}{4}$ e $b = \tfrac{7}{4}$. Logo, a inclinação é $-\tfrac{3}{4}$. •

**EXEMPLO 3**  Ache a forma inclinação-intercepto de uma equação da reta que passa por $(-4, -1)$ e $(-7, -3)$. Trace um esboço da reta.

**Solução**  Se $m$ é a inclinação da reta, então

$$m = \frac{-3 - (-1)}{-7 - (-4)} = \frac{-2}{-3} = \frac{2}{3}$$

Usando a forma ponto-inclinação da equação da reta com $(-4, -1)$ como $P_1$, temos

$$y - (-1) = \tfrac{2}{3}[x - (-4)]$$
$$y + 1 = \tfrac{2}{3}x + \tfrac{8}{3}$$
$$y = \tfrac{2}{3}x + \tfrac{5}{3}$$

Logo, a inclinação da reta é $\tfrac{2}{3}$ e o intercepto $y$ é $\tfrac{5}{3}$. Um esboço da reta está na Figura 1.2.9.

Consideremos a equação

$$Ax + By + C = 0 \tag{9}$$

onde $A$, $B$ e $C$ são constantes e $A$ e $B$ não são ambos zero. Discutiremos o gráfico desta equação para os dois casos, $B \neq 0$ e $B = 0$.

*Caso 1*  $B \neq 0$. Por causa disto, podemos dividir ambos os lados da Equação (9) por $B$ e obter

$$y = -\frac{A}{B}x - \frac{C}{B} \tag{10}$$

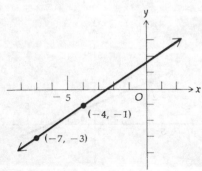

**Figura 1.2.9**

Equações de uma Reta    17

A Equação (10) é uma equação de reta pois está na forma inclinação-intercepto, onde $m = -A/B$ e $b = -C/B$.

Caso 2:   $B = 0$. Por causa disto, $A \neq 0$ e assim temos

$$Ax + C = 0$$

$$x = -\frac{C}{A} \qquad (11)$$

A Equação (11) está na forma de (3); assim sendo o gráfico é uma reta paralela ao eixo $y$. Acabamos de provar o teorema enunciado a seguir.

---

**Teorema 1.2.1**   O gráfico da equação

$$Ax + By + C = 0$$

onde $A$, $B$ e $C$ são constantes e $A$ e $B$ não são ambos zero, é uma linha reta.

---

Como o gráfico de (9) é uma linha reta, ela é chamada uma **equação linear**. A Equação (9) é a equação geral do primeiro grau em $x$ e $y$.

Uma vez que dois pontos determinam uma reta, para traçar um esboço do gráfico de uma linha reta a partir de sua equação precisamos somente determinar as coordenadas de dois pontos da reta, marcar no gráfico os dois pontos e traçar a reta. Bastam dois pontos quaisquer, mas em geral é conveniente marcar os interceptos com os eixos. Estes pontos são denotados por $(a, 0)$ e $(0, b)$, onde $a$ é o intercepto $x$ e $b$ o intercepto $y$.

**EXEMPLO 4**   Dadas as retas $l_1$ e $l_2$ com equações $2x - 3y = 12$ e $4x + 3y = 6$, faça um esboço delas. Encontre então as coordenadas do ponto de intersecção entre elas.

**Solução**   Para traçar o gráfico de $l_1$, achamos os interceptos $a$ e $b$. Na equação de $l_1$ substituímos $x$ por 0 e obtemos $b = -4$ e depois substituindo $y$ por 0 obtemos $a = 6$. Da mesma forma, obtemos os interceptos $a$ e $b$ para $l_2$ e temos $a = \frac{3}{2}$ e $b = 2$ para $l_2$. O gráfico das duas retas está na Figura 1.2.10.

Para encontrar as coordenadas do ponto de intersecção entre $l_1$ e $l_2$, resolvemos as duas equações simultaneamente. Como o ponto precisa estar em ambas as retas, ele deve satisfazer ambas as equações. Passando as equações na forma inclinação-intercepto, temos

$y = \frac{2}{3}x - 4$  e  $y = -\frac{4}{3}x + 2$

Eliminando $y$ obtemos

$\frac{2}{3}x - 4 = -\frac{4}{3}x + 2$

$2x - 12 = -4x + 6$

$x = 3$

E então

$y = \frac{2}{3}(3) - 4$

$y = -2$

Portanto, o ponto de intersecção é $(3, -2)$.

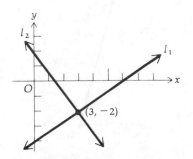

Figura 1.2.10

## ILUSTRAÇÃO 7

Uma empresa investe $ 1.800 em equipamentos. O contador da empresa usa o método da linha reta para a depreciação em 10 anos, que é a estimativa de vida do equipamento; isto é, o valor contábil do equipamento decresce a uma taxa constante, de tal forma que ao fim dos 10 anos aquele valor contábil será zero. Suponhamos que o valor contábil do equipamento seja $y$ ao fim de $x$ anos. Assim, quando $x = 0$, $y = 1.800$, e quando $x = 10$, $y = 0$. O gráfico que dá a relação entre $x$ e $y$ é o segmento de reta no primeiro quadrante que une os pontos $(0, 1.800)$ e $(10, 0)$. Veja a Figura 1.2.11. Sendo $m$ a inclinação da reta, então

$$m = \frac{0 - 1.800}{10 - 0} = -180$$

Usando a forma inclinação-intercepto da equação da reta com $m = -180$ e $b = 1.800$, temos:

$$y = -180x + 1.800 \quad 0 \leq x \leq 10$$

Observe que a inclinação da reta é $-180$, e este número dá a quantia segundo a qual o valor contábil muda a cada ano; isto é, decresce em $ 180 por ano. •

**EXEMPLO 5** (a) Suponha que um equipamento seja comprado pelo preço $A$ e seja depreciado pelo método da linha reta em $n$ anos. Se seu valor contábil for $y$ no fim de $x$ anos, ache uma equação que relacione $x$ e $y$. (b) Use o resultado da parte (a) para achar o valor contábil 5 anos após o equipamento ter sido comprado por $ 3.000, sabendo que ele é depreciado pelo método da linha reta em 12 anos.

**Solução** (a) Veja a Figura 1.2.12. O gráfico que dá a relação entre $x$ e $y$ é o segmento de reta no primeiro quadrante que liga os pontos $(0, A)$ e $(n, 0)$. A inclinação da reta é

$$\frac{0 - A}{n - 0} = -\frac{A}{n}$$

O intercepto $y$ da reta é $A$. Assim sendo, uma equação da reta é

$$y = -\frac{A}{n}x + A \quad 0 \leq x \leq n$$

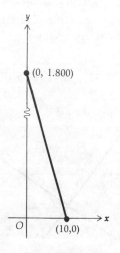

Figura 1.2.11

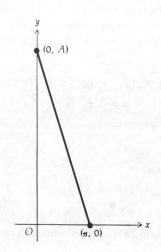

Figura 1.2.12

(b) Usamos o resultado da parte (a) com $A = 3.000$ e $n = 12$. Obtemos

$$y = -\frac{3.000}{12}x + 3.000 \qquad 0 \leq x \leq 12$$

$$y = -250x + 3.000 \qquad 0 \leq x \leq 12$$

Seja $y_5$ o valor de $y$ quando $x = 5$. Então

$$y_5 = -250(5) + 3.000$$
$$= 1.750$$

Então, o valor contábil do equipamento ao fim de 5 anos é $ 1.750.

## Exercícios 1.2

Nos Exercícios de 1 a 6, ache a inclinação da reta que passa pelos pontos dados.

1.  $(2, -3), (-4, 3)$      2. $(5, 2), (-2, -3)$      3. $(\frac{1}{3}, \frac{1}{2}), (-\frac{5}{6}, \frac{2}{3})$
4.  $(\frac{3}{4}, -\frac{3}{2}), (-\frac{5}{2}, \frac{1}{4})$      5. $(-1, 4), (-6, 4)$      6. $(-2,1; 0,3), (2,3; 1,4)$

Nos Exercícios de 7 a 18, ache uma equação da reta que satisfaça às condições dadas.

7. A inclinação é 4 e passa pelo ponto $(2, -3)$.
8. Passa pelos pontos $(3, 1)$ e $(-5, 4)$.
9. Passa pelos pontos $(-3, 0)$ e $(4, 0)$.
10. Passa pelo ponto $(1, 4)$ e é paralela à reta cuja equação é $2x - 5y + 7 = 0$.
11. Passa pelo ponto $(-4, -5)$ e é paralela à reta cuja equação é $2x - 3y + 6 = 0$.
12. Passa pelo ponto $(-2, 3)$ e é perpendicular à reta cuja equação é $2x - y - 2 = 0$.
13. O intercepto $y$ é $-4$ e é perpendicular à reta cuja equação é $3x - 4y + 8 = 0$.
14. Passa pelo ponto $(-3, -4)$ e é paralela ao eixo $y$.
15. Passa pelo ponto $(1, -7)$ e é paralela ao eixo $x$.
16. Passa pelo ponto $(-2, -5)$ e tem uma inclinação de $\sqrt{3}$.
17. Passa pela origem e é bissetriz dos ângulos formados pelos eixos no primeiro e terceiro quadrantes.
18. Passa pela origem e é bissetriz dos ângulos formados pelos eixos no segundo e quarto quadrantes.

Nos Exercícios de 19 a 22, ache a inclinação da reta dada.

19. $4x - 6y = 5$     20. $x + 3y = 7$     21. $2y + 9 = 0$     22. $3x - 5 = 0$
23. Ache uma equação da reta que passa pelos pontos $(3, -5)$ e $(1, -2)$, e escreva a equação na forma inclinação-intercepto.
24. Ache uma equação da reta que passa pelos pontos $(1, 3)$ e $(2, -2)$, e escreva a equação na forma inclinação-intercepto.
25. Mostre que as retas com equações $3x + 5y + 7 = 0$ e $5x - 3y - 2 = 0$ são perpendiculares.
26. Mostre que as retas com equações $3x + 5y + 7 = 0$ e $6x + 10y - 5 = 0$ são paralelas.

Nos Exercícios 27, 28 e 29, determine, usando a inclinação, se os pontos dados estão alinhados.

27. (a) $(2, 3), (-4, -7), (5, 8)$;    (b) $(2, -1), (1, 1), (3, 4)$
28. (a) $(4, 6), (1, 2), (-5, -4)$;    (b) $(-3, 6), (3, 2), (9, -2)$
29. (a) $(2, 5), (-1, 4), (3, -2)$;    (b) $(0, 2), (-3, -1), (4, 6)$

Nos Exercícios 30 e 31, faça um esboço das retas dadas e determine as coordenadas do ponto de intersecção

30. $6x - 5y - 6 = 0; 4x - 3y - 2 = 0$      31. $3x + 2y = 2; 5x + 3y = 1$
32. Uma propriedade comercial foi comprada em 1973 por $ 750.000, sendo que o terreno foi avaliado em $ 150.000, enquanto que as benfeitorias foram avaliadas em $ 600.000. As benfeitorias são depreciadas pelo método da linha reta em 20 anos. Qual o valor das benfeitorias em 1981?

**20** NÚMEROS REAIS, GRÁFICOS E FUNÇÕES

33. Uma companhia comprou maquinaria no valor de $ 15.000. Sabe-se que o valor residual após 10 anos será de $ 2.000. Usando-se o método da linha reta para depreciar a maquinaria de $ 15.000 para $ 2.000 em 10 anos, qual o valor da maquinaria depois de 6 anos?
34. Este exercício é uma generalização do Exercício 33. Suponha que uma maquinaria tenha sido adquirida pelo preço $A$ e seu valor residual seja de $B$ em $n$ anos. Além disso, a maquinaria é depreciada pelo método da linha reta do valor $A$ para $B$ em $n$ anos. Se o valor da maquinaria é $y$ ao fim de $x$ anos, ache uma equação que expresse a relação entre $x$ e $y$.
35. O fabricante de determinada mercadoria tem um custo total consistindo de despesas gerais semanais de $ 3.000 e um custo de manufatura de $ 25 por unidade. (a) Se $x$ unidades são produzidas por semana e $y$ é o custo total semanal, escreva uma equação relacionando $x$ e $y$. (b) Faça um esboço do gráfico da equação obtida em (a).
36. O custo total para um fabricante consiste de um custo de manufatura de $ 20 por unidade e de uma despesa diária fixa. (a) Se o custo total para se produzir 200 unidades em 1 dia é $ 4.500, determine a despesa diária fixa. (b) Se $x$ unidades são produzidas diariamente e se $y$ é o custo total diário, escreva uma equação relacionando $x$ e $y$. (c) Faça um esboço do gráfico da equação da parte (b).
37. Faça o Exercício 36, supondo que o custo do fabricante seja $ 30 por unidade e o custo total ao se produzirem 200 unidades em 1 dia seja $ 6.600.
38. O gráfico de uma equação relacionando as leituras de temperatura em graus Celsius e Fahrenheit é uma reta. A água congela em 0° Celsius e 32° Fahrenheit, e ferve a 100° Celsius e 212° Fahrenheit. (a) Se $y$ graus Fahrenheit corresponde a $x$ graus Celsius, escreva uma equação relacionando $x$ e $y$. (b) Faça um esboço do gráfico da equação da parte (a). Qual a temperatura Fahrenheit correspondente a 20° Celsius? (d) Qual a temperatura Celsius correspondente a 86° Fahrenheit?

## 1.3 FUNÇÕES E SEUS GRÁFICOS

Ocorrem muitos casos, na prática, onde o valor de uma quantidade depende do valor de outra. Assim, o salário de uma pessoa pode depender do número de horas trabalhadas; o número de unidades de certo produto demandadas pelos consumidores pode depender de seu preço; a produção total numa fábrica pode depender do número de máquinas utilizadas; e assim por diante. Uma relação entre tais quantidades é muitas vezes definida por meio de uma *função*. Vamos introduzir nesta secção o conceito de função e daremos alguns exemplos mostrando como uma situação prática pode ser expressa em termos de uma relação funcional. Antes de discutir funções, vamos introduzir algumas notações de conjuntos e a terminologia usada no que segue.

A idéia de *conjunto* é usada extensivamente em matemática e trata-se de um conceito tão básico que não é dada uma definição formal. Podemos dizer que um **conjunto** é uma coleção de objetos, e os objetos de um conjunto são chamados **elementos** do conjunto. Se cada elemento de um conjunto $S$ for também um elemento de um conjunto $T$, então $S$ será um **subconjunto** de $T$. Dois subconjuntos do conjunto $R^1$ dos números reais são o conjunto $N$ dos números naturais e o conjunto $Z$ dos inteiros.

Usaremos o símbolo $\in$ para indicar que um dado elemento pertence a um conjunto. Assim, podemos escrever $8 \in N$, que se lê "8 é um elemento de $N$". A notação $a, b \in S$ indica que ambos $a$ e $b$ são elementos de $S$. O símbolo $\notin$ indica "não é um elemento de". Assim se lê "$\frac{1}{2} \notin N$" como "$\frac{1}{2}$ não é um elemento de $N$".

Um par de chaves { } usadas com palavras ou símbolos pode descrever um conjunto. Se $S$ é o conjunto dos números naturais menores do que 6, podemos indicar o conjunto $S$ como

{1, 2, 3, 4, 5}

Podemos também indicar $S$ como

{$x$, tal que $x$ seja um número natural menor do que 6}

onde o símbolo *x* é chamado *variável*. Uma **variável** é um símbolo usado para representar qualquer elemento de um dado conjunto. Uma outra maneira de indicar o já citado conjunto *S* é usar a chamada **notação formadora de conjuntos**, onde uma barra vertical é usada em lugar das palavras "tal que". Usando esta notação para descrever o conjunto *S* temos

$\{x \mid x$ é um número natural menor do que $6\}$

significando "o conjunto de todos *x* tais que *x* é um número natural menor do que 6".

Diz-se que dois conjuntos *A* e *B* são **iguais** se *A* e *B* tiverem os mesmos elementos, e usaremos a notação $A = B$. A **união** de dois conjuntos *A* e *B*, denotada por $A \cup B$, onde se lê "*A* união *B*", é o conjunto de todos elementos que estão em *A* ou em *B* ou em ambos *A* e *B*. A **intersecção** de *A* e *B*, denotada por $A \cap B$, onde se lê "*A* intersecção *B*", é o conjunto de todos os elementos que estão em *A* e *B*. O conjunto que não tem elementos é chamado **conjunto vazio** e denotado por $\emptyset$.

ILUSTRAÇÃO 1

Suponhamos $A = \{2, 4, 6, 8, 10, 12\}$, $B = \{1, 4, 9, 16\}$, e $C = \{2, 10\}$. Então

$A \cup B = \{1, 2, 4, 6, 8, 9, 10, 12, 16\}$   $A \cap B = \{4\}$
$B \cup C = \{1, 2, 4, 9, 10, 16\}$   $B \cap C = \emptyset$   •

Um número *x* está entre *a* e *b* se $a < x$ e $x < b$. Podemos escrever isto como uma desigualdade continuada, ou seja:

$a < x < b$ (1)

O conjunto de todos números *x* satisfazendo a desigualdade continuada (1) é chamado um **intervalo aberto** e é denotado por $(a, b)$. Logo

$(a, b) = \{x \mid a < x < b\}$

O **intervalo fechado** de *a* a *b* é o intervalo aberto $(a, b)$ junto com os dois pontos extremos *a* e *b* e é denotado por $[a, b]$. Assim

$[a, b] = \{x \mid a \leq x \leq b\}$

A Figura 1.3.1 mostra o intervalo aberto $(a, b)$. A Figura 1.3.2 ilustra o intervalo fechado $[a, b]$.

O **intervalo semi-aberto à esquerda** é o intervalo aberto $(a, b)$ junto com o extremo direito *b*. É denotado por $(a, b]$; assim

$(a, b] = \{x \mid a < x \leq b\}$

Definimos um **intervalo semi-aberto à direita** de modo análogo, sendo denotado por $[a, b)$. Assim

$[a, b) = \{x \mid a \leq x < b\}$

Figura 1.3.1

Figura 1.3.2

Figura 1.3.3  Figura 1.3.4

A Figura 1.3.3 ilustra o intervalo $(a, b]$, e a Figura 1.3.4 mostra o intervalo $[a, b)$.

Usaremos os símbolos $+\infty$ (infinito positivo) e $-\infty$ (infinito negativo); todavia, tome cuidado para não confundir estes símbolos com números reais, pois eles não obedecem às propriedades dos números reais. Temos os seguintes tipos de intervalos:

$(a, +\infty) = \{x \mid x > a\}$

$(-\infty, b) = \{x \mid x < b\}$

$[a, +\infty) = \{x \mid x \geq a\}$

$(-\infty, b] = \{x \mid x \leq b\}$

$(-\infty, +\infty) = R^1$

Intuitivamente consideramos $y$ como sendo uma função de $x$ se há alguma lei segundo a qual existe um único valor de $y$ correspondente a um valor de $x$. Exemplos familiares de tais relações são dados por equações tais como

$$y = 2x^2 + 5 \qquad (2)$$

e

$$y = \sqrt{x^2 - 9} \qquad (3)$$

A definição formal torna preciso o conceito de função.

Definição de função

> Uma **função** é um conjunto de pares ordenados de números $(x, y)$ no qual duas duplas ordenadas distintas não podem ter o mesmo primeiro número. O conjunto de todos os valores admissíveis de $x$ é chamado **domínio** da função, e o conjunto de todos os valores admissíveis de $y$ é chamado **imagem** da função.

Na definição acima, a restrição segundo a qual duplas ordenadas distintas não podem ter o mesmo primeiro número garante que $y$ seja único para um valor específico de $x$.

A Equação (2) define uma função. Vamos chamá-la de $f$. A equação dá a regra segundo a qual um único valor de $y$ pode ser determinado, sempre que um valor de $x$ for dado; isto é, multiplica-se o valor dado de $x$ por ele mesmo, então multiplica-se aquele produto por 2 e adiciona-se 5. A função $f$ é o conjunto de todos os pares ordenados $(x, y)$, tais que $x$ e $y$ satisfaçam (2), ou seja

$f = \{(x, y) \mid y = 2x^2 + 5\}$

Os números $x$ e $y$ são **variáveis**. Uma vez que os valores da função $f$ dependem de $x$, e como os valores de $y$ dependem da escolha de $x$, $x$ é chamada **variável independente** e $y$ **variável dependente**. O domínio da função é o conjunto de todos os valores admissíveis da variável independente e a imagem da função é o conjunto de todos os valores admissíveis da variável dependente. Para a função $f$ que estamos considerando, o domínio é o conjunto de todos os números reais e ele pode ser denotado com a notação de intervalos por $(-\infty, +\infty)$. O menor valor que $y$ pode assumir é 5 (quando $x = 0$). A imagem de $f$ é, então, o conjunto de todos os números positivos maiores ou iguais a 5, ou seja $[5, +\infty)$.

## ILUSTRAÇÃO 2

Seja $g$ a função que é o conjunto das duplas ordenadas $(x, y)$ definidas por (3); isto é,

$$g = \{(x, y) \mid y = \sqrt{x^2 - 9}\}$$

Como os números considerados são os reais, $y$ é uma função de $x$ somente para $x \geq 3$ ou $x \leq -3$ (ou simplesmente $x \geq 3$), pois para qualquer $x$ satisfazendo uma e outra destas desigualdades, determina-se um único valor de $y$. Contudo, se $x$ está no intervalo $(-3, 3)$, teremos que calcular a raiz quadrada de um número negativo e então não existe nenhum número real $y$. Logo devemos restringir $x$, assim

$$g = \{(x, y) \mid y = \sqrt{x^2 - 9} \text{ e } |x| \geq 3\}$$

O domínio de $g$ é $(-\infty, -3] \cup [3, +\infty)$ e a imagem de $g$ é $[0, +\infty)$.

Deve ser enfatizado que para se ter uma função deve existir *exatamente um valor* da variável dependente para cada valor da variável independente no domínio da função.

Definição de gráfico de uma função

> Se $f$ é uma função, então o **gráfico** de $f$ é o conjunto de todos pontos $(x, y)$ em $R^2$ para os quais $(x, y)$ é uma dupla ordenada em $f$.

## ILUSTRAÇÃO 3

Seja $f = \{(x, y) \mid y = \sqrt{5 - x}\}$. Um esboço do gráfico de $f$ está na Figura 1.3.5. O domínio de $f$ é o conjunto de todos os números reais menores ou iguais a 5, ou seja $(-\infty, 5]$ e a imagem de $f$ é o conjunto de todos os números reais não negativos, que é $[0, +\infty)$.

Na ilustração seguinte, uma função é definida por mais de uma equação. Tal definição é permitida, desde que para cada número $x$ no domínio exista um único valor para $y$ na variação.

## ILUSTRAÇÃO 4

Seja $g$ a função que é o conjunto das duplas ordenadas $(x, y)$, tal que

$$y = \begin{cases} -3 & \text{se } x \leq -1 \\ 1 & \text{se } -1 < x \leq 2 \\ 4 & \text{se } 2 < x \end{cases}$$

O domínio de $g$ é $(-\infty, +\infty)$, enquanto que a imagem de $g$ consiste dos três números $-3, 1$ e $4$. Um esboço do gráfico está na Figura 1.3.6.

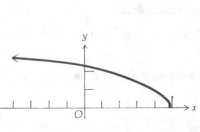

Figura 1.3.5

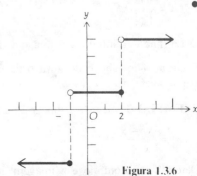

Figura 1.3.6

**24** NÚMEROS REAIS, GRÁFICOS E FUNÇÕES

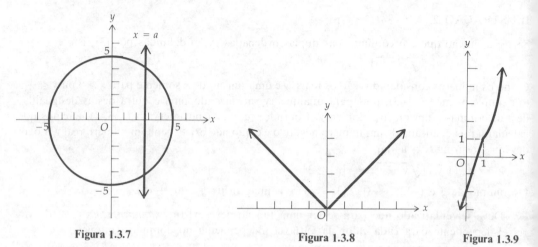

Figura 1.3.7      Figura 1.3.8      Figura 1.3.9

Observe, na Figura 1.3.6, que há uma interrupção em $x = -1$ e outra em $x = 2$. Dizemos que $g$ é descontínua em $-1$ e $2$. As funções contínuas e descontínuas serão discutidas na Secção 2.3.

• **ILUSTRAÇÃO 5**

Consideremos o conjunto

$$\{(x, y) \mid x^2 + y^2 = 25\}$$

Um esboço do gráfico deste conjunto está na Figura 1.3.7. Este conjunto de duplas ordenadas não é uma função, pois para qualquer $x$ no intervalo $(-5, 5)$ existem duas duplas ordenadas tendo aquele número como primeiro elemento. Por exemplo, $(3, 4)$ e $(3, -4)$ são duplas ordenadas do conjunto dado. Além disso, observemos que o gráfico do conjunto dado é um círculo com centro na origem e raio 5; uma reta vertical com equação $x = a$ (onde $-5 < a < 5$) intercepta o círculo em dois pontos. Veja na figura. •

**EXEMPLO 1**   Seja $h = \{(x, y) \mid y = |x|\}$. Determine o domínio e a imagem de $h$ e esboce um gráfico de $h$.

**Solução**   O domínio de $h$ é $(-\infty, +\infty)$ e a imagem de $h$ é $[0, +\infty)$. Na Figura 1.3.8 temos um esboço do gráfico de $h$.

**EXEMPLO 2**   Seja $F$ a função que é o conjunto de todas as duplas ordenadas $(x, y)$, tal que

$$y = \begin{cases} 3x - 2 & \text{se} \quad x < 1 \\ x^2 & \text{se} \quad 1 \leq x \end{cases}$$

Determine o domínio e a imagem de $F$ e esboce um gráfico de $F$.

**Solução**   Um esboço do gráfico de $F$ aparece na Figura 1.3.9. O domínio de $F$ é $(-\infty, +\infty)$ e a imagem de $F$ é $(-\infty, +\infty)$.

**EXEMPLO 3**   Seja $G$ a função que é o conjunto de todas as duplas ordenadas $(x, y)$, tal que

$$y = \frac{x^2 - 9}{x - 3}$$

Determine o domínio e a imagem de $G$ e esboce um gráfico de $G$.

**Solução** Um esboço do gráfico de $G$ é dado na Figura 1.3.10. Uma vez que um valor para $y$ é determinado para cada valor de $x$ exceto $x = 3$, o domínio de $G$ consiste de todos os números reais, exceto 3. Quando $x = 3$, ambos o numerador e o denominador são nulos e $\frac{0}{0}$ não está definido.

Fatorando o numerador em $(x - 3)(x + 3)$ obtemos

$$y = \frac{(x - 3)(x + 3)}{(x - 3)}$$

ou $y = x + 3$, desde que $x \neq 3$. Em outras palavras, a função $G$ consiste de todas as duplas ordenadas $(x, y)$, tais que

$$y = x + 3 \quad \text{e} \quad x \neq 3$$

A imagem de $G$ consiste de todos os números reais exceto 6. O gráfico consiste de todos os pontos da reta $y = x + 3$, exceto o ponto $(3, 6)$.

**EXEMPLO 4** Seja $H$ a função que é o conjunto de todas as duplas ordenadas $(x, y)$, tal que

$$y = \begin{cases} x + 3 & \text{se} \quad x \neq 3 \\ 2 & \text{se} \quad x = 3 \end{cases}$$

Determine o domínio e a imagem de $H$ e esboce um gráfico de $H$.

**Solução** Na Figura 1.3.11 aparece um esboço do gráfico de $H$. O gráfico consiste do ponto $(3, 2)$ e todos os pontos da reta $y = x + 3$, exceto o ponto $(3, 6)$. A função $H$ está definida para todos os valores de $x$; então seu domínio é $(-\infty, +\infty)$. A imagem de $H$ consiste de todos os números reais, exceto 6.

**EXEMPLO 5** Seja $\phi$ a função que é o conjunto de todas as duplas ordenadas $(x, y)$, tal que

$$y = \frac{(x^2 + 3x - 4)(x^2 - 9)}{(x^2 + x - 12)(x + 3)}$$

Determine o domínio e a imagem de $\phi$ e esboce seu gráfico.

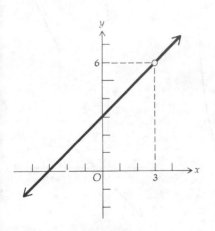

Figura 1.3..0

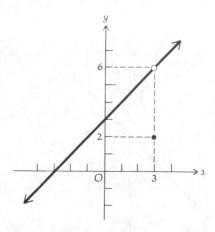

Figura 1.3.11

**Solução** Um esboço do gráfico de $\phi$ aparece na Figura 1.3.12. Fatorando o numerador e o denominador obtemos

$$y = \frac{(x+4)(x-1)(x-3)(x+3)}{(x+4)(x-3)(x+3)}$$

O denominador é zero para $x = -4$, $-3$ e $3$; logo, $\phi$ não está definida para estes três valores de $x$. Para valores de $x \neq -4$, $-3$ e $3$, podemos dividir o numerador e o denominador pelos fatores comuns e obter

$y = x - 1$    se    $x \neq -4, -3$ e $3$

Assim sendo, o domínio de $\phi$ é o conjunto de todos os números reais exceto $-4$, $-3$ e $3$ e a imagem de $\phi$ é o conjunto de todos os números reais, exceto os valores de $x - 1$ obtidos ao se substituir $x$ por $-4$, $-3$ e $3$, isto é, todos os números reais exceto $-5$, $-4$ e $2$. O gráfico desta função é a reta $y = x - 1$, excluídos os pontos $(-4, -5)$, $(-3, -4)$ e $(3, 2)$.

**EXEMPLO 6** Seja $f$ a função que é o conjunto de todas as duplas ordenadas $(x, y)$, tal que

$$y = \begin{cases} x^2 & \text{se } x \neq 2 \\ 7 & \text{se } x = 2 \end{cases}$$

Determine o domínio e a imagem de $f$ e esboce seu gráfico.

**Solução** Um esboço do gráfico de $f$ está na Figura 1.3.13. O gráfico consiste do ponto $(2, 7)$ e todos os pontos da parábola $y = x^2$, exceto o ponto $(2, 4)$. A função $f$ está definida para todos os valores de $x$; assim, seu domínio é $(-\infty, +\infty)$. A imagem de $f$ consiste de todos os números reais não negativos.

**EXEMPLO 7** Seja $h$ a função que é o conjunto de todas as duplas ordenadas $(x, y)$, tal que

$$y = \begin{cases} x - 1 & \text{se } x < 3 \\ 2x + 1 & \text{se } 3 \leq x \end{cases}$$

Determine o domínio e a imagem de $h$ e esboce seu gráfico.

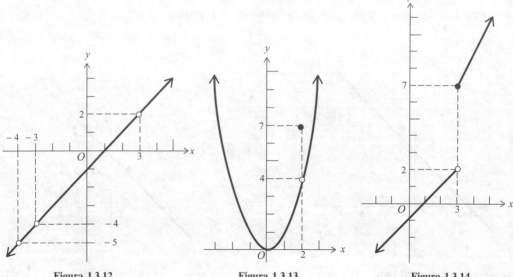

Figura 1.3.12    Figura 1.3.13    Figura 1.3.14

**Solução** Um esboço do gráfico de $h$ está na Figura 1.3.14. O domínio de $h$ é $(-\infty, +\infty)$. Os valores de $y$ são menores que 2 ou maiores ou iguais a 7. Assim, a imagem de $h$ é $(-\infty, 2) \cup [7, +\infty)$ ou, na forma equivalente, todos os números reais que não estão em $[2, 7)$.

## Exercícios 1.3

Nos Exercícios de 1 a 14, determine o domínio e a imagem da função dada e esboce o gráfico.

1. $f = \{(x, y) | y = 3x - 1\}$
2. $g = \{(x, y) | y = x^2 + 2\}$
3. $F = \{(x, y) | y = 3x^2 - 6\}$
4. $G = \{(x, y) | y = 5 - x^2\}$
5. $G = \{(x, y) | y = \sqrt{x+1}\}$
6. $f = \{(x, y) | y = \sqrt{5-3x}\}$
7. $h = \{(x, y) | y = \sqrt{3x-4}\}$
8. $f = \{(x, y) | y = \sqrt{4-x^2}\}$
9. $g = \{(x, y) | y = \sqrt{x^2-4}\}$
10. $H = \{(x, y) | y = |x-3|\}$
11. $\phi = \{(x, y) | y = |3x+2|\}$
12. $F = \left\{(x, y) | y = \dfrac{4x^2-1}{2x+1}\right\}$
13. $H = \left\{(x, y) | y = \dfrac{x^2-4x+3}{x-1}\right\}$
14. $g = \left\{(x, y) | y = \dfrac{x^3-3x^2-4x+12}{x^2-x-6}\right\}$

Nos Exercícios de 15 a 32, a função é o conjunto de todas as duplas ordenadas $(x, y)$ satisfazendo as equações dadas. Determine o domínio e a imagem das funções e esboce o gráfico.

15. $G: y = \begin{cases} -2 & \text{se } x \leq 3 \\ 2 & \text{se } 3 < x \end{cases}$

16. $h: y = \begin{cases} -4 & \text{se } x < -2 \\ -1 & \text{se } -2 \leq x \leq 2 \\ 3 & \text{se } 2 < x \end{cases}$

17. $f: y = \begin{cases} 2x - 1 & \text{se } x \neq 2 \\ 0 & \text{se } x = 2 \end{cases}$

18. $f: y = \begin{cases} x^2 - 4 & \text{se } x \neq -3 \\ -2 & \text{se } x = -3 \end{cases}$

19. $H: y = \begin{cases} x^2 - 4 & \text{se } x < 3 \\ 2x - 1 & \text{se } 3 \leq x \end{cases}$

20. $\phi: y = \begin{cases} x + 5 & \text{se } x < -5 \\ \sqrt{25-x^2} & \text{se } -5 \leq x \leq 5 \\ x - 5 & \text{se } 5 < x \end{cases}$

21. $F: y = \begin{cases} x - 2 & \text{se } x < 0 \\ x^2 + 1 & \text{se } 0 \leq x \end{cases}$

22. $g: y = \begin{cases} 6x + 7 & \text{se } x \leq -2 \\ 4 - x & \text{se } -2 < x \end{cases}$

23. $F: y = \dfrac{(x+1)(x^2+3x-10)}{x^2+6x+5}$

24. $G: y = \dfrac{(x^2+3x-4)(x^2-5x+6)}{(x^2-3x+2)(x-3)}$

25. $f: y = \sqrt{9-x^2}$

26. $h: y = \sqrt{x^2-9}$

27. $g: y = \dfrac{x^3-2x^2}{x-2}$

28. $f: y = \dfrac{x^3+3x^2+x+3}{x+3}$

29. $h: y = \dfrac{x^3+5x^2-6x-30}{x+5}$

30. $F: y = \dfrac{x^4+x^3-9x^2-3x+18}{x^2+x-6}$

31. $f: y = |x| + |x-1|$

32. $g: y = |x| \cdot |x-1|$

## 1.4 NOTAÇÃO DE FUNÇÃO, TIPOS DE FUNÇÕES E APLICAÇÕES

Se $f$ é a função tendo como seu domínio os valores da variável $x$ e como imagem os valores da variável $y$, o símbolo $f(x)$ (leia "$f$ de $x$") denota o valor particular de $y$ que corresponde ao valor de $x$.

## ILUSTRAÇÃO 1

Na Ilustração 3 da Secção 1.3,

$$f = \{(x, y) | y = \sqrt{5-x}\}$$

Assim $f(x) = \sqrt{5-x}$. Logo, quando $x = 1$, $\sqrt{5-x} = 2$, temos $f(1) = 2$. Analogamente, $f(-6) = \sqrt{11}$, $f(0) = \sqrt{5}$ e assim por diante. •

Quando definimos uma função, o domínio da função deve ser dado explícita ou implicitamente. Por exemplo, se $f$ está definida por

$$f(x) = 3x^2 - 5x + 2$$

isto implica que $x$ pode ser qualquer número real. Contudo, se $f$ está definida por

$$f(x) = 3x^2 - 5x + 2 \qquad 1 \leq x \leq 10$$

então o domínio de $f$ consiste de todos os números reais entre 1 e 10 e mais os extremos 1 e 10.

Analogamente, se $g$ está definida pela equação

$$g(x) = \frac{5x-2}{x+4}$$

isto implica que $x \neq -4$, pois o quociente não está definido para $x = -4$; logo o domínio de $g$ é o conjunto de todos os números reais exceto $-4$.

Se

$$h(x) = \sqrt{9-x^2}$$

isto implica que $x$ está no intervalo fechado $-3 \leq x \leq 3$, pois $\sqrt{9-x^2}$ não está definida no conjunto dos números reais se $x > 3$ ou $x < -3$. Então, o domínio de $h$ é $[-3, 3]$ e a imagem de $h$ é $[0, 3]$.

**EXEMPLO 1** Dado que $f$ é a função definida por $f(x) = x^2 + 3x - 4$, encontre (a) $f(0)$; (b) $f(2)$; (c) $f(h)$; (d) $f(2h)$; (e) $f(2x)$; (f) $f(x+h)$; (g) $f(x) + f(h)$.

**Solução**

(a) $f(0) = 0^2 + 3 \cdot 0 - 4 = -4$

(b) $f(2) = 2^2 + 3 \cdot 2 - 4 = 6$

(c) $f(h) = h^2 + 3h - 4$

(d) $f(2h) = (2h)^2 + 3(2h) - 4 = 4h^2 + 6h - 4$

(e) $f(2x) = (2x)^2 + 3(2x) - 4 = 4x^2 + 6x - 4$

(f) $f(x+h) = (x+h)^2 + 3(x+h) - 4$

$= x^2 + 2hx + h^2 + 3x + 3h - 4$

$= x^2 + (2h+3)x + (h^2 + 3h - 4)$

(g) $f(x) + f(h) = (x^2 + 3x - 4) + (h^2 + 3h - 4)$

$= x^2 + 3x + (h^2 + 3h - 8)$

No Capítulo 2 precisamos simplificar as expressões da forma

$$\frac{f(x+h) - f(x)}{h} \qquad h \neq 0$$

como no seguinte exemplo.

**EXEMPLO 2** Ache

$$\frac{f(x+h)-f(x)}{h}$$

Onde $h \neq 0$, se (a) $f(x) = 4x^2 - 5x + 7$; (b) $f(x) = \sqrt{x}$.

**Solução**

(a) $\dfrac{f(x+h)-f(x)}{h} = \dfrac{4(x+h)^2 - 5(x+h) + 7 - (4x^2 - 5x + 7)}{h}$

$= \dfrac{4x^2 + 8hx + 4h^2 - 5x - 5h + 7 - 4x^2 + 5x - 7}{h}$

$= \dfrac{8hx - 5h + 4h^2}{h}$

$= 8x - 5 + 4h$

(b) $\dfrac{f(x+h)-f(x)}{h} = \dfrac{\sqrt{x+h} - \sqrt{x}}{h}$

$= \dfrac{(\sqrt{x+h} - \sqrt{x})(\sqrt{x+h} + \sqrt{x})}{h(\sqrt{x+h} + \sqrt{x})}$

$= \dfrac{(x+h) - x}{h(\sqrt{x+h} + \sqrt{x})}$

$= \dfrac{h}{h(\sqrt{x+h} + \sqrt{x})}$

$= \dfrac{1}{\sqrt{x+h} + \sqrt{x}}$

Na segunda etapa da solução, multiplicamos o numerador e o denominador pelo conjugado do numerador, a fim de racionalizar o numerador, e disso resultou um fator comum $h$ no numerador e no denominador.

A seguir trataremos da *função composta* de duas funções.

Definição de uma função composta

---

Dadas as funções $f$ e $g$, a **função composta**, denotada por $f \circ g$, é definida por

$(f \circ g)(x) = f(g(x))$

e o domínio de $f \circ g$ é o conjunto de todos os números $x$ no domínio de $g$, tal que $g(x)$ esteja no domínio de $f$.

**EXEMPLO 3** Como $f$ é definida por $f(x) = \sqrt{x}$ e a função $g$ por $g(x) = 2x - 3$, (a) ache $F(x)$ sendo $F = f \circ g$, e determine o domínio de $F$; (b) ache $G(x)$ sendo $G = g \circ f$, e determine o domínio de $G$.

**Solução**

(a) $F(x) = (f \circ g)(x) = f(g(x))$
$= f(2x - 3)$
$= \sqrt{2x - 3}$

O domínio de $g$ é $(-\infty, +\infty)$, e o domínio de $f$ é $[0, +\infty)$. Assim sendo, o domínio de $F$ é o conjunto dos números reais para os quais $2x - 3 \geq 0$ ou, equivalentemente, $[\frac{3}{2}, +\infty)$.

(b) $G(x) = (g \circ f)(x) = g(f(x))$
$= g(\sqrt{x})$
$= 2\sqrt{x} - 3$

Como o domínio de $f$ é $[0, +\infty)$ e o domínio de $g$ é $(-\infty, +\infty)$, o domínio de $G$ é $[0, +\infty)$.

**EXEMPLO 4** Dado que $f$ é definida por $f(x) = \sqrt{x}$ e $g$ é definida por $g(x) = x^2 - 1$, ache: (a) $f \circ f$; (b) $g \circ g$; (c) $f \circ g$; (d) $g \circ f$. Determine também o domínio da função composta em cada parte.

**Solução** O domínio de $f$ é $[0, +\infty)$, e o domínio de $g$ é $(-\infty, +\infty)$.

(a) $(f \circ f)(x) = f(f(x)) = f(\sqrt{x}) = \sqrt{\sqrt{x}} = \sqrt[4]{x}$

O domínio de $f \circ f$ é $[0, +\infty)$.

(b) $(g \circ g)(x) = g(g(x)) = g(x^2 - 1) = (x^2 - 1)^2 - 1 = x^4 - 2x^2$

O domínio de $g \circ g$ é $(-\infty, +\infty)$.

(c) $(f \circ g)(x) = f(g(x)) = f(x^2 - 1) = \sqrt{x^2 - 1}$

O domínio de $f \circ g$ é $(-\infty, -1] \cup [1, +\infty)$ ou, de forma equivalente, todo $x$ não pertencente a $(-1, 1)$.

(d) $(d \circ f)(x) = g(f(x)) = g(\sqrt{x}) = (\sqrt{x})^2 - 1 = x - 1$

O domínio de $g \circ f$ é $[0, +\infty)$. Convém observar que apesar de $x - 1$ estar definida para todos os valores de $x$, o domínio de $g \circ f$, pela definição de função composta, é o conjunto de todos $x$ no domínio de $f$, tal que $f(x)$ esteja no domínio de $g$.

Se a imagem da função $f$ consiste de apenas um único número, então $f$ é chamada **função constante**. Assim se $f(x) = c$, e se $c$ é um número real, então $f$ é uma função constante e seu gráfico é uma reta paralela ao eixo $x$ e a uma distância de $c$ unidades do mesmo.

Se uma função $f$ está definida por

$$f(x) = a_0 x^n + a_1 x^{n-1} + \ldots + a_{n-1} x + a_n$$

onde $n$ é um inteiro não negativo, e $a_0, a_1, \ldots, a_n$ são números reais $(a_0 \neq 0)$, então $f$ é chamada de **função polinomial** de grau $n$. Assim sendo, a função $f$ definida por

$$f(x) = 3x^5 - x^2 + 7x - 1$$

é uma função polinomial de grau 5.

Se o grau de uma função polinomial for 1, então ela é chamada **função linear**; se o grau for 2 temos a chamada **função quadrática** e se for 3, **função cúbica**.

## ILUSTRAÇÃO 2

A função $f$ definida por $f(x) = 3x + 4$ é uma função linear.
A função $g$ definida por $g(x) = 5x^2 - 8x + 1$ é uma função quadrática.
A função $h$ definida por $h(x) = 8x^3 - x + 4$ é uma função cúbica.

Se o grau da função polinomial for zero ela será uma função constante. A função linear em geral é definida por

$$f(x) = mx + b$$

onde $m$ e $b$ são constantes e $m \neq 0$. O gráfico desta função é uma linha reta, tendo $m$ por inclinação e $b$ como o intercepto $y$. A função linear definida por

$$f(x) = x$$

é chamada de **função identidade**. A função quadrática em geral é definida por

$$f(x) = ax^2 + bx + c$$

onde $a$, $b$ e $c$ são constantes e $a \neq 0$.

Se uma função pode ser expressa como o quociente de dois polinômios, ela é chamada **função racional**. Por exemplo, a função $f$ definida por

$$f(x) = \frac{x^3 - x^2 + 5}{x^2 - 9}$$

é uma função racional para a qual o domínio e o conjunto de todos os números reais exceto 3 e $-3$.

Uma **função algébrica** é aquela formada por um número finito de operações algébricas nas funções identidade e constante. Essas operações algébricas incluem adição, subtração, multiplicação, divisão, potenciação e radiciação. Um exemplo de função algébrica é a função $f$ definida por

$$f(x) = \frac{(x^2 - 3x + 1)^3}{\sqrt{x^4 + 1}}$$

Além das funções algébricas, são consideradas em cálculo elementar as chamadas funções transcendentes. Exemplos de funções transcendentes são as funções exponencial e logarítmica, as quais serão discutidas no Capítulo 8.

Aplicações envolvendo a dependência de uma variável em relação a outra ocorrem em ciências sociais, biológicas e físicas. As fórmulas usadas em tais situações freqüentemente determinam funções. Por exemplo, se $y$ representa os juros simples de 1 ano obtidos de um principal de $x$ a uma taxa de 12% ao ano então

$$y = 0{,}12x \tag{1}$$

A um dado valor não negativo de $x$ corresponde um único valor de $y$; assim sendo, o valor de $y$ depende do valor de $x$. Como $f$ é a função definida por $f(x) = 0{,}12x$ e o domínio de $f$ é o conjunto dos números reais não negativos, então (1) pode ser escrita como

$$y = f(x)$$

A Equação (1) é um exemplo de *proporção direta* e diz-se que $y$ é *diretamente proporcional* a $x$.

**32** NÚMEROS REAIS, GRÁFICOS E FUNÇÕES

Definição de diretamente proporcional

---
Diz-se que uma variável $y$ é **diretamente proporcional** a uma variável $x$ se
$$y = kx$$
onde $k$ é uma constante não nula. Em geral, diz-se que uma variável $y$ é **diretamente proporcional** à $n$-ésima potência de $x$ $(n > 0)$ se
$$y = kx^n$$
A constante $k$ é chamada **constante de proporcionalidade**.

---

**EXEMPLO 5** O peso aproximado do cérebro de uma pessoa é diretamente proporcional ao seu peso corporal, e uma pessoa com 68 kg tem um cérebro com um peso aproximado de 1,8 kg. (a) Expresse o número de quilos do peso aproximado do cérebro de uma pessoa como função de seu peso corporal. (b) Ache o peso aproximado do cérebro de uma pessoa cujo peso corporal é 80 quilos.

**Solução** (a) Seja $f(x)$ quilos o peso aproximado do cérebro de uma pessoa cujo peso corporal é $x$ kg. Então

$$f(x) = kx \qquad (2)$$

Como uma pessoa com peso corporal de 68 kg tem um cérebro pesando aproximadamente 1,8 kg

$$1,8 = k \cdot 68$$

$$\frac{18}{10} = k \cdot 68$$

$$k = \frac{18}{680} = \frac{9}{340}$$

Substituímos $k$ em (2) pelo valor resultante, obtendo

$$f(x) = \frac{9}{340} x \qquad (3)$$

(b) De (3),

$$f(80) = \frac{9}{340} \cdot 80$$
$$= 2,1$$

Logo, o peso aproximado do cérebro de uma pessoa que pesa 80 kg é 2,1 kg.

Definição de inversamente proporcional

---
Diz-se que uma variável $y$ é **inversamente proporcional** à variável $x$ se
$$y = \frac{k}{x}$$
onde $k$ é uma constante não nula. Generalizando, diz-se que uma variável $y$ é **inversamente proporcional** à $n$-ésima potência de $x$ $(n > 0)$ se
$$y = \frac{k}{x^n}$$

**EXEMPLO 6** A intensidade da luz de uma dada fonte é inversamente proporcional ao quadrado da distância dela. (a) Expresse o número de velas na intensidade da luz como função da distância em metros da fonte, sabendo que a intensidade é 225 velas a uma distância de 5 m da fonte. (b) Ache a intensidade num ponto distante 12 m da fonte.

**Solução** (a) Seja $f(x)$ velas a intensidade de uma luz num ponto a $x$ m da fonte. Então

$$f(x) = \frac{k}{x^2} \tag{4}$$

Como a intensidade é 225 velas a uma distância de 5 m da fonte,

$$225 = \frac{k}{5^2}$$

$$k = 25 \cdot (225)$$

$$k = 5.625$$

Substituindo o valor de $k$ em (4) obtemos

$$f(x) = \frac{5.625}{x^2} \tag{5}$$

(b) De (5),

$$f(12) = \frac{5.625}{144}$$

$$= \frac{625}{16}$$

Logo, a intensidade num ponto a 12 m da fonte é $\frac{625}{16}$ velas.

Definição de conjuntamente proporcional

> Diz-se que uma variável $z$ é **conjuntamente proporcional** às variáveis $x$ e $y$ se
> $$z = kxy$$
> onde $k$ é uma constante não nula. Generalizando, diz-se que a variável $z$ é **conjuntamente proporcional** à $n$-ésima potência de $x$ e à $m$-ésima potência de $y$ ($n > 0$ e $m > 0$) se
> $$z = kx^n y^m$$

**EXEMPLO 7** Num ambiente limitado onde $A$ é o número máximo de bactérias suportável pelo ambiente, a taxa de crescimento das bactérias é conjuntamente proporcional ao número presente e à diferença entre $A$ e o número presente. Suponhamos que o número máximo de bactérias suportável pelo ambiente seja 1.000.000 e que a taxa de crescimento seja de 60 bactérias por minuto, quando existem 1.000 bactérias presentes. (a) Expresse a taxa de crescimento das bactérias como função do número de bactérias presentes. (b) Encontre a taxa de crescimento quando existem 100.000 bactérias presentes.

**Solução** (a) Seja $f(x)$ bactérias por minuto a taxa de crescimento quando existem $x$ bactérias presentes. Então

$$f(x) = kx(1.000.000 - x) \tag{6}$$

Como a taxa de crescimento é de 60 bactérias por minuto quando existem 1.000 bactérias presentes,

$$60 = k(1.000)(1.000.000 - 1.000)$$

$$k = \frac{60}{999.000.000}$$

$$k = \frac{1}{16.650.000}$$

Substituindo $k$ em (6) pelo valor acima, temos

$$f(x) = \frac{x(1.000.000 - x)}{16.650.000} \tag{7}$$

(b) De (7),

$$f(100.000) = \frac{100.000(1.000.000 - 100.000)}{16.650.000}$$

$$= \frac{100.000(900.000)}{16.650.000}$$

$$= 5.405,4$$

Logo, a taxa de crescimento é 5.405,4 bactérias por minuto quando existem 100.000 bactérias presentes.

## Exercícios 1.4

1. Dada $f(x) = 2x - 1$, ache: (a) $f(3)$; (b) $f(-2)$; (c) $f(0)$; (d) $f(a+1)$; (e) $f(x+1)$; (f) $f(2x)$; (g) $2f(x)$; (h) $f(x + h)$; (i) $f(x) + f(h)$; (j) $\frac{f(x+h) - f(x)}{h}$, $h \neq 0$.

2. Dada $f(x) = \frac{3}{x}$, ache: (a) $f(1)$; (b) $f(-3)$; (c) $f(6)$; (d) $f\left(\frac{1}{3}\right)$; (e) $f\left(\frac{3}{a}\right)$; (f) $f\left(\frac{3}{x}\right)$; (g) $\frac{f(3)}{f(x)}$; (h) $f(x - 3)$; (i) $f(x) - f(3)$; (j) $\frac{f(x+h) - f(x)}{h}$, $h \neq 0$.

3. Dada $f(x) = 2x^2 + 5x - 3$, ache: (a) $f(-2)$; (b) $f(-1)$; (c) $f(0)$; (d) $f(3)$; (e) $f(h + 1)$; (f) $f(2x^2)$; (g) $f(x^2 - 3)$; (h) $f(x + h)$; (i) $f(x) + f(h)$; (j) $\frac{f(x+h) - f(x)}{h}$, $h \neq 0$.

4. Dada $g(x) = 3x^2 - 4$, ache: (a) $g(-4)$; (b) $g(\frac{1}{2})$; (c) $g(x^2)$; (d) $g(3x^2 - 4)$; (e) $g(x - h)$; (f) $g(x) - g(h)$; (g) $\frac{g(x+h) - g(x)}{h}$, $h \neq 0$.

5. Dada $g(x) = \frac{2}{x+1}$, ache: (a) $g(3)$; (b) $g(-3)$; (c) $g(x - 1)$; (d) $g(x) - g(1)$; (e) $g(x^2)$; (f) $[g(x)]^2$; (g) $\frac{g(x+h) - g(x)}{h}$, $h \neq 0$.

6. Dada $f(x) = \dfrac{x+1}{x-1}$, ache: (a) $f(-1)$; (b) $f(0)$; (c) $f(x-1)$; (d) $f\left(\dfrac{1}{x}\right)$; (e) $\dfrac{1}{f(x)}$; (f) $\dfrac{f(-1)}{f(x)}$;
(g) $\dfrac{f(x+h) - f(x)}{h}$, $h \neq 0$.

7. Dada $F(x) = \sqrt{2x+3}$, ache: (a) $F(-1)$; (b) $F(4)$; (c) $F(\tfrac{1}{2})$; (d) $F(30)$; (e) $F(2x+3)$;
(f) $\dfrac{F(x+h) - F(x)}{h}$, $h \neq 0$.

8. Dada $G(x) = \sqrt{2x^2+1}$, ache: (a) $G(-2)$; (b) $G(0)$; (c) $G(\tfrac{1}{5})$; (d) $G(\tfrac{4}{7})$; (e) $G(2x^2-1)$;
(f) $\dfrac{G(x+h) - G(x)}{h}$, $h \neq 0$.

Nos Exercícios de 9 a 16, defina as seguintes funções e determine o domínio da função resultante: (a) $f \circ g$; (b) $g \circ f$.

9. $f(x) = x - 5$; $g(x) = x^2 - 1$
10. $f(x) = \sqrt{x}$; $g(x) = x^2 + 1$
11. $f(x) = \dfrac{x+1}{x-1}$; $g(x) = \dfrac{1}{x}$
12. $f(x) = \sqrt{x}$; $g(x) = 4 - x^2$
13. $f(x) = \sqrt{x}$; $g(x) = x^2 - 1$
14. $f(x) = \sqrt{x+4}$; $g(x) = x^2 - 4$
15. $f(x) = \dfrac{1}{x+1}$; $g(x) = \dfrac{x}{x-2}$
16. $f(x) = x^2$; $g(x) = \dfrac{1}{\sqrt{x}}$

17. Uma fábrica de equipamentos eletrônicos está colocando um novo produto no mercado. Durante o primeiro ano o custo fixo para iniciar a nova produção é $ 140.000 e o custo variável para produzir cada unidade é $ 25. Durante o primeiro ano o preço de venda é $ 65 por unidade. (a) Se $x$ unidades são vendidas durante o primeiro ano, expresse o lucro do primeiro ano como uma função de $x$. (b) Estima-se que 23.000 serão vendidas durante o primeiro ano. Use o resultado da parte (a) para determinar o lucro do primeiro ano se os dados de vendas forem atingidos. (c) Quantas unidades precisam ser vendidas durante o primeiro ano para que a fábrica não ganhe nem perca?

18. O custo mensal fixo de uma fábrica que produz esquis é $ 4.200, e o custo variável é $ 55 por par de esquis. O preço de venda é $ 105 por par de esquis. (a) Se $x$ pares de esquis são vendidos durante um mês, expresse o lucro mensal como uma função de $x$. (b) Use o resultado da parte (a) para determinar o lucro de dezembro se 600 pares de esquis forem vendidos nesse mês. (c) Quantos pares de esquis devem ser vendidos para que a fábrica encerre um mês sem lucro nem prejuízo?

19. (a) Se $x$ graus é a temperatura Fahrenheit, use a informação do Exercício 38 dos Exercícios 1.2 para expressar o número de graus na temperatura Celsius como função de $x$. (b) Ache a temperatura Celsius quando a Fahrenheit é 95°.

20. O peso aproximado dos músculos de uma pessoa é diretamente proporcional a seu peso corporal. (a) Expresse o número de quilos do peso aproximado dos músculos de uma pessoa como função de seu peso corporal, sabendo-se que uma pessoa com 68 kg tem por peso aproximado de seus músculos 27 kg. (b) Ache o peso muscular aproximado de uma pessoa cujo peso corporal é 60 kg.

21. A folha de pagamento diária de uma equipe de trabalho é diretamente proporcional ao número de trabalhadores, e uma equipe de 12 trabalhadores tem uma folha de pagamento de $ 540. (a) Expresse o valor total da folha de pagamento diária como função do número de trabalhadores. (b) Qual a folha de pagamento de uma equipe de 15 trabalhadores?

22. O volume de um gás a pressão constante é diretamente proporcional à temperatura absoluta do gás, e a uma temperatura de 180° o gás ocupa 100 m³. (a) Expresse o número de metros cúbicos do volume de um gás como função do número de graus da temperatura absoluta. (b) Qual é o volume do gás a uma temperatura de 150°?

23. O período de um pêndulo (o tempo para uma oscilação completa) é diretamente proporcional à raiz quadrada do comprimento do pêndulo, e se o comprimento for 240 cm, o período será de 3 s. (a) Expresse o número de segundos do período de um pêndulo como função do número de centímetros de seu comprimento. (b) Ache o período de um pêndulo de 60 cm de comprimento.
24. Para uma corda vibrante, a razão de vibração é diretamente proporcional à raiz quadrada da tensão na corda. (a) Se uma corda vibra 864 vezes por segundo sob uma tensão de 24 kg, expresse o número de vibrações por segundo como função do número de quilogramas da tensão. (b) Ache o número de vibrações por segundo sob uma tensão de 6 kg.
25. O peso de um corpo é inversamente proporcional à sua distância do centro da Terra. (a) Se um corpo pesa 91 kg na superfície da Terra, expresse o número de quilos de seu peso como função do número de quilômetros do centro da Terra. Suponha que o raio da Terra seja 6.400 km. (b) Quanto pesará um corpo a uma distância de 640 km acima da superfície da Terra?
26. Para um cabo elétrico de comprimento fixo, a resistência é inversamente proporcional ao quadrado do diâmetro do cabo. (a) Se um cabo tem um comprimento fixo, $\frac{1}{2}$ cm de diâmetro e 0,1 ohm de resistência, expresse o número de ohms da resistência como função do número de centímetros do diâmetro. (b) Qual a resistência de um cabo com comprimento fixo e $\frac{2}{3}$ cm de diâmetro?
27. Numa pequena cidade com população de 5.000 habitantes, a taxa de crescimento de uma epidemia (a taxa de variação do número de pessoas infectadas) é conjuntamente proporcional ao número de pessoas infectadas e ao número de pessoas não infectadas. (a) Se a epidemia está crescendo à razão de 9 pessoas por dia quando 100 pessoas estão infectadas, expresse a taxa de crescimento da epidemia como função do número de pessoas infectadas. (b) Quão rápido está se alastrando a epidemia quando 200 pessoas estão infectadas?
28. Numa comunidade de 8.000 pessoas, a razão segundo a qual um boato se espalha é conjuntamente proporcional ao número de pessoas que ouviram o boato e ao número de pessoas que não o ouviram. (a) Se o boato está se espalhando a uma razão de 20 pessoas por hora quando 200 pessoas o ouviram, expresse a taxa segundo a qual o boato está se espalhando como função do número de pessoas que o ouviram. (b) Quão rápido o boato está se espalhando quando 500 pessoas o ouviram?

## 1.5 FUNÇÕES COMO MODELOS MATEMÁTICOS

Em aplicações do cálculo estaremos utilizando funções e será necessário expressar uma situação prática em termos de uma relação funcional. A função obtida dá um *modelo matemático* da situação. Agora daremos exemplos mostrando o procedimento envolvido na obtenção de alguns modelos matemáticos.

**EXEMPLO 1** Um fabricante de relógios pode produzir um determinado relógio a um custo de $15 por unidade. Está estimado que se o preço de venda do relógio for de $x$ cada, então o número de relógios vendidos por semana será $125 - x$. (a) Expresse o lucro semanal do fabricante como uma função de $x$. (b) Use o resultado da parte (a) para determinar o lucro semanal se o preço de venda for $45 cada.

**Solução** (a) O lucro pode ser obtido subtraindo-se o custo total da receita total. Seja $R$ a receita semanal. Como a receita é o produto do custo de cada relógio pelo número de relógios vendidos,

$$R = x(125 - x) \tag{1}$$

Seja $C$ o custo total dos relógios vendidos a cada semana. Como o custo total é o produto do custo de cada relógio pelo número de relógios vendidos,

$$C = 15(125 - x) \tag{2}$$

Se $P(x)$ é o lucro semanal, então

$$P(x) = R - C \tag{3}$$

Substituindo (1) e (2) em (3) obtemos

$P(x) = x(125 - x) - 15(125 - x)$

$= (125 - x)(x - 15)$ \hfill (4)

(b) Se o preço de venda é $ 45, o lucro semanal é $P(45)$. De (4),

$P(45) = (125 - 45)(45 - 15)$

$= 80 \cdot 30$

$= 2.400$

Então o lucro semanal é $ 2.400, quando os relógios são vendidos a $ 45 cada.

A função do Exemplo 1 será discutida novamente na Secção 2.4, onde determinamos o preço de venda do relógio a fim de que o lucro semanal do fabricante seja máximo.

**EXEMPLO 2** Um fabricante de caixas de papelão deseja fazer caixas sem tampa de pedaços quadrados de papelão com 30 cm de lado, cortando quadrados iguais dos quatro cantos e virando para cima os lados. (a) Se $x$ cm é o comprimento do lado do quadrado a ser cortado, expresse o número de centímetros cúbicos do volume da caixa como função de $x$. (b) Qual o domínio da função resultante?

**Solução** (a) A Figura 1.5.1 representa um dado pedaço de papelão e a Figura 1.5.2 representa a caixa obtida. Os números de centímetros nas dimensões da caixa são $x$, $(30 - 2x)$ e $(30 - 2x)$. O volume da caixa é o produto das três dimensões. Então, se $V(x)$ centímetros cúbicos é o volume da caixa,

$V(x) = x(30 - 2x)(30 - 2x)$

$= 900x - 120x^2 + 4x^3$ \hfill (5)

(b) De (5) vemos que $V(0) = 0$ e $V(6) = 0$. Das condições do problema notamos que $x$ não pode ser negativo, nem maior do que 6. Assim sendo, o domínio de $V$ é o intervalo fechado [0, 6].

Na Secção 4.2 retornaremos à função do Exemplo 2 e aprenderemos um método para determinar o valor de $x$ que dará à caixa o maior volume possível.

Nos dois exemplos seguintes nós primeiro obtemos duas equações envolvendo uma variável dependente e duas independentes. Então expressamos a variável dependente como função de uma única variável independente, eliminando a outra variável independente do par de equações simultâneas.

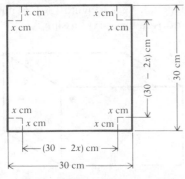

Figura 1.5.1

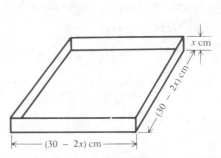

Figura 1.5.2

**EXEMPLO 3** Um terreno retangular às margens de um rio deve ser cercado por todos os lados menos um, ao longo do rio. O material para a cerca custa $ 12 por metro linear no lado paralelo ao rio e $ 8 por metro linear nos outros dois lados; $ 3.600 devem ser gastos para se fazer a cerca. (a) Se $x$ m é o comprimento de um lado não paralelo ao rio, expresse como função de $x$ o número de metros quadrados da área do terreno. (b) Qual o domínio da função resultante?

**Solução** (a) Do enunciado do problema, $x$ é o número de metros do comprimento de um lado do terreno, seja $y$ o número de metros do comprimento do lado paralelo ao rio e $A$ a área do terreno. Veja a Figura 1.5.3. Então

$$A = xy \tag{6}$$

Como o custo do material para cada lado não paralelo ao rio é de $ 8 por metro linear, então o custo total para cada um destes lados é $8x$. Da mesma forma, o custo total do terceiro lado é $12y$. Temos, então,

$$8x + 8x + 12y = 3.600 \tag{7}$$

Para expressar $A$ em termos de uma única variável, resolvemos primeiro (7) para $y$ em termos de $x$. Logo

$$12y = 3.600 - 16x$$
$$y = 300 - \tfrac{4}{3}x$$

Substituindo este valor de $y$ em (6) resulta $A$ como função de $x$, e

$$A(x) = x(300 - \tfrac{4}{3}x)$$

(b) Ambos $x$ e $y$ precisam ser não negativos. O menor valor que $x$ pode assumir é zero. O menor valor de $y$ é zero e quando $y = 0$, obtemos, de (7), $x = 225$. Assim, 225 é o maior valor que $x$ pode assumir. Logo, $x$ deve estar no intervalo fechado [0, 225], e este intervalo é o domínio de $A$.

Na Secção 4.2 retornaremos à função do Exemplo 3 e aprenderemos como determinar as dimensões do terreno de maior área possível que pode ser cercado com $ 3.600 de cerca.

**EXEMPLO 4** Uma caixa fechada com uma base quadrada deve apresentar um volume de 2.000 cm³. O material para a tampa e fundo da caixa custa $ 3 por cm², e o material para os lados custa $ 1,50 por cm². (a) Se $x$ cm for o comprimento de um lado do quadrado da base, expresse o custo do material como função de $x$. (b) Qual o domínio da função resultante?

**Solução** (a) Do enunciado do problema, $x$ cm é o comprimento de um lado do quadrado da base. Seja $y$ cm a profundidade da caixa e $C$ o custo do material. Veja a Figura 1.5.4. O número total de cm² na tampa e fundo combinados é $2x^2$, e para os lados é $4xy$; assim

$$C = 3(2x^2) + \tfrac{3}{2}(4xy) \tag{8}$$

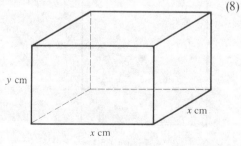

Figura 1.5.3      Figura 1.5.4

Como o volume da caixa é o produto da área da base pela profundidade,

$$x^2 y = 2.000 \tag{9}$$

Resolvendo (9) para $y$ em termos de $x$ e substituindo em (8) obtemos $C$ como função de $x$:

$$C(x) = 6x^2 + \frac{12.000}{x}$$

(b) Observe que $x$ não pode ser nulo, pois aparece no denominador do segundo termo no lado direito da equação que define $C(x)$. Contudo, $x$ pode ser qualquer número positivo. Então, o domínio de $C$ é o intervalo $(0, +\infty)$.

Retornaremos à função do Exemplo 4 na Secção 4.5, onde determinamos as dimensões da caixa, tal que o custo do material seja mínimo.

**EXEMPLO 5** No planejamento de um café-restaurante estima-se que se houver entre 40 e 80 lugares, o lucro diário será de $ 8 por lugar. Contudo, se a capacidade de assentos ficar acima de 80 lugares, o lucro diário de cada lugar decrescerá em $ 0,04 vezes o número de lugares acima de 80. Se $x$ for o número de assentos disponíveis, expresse o lucro diário como função de $x$. Suponha que o lucro não seja negativo.

**Solução** Do enunciado do problema, $x$ é o número de assentos. Seja $P(x)$ o lucro diário.
Obtemos $P(x)$ multiplicando $x$ pelo lucro por lugar. Quando $40 \leq x \leq 80$, $ 8 é o lucro por lugar, logo $P(x) = 8x$. Contudo, quando $x > 80$, o lucro por lugar é $[8 - 0,04(x-80)]$, dando assim

$$P(x) = x[8 - 0,04(x-80)] = 11,20x - 0,04x^2$$

Logo temos

$$P(x) = \begin{cases} 8x & \text{se } 40 \leq x \leq 80 \\ 11,20x - 0,04x^2 & \text{se } 80 < x \leq 280 \end{cases}$$

O limite superior de 280 para $x$ é obtido notando-se que $11,20x - 0,04x^2 = 0$ quando $x = 280$; se $x > 280$, $11,20x - 0,04x^2$ é negativo.

Por definição, $x$ é um inteiro; logo $x$ é qualquer inteiro no intervalo fechado $[40, 280]$.

A função do Exemplo 5 será discutida na Secção 4.2, onde encontraremos a capacidade de assentos necessária para render o maior lucro diário.

## Exercícios 1.5

As funções obtidas nestes exercícios serão usadas como modelos matemáticos para as aplicações de valores extremos nas Secções 2.4, 4.2 e 4.5.

1. Um carpinteiro pode construir estantes a um custo de $ 40 cada. Se o carpinteiro vende as estantes por $x$ cada, estima-se que $300 - 2x$ estantes serão vendidas por mês. (a) Expresse o lucro mensal do carpinteiro como uma função de $x$. (b) Use o resultado da parte (a) para determinar o lucro mensal, se o preço de venda for $ 110 por estante.
2. Um fabricante de brinquedos pode produzir um determinado brinquedo a um custo de $ 10 cada um. Estima-se que se o preço de venda do brinquedo for $x$, então o número de brinquedos vendidos por dia será $45 - x$. (a) Expresse o lucro diário do fabricante como função de $x$. (b) Use o resultado da parte (a) para determinar o lucro diário se o preço de venda do brinquedo for $ 30 cada.
3. Um fabricante de caixas de zinco sem tampa deseja fazer uso de pedaços de zinco com dimensões 20 por 38 cm cortando quadrados iguais dos quatros cantos e virando os lados para cima. (a) Se $x$ cm for o comprimento do lado do quadrado a ser cortado, expresse o número de centímetros cúbicos do volume da caixa como função de $x$. (b) Qual o domínio da função resultante?

## 40 NÚMEROS REAIS, GRÁFICOS E FUNÇÕES

4. Suponha que o fabricante do Exercício 3 faça as caixas abertas de pedaços quadrados de zinco que medem $k$ cm de lado. (a) Se $x$ cm for o comprimento do lado a ser cortado, expresse o volume da caixa em centímetros cúbicos como função de $x$. Lembre-se que $k$ é uma constante. (b) Qual o domínio da função resultante?

5. Um terreno retangular deve ser cercado com 240 m de cerca. (a) Se $x$ m for o comprimento do terreno, expresse a área do terreno em metros quadrados como uma função de $x$. (b) Qual o domínio da função resultante?

6. Um jardim retangular deve ser cercado com 30 m de material próprio para cercas. (a) Se o jardim tem $x$ m de comprimento, expresse a área do jardim em metros quadrados como uma função de $x$. (b) Qual o domínio da função resultante?

7. Faça o Exercício 5, supondo que um lado do terreno tenha um rio como limite, devendo a cerca ser usada nos outros três lados. Seja $x$ m o comprimento do lado do terreno que é paralelo ao rio.

8. Faça o Exercício 6, quando um lado de uma casa serve de limite para o jardim e o material da cerca deve ser usado para os outros três lados. Seja $x$ m o comprimento do lado do jardim que é paralelo à casa.

9. Um lote retangular deve ser fechado por uma cerca e dividido ao meio por outra. A cerca do meio custa $ 7 por metro linear enquanto que a outra $ 17 por metro e $ 960 é a quantia de material de cerca a ser gasta. (a) Se $x$ m é o comprimento da cerca do meio, expresse a área do lote em metros quadrados como função de $x$. (b) Qual o domínio da função resultante?

10. Um pacote no formato de uma caixa retangular com uma secção quadrada tem a soma de seu comprimento com o perímetro da secção igual a 254 cm. (a) Se $x$ cm é o comprimento do pacote, expresse o volume da caixa como uma função de $x$. (b) Qual o domínio da função resultante?

11. Um terreno retangular com uma área de $2.700 \, m^2$ deve ser fechado por uma cerca, e uma outra cerca adicional deve ser usada para dividi-lo ao meio. O custo da cerca do meio é $ 12 por metro, e o da que percorre os lados é $ 18 por metro. (a) Se $x$ m é o comprimento da cerca do meio, expresse o custo total da cerca como uma função de $x$. (b) Qual o domínio da função resultante?

12. Um tanque aberto retangular tem uma base quadrada e um volume de $125 \, m^3$. O custo por metro quadrado do fundo é $ 24 e dos lados é $ 12. (a) Se o comprimento de um lado da base é $x$ m, expresse o custo total do material como uma função de $x$. (b) Qual o domínio da função resultante?

13. Um fabricante de caixas deve produzir uma caixa fechada com $4.720 \, cm^3$ de volume, na qual a base é um retângulo cujo comprimento é três vezes a largura. (a) Se a largura da base é $x$ cm, expresse o número de centímetros quadrados da área da superfície total da caixa como uma função de $x$. (b) Qual o domínio da função resultante?

14. Faça o Exercício 13 se a caixa não tiver tampa.

15. Uma página deve conter $393 \, cm^2$ de material impresso; deve-se deixar uma margem de 3,8 cm em cima e embaixo, e uma margem de 2,5 cm nas laterais. (a) Se $x$ cm é o comprimento do material impresso de cima até embaixo, expresse o número de centímetros quadrados da área total da página como uma função de $x$. (b) Qual o domínio da função resultante?

16. O pavimento de um prédio tendo um piso retangular de $1.226 \, m^2$ deve ser construído com um recuo de 7 m na frente e atrás, e um recuo de 5 m nas laterais. (a) Se $x$ m é o comprimento da frente e fundos do prédio, expresse como função de $x$ a área do lote em metros quadrados onde será feita a construção. (b) Qual o domínio da função resultante?

17. Laranjeiras no Paraná produzem 600 laranjas por ano se não for ultrapassado o número de 20 árvores por acre. Para cada árvore a mais plantada por acre, o rendimento baixa em 15 laranjas. (a) Se $x$ árvores são plantadas por acre, expresse como uma função de $x$ o número de laranjas produzidas por ano. (a) Qual o domínio da função resultante?

18. Um fabricante pode obter um lucro de $ 20 em cada item, se não forem produzidos mais de 800 itens por semana. O lucro em cada item baixa $ 0,02 para cada item acima de 800. (a) Se $x$ itens forem produzidos por semana, expresse o lucro semanal do fabricante como uma função de $x$. Suponha que o lucro não seja negativo. (b) Qual o domínio da função resultante?

19. Um clube privado cobra de cada membro taxas anuais de $ 100, menos $ 0,50 para cada membro acima de 600 e mais $ 0,50 para cada membro abaixo de 600. (a) Se o clube tem $x$ membros, expresse o rendimento das anuidades como uma função de $x$. (b) Qual o domínio da função resultante?

20. Uma apresentação teatral com fins filantrópicos irá custar $ 15 por pessoa se o número de entradas não exceder 150. Contudo, o custo por entrada ficará reduzido em $ 0,07 para cada bilhete que exceder 150. (a) Se $x$ bilhetes forem vendidos, expresse o quanto rendeu o espetáculo como uma função de $x$. (b) Qual o domínio da função resultante?

21. O número máximo de bactérias que um determinado meio ambiente suporta é 900.000, e a taxa de crescimento das bactérias é conjuntamente proporcional ao número presente e à diferença entre 900.000 e o número presente. (a) Se $f(x)$ bactérias por minuto for a taxa de crescimento quando $x$ bactérias estiverem presentes, escreva uma equação que defina $f(x)$. (b) Qual o domínio da função $f$ da parte (a)?

22. Um determinado lago pode suportar um máximo de 14.000 peixes, e a taxa de crescimento deles é conjuntamente proporcional ao número presente e à diferença entre 14.000 e o número presente. (a) Se $f(x)$ peixes por dia for a taxa de crescimento quando $x$ peixes estão presentes, escreva uma equação que defina $f(x)$. (b) Qual o domínio da função $f$ da parte (a)?

## 1.6 EQUAÇÕES DE OFERTA E DE DEMANDA

Consideremos as circunstâncias relativas a um fabricante, nas quais as únicas variáveis são o preço e a quantidade de mercadoria demandada. Seja $p$ o preço de uma unidade de mercadoria, e seja $x$ o número de unidades demandadas.

Refletindo sobre o assunto, parece razoável que a quantidade de mercadoria demandada no mercado pelos consumidores irá depender do preço da mesma. Quando o preço baixa, os consumidores em geral procuram mais a mercadoria. Caso o preço suba, o oposto irá ocorrer: os consumidores procurarão menos.

Uma equação dando a relação entre a quantidade, dada por $x$, de mercadoria demandada e o preço, dado por $p$, é chamada **equação de demanda**. Chega-se a tal equação através da aplicação de métodos estatísticos aos dados econômicos, e ela pode ser escrita em uma das seguintes formas:

$$p = f(x) \tag{1}$$

$$x = g(p) \tag{2}$$

A função $f$ em (1) é chamada de **função preço**, e $f(x)$ é o preço de uma unidade de mercadoria quando $x$ unidades são demandadas. A função $g$ em (2) é chamada **função de demanda** e $g(p)$ é o número de unidades da mercadoria que serão demandadas se $p$ for o preço por unidade. Em situações econômicas normais os domínios das funções preço e de demanda consistem, como você poderia esperar, de números não negativos.

O gráfico da equação de demanda é chamado **curva de demanda**. Quando se traça um esboço da curva de demanda, é costume em economia usar o eixo vertical para representar o preço e o eixo horizontal para representar a demanda. Como a equação de demanda pode ser aplicada somente para certos valores de $x$ e $p$, é muitas vezes necessário restringi-los a intervalos fechados; isto é, $x \in [0, a]$ e $p \in [0, b]$. Mesmo que na prática vigente quantidades e preços em geral assumam valores racionais, nós permitiremos $x$ e $p$ serem quaisquer números reais dentro desses intervalos fechados.

• ILUSTRAÇÃO 1

Consideremos a seguinte equação de demanda:

$$p^2 + 2x - 16 = 0 \tag{3}$$

Como em situações econômicas normais as variáveis $x$ e $p$ são não negativas, quando (3) é resolvida para $p$, rejeitamos os valores negativos de $p$ e obtemos

$$p = \sqrt{16 - 2x} \tag{4}$$

que é da forma de (1). Assim a função preço para a equação de demanda (3) é a função $f$ para a qual $f(x) = \sqrt{16 - 2x}$. Resolvendo (3) para $x$ obtemos

$$x = 8 - \tfrac{1}{2}p^2 \tag{5}$$

que expressa $x$ como função de $p$ como em (2), e assim a função de demanda é a função $g$ para a qual $g(p) = 8 - \tfrac{1}{2}p^2$. Um esboço da curva de demanda está na Figura 1.6.1. O gráfico está restrito ao primeiro quadrante, devido à exigência de que $x$ e $p$ sejam não negativos. De (4) vemos que $p \leq 4$ e $16 - 2x \geq 0$ ou, equivalentemente, $x \leq 8$. Logo, $x \in [0, 8]$ e $p \in [0, 4]$.

Além da restrição de que $x$ e $p$ sejam não negativos sob circunstâncias normais, impomos a condição de que quando o preço por unidade decresce, a demanda pela mercadoria aumenta, e quando o preço por unidade aumenta, a demanda pela mercadoria descresce; isto é, se $p_1$ é o preço de $x_1$ unidades de uma mercadoria e $p_2$ é o preço por unidade de $x_2$ unidades, então $x_2 > x_1$ se e somente se $p_2 < p_1$. Esta condição, por sua vez, reflete nada mais do que o "senso comum econômico" e está ilustrada na Figura 1.6.2.

A equação de demanda mais simples é linear, e pode ser escrita na forma

$$p = mx + p_0 \tag{6}$$

onde $m < 0$. O gráfico desta equação é o segmento, no primeiro quadrante, da reta tendo inclinação $m$ e $p_0$ como intercepto no eixo $p$. Veja a Figura 1.6.3. Observe que $p_0$ é o preço mais alto que alguém pagaria de acordo com a equação de demanda (6). Se (6) for resolvido em $x$, obtemos uma equação da forma:

$$x = kp + x_0$$

onde $k < 0$. Como $x = x_0$ quando $p = 0$, $x_0$ é o número de unidades da quantidade demandada, quando a mercadoria é grátis. Como $k < 0$ implica, a quantidade demandada decresce quando o preço sobe, de zero, e a mercadoria perde sua condição de grátis.

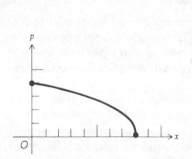

Figura 1.6.1

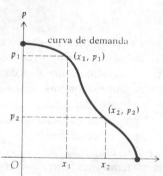

Figura 1.6.2

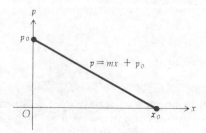

Figura 1.6.3

Equações de Oferta e de Demanda    **43**

**EXEMPLO 1**    Uma companhia de turismo tomou conhecimento de que quando o preço de uma visita a pontos turísticos é $ 6, a média do número de passagens vendidas por viagem é 30, e quando o preço passa a $ 10, o número médio de passagens vendidas é somente 18. Supondo linear a equação de demanda, encontre-a e trace um esboço da curva de demanda.

**Solução**    Seja $x$ o número de passagens demandadas, e $p$ a quantia em dinheiro correspondente a cada passagem. Como $x = 30$ quando $p = 6$, e $x = 18$ quando $p = 10$, os pontos (30, 6) e (18, 10) pertencem ao segmento de reta que é o gráfico da equação demandada. Usando a forma ponto-inclinação da equação da reta temos

$$p - 6 = \frac{10 - 6}{18 - 30}(x - 30)$$

$$x + 3p = 48$$

Como $x \geq 0$ e $p \geq 0$, a curva de demanda está restrita ao primeiro quadrante. O esboço da curva de demanda é mostrado na Figura 1.6.4.

Suponha agora que $x$ seja o número de unidades de uma certa mercadoria a ser ofertada por um produtor e, como acima, $p$ seja o preço de uma unidade da mercadoria. Vamos supor que estas sejam as duas únicas variáveis. Uma equação envolvendo estas duas variáveis é chamada **equação de oferta**. Numa situação econômica normal, $x$ e $p$ são não negativos e $x_2 > x_1$ se e somente se $p_2 > p_1$; isto é, quando o preço da mercadoria aumenta, o produtor naturalmente aumentará a oferta para tirar vantagem dos preços mais altos. Da mesma forma, haverá uma tendência de diminuir a quantidade produzida quando o preço baixa. O caso trivial quando a produção é constante, qualquer que seja o preço, é uma exceção a essa afirmação. O gráfico da equação de oferta é chamado **curva de oferta**, e a Figura 1.6.5 mostra um esboço dela quando as circunstâncias são normais. Quando $x = 0$, $p = p_0$ e este é o preço segundo o qual nenhuma mercadoria estará disponível no mercado. Quando o preço unitário é grande, o produtor oferta uma grande quantidade de mercadoria ao mercado.

A equação de oferta mais simples é a linear, que pode ser escrita na forma

$$p = mx + p_0$$

onde $m > 0$. A Figura 1.6.6 mostra um esboço do gráfico desta equação. O gráfico é a parte no primeiro quadrante da reta com inclinação $m$, sendo $p_0$ o intercepto $p$. Nada é produzido até que $p > p_0$.

**EXEMPLO 2**    A não ser que o preço de uma determinada estante supere $ 250, nenhuma estante estará disponível no mercado. Contudo, quando o preço é $ 350, 200 estantes estarão disponíveis no mercado. Ache a equação de oferta, supondo-a linear, e trace um esboço da curva de oferta.

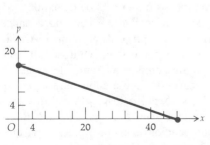

Figura 1.6.4

Figura 1.6.5

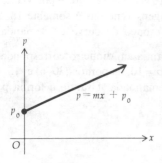
Figura 1.6.6

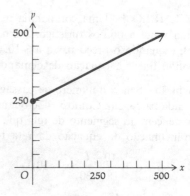
Figura 1.6.7

**Solução**  Seja $x$ o número de estantes fornecidas quando $p$ é o preço por estante. Quando $p = 250$, $x = 0$, e quando $p = 350$, $x = 200$. Assim sendo, os pontos $(0, 250)$ e $(200, 350)$ estão na curva de oferta. Usando a forma ponto-inclinação da equação da reta temos

$$p - 250 = \frac{350 - 250}{200 - 0}(x - 0)$$

$$p - 250 = \tfrac{1}{2}x$$

$$p = \tfrac{1}{2}x + 250$$

Na Figura 1.6.7 temos um esboço da curva de oferta.

Chamaremos a totalidade das empresas que produzem a mesma mercadoria de uma **indústria**. O **mercado** para uma certa mercadoria consta da indústria e dos consumidores da mercadoria (que podem incluir empresas, governo e consumidores individuais). A equação de oferta do mercado é determinada a partir das equações de oferta das companhias integrantes da indústria, e a equação de demanda do mercado é determinada através das equações de demanda de todos os consumidores. Mostraremos agora como determinar o *preço de equilíbrio* e a *quantidade de equilíbrio* de um mercado.

O **equilíbrio de mercado** ocorre quando a quantidade de mercadoria demandada, a um dado preço, é igual à quantidade de mercadoria oferecida àquele preço. Isto é, o equilíbrio de mercado ocorre quando tudo que é oferecido para a venda de um determinado preço é comprado. Quando ocorre o equilíbrio de mercado, a quantidade de mercadoria produzida é chamada **quantidade de equilíbrio** e o preço da mercadoria é chamado **preço de equilíbrio**. A quantidade de equilíbrio e o preço de equilíbrio são determinados resolvendo-se simultaneamente as equações de demanda e oferta do mercado. Na Figura 1.6.8 temos esboços das curvas de demanda e oferta, indicadas por $D$ e $S$, respectivamente. O ponto $E$ é o **ponto de equilíbrio** e suas coordenadas são $x_E$ e $p_E$, onde $x_E$ unidades é a quantidade de equilíbrio e $p_E$ é o preço de equilíbrio. Ainda com referência à Figura 1.6.8, vamos supor que o preço da mercadoria fosse $p_1$; então a indústria planejaria vender $x_{S_1}$ unidades e os consumidores planejariam comprar $x_{D_1}$ unidades, e assim faltariam $(x_{D_1} - x_{S_1})$ unidades aos consumidores. Isto forçaria o preço a subir para $p_E$ e a quantidade oferecida cresceria para $x_E$ unidades. Contudo, se o preço fosse $p_2$, os consumidores planejariam comprar $x_{D_2}$ unidades e a indústria planejaria vender $x_{S_2}$ unidades. Conseqüentemente, restariam à indústria $(x_{S_2} - x_{D_2})$ unidades não vendidas e assim o preço teria que cair para $p_E$, e a quantidade ofertada seria reduzida a $x_E$ unidades.

Equações de Oferta e de Demanda  45

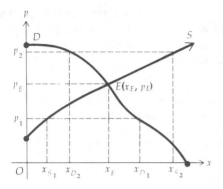

Figura 1.6.8

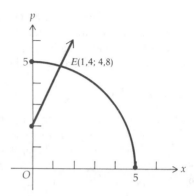

Figura 1.6.9

**EXEMPLO 3** As equações de demanda e oferta do mercado são, respectivamente,
$$x^2 + p^2 - 25 = 0$$
e
$$2x - p + 2 = 0$$
onde $p$ é o preço e $100x$ unidades a quantidade. Determine a quantidade e o preço de equilíbrio. Trace esboços das curvas de oferta e demanda no mesmo conjunto de eixos, e mostre o ponto de equilíbrio.

**Solução** Para encontrar o ponto de equilíbrio resolvemos simultaneamente as duas equações. Da segunda tiramos o valor de $p$ e substituímos na primeira equação. Temos

$$x^2 + (2x + 2)^2 - 25 = 0$$
$$x^2 + 4x^2 + 8x + 4 - 25 = 0$$
$$5x^2 + 8x - 21 = 0$$
$$(5x - 7)(x + 3) = 0$$
$$5x - 7 = 0 \qquad x + 3 = 0$$
$$x = 1{,}4 \qquad x = -3$$

Como $x \geq 0$, rejeitamos o valor negativo e, portanto, $x = 1{,}4$. Substituindo este valor na segunda equação obtemos $p = 4{,}8$. Assim o preço de equilíbrio é $ 4,80 e a quantidade de equilíbrio é 140 unidades (lembre-se de que a quantidade é $100x$ unidades). Escrevendo a primeira equação na forma
$$x^2 + p^2 = 25$$
vemos que seu gráfico é um círculo com centro na origem e raio de 5. Como $x \geq 0$ e $p \geq 0$, a curva de demanda é a parte do círculo no primeiro quadrante. Resolvendo a equação de oferta para $p$ temos
$$p = 2x + 2$$
Assim a curva de oferta é a parte do primeiro quadrante da reta com inclinação 2 e intercepto no eixo $p$ igual a 2. O esboço requerido está na Figura 1.6.9.

**46** NÚMEROS REAIS, GRÁFICOS E FUNÇÕES

Deve ser notado que se as curvas de demanda e oferta não têm intersecção no primeiro quadrante, dizemos que o equilíbrio não tem significado. Por exemplo, se as curvas têm intersecção no segundo quadrante, isto implica que a quantidade de equilíbrio é negativa, e não tem sentido falar da produção de uma quantidade negativa.

### Exercícios 1.6

Nos Exercícios de 1 a 10, uma equação linear é dada. Trace o segmento da linha reta no primeiro quadrante. Determine se este segmento é uma curva de demanda, oferta, ou nenhuma das duas.

1. $2x - 3p + 6 = 0$
2. $5p + 4x - 10 = 0$
3. $4p + x = 7$
4. $3x - 4p + 24 = 0$
5. $3x + 5p + 12 = 0$
6. $3p = 2$
7. $4p - 5 = 0$
8. $4x - 3p = 0$
9. $5p - 6x = 0$
10. $2x + 6p + 3 = 0$

Nos Exercícios de 11 a 14, a equação de demanda de certa mercadoria é dada. Em cada exercício, faça o seguinte: (a) Trace um esboço da curva de demanda, (b) determine o preço mais alto que qualquer pessoa pagaria pela mercadoria, e (c) ache a demanda se a mercadoria for grátis.

11. $3x + 2p - 15 = 0$
12. $x^2 + p^2 = 36$
13. $p^2 + 4p + 2x - 10 = 0$
14. $x^2 + 2x + 3p - 23 = 0$

Nos Exercícios de 15 a 18, a equação de oferta de certa mercadoria é dada. Em cada exercício faça o seguinte: (a) Trace um esboço da curva de oferta, e (b) ache o preço mais baixo pelo qual a mercadoria seria ofertada.

15. $x^2 - 4p + 12 = 0$
16. $2x - 6p + 9 = 0$
17. $p^2 + 8p - 6x - 20 = 0$
18. $2x^2 + 12x - 3p + 24 = 0$

Nos Exercícios de 19 a 26, são dadas as equações de demanda e oferta de um mercado. (a) Determine a quantidade e o preço de equilíbrio, (b) trace esboços das curvas de demanda e oferta no mesmo conjunto de eixos, e mostre o ponto de equilíbrio.

19. $x + 2p - 15 = 0$; $x - 3p + 3 = 0$
20. $3x + p - 21 = 0$; $3x - 4p + 9 = 0$
21. $x^2 + p - 9 = 0$; $x - p + 3 = 0$
22. $3x^2 - 6x + p - 8 = 0$; $x^2 - p + 4 = 0$
23. $3x^2 + p - 10 = 0$; $x^2 + 2x - p + 4 = 0$
24. $p^2 + p + x - 12 = 0$; $2p^2 - 2p - x - 4 = 0$
25. $x^2 + p^2 = 25$; $x^2 - 8p + 8 = 0$
26. $x^2 + p^2 = 100$; $x^2 - 6p + 12 = 0$

27. Uma companhia vende 20.000 unidades de uma mercadoria quando o preço unitário é $ 14, e a companhia determinou que pode vender 2.000 unidades a mais com uma redução de $ 2 no preço unitário. Ache a equação de demanda, supondo-a linear, e trace um esboço da curva de demanda.
28. Uma companhia que vende equipamentos de escritório consegue vender 1.000 arquivos quando o preço é $ 600. Além disso, sabe-se que a cada redução de $ 30 no preço a companhia pode vender mais 150 arquivos. Supondo linear a equação de demanda, encontre-a e trace um esboço da curva de demanda.
29. Quando o preço é $ 80, há 10.000 lâmpadas de um certo tipo disponíveis no mercado. Para cada $ 10 de aumento no preço, 8.000 lâmpadas a mais estão disponíveis no mercado. Supondo linear a equação de oferta, encontre-a e trace um esboço da curva de oferta.
30. Um produtor oferta 500 unidades de uma mercadoria quando o preço unitário é $ 20. Para cada aumento de $ 1 no preço, 60 unidades a mais são ofertadas. Supondo linear a equação de oferta, encontre-a e trace um esboço da curva de oferta.

### Exercícios de Recapitulação do Capítulo 1

Nos Exercícios de 1 a 10, faça um esboço do gráfico da equação.

1. $y = 3x + 4$
2. $y = 5 - 2x$
3. $y = x^2 - 2$
4. $y = |x - 4|$
5. $y^2 = x - 4$
6. $y = \sqrt{x - 4}$
7. $y = |x + 5|$
8. $9x^2 - 25y^2 = 0$
9. $x^2 + y^2 = 16$
10. $x^2 + 4y^2 = 16$

11. Faça um esboço do gráfico de cada uma das equações: (a) $y = 2\sqrt{x}$; (b) $y = -2\sqrt{x}$; (c) $y^2 = 4x$.
12. Faça um esboço do gráfico de cada uma das equações: (a) $y = \sqrt{9-x^2}$; (b) $y = -\sqrt{9-x^2}$; (c) $x^2 + y^2 = 9$.
13. (a) Ache a inclinação da reta que passa pelos pontos $(4, -5)$ e $(-2, 7)$. (b) Escreva uma equação da reta da parte (a).
14. Ache uma equação da reta que passa pelos pontos $(2, -4)$ e $(7, 3)$, e escreva a equação na forma inclinação-intercepto.
15. Ache a inclinação da reta $3x - 4y = 12$.
16. Mostre que as retas $2x - 3y + 8 = 0$ e $4x - 6y + 5 = 0$ são paralelas.
17. Ache uma equação da reta que passa pelo ponto $(5, -3)$ e é perpendicular à reta $2x - 5y = 10$.
18. Determine, usando as inclinações, se os pontos dados estão sobre uma reta: (a) $(3, 4)$, $(-1, -2)$, $(5, 7)$; (b) $(-6, -1)$, $(1, 5)$, $(5, 8)$.

Nos Exercícios de 19 a 22, a função é o conjunto de duplas ordenadas $(x, y)$ satisfazendo à equação dada. Determine o domínio e imagem da função e faça um esboço de seu gráfico.

19. $f: y = \sqrt{2x + 5}$
20. $g: y = \dfrac{x^2 - 16}{x + 4}$
21. $h: y = \dfrac{x^2 + x - 6}{x - 2}$
22. $F: y = \begin{cases} x^2 - 1 & \text{se } x < 1 \\ x - 1 & \text{se } 1 \leq x \end{cases}$

23. Dada $f(x) = 3x^2 - x + 5$, ache: (a) $f(1)$; (b) $f(-3)$; (c) $f(-x^2)$; (d) $-[f(x)]^2$; (e) $\dfrac{f(x+h) - f(x)}{h}$, $h \neq 0$.
24. Dada $g(x) = \sqrt{x+3}$, ache: (a) $g(-3)$; (b) $g(1)$; (c) $g(x^2)$; (d) $[g(x)]^2$; (e) $\dfrac{g(x+h) - g(x)}{h}$, $h \neq 0$.

Nos Exercícios de 25 a 27, defina as seguintes funções e determine o domínio da função resultante: (a) $f \circ g$; (b) $g \circ f$.

25. $f(x) = x^2 - 4$; $g(x) = 4x - 3$
26. $f(x) = \sqrt{x + 2}$; $g(x) = x^2 + 4$
27. $f(x) = x^2 - 9$; $g(x) = \sqrt{x + 5}$
28. A equação de demanda para um produto é $p^2 + 2p + 2x - 24 = 0$. (a) Faça um esboço da curva de demanda, (b) ache o preço mais alto que qualquer pessoa pagaria pelo produto, e (c) ache a demanda se o produto fosse grátis.
29. A equação de oferta de um produto é $x^2 + 4x - 4p + 20 = 0$. (a) Faça um esboço da curva de oferta, e (b) ache o preço mais baixo pelo qual o produto seria fornecido.

Nos Exercícios 30 e 31, são dadas as equações de oferta e demanda. (a) Determine a quantidade e o preço de equilíbrio, e (b) faça esboços das curvas de oferta e demanda no mesmo conjunto de eixos, e mostre o ponto de equilíbrio.

30. $2x + p - 12 = 0$; $x^2 - p + 4 = 0$
31. $x^2 + p^2 = 169$; $p - 2x = 2$
32. Um equipamento foi comprado por $ 20.000, e espera-se que o seu valor final após 10 anos de uso seja $ 1.500. Se o método da linha reta for usado para depreciar o equipamento de $ 20.000 a $ 1.500 em 10 anos, qual o valor líquido do equipamento após 5 anos?
33. Os custos da construção de um prédio de apartamentos foram de $ 1.500.000, e esta quantia foi depreciada pelo método da linha reta por 15 anos, a partir de 1975. Qual foi o valor líquido do prédio em 1983?
34. O custo de um fabricante é $ 12 por unidade, e o custo total para se produzir 400 unidades em 1 dia é $ 5.400. (a) Determine as despesas gerais fixas por dia. (b) Se $x$ unidades são produzidas por dia e $y$ é o custo total diário, escreva uma equação envolvendo $x$ e $y$. (e) Faça um esboço do gráfico da equação da parte (b).

## 48  NÚMEROS REAIS, GRÁFICOS E FUNÇÕES

35. A distância que um corpo percorre ao cair livremente, até ficar em repouso, é diretamente proporcional ao quadrado do tempo de queda, e um corpo percorre 20 m durante sua queda, em 2 s. (a) Expresse a distância em metros que um corpo percorre caindo livremente como função do número de segundos do tempo de queda. (b) Qual a distância percorrida em queda livre em $2\frac{1}{2}$ s?

36. A lei de Boyle afirma que a uma temperatura constante o volume de um gás é inversamente proporcional à pressão do gás, e um gás ocupa 100 m$^3$ a uma pressão de 24 kg por centímetro quadrado. (a) Expresse o número de metros cúbicos ocupados por um gás como função do número de quilogramas por centímetro quadrado em sua pressão. (b) Qual é o volume de um gás quando sua pressão é 16 kg por centímetro quadrado?

37. Pedaços quadrados de metal com 51 cm de lado são usados para construir caixas abertas, cortando-se quadrados iguais dos quatro cantos e levantando-se para cima os lados. (a) Se $x$ centímetros é o comprimento do lado do quadrado cortado, expresse o número de centímetros cúbicos do volume da caixa como função de $x$. (b) Qual o domínio da função resultante?

38. Um atacadista oferece entregar a um comerciante 300 cadeiras ao preço unitário de $ 90 e reduzir o preço de cada cadeira em toda encomenda em $ 0,25 para cada unidade adicional acima de 300. (a) Se $x$ cadeiras forem encomendadas, expresse o custo do comerciante como função de $x$. (b) Qual o domínio da função resultante?

39. Uma excursão patrocinada por uma escola que pode acomodar até 250 estudantes custará $ 15 por estudante, se o número de estudantes não exceder 150; contudo, o custo por estudante será reduzido em $ 0,05 para cada estudante que passar de 150 até o custo atingir $ 10 por estudante. (a) Se $x$ estudantes fazem a excursão, expresse a receita total como função de $x$. (b) Qual o domínio da função resultante?

40. Numa cidade com uma população de 11.000 pessoas, a taxa de crescimento de uma epidemia é conjuntamente proporcional ao número de pessoas infectadas e ao número de não infectadas. (a) Se a epidemia cresce a uma taxa de $f(x)$ pessoas por dia quando $x$ pessoas estão infectadas, escreva uma equação que defina $f(x)$. (b) Qual o domínio da função $f$ da parte (a)?

41. Uma caixa sem tampa com uma base quadrada tem um volume de 1 metro cúbico. (a) Se $x$ m é o comprimento de um lado da base, expresse o número de metros quadrados da área total da superfície da caixa como uma função de $x$. (b) Qual o domínio da função resultante?

42. Faça o Exercício 41 supondo que a caixa seja fechada.

43. Um letreiro deve conter 50 m$^2$ de texto e são requeridas margens de 4 m em cima e embaixo e 2 m de cada lado. (a) Se $x$ m for o comprimento do texto, expresse o número de metros quadrados da área total do letreiro como função de $x$. (b) Qual o domínio da função resultante?

44. Quando o preço é de $ 140, existem 6.000 rádios disponíveis no mercado. A cada aumento de $ 20 no preço, outros 3.000 rádios estão disponíveis no mercado. Supondo linear a equação de oferta, encontre-a e faça um esboço da curva de oferta.

45. Uma empresa pode vender 10.000 unidades de um dado produto quando o preço unitário é $ 30, e a empresa estimou que pode vender mais 1.000 unidades a cada redução de $ 2 no preço. Supondo linear a equação de demanda, encontre-a e faça um esboço da curva de demanda.

46. Se um pequeno lago pode suportar um máximo de 10.000 peixes, a taxa de crescimento da população de peixes é conjuntamente proporcional ao número presente deles e à diferença entre 10.000 e a quantidade presente. (a) Se a taxa de crescimento for de 90 peixes por semana quando 1.000 peixes estão presentes, expresse a taxa de crescimento da população como uma função do número presente. (b) Ache a taxa de crescimento da população quando houver 2.000 peixes.

# CAPÍTULO 2

# A DERIVADA

## 2.1 O LIMITE DE UMA FUNÇÃO

O conceito de limite de uma função é básico para o estudo de cálculo. Nesta secção, o conceito de limite de uma função é primeiro motivado gradualmente, o que leva à discussão de como calcular o valor de uma função próxima a um número através de um tratamento intuitivo do processo de limite.

Consideremos a função $f$ definida pela equação

$$f(x) = \frac{(2x + 3)(x - 1)}{x - 1} \tag{1}$$

$f$ está definida para todos os valores de $x$ exceto $x = 1$. Além disso, se $x \neq 1$, o numerador e o denominador podem ser divididos por $x - 1$, resultando

$$f(x) = 2x + 3 \quad x \neq 1 \tag{2}$$

Investigaremos os valores da função, $f(x)$, quando $x$ está perto de 1, sendo diferente de 1. Primeiro, vamos supor $x$ assumindo os valores 0; 0,25; 0,5; 0,75; 0,9; 0,99; 0,999; 0,9999, e assim por diante. Estamos tomando valores de $x$ cada vez mais próximos de 1, porém menores do que 1; em outras palavras, a variável $x$ está se aproximando de 1 através de valores menores do que 1. Nós ilustramos isto na Tabela 2.1.1.

Tabela 2.1.1

| $x$ | 0 | 0,25 | 0,5 | 0,75 | 0,9 | 0,99 | 0,999 | 0,9999 | 0,99999 |
|---|---|---|---|---|---|---|---|---|---|
| $f(x) = 2x + 3$ ($x \neq 1$) | 3 | 3,5 | 4 | 4,5 | 4,8 | 4,98 | 4,998 | 4,9998 | 4,99998 |

Agora vamos supor que a variável $x$ esteja se aproximando de 1 através de valores que são maiores do que 1; isto é, sejam os seguintes valores de $x$, 2; 1,75; 1,5; 1,25; 1,1; 1,01; 1,001; 1,0001; 1,00001, e assim por diante. Veja a Tabela 2.1.2.

Tabela 2.1.2

| $x$ | 2 | 1,75 | 1,5 | 1,25 | 1,1 | 1,01 | 1,001 | 1,0001 | 1,00001 |
|---|---|---|---|---|---|---|---|---|---|
| $f(x) = 2x + 3$ ($x \neq 1$) | 7 | 6,5 | 6 | 5,5 | 5,2 | 5,02 | 5,002 | 5,0002 | 5,00002 |

Vemos de ambas as tabelas que enquanto $x$ se aproxima cada vez mais de 1, $f(x)$ está cada vez mais próxima de 5; e quanto mais próximo $x$ está de 1 tanto mais próxima $f(x)$ está de 5. Por exemplo, da Tabela 2.2.1, quando $x = 0,9$, $f(x) = 4,8$; isto é, quando $x$ é 0,1 menor do que 1, $f(x)$ é 0,2 menor do que 5. Quando $x = 0,999$, $f(x) = 4,998$; isto é, quando $x$ é 0,001 menor do que 1, $f(x)$ é 0,002 menor do que 5. Ademais, quando $x = 0,9999$, $f(x) = 4,9998$; isto é, quando $x$ é 0,0001 menor do que 1, $f(x)$ é 0,0002 menor do que 5.

A Tabela 2.1.2 mostra que quando $x = 1,1$, $f(x) = 5,2$, isto é, quando $x$ é 0,1 maior do que 1, $f(x)$ é 0,2 maior do que 5. Quando $x = 1,001$, $f(x) = 5,002$; isto é, quando $x$ é 0,001 maior do que 1, $f(x)$ é 0,002 maior do que 5. Quando $x = 1,0001$, $f(x) = 5,0002$; isto é, quando $x$ é 0,0001 maior do que 1, $f(x)$ é 0,0002 maior do que 5.

Assim sendo, das duas tabelas, vemos que quando $x$ difere de 1 por $\pm 0{,}001$ (isto é, $x = 0{,}999$ ou $x = 1{,}001$), $f(x)$ difere de 5 por $\pm 0{,}002$ [isto é, $f(x) = 4{,}998$ ou $f(x) = 5{,}002$]. E quando $x$ difere de 1 por $\pm 0{,}0001$, $f(x)$ difere de 5 por $\pm 0{,}0002$.

Agora, vendo a situação sob outro ponto de vista, consideramos primeiro os valores de $f(x)$. Vemos, das tabelas, que $|f(x) - 5| = 0{,}2$ quando $|x - 1| = 0{,}1$, e que

$$|f(x) - 5| < 0{,}2 \quad \text{quando} \quad 0 < |x - 1| < 0{,}1$$

Note que impomos a condição $0 < |x - 1|$ porque nós estamos interessados somente nos valores de $f(x)$ para $x$ próximo a 1, mas não para $x = 1$ (aliás, esta função não está definida para $x = 1$).

Ademais, $|f(x) - 5| = 0{,}002$ quando $|x - 1| = 0{,}001$, e

$$|f(x) - 5| < 0{,}002 \quad \text{sempre que} \quad 0 < |x - 1| < 0{,}001$$

Analogamente, $|f(x) - 5| = 0{,}0002$ quando $|x - 1| = 0{,}0001$, e

$$|f(x) - 5| < 0{,}0002 \quad \text{sempre que} \quad 0 < |x - 1| < 0{,}0001$$

Poderíamos prosseguir e tornar o valor de $f(x)$ o mais próximo de 5 possível, tomando $x$ tão próximo de 1 quanto necessário, mas não igual a 1. Uma outra maneira de dizer isto é que podemos tornar o valor absoluto da diferença entre $f(x)$ e 5 tão pequeno quanto desejarmos, fazendo o valor absoluto da diferença entre $x$ e 1 tão pequeno quanto necessário, mas não zero. Isto é, $|f(x) - 5|$ pode se tornar tão pequena quanto desejarmos tornando $|x - 1|$ tão pequeno quanto necessário, desde que $|x - 1| > 0$. Estamos agora em condições de dar uma definição geral do limite de uma função.

Definição do limite de uma função

> Seja $f$ uma função a qual está definida em todos os números de um intervalo aberto $I$ contendo $a$, exceto possivelmente no próprio número $a$. O **limite de $f(x)$ quando $x$ se aproxima de $a$ é $L$**, notado por
>
> $$\lim_{x \to a} f(x) = L$$
>
> se $|f(x) - L|$ puder se tornar tão pequeno quanto desejarmos, tornando $|x - a|$ tão pequeno quanto necessário, contanto que $|x - a| > 0$.

Uma outra maneira de apresentar a definição acima é a seguinte: "Os valores da função $f(x)$ aproximam-se de um limite $L$ quando $x$ se aproxima de um número $a$ se o valor absoluto da diferença entre $f(x)$ e $L$ puder se tornar tão pequeno quanto desejarmos, tomando $x$ suficientemente próximo de $a$, mas não igual a $a$".

Uma interpretação geométrica da definição de limite de uma função no caso dela ser dada pela Equação (1) está ilustrada na Figura 2.1.1. Observe na figura que $f(x)$ no eixo vertical estará entre $5 - e$ e $5 + e$ (isto é, $f(x)$ estará dentro de $e$ unidades de 5) sempre que $x$ no eixo horizontal estiver entre $1 - d$ e $1 + d$ (isto é, sempre que $x$ estiver dentro de $d$ unidades de 1). Uma outra maneira de apresentar isto é que $f(x)$ no eixo vertical pode ser restrito a ficar entre $5 - e$ e $5 + e$, restringindo-se $x$ no eixo horizontal a ficar entre $1 - d$ e $1 + d$.

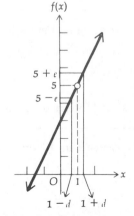

Figura 2.1.1

É importante notar que na definição nada é mencionado sobre o valor da função, quando $x = a$. Isto é, não é necessário que a função esteja definida para $x = a$ para existir o $\lim_{x \to a} f(x)$. Em particular, no exemplo,

$$\lim_{x \to 1} \frac{(2x + 3)(x - 1)}{x - 1} = 5$$

mas

$$\frac{(2x + 3)(x - 1)}{x - 1}$$

não está definida para $x = 1$. Contudo, a primeira sentença na definição requer que a função do nosso exemplo esteja definida em todos os números, exceto 1, em algum intervalo aberto contendo 1.

Para calcular limites de funções de uma forma direta precisamos de alguns teoremas. As provas dos teoremas estão baseadas na definição de limite de uma função. As provas são muito avançadas para este texto e não serão dadas aqui. É possível que as afirmações dos teoremas sejam intuitivamente evidentes para você, caso o conceito de limite seja lembrado como "$f(x)$ estando muito perto de $L$ quando $x$ está suficientemente próximo de $a$". Contudo, você deve estar ciente de que a cada um dos teoremas poderá ser dada uma prova rigorosa. Esses teoremas são chamados "teoremas de limite".

**Teorema de Limite 1** Se $m$ e $b$ são constantes quaisquer,

$$\lim_{x \to a} (mx + b) = ma + b$$

● ILUSTRAÇÃO 1

Do Teorema de Limite 1 segue que

$$\lim_{x \to 2} (3x + 5) = 3 \cdot 2 + 5$$
$$= 11$$
●

**Teorema de Limite 2** Se $c$ é uma constante, então para qualquer número $a$,

$$\lim_{x \to a} c = c$$

O Teorema de Limite 2 é um caso particular do Teorema de Limite 1, quando $m = 0$ e $b = c$.

**Teorema de Limite 3**

$$\lim_{x \to a} x = a$$

O Teorema de Limite 3 é um caso particular do Teorema de Limite 1 quando $m = 1$ e $b = 0$.

## ILUSTRAÇÃO 2

Do Teorema de Limite 2,

$$\lim_{x \to 5} 7 = 7$$

e do Teorema de Limite 3,

$$\lim_{x \to -6} x = -6$$

**Teorema de Limite 4**  Se $\lim_{x \to a} f(x) = L$ e $\lim_{x \to a} g(x) = M$, então

$$\lim_{x \to a} [f(x) \pm g(x)] = L \pm M$$

O Teorema de Limite 4 pode ser estendido a qualquer número finito de funções.

**Teorema de Limite 5**  Se $\lim_{x \to a} f_1(x) = L_1, \lim_{x \to a} f_2(x) = L_2, \ldots,$ e $\lim_{x \to a} f_n(x) = L_n$, então

$$\lim_{x \to a} [f_1(x) \pm f_2(x) \pm \ldots \pm f_n(x)] = L_1 \pm L_2 \pm \ldots \pm L_n$$

**Teorema de Limite 6**  Se $\lim_{x \to a} f(x) = L$ e $\lim_{x \to a} g(x) = M$, então

$$\lim_{x \to a} f(x) \cdot g(x) = L \cdot M$$

## ILUSTRAÇÃO 3

Do Teorema de Limite 3, $\lim_{x \to 3} x = 3$, e do Teorema de Limite 1, $\lim_{x \to 3} (2x + 1) = 7$.
Assim sendo, do Teorema de Limite 6, temos

$$\lim_{x \to 3} x(2x + 1) = \lim_{x \to 3} x \cdot \lim_{x \to 3} (2x + 1)$$
$$= 3 \cdot 7$$
$$= 21$$

O Teorema de Limite 6 também pode ser estendido a um número finito qualquer de funções.

**Teorema de Limite 7**  Se $\lim_{x \to a} f_1(x) = L_1, \lim_{x \to a} f_2(x) = L_2, \ldots,$ e $\lim_{x \to a} f_n(x) = L_n$, então

$$\lim_{x \to a} [f_1(x) f_2(x) \ldots f_n(x)] = L_1 L_2, \ldots L_n$$

Se no Teorema de Limite 7

$f(x) = f_1(x) = f_2(x) = \ldots = f_n(x)$ e $L = L_1 = L_2 = \ldots = L_n$

temos o seguinte teorema.

**Teorema de Limite 8**  Se $\lim_{x \to a} f(x) = L$ e $n$ é um inteiro positivo, então

$$\lim_{x \to a} [f(x)]^n = L^n$$

• ILUSTRAÇÃO 4

Do Teorema de Limite 1, $\lim_{x \to -2} (5x + 7) = -3$. Assim sendo, do Teorema de Limite 8, segue que

$$\lim_{x \to -2} (5x + 7)^4 = \left[ \lim_{x \to -2} (5x + 7) \right]^4$$
$$= (-3)^4$$
$$= 81$$

**Teorema de Limite 9**  Se $\lim_{x \to a} f(x) = L$ e $\lim_{x \to a} g(x) = M$, e $M \neq 0$, então

$$\lim_{x \to a} \frac{f(x)}{g(x)} = \frac{L}{M}$$

• ILUSTRAÇÃO 5

Do Teorema de Limite 3, $\lim_{x \to 4} x = 4$, e do Teorema de Limite 1, $\lim_{x \to 4} (-7x + 1) = -27$. Então, do Teorema de Limite 9,

$$\lim_{x \to 4} \frac{x}{-7x + 1} = \frac{\lim_{x \to 4} x}{\lim_{x \to 4} (-7x + 1)}$$
$$= \frac{4}{-27}$$
$$= -\frac{4}{27}$$

**Teorema de Limite 10**  Se $\lim_{x \to a} f(x) = L$, então

$$\lim_{x \to a} \sqrt[n]{f(x)} = \sqrt[n]{L}$$

se $L > 0$ e $n$ é um inteiro positivo qualquer, ou se $L \leq 0$ e $n$ é um número ímpar positivo.

## ILUSTRAÇÃO 6

Da Ilustração 5 e do Teorema de Limite 10 segue que

$$\lim_{x \to 4} \sqrt[3]{\frac{x}{-7x+1}} = \sqrt[3]{\lim_{x \to 4} \frac{x}{-7x+1}}$$

$$= \sqrt[3]{-\frac{4}{27}}$$

$$= -\frac{\sqrt[3]{4}}{3} \qquad \bullet$$

A seguir, alguns exemplos ilustrando as aplicações dos teoremas dados. Para indicar o Teorema de Limite que está sendo aplicado, usaremos a abreviação "T.L." seguida do número do teorema; por exemplo, "T.L. 2" refere-se ao Teorema de Limite 2.

**EXEMPLO 1** Ache $\lim_{x \to 3} (x^2 + 7x - 5)$ e indique os teoremas de limite que estão sendo usados.

**Solução**

$$\lim_{x \to 3} (x^2 + 7x - 5) = \lim_{x \to 3} x^2 + \lim_{x \to 3} 7x - \lim_{x \to 3} 5 \qquad \text{(T.L. 5)}$$

$$= \lim_{x \to 3} x \cdot \lim_{x \to 3} x + \lim_{x \to 3} 7 \cdot \lim_{x \to 3} x - \lim_{x \to 3} 5 \qquad \text{(T.L. 6)}$$

$$= 3 \cdot 3 + 7 \cdot 3 - 5 \qquad \text{(T.L. 3 e T.L. 2)}$$

$$= 9 + 21 - 5$$

$$= 25$$

É importante neste ponto observar que o limite do Exemplo 1 foi calculado aplicando-se diretamente os teoremas de limite. Para a função $f$ definida por $f(x) = x^2 + 7x - 5$, vemos que $f(3) = 3^2 + 7 \cdot 3 - 5 = 25$, que coincide com $\lim_{x \to 3} (x^2 + 7x - 5)$. Não é sempre válido que $\lim_{x \to a} f(x) = f(a)$ (veja o Exemplo 4). No Exemplo 1, $\lim_{x \to 3} f(x) = f(3)$ porque a função $f$ é contínua em $x = 3$. Discutiremos o significado de funções contínuas na Secção 2.3.

**EXEMPLO 2** Ache

$$\lim_{x \to 2} \sqrt{\frac{x^3 + 2x + 3}{x^2 + 5}}$$

e indique os teoremas de limite que estão sendo usados.

**Solução**

$$\lim_{x \to 2} \sqrt{\frac{x^3 + 2x + 3}{x^2 + 5}} = \sqrt{\lim_{x \to 2} \frac{x^3 + 2x + 3}{x^2 + 5}} \qquad \text{(T.L. 10)}$$

$$= \sqrt{\frac{\lim_{x \to 2} (x^3 + 2x + 3)}{\lim_{x \to 2} (x^2 + 5)}} \qquad \text{(T.L. 9)}$$

$$= \sqrt{\frac{\lim_{x\to 2} x^3 + \lim_{x\to 2}(2x+3)}{\lim_{x\to 2} x^2 + \lim_{x\to 2} 5}} \qquad \text{(T.L. 4)}$$

$$= \sqrt{\frac{\left(\lim_{x\to 2} x\right)^3 + \lim_{x\to 2}(2x+3)}{\left(\lim_{x\to 2} x\right)^2 + \lim_{x\to 2} 5}} \qquad \text{(T.L. 8)}$$

$$= \sqrt{\frac{2^3 + (2\cdot 2 + 3)}{2^2 + 5}} \qquad \text{(T.L. 1, T.L. 2 e T.L. 3)}$$

$$= \sqrt{\frac{8+7}{4+5}}$$

$$= \frac{\sqrt{15}}{3}$$

**EXEMPLO 3** Ache

$$\lim_{x\to 5} \frac{x^2 - 25}{x - 5}$$

e indique os teoremas de limite que estão sendo usados.

**Solução** Aqui temos um problema mais difícil. O T.L. 9 não pode ser aplicado ao quociente $(x^2 - 25)/(x - 5)$, pois $\lim_{x\to 5}(x-5) = 0$. Contudo, fatorando o numerador, obtemos

$$\frac{x^2 - 25}{x - 5} = \frac{(x-5)(x+5)}{x-5}$$

Este quociente é $x + 5$ se $x \neq 5$, pois então podemos dividir o numerador e o denominador por $x - 5$.

No cálculo de $\lim_{x\to 5}[(x^2 - 25)/(x - 5)]$, estamos considerando valores de $x$ próximos a 5, porém diferentes de 5. Assim sendo, é possível dividir o numerador e o denominador por $x - 5$. A solução deste problema toma a seguinte forma:

$$\lim_{x\to 5} \frac{x^2 - 25}{x - 5} = \lim_{x\to 5} \frac{(x-5)(x+5)}{x-5}$$

$$= \lim_{x\to 5}(x+5) \quad \text{dividindo o numerador e o denominador por } x - 5, \text{ pois } x \neq 5$$

$$= 10 \qquad \text{(T.L. 1)}$$

Observe que no Exemplo 3, $(x^2 - 25)/(x - 5)$ não está definida para $x = 5$, no entanto $\lim_{x\to 5}[(x^2 - 25)/(x - 5)]$ existe e é igual a 10.

**EXEMPLO 4** Dada

$$f(x) = \begin{cases} x - 3 & \text{se } x \neq 4 \\ 5 & \text{se } x = 4 \end{cases}$$

ache $\lim_{x\to 4} f(x)$.

O Limite de uma Função  57

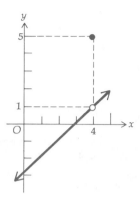

**Figura 2.1.2**

**Solução**  No cálculo de $\lim_{x \to 4} f(x)$, estamos considerando valores de $x$ próximos a 4, mas não iguais a 4. Assim sendo, temos

$$\lim_{x \to 4} f(x) = \lim_{x \to 4} (x - 3)$$

$$= 1 \hspace{5cm} \text{(T.L. 1)}$$

No Exemplo 4, $\lim_{x \to 4} f(x) = 1$ mas $f(4) = 5$; assim sendo, $\lim_{x \to 4} f(x) \neq f(4)$. Este é um exemplo de uma função que é descontínua em $x = 4$. Em termos geométricos isto significa que há uma interrupção no gráfico da função no ponto onde $x = 4$ (veja a Figura 2.1.2). O gráfico da função consiste do ponto isolado (4, 5) e da reta cuja equação é $y = x - 3$, da qual foi tirado o ponto (4, 1).

**EXEMPLO 5**  Ache

$$\lim_{x \to 4} \frac{\sqrt{x} - 2}{x - 4}$$

e indique os teoremas de limite que estão sendo usados.

**Solução**  Como no Exemplo 3, o T.L. 9 não pode ser aplicado ao quociente $(\sqrt{x} - 2)/(x - 4)$, pois $\lim_{x \to 4} (x - 4) = 0$. Para simplificar o quociente, racionalizamos o numerador, multiplicando o numerador e o denominador por $\sqrt{x} + 2$. Temos, então

$$\frac{\sqrt{x} - 2}{x - 4} = \frac{(\sqrt{x} - 2)(\sqrt{x} + 2)}{(x - 4)(\sqrt{x} + 2)}$$

$$= \frac{x - 4}{(x - 4)(\sqrt{x} + 2)}$$

Como estamos calculando o limite quando $x$ se aproxima de 4, estamos considerando os valores de $x$ próximos a 4, mas não iguais a 4. Assim, podemos dividir o numerador e o denominador por $x - 4$, e obtemos

$$\frac{\sqrt{x} - 2}{x - 4} = \frac{1}{\sqrt{x} + 2} \quad \text{se} \quad x \neq 4$$

## 58 A DERIVADA

A solução é a seguinte:

$$\lim_{x \to 4} \frac{\sqrt{x} - 2}{x - 4} = \lim_{x \to 4} \frac{(\sqrt{x} - 2)(\sqrt{x} + 2)}{(x - 4)(\sqrt{x} + 2)}$$

$$= \lim_{x \to 4} \frac{x - 4}{(x - 4)(\sqrt{x} + 2)}$$

$$= \lim_{x \to 4} \frac{1}{\sqrt{x} + 2} \quad \text{dividindo o numerador e o denominador por } x - 4, \text{ pois } x \neq 4$$

$$= \frac{\lim\limits_{x \to 4} 1}{\lim\limits_{x \to 4} (\sqrt{x} + 2)} \qquad \text{(T.L. 9)}$$

$$= \frac{1}{\lim\limits_{x \to 4} \sqrt{x} + \lim\limits_{x \to 4} 2} \qquad \text{(T.L. 2 e T.L. 4)}$$

$$= \frac{1}{\sqrt{\lim\limits_{x \to 4} x} + 2} \qquad \text{(T.L. 10 e T.L. 2)}$$

$$= \frac{1}{\sqrt{4} + 2} \qquad \text{(T.L. 3)}$$

$$= \tfrac{1}{4}$$

## Exercícios 2.1

Nos Exercícios de 1 a 30, encontre o limite e indique os teoremas de limite que estão sendo usados.

1. $\lim\limits_{x \to 5} (2x + 4)$
2. $\lim\limits_{x \to -3} (4x + 7)$
3. $\lim\limits_{x \to -1} (3x^2 - 5)$

4. $\lim\limits_{x \to 2} (10 - x^2)$
5. $\lim\limits_{y \to 2} (y^2 + 2y - 1)$
6. $\lim\limits_{t \to 4} (t^2 - 3t + 6)$

7. $\lim\limits_{z \to -3} (2z^3 + z^2 + 5z - 2)$
8. $\lim\limits_{y \to -1} (y^3 - 2y^2 + 3y - 4)$
9. $\lim\limits_{x \to 1/2} \dfrac{3x + 1}{5x - 2}$

10. $\lim\limits_{x \to 1/4} \dfrac{2x - 3}{6x + 1}$
11. $\lim\limits_{t \to 2} \dfrac{t^2 - 5}{2t^3 + 6}$
12. $\lim\limits_{x \to -1} \dfrac{2x + 1}{x^2 - 3x + 4}$

13. $\lim\limits_{x \to -1} \dfrac{x^2 - 1}{x + 1}$
14. $\lim\limits_{x \to 1/2} \dfrac{2x - 1}{4x^2 - 1}$
15. $\lim\limits_{x \to 2} \dfrac{x - 2}{x^2 - 4}$

16. $\lim\limits_{x \to -3} \dfrac{9 - x^2}{3 + x}$
17. $\lim\limits_{y \to 3} \dfrac{y^2 - y - 6}{y^2 - 4y + 3}$
18. $\lim\limits_{t \to -3} \dfrac{t^2 + 5t + 6}{t^2 - t - 12}$

19. $\lim\limits_{x \to 4} \dfrac{3x^2 - 17x + 20}{4x^2 - 25x + 36}$
20. $\lim\limits_{x \to 5} \dfrac{2x^2 - 9x - 5}{4x^2 - 23x + 15}$
21. $\lim\limits_{s \to 1} \dfrac{s^3 - 1}{s - 1}$

22. $\lim\limits_{y \to -2} \dfrac{y^3 + 8}{y + 2}$
23. $\lim\limits_{r \to 1} \sqrt{\dfrac{8r + 1}{r + 3}}$
24. $\lim\limits_{s \to 2} \sqrt{\dfrac{s^2 + 3s + 4}{s^3 + 1}}$

25. $\lim\limits_{y \to -3} \sqrt{\dfrac{y^2 - 9}{2y^2 + 7y + 3}}$
26. $\lim\limits_{t \to 3/2} \sqrt{\dfrac{8t^3 - 27}{4t^2 - 9}}$
27. $\lim\limits_{x \to 9} \dfrac{3 - \sqrt{x}}{9 - x}$

28. $\lim\limits_{x \to 1} \dfrac{1 - x}{1 - \sqrt{x}}$
29. $\lim\limits_{t \to 0} \dfrac{2 - \sqrt{4 - t}}{t}$
30. $\lim\limits_{x \to 0} \dfrac{\sqrt{x + 2} - \sqrt{2}}{x}$

31. Se $f(x) = x^2 + 5x - 3$, mostre que $\lim\limits_{x \to 2} f(x) = f(2)$.

32. Se $F(x) = 2x^3 + 7x - 1$, mostre que $\lim\limits_{x \to -1} F(x) = F(-1)$.

33. Se $g(x) = \dfrac{x^2 - 16}{x - 4}$, mostre que $\lim\limits_{x \to 4} g(x) = 8$, mas que $g(4)$ não está definida.

34. Se $h(x) = \dfrac{x + 1}{x^3 + 1}$, mostre que $\lim\limits_{x \to -1} h(x) = \dfrac{1}{3}$, mas que $h(-1)$ não está definida.

35. Se $G(x) = \dfrac{\sqrt{x + 9} - 3}{x}$, mostre que $\lim\limits_{x \to 0} G(x) = \dfrac{1}{6}$, mas que $G(0)$ não está definida.

36. Dada
$$f(x) = \begin{cases} 2x - 1 & \text{se } x \neq 2 \\ 1 & \text{se } x = 2 \end{cases}$$
(a) Ache $\lim\limits_{x \to 2} f(x)$ e mostre que $\lim\limits_{x \to 2} f(x) \neq f(2)$. (b) Faça um esboço do gráfico de $f$.

37. Dada
$$f(x) = \begin{cases} x^2 - 9 & \text{se } x \neq -3 \\ 4 & \text{se } x = -3 \end{cases}$$
(a) Ache $\lim\limits_{x \to -3} f(x)$ e mostre que $\lim\limits_{x \to -3} f(x) \neq f(-3)$. (b) Faça um esboço do gráfico de $f$.

## 2.2 LIMITES LATERAIS E INFINITOS

Suponha que um atacadista venda um produto por quilo (ou fração de quilo), e se menos do que 10 kg são pedidos, o preço é $ 1 por quilo. Contudo, para estimular grandes pedidos o atacadista cobra somente $ 0,90 por quilo, se forem comprados mais do que 10 quilos. Assim, se $x$ quilos do produto forem comprados e $C(x)$ for o custo total da compra, então

$$C(x) = \begin{cases} x & \text{se } 0 \leq x \leq 10 \\ 0{,}9x & \text{se } 10 < x \end{cases} \tag{1}$$

Um esboço do gráfico de $C$ está na Figura 2.2.1. Observe que $C(x)$ é obtida da equação $C(x) = x$ quando $0 \leq x \leq 10$ e da equação $C(x) = 0{,}9x$ quando $10 < x$. Por causa desta situação, ao considerar o limite de $C(x)$ quando $x$ se aproxima de 10 precisamos distinguir entre um limite *à esquerda* e um limite *à direita* de 10. Se $x$ aproxima-se de 10 pela esquerda (isto é, $x$ aproxima-se de 10 através de valores menores do que 10), escrevemos $x \to 10^-$. Se $x$ aproxima-se de 10 pela direita (isto é, $x$ aproxima-se de 10 através de valores maiores do que 10), escrevemos $x \to 10^+$. Para a função $C$ definida por (1) nós temos

$$\lim_{x \to 10^-} C(x) = \lim_{x \to 10^-} x = 10 \qquad (2)$$

e

$$\lim_{x \to 10^+} C(x) = \lim_{x \to 10^+} 0{,}9x = 9 \qquad (3)$$

Como $\lim_{x \to 10^-} C(x) \neq \lim_{x \to 10^+} C(x)$, dizemos que $\lim_{x \to 10} C(x)$ não existe. Veja na Figura 2.2.1 que em $x = 10$

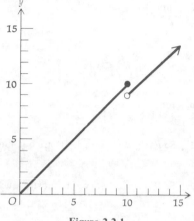

Figura 2.2.1

há uma interrupção no gráfico da função $C$. Na Secção 2.3 retornaremos a esta função e mostraremos que $C$ é *descontínua* em $x = 10$.

A seguir, são dadas as definições formais dos dois limites laterais, chamados **limite à direita** e **limite à esquerda**.

Definição de limite lateral

---

(i) Seja $f$ uma função que está definida em todos os números de um intervalo aberto $(a, c)$. Então o **limite de $f(x)$ quando $x$ se aproxima de $a$ pela direita** é $L$, notado por

$$\lim_{x \to a^+} f(x) = L$$

se $|f(x) - L|$ puder se tornar tão pequeno quanto desejarmos tornando $x - a$ pequeno o bastante, embora $x - a > 0$.

(ii) Seja $f$ uma função que está definida em todos os números de um intervalo aberto $(d, a)$. Então o **limite de $f(x)$ quando $x$ se aproxima de $a$ pela esquerda** é $L$, notado por

$$\lim_{x \to a^-} f(x) = L$$

se $|f(x) - L|$ puder se tornar tão pequeno quanto nos aprouver fazendo $a - x$ pequeno o bastante, embora $a - x > 0$.

---

Observe que na formulação da parte (i) da definição acima não há barras de valor absoluto em $x - a$ pois $x - a > 0$ quando $x$ se aproxima de $a$ pela direita. Do mesmo modo, na parte (ii) da definição, $a - x > 0$ quando $x$ se aproxima de $a$ pela esquerda.

Os Teoremas de Limite de 1 a 10 dados na Secção 2.1 ficam inalterados quando "$x \to a$" é trocado por "$x \to a^+$" ou "$x \to a^-$".

Referimo-nos ao $\lim_{x \to a} f(x)$ como sendo o limite bilateral para distingui-lo dos limites laterais. Ao considerar o limite bilateral, $\lim_{x \to a} f(x)$, estamos preocupados com os valores de $x$ num intervalo aberto contendo $a$, mas não no próprio $a$, isto é, com os valores de $x$ próximos a $a$, embora sejam maiores ou menores do que $a$.

Suponha que tenhamos a função $f$ para a qual $f(x) = \sqrt{x-4}$. Como $f(x)$ não existe se $x < 4$, $f$ não está definida em nenhum intervalo aberto contendo 4. Por isso, não podemos considerar o limite bilateral $\lim_{x \to 4} \sqrt{x-4}$. Contudo, se $x$ está restrito a valores maiores do que 4, os valores de $\sqrt{x-4}$ podem ser obtidos tão próximos de 0 quanto nos aprouver, tomando $x$ suficientemente próximo de 4, porém maior do que 4. Assim sendo, o limite lateral direito em 4 existe, e

$$\lim_{x \to 4^+} \sqrt{x-4} = 0$$

**EXEMPLO 1** Seja $f$ definida por

$$f(x) = \begin{cases} -1 & \text{se } x < 0 \\ 0 & \text{se } x = 0 \\ 1 & \text{se } x > 0 \end{cases}$$

(a) Faça um esboço do gráfico de $f$.   (b) Determine $\lim_{x \to 0^-} f(x)$ se ele existir.
(c) Determine $\lim_{x \to 0^+} f(x)$ se ele existir.

**Solução**   Um esboço do gráfico está na Figura 2.2.2.

$$\lim_{x \to 0^-} f(x) = \lim_{x \to 0^-} (-1) = -1$$

$$\lim_{x \to 0^+} f(x) = \lim_{x \to 0^+} 1 = 1$$

Para a função $f$ no Exemplo 1, o limite bilateral, $\lim_{x \to 0} f(x)$, não existe pois $\lim_{x \to 0^-} f(x) \neq \lim_{x \to 0^+} f(x)$. A inexistência de limite bilateral devido à desigualdade dos dois limites laterais está exposta no teorema enunciado a seguir.

**Teorema 2.2.1**   $\lim_{x \to a} f(x)$ existe e é igual a $L$ se e somente se ambos $\lim_{x \to a^-} f(x)$ e $\lim_{x \to a^+} f(x)$ existirem e forem iguais a $L$.

**EXEMPLO 2**   Seja $g$ definida por

$$g(x) = \begin{cases} |x| & \text{se } x \neq 0 \\ 2 & \text{se } x = 0 \end{cases}$$

(a) Faça um esboço do gráfico de $g$.   (b) Ache, se existir, $\lim_{x \to 0} g(x)$.

**Solução**   (a) Um esboço do gráfico de $g$ está na Figura 2.2.3.

(b) $\lim_{x \to 0^-} g(x) = \lim_{x \to 0^-} (-x) = 0$

$\lim_{x \to 0^+} g(x) = \lim_{x \to 0^+} x = 0$

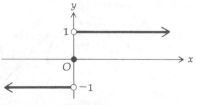

Figura 2.2.2

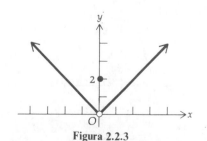

Figura 2.2.3

Como $\lim_{x \to 0^-} g(x) = \lim_{x \to 0^+} g(x) = 0$, segue do Teorema 2.2.1 que $\lim_{x \to 0} g(x)$ existe e é igual a 0. Note que $g(0) = 2$, o que não afeta $\lim_{x \to 0} g(x)$.

**EXEMPLO 3** Seja $h$ definida por

$$h(x) = \begin{cases} 4 - x^2 & \text{se } x \leq 1 \\ 2 + x^2 & \text{se } 1 < x \end{cases}$$

(a) Faça um esboço do gráfico de $h$. (b) Ache, caso existam, cada um dos seguintes limites: $\lim_{x \to 1^-} h(x)$, $\lim_{x \to 1^+} h(x)$, $\lim_{x \to 1} h(x)$.

**Solução** (a) Um esboço do gráfico de $h$ está na Figura 2.2.4.

(b) $\lim_{x \to 1^-} h(x) = \lim_{x \to 1^-} (4 - x^2) = 3$

$\lim_{x \to 1^+} h(x) = \lim_{x \to 1^+} (2 + x^2) = 3$

Como $\lim_{x \to 1^-} h(x) = \lim_{x \to 1^+} h(x) = 3$, então do Teorema 2.2.1 $\lim_{x \to 1} h(x)$ existe e é igual a 3. Observe que $h(1) = 3$.

**EXEMPLO 4** Seja $f$ definida por

$$f(x) = \begin{cases} x + 5 & \text{se } x < -3 \\ \sqrt{9 - x^2} & \text{se } -3 \leq x \leq 3 \\ 5 - x & \text{se } 3 < x \end{cases}$$

Faça um esboço do gráfico de $f$, e ache, se existirem, cada um dos seguintes limites:
(a) $\lim_{x \to -3^-} f(x)$; (b) $\lim_{x \to -3^+} f(x)$; (c) $\lim_{x \to -3} f(x)$; (d) $\lim_{x \to 3^-} f(x)$; (e) $\lim_{x \to 3^+} f(x)$; (f) $\lim_{x \to 3} f(x)$.

**Solução** Um esboço do gráfico de $f$ está na Figura 2.2.5.

(a) $\lim_{x \to -3^-} f(x) = \lim_{x \to -3^-} (x + 5) = 2$

(b) $\lim_{x \to -3^+} f(x) = \lim_{x \to -3^+} \sqrt{9 - x^2} = 0$

(c) Como $\lim_{x \to -3^-} f(x) \neq \lim_{x \to -3^+} f(x)$, segue do Teorema 2.2.1 que $\lim_{x \to -3} f(x)$ não existe.

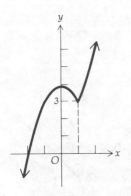

Figura 2.2.4

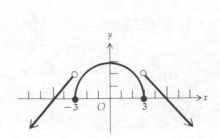

Figura 2.2.5

(d) $\lim_{x \to 3^-} f(x) = \lim_{x \to 3^-} \sqrt{9 - x^2} = 0$

(e) $\lim_{x \to 3^+} f(x) = \lim_{x \to 3^+} (5 - x) = 2$

(f) Como $\lim_{x \to 3^-} f(x) \neq \lim_{x \to 3^+} f(x)$, então $\lim_{x \to 3} f(x)$ não existe.

Seja $f$ a função definida por

$$f(x) = \frac{3}{(x-2)^2}$$

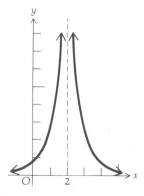

Figura 2.2.6

Um esboço do gráfico desta função está na Figura 2.2.6.
Investigamos os valores funcionais de $f$ quando $x$ está próximo a 2. Deixando $x$ aproximar-se de 2 pela direita, temos os valores de $f(x)$ dados na Tabela 2.2.1. Desta tabela vemos intuitivamente que quando $x$ chega bem perto de 2 através de valores maiores do que 2, $f(x)$ cresce ilimitadamente. Em outras palavras, podemos tornar $f(x)$ maior do que qualquer número positivo prefixado (isto é, podemos tornar $f(x)$ tão grande quanto quisermos) tomando $x$ tão próximo de 2 quanto necessário e $x$ maior do que 2.

Tabela 2.2.1

| $x$ | 3 | $\frac{5}{2}$ | $\frac{7}{3}$ | $\frac{9}{4}$ | $\frac{21}{10}$ | $\frac{201}{100}$ | $\frac{2.001}{1.000}$ |
|---|---|---|---|---|---|---|---|
| $f(x) = \dfrac{3}{(x-2)^2}$ | 3 | 12 | 27 | 48 | 300 | 30.000 | 3.000.000 |

Para indicar que $f(x)$ aumenta ilimitadamente quando $x$ se aproxima de 2 através de valores maiores do que 2, escrevemos

$$\lim_{x \to 2^+} \frac{3}{(x-2)^2} = +\infty$$

Se $x$ aproxima-se de 2 pela esquerda, temos os valores de $f(x)$ dados na Tabela 2.2.2. Vemos intuitivamente, pela tabela, que à medida que $x$ se aproxima de 2, através de valores menores do que 2, $f(x)$ aumenta ilimitadamente; assim sendo, escrevemos

$$\lim_{x \to 2^-} \frac{3}{(x-2)^2} = +\infty$$

Tabela 2.2.2

| $x$ | 1 | $\frac{3}{2}$ | $\frac{5}{3}$ | $\frac{7}{4}$ | $\frac{19}{10}$ | $\frac{199}{100}$ | $\frac{1.999}{1.000}$ |
|---|---|---|---|---|---|---|---|
| $f(x) = \dfrac{3}{(x-2)^2}$ | 3 | 12 | 27 | 48 | 300 | 30.000 | 3.000.000 |

## 64 A DERIVADA

Logo, à medida que $x$ se aproxima de 2, quer pela direita, quer pela esquerda, $f(x)$ aumenta ilimitadamente, e escrevemos

$$\lim_{x \to 2} \frac{3}{(x-2)^2} = +\infty$$

Temos então a seguinte definição:

Definição de $\lim_{x \to a} f(x) = +\infty$

---

Seja $f$ uma função que está definida em todo número de algum intervalo aberto contendo $a$, exceto possivelmente no próprio número $a$. **À medida que $x$ se aproxima de $a$, $f(x)$ aumenta ilimitadamente**, que é notado por

$$\lim_{x \to a} f(x) = +\infty \tag{4}$$

se $f(x)$ puder ser tornado maior do que qualquer número positivo prefixado tomando-se $|x - a|$ suficientemente pequeno e $|x - a| > 0$.

---

Uma outra maneira de estabelecer a definição acima é a seguinte: "Os valores funcionais $f(x)$ crescem ilimitadamente quando $x$ se aproxima de um número $a$, se $f(x)$ puder ser obtida tão grande quanto desejarmos, tomando-se $x$ suficientemente próximo de $a$, porém não igual a $a$".

*Nota*: Deve ser reiterado (como na Secção 1.3) que $+\infty$ não é um número real; logo, quando escrevemos $\lim_{x \to a} f(x) = +\infty$, isto não tem o mesmo significado que $\lim_{x \to a} f(x) = L$, onde $L$ é um número real. A Equação (4) pode ser lida como "o limite de $f(x)$ já que $x$ aproximando-se de $a$ é infinito positivo". Em tal caso o limite não existe, mas "$+\infty$" indica o comportamento dos valores funcionais $f(x)$ quando $x$ se aproxima de $a$.

De forma análoga, podemos indicar o comportamento de uma função cujos valores funcionais decrescem ilimitadamente. Para indicar como isto ocorre, consideremos a função $g$ definida pela equação

$$g(x) = \frac{-3}{(x-2)^2}$$

Um esboço do gráfico desta função está na Figura 2.2.7.

Os valores funcionais dados por $g(x) = -3/(x-2)^2$ são os negativos dos valores funcionais dados por $f(x) = 3/(x-2)^2$. Assim, para a função $g$, quando $x$ se aproxima de 2, pela direita ou pela esquerda, $g(x)$ decresce ilimitadamente, e escrevemos

$$\lim_{x \to 2} \frac{-3}{(x-2)^2} = -\infty$$

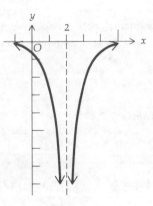

Figura 2.2.7

Em geral, temos a definição dada a seguir:

Definição de $\lim_{x \to a} f(x) = -\infty$

---

Seja $f$ uma função que está definida em todo número de algum intervalo aberto contendo $a$, exceto possivelmente no próprio número $a$. À **medida que** $x$ **se aproxima de** $a$, $f(x)$ **decresce ilimitadamente**, que é notado por

$$\lim_{x \to a} f(x) = -\infty \qquad (5)$$

se $f(x)$ puder ser tornado menor do que qualquer número negativo prefixado tomando-se $|x - a|$ suficientemente pequeno e $|x - a| > 0$.

---

*Nota*: A Equação (5) pode ser lida como "o limite de $f(x)$ já que $x$ aproximando-se de $a$ é infinito negativo", observando novamente que o limite não existe e "$-\infty$" indica somente o comportamento dos valores funcionais quando $x$ se aproxima de $a$.

Podemos considerar limites laterais infinitos. Em particular, $\lim_{x \to a^+} f(x) = +\infty$ se $f$ está definida em todo número de algum intervalo aberto $(a, c)$ e se podemos obter $f(x)$ maior do que qualquer número positivo prefixado tomando-se $x - a$ pequeno o suficiente e $x - a > 0$. Definições análogas podem ser dadas para $\lim_{x \to a^-} f(x) = +\infty$, $\lim_{x \to a^+} f(x) = -\infty$ e $\lim_{x \to a^-} f(x) = -\infty$.

Suponha agora que $h$ seja a função definida pela equação

$$h(x) = \frac{2x}{x - 1} \qquad (6)$$

Um esboço do gráfico desta função está na Figura 2.2.8. Consultando as Figuras 2.2.6, 2.2.7 e 2.2.8, observe a diferença entre o comportamento da função cujo gráfico está esboçado na Figura 2.2.8 e as funções nas outras duas figuras. Vemos que

$$\lim_{x \to 1^-} \frac{2x}{x - 1} = -\infty \qquad (7)$$

e

$$\lim_{x \to 1^+} \frac{2x}{x - 1} = +\infty \qquad (8)$$

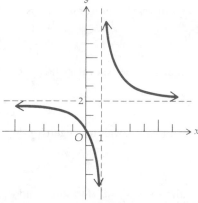

Figura 2.2.8

Isto é, para a função definida por (6), quando $x$ se aproxima de 1 através de valores menores do que 1, os valores funcionais decrescem ilimitadamente, e quando $x$ se aproxima de 1 através de valores maiores do que 1, os valores funcionais crescem ilimitadamente.

Temos os seguintes teoremas de limite envolvendo limites *infinitos*:

---

**Teorema de Limite 11**  Se $r$ é um inteiro positivo qualquer, então

(i) $\lim\limits_{x \to 0^+} \dfrac{1}{x^r} = +\infty$

(ii) $\lim\limits_{x \to 0^-} \dfrac{1}{x^r} = \begin{cases} -\infty & \text{se } r \text{ é ímpar} \\ +\infty & \text{se } r \text{ é par} \end{cases}$

---

• ILUSTRAÇÃO 1

Do Teorema de Limite 11(i) segue que

$$\lim_{x \to 0^+} \frac{1}{x^3} = +\infty \quad \text{e} \quad \lim_{x \to 0^+} \frac{1}{x^4} = +\infty$$

Do Teorema de Limite 11(ii) temos

$$\lim_{x \to 0^-} \frac{1}{x^3} = -\infty \quad \text{e} \quad \lim_{x \to 0^-} \frac{1}{x^4} = +\infty \qquad \bullet$$

O Teorema de Limite 12, que segue, envolve o limite de uma função racional para a qual o limite do denominador é zero e o limite do numerador é uma constante não nula. Uma situação como esta ocorre em (7) e (8).

---

**Teorema de Limite 12**  Se $\lim\limits_{x \to a} f(x) = 0$ e $\lim\limits_{x \to a} g(x) = c$, onde $c$ é uma constante não nula, então

(i) se $c > 0$ e se $f(x) \to 0$ através de valores positivos de $f(x)$,

$$\lim_{x \to a} \frac{g(x)}{f(x)} = +\infty$$

(ii) se $c > 0$ e se $f(x) \to 0$ através de valores negativos de $f(x)$,

$$\lim_{x \to a} \frac{g(x)}{f(x)} = -\infty$$

(iii) se $c < 0$ e se $f(x) \to 0$ através de valores positivos de $f(x)$,

$$\lim_{x \to a} \frac{g(x)}{f(x)} = -\infty$$

(iv) se $c < 0$ e se $f(x) \to 0$ através de valores negativos de $f(x)$,

$$\lim_{x \to a} \frac{g(x)}{f(x)} = +\infty$$

O teorema é também válido se "$x \to a$" for substituído por "$x \to a^+$" ou "$x \to a^-$".

---

Quando o Teorema de Limite 12 é aplicado, podemos determinar se o resultado é $+\infty$ ou $-\infty$ tomando um valor adequado de $x$ próximo a $a$ e verificando se o quociente é positivo ou negativo, como está exposto na seguinte ilustração e exemplo.

ILUSTRAÇÃO 2
Em (7) temos

$$\lim_{x \to 1^-} \frac{2x}{x-1}$$

O Teorema de Limite 12 é aplicável, pois $\lim_{x \to 1^-} 2x = 2$ e $\lim_{x \to 1^-} (x-1) = 0$. Nós queremos determinar se temos $+\infty$ ou $-\infty$. Como $x \to 1^-$, tome um valor de $x$ próximo a 1 e menor do que 1; por exemplo, tome $x = 0,9$. Então

$$\frac{2x}{x-1} = \frac{2(0,9)}{0,9-1} = \frac{1,8}{-0,1} = -18$$

Daí

$$\lim_{x \to 1^-} \frac{2x}{x-1} = -\infty$$

Este resultado também decorre da parte (ii) do T.L. 12.
Para o limite em (8), como $x \to 1^+$, tome $x = 1,1$. Então

$$\frac{2x}{x-1} = \frac{2(1,1)}{1,1-1} = \frac{2,2}{0,1} = 22$$

Então

$$\lim_{x \to 1^+} \frac{2x}{x-1} = +\infty$$

Este resultado também decorre da parte (i) do T.L. 12.

**EXEMPLO 5** Ache: (a) $\lim_{x \to 4^+} \frac{2x-1}{x-4}$; (b) $\lim_{x \to 4^-} \frac{2x-1}{x-4}$; (c) $\lim_{x \to 4^+} \frac{1-2x}{x-4}$;
(d) $\lim_{x \to 4^-} \frac{1-2x}{x-4}$.

**Solução** Para cada um dos limites, o limite do numerador é 7 ou $-7$ e o limite do denominador é zero. Assim, o T.L. 12 é aplicável.
(a) Como $x \to 4^+$, seja $x = 4,1$. Então

$$\frac{2x-1}{x-4} = \frac{8,2-1}{4,1-4} = \frac{7,2}{0,1} = 72$$

Logo

$$\lim_{x \to 4^+} \frac{2x-1}{x-4} = +\infty$$

(b) Como $x \to 4^-$, seja $x = 3,9$, e temos

$$\frac{2x-1}{x-4} = \frac{7,8-1}{3,9-4} = \frac{6,8}{-0,1} = -68$$

Logo

$$\lim_{x \to 4^-} \frac{2x-1}{x-4} = -\infty$$

(c) Como $x \to 4^+$, seja $x = 4,1$, e temos

$$\frac{1-2x}{x-4} = \frac{1-8,2}{4,1-4} = \frac{-7,2}{0,1} = -72$$

Assim

$$\lim_{x \to 4^+} \frac{1-2x}{x-4} = -\infty$$

(d) Como $x \to 4^-$, seja $x = 3,9$. Então

$$\frac{1-2x}{x-4} = \frac{1-7,8}{3,9-4} = \frac{-6,8}{-0,1} = 68$$

Logo

$$\lim_{x \to 4^-} \frac{1-2x}{x-4} = +\infty$$

## Exercícios 2.2

Nos Exercícios de 1 a 16, faça um esboço do gráfico e ache o limite indicado, se existir. Se o limite não existir, dê uma razão.

1. $f(x) = \begin{cases} 2 & \text{se } x < 1 \\ -1 & \text{se } x = 1 \\ -3 & \text{se } 1 < x \end{cases}$; (a) $\lim_{x \to 1^+} f(x)$; (b) $\lim_{x \to 1^-} f(x)$; (c) $\lim_{x \to 1} f(x)$

2. $f(x) = \begin{cases} -2 & \text{se } x < 0 \\ 2 & \text{se } 0 \leq x \end{cases}$; (a) $\lim_{x \to 0^+} f(x)$; (b) $\lim_{x \to 0^-} f(x)$; (c) $\lim_{x \to 0} f(x)$

3. $f(t) = \begin{cases} t+4 & \text{se } t \leq -4 \\ 4-t & \text{se } -4 < t \end{cases}$; (a) $\lim_{t \to -4^+} f(t)$; (b) $\lim_{t \to -4^-} f(t)$; (c) $\lim_{t \to -4} f(t)$

4. $g(s) = \begin{cases} s+3 & \text{se } s \leq -2 \\ 3-s & \text{se } -2 < s \end{cases}$; (a) $\lim_{s \to -2^+} g(s)$; (b) $\lim_{s \to -2^-} g(s)$; (c) $\lim_{s \to -2} g(s)$

5. $F(x) = \begin{cases} x^2 & \text{se } x \leq 2 \\ 8-2x & \text{se } 2 < x \end{cases}$; (a) $\lim_{x \to 2^+} F(x)$; (b) $\lim_{x \to 2^-} F(x)$; (c) $\lim_{x \to 2} F(x)$

6. $h(x) = \begin{cases} 2x+1 & \text{se } x < 3 \\ 10-x & \text{se } 3 \leq x \end{cases}$; (a) $\lim_{x \to 3^+} h(x)$; (b) $\lim_{x \to 3^-} h(x)$; (c) $\lim_{x \to 3} h(x)$

7. $g(r) = \begin{cases} 2r+3 & \text{se } r < 1 \\ 2 & \text{se } r = 1 \\ 7-2r & \text{se } 1 < r \end{cases}$; (a) $\lim_{r \to 1^+} g(r)$; (b) $\lim_{r \to 1^-} g(r)$; (c) $\lim_{r \to 1} g(r)$

Limites Laterais e Infinitos   **69**

8. $g(t) = \begin{cases} 3 + t^2 & \text{se } t < -2 \\ 0 & \text{se } t = -2 \\ 11 - t^2 & \text{se } -2 < t \end{cases}$ ; (a) $\lim_{t \to -2^+} g(t)$; (b) $\lim_{t \to -2^-} g(t)$; (c) $\lim_{t \to -2} g(t)$

9. $f(x) = \begin{cases} x^2 - 4 & \text{se } x < 2 \\ 4 & \text{se } x = 2 \\ 4 - x^2 & \text{se } 2 < x \end{cases}$ ; (a) $\lim_{x \to 2^+} f(x)$; (b) $\lim_{x \to 2^-} f(x)$; (c) $\lim_{x \to 2} f(x)$

10. $f(x) = \begin{cases} 2x + 3 & \text{se } x < 1 \\ 4 & \text{se } x = 1 \\ x^2 + 2 & \text{se } 1 < x \end{cases}$ ; (a) $\lim_{x \to 1^+} f(x)$; (b) $\lim_{x \to 1^-} f(x)$; (c) $\lim_{x \to 1} f(x)$

11. $F(x) = |x - 5|$; (a) $\lim_{x \to 5^+} F(x)$; (b) $\lim_{x \to 5^-} F(x)$; (c) $\lim_{x \to 5} F(x)$

12. $F(x) = \begin{cases} |x - 1| & \text{se } x < -1 \\ 0 & \text{se } x = -1 \\ |1 - x| & \text{se } -1 < x \end{cases}$ ; (a) $\lim_{x \to -1^+} F(x)$; (b) $\lim_{x \to -1^-} F(x)$; (c) $\lim_{x \to -1} F(x)$

13. $f(x) = \dfrac{|x|}{x}$; (a) $\lim_{x \to 0^+} f(x)$; (b) $\lim_{x \to 0^-} f(x)$; (c) $\lim_{x \to 0} f(x)$

14. $f(t) = \begin{cases} \sqrt[3]{t} & \text{se } t < 0 \\ \sqrt{t} & \text{se } 0 \leq t \end{cases}$ ; (a) $\lim_{t \to 0^+} f(t)$; (b) $\lim_{t \to 0^-} f(t)$; (c) $\lim_{t \to 0} f(t)$

15. $f(x) = \begin{cases} x + 1 & \text{se } x < -1 \\ x^2 & \text{se } -1 \leq x \leq 1 \\ 1 - x & \text{se } 1 < x \end{cases}$ ; (a) $\lim_{x \to -1^-} f(x)$; (b) $\lim_{x \to -1^+} f(x)$; (c) $\lim_{x \to -1} f(x)$; (d) $\lim_{x \to 1^-} f(x)$; (e) $\lim_{x \to 1^+} f(x)$; (f) $\lim_{x \to 1} f(x)$

16. $F(x) = \begin{cases} \sqrt{x^2 - 9} & \text{se } x \leq -3 \\ \sqrt{9 - x^2} & \text{se } -3 < x < 3 \\ \sqrt{x^2 - 9} & \text{se } 3 \leq x \end{cases}$ ; (a) $\lim_{x \to -3^-} F(x)$; (b) $\lim_{x \to -3^+} F(x)$; (c) $\lim_{x \to -3} F(x)$; (d) $\lim_{x \to 3^-} F(x)$; (e) $\lim_{x \to 3^+} F(x)$; (f) $\lim_{x \to 3} F(x)$

Nos Exercícios de 17 a 36, calcule o limite.

17. $\lim_{x \to 5^+} \dfrac{1}{x - 5}$
18. $\lim_{x \to 5^-} \dfrac{1}{x - 5}$
19. $\lim_{x \to 5} \dfrac{1}{(x - 5)^2}$
20. $\lim_{x \to 1} \dfrac{x + 2}{1 - x}$

21. $\lim_{x \to 1^+} \dfrac{x + 2}{1 - x}$
22. $\lim_{x \to 1} \dfrac{x + 2}{(x - 1)^2}$
23. $\lim_{x \to -1^+} \dfrac{x - 2}{x + 1}$
24. $\lim_{x \to -1^-} \dfrac{x - 2}{x + 1}$

25. $\lim_{x \to -4^-} \dfrac{x}{x + 4}$
26. $\lim_{x \to 4^+} \dfrac{x}{x - 4}$
27. $\lim_{x \to -3^-} \dfrac{4x}{9 - x^2}$
28. $\lim_{x \to 3^+} \dfrac{4x^2}{9 - x^2}$

29. $\lim_{t \to 2^+} \dfrac{t + 2}{t^2 - 4}$
30. $\lim_{t \to 2^-} \dfrac{-t + 2}{(t - 2)^2}$
31. $\lim_{t \to 2^-} \dfrac{t + 2}{t^2 - 4}$
32. $\lim_{x \to 0^+} \dfrac{\sqrt{3 + x^2}}{x}$

33. $\lim_{x \to 0^-} \dfrac{\sqrt{3 + x^2}}{x}$
34. $\lim_{x \to 0} \dfrac{\sqrt{3 + x^2}}{x^2}$
35. $\lim_{x \to 3^+} \dfrac{\sqrt{x^2 - 9}}{x - 3}$
36. $\lim_{x \to 4^-} \dfrac{\sqrt{16 - x^2}}{x - 4}$

37. Os custos de transporte de mercadorias são usualmente calculados por uma fórmula que resulta em custos mais baixos por quilo à medida que o tamanho da carga aumenta. Suponhamos que $x$ quilos seja o peso de uma carga a ser transportada, $C(x)$ o seu custo total e

$$C(x) = \begin{cases} 0{,}80x & \text{se } 0 < x \leq 50 \\ 0{,}70x & \text{se } 50 < x \leq 200 \\ 0{,}65x & \text{se } 200 < x \end{cases}$$

(a) Faça um esboço do gráfico de $C$. Ache cada um dos seguintes limites:
(b) $\lim_{x \to 50^-} C(x)$; (c) $\lim_{x \to 50^+} C(x)$; (d) $\lim_{x \to 200^-} C(x)$; (e) $\lim_{x \to 200^+} C(x)$.

## 2.3 CONTINUIDADE DE UMA FUNÇÃO

No começo da Secção 2.2 discutimos a função $C$ definida por

$$C(x) = \begin{cases} x & \text{se } 0 \leq x \leq 10 \\ 0{,}9x & \text{se } 10 < x \end{cases} \tag{1}$$

onde $C(x)$ é o custo total de $x$ kg de um produto. Mostramos que $\lim_{x \to 10} C(x)$ não existe, pois $\lim_{x \to 10^-} C(x) \neq \lim_{x \to 10^+} C(x)$. Um esboço do gráfico de $C$ está na Figura 2.3.1. Observe que há uma interrupção no gráfico de $C$ em $x = 10$. Dizemos que $C$ é *descontínua* em 10. Essa descontinuidade é causada pelo fato de que $\lim_{x \to 10} C(x)$ não existe. Voltaremos a essa função $C$ novamente na Ilustração 1.

Na Secção 2.1 consideramos a função $f$ definida por

$$f(x) = \frac{(2x + 3)(x - 1)}{x - 1} \tag{2}$$

Notamos que $f$ está definida para todos os valores de $x$, exceto 1. Um esboço do gráfico consistindo de todos os pontos da reta $y = 2x + 3$ exceto $(1, 5)$ está na Figura 2.3.2. Há uma interrupção no gráfico no ponto $(1, 5)$ e dizemos que $f$ é descontínua no número 1. A descontinuidade ocorre porque $f(1)$ não existe.

Se $f$ é a função definida por (2) quando $x \neq 1$, e se definimos $f(1) = 2$, por exemplo, a função fica definida para todos os valores de $x$, mas há ainda uma interrupção no gráfico (veja a Figura 2.3.3), e a função é ainda descontínua em 1. Se definimos $f(1) = 5$, contudo, não há mais interrupção no gráfico, e diz-se que a função $f$ é *contínua* para todos os valores de $x$. Temos a seguinte definição:

Definição de função contínua em um número

---

A função $f$ é **contínua em um número** $a$ se as três condições seguintes forem satisfeitas:

(i) $f(a)$ existe

(ii) $\lim_{x \to a} f(x)$ existe

(iii) $\lim_{x \to a} f(x) = f(a)$

Se uma ou mais destas três condições não está satisfeita em $a$, dizemos que a função $f$ é **destínua** em $a$.

Continuidade de uma Função  71

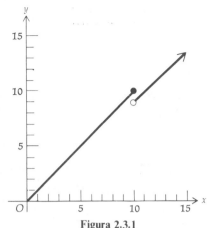

Figura 2.3.1    Figura 2.3.2    Figura 2.3.3

• ILUSTRAÇÃO 1

A função $C$ definida por (1) tem seu gráfico mostrado na Figura 2.3.1. Como há uma interrupção no gráfico, no ponto onde $x = 10$, investigaremos as condições acima em 10.
Como $C(10) = 10$, a condição (i) está satisfeita.
Como $\lim_{x \to 10} C(x)$ não existe, a condição (ii) não está satisfeita em 10.
Concluímos que $C$ é descontínua em 10.
Observe que, dada a descontinuidade de $C$, seria mais vantajoso aumentar o volume de certos pedidos para tirar vantagem do custo total mais baixo. Em particular, seria insensato comprar $9\frac{1}{2}$ kg por $ 9,50 quando $10\frac{1}{2}$ kg poderiam ser comprados por $ 9,45.  •
Na Ilustração 2 há uma outra situação na qual a fórmula para o cálculo do custo de mais do que 10 kg de um produto é diferente da fórmula para 10 kg ou menos. Contudo, aqui a função custo é contínua em 10.

• ILUSTRAÇÃO 2

Um atacadista que vende um produto por quilo (ou fração de um quilo) cobra $ 1 por quilo se o pedido for de 10 kg ou menos. Contudo, se o pedido for maior do que 10 kg, o atacadista cobrará $ 10 mais $ 0,70 por quilo adicional. Assim sendo, se $x$ kg do produto são comprados e $C(x)$ é o custo total, então $C(x) = x$ se $0 \le x \le 10$, e $C(x) = 10 + 0,7(x - 10) = 0,7x + 3$ se $10 < x$. Logo

$$C(x) = \begin{cases} x & \text{se } 0 \le x \le 10 \\ 0,7x + 3 & \text{se } 10 < x \end{cases}$$

Um esboço do gráfico de $C$ está na Figura 2.3.4. Para esta função, $C(10) = 10$,

$$\lim_{x \to 10^-} C(x) = \lim_{x \to 10^-} x = 10$$

e $\lim_{x \to 10^+} C(x) = \lim_{x \to 10^+} (0,7x + 3) = 10$

Logo $\lim_{x \to 10} C(x) = C(10)$, e $C$ é contínua em 10.  •

Vamos considerar agora algumas ilustrações de funções descontínuas. Para cada ilustração há um esboço do gráfico da função. Determinamos os pontos onde há uma interrupção no gráfico e mostramos qual das três condições na definição de continuidade não está satisfeita em cada descontinuidade.

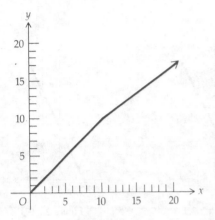

Figura 2.3.4

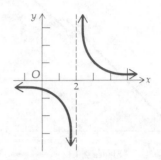

Figura 2.3.5

- ILUSTRAÇÃO 3

Seja $f$ definida por

$$f(x) = \begin{cases} 2x + 3 & \text{se } x \neq 1 \\ 2 & \text{se } x = 1 \end{cases}$$

Um esboço do gráfico desta função é dado na Figura 2.3.3. Vemos que há uma interrupção no gráfico, no ponto onde $x = 1$, e então investigamos as condições da definição de função contínua.

$f(1) = 2$; logo, a condição (i) está satisfeita.

$\lim_{x \to 1} f(x) = \lim_{x \to 1} (2x + 3) = 5$; logo a condição (ii) está satisfeita.

$\lim_{x \to 1} f(x) = 5$, mas $f(1) = 2$; logo a condição (iii) não está satisfeita.

Concluímos que $f$ é descontínua em 1.

Note, na Ilustração 3, que se $f(1)$ fosse igual a 5, então $\lim_{x \to 1} f(x) = f(1)$ e $f$ seria contínua em 1.

- ILUSTRAÇÃO 4

A função $F$ está definida por

$$F(x) = \frac{1}{x - 2}$$

Um esboço do gráfico de $F$ aparece na Figura 2.3.5. Há uma interrupção no gráfico no ponto onde $x = 2$, e assim investigamos aí as três condições.

$F(2)$ não está definida; assim sendo a condição (i) não está satisfeita, e logo $F$ é descontínua em 2.

- ILUSTRAÇÃO 5

Seja $g$ definida por

$$g(x) = \begin{cases} \dfrac{1}{x - 2} & \text{se } x \neq 2 \\ 3 & \text{se } x = 2 \end{cases}$$

Continuidade de uma Função    73

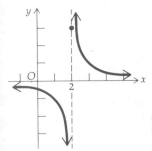
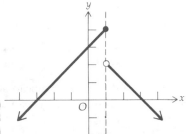
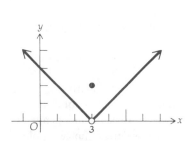

Figura 2.3.6           Figura 2.3.7           Figura 2.3.8

Um esboço do gráfico de $g$ está na Figura 2.3.6. Investigando as três condições em 2, temos o seguinte:

$g(2) = 3$; logo, a condição (i) está satisfeita.
$\lim_{x \to 2^-} g(x) = -\infty$ e $\lim_{x \to 2^+} g(x) = +\infty$; assim a condição (ii) não está satisfeita.

Assim sendo, $g$ é descontínua em 2. •

• ILUSTRAÇÃO 6

Seja $h$ definida por

$$h(x) = \begin{cases} 3 + x & \text{se } x \leq 1 \\ 3 - x & \text{se } 1 < x \end{cases}$$

Um esboço do gráfico de $h$ está na Figura 2.3.7. Como há uma interrupção no gráfico no ponto onde $x = 1$, investigamos as três condições aí presentes. Temos o seguinte:

$h(1) = 4$; logo a condição (i) está satisfeita.

$\lim_{x \to 1^-} h(x) = \lim_{x \to 1^-} (3 + x) = 4$

$\lim_{x \to 1^+} h(x) = \lim_{x \to 1^+} (3 - x) = 2$

Como $\lim_{x \to 1^-} h(x) \neq \lim_{x \to 1^+} h(x)$, concluímos que $\lim_{x \to 1} h(x)$ não existe; assim sendo, a condição (ii) não está satisfeita em 1.

Logo $h$ é descontínua em 1. •

• ILUSTRAÇÃO 7

Seja $f$ definida por

$$f(x) = \begin{cases} |x - 3| & \text{se } x \neq 3 \\ 2 & \text{se } x = 3 \end{cases}$$

Um esboço do gráfico de $f$ está na Figura 2.3.8. Nós investigamos as três condições no ponto onde $x = 3$.

Como $f(3) = 2$, a condição (i) está satisfeita.

$\lim_{x \to 3^+} f(x) = \lim_{x \to 3^+} (x - 3) = 0$

e $\lim_{x \to 3^-} f(x) = \lim_{x \to 3^-} (3 - x) = 0$

Assim $\lim_{x \to 3} f(x)$ existe e é 0; logo a condição (ii) está satisfeita.

$\lim_{x \to 3} f(x) = 0$ mas $f(3) = 2$; logo a condição (iii) não está satisfeita.

Portanto $f$ é descontínua em 3.

Devia estar claro que a noção geométrica de uma interrupção no gráfico em certo ponto é coincidente com o conceito analítico segundo o qual uma função é descontínua em um certo valor da variável independente.

Considere a função polinomial $f$ definida por

$$f(x) = b_0 x^n + b_1 x^{n-1} + b_2 x^{n-2} + \ldots + b_{n-1} x + b_n \qquad b_0 \neq 0$$

onde $n$ é um inteiro não negativo e $b_0, b_1, \ldots, b_n$ são números reais. Através de sucessivas aplicações dos teoremas de limite podemos mostrar que se $a$ é um número qualquer,

$$\lim_{x \to a} f(x) = b_0 a^n + b_1 a^{n-1} + b_2 a^{n-2} + \ldots + b_{n-1} a + b_n$$

segue então que

$$\lim_{x \to a} f(x) = f(a)$$

estabelecendo assim o teorema enunciado a seguir.

---

**Teorema 2.3.1** Uma função polinomial é contínua em qualquer número.

---

• ILUSTRAÇÃO 8

Se
$$f(x) = x^3 - 2x^2 + 5x + 1$$
então $f$ é uma função polinomial e logo, pelo Teorema 2.3.1, é contínua em todo número. Em particular, como $f$ é contínua em 3, então $\lim_{x \to 3} f(x) = f(3)$; assim

$$\lim_{x \to 3} (x^3 - 2x^2 + 5x + 1) = 3^3 - 2(3)^2 + 5(3) + 1$$
$$= 27 - 18 + 15 + 1$$
$$= 25$$

Se $f$ é uma função racional, ela pode ser expressa como o quociente de duas funções polinomiais. Assim $f$ pode ser definida por

$$f(x) = \frac{g(x)}{h(x)}$$

onde $g$ e $h$ são duas funções polinomiais, e o domínio de $f$ consiste de todos os números exceto aqueles para os quais $h(x) = 0$.

Se $a$ é um número qualquer no domínio de $f$, então $h(a) \neq 0$; e assim, pelo Teorema de Limite 9,

$$\lim_{x \to a} f(x) = \frac{\lim_{x \to a} g(x)}{\lim_{x \to a} h(x)} \qquad (3)$$

Como $g$ e $h$ são funções polinomiais, pelo Teorema 2.3.1 elas são contínuas em $a$, e então $\lim_{x \to a} g(x) = g(a)$ e $\lim_{x \to a} h(x) = h(a)$. Conseqüentemente, de (3),

$$\lim_{x \to a} f(x) = \frac{g(a)}{h(a)}$$

Assim, podemos concluir que $f$ é contínua em todos os números do seu domínio. Tomamos esse resultado como um teorema.

**Teorema 2.3.2** Uma função racional é contínua em todo número do seu domínio.

**EXEMPLO 1** Dada

$$f(x) = \frac{x^3 + 1}{x^2 - 9}$$

Determine todos os valores de $x$ para os quais $f$ é contínua.

**Solução** O domínio de $f$ é o conjunto de todos os números reais exceto aqueles para os quais $x^2 - 9 = 0$. Como $x^2 - 9 = 0$ quando $x = \pm 3$, segue que o domínio de $f$ é o conjunto de todos os números reais exceto 3 e $-3$.

A função $f$ é uma função racional. Logo, pelo Teorema 2.3.2, $f$ é contínua em todos os números reais exceto 3 e $-3$.

Precisaremos do seguinte teorema nas discussões subseqüentes.

**Teorema 2.3.3** Se $g(x) = \sqrt[n]{x}$, onde $n$ é um inteiro positivo qualquer, então $g$ é contínua em $a$ se

(i) $a$ for um número positivo qualquer, ou
(ii) $a$ for um número negativo ou zero, e $n$ for ímpar.

• **ILUSTRAÇÃO 9**

(a) Se $g(x) = \sqrt{x}$, então do Teorema 2.3.3(i) segue que $g$ é contínua em todo número positivo. Na Figura 2.3.9 há um esboço do gráfico de $g$.

(b) Se $h(x) = \sqrt[3]{x}$, segue do Teorema 2.3.3(i) e (ii) que $h$ é contínua em todo número real. Um esboço do gráfico de $h$ está na Figura 2.3.10. •

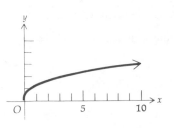

**Figura 2.3.9**

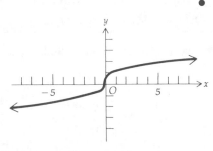

**Figura 2.3.10**

O próximo teorema estabelece que uma *função contínua de uma função contínua* é *contínua*.

---

**Teorema 2.3.4** Se a função $g$ é contínua em $a$ e a função $f$ é contínua em $g(a)$, então a função composta $f \circ g$ é contínua em $a$.

---

**EXEMPLO 2** Dada $h(x) = \sqrt{4 - x^2}$. Determine todos os valores de $x$ para os quais $h$ é contínua.

**Solução** Se $g(x) = 4 - x^2$ e $f(x) = \sqrt{x}$, então $h$ é a função composta $f \circ g$, e

$$h(x) = (f \circ g)(x) = \sqrt{4 - x^2}$$

Como $g$ é uma função polinomial, $g$ é contínua em toda a parte. Além disso, $f$ é contínua em todo número positivo pelo Teorema 2.3.3(i). Assim, pelo Teorema 2.3.4, $h$ é contínua em todo número $x$ para o qual $g(x) > 0$, isto é, quando

$$4 - x^2 > 0$$

ou, equivalentemente,

$$x^2 < 4$$

ou seja

$$-2 < x < 2$$

Logo $h$ é contínua em todo número do intervalo aberto $(-2, 2)$.

Como a função $h$ do Exemplo 2 é contínua em todo número do intervalo aberto $(-2, 2)$, dizemos que $h$ é *contínua no intervalo aberto* $(-2, 2)$.

Definição de uma função contínua em um intervalo aberto

---

Diz-se que uma função é **contínua num intervalo aberto** se ela for contínua em todos os números do intervalo aberto.

---

Referimo-nos novamente à função $h$ do Exemplo 2. Como $h$ não está definida em nenhum intervalo aberto que contenha $-2$ ou $2$, não podemos considerar $\lim_{x \to -2} h(x)$ ou $\lim_{x \to 2} h(x)$. Logo, para discutir a questão da continuidade de $h$ no intervalo fechado $[-2, 2]$, precisamos estender o conceito de continuidade, a fim de incluir continuidade num extremo de um intervalo fechado. Fazemos isso, definindo primeiro *continuidade à direita* e *à esquerda*.

Definição de continuidade à direita

---

A função $f$ é **contínua à direita de um número** $a$ se e somente se as seguintes condições forem satisfeitas:

(i) $f(a)$ existe

(ii) $\lim_{x \to a^+} f(x)$ existe

(iii) $\lim_{x \to a^+} f(x) = f(a)$

---

Definição de continuidade à esquerda

> A função $f$ é **contínua à esquerda de um número** $a$ se e somente se as seguintes condições forem satisfeitas:
> 
> (i) $f(a)$ existe
> (ii) $\lim_{x \to a^-} f(x)$ existe
> (iii) $\lim_{x \to a^-} f(x) = f(a)$

Os conceitos de continuidade à direita e à esquerda são usados para definir *continuidade num intervalo fechado*.

Definição de uma função contínua num intervalo fechado

> Uma função é **contínua no intervalo fechado** $[a, b]$ se ela for contínua no intervalo aberto $(a, b)$, bem como contínua à direita em $a$ e contínua à esquerda em $b$.

**EXEMPLO 3** Se $h$ é a função para a qual $h(x) = \sqrt{4 - x^2}$, mostre que $h$ é contínua no intervalo fechado $[-2, 2]$. Faça um esboço do gráfico de $h$.

**Solução** A função $h$ é contínua no intervalo aberto $(-2, 2)$, e

$$\lim_{x \to -2^+} h(x) = \lim_{x \to -2^+} \sqrt{4 - x^2} = 0 = h(-2)$$

$$\lim_{x \to 2^-} h(x) = \lim_{x \to 2^-} \sqrt{4 - x^2} = 0 = h(2)$$

Logo $h$ é contínua à direita de $-2$ e à esquerda de 2. Assim $h$ é contínua no intervalo fechado $[-2, 2]$. O gráfico de $h$ é o semicírculo da Figura 2.3.11.

As duas ilustrações seguintes envolvem as aplicações discutidas nos Exemplos 2 e 5 da Secção 1.5. Em cada ilustração há uma função cujo domínio é um intervalo fechado e mostramos que a função é contínua em seu domínio.

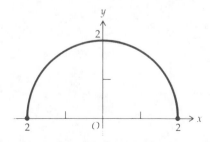

**Figura 2.3.11**

**78** A DERIVADA

• ILUSTRAÇÃO 10

Considere o Exemplo 2 da Secção 1.5. Como $x$ cm é o comprimento do lado do quadrado cortado fora de cada um dos quatro cantos de um pedaço de papelão e $V(x)$ cm$^3$ é o volume da caixa, então

$$V(x) = 144x - 48x^2 + 4x^3 \qquad x \in [0, 6]$$

como $V$ é uma função polinomial, $V$ é sempre contínua. Assim $V$ é contínua no intervalo fechado $[0, 6]$. •

• ILUSTRAÇÃO 11

No Exemplo 5 da Secção 1.5, $x$ é o número de lugares na capacidade de assentos de um café-restaurante, $P(x)$ é o lucro bruto diário e

$$P(x) = \begin{cases} 8x & \text{se } 40 \leq x \leq 80 \\ 11{,}20x - 0{,}04x^2 & \text{se } 80 < x \leq 280 \end{cases}$$

Mesmo que $x$, por definição, seja um inteiro, para obter uma função contínua vamos supor que $x$ seja qualquer número real no intervalo $[40, 280]$. Como $8x$ e $11{,}20x - 0{,}04x^2$ são polinômios, segue que $P$ é contínua no intervalo $[40, 80)$ e no intervalo $(80, 280]$. Agora desejamos determinar se $P$ é contínua em 80. $P(80) = 8(80) = 640$.

$$\lim_{x \to 80^-} P(x) = \lim_{x \to 80^-} 8x = 640$$

e

$$\lim_{x \to 80^+} P(x) = \lim_{x \to 80^+} (11{,}20x - 0{,}04x^2) = 640$$

Como $\lim_{x \to 80^-} P(x) = \lim_{x \to 80^+} P(x) = 640$, segue que o limite bilateral $\lim_{x \to 80} P(x) = 640 = P(80)$. Assim $P$ é contínua em 80. Logo $P$ é contínua no intervalo fechado $[40, 280]$. •

*Exercícios 2.3*

Nos Exercícios de 1 a 20, faça um esboço do gráfico da função; então, observando onde há interrupções no gráfico, determine os valores da variável independente nos quais a função é descontínua, e mostre por que a definição de função contínua em um número não está satisfeita em cada descontinuidade.

1. $f(x) = \dfrac{x^2 + x - 6}{x + 3}$

2. $F(x) = \dfrac{x^2 - 3x - 4}{x - 4}$

3. $g(x) = \begin{cases} \dfrac{x^2 + x - 6}{x + 3} & \text{se } x \neq -3 \\ 1 & \text{se } x = -3 \end{cases}$

4. $G(x) = \begin{cases} \dfrac{x^2 - 3x - 4}{x - 4} & \text{se } x \neq 4 \\ 2 & \text{se } x = 4 \end{cases}$

5. $h(x) = \dfrac{5}{x - 4}$

6. $H(x) = \dfrac{1}{x + 2}$

7. $f(x) = \begin{cases} \dfrac{5}{x - 4} & \text{se } x \neq 4 \\ 2 & \text{se } x = 4 \end{cases}$

8. $g(x) = \begin{cases} \dfrac{1}{x + 2} & \text{se } x \neq -2 \\ 0 & \text{se } x = -2 \end{cases}$

9. $F(x) = \dfrac{x^4 - 16}{x^2 - 4}$

10. $h(x) = \dfrac{(x-1)(x^2 - x - 12)}{x^2 - 5x + 4}$

11. $G(x) = \dfrac{x^2 - 4}{x^4 - 16}$

12. $H(x) = \dfrac{x^2 - 5x + 4}{(x-1)(x^2 - x - 12)}$

13. $f(x) = \begin{cases} -1 & \text{se } x < 0 \\ 0 & \text{se } x = 0 \\ \sqrt{x} & \text{se } 0 < x \end{cases}$

14. $f(x) = \begin{cases} x - 1 & \text{se } x < 1 \\ 1 & \text{se } x = 1 \\ 1 - x & \text{se } 1 < x \end{cases}$

15. $g(t) = \begin{cases} t^2 - 4 & \text{se } t < 2 \\ 4 & \text{se } t = 2 \\ 4 - t^2 & \text{se } 2 < t \end{cases}$

16. $H(x) = \begin{cases} 1 + x & \text{se } x \leq -2 \\ 2 - x & \text{se } -2 < x \leq 2 \\ 2x - 1 & \text{se } 2 < x \end{cases}$

17. $g(x) = \begin{cases} \sqrt{-x} & \text{se } x < 0 \\ \sqrt[3]{x+1} & \text{se } 0 \leq x \end{cases}$

18. $f(x) = \begin{cases} |x + 2| & \text{se } x \neq -2 \\ 3 & \text{se } x = -2 \end{cases}$

19. $f(x) = \dfrac{|x|}{x}$

20. $g(x) = \begin{cases} \dfrac{|x|}{x} & \text{se } x \neq 0 \\ 1 & \text{se } x = 0 \end{cases}$

Nos Exercícios de 21 a 30, determine todos os valores de $x$ para os quais a função dada é contínua.

21. $f(x) = 3x^2 - 8x + 1$

22. $f(x) = (x^2 - 2)^4$

23. $f(x) = x^2(x + 3)^2$

24. $f(x) = (x - 5)^3(x^2 + 4)^5$

25. $g(x) = \dfrac{x}{x - 3}$

26. $h(x) = \dfrac{x + 1}{2x + 5}$

27. $F(x) = \dfrac{x + 1}{x^2 - 1}$

28. $G(x) = \dfrac{x - 2}{x^2 + 2x - 8}$

29. $f(x) = \dfrac{x^3 + 7}{x^2 - 4}$

30. $g(x) = \dfrac{x^2 - x - 2}{x^3 - 2x^2 + x - 2}$

31. Se $f(x) = \sqrt{25 - x^2}$, faça um esboço do gráfico de $f$ e mostre que $f$ é contínua no intervalo fechado $[-5, 5]$.

32. Se $g(x) = \sqrt{9 - x^2}$, faça um esboço do gráfico de $g$ e mostre que $g$ é contínua no intervalo fechado $[-3, 3]$.

33. Se $F(x) = \sqrt{x^2 - 25}$, faça um esboço do gráfico de $F$ e mostre que $F$ é contínua nos intervalos $(-\infty, -5]$ e $[5, +\infty)$.

34. Se $G(x) = \sqrt{x^2 - 9}$, faça um esboço do gráfico de $G$ e mostre que $G$ é contínua nos intervalos $(-\infty, -3]$ e $[3, +\infty)$.

35. A função $C$ do Exercício 37 nos Exercícios 2.2 está definida por

$$C(x) = \begin{cases} 0{,}80x & \text{se } 0 < x \leq 50 \\ 0{,}70x & \text{se } 50 < x \leq 200 \\ 0{,}65x & \text{se } 200 < x \end{cases}$$

Faça um esboço do gráfico de $C$. Determine onde $C$ é descontínua, e mostre por que a definição de função contínua não está satisfeita em cada descontinuidade.

36. Suponha que a taxa postal de uma carta seja calculada como segue: $\$0{,}20$ para cada 210 gramas e então $\$1{,}60$ se o peso for maior do que 210 gramas e menor ou igual a 450 gramas. Se $x$ gramas repre-

senta o peso de uma carta, expresse a taxa postal como uma função de $x$. Suponha $0 \leq x \leq 450$. Faça um esboço do gráfico dessa função. Onde a função é descontínua? Mostre por que a definição de função contínua não está satisfeita em cada descontinuidade.

37. Consulte o Exercício 3 nos Exercícios 1.5. Um fabricante de caixas de zinco sem tampa deseja fazer uso de pedaços de zinco com dimensões 20 por 38 centímetros cortando quadrados iguais dos quatro cantos e virando os lados para cima. (a) Se $x$ cm é o comprimento do lado do quadrado a ser cortado, expresse o volume em centímetros cúbicos da caixa como função de $x$. (b) Mostre que a função da parte (a) é contínua em seu domínio.
38. Consulte o Exercício 4 nos Exercícios 1.5. Suponha que o fabricante do Exercício 37 faça as caixas sem tampa de placas quadradas de zinco que medem $k$ cm de lado. (a) Se $x$ cm é o comprimento do lado do quadrado a ser cortado, expresse o volume em centímetros cúbicos da caixa como função de $x$. (b) Mostre que a função da parte (a) é contínua em seu domínio.
39. Consulte o Exercício 5 nos Exercícios 1.5. Um terreno retangular deve ser cercado com 240 m de cerca. (a) Se $x$ m é o comprimento do terreno, expresse o número de metros quadrados da área do terreno como uma função de $x$. (b) Mostre que a função da parte (a) é contínua em seu domínio.
40. Consulte o Exercício 8 nos Exercícios 1.5. Um jardim retangular deve ser colocado de tal forma que o lado de uma casa sirva de limite e 30 m de material próprio para cercas sejam usados para os outros três lados. (a) Como $x$ m é o comprimento do lado do jardim paralelo à casa, expresse o número de metros quadrados da área do jardim como uma função de $x$. (b) Mostre que a função da parte (a) é contínua em seu domínio.
41. Consulte o Exercício 17 nos Exercícios 1.5. Laranjeiras no Paraná produzem 600 laranjas por ano se não for ultrapassado o número de 20 árvores por acre (4.000 metros quadrados). Para cada árvore a mais plantada por acre o rendimento baixa em 15 laranjas. (a) Se $x$ árvores forem plantadas por acre, expresse o número de laranjas produzidas por ano como uma função de $x$. (b) Mostre que a função da parte (a) é contínua em 20 e, portanto, contínua em seu domínio.
42. Consulte o Exercício 18 nos Exercícios 1.5. Um fabricante pode obter um lucro de $ 20 em cada item se não mais de 800 itens forem produzidos por semana. O lucro em cada item baixa $ 0,02 para todo item acima de 800. (a) Se $x$ itens forem produzidos por semana, expresse o lucro semanal do fabricante como uma função de $x$. Suponha o lucro não negativo. (b) Mostre que a função da parte (a) é contínua em 800 e, portanto, contínua em seu domínio.
43. Consulte o Exercício 21 nos Exercícios 1.5. O número máximo de bactérias que um meio ambiente particular suporta é 900.000, e a taxa de crescimento das bactérias é conjuntamente proporcional ao número presente e à diferença entre 900.000 e o número presente. (a) Se $f(x)$ bactérias por minuto for a taxa de crescimento quando houver $x$ bactérias, escreva uma equação que defina $f(x)$. (b) Mostre que a função $f$ da parte (a) é contínua em seu domínio.
44. Consulte o Exercício 22 nos Exercícios 1.5. Um determinado lago pode suportar um máximo de 14.000 peixes, e a taxa de crescimento deles é conjuntamente proporcional ao número presente e à diferença entre 14.000 e a quantidade existente. (a) Se $f(x)$ peixes por dia for a taxa de crescimento quando houver $x$ peixes, escreva uma equação que defina $f(x)$. (b) Mostre que a função $f$ da parte (a) é contínua em seu domínio.

## 2.4 A RETA TANGENTE

No Exemplo 1 da Secção 1.5 tivemos o seguinte problema: "Um fabricante de relógios pode produzir um determinado relógio a um custo de $ 15 por peça. Estima-se que se o preço de venda de cada relógio for $x$, então o número de relógios vendidos por semana será $125 - x$". Na solução deste exemplo verificamos que se $P(x)$ é o lucro semanal do fabricante, então

$$P(x) = (125 - x)(x - 15) \qquad (1)$$

Observe de (1) que $P(15) = 0$ e $P(125) = 0$ e que $P(x) > 0$ quando $x$ está no intervalo aberto (15, 125). Um esboço do gráfico de $P$ está na Figura 2.4.1.

Suponha que queiramos determinar qual o preço de venda para que o lucro semanal do fabricante seja um máximo. Pelo gráfico na Figura 2.4.1 está claro que se $P(x)$ tiver um va-

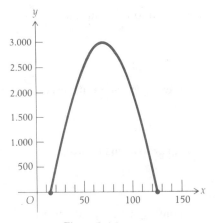

Figura 2.4.1

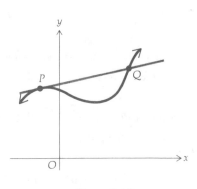

Figura 2.4.2

lor máximo, este precisa ocorrer para algum número no intervalo aberto (15, 125). No Capítulo 4 aprenderemos que se uma função polinomial tem um valor máximo, então ele precisa ocorrer num ponto onde a reta tangente é horizontal, isto é, num ponto onde a inclinação da reta tangente é zero. Assim sendo, podemos determinar o valor de $x$ que dá um valor máximo para $P(x)$ se tivermos um método para calcular a inclinação da reta tangente ao gráfico da função $P$. Seguimos desenvolvendo este método, e então retornaremos a este exemplo.

Consideraremos primeiramente como definir reta tangente. Para um círculo, sabemos da geometria plana que a reta tangente num ponto é a reta que corta o círculo num único ponto. Esta definição não é suficiente para uma curva em geral. Por exemplo, na Figura 2.4.2 a reta que queremos que seja tangente à curva no ponto $P$ corta a curva em outro ponto $Q$. Para chegar a uma definição adequada de reta tangente ao gráfico de uma função num ponto dele, seguimos considerando como definir a inclinação da reta tangente num ponto. Então a reta tangente é determinada pela sua inclinação e o ponto de tangência.

Considere a função $f$ contínua em $x_1$. Queremos definir a inclinação da reta tangente ao gráfico de $f$ em $P(x_1, f(x_1))$. Seja $I$ um intervalo aberto que contém $x_1$ e no qual $f$ está definida. Seja $Q(x_2, f(x_2))$ um outro ponto do gráfico de $f$ tal que $x_2$ também esteja em $I$. Trace uma reta através de $P$ e $Q$. Qualquer reta que passe por dois pontos de uma curva é chamada uma **reta secante**; assim a reta que passa por $P$ e $Q$ é uma reta secante. Na Figura 2.4.3 a reta secante é mostrada para vários valores de $x_2$. A Figura 2.4.4 mostra um tipo particular de reta secan-

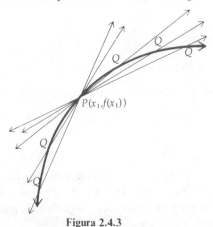

Figura 2.4.3

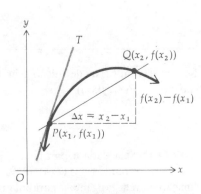

Figura 2.4.4

**82** A DERIVADA

te. Nesta figura $Q$ está à direita de $P$. Contudo, $Q$ pode estar tanto à direita quanto à esquerda de $P$, como pode ser visto na Figura 2.4.3.

Seja $\Delta x$ a diferença entre as abscissas de $Q$ e $P$, de modo que

$$\Delta x = x_2 - x_1$$

$\Delta x$ pode ser positivo ou negativo. A inclinação da reta secante $PQ$ é, então, dada por

$$m_{PQ} = \frac{f(x_2) - f(x_1)}{\Delta x}$$

desde que a reta $PQ$ não seja vertical. Como $x_2 = x_1 + \Delta x$, a equação acima pode ser escrita como

$$m_{PQ} = \frac{f(x_1 + \Delta x) - f(x_1)}{\Delta x}$$

Agora considere o ponto $P$ como fixo e movimente o ponto $Q$ ao longo da curva para $P$; isto é, $Q$ aproxima-se de $P$. Isto é equivalente a afirmar que $\Delta x$ se aproxima de zero. Quando isso ocorre, a reta secante gira em torno do ponto fixo $P$. Se essa reta secante tem uma posição limite, é tal posição que desejamos para a reta tangente ao gráfico em $P$. Assim, desejamos que a inclinação da reta tangente ao gráfico em $P$ seja o limite de $m_{PQ}$ quando $\Delta x$ se aproxima de zero, se o limite existe. Caso $\lim_{\Delta x \to 0} m_{PQ} = +\infty$ ou $-\infty$, então enquanto $\Delta x$ se aproxima de zero, a reta $PQ$ aproxima-se da reta por $P$ paralela ao eixo $y$. Neste caso, queríamos que a reta tangente ao gráfico em $P$ fosse a reta $x = x_1$. A discussão precedente leva-nos à seguinte definição.

Definição de reta tangente ao gráfico de uma função num ponto

---

Suponha que a função $f$ seja contínua em $x_1$. A **reta tangente** ao gráfico de $f$ no ponto $P(x_1, f(x_1))$ é

(i) a reta que passa por $P$ tendo inclinação $m(x_1)$, dada por

$$\boxed{m(x_1) = \lim_{\Delta x \to 0} \frac{f(x_1 + \Delta x) - f(x_1)}{\Delta x}} \qquad (2)$$

se o limite existe;

(ii) a reta $x = x_1$ se

$$\lim_{\Delta x \to 0} \frac{f(x_1 + \Delta x) - f(x_1)}{\Delta x} = +\infty \text{ ou } -\infty$$

---

Se nem (i) nem (ii) da definição acima estão satisfeitas, então não há reta tangente ao gráfico de $f$ no ponto $P(x_1, f(x_1))$.

**EXEMPLO 1** Seja dada a parábola $y = x^2$. Nos itens de (a) até (c) encontre a inclinação da reta secante pelos pontos: (a) (2, 4), (3, 9); (b) (2, 4), (2,1 ; 4,41); (c) (2, 4), (2,01 ; 4,0401); (d) ache a inclinação da reta tangente à parábola no ponto (2, 4); (e) faça um esboço do gráfico da parábola e uma parte da reta tangente em (2, 4).

**Solução** Sejam $m_a$, $m_b$ e $m_c$ as inclinações das retas secantes por (a), (b) e (c), respectivamente.

(a) $m_a = \dfrac{9-4}{3-2}$ (b) $m_b = \dfrac{4{,}41-4}{2{,}1-2}$ (c) $m_c = \dfrac{4{,}0401-4}{2{,}01-2}$

$\quad\;\; = 5 \qquad\qquad\qquad = \dfrac{0{,}41}{0{,}1} \qquad\qquad\quad = \dfrac{0{,}0401}{0{,}01}$

$\qquad\qquad\qquad\qquad\;\; = 4{,}1 \qquad\qquad\qquad\;\; = 4{,}01$

(d) $f(x) = x^2$. De (2) temos

$$m(2) = \lim_{\Delta x \to 0} \frac{f(2+\Delta x) - f(2)}{\Delta x}$$

$$= \lim_{\Delta x \to 0} \frac{(2+\Delta x)^2 - 4}{\Delta x}$$

$$= \lim_{\Delta x \to 0} \frac{4 + 4\Delta x + (\Delta x)^2 - 4}{\Delta x}$$

$$= \lim_{\Delta x \to 0} \frac{4\Delta x + (\Delta x)^2}{\Delta x}$$

$$= \lim_{\Delta x \to 0} (4 + \Delta x)$$

$$= 4$$

(e) Um esboço do gráfico da parábola e uma parte da reta tangente em (2, 4) está na Figura 2.4.5.

**EXEMPLO 2** Ache a inclinação da reta tangente à curva $y = x^2 - 4x + 3$ no ponto $(x_1, y_1)$.

**Solução** Seja $f(x) = x^2 - 4x + 3$; então $f(x_1) = x_1^2 - 4x_1 + 3$, e $f(x_1 + \Delta x) = (x_1 + \Delta x)^2 - 4(x_1 + \Delta x) + 3$. De (2),

$$m(x_1) = \lim_{\Delta x \to 0} \frac{f(x_1 + \Delta x) - f(x_1)}{\Delta x}$$

$$= \lim_{\Delta x \to 0} \frac{[(x_1 + \Delta x)^2 - 4(x_1 + \Delta x) + 3] - [x_1^2 - 4x_1 + 3]}{\Delta x}$$

$$= \lim_{\Delta x \to 0} \frac{x_1^2 + 2x_1 \Delta x + (\Delta x)^2 - 4x_1 - 4\Delta x + 3 - x_1^2 + 4x_1 - 3}{\Delta x}$$

$$= \lim_{\Delta x \to 0} \frac{2x_1 \Delta x + (\Delta x)^2 - 4\Delta x}{\Delta x}$$

Como $\Delta x \neq 0$, o numerador e o denominador podem ser divididos por $\Delta x$ para se obter

$$m(x_1) = \lim_{\Delta x \to 0} (2x_1 + \Delta x - 4)$$

$$= 2x_1 - 4 \tag{3}$$

84 A DERIVADA

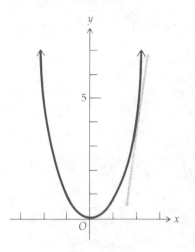

Figura 2.4.5

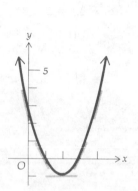

Figura 2.4.6

**Tabela 2.4.1**

| x | y | m |
|---|---|---|
| 2 | −1 | 0 |
| 1 | 0 | −2 |
| 0 | 3 | −4 |
| −1 | 8 | −6 |
| 3 | 0 | 2 |
| 4 | 3 | 4 |
| 5 | 8 | 6 |

Para fazer um esboço do gráfico da equação no Exemplo 2 determinamos alguns pontos e um segmento da reta tangente em alguns pontos. Os valores de x são tomados arbitrariamente, e os valores correspondentes de y são computados da equação dada, bem como os valores de m de (3). Os resultados são dados na Tabela 2.4.1, e um esboço do gráfico está na Figura 2.4.6. É importante determinar os pontos onde o gráfico tem uma tangente horizontal. Como uma reta paralela ao eixo x tem uma inclinação zero, estes pontos são encontrados equacionando-se $m(x_1) = 0$ e resolvendo para $x_1$. No caso, temos $2x_1 - 4 = 0$, logo $x_1 = 2$. Portanto, no ponto de abscissa 2 a reta tangente é paralela ao eixo x.

**EXEMPLO 3** Ache uma equação da reta tangente à curva do Exemplo 2 no ponto (5, 8).

**Solução** Como a inclinação da reta tangente num ponto $(x_1, y_1)$ é dada por

$$m(x_1) = 2x_1 - 4$$

a inclinação da reta tangente no ponto (5, 8) é $m(5) = 2(5) - 4 = 6$. Então uma equação da reta procurada na forma ponto-inclinação é

$$y - 8 = 6(x - 5)$$
$$y = 6x - 22$$

Na ilustração seguinte retornamos ao exemplo discutido no começo desta secção.

• ILUSTRAÇÃO 1

Um fabricante de relógio pode produzir determinado tipo de relógio a um custo de $ 15 por peça. Estima-se que se o preço do relógio for x cada, então o número de relógios vendidos por semana será $125 - x$. Se $P(x)$ for o lucro semanal do fabricante, então

$$P(x) = (125 - x)(x - 15)$$
$$= -x^2 + 140x - 1.875$$

Queremos encontrar o ponto onde $P(x)$ é um máximo. Este máximo valor de $P(x)$ ocorre no ponto do gráfico de P onde a reta tangente é horizontal, isto é, onde a inclinação da reta tangente é zero.

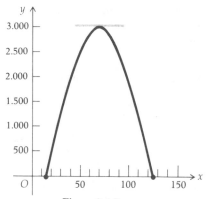

Figura 2.4.7

A Figura 2.4.7 mostra um esboço do gráfico de P e uma parte da reta tangente. Vamos aplicar a Fórmula (2) para achar a inclinação da reta tangente:

$$m(x_1) = \lim_{\Delta x \to 0} \frac{P(x_1 + \Delta x) - P(x_1)}{\Delta x}$$

$$= \lim_{\Delta x \to 0} \frac{[-(x_1 + \Delta x)^2 + 140(x_1 + \Delta x) - 1.875] - (-x_1^2 + 140x_1 - 1.875)}{\Delta x}$$

$$= \lim_{\Delta x \to 0} \frac{-x_1^2 - 2x_1\Delta x - (\Delta x)^2 + 140x_1 + 140\Delta x - 1.875 + x_1^2 - 140x_1 + 1.875}{\Delta x}$$

$$= \lim_{\Delta x \to 0} \frac{-2x_1 \Delta x - (\Delta x)^2 + 140 \Delta x}{\Delta x}$$

$$= \lim_{\Delta x \to 0} (-2x_1 - \Delta x + 140)$$

$$= -2x_1 + 140$$

Para determinar o valor de $x_1$ para o qual a inclinação da reta tangente é zero, equacionamos $m(x_1) = 0$. Temos

$$-2x_1 + 140 = 0$$
$$-2x_1 = -140$$
$$x_1 = 70$$

Concluímos, então, que se há um lucro semanal máximo, este ocorrerá quando o preço de venda do relógio for $ 70. Além disso, como $P(70) = 3.025$, o lucro semanal máximo será de $ 3.025.

## Exercícios 2.4

Nos Exercícios de 1 a 6, ache a inclinação da reta tangente no ponto $(x_1, y_1)$. Faça uma tabela de $x$, $y$ e $m$ para valores inteiros de $x$ no intervalo fechado $[a, b]$ e inclua na tabela todos os pontos onde o gráfico tem uma tangente horizontal. Faça um esboço do gráfico e mostre um segmento da reta tangente em cada um dos pontos da tabela.

1. $y = 9 - x^2$; $[a, b] = [-3, 3]$
2. $y = x^2 + 4$; $[a, b] = [-2, 2]$
3. $y = -2x^2 + 4x$; $[a, b] = [-1, 3]$
4. $y = x^2 - 6x + 9$; $[a, b] = [1, 5]$
5. $y = x^3 + 1$; $[a, b] = [-2, 2]$
6. $y = 1 - x^3$; $[a, b] = [-2, 2]$

**86** A DERIVADA

Nos Exercícios de 7 a 10, ache a inclinação da reta tangente ao gráfico no ponto $(x_1, y_1)$. Faça uma tabela de $x$, $y$ e $m$ em vários pontos e inclua na tabela todos os pontos onde o gráfico tem uma tangente horizontal. Faça um esboço do gráfico.

**7.** $y = x^3 - 3x$  **8.** $y = 7 - 6x - x^2$  **9.** $y = x^3 - 4x^2 + 4x - 2$  **10.** $y = x^3 - x^2 - x + 10$

Nos Exercícios de 11 a 16, ache uma equação da reta tangente à curva dada no ponto indicado.

**11.** $y = x^2 - 4x - 5; (-2, 7)$  **12.** $y = x^2 - x + 2; (2, 4)$  **13.** $y = \sqrt{4 + x}; (5, 3)$

**14.** $y = \sqrt{9 - 4x}; (-4, 5)$  **15.** $y = \dfrac{6}{x}; (3, 2)$  **16.** $y = -\dfrac{8}{\sqrt{x}}; (4, -4)$

**17.** Ache uma equação da reta tangente à curva $y = 2x^2 + 3$ que é paralela à reta $8x - y + 3 = 0$.
**18.** Ache uma equação da reta tangente à curva $y = 3x^2 - 4$ que é paralela à reta $3x + y = 4$.
**19.** Ache uma equação da reta tangente à curva $y = 2 - \frac{1}{3}x^2$ que é perpendicular à reta $x - y = 0$.
**20.** Ache uma equação da reta tangente à curva $y = \sqrt{4x - 3} - 1$ que é perpendicular à reta $x + 2y - 11 = 0$.
**21.** Ache uma equação de cada uma das retas tangentes à curva $y = 1/x$ que é paralela à reta $x + 4y = 0$.
**22.** Ache uma equação de cada uma das retas tangentes à curva $y = x^3 - 3x$ que é perpendicular à reta $2x + 18y - 9 = 0$.
**23.** Reporte-se ao Exercício 1 nos Exercícios 1.5. Um carpinteiro pode construir estantes a um custo de $ 40 cada. Se o carpinteiro vende as estantes por $x$ cada, estima-se que $300 - 2x$ estantes serão vendidas por mês. (a) Se $P(x)$ for o lucro mensal do carpinteiro, escreva uma equação definindo $P(x)$. (b) Use o método da Ilustração 1 para determinar o preço de venda de cada estante, de modo que o lucro mensal do carpinteiro seja máximo. Suponha que haja um lucro máximo.
**24.** Reporte-se ao Exercício 2 nos Exercícios 1.5. Um fabricante de brinquedos pode produzir um determinado brinquedo a um custo de $ 10 cada. Estima-se que se o preço de venda do brinquedo for $x$, então o número de brinquedos vendidos cada dia será $45 - x$. (a) Se $P(x)$ for o lucro diário do fabricante, escreva uma equação definindo $P(x)$. (b) Sob a hipótese de que existe um lucro diário máximo, use o método da Ilustração 1 para determinar qual deveria ser o preço de venda de cada brinquedo para que o fabricante obtivesse o lucro diário máximo.

## 2.5 A DERIVADA

Na Secção 2.4 a inclinação da reta tangente ao gráfico de $y = f(x)$ no ponto $(x_1, f(x_1))$ está definida por

$$m(x_1) = \lim_{\Delta x \to 0} \frac{f(x_1 + \Delta x) - f(x_1)}{\Delta x} \qquad (1)$$

se o limite existe.

Este tipo de limite ocorre em outros problemas, também, e tem um nome específico.

Definição de derivada de uma função

A **derivada** de uma função $f$ é aquela função, denotada por $f'$, tal que seu valor em todo número $x$ do domínio de $f$ seja dado por

$$f'(x) = \lim_{\Delta x \to 0} \frac{f(x + \Delta x) - f(x)}{\Delta x} \qquad (2)$$

se este limite existe.

Outro símbolo usado ao invés de $f'(x)$ é $D_x f(x)$, que se lê "a derivada de $f$ de $x$ em relação a $x$". Se $x_1$ for um número particular no domínio de $f$, então

$$f'(x_1) = \lim_{\Delta x \to 0} \frac{f(x_1 + \Delta x) - f(x_1)}{\Delta x} \qquad (3)$$

caso o limite exista. Comparando (1) e (3), note que a inclinação da reta tangente ao gráfico de $y = f(x)$ no ponto $(x_1, f(x_1))$ é precisamente a derivada de $f$ calculada em $x_1$.

**EXEMPLO 1** Dada $f(x) = 3x^2 + 12$, encontre a derivada de $f$.

**Solução** Se $x$ é algum número no domínio de $f$, então de (2),

$$f'(x) = \lim_{\Delta x \to 0} \frac{f(x + \Delta x) - f(x)}{\Delta x}$$

$$= \lim_{\Delta x \to 0} \frac{[3(x + \Delta x)^2 + 12] - (3x^2 + 12)}{\Delta x}$$

$$= \lim_{\Delta x \to 0} \frac{3x^2 + 6x \Delta x + 3(\Delta x)^2 + 12 - 3x^2 - 12}{\Delta x}$$

$$= \lim_{\Delta x \to 0} \frac{6x \Delta x + 3(\Delta x)^2}{\Delta x}$$

$$= \lim_{\Delta x \to 0} (6x + 3 \Delta x)$$

$$= 6x$$

Assim a derivada de $f$ é a função $f'$ definida por $f'(x) = 6x$. O domínio de $f'$ é o conjunto de todos os números reais, que é também o domínio de $f$.

**EXEMPLO 2** Para a função do Exemplo 1, ache a derivada de $f$ em 2 de duas maneiras: (a) Aplicando a Fórmula (3); (b) substituindo $x$ por 2 na expressão de $f'(x)$ encontrada no Exemplo 1.

**Solução** (a) $f(x) = 3x^2 + 12$. De (3),

$$f'(2) = \lim_{\Delta x \to 0} \frac{f(2 + \Delta x) - f(2)}{\Delta x}$$

$$= \lim_{\Delta x \to 0} \frac{[3(2 + \Delta x)^2 + 12] - [3(2)^2 + 12]}{\Delta x}$$

$$= \lim_{\Delta x \to 0} \frac{12 + 12 \Delta x + 3(\Delta x)^2 + 12 - 12 - 12}{\Delta x}$$

$$= \lim_{\Delta x \to 0} \frac{12 \Delta x + 3(\Delta x)^2}{\Delta x}$$

$$= \lim_{\Delta x \to 0} (12 + 3 \Delta x)$$

$$= 12$$

(b) Do Exemplo 1, $f'(x) = 6x$, então $f'(2) = 12$.

**EXEMPLO 3** Dada $f(x) = \sqrt{x-3}$, encontre $D_x f(x)$.

**Solução**

$$D_x f(x) = \lim_{\Delta x \to 0} \frac{f(x + \Delta x) - f(x)}{\Delta x} = \lim_{\Delta x \to 0} \frac{\sqrt{(x + \Delta x) - 3} - \sqrt{x - 3}}{\Delta x}$$

Para obter um fator comum de $\Delta x$ no numerador e denominador, racionalizamos o numerador, multiplicando numerador e denominador por $(\sqrt{x + \Delta x - 3} + \sqrt{x - 3})$. Temos

$$D_x f(x) = \lim_{\Delta x \to 0} \frac{(\sqrt{x + \Delta x - 3} - \sqrt{x - 3})(\sqrt{x + \Delta x - 3} + \sqrt{x - 3})}{\Delta x (\sqrt{x + \Delta x - 3} + \sqrt{x - 3})}$$

$$= \lim_{\Delta x \to 0} \frac{x + \Delta x - 3 - (x - 3)}{\Delta x (\sqrt{x + \Delta x - 3} + \sqrt{x - 3})}$$

$$= \lim_{\Delta x \to 0} \frac{\Delta x}{\Delta x (\sqrt{x + \Delta x - 3} + \sqrt{x - 3})}$$

$$= \lim_{\Delta x \to 0} \frac{1}{\sqrt{x + \Delta x - 3} + \sqrt{x - 3}}$$

$$= \frac{1}{\sqrt{x - 3} + \sqrt{x - 3}}$$

$$= \frac{1}{2\sqrt{x - 3}}$$

Se a função $f$ é dada pela equação $y = f(x)$, podemos estabelecer que
$$\Delta y = f(x + \Delta x) - f(x)$$
e escrever $\dfrac{dy}{dx}$ em lugar de $f'(x)$, de tal modo que da Fórmula (2) tenhamos

$$\boxed{\frac{dy}{dx} = \lim_{\Delta x \to 0} \frac{\Delta y}{\Delta x}}$$

Lembre-se de que ao usar $\dfrac{dy}{dx}$ como notação para uma derivada, $dy$ e $dx$ isolados ainda não têm significado algum.

**EXEMPLO 4** Dada $y = \dfrac{2 + x}{3 - x}$, encontre $\dfrac{dy}{dx}$.

**Solução**

$$\frac{dy}{dx} = \lim_{\Delta x \to 0} \frac{\Delta y}{\Delta x}$$

$$= \lim_{\Delta x \to 0} \frac{f(x + \Delta x) - f(x)}{\Delta x}$$

$$= \lim_{\Delta x \to 0} \frac{\dfrac{2 + x + \Delta x}{3 - x - \Delta x} - \dfrac{2 + x}{3 - x}}{\Delta x}$$

$$= \lim_{\Delta x \to 0} \frac{(3 - x)(2 + x + \Delta x) - (2 + x)(3 - x - \Delta x)}{\Delta x(3 - x - \Delta x)(3 - x)}$$

$$= \lim_{\Delta x \to 0} \frac{(6 + x - x^2 + 3\Delta x - x\Delta x) - (6 + x - x^2 - 2\Delta x - x\Delta x)}{\Delta x(3 - x - \Delta x)(3 - x)}$$

$$= \lim_{\Delta x \to 0} \frac{5\Delta x}{\Delta x(3 - x - \Delta x)(3 - x)}$$

$$= \lim_{\Delta x \to 0} \frac{5}{(3 - x - \Delta x)(3 - x)}$$

$$= \frac{5}{(3 - x)^2}$$

O matemático alemão Gottfried Wilhelm Leibniz (1646-1716) foi o primeiro a usar a notação $\dfrac{dy}{dx}$ para a derivada de $y$ com relação a $x$. O conceito de derivada foi introduzido no século XVII quase simultaneamente por Leibniz e Sir Isaac Newton (1642-1727), trabalhando separadamente. Leibniz provavelmente pensou em $dx$ e $dy$ como pequenas mudanças nas variáveis $x$ e $y$ e considerou a derivada de $y$ em relação a $x$ como a razão de $dy$ por $dx$ quando $dy$ e $dx$ se tornam pequenos. O conceito de limite tal como conhecemos hoje era desconhecido por Leibniz.

Se $y = f(x)$, a notação $D_x y$ é algumas vezes usada para a derivada de $f$. A notação $y'$ também é usada para a derivada de $y$ com relação a uma variável independente, desde que a variável independente seja conhecida.

**EXEMPLO 5** Dada $f(x) = x^{1/3}$. (a) Ache $f'(x)$. (b) Mostre que $f'(0)$ não existe, mesmo sendo $f$ contínua em 0. (c) Faça um esboço do gráfico de $f$.

**Solução**

(a) $f'(x) = \lim\limits_{\Delta x \to 0} \dfrac{f(x + \Delta x) - f(x)}{\Delta x} = \lim\limits_{\Delta x \to 0} \dfrac{(x + \Delta x)^{1/3} - x^{1/3}}{\Delta x}$

Racionalizamos o numerador a fim de obter um fator comum de $\Delta x$ no numerador e denominador; resulta então

$$f'(x) = \lim_{\Delta x \to 0} \frac{[(x + \Delta x)^{1/3} - x^{1/3}][(x + \Delta x)^{2/3} + (x + \Delta x)^{1/3}x^{1/3} + x^{2/3}]}{\Delta x[(x + \Delta x)^{2/3} + (x + \Delta x)^{1/3}x^{1/3} + x^{2/3}]}$$

$$= \lim_{\Delta x \to 0} \frac{(x + \Delta x) - x}{\Delta x[(x + \Delta x)^{2/3} + (x + \Delta x)^{1/3}x^{1/3} + x^{2/3}]}$$

$$= \lim_{\Delta x \to 0} \frac{1}{(x + \Delta x)^{2/3} + (x + \Delta x)^{1/3}x^{1/3} + x^{2/3}}$$

$$= \frac{1}{x^{2/3} + x^{1/3}x^{1/3} + x^{2/3}}$$

$$= \frac{1}{3x^{2/3}}$$

(b) $f'(0)$ não existe, pois $\dfrac{1}{3x^{2/3}}$ não está definida para $x = 0$. Contudo, a função $f$ é contínua em 0, pelo Teorema 2.3.3(ii).

(c) Um esboço do gráfico de $f$ está na Figura 2.5.1.

• ILUSTRAÇÃO 1

Para a função $f$ do Exemplo 5, considere

$$\lim_{\Delta x \to 0} \frac{f(x_1 + \Delta x) - f(x_1)}{\Delta x} \text{ em } x_1 = 0$$

Temos

$$\lim_{\Delta x \to 0} \frac{f(0 + \Delta x) - f(0)}{\Delta x} = \lim_{\Delta x \to 0} \frac{(\Delta x)^{1/3} - 0}{\Delta x}$$

$$= \lim_{\Delta x \to 0} \frac{1}{(\Delta x)^{2/3}}$$

$$= +\infty$$

Da parte (ii) da definição de reta tangente dada na Secção 2.4, segue que a reta $x = 0$ (o eixo $y$) é a reta tangente ao gráfico de $f$ na origem. •

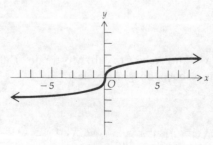

Figura 2.5.1

O Exemplo 5 e a Ilustração 1 mostram que $f'(x)$ pode existir para alguns valores de $x$ no domínio de $f$, mas pode inexistir para outros valores de $x$ no domínio de $f$. Temos a seguinte definição:

**Definição de função diferenciável em um número**

> Diz-se que a função $f$ é **diferenciável** em $x_1$ se $f'(x_1)$ existe.

## ILUSTRAÇÃO 2

Da definição acima segue que a função do Exemplo 5 e Ilustração 1 é diferenciável em todo número, exceto 0. •

## ILUSTRAÇÃO 3

No Exemplo 1, $f(x) = 3x^2 + 12$, e o domínio de $f$ é o conjunto de todos os números reais. Como $f'(x) = 6x$, e $6x$ existe para todo número real, segue que $f$ é diferenciável em toda a parte. •

## ILUSTRAÇÃO 4

Seja $f$ a função valor absoluto. Assim

$$f(x) = |x|$$

Um esboço do gráfico desta função foi obtido no Exemplo 1 da Secção 1.3. Está mostrado na Figura 2.5.2. Da Fórmula (3),

$$f'(0) = \lim_{\Delta x \to 0} \frac{f(0 + \Delta x) - f(0)}{\Delta x}$$

se este limite existe. Como $f(0 + \Delta x) = |\Delta x|$ e $f(0) = 0$,

$$\lim_{\Delta x \to 0} \frac{f(0 + \Delta x) - f(0)}{\Delta x} = \lim_{\Delta x \to 0} \frac{|\Delta x|}{\Delta x}$$

Como $|\Delta x| = \Delta x$ se $\Delta x > 0$ e $|\Delta x| = -\Delta x$ se $\Delta x < 0$, os limites unilaterais devem ser considerados em 0.

$$\lim_{\Delta x \to 0^+} \frac{|\Delta x|}{\Delta x} = \lim_{\Delta x \to 0^+} \frac{\Delta x}{\Delta x} = \lim_{\Delta x \to 0^+} 1 = 1$$

e

$$\lim_{\Delta x \to 0^-} \frac{|\Delta x|}{\Delta x} = \lim_{\Delta x \to 0^-} \frac{-\Delta x}{\Delta x} = \lim_{\Delta x \to 0^-} (-1) = -1$$

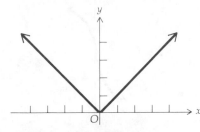

**Figura 2.5.2**

Uma vez que $\lim_{\Delta x \to 0^+} \frac{|\Delta x|}{\Delta x} \neq \lim_{\Delta x \to 0^-} \frac{|\Delta x|}{\Delta x}$ segue que o limite bilateral $\lim_{\Delta x \to 0} \frac{|\Delta x|}{\Delta x}$ não existe. Logo $f'(0)$ não existe e $f$ não é diferenciável em 0.

Dado que $f'(0)$ não existe e não é nem $+\infty$ nem $-\infty$, não há reta tangente na origem para o gráfico da função valor absoluto. ●

Como as funções da Ilustração 4 e Exemplo 5 são contínuas em um número mas não diferenciáveis neste ponto, pode-se concluir que a continuidade de uma função em um número não implica a diferenciabilidade da função no mesmo número. Contudo, a diferenciabilidade *implica* a continuidade, como vemos pelo próximo teorema, que é enunciado sem prova.

**Teorema 2.5.1** Se uma função $f$ é diferenciável em $x_1$, então $f$ é contínua em $x_1$.

Uma função $f$ não é diferenciável em um número $c$ por uma das seguintes razões:

1. A função $f$ é descontínua em $c$. Isto segue do Teorema 2.5.1. Veja na Figura 2.5.3 um esboço do gráfico de tal função.
2. A função $f$ é contínua em $c$, e o gráfico de $f$ tem no ponto $x = c$ uma reta tangente vertical. Veja a Figura 2.5.4 para um esboço do gráfico de uma função tendo esta propriedade. Esta situação também ocorre no Exemplo 5.
3. A função $f$ é contínua em $c$, e o gráfico de $f$ não tem uma reta tangente no ponto $x = c$. A Figura 2.5.5 mostra um esboço do gráfico de uma função satisfazendo esta condição. Observe que há uma mudança de direção muito aguda no gráfico em $x = c$. A função valor absoluto, discutida na Ilustração 4, é outro exemplo de tal função.

## Exercícios 2.5

Nos Exercícios de 1 a 10, ache $f'(x)$ para a função dada, aplicando a Fórmula (2) desta secção.

1. $f(x) = 7x + 3$
2. $f(x) = 8 - 5x$
3. $f(x) = -4$
4. $f(x) = 3x^2 + 4$
5. $f(x) = 4 - 2x^2$
6. $f(x) = 3x^2 - 2x + 1$
7. $f(x) = 4x^2 + 5x + 3$
8. $f(x) = 6 - 3x - x^2$
9. $f(x) = 8 - x^3$
10. $f(x) = x^3$

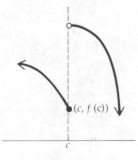

Figura 2.5.3

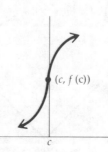

Figura 2.5.4

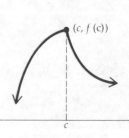

Figura 2.5.5

Nos Exercícios de 11 a 16, ache $D_x f(x)$.

**11.** $f(x) = \sqrt{x}$ 
**12.** $f(x) = \sqrt{3x + 5}$ 
**13.** $f(x) = \dfrac{1}{x + 1}$

**14.** $f(x) = \dfrac{2x + 3}{3x - 2}$ 
**15.** $f(x) = \dfrac{1}{\sqrt{2x + 1}}$ 
**16.** $f(x) = \dfrac{1}{\sqrt{3x}}$

Nos Exercícios de 17 a 22, ache $f'(a)$ aplicando a Fórmula (3) desta secção.

**17.** $f(x) = 1 - x^2; a = 3$ 
**18.** $f(x) = \dfrac{4}{5x}; a = 2$ 
**19.** $f(x) = \dfrac{2}{x^3}; a = 4$

**20.** $f(x) = \dfrac{2}{\sqrt{x}} - 1; a = 4$ 
**21.** $f(x) = \sqrt{10 - x}; a = 6$ 
**22.** $f(x) = \dfrac{1}{x} + x + x^2; a = -3$

Nos Exercícios de 23 a 26, ache $\dfrac{dy}{dx}$.

**23.** $y = x^2 + x^{-2}$ 
**24.** $y = \dfrac{1}{x^2} - x$ 
**25.** $y = \dfrac{x}{2x - 3}$ 
**26.** $y = \dfrac{4}{2x - 1}$

Nos Exercícios de 27 a 30, ache $D_x y$.

**27.** $y = \dfrac{4}{x^2} + 3x - x^2$ 
**28.** $y = 4 - 5x + \dfrac{3}{x^2}$ 
**29.** $y = \sqrt{4 - x^2}$ 
**30.** $y = \dfrac{6}{\sqrt{2x + 3}}$

**31.** Dada $f(x) = \sqrt[3]{x - 1}$. (a) Ache $f'(x)$. (b) $f$ é diferenciável em 1? (c) Faça um esboço do gráfico de $f$.
**32.** Dada $f(x) = x^{2/3}$. (a) Ache $f'(x)$. (b) $f$ é diferenciável em 0? (c) Faça um esboço do gráfico de $f$.
**33.** Dada $f(x) = |x - 2|$. (a) Faça um esboço do gráfico de $f$. (b) Mostre que $f$ não é diferenciável em 2.
**34.** Dada $f(x) = |x + 1|$. (a) Faça um esboço do gráfico de $f$. (b) Mostre que $f$ não é diferenciável em $-1$.

## 2.6 TÉCNICAS DE DIFERENCIAÇÃO

A operação de encontrar a derivada de uma função é chamada **diferenciação**, a qual pode ser efetuada aplicando-se a definição de derivada da Secção 2.5. Contudo, como esse processo é usualmente demorado, precisamos de alguns teoremas que nos possibilitem encontrar a derivada de certas funções mais facilmente. Esses teoremas são provados aplicando-se a definição de derivada. Junto com o enunciado de cada teorema, damos a fórmula de diferenciação correspondente.

O primeiro teorema dá a derivada de uma função constante. Suponha

$$f(x) = c$$

onde $c$ é uma constante. Então

$$f'(x) = \lim_{\Delta x \to 0} \frac{f(x + \Delta x) - f(x)}{\Delta x}$$

$$= \lim_{\Delta x \to 0} \frac{c - c}{\Delta x}$$

$$= \lim_{\Delta x \to 0} 0$$

$$= 0$$

**94** A DERIVADA

Assim, a derivada de uma constante é zero. Este fato concorda com a interpretação geométrica de derivada, pois o gráfico de $f(x) = c$ é uma reta horizontal tendo inclinação zero. O resultado está enunciado formalmente como um teorema.

A derivada de uma constante

---

**Teorema 2.6.1** Se $c$ é uma constante, e se $f(x) = c$ para todo $x$, então
$$f'(x) = 0$$

$$\boxed{D_x(c) = 0}$$

*A derivada de uma constante é zero.*

---

● ILUSTRAÇÃO 1

(a) Se $f(x) = 5$, então
$$f'(x) = 0$$

(b) Se $g(x) = -\pi$, então
$$g'(x) = 0$$

Prosseguimos agora para obter a fórmula para a derivada de uma função potência, que é uma função $f$ definida por $f(x) = x^n$, onde $n$ é qualquer número real. Exemplos de função potência são $f(x) = x^3$, $g(x) = x^{-2}$, $h(x) = x^{1/2}$ e $F(x) = x^{-2/3}$.

Considere uma função potência onde $n$ é qualquer inteiro positivo, isto é
$$f(x) = x^n$$
Então
$$f'(x) = \lim_{\Delta x \to 0} \frac{f(x + \Delta x) - f(x)}{\Delta x}$$
$$= \lim_{\Delta x \to 0} \frac{(x + \Delta x)^n - x^n}{\Delta x}$$

Aplicando o teorema binomial a $(x + \Delta x)^n$ temos

$$f'(x) = \lim_{\Delta x \to 0} \frac{\left[ x^n + nx^{n-1}\Delta x + \frac{n(n-1)}{2!} x^{n-2}(\Delta x)^2 + \ldots + nx(\Delta x)^{n-1} + (\Delta x)^n \right] - x^n}{\Delta x}$$

$$= \lim_{\Delta x \to 0} \frac{nx^{n-1}\Delta x + \frac{n(n-1)}{2!} x^{n-2}(\Delta x)^2 + \ldots + nx(\Delta x)^{n-1} + (\Delta x)^n}{\Delta x}$$

Dividindo o numerador e o denominador por $\Delta x$ temos

$$f'(x) = \lim_{\Delta x \to 0} \left[ nx^{n-1} + \frac{n(n-1)}{2!} x^{n-2}(\Delta x) + \ldots + nx(\Delta x)^{n-2} + (\Delta x)^{n-1} \right]$$

Técnicas de Diferenciação 95

Todo termo, exceto o primeiro, tem um fator de $\Delta x$; então todo termo, exceto o primeiro, aproxima-se de zero. Assim obtemos

$f'(x) = nx^{n-1}$

Provamos o seguinte teorema para todo $n$ inteiro positivo. Na Ilustração 4, o teorema está provado para todo $n$ inteiro negativo. A prova para todo número real fica adiada até a Secção 8.5.

A derivada de uma função potência

**Teorema 2.6.2** Se $n$ é qualquer número real, e se $f(x) = x^n$, então

$f'(x) = nx^{n-1}$

$$\boxed{D_x(x^n) = nx^{n-1}}$$

## ILUSTRAÇÃO 2

(a) Se $f(x) = x^8$, então
$f'(x) = 8x^7$

(b) Se $f(x) = x$, então
$f'(x) = 1 \cdot x^0$
$= 1 \cdot 1$
$= 1$

(c) Se $f(x) = \sqrt{x}$, então
$f(x) = x^{1/2}$

Assim

$f'(x) = \frac{1}{2}x^{-1/2}$
$= \dfrac{1}{2\sqrt{x}}$

O próximo teorema envolve a derivada de uma constante vezes uma função. Se

$g(x) = c \cdot f(x)$

onde $c$ é uma constante, então

$g'(x) = \lim\limits_{\Delta x \to 0} \dfrac{g(x + \Delta x) - g(x)}{\Delta x}$

$= \lim\limits_{\Delta x \to 0} \dfrac{cf(x + \Delta x) - cf(x)}{\Delta x}$

$= \lim\limits_{\Delta x \to 0} c \cdot \left[ \dfrac{f(x + \Delta x) - f(x)}{\Delta x} \right]$

$= c \cdot \lim\limits_{\Delta x \to 0} \dfrac{f(x + \Delta x) - f(x)}{\Delta x}$

$= cf'(x)$

Provamos o seguinte teorema:

A derivada de uma constante vezes uma função

> **Teorema 2.6.3** Se $f$ é uma função, $c$ é uma constante, e $g$ é a função definida por
> $$g(x) = c \cdot f(x)$$
> então se $f'(x)$ existe,
> $$g'(x) = c \cdot f'(x)$$
> $$\boxed{D_x[c \cdot f(x)] = c \cdot D_x f(x)}$$
>
> A derivada de uma constante vezes uma função é a constante vezes a derivada da função se a derivada existe.

Combinando os Teoremas 2.6.2 e 2.6.3 obtemos o seguinte resultado.

A derivada de uma constante vezes a função potência

> Se $f(x) = cx^n$, onde $n$ é qualquer número real e $c$ é uma constante,
> $$f'(x) = cnx^{n-1}$$
> $$\boxed{D_x(cx^n) = cnx^{n-1}}$$

## ILUSTRAÇÃO 3

(a) Se $f(x) = 5x^7$, então
$$f'(x) = 5 \cdot 7x^6$$
$$= 35x^6$$

(b) Se $f(x) = 9x^{2/3}$, então
$$f'(x) = 9 \cdot \tfrac{2}{3} x^{-1/3}$$
$$= 6 \frac{1}{x^{1/3}}$$
$$= \frac{6}{\sqrt[3]{x}}$$

Para obter a fórmula para a derivada da soma de duas funções, seja
$$h(x) = f(x) + g(x)$$
onde $f'(x)$ e $g'(x)$ existem. Então

$$h'(x) = \lim_{\Delta x \to 0} \frac{h(x + \Delta x) - h(x)}{\Delta x}$$

$$= \lim_{\Delta x \to 0} \frac{[f(x + \Delta x) + g(x + \Delta x)] - [f(x) + g(x)]}{\Delta x}$$

$$= \lim_{\Delta x \to 0} \frac{[f(x + \Delta x) - f(x)] + [g(x + \Delta x) - g(x)]}{\Delta x}$$

$$= \lim_{\Delta x \to 0} \frac{f(x + \Delta x) - f(x)}{\Delta x} + \lim_{\Delta x \to 0} \frac{g(x + \Delta x) - g(x)}{\Delta x}$$

$$= f'(x) + g'(x)$$

Assim a derivada da soma de duas funções diferenciáveis é a soma de suas derivadas, e temos o seguinte teorema:

A derivada da soma de duas funções

---

**Teorema 2.6.4** Se $f$ e $g$ são funções e $h$ é a função definida por

$$h(x) = f(x) + g(x)$$

então se $f'(x)$ e $g'(x)$ existem,

$$h'(x) = f'(x) + g'(x)$$

$$\boxed{D_x[f(x) + g(x)] = D_x f(x) + D_x g(x)}$$

A derivada da soma de duas funções é a soma de suas derivadas, se estas derivadas existem.

---

O resultado do teorema anterior pode ser aplicado a um número qualquer finito de funções; isto é, a derivada da soma de um número finito de funções é igual à soma de suas derivadas, se estas derivadas existem. A derivada de uma função polinomial pode ser encontrada, então, conforme exemplificamos abaixo.

**EXEMPLO 1** Dado

$$f(x) = 7x^4 - 2x^3 + 8x + 5$$

encontre $f'(x)$.

**Solução**

$$f'(x) = D_x(7x^4 - 2x^3 + 8x + 5)$$
$$= D_x(7x^4) + D_x(-2x^3) + D_x(8x) + D_x(5)$$
$$= 28x^3 - 6x^2 + 8$$

O próximo teorema dá uma fórmula para a derivada do produto de duas funções. Para obtê-la, seja

$$h(x) = f(x)g(x)$$

onde $f'(x)$ e $g'(x)$ existem. Então

$$h'(x) = \lim_{\Delta x \to 0} \frac{h(x + \Delta x) - h(x)}{\Delta x}$$

$$= \lim_{\Delta x \to 0} \frac{[f(x + \Delta x) \cdot g(x + \Delta x)] - [f(x) \cdot g(x)]}{\Delta x}$$

Se $f(x + \Delta x) \cdot g(x)$ é somado e subtraído no numerador, então

$$h'(x) = \lim_{\Delta x \to 0} \frac{f(x + \Delta x) \cdot g(x + \Delta x) - f(x + \Delta x) \cdot g(x) + f(x + \Delta x) \cdot g(x) - f(x) \cdot g(x)}{\Delta x}$$

$$= \lim_{\Delta x \to 0} \left[ f(x + \Delta x) \cdot \frac{g(x + \Delta x) - g(x)}{\Delta x} + g(x) \cdot \frac{f(x + \Delta x) - f(x)}{\Delta x} \right]$$

$$= \lim_{\Delta x \to 0} \left[ f(x + \Delta x) \cdot \frac{g(x + \Delta x) - g(x)}{\Delta x} \right] + \lim_{\Delta x \to 0} \left[ g(x) \cdot \frac{f(x + \Delta x - f(x)}{\Delta x} \right]$$

$$= \lim_{\Delta x \to 0} f(x + \Delta x) \cdot \lim_{\Delta x \to 0} \frac{g(x + \Delta x) - g(x)}{\Delta x} + \lim_{\Delta x \to 0} g(x) \cdot \lim_{\Delta x \to 0} \frac{f(x + \Delta x) - f(x)}{\Delta x}$$

Como $f$ é diferenciável em $x$, pelo Teorema 2.5.1 $f$ é contínua em $x$; então $\lim_{\Delta x \to 0} f(x + \Delta x) = f(x)$. Também,

$$\lim_{\Delta x \to 0} \frac{g(x + \Delta x) - g(x)}{\Delta x} = g'(x)$$

$$\lim_{\Delta x \to 0} \frac{f(x + \Delta x) - f(x)}{\Delta x} = f'(x)$$

e

$$\lim_{\Delta x \to 0} g(x) = g(x)$$

dando assim

$$h'(x) = f(x)g'(x) + g(x)f'(x)$$

Estivemos provando o seguinte teorema:

A derivada do produto de duas funções

---

**Teorema 2.6.5** Se $f$ e $g$ são funções, e se $h$ é a função definida por

$$h(x) = f(x)g(x)$$

então se $f'(x)$ e $g'(x)$ existem,

$$h'(x) = f(x)g'(x) + g(x)f'(x)$$

$$\boxed{D_x[f(x)g(x)] = f(x) \cdot D_x g(x) + g(x) \cdot D_x f(x)}$$

*A derivada do produto de duas funções é a primeira função vezes a derivada da segunda função mais a segunda função vezes a derivada da primeira função, se estas derivadas existem.*

**EXEMPLO 2**   Dada

$$h(x) = (2x^3 - 4x^2)(3x^5 + x^2)$$

ache $h'(x)$.

**Solução**

$$\begin{aligned}h'(x) &= (2x^3 - 4x^2)(15x^4 + 2x) + (3x^5 + x^2)(6x^2 - 8x)\\ &= (30x^7 - 60x^6 + 4x^4 - 8x^3) + (18x^7 - 24x^6 + 6x^4 - 8x^3)\\ &= 48x^7 - 84x^6 + 10x^4 - 16x^3\end{aligned}$$

No Exemplo 2, note que se multiplicarmos primeiro e então diferenciarmos, o resultado será o mesmo. Fazendo isso, temos

$$h(x) = 6x^8 - 12x^7 + 2x^5 - 4x^4$$

Então

$$h'(x) = 48x^7 - 84x^6 + 10x^4 - 16x^3$$

Para obter a fórmula para a derivada do quociente de duas funções seja

$$h(x) = \frac{f(x)}{g(x)} \qquad g(x) \neq 0$$

onde $f'(x)$ e $g'(x)$ existem. Então

$$\begin{aligned}h'(x) &= \lim_{\Delta x \to 0} \frac{h(x + \Delta x) - h(x)}{\Delta x}\\[4pt] &= \lim_{\Delta x \to 0} \frac{\dfrac{f(x + \Delta x)}{g(x + \Delta x)} - \dfrac{f(x)}{g(x)}}{\Delta x}\\[4pt] &= \lim_{\Delta x \to 0} \frac{f(x + \Delta x) \cdot g(x) - f(x) \cdot g(x + \Delta x)}{\Delta x \cdot g(x) \cdot g(x + \Delta x)}\end{aligned}$$

Subtraindo e somando $f(x) \cdot g(x)$ no numerador obtemos

$$\begin{aligned}h'(x) &= \lim_{\Delta x \to 0} \frac{f(x + \Delta x) \cdot g(x) - f(x) \cdot g(x) - f(x) \cdot g(x + \Delta x) + f(x) \cdot g(x)}{\Delta x \cdot g(x) \cdot g(x + \Delta x)}\\[6pt] &= \lim_{\Delta x \to 0} \frac{\left[g(x) \cdot \dfrac{f(x + \Delta x) - f(x)}{\Delta x}\right] - \left[f(x) \cdot \dfrac{g(x + \Delta x) - g(x)}{\Delta x}\right]}{g(x) \cdot g(x + \Delta x)}\\[6pt] &= \frac{\lim\limits_{\Delta x \to 0} g(x) \cdot \lim\limits_{\Delta x \to 0} \dfrac{f(x + \Delta x) - f(x)}{\Delta x} - \lim\limits_{\Delta x \to 0} f(x) \cdot \lim\limits_{\Delta x \to 0} \dfrac{g(x + \Delta x) - g(x)}{\Delta x}}{\lim\limits_{\Delta x \to 0} g(x) \cdot \lim\limits_{\Delta x \to 0} g(x + \Delta x)}\\[6pt] &= \frac{g(x) \cdot f'(x) - f(x) \cdot g'(x)}{g(x) \cdot g(x)}\\[6pt] &= \frac{g(x)f'(x) - f(x)g'(x)}{[g(x)]^2}\end{aligned}$$

Assim, provamos o seguinte teorema:

A derivada do quociente de duas funções

**Teorema 2.6.6** Se $f$ e $g$ são funções, e se $h$ é a função definida por

$$h(x) = \frac{f(x)}{g(x)} \qquad g(x) \neq 0$$

então, se $f'(x)$ e $g'(x)$ existem,

$$h'(x) = \frac{g(x)f'(x) - f(x)g'(x)}{[g(x)]^2}$$

$$D_x\left[\frac{f(x)}{g(x)}\right] = \frac{g(x)D_xf(x) - f(x)D_xg(x)}{[g(x)]^2}$$

A derivada do quociente de duas funções é a fração tendo como denominador o quadrado do denominador original, e como numerador o denominador vezes a derivada do numerador menos o numerador vezes a derivada do denominador, se as derivadas existem.

**EXEMPLO 3** Dada

$$h(x) = \frac{2x^3 + 4}{x^2 - 4x + 1}$$

ache $h'(x)$.

**Solução**

$$h'(x) = \frac{(x^2 - 4x + 1)(6x^2) - (2x^3 + 4)(2x - 4)}{(x^2 - 4x + 1)^2}$$

$$= \frac{6x^4 - 24x^3 + 6x^2 - 4x^4 + 8x^3 - 8x + 16}{(x^2 - 4x + 1)^2}$$

$$= \frac{2x^4 - 16x^3 + 6x^2 - 8x + 16}{(x^2 - 4x + 1)^2}$$

• ILUSTRAÇÃO 4

Podemos provar o Teorema 2.6.2, considerando a função potência, se o expoente for qualquer número inteiro negativo, aplicando o Teorema 2.6.6. Usamos o fato de que o teorema é válido para qualquer inteiro positivo. Suponha que $f(x) = x^{-n}$, onde $-n$ é um inteiro negativo e $x \neq 0$. Então, $n$ é um inteiro positivo. Escrevemos

$$f(x) = \frac{1}{x^n}$$

Do Teorema 2.6.6,

$$f'(x) = \frac{x^n \cdot 0 - 1 \cdot nx^{n-1}}{(x^n)^2}$$

$$= \frac{-nx^{n-1}}{x^{2n}}$$

$$= -nx^{n-1-2n}$$

$$= -nx^{-n-1}$$

**EXEMPLO 4** Dada

$$f(x) = \frac{3}{x^5} + 4\sqrt[4]{x^3}$$

ache $f'(x)$.

**Solução**

$$f(x) = 3x^{-5} + 4x^{3/4}$$
$$f'(x) = 3(-5x^{-6}) + 4(\tfrac{3}{4}x^{-1/4})$$
$$= -15x^{-6} + 3x^{-1/4}$$
$$= -\frac{15}{x^6} + \frac{3}{\sqrt[4]{x}}$$

## Exercícios 2.6

Nos Exercícios de 1 a 42, diferencie as funções dadas usando os teoremas desta secção.

1. $f(x) = 7x - 5$
2. $g(x) = 8 - 3x$
3. $g(x) = 1 - 2x - x^2$
4. $f(x) = 4x^2 + 4x + 1$
5. $f(x) = x^3 - 3x^2 + 5x - 2$
6. $f(x) = 3x^4 - 5x^2 + 1$
7. $f(x) = \tfrac{1}{8}x^8 - x^4$
8. $g(x) = x^7 - 2x^5 + 5x^3 - 7x$
9. $F(t) = \tfrac{1}{4}t^4 - \tfrac{1}{2}t^2$
10. $H(x) = \tfrac{1}{3}x^3 - x + 2$
11. $v(r) = \tfrac{4}{3}\pi r^3$
12. $G(y) = y^{10} + 7y^5 - y^3 + 1$
13. $F(x) = x^2 + 3x + \dfrac{1}{x^2}$
14. $f(x) = \dfrac{x^3}{3} + \dfrac{3}{x^3}$
15. $g(x) = 4x^4 - \dfrac{1}{4x^4}$
16. $f(x) = x^4 - 5 + x^{-2} + 4x^{-4}$
17. $g(x) = \dfrac{3}{x^2} + \dfrac{5}{x^4}$
18. $H(x) = \dfrac{5}{6x^5}$
19. $f(x) = 4x^{1/2} + 6x^{-1/2}$
20. $f(x) = 6x^{2/3} - 9x^{1/3}$
21. $g(x) = \sqrt[3]{t} - 3\sqrt{\dfrac{1}{t}}$
22. $h(x) = 2\sqrt{x} + \dfrac{1}{2}\sqrt{\dfrac{1}{x}}$
23. $f(s) = \sqrt{3}(s^3 - s^2)$
24. $g(x) = (2x^2 + 5)(4x - 1)$
25. $f(x) = (2x^4 - 1)(5x^3 + 6x)$
26. $f(x) = (4x^2 + 3)^2$
27. $G(y) = (7 - 3y^3)^2$
28. $F(t) = (t^3 - 2t + 1)(2t^2 + 3t)$
29. $f(x) = (x^2 - 3x + 2)(2x^3 + 1)$
30. $g(x) = \dfrac{2x}{x+3}$

**102** A DERIVADA

31. $f(x) = \dfrac{x}{x-1}$
32. $F(y) = \dfrac{2y+1}{3y+4}$
33. $H(x) = \dfrac{x^2+2x+1}{x^2-2x+1}$

34. $f(x) = \dfrac{4-3x-x^2}{x-2}$
35. $h(x) = \dfrac{5x}{1+2x^2}$
36. $g(x) = \dfrac{x^4-2x^2+5x+1}{x^4}$

37. $f(x) = \dfrac{x^3-8}{x^3+8}$
38. $f(x) = \dfrac{x^2-a^2}{x^2+a^2}$
39. $f(x) = \dfrac{2x+1}{x+5}(3x-1)$

40. $g(x) = \dfrac{x^3+1}{x^2+3}(x^2-2x^{-1}+1)$
41. $f(x) = \dfrac{\sqrt{x}-1}{\sqrt{x}+1}$
42. $f(t) = \dfrac{1}{4t}+4t^{3/2}-\dfrac{2}{\sqrt[3]{t}}$

43. Ache uma equação da reta tangente à curva $y = x^{1/2}$ no ponto $(1, -2)$.
44. Ache uma equação da reta tangente à curva $y = \dfrac{8}{x^2+4}$ no ponto $(2, 1)$.
45. Dada $f(x) = x^2 - 2x - 1$. (a) Ache o ponto no gráfico de $f$ no qual a reta tangente é horizontal. (b) Faça um esboço do gráfico de $f$ e mostre a reta tangente horizontal.
46. Dada $f(x) = -x^2 + 6x - 4$. (a) Ache o ponto do gráfico de $f$ no qual a reta tangente é horizontal. (b) Faça um esboço do gráfico de $f$ e mostre a reta tangente horizontal.
47. Dada $f(x) = x + 2 + \dfrac{4}{x}$. (a) Ache todos os pontos do gráfico de $f$ nos quais a reta tangente é horizontal.

    (b) Faça um esboço do gráfico de $f$ e mostre as retas tangentes horizontais.

## Exercícios de Recapitulação do Capítulo 2

Nos Exercícios de 1 a 10, calcule o limite, caso ele exista.

1. $\lim\limits_{x \to 2}(3x^2 - 4x + 5)$
2. $\lim\limits_{y \to 1} \dfrac{y^2-4}{3y^3+6}$
3. $\lim\limits_{z \to -3} \dfrac{z^2-9}{z+3}$

4. $\lim\limits_{x \to -2} \dfrac{x^2-x-6}{x^2-5x-14}$
5. $\lim\limits_{x \to 1} \dfrac{2x^2+x-3}{3x^2+2x-5}$
6. $\lim\limits_{t \to 4} \sqrt{\dfrac{t-4}{t^2-16}}$

7. $\lim\limits_{x \to 4^+} \dfrac{2x}{16-x^2}$
8. $\lim\limits_{x \to 0^-} \dfrac{x^2-5}{2x^3-3x^2}$
9. $\lim\limits_{t \to 2} \dfrac{\sqrt{t}-\sqrt{2}}{t^2-4}$

10. $\lim\limits_{s \to 0} \dfrac{\sqrt{9-s}-3}{s}$

Nos Exercícios de 11 a 14, faça um esboço do gráfico da função; depois, observando onde há interrupções no gráfico, determine os valores da variável independente nos quais a função é descontínua e mostre por que, em cada descontinuidade, a definição da função contínua não está satisfeita.

11. $f(x) = \dfrac{x^2+x-2}{x+2}$
12. $g(x) = \dfrac{x^4-1}{x^2-1}$

13. $g(x) = \begin{cases} 2x+1 & \text{se } x \leq -2 \\ x-2 & \text{se } -2 < x \leq 2 \\ 2-x & \text{se } 2 < x \end{cases}$
14. $F(x) = \begin{cases} |4-x| & \text{se } x \neq 4 \\ -2 & \text{se } x = 4 \end{cases}$

15. Se $f(x) = \sqrt{16-x^2}$, faça um esboço do gráfico de $f$ e mostre que $f$ é contínua no intervalo fechado $[-4, 4]$.
16. Se $g(x) = \sqrt{x^2-16}$, faça um esboço do gráfico de $g$ e mostre que $g$ é contínua em $(-\infty, -4]$ e $[4, +\infty)$.

Nos Exercícios de 17 a 24, ache a derivada da função dada.

17. $f(x) = 5x^3 - 7x^2 + 2x - 3$   18. $g(x) = 5(x^4 + 3x^7)$   19. $F(x) = \dfrac{4}{x^2} - \dfrac{3}{x^4}$

20. $f(x) = 2x^{1/2} - \tfrac{1}{2}x^{-2}$   21. $g(t) = (3t^2 - 4)(4t^3 + t - 1)$   22. $h(r) = (r^4 - 2r)(4r^2 + 2r + 5)$

23. $f(x) = \dfrac{x^3 + 1}{x^3 - 1}$   24. $f(y) = \dfrac{y^2}{y^3 + 8}$

Nos Exercícios de 25 a 28, ache $\dfrac{dy}{dx}$.

25. $y = 2x^3 - 3 - 2x^{-3}$   26. $y = \dfrac{x^2}{4} + \dfrac{4}{x^2}$   27. $y = \dfrac{x^2 - 4x + 4}{x - 1}$   28. $y = \dfrac{3x + 1}{x - 5}(2x - 1)$

29. Use somente a definição de derivada para encontrar $f'(x)$ se $f(x) = 4x^2 - 2x + 1$.
30. Use somente a definição de derivada para encontrar $f'(x)$ se $f(x) = \dfrac{5}{x^2}$.
31. Use somente a definição de derivada para encontrar $f'(5)$ se $f(x) = \dfrac{3}{x + 2}$.
32. Use somente a definição de derivada para encontrar $f'(2)$ se $f(x) = \sqrt{4x + 1}$.
33. Ache uma equação da reta tangente à curva $y = x^2 - 5x + 6$ no ponto $(1, 2)$.
34. Ache equações das retas tangentes à curva $y = \dfrac{1}{x + 1}$ que são perpendiculares à reta $4x - y + 2 = 0$.
35. Reporte-se ao Exercício 37 nos Exercícios de Recapitulação do Capítulo 1. Placas quadradas de metal com 51 cm de lado são usadas para construir caixas sem tampas cortando-se quadrados iguais dos quatro cantos e levantando-se para cima os lados. (a) Se $x$ cm é o comprimento do lado do quadrado cortado, expresse o volume da caixa em centímetros cúbicos como função de $x$. (b) Mostre que a função da parte (a) é contínua em seu domínio.
36. Reporte-se ao Exercício 38 nos Exercícios de Recapitulação do Capítulo 1. Um atacadista propõe entregar a um comerciante 300 cadeiras a $ 90 a unidade e reduzir o preço de cada cadeira em $ 0,25 na encomenda inteira para cada cadeira adicional acima de 300. (a) Se $x$ cadeiras são encomendadas, expresse o custo do comerciante como função de $x$. (b) Mostre que a função da parte (a) é contínua em seu domínio.
37. Reporte-se ao Exercício 39 nos Exercícios de Recapitulação do Capítulo 1. Uma excursão patrocinada por uma escola que pode acomodar até 250 estudantes custará $ 15 por estudante se o número de estudantes não exceder 150; contudo, o custo por estudante será reduzido de $ 0,05 para cada estudante que passar de 150 até o custo atingir $ 10 por estudante. (a) Se $x$ estudantes fizerem a excursão, expresse a receita total como função de $x$. (b) Mostre que a função da parte (a) é contínua em seu domínio.
38. Reporte-se ao Exercício 40 nos Exercícios de Recapitulação do Capítulo 1. Numa cidade com uma população de 11.000 pessoas, a taxa de crescimento de uma epidemia é conjuntamente proporcional ao número de pessoas infectadas e ao número de não infectadas. (a) Se a epidemia cresce a uma taxa de $f(x)$ pessoas por dia quando $x$ pessoas estão infectadas, escreva uma equação que defina $f(x)$. (b) Mostre que a função $f$ da parte (a) é contínua em seu domínio.
39. Um fabricante pode produzir uma certa mercadoria a um custo de $ 20 por unidade. Estima-se que se o preço de venda for $x$, o número de unidades vendidas por dia será $200 - x$. (a) Se $P(x)$ é o lucro diário do fabricante, escreva uma equação que defina $P(x)$. (b) Use o método da Ilustração 1 na Secção 2.4 para determinar o preço de venda da mercadoria, a fim de que o lucro diário do fabricante seja um máximo. Suponha que exista um lucro máximo.
40. Dada $f(x) = |x - 3|$. (a) Faça um esboço do gráfico de $f$. (b) Mostre que $f$ não é diferenciável em 3.
41. Dada $f(x) = \sqrt[3]{x - 3}$. (a) Ache $f'(x)$. (b) $f$ é diferenciável em 3? (c) Faça um esboço do gráfico de $f$.

# CAPÍTULO 3

# APLICAÇÕES DA DERIVADA E A REGRA DA CADEIA

## 3.1 CUSTO MARGINAL, ELASTICIDADE-CUSTO E RECEITA MARGINAL

Em economia a variação de uma quantidade em relação a outra pode ser descrita por qualquer dos dois conceitos: o de *média* ou o de *marginal*. O conceito de média expressa a variação de uma quantidade sobre um conjunto específico de valores de uma segunda quantidade, enquanto que o conceito de marginal é a mudança instantânea na primeira quantidade que resulta de uma mudança em unidades muito pequenas na segunda quantidade. Começaremos nossos exemplos em economia com as definições de custo médio e custo marginal. Para definir precisamente o conceito de marginal precisamos usar a noção de limite, e isto levará à derivada.

Suponha que $C(x)$ seja o custo total de produção de $x$ unidades de um certo produto. A função $C$ é chamada de **função custo total**. Em circunstâncias normais $x$ e $C(x)$ são positivas. Note que, como $x$ representa o número de unidades de um produto, $x$ tem que ser um inteiro não negativo. Contudo, ao efetuarmos o cálculo vamos supor que $x$ seja um número real não negativo, de modo que tenhamos as condições de continuidade para a função $C$.

O **custo médio** da produção de cada unidade do produto é obtido dividindo-se o custo total pelo número de unidades produzidas. Sendo $Q(x)$ o custo médio, temos

$$Q(x) = \frac{C(x)}{x}$$

onde $Q$ é chamada **função custo médio**.

Agora vamos supor que o número de unidades de uma determinada produção seja $x_1$, e que ela tenha sido alterada por $\Delta x$. Então a variação no custo total é dada por $C(x_1 + \Delta x) - C(x_1)$, e a variação média no custo total em relação à variação no número de unidades produzidas é dada por

$$\frac{C(x_1 + \Delta x) - C(x_1)}{\Delta x} \qquad (1)$$

Os economistas usam o termo *custo marginal* para o limite do quociente (1) quando $\Delta x$ tende a zero, desde que o limite exista. Esse limite, sendo a derivada de $C$ em $x_1$, nos dá a seguinte definição:

Definição de custo marginal

> Se $C(x)$ é o custo total de produção de $x$ unidades de um produto, então o **custo marginal**, quando $x = x_1$, é dado por $C'(x_1)$, caso exista. A função $C'$ é chamada **função custo marginal**.

Na definição acima, $C'(x_1)$ pode ser interpretada como a taxa de variação do custo total quando $x_1$ unidades são produzidas.

- ILUSTRAÇÃO 1

Suponhamos que $C(x)$ seja o custo total de fabricação de $x$ brinquedos, e

$C(x) = 110 + 4x + 0{,}02x^2$

(a) A função custo marginal é $C'$, e

$C'(x) = 4 + 0{,}04x$

(b) O custo marginal quando $x = 50$ é dado por $C'(50)$, e

$$C'(50) = 4 + 0{,}04(50)$$
$$= 6$$

Assim sendo, a taxa de variação do custo total, quando 50 brinquedos são fabricados, é $\$6$ por brinquedo.

(c) O custo real de fabricação do qüinquagésimo primeiro brinquedo é $C(51) - C(50)$, e

$$C(51) - C(50) = [110 + 4(51) + 0{,}02(51)^2] - [110 + 4(50) + 0{,}02(50)^2]$$
$$= 366{,}02 - 360$$
$$= 6{,}02$$

Note que as respostas em (b) e (c) diferem por 0,02. Esta discrepância ocorre porque o custo marginal é a taxa de variação instantânea de $C(x)$ em relação a uma unidade de variação em $x$. Logo, $C'(50)$ é o custo aproximado da produção do qüinquagésimo primeiro brinquedo. •

Observe que o cálculo de $C'(50)$ na Ilustração 1 é mais simples do que o de $C(51) - C(50)$. Os economistas freqüentemente aproximam o custo da produção de uma unidade adicional usando a função custo marginal. Especificamente, $C'(k)$ é o custo aproximado da $(k + 1)$-ésima unidade depois que as $k$ primeiras unidades tiverem sido produzidas.

Os gráficos das funções custo total, marginal e médio são chamados **curva de custo total** (rotulada $CT$), **curva de custo marginal** (rotulada $CMg$), e **curva de custo médio** (rotulada $CMe$). Uma discussão mais detalhada destes gráficos é apresentada na Secção 5.3, depois de aplicarmos a derivada para fazer esboços de gráficos.

**EXEMPLO 1** Suponha que $C(x)$ seja o custo total da produção de $x$ unidades de um produto, e $C(x) = 2x^2 + x + 8$. Ache as seguintes funções (a) custo médio (b) custo marginal. Faça esboços das curvas de custo total, marginal e médio no mesmo conjunto de eixos.

**Solução** Temos que

$$C(x) = 2x^2 + x + 8$$

(a) Seja $Q(x)$ o custo médio. Então

$$Q(x) = \frac{C(x)}{x}$$
$$= \frac{2x^2 + x + 8}{x}$$
$$= 2x + 1 + \frac{8}{x}$$

(b) $C'(x)$ é o custo marginal, e

$$C'(x) = D_x(2x^2 + x + 8)$$
$$= 4x + 1$$

Os gráficos das funções $C$, $Q$ e $C'$ estão esboçados na Figura 3.1.1.

Observe na Figura 3.1.1 que o ponto mais baixo do gráfico de $Q$ ocorre no ponto de inter-

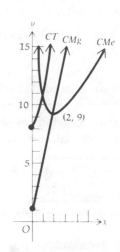

Figura 3.1.1

secção (2, 9) dos gráficos de $Q$ e $C'$. Isto é, o custo médio é mínimo no ponto em que se iguala ao custo marginal. Isto será provado e discutido mais adiante na Secção 5.3.

• ILUSTRAÇÃO 2

Na Ilustração 1 tivemos a função custo $C$ para a qual

$$C(x) = 110 + 4x + 0,02x^2$$

onde $C(x)$ é o custo total da fabricação de $x$ brinquedos. A função custo médio é $Q$, onde

$$Q(x) = \frac{C(x)}{x}$$

$$= \frac{110}{x} + 4 + 0,02x$$

Como

$$Q(50) = \frac{110}{50} + 4 + 0,02(50)$$

$$= 7,20$$

segue que quando 50 brinquedos tiverem sido produzidos, o custo médio da produção de um brinquedo será $ 7,20. Na Ilustração 1 obtivemos

$$C'(50) = 6$$

Assim o custo aproximado da produção de um brinquedo além dos 50 brinquedos já produzidos será $ 6. Esta quantia é menor do que o custo médio da produção dos 50 primeiros brinquedos. Se calcularmos a razão $C'(50)/Q(50)$, temos

$$\frac{C'(50)}{Q(50)} = \frac{6}{7,20} = \frac{5}{6}$$

Esta razão indica que o custo do qüinquagésimo primeiro brinquedo é $\frac{5}{6}$ do custo médio dos 50 primeiros brinquedos. •

A razão $C'(x)/Q(x)$, calculada na Ilustração 2 para $x = 50$, é chamada de *elasticidade-custo* e é denotada pela letra grega kapa, $\kappa$.

Definição da elasticidade-custo

> Se $C(x)$ é o custo total da produção de $x$ unidades de um produto e $Q(x)$ é o custo médio da produção de cada unidade, então a **elasticidade-custo** é dada pela função $\kappa$ tal que
>
> $$\kappa(x) = \frac{C'(x)}{Q(x)}$$

Se a elasticidade-custo for menor que 1, então o custo da produção da próxima unidade será menor do que o custo médio de unidades já produzidas. Esta situação ocorre na Ilustração 2, onde $\kappa(50) = 5/6$. Se a elasticidade-custo for maior do que 1, então o custo médio por unidade crescerá quando uma unidade adicional for produzida.

**EXEMPLO 2** Suponha que $C(x)$ seja o custo total da produção de $x$ molduras de quadros, e

$$C(x) = 50 + 8x - \frac{x^2}{100}$$

Ache os custos médio e marginal, a elasticidade-custo quando $x = 60$, e dê uma interpretação econômica a esses resultados.

**Solução** Sendo $Q$ a função custo médio, então

$$Q(x) = \frac{C(x)}{x}$$

$$= \frac{50 + 8x - \frac{x^2}{100}}{x}$$

$$= \frac{50}{x} + 8 - \frac{x}{100}$$

Assim

$$Q(60) = \tfrac{50}{60} + 8 - \tfrac{60}{100}$$
$$= 0,83 + 8 - 0,60$$
$$= 8,23$$

Logo o custo médio da produção de cada uma das 60 primeiras molduras é $ 8,23.

A função custo marginal é $C'$, e

$$C'(x) = D_x\left(50 + 8x - \frac{x^2}{100}\right)$$

$$= 8 - \frac{x}{50}$$

Então

$$C'(60) = 8 - \tfrac{60}{50}$$
$$= 8 - 1,20$$
$$= 6,80$$

Assim sendo, o custo da produção das 60 primeiras molduras é $ 6,80.

A elasticidade-custo quando $x = 60$ é $\kappa(60)$ e

$$\kappa(60) = \frac{C'(60)}{Q(60)}$$

$$= \frac{6,80}{8,23}$$

$$= 0,83$$

Portanto, o custo da produção da sexagésima primeira moldura é 83/100 do custo médio das primeiras 60 molduras.

Na Secção 1.6 estabelecemos que a equação de demanda é aquela que dá a relação entre $p$ e $x$, onde $x$ unidades de uma quantidade são demandadas quando $p$ é o preço por unidade. Se a equação de demanda é resolvida para $p$ obtemos a função preço $f$ dada por

$$p = f(x)$$

Supomos que $x$ seja um número real não negativo e que a função preço seja contínua.

Outra função importante em economia é a **função receita total**, a qual denotaremos por $R$, e

$$\boxed{R(x) = px}$$

Como $p$ e $x$ são não negativos em circunstâncias normais, $R(x)$ também é. Se $x \neq 0$, da equação acima obtemos

$$\frac{R(x)}{x} = p$$

mostrando que a receita por unidade (receita média) e o preço por unidade são iguais.

Definição de receita marginal

> Se $R(x)$ é a receita total obtida quando $x$ unidades de um produto são demandadas, então a **receita marginal**, quando $x = x_1$, é dada por $R'(x_1)$, caso exista. A função $R'$ é chamada **função receita marginal**.

$R'(x_1)$ pode ser positiva, negativa ou nula, e pode ser interpretada como a taxa de variação da receita total quando $x_1$ unidades são demandadas. Da mesma forma que $C'(k)$ é o custo aproximado da $(k + 1)$-ésima unidade depois que as $k$ primeiras unidades tiverem sido produzidas, $R'(k)$ é a receita aproximada da venda da $(k + 1)$-ésima unidade depois que as $k$ primeiras unidades tiverem sido vendidas.

• ILUSTRAÇÃO 3

Suponha que $R(x)$ seja a receita total recebida da venda de $x$ mesas, e

$$R(x) = 300x - \frac{x^2}{2}$$

(a) A função receita marginal é $R'$ e

$$R'(x) = 300 - x$$

(b) A receita marginal quando $x = 40$ é dada por $R'(40)$, e

$$R'(40) = 300 - 40$$
$$= 260$$

Assim a taxa de variação da receita total quando 40 mesas são vendidas é $ 260 por mesa.

(c) A receita efetiva da quadragésima primeira mesa é $R(41) - R(40)$, e

$$R(41) - R(40) = \left[300(41) - \frac{(41)^2}{2}\right] - \left[300(40) - \frac{(40)^2}{2}\right]$$
$$= [12.300 - 840,50] - [12.000 - 800]$$
$$= 11.459,50 - 11.200$$
$$= 259,50$$

Logo a receita efetiva da venda da quadragésima primeira mesa é $ 259,50. Na parte (b) obtivemos $R'(40) = 260$, e $ 260 é uma aproximação da venda da 41.ª mesa. ●

Os gráficos das funções receita total e marginal são chamados **curva de receita total** (rotulada $RT$) e **curva de receita marginal** (rotulada $RMg$), respectivamente.

**EXEMPLO 3** A equação de demanda para um determinado produto é
$5x + 3p = 15$
Ache as funções receita total e marginal. Faça esboços das curvas de demanda, receita total e receita marginal no mesmo conjunto de eixos.

**Solução** Vamos resolver a equação de demanda para $p$, obtendo

$$p = -\tfrac{5}{3}x + 5$$

Como p e $x$ são não negativos, $0 \leq x \leq 3$. Assim, se $R$ é a função receita total e $R'$ é a marginal, temos

$$R(x) = px$$
$$= -\tfrac{5}{3}x^2 + 5x \qquad x \in [0, 3]$$
$$R'(x) = D_x(-\tfrac{5}{3}x^2 + 5x)$$
$$= -\tfrac{10}{3}x + 5 \qquad x \in [0, 3]$$

Esboços da curva de demanda e os gráficos de $R$ e $R'$ estão na Figura 3.1.2

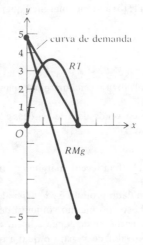

**Figura 3.1.2**

## Exercícios 3.1

1. O custo total de fabricação de $x$ relógios numa certa fábrica é dado por $C(x) = 1.500 + 30x + x^2$. Ache (a) a função custo marginal; (b) o custo marginal quando $x = 40$; (c) o custo real de fabricação do 41º relógio.

2. Se $C(x)$ é o custo total de fabricação de $x$ pesos para papéis, e
$$C(x) = 200 + \frac{50}{x} + \frac{x^2}{5}$$
ache: (a) a função custo marginal; (b) o custo marginal quando $x = 10$; (c) o custo real de fabricação do 11º peso.

3. Suponha que um líquido seja produzido por certo processo químico e a função custo total $C$ seja dada por $C(x) = 6 + 4\sqrt{x}$, onde $C(x)$ é o custo total da produção de $x \ell$ do líquido. Ache (a) o custo marginal quando 16 $\ell$ são produzidos e (b) o número de litros produzidos quando o custo marginal é $ 0,40 por litro.

4. O custo total da produção de $x$ unidades de um certo produto é dado por $C(x) = 40 + 3x + 9\sqrt{2\sqrt{x}}$. Ache (a) o custo marginal quando 32 unidades são produzidas e (b) o número de unidades produzidas quando o custo marginal é $ 4,50.

5. Para a função custo total do Exercício 3, ache e dê uma interpretação econômica do seguinte: (a) o custo médio quando $x = 100$; (b) o custo marginal quando $x = 100$; (c) a elasticidade-custo quando $x = 100$.

6. Para a função custo total do Exercício 4, ache e dê uma interpretação econômica do seguinte (a) o custo médio quando $x = 50$; (b) o custo marginal quando $x = 50$; (c) a elasticidade-custo quando $x = 50$.

7. O custo total de produção de $x$ unidades de um dado produto é dado por $C(x) = 20 + 5x + 2\sqrt{x}$. Ache e dê uma interpretação econômica do seguinte: (a) o custo médio quando $x = 25$; (b) o custo marginal quando $x = 25$; (c) a elasticidade-custo quando $x = 25$.

8. O custo total da produção de $x$ unidades de um produto é dado por $C(x) = 3x^2 + x + 3$. Ache (a) a função custo médio e (b) a função custo marginal. (c) Faça esboços das curvas de custo total, médio e marginal no mesmo conjunto de eixos. Observe que quando o custo médio tem o menor valor, os custos médio e marginal são iguais.

9. Siga as instruções do Exercício 8 se $C(x) = x^2 + 6x + 12$.

10. A receita total recebida da venda de $x$ estantes e $R(x)$, é
$$R(x) = 150x - \frac{x^2}{4}$$
Ache: (a) a função receita marginal; (b) a receita marginal quando $x = 20$; (c) a receita efetiva da venda da 21ª estante.

11. A receita total recebida da venda de $x$ escrivaninhas é $R(x)$, e
$$R(x) = 200x - \frac{x^2}{3}$$
Ache: (a) a função receita marginal; (b) a receita marginal quando $x = 30$; (c) a receita efetiva da venda da 31ª escrivaninha.

12. Se $R(x)$ é a receita total recebida da venda de $x$ televisões, e
$$R(x) = 600x - \frac{x^3}{20}$$
Ache: (a) a função receita marginal; (b) a receita marginal quando $x = 20$; (c) a receita efetiva da venda do 31.º aparelho de televisão.

13. Se a equação de demanda para um dado produto é $3x + 4p = 12$, ache (a) a função receita total e (b) a função receita marginal. Faça esboços no mesmo conjunto de eixos das curvas de demanda, receita total e marginal. Observe que a equação de demanda é linear e que a curva de receita marginal corta o eixo $x$ no ponto cuja abscissa é o valor de $x$, para o qual a receita total é a maior e que a curva de demanda corta o eixo $x$ no ponto cuja abscissa é o dobro daquela.

14. Siga as instruções do Exercício 13 caso a equação de demanda seja $5x + 4p = 20$.
15. A função receita total $R$ para um dado produto é dada por $R(x) = 3x - \frac{2}{3}x^2$. Ache (a) a equação de demanda e (b) a função receita marginal. (c) Faça esboços no mesmo conjunto de eixos das curvas de demanda, receita total e marginal.
16. Siga as instruções do Exercício 15, caso a função receita total seja dada por $R(x) = 6x - \frac{3}{2}x^2$.

## 3.2 A DERIVADA COMO TAXA DE VARIAÇÃO

O conceito de variação marginal em economia corresponde ao conceito mais geral de taxa de variação instantânea. Por exemplo, se o custo total da produção de $x$ unidades de um produto é dado por $C(x)$, então o custo marginal é dado por $C'(x)$, que é a taxa de variação de $C(x)$.

De forma similar, se uma quantidade $y$ é uma função de uma quantidade $x$, podemos expressar a taxa de variação de $y$ em relação a $x$. A discussão é análoga àquela referente à variação marginal dada na Secção 3.1.

Se a relação funcional entre $y$ e $x$ é dada por

$$y = f(x)$$

e se $x$ varia do valor $x_1$ para $x_1 + \Delta x$, então $y$ varia de $f(x_1)$ para $f(x_1 + \Delta x)$. Assim, a variação em $y$, que podemos denotar por $\Delta y$, é $f(x_1 + \Delta x) - f(x_1)$ quando a variação em $x$ é $\Delta x$. A taxa de variação média de $y$ em relação a $x$, quando $x$ varia de $x_1$ a $x_1 + \Delta x$ é, então,

$$\frac{f(x_1 + \Delta x) - f(x_1)}{\Delta x} = \frac{\Delta y}{\Delta x} \quad (1)$$

Se o limite deste quociente existe quando $\Delta x \to 0$, este limite é o que intuitivamente consideramos como sendo a taxa de variação instantânea de $y$ em relação a $x$ em $x_1$. De acordo com isto temos a seguinte definição.

Definição de taxa de variação instantânea

> Se $y = f(x)$, a **taxa de variação instantânea de $y$ com relação a $x$** em $x_1$ é $f'(x_1)$ ou, equivalentemente, a derivada de $y$ em relação a $x$ em $x_1$, caso exista.

A taxa de variação instantânea de $y$ em relação a $x$ pode ser interpretada como a variação em $y$ causada por uma variação unitária em $x$ se a taxa de variação se mantiver constante. Para ilustrar isto geometricamente, seja $f'(x_1)$ a taxa de variação instantânea de $y$ em relação a $x$ em $x_1$. Então, se multiplicarmos $f'(x_1)$ por $\Delta x$ (a variação em $x$), teremos a variação que ocorreria em $y$ se o ponto $(x, y)$ se movesse ao longo da reta tangente a $(x_1, y_1)$ do gráfico de $y = f(x)$. Veja a Figura 3.2.1. A taxa de variação média de $y$ em relação a $x$ é dada pela fração (1) e se multiplicada por $\Delta x$, temos

$$\frac{\Delta y}{\Delta x} \cdot \Delta x = \Delta y$$

que é a variação real em $y$ causada por uma variação $\Delta x$ em $x$ quando o ponto $(x, y)$ se move ao longo do gráfico.

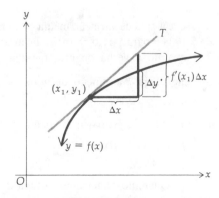

Figura 3.2.1

**EXEMPLO 1** Seja $V$ centímetros cúbicos o volume de um cubo tendo uma aresta de $a$ centímetros. Ache a taxa de variação média do volume com relação a $a$ quando este varia de (a) 3,00 a 3,20; (b) 3,00 a 3,10; (c) 3,00 a 3,01. (d) Qual é a taxa de variação instantânea do volume em relação a $a$ quando $a = 3$?

**Solução** Como o volume de um cubo é dado por $V = a^3$, seja $f$ a função definida por $f(a) = a^3$. Então, a taxa de variação média de $V$ em relação a $a$ quando este varia de $a_1$ a $a_1 + \Delta a$ é

$$\frac{f(a_1 + \Delta a) - f(a_1)}{\Delta a}$$

(a) $a_1 = 3$, $\Delta a = 0,2$ e $\dfrac{f(3,2) - f(3)}{0,2} = \dfrac{(3,2)^3 - 3^3}{0,2} = \dfrac{5,77}{0,2} = 28,8$

(b) $a_1 = 3$, $\Delta a = 0,1$ e $\dfrac{f(3,1) - f(3)}{0,1} = \dfrac{(3,1)^3 - 3^3}{0,1} = \dfrac{2,79}{0,1} = 27,9$

(c) $a_1 = 3$, $\Delta a = 0,01$ e $\dfrac{f(3,01) - f(3)}{0,01} = \dfrac{(3,01)^3 - 3^3}{0,01} = \dfrac{0,271}{0,01} = 27,1$

Na parte (a) vemos que quando o comprimento da aresta do cubo varia de 3,00 a 3,20 cm, a variação no volume é de 5,77 cm$^3$ e a taxa de variação média do volume é 28,8 cm$^3$ por centímetro de variação no comprimento da aresta. As interpretações para as partes (b) e (c) são similares.

(d) A taxa de variação instantânea de $V$ em relação a $a$ em 3 é $f'(3)$.

$$f'(a) = 3a^2$$

Logo

$$f'(3) = 27$$

Assim, quando o comprimento da aresta do cubo é 3 cm, a taxa de variação instantânea do volume é 27 cm$^3$ por centímetro de variação no comprimento da aresta.

Observe no Exemplo 1, dos resultados das partes (a), (b) e (c), que quando $\Delta a$ se torna menor, a taxa de variação média do volume em relação a $a$ torna-se cada vez mais próxima da taxa de variação instantânea do volume, obtida na parte (d).

**EXEMPLO 2** Uma empresa estima que se \$ 1.000$x$ são gastos em propaganda, ela irá vender $y$ unidades de um produto, onde

$$y = 5 + 400x - 2x^2$$

(a) Ache a taxa de variação média de $y$ em relação a $x$ quando a verba de propaganda é aumentada de \$ 10.000 para \$ 11.000. (b) Ache a taxa de variação instantânea (ou marginal) de $y$ em relação a $x$ quando a verba de propaganda é \$ 10.000.

**Solução** Seja $f$ a função definida por

$$f(x) = 5 + 400x - 2x^2$$

Então a taxa de propaganda média de $y$ em relação a $x$ quando $x$ varia de $x_1$ a $x_1 + \Delta x$ é

$$\frac{f(x_1 + \Delta x) - f(x_1)}{\Delta x} \qquad (2)$$

(a) Queremos determinar a taxa de variação média de $y$ em relação a $x$ quando $x$ varia de 10 para $10 + 1$. Assim, usamos o quociente (2) com $x_1 = 10$ e $\Delta x = 1$. Temos

$$\frac{f(10+1) - f(10)}{1} = \frac{f(11) - f(10)}{1}$$
$$= [5 + 400(11) - 2(11)^2] - [5 + 400(10) - 2(10)^2]$$
$$= 4.163 - 3.805$$
$$= 358$$

Assim, quando a verba de propaganda aumenta de $ 10.000 para $ 11.000, a taxa de variação média no número de unidades vendidas é 358 unidades por $ 1.000 de aumento na verba de propaganda.

(b) A taxa de variação instantânea de $y$ em relação a $x$ em 10 é $f'(10)$.

$$f'(x) = 400 - 4x$$

Assim

$$f'(10) = 360$$

Logo, quando a verba de propaganda é $ 10.000, a taxa de variação instantânea do número de unidades vendidas é 360 unidades por $ 1.000 de incremento na verba.

Observe no Exemplo 2 que a variável independente é medida em unidades de $ 1.000. Assim, na parte (a) o aumento da verba de propaganda de $ 10.000 para $ 11.000 resulta num aumento de uma unidade em $x$. Note, além disso, que $f'(10) = 360$, encontrado em (b), dá uma aproximação do resultado da parte (a) de 358, que é o número de itens vendidos como resultado de um aumento unitário no tamanho da verba de propaganda. Logo, temos mais um exemplo de variação marginal em economia. Lembrando da Secção 3.1 que $C'(k)$, o custo marginal em $k$, é o custo aproximado da $(k + 1)$-ésima unidade depois que as $k$ primeiras unidades tiverem sido produzidas, e $R'(k)$, a receita marginal em $k$, é a receita aproximada da venda da $(k + 1)$-ésima unidade depois que as $k$ primeiras unidades tiverem sido vendidas. Mais genericamente, os economistas aplicam a derivada de uma função para estimar a variação na variável dependente causada por uma variação unitária na variável independente.

**EXEMPLO 3** Suponha que $h(x)$ unidades de um produto sejam produzidas diariamente quando $x$ máquinas são usadas, e

$$h(x) = 2.000x + 40x^2 - x^3$$

Aplique a derivada para estimar a variação na produção diária, se o número de máquinas usadas for aumentado de 20 para 21.

**Solução** O valor de $h'(x)$ quando $x = 20$ é a variação aproximada na produção diária, se o número de máquinas usadas for aumentado de 20 para 21.

$$h'(x) = 2.000 + 80x - 3x^2$$
$$h'(20) = 2.000 + 80(20) - 3(20)^2$$
$$= 2.000 + 1.600 - 1.200$$
$$= 2.400$$

Logo, aproximadamente mais 2.400 unidades são produzidas quando o número de máquinas é aumentado de 20 para 21.

Para a função de produção no Exemplo 3, a variação exata na produção diária pode ser encontrada calculando-se $h(21) - h(20)$, que é 2.379.

**EXEMPLO 4**  O lucro bruto anual de uma dada empresa $t$ anos após 1.º de janeiro de 1981, é $p$ milhões, e

$$p = \tfrac{2}{5}t^2 + 2t + 10$$

Ache: (a) a taxa segundo a qual o lucro bruto estava crescendo em 1.º de janeiro de 1983; (b) a taxa segundo a qual o lucro bruto deverá estar crescendo em 1.º de janeiro de 1987.

**Solução**  (a) Em 1.º de janeiro de 1983, $t = 2$; então calculamos $\dfrac{dp}{dt}$ quando $t = 2$.

$$\frac{dp}{dt} = \tfrac{4}{5}t + 2 \qquad \left.\frac{dp}{dt}\right]_{t=2} = \tfrac{8}{5} + 2 = 3{,}6$$

Assim, em 1.º de janeiro de 1983, o lucro bruto estava crescendo a uma taxa de $ 3,6 milhões por ano.

(b) Em 1.º de janeiro de 1987, $t = 6$ e

$$\left.\frac{dp}{dt}\right]_{t=6} = \tfrac{24}{5} + 2 = 6{,}8$$

Logo, em 1.º de janeiro de 1987, o lucro bruto deverá estar crescendo a uma taxa de $ 6,8 milhões por ano.

Os resultados do Exemplo 4 são significativos somente se comparados com os lucros reais da empresa. Por exemplo, se em 1.º de janeiro de 1983 verificou-se que o lucro da empresa para o ano de 1982 tinha sido $ 3 milhões, então a taxa de crescimento em 1.º de janeiro de 1983, de $ 3,6 milhões, teria sido excelente. Contudo, se o lucro em 1982 tivesse sido de $ 300 milhões, então a taxa de crescimento em 1.º de janeiro de 1983 teria sido ruim. A medida usada para comparar a taxa de variação com o montante da quantidade que está sendo variada é chamada a *taxa relativa*.

Definição da taxa relativa de variação

> Se $y = f(x)$, a **taxa relativa de variação de** $y$ **em relação a** $x$ em $x_1$ é dada por $f'(x_1)/f(x_1)$ ou, da mesma forma, $\dfrac{dy/dx}{y}$ calculado em $x = x_1$.

Se a taxa relativa for multiplicada por 100, obtemos a taxa de variação percentual.

**EXEMPLO 5**  Ache a taxa relativa de crescimento do lucro bruto em 1.º de janeiro de 1983 e 1987, para a empresa do Exemplo 4.

**Solução**  (a) Quando $t = 2$, $p = \tfrac{2}{5}(4) + 2(2) + 10 = 15{,}6$. Logo, em 1.º de janeiro de 1983, a taxa relativa de crescimento do lucro bruto anual da empresa foi

$$\left.\frac{dp/dt}{p}\right]_{t=2} = \frac{3{,}6}{15{,}6} = 0{,}231 = 23{,}1\%$$

(b) Quando $t = 6$, $p = \frac{2}{5}(36) + 2(6) + 10 = 36,4$. Logo, em 1.º de janeiro de 1987, a taxa relativa de crescimento do lucro bruto anual da empresa seria

$$\left.\frac{dp/dt}{p}\right]_{t=6} = \frac{6,8}{36,4} = 0,187 = 18,7\%$$

Observe que a taxa de crescimento de $ 6,8 milhões para 1.º de janeiro de 1987 é maior do que a taxa de crescimento de $ 3,6 milhões para 1.º de janeiro de 1983; contudo, a taxa relativa de crescimento de 18,7% para 1.º de janeiro de 1987 é menor que a taxa relativa de crescimento de 23,1% para 1.º de janeiro de 1983.

**EXEMPLO 6** Espera-se que a população de uma certa cidade, $t$ anos após 1.º de janeiro de 1982, seja $f(t)$, onde

$$f(t) = 30t^2 + 100t + 5.000$$

(a) Ache a taxa segundo a qual se espera que a população esteja crescendo em 1.º de janeiro de 1990. (b) Ache a taxa relativa de crescimento da população em 1.º de janeiro de 1990.

**Solução** (a) Em 1.º de janeiro de 1990, $t = 8$. Assim, queremos encontrar $f'(8)$.

$$f'(t) = 60t + 100$$
$$f'(8) = 580$$

Logo, em 1.º de janeiro de 1990, espera-se que a população esteja crescendo a uma taxa de 580 pessoas por ano.

(b) Computamos a população em 1.º de janeiro de 1990, calculando $f(8)$.

$$f(8) = 30(8)^2 + 100(8) + 5.000$$
$$= 30(64) + 800 + 5.000$$
$$= 7.720$$

Assim, em 1.º de janeiro de 1990, a taxa relativa de crescimento da população seria

$$\frac{f'(8)}{f(8)} = \frac{580}{7.720} = 0,075 = 7,5\%$$

## Exercícios 3.2

1. Se $A$ cm² é a área de um quadrado e $s$ cm é o comprimento de um lado do quadrado, ache a taxa de variação média de $A$ em relação a $s$ quando $s$ muda de (a) 4,00 a 4,60; (b) 4,00 a 4,30; (c) 4,00 a 4,10. (d) Qual a taxa de variação instantânea de $A$ em relação a $s$ quando $s = 4,00$?
2. Suponha que um cilindro circular reto tenha uma altura constante de 10,00 cm. Se $V$ cm³ foi o volume do cilindro e $r$ cm o raio de sua base, ache a taxa de variação média de $V$ em relação a $r$ quando $r$ varia de (a) 5,00 a 5,40; (b) 5,00 a 5,10; (c) 5,00 a 5,01. (d) Ache a taxa de variação instantânea de $V$ em relação a $r$ quando $r$ é 5,00. *Sugestão*: A fórmula para encontrar o volume de um cilindro circular reto é $V = \pi r^2 h$, onde $h$ cm é a altura do cilindro.
3. A equação de demanda para um certo tipo de bijuteria é

$$x = 100 - 3p - 2p^2$$

onde $x$ unidades são demandadas quando $p$ é o preço por unidade. (a) Ache a taxa de variação média da demanda em relação ao preço quando este é aumentado de $ 4 para $ 4,50.(b) Ache a taxa de variação instantânea da demanda em relação ao preço quando este é $ 4.
4. A equação de demanda para um certo detergente é

$$x = 1.000(50 - 5p - p^2)$$

onde $x$ caixas são demandadas quando $p$ é o preço por caixa. (a) Ache a taxa de variação média da demanda em relação ao preço quando este é aumentado de $ 2 para $ 2,20. (b) Ache a taxa de variação instantânea da demanda em relação ao preço quando o preço é $ 2.

5. A equação de oferta para um certo tipo de lâmpada é

$$x = 1.000(4 + 3p + p^2)$$

onde $x$ lâmpadas são ofertadas quando $p$ é o preço por lâmpada. (a) Ache a taxa de variação média da oferta em relação ao preço quando este é aumentado de $ 0,90 para $ 0,93. (b) Ache a taxa de variação instantânea da oferta em relação ao preço quando este é $ 0,90.

6. Para um determinado tipo de lápis, a equação de oferta é

$$x = 1.000(3p^2 + 2p)$$

onde $x$ lápis são ofertados quando $p$ é o preço de cada lápis. Supondo que o preço por lápis tenha sido aumentado de $ 0,20 para $ 0,21: (a) use a derivada para estimar a alteração na oferta; (b) ache a variação exata na oferta.

7. A produção semanal em certa fábrica é $H(x)$ unidades quando esta tem $x$ empregados, e $H(x) = 1.800x - 2x^2$. Normalmente a fábrica tem 40 empregados. (a) Use a derivada para estimar a variação na produção semanal, se um empregado a mais for contratado. (b) Ache a variação exata na produção semanal causada pela contratação de um empregado a mais.

8. Uma fábrica de fogões pode produzir $G(x)$ fogões por dia quando sua capitalização for $x$ milhões e

$$G(x) = 400 + 280x - \frac{300}{x}$$

Suponha que a capitalização seja aumentada de 5 para 6 milhões. (a) Use a derivada para estimar a variação na produção diária, e (b) ache a variação exata na produção diária.

9. A produção diária numa determinada indústria é $F(x)$ unidades quando o investimento de capital é de $x$ milhares de unidades monetárias, e $F(x) = 300x^{1/2}$. Se a capitalização atual é $ 900.000, use a derivada para estimar a variação na produção diária se o aumento no investimento de capital for de $ 1.000.

10. Uma determinada empresa iniciou seus negócios em 1.º de abril de 1978. O lucro bruto anual da empresa depois de $t$ anos de operações é $p$, onde $p = 50.000 + 18.000t + 600t^2$. (a) Ache a taxa segundo a qual o lucro bruto está crescendo em 1.º de abril de 1980. (b) Ache a taxa relativa de crescimento do lucro bruto em 1.º de abril de 1980.

11. Para a empresa do Exercício 10, ache a taxa segundo a qual o lucro bruto estará crescendo em 1.º de abril de 1988, e (b) a taxa relativa de crescimento do lucro bruto em 1.º de abril de 1988.

12. Estima-se que um operário num estabelecimento que faz molduras de quadros possa pintar $y$ molduras $x$ horas depois do início do trabalho às 8 horas da manhã, e

$$y = 3x + 8x^2 - x^3 \qquad 0 \leq x \leq 4$$

(a) Ache a taxa segundo a qual o operário está pintando às 10 horas da manhã. (b) Ache o número de molduras prontas entre 10 e 11 horas da manhã.

13. Uma loja varejista irá vender $y$ unidades de um dado produto quando a quantia de $100x$ é gasta em propaganda do produto, e

$$y = 50x - x^2 \qquad 10 \leq x \leq 25$$

Ache a taxa segundo a qual as vendas estão crescendo quando há um aumento de $ 100 na verba de propaganda quando ela é de (a) $ 1.500 e (b) $ 2.000.

14. Suponha que $t$ anos após 1.º de janeiro de 1976, o PIB (Produto Interno Bruto) de um dado país tenha sido $f(t)$ bilhões, onde $f(t) = 2t^2 + 3t + 80$. (a) Ache a taxa segundo a qual o PIB estava crescendo em 1.º de janeiro de 1982. (b) Qual foi a taxa relativa de crescimento do PIB em 1.º de janeiro de 1982?

15. Suponha que a população de uma certa cidade $t$ anos após 1.º de julho de 1980 seja $40t^2 + 200t + 10.000$. (a) Ache a taxa segundo a qual a população estará crescendo em 1.º de julho de 1989. (b) Ache a taxa segundo a qual a população estará crescendo em 1.º de julho de 1995. (c) Ache a taxa relativa de crescimento da população em 1.º de julho de 1989. (d) Ache a taxa relativa de crescimento da população em 1.º de julho de 1995.

A Regra da Cadeia    119

16. Espera-se que a população de uma certa cidade $t$ anos após 1.º de janeiro de 1984 seja $f(t)$, onde

$$f(t) = 10.000 - \frac{4.000}{t+1}$$

   (a) Use a derivada para estimar a mudança esperada na população de 1.º de janeiro de 1988 a 1.º de janeiro de 1989. (b) Ache a mudança exata esperada na população de 1.º de janeiro de 1988 a 1.º de janeiro de 1989.

17. Uma frente fria aproxima-se do campus universitário. A temperatura é $z$ graus $t$ horas após a meia-noite e

$$z = 0,1\,(400 - 40t + t^2) \qquad 0 \le t \le 12$$

   (a) Ache a taxa de variação média de $z$ em relação a $t$ entre 5 e 6 horas da manhã. (b) Ache a taxa de variação de $z$ em relação a $t$ às 5 horas da manhã.

18. Se está sendo drenada água de uma piscina e $V$ é o volume da água $t$ minutos após o começo da drenagem, onde $V = 250\,(1.600 - 80t + t^2)$, ache (a) a taxa média segundo a qual a água deixa a piscina durante os 5 primeiros minutos e (b) a velocidade à qual a água está fluindo da piscina 5 minutos após o começo da drenagem.

19. Suponha que uma pessoa possa aprender $f(t)$ palavras sem sentido em $t$ horas e $f(t) = 15t^{2/3}$, onde $0 \le t \le 9$. Ache a taxa de aprendizado da pessoa após (a) 1 hora e (b) 8 horas.

20. O lucro de uma loja varejista é $100y$, quando a quantia gasta em propaganda diariamente é $x$, e $y = 2.500 + 36x - 0,2x^2$. Use a derivada para determinar se seria lucrativo um aumento na verba diária de propaganda quando ela é (a) \$ 60 e (b) \$ 300. (c) Qual é o máximo valor de $x$ abaixo do qual é lucrativo aumentar a verba de propaganda?

21. A lei de Boyle para a expansão de um gás é $PV = C$, onde $P$ é o número de quilos por unidade quadrada de pressão, $V$ é o número de unidades cúbicas no volume do gás e $C$ é uma constante. Ache a taxa de variação instantânea de $V$ em relação a $P$ quando $P = 4$ e $V = 8$.

22. Num circuito elétrico, se $E$ volts é a força eletromotriz, $R$ ohms é a resistência e $I$ ampères é a corrente, a lei de Ohm estabelece que $IR = E$. Supondo que $E$ seja constante, mostre que $R$ decresce a uma taxa proporcional ao inverso do quadrado de $I$.

23. Um foguete é lançado verticalmente para cima, e está $s$ metros acima do solo, $t$ segundos após o lançamento, onde $s = 560t - 16t^2$ e a direção positiva é para cima. Se $v$ m/segundos é a velocidade do foguete, então $v$ é a taxa de variação de $s$ em relação a $t$. (a) Ache a velocidade do foguete 2 segundos após o lançamento. (b) Se a altura máxima é atingida quando a velocidade é zero, ache quanto demora para o foguete atingir sua altura máxima.

24. Uma bola de bilhar é atingida e move-se em linha reta. Se $s$ cm é a distância da bola de sua posição inicial em $t$ segundos, então $s = 100t^2 + 100t$. Se $v$ cm/segundos é a velocidade da bola, então $v$ é a taxa de variação de $s$ com relação a $t$. Se a bola bate na tabela a 39 cm da posição inicial, com que velocidade ela bate na tabela?

## 3.3 A REGRA DA CADEIA

Suponha que em uma certa indústria $C$ seja o custo total de produção de $s$ unidades, e

$$C = f(s) \tag{1}$$

Além disso, suponha que $s$ unidades sejam produzidas durante as $t$ horas desde o início da produção e

$$s = g(t) \tag{2}$$

Se conhecemos $\dfrac{ds}{dt}$, a taxa de variação do número de unidades produzidas em $t$ horas, é evidente que poderíamos determinar $\dfrac{dC}{dt}$, a taxa de variação do custo total de produção naquele inter-

# 120 APLICAÇÕES DA DERIVADA E A REGRA DA CADEIA

valo de tempo. Este cálculo pode ser feito aplicando-se um teorema muito importante em cálculo, chamado **regra da cadeia**. Discutiremos agora a regra da cadeia, e então no Exemplo 1 vamos aplicá-la para resolver um problema particular como aquele descrito pelas Equações (1) e (2).

A regra da cadeia

> **Teorema 3.3.1** Se $y$ é uma função de $u$ e $\dfrac{dy}{du}$ existe, e se $u$ é uma função de $x$ e $\dfrac{du}{dx}$ existe, então $y$ é uma função de $x$ e $\dfrac{dy}{dx}$ existe e é dada por
>
> $$\boxed{\dfrac{dy}{dx} = \dfrac{dy}{du} \cdot \dfrac{du}{dx}} \tag{3}$$

Observe de (3) a forma conveniente para lembrar-se da regra da cadeia. O enunciado formal sugere uma "divisão" simbólica de $du$ no numerador e denominador do lado direito. Contudo, lembrando da Secção 2.5 quando introduzimos a notação de Leibniz $\dfrac{dy}{dx}$, foi enfatizado que não foram dados significados independentes nem a $dy$, nem a $dx$. Na Secção 6.1 daremos, todavia, significados independentes a estes símbolos, mas agora você deverá considerar (3) uma equação envolvendo uma notação formal de diferenciação.

• ILUSTRAÇÃO 1

Seja
$$y = f(u) = u^5 \tag{4}$$
e
$$u = g(x) = 2x^3 - 5x^2 + 4 \tag{5}$$

As Equações (4) e (5) juntas definem $y$ como uma função de $x$, pois se em (4) $u$ é substituído pelo segundo membro de (5), então
$$y = h(x) = f(g(x)) = (2x^3 - 5x^2 + 4)^5 \tag{6}$$
onde $h$ é uma função composta que foi definida na Secção 1.4.

Aplicamos então a regra da cadeia para encontrar $\dfrac{dy}{dx}$ para a função definida por (6). Considerando $y$ como uma função de $u$, onde $u$ é uma função de $x$, temos
$$y = u^5 \quad \text{onde} \quad u = 2x^3 - 5x^2 + 4$$

Então, da regra da cadeia,
$$\dfrac{dy}{dx} = \dfrac{dy}{du} \cdot \dfrac{du}{dx}$$
$$= 5u^4(6x^2 - 10x)$$
$$= 5(2x^3 - 5x^2 + 4)^4(6x^2 - 10x) \quad \bullet$$

Uma prova rigorosa da regra da cadeia é complicada e será omitida. Porém, damos a seguir um argumento válido para algumas funções.

Suponha que um incremento de $x$, $\Delta x$, onde $\Delta x \neq 0$, cause uma variação $\Delta u$ em $u$. Isto é,
$$u + \Delta u = g(x + \Delta x)$$
Assim, como $u = g(x)$
$$\Delta u = g(x + \Delta x) - g(x) \qquad (7)$$
Além disso, como $y = f(u)$, $\Delta u$ causa uma variação $\Delta y$ em $y$. Então
$$\frac{\Delta y}{\Delta x} = \frac{\Delta y}{\Delta x} \cdot \frac{\Delta y}{\Delta x} \quad \text{se} \quad \Delta u \neq 0$$
Logo
$$\lim_{\Delta x \to 0} \frac{\Delta y}{\Delta x} = \lim_{\Delta x \to 0} \frac{\Delta y}{\Delta u} \cdot \lim_{\Delta x \to 0} \frac{\Delta u}{\Delta x} \quad \text{se} \quad \Delta u \neq 0 \qquad (8)$$
Como $u = g(x)$ e $g$ é diferenciável, então $g$ também é contínua. Logo, quando $\Delta x \to 0$, $\Delta u \to 0$. Assim, no primeiro limite à direita de (8) substituímos $\Delta x \to 0$ por $\Delta u \to 0$ e temos
$$\lim_{\Delta x \to 0} \frac{\Delta y}{\Delta x} = \lim_{\Delta u \to 0} \frac{\Delta y}{\Delta u} \cdot \lim_{\Delta x \to 0} \frac{\Delta u}{\Delta x} \quad \text{se} \quad \Delta u \neq 0$$
Logo
$$\frac{dy}{dx} = \frac{dy}{du} \cdot \frac{du}{dx}$$
Esta prova falha quando $\Delta u = 0$. Como $\Delta u$ depende de $\Delta x$, como mostra (7), é possível que $\Delta u = 0$ para alguns valores de $\Delta x$.

**EXEMPLO 1** Numa certa indústria, se $C$ é o custo total da produção de $s$ unidades, então
$$C = \tfrac{1}{4}s^2 + 2s + 1.000 \qquad (9)$$
Além disso, se $s$ unidades são produzidas durante $t$ horas desde o início da produção, então
$$s = 3t^2 + 50t \qquad (10)$$
Determine a taxa de variação do custo total em relação ao tempo 2 horas após o início da produção.

**Solução** Desejamos encontrar $\dfrac{dC}{dt}$ quando $t = 2$. Da regra da cadeia,
$$\frac{dC}{dt} = \frac{dC}{ds} \cdot \frac{ds}{dt} \qquad (11)$$
De (9),
$$\frac{dC}{ds} = \tfrac{1}{2}s + 2 \qquad (12)$$
De (10),
$$\frac{ds}{dt} = 6t + 50 \qquad (13)$$

Substituindo (12) e (13) em (11), temos

$$\frac{dC}{dt} = (\tfrac{1}{2}s + 2)(6t + 50) \qquad (14)$$

De (10), quando $t = 2$,

$s = 3(4) + 50(2) = 112$

Então, de (14),

$$\left.\frac{dC}{dt}\right]_{t=2} = [\tfrac{1}{2}(112) + 2][6(2) + 50]$$

$$= (58)(62)$$

$$= 3.596$$

Assim, 2 horas após o início da produção, o custo total está aumentando a uma taxa de $ 3.596 por hora.

O Teorema 2.6.2 estabelece que se $n$ é um número real qualquer e se $f(x) = x^n$, então $f'(x) = nx^{n-1}$. Uma conseqüência imediata deste teorema e da regra da cadeia é o seguinte teorema:

A regra da cadeia para potências

---

**Teorema 3.3.2** Se $f$ e $g$ são funções tais que $f(x) = [g(x)]^n$, onde $n$ é qualquer número real, e se $g'(x)$ existe, então

$$f'(x) = n[g(x)]^{n-1} g'(x)$$

---

**EXEMPLO 2** Dado

$$f(x) = \frac{1}{4x^3 + 5x^2 - 7x + 8}$$

ache $f'(x)$.

**Solução** Escreva $f(x) = (4x^3 + 5x^2 - 7x + 8)^{-1}$ e aplique a regra da cadeia para potências de modo a obter

$$f'(x) = -1(4x^3 + 5x^2 - 7x + 8)^{-2}(12x^2 + 10x - 7)$$

$$= \frac{-12x^2 - 10x + 7}{(4x^3 + 5x^2 - 7x + 8)^2}$$

**EXEMPLO 3** Dado

$$h(x) = \sqrt{2x^3 - 4x + 5}$$

ache $h'(x)$.

**Solução** $h(x) = (2x^3 - 4x + 5)^{1/2}$. Aplicando a regra da cadeia para potências, obtemos

$$h'(x) = \tfrac{1}{2}(2x^3 - 4x + 5)^{-1/2}(6x^2 - 4)$$

$$= \frac{3x^2 - 2}{\sqrt{2x^3 - 4x + 5}}$$

A Regra da Cadeia    123

**EXEMPLO 4**   Dado

$$f(x) = \left(\frac{2x+1}{3x-1}\right)^4$$

ache $f'(x)$.

**Solução**   Aplicando a regra da cadeia para potências, temos

$$f'(x) = 4\left(\frac{2x+1}{3x-1}\right)^3 \frac{(3x-1)(2) - (2x+1)(3)}{(3x-1)^2}$$

$$= \frac{4(2x+1)^3(-5)}{(3x-1)^5}$$

$$= -\frac{20(2x+1)^3}{(3x-1)^5}$$

**EXEMPLO 5**   Dado

$$f(x) = (3x^2 + 2)^2 (x^2 - 5x)^3$$

ache $f'(x)$.

**Solução**   Consideremos $f$ como o produto de duas funções $g$ e $h$, onde

$$g(x) = (3x^2 + 2)^2 \quad \text{e} \quad h(x) = (x^2 - 5x)^3$$

Do Teorema 2.6.5 para a derivada do produto de duas funções,

$$f'(x) = g(x)h'(x) + h(x)g'(x)$$

Encontramos $h'(x)$ e $g'(x)$ pela regra da cadeia, obtendo

$$f'(x) = (3x^2 + 2)^2[3(x^2 - 5x)^2(2x - 5)] + (x^2 - 5x)^3[2(3x^2 + 2)(6x)]$$
$$= 3(3x^2 + 2)(x^2 - 5x)^2[(3x^2 + 2)(2x - 5) + 4x(x^2 - 5x)]$$
$$= 3(3x^2 + 2)(x^2 - 5x)^2[6x^3 - 15x^2 + 4x - 10 + 4x^3 - 20x^2]$$
$$= 3(3x^2 + 2)(x^2 - 5x)^2(10x^3 - 35x^2 + 4x - 10)$$

A regra da cadeia pode ser estendida à função composta envolvendo qualquer número finito de funções. O teorema que segue estende a regra da cadeia à função composta, envolvendo três funções.

A regra da cadeia estendida

---

**Teorema 3.3.3**   Se $y$ é uma função de $u$, $u$ é uma função de $v$ e $v$ uma função de $x$, e se $\dfrac{dy}{du}, \dfrac{du}{dv}$ e $\dfrac{dv}{dx}$ existem, então $y$ é uma função de $x$ e $\dfrac{dy}{dx}$ existe, sendo dada por

$$\boxed{\dfrac{dy}{dx} = \dfrac{dy}{du} \cdot \dfrac{du}{dv} \cdot \dfrac{dv}{dx}} \quad (15)$$

---

Observe como a notação de Leibniz para derivadas torna a Equação (15) fácil de se lembrar e aplicar.

**EXEMPLO 6** Dado $f(x) = \sqrt{2 + (x^2 - 3x + 2)^3}$, ache $f'(x)$.

**Solução** Seja $y = f(x)$. Além disso, seja

$y = \sqrt{u}$ onde $u = 2 + v^3$ e $v = x^2 - 3x + 2$

Então, pelo Teorema 3.3.3,

$$f'(x) = \frac{dy}{dx}$$

$$= \frac{dy}{du} \cdot \frac{du}{dv} \cdot \frac{dv}{dx}$$

$$= \tfrac{1}{2}u^{-1/2}(3v^2)(2x - 3)$$

$$= \frac{3(x^2 - 3x + 2)^2(2x - 3)}{2\sqrt{2 + (x^2 - 3x + 2)^3}}$$

## Exercícios 3.3

Nos Exercícios de 1 a 32, ache a derivada da função dada.

1. $f(x) = (2x + 1)^3$
2. $f(x) = (10 - 5x)^4$
3. $F(x) = (x^2 + 4x - 5)^4$
4. $g(r) = (2r^4 + 8r^2 + 1)^5$
5. $f(t) = (2t^4 - 7t^3 + 2t - 1)^2$
6. $H(z) = (z^3 - 3z^2 + 1)^{-3}$
7. $g(x) = \sqrt{1 + 4x^2}$
8. $f(s) = \sqrt{2 - 3s^2}$
9. $f(x) = (5 - 3x)^{2/3}$
10. $g(x) = \sqrt[3]{4x^2 - 1}$
11. $g(y) = \dfrac{1}{\sqrt{25 - y^2}}$
12. $f(x) = (5 - 2x^2)^{-1/3}$
13. $F(r) = \sqrt{\dfrac{2r - 5}{3r + 1}}$
14. $G(t) = \sqrt{\dfrac{5t + 6}{5t - 4}}$
15. $g(t) = \sqrt{2t} + \sqrt{\dfrac{2}{t}}$
16. $f(y) = \left(\dfrac{y - 7}{y + 2}\right)^2$
17. $f(x) = \left(\dfrac{2x^2 + 1}{3x^3 + 1}\right)^2$
18. $h(u) = (3u^2 + 5)^3(3u - 1)^2$
19. $f(s) = (s^2 + 1)^3(2s + 5)^2$
20. $f(x) = (4x^2 + 7)^2(2x^3 + 1)^4$
21. $g(x) = (2x - 5)^{-1}(4x + 3)^{-2}$
22. $f(z) = \dfrac{(z^2 - 5)^3}{(z^2 + 4)^2}$
23. $f(x) = (2x - 9)^2(x^3 + 4x - 5)^3$
24. $g(y) = (y^2 + 3)^{1/3}(y^3 - 1)^{1/2}$
25. $F(x) = \dfrac{\sqrt{x^2 - 1}}{x}$
26. $h(x) = \dfrac{\sqrt{x - 1}}{\sqrt[3]{x + 1}}$
27. $f(y) = \dfrac{3y}{\sqrt{2y - 3}}$
28. $f(x) = \dfrac{x}{\sqrt{x^2 - 1}}$
29. $f(x) = \sqrt{9 + \sqrt{9 - x}}$
30. $g(t) = \sqrt[3]{1 - \sqrt{1 - 2t}}$
31. $g(w) = \sqrt[3]{(1 - 3w)^4} + 4$
32. $f(x) = \sqrt{(x^2 + 9)^4 + x^2}$

Nos Exercícios de 33 a 36, ache uma equação da reta tangente à curva dada no ponto indicado.

33. $y = \sqrt{x^2 + 9}$; (4, 5)

34. $y = \dfrac{1}{(3x-2)^2}$; (1, 1)

35. $y = \left(\dfrac{2-x}{4+x}\right)^3$; (−2, 8)

36. $y = (1 - x^2)^2(3 - 2x)^3$; (2, −9)

37. Se $C(x)$ é o custo total de produção de $x$ unidades de um certo produto e $C(x) = 20 + 4x + \sqrt{3x^2 + 24}$, ache (a) a função custo marginal e (b) o custo marginal quando 10 unidades são produzidas.
38. O custo total de produção de $x$ unidades de um dado produto é $C(x)$, onde $C(x) = \sqrt{3x^2 + 25} + 2x + 50$. Ache (a) a função custo marginal e (b) o custo marginal quando 20 unidades são produzidas.
39. A equação de demanda de um dado produto é

$$p^2 + 4x^2 + 80x - 15.000 = 0$$

onde $x$ unidades são demandadas quando o preço por unidade é $p$. Ache a receita marginal quando 30 unidades são demandadas.
40. Ache a função receita marginal para um produto cuja equação de demanda é $px = 5\sqrt{10x + 1}$, onde $x$ é o intervalo [1, 8].
41. Um escritório imobiliário aluga apartamentos em um prédio a um preço de $p$ mensais quando $x$ apartamentos são alugados, e $p = 30\sqrt{300 - 2x}$. Quantos apartamentos precisam ser alugados antes que a receita marginal seja zero?
42. A produção diária de uma fábrica é $f(x)$ unidades quando o investimento de capital é $x$ milhares de unidades monetárias, e $f(x) = 200\sqrt{2x + 1}$. Se a capitalização atual é de $ 760.000, use a derivada para estimar a variação diária na produção se o aumento no investimento de capital for de $ 1.000.
43. A equação de demanda para uma certa mercadoria é $px = 36.000$, onde $x$ unidades são demandadas por semana e $p$ é o preço por unidade. Espera-se que em $t$ semanas, onde $t \in [0, 10]$, o preço do produto seja $p$, onde $30p = 146 + 2t^{1/3}$. Qual é a taxa de variação antecipada da demanda em relação ao tempo em 8 semanas?
44. A equação de demanda de determinado brinquedo é $p^2 x = 5.000$, onde $x$ brinquedos são demandados por mês e $p$ é o preço de cada brinquedo. Espera-se que em $t$ meses, onde $t \in [0, 6]$, o preço do brinquedo seja $p$, onde $20p = t^2 + 7t + 100$. Qual a taxa de variação antecipada da demanda em relação ao tempo em 5 meses?
45. Em uma floresta um predador alimenta-se de presas e a população de predadores é em qualquer instante função do número de presas na floresta, naquele instante. Suponha que para $x$ presas na floresta, a população de predadores seja $y$, e $y = \frac{1}{6}x^2 + 90$. Além disso, se $t$ semanas se passaram desde o fim da estação de caça, $x = 7t + 85$. Qual a taxa de crescimento da população de predadores 8 semanas após o fechamento da estação de caça? Não expresse $y$ em termos de $t$, mas use a regra da cadeia.

## 3.4 DIFERENCIAÇÃO IMPLÍCITA

Se $f = \{(x, y) \mid y = 3x^2 + 5x + 1\}$, então a equação

$$y = 3x^2 + 5x + 1 \tag{1}$$

define a função $f$ explicitamente. Contudo, nem todas funções são definidas explicitamente. Por exemplo, da equação

$$x^6 - 2x = 3y^6 + y^5 - y^2 \tag{2}$$

não podemos obter $y$ em termos de $x$; contudo, pode existir uma ou mais funções $f$, tais que se $y = f(x)$, a Equação (2) estará satisfeita, isto é, tais que a equação

$$x^6 - 2x = 3[f(x)]^6 + [f(x)]^5 - [f(x)]^2$$

seja verdadeira para todos os valores de $x$ no domínio de $f$. Neste caso, a função $f$ está definida *implicitamente* pela equação dada.

Se (2) define $y$ como uma função de $x$ pelo menos uma vez diferenciável, a derivada de $y$ em relação a $x$ pode ser encontrada pelo processo chamado **diferenciação implícita**, o qual faremos agora.

O lado esquerdo de (2) é uma função de $x$, enquanto que o direito é uma função de $y$. Seja $F$ a função definida pelo primeiro membro de (2) e $G$ a função definida pelo segundo. Assim,

$$F(x) = x^6 - 2x \tag{3}$$

e

$$G(y) = 3y^6 + y^5 - y^2 \tag{4}$$

onde $y$ é uma função de $x$, digamos

$$y = f(x)$$

Assim, podemos escrever (2) como

$$F(x) = G(f(x)) \tag{5}$$

A Equação (5) está satisfeita por todos os valores de $x$ no domínio de $f$ para os quais $G(f(x))$ existe.

Então, para todos os valores de $x$ para os quais $f$ é diferenciável,

$$D_x[x^6 - 2x] = D_x[3y^6 + y^5 - y^2] \tag{6}$$

A derivada do primeiro membro de (6) é facilmente calculada e

$$D_x[x^6 - 2x] = 6x^5 - 2 \tag{7}$$

A derivada do segundo membro de (6) é calculada pela regra da cadeia e

$$D_x[3y^6 + y^5 - y^2] = 18y^5 \cdot \frac{dy}{dx} + 5y^4 \cdot \frac{dy}{dx} - 2y \cdot \frac{dy}{dx} \tag{8}$$

Substituindo os valores de (7) e (8) em (6) obtemos

$$6x^5 - 2 = (18y^5 + 5y^4 - 2y)\frac{dy}{dx}$$

$$\frac{dy}{dx} = \frac{6x^5 - 2}{18y^5 + 5y^4 - 2y}$$

A Equação (2) é um tipo especial de equação envolvendo $x$ e $y$, pois pode ser escrita de tal forma que todos os termos em $x$ estejam de um lado da equação e todos os termos em $y$ fiquem no outro lado.

Na ilustração apresentada a seguir, o método da diferenciação implícita é usado para encontrar $\frac{dy}{dx}$ a partir de um tipo mais geral de equação.

- **ILUSTRAÇÃO 1**

Considere a equação

$$3x^4y^2 - 7xy^3 = 4 - 8y \tag{9}$$

e suponha que exista pelo menos uma função diferenciável $f$, tal que se $y = f(x)$, a Equação (9) está satisfeita. Diferenciando ambos os lados de (9) (levando em conta que $y$ é uma função diferenciável de $x$) e aplicando o teorema para a derivada de um produto, potência e regra da cadeia, obtemos

$$12x^3y^2 + 3x^4(2y)\frac{dy}{dx} - 7y^3 - 7x(3y^2)\frac{dy}{dx} = 0 - 8\frac{dy}{dx}$$

$$\frac{dy}{dx}(6x^4y - 21xy^2 + 8) = 7y^3 - 12x^3y^2$$

$$\frac{dy}{dx} = \frac{7y^3 - 12x^3y^2}{6x^4y - 21xy^2 + 8}$$ •

Lembre-se de que havíamos suposto que ambas (2) e (9) definem $y$ como uma função de $x$ pelo menos uma vez diferenciável. Pode acontecer que uma equação em $x$ e $y$ não implique a existência de qualquer função de valores reais, como no caso da equação

$$x^2 + y^2 + 4 = 0$$

que não está satisfeita por nenhum valor real de $x$ e $y$. Além disso, é possível que uma equação em $x$ e $y$ esteja satisfeita por várias funções, algumas diferenciáveis, outras não. Uma discussão geral vai além do escopo deste livro, mas pode ser encontrada em livros de cálculo avançado. Nas discussões subseqüentes, quando afirmamos que uma equação em $x$ e $y$ define implicitamente $y$ como função de $x$, supomos que uma ou mais destas funções seja diferenciável. O Exemplo 3, que segue, ilustra o fato de que a diferenciação implícita dá a derivada de duas funções diferenciáveis definidas pela equação dada.

**EXEMPLO 1** Dado $(x + y)^2 - (x - y)^2 = x^4 + y^4$, ache $\frac{dy}{dx}$.

**Solução** Diferenciando implicitamente em relação a $x$ temos

$$2(x + y)\left(1 + \frac{dy}{dx}\right) - 2(x - y)\left(1 - \frac{dy}{dx}\right) = 4x^3 + 4y^3\frac{dy}{dx}$$

$$2x + 2y + (2x + 2y)\frac{dy}{dx} - 2x + 2y + (2x - 2y)\frac{dy}{dx} = 4x^3 + 4y^3\frac{dy}{dx}$$

$$\frac{dy}{dx}(4x - 4y^3) = 4x^3 - 4y$$

$$\frac{dy}{dx} = \frac{x^3 - y}{x - y^3}$$

**EXEMPLO 2** Ache uma equação da reta tangente à curva $x^3 + y^3 = 9$ no ponto $(1, 2)$.

**Solução** Diferenciando implicitamente em relação a $x$ obtemos

$$3x^2 + 3y^2\frac{dy}{dx} = 0$$

Logo

$$\frac{dy}{dx} = -\frac{x^2}{y^2}$$

Então em $(1, 2)$, $\dfrac{dy}{dx} = -\dfrac{1}{4}$. Uma equação da reta tangente é, assim

$y - 2 = -\frac{1}{4}(x - 1)$
$x + 4y = 9$

**EXEMPLO 3** Dada a equação $x^2 + y^2 = 9$, ache: (a) $\dfrac{dy}{dx}$ por diferenciação implícita; (b) duas funções definidas pela equação; (c) a derivada de cada uma das funções obtidas em (b) por diferenciação explícita. (d) Verifique que os resultados obtidos em (a) concordam com o resultado obtido na parte (c).

**Solução**  (a) Diferenciando implicitamente encontramos

$2x + 2y\dfrac{dy}{dx} = 0$ e, portanto, $\dfrac{dy}{dx} = -\dfrac{x}{y}$

(b) Resolvendo a equação dada para $y$ obtemos

$y = \sqrt{9 - x^2}$ e $y = -\sqrt{9 - x^2}$

Seja $f_1$ a função para a qual

$f_1(x) = \sqrt{9 - x^2}$

e $f_2$ a função para a qual

$f_2(x) = -\sqrt{9 - x^2}$

(c) Como $f_1(x) = (9 - x^2)^{1/2}$, usando a regra da cadeia obtemos

$f_1'(x) = \frac{1}{2}(9 - x^2)^{-1/2}(-2x)$

$= -\dfrac{x}{\sqrt{9 - x^2}}$

Analogamente,

$f_2'(x) = \dfrac{x}{\sqrt{9 - x^2}}$

(d) Para $y = f_1(x)$, onde $f_1(x) = \sqrt{9 - x^2}$, segue da parte (c) que

$f_1'(x) = -\dfrac{x}{\sqrt{9 - x^2}} = -\dfrac{x}{y}$

que concorda com a resposta dada em (a). Para $y = f_2(x)$, onde $f_2(x) = -\sqrt{9 - x^2}$, temos da parte (c),

$f_2'(x) = \dfrac{x}{\sqrt{9 - x^2}}$

$= -\dfrac{x}{-\sqrt{9 - x^2}}$

$= -\dfrac{x}{y}$

que também está de acordo com a resposta da parte (a).

## Exercícios 3.4

Nos Exercícios de 1 a 16, ache $\dfrac{dy}{dx}$ por diferenciação implícita.

1. $x^2 + y^2 = 16$
2. $4x^2 - 9y^2 = 1$
3. $x^3 + y^3 = 8xy$
4. $x^2 + y^2 = 7xy$
5. $\dfrac{1}{x} + \dfrac{1}{y} = 1$
6. $\dfrac{3}{x} - \dfrac{3}{y} = 2x$
7. $\sqrt{x} + \sqrt{y} = 4$
8. $2x^3y + 3xy^3 = 5$
9. $x^2y^2 = x^2 + y^2$
10. $(2x + 3)^4 = 3y^4$
11. $\sqrt{xy} + 2x = \sqrt{y}$
12. $y + \sqrt{xy} = 3x^3$
13. $\sqrt[3]{x} + \sqrt[3]{xy} = 4y^2$
14. $\sqrt{y} + \sqrt[3]{y} + \sqrt[4]{y} = x$
15. $(x + y)^2 - (x - y)^2 = x^3 + y^3$
16. $y\sqrt{2 + 3x} + x\sqrt{1 + y} = x$

Nos Exercícios de 17 a 20, considerando $y$ como variável independente, ache $\dfrac{dx}{dy}$.

17. $x^4 + y^4 = 12x^2y$
18. $y = 2x^3 - 5x$
19. $x^3y + 2y^4 - x^4 = 0$
20. $y\sqrt{x} - x\sqrt{y} = 9$

21. Ache uma equação da reta tangente à curva $16x^4 + y^4 = 32$ no ponto $(1, 2)$.
22. Ache uma equação da reta tangente à curva $\sqrt[3]{xy} = 14x + y$ no ponto $(2, -32)$.

Nos Exercícios de 23 a 26, é dada uma equação de demanda onde $x$ unidades são demandadas quando o preço unitário é $p$. Em cada exercício, ache a taxa de variação de $p$ em relação a $x$ por diferenciação implícita.

23. $p^2 + 4p + 2x - 10 = 0$
24. $x^2 + p^2 = 36$
25. $x^3 + p^3 = 1.000$
26. $p^2 + 4x^2 + 24x = 108$

Em cada um dos Exercícios de 27 a 30 uma equação é dada. Faça o seguinte em cada um: (a) Ache duas funções definidas pela equação e estabeleça seu domínio. (b) Faça um esboço do gráfico de cada uma das funções obtidas na parte (a), e estabeleça os domínios das derivadas. (c) Trace o gráfico da equação. (d) Ache a derivada de cada uma das funções obtidas na parte (a), e estabeleça os domínios das derivadas. (e) Ache $\dfrac{dy}{dx}$ por diferenciação implícita da equação, e verifique que o resultado assim obtido concorda com os resultados da parte (d). (f) Ache uma equação de cada reta tangente em um dado valor de $x_1$.

27. $y^2 = 4x - 8$; $x_1 = 3$
28. $x^2 + y^2 = 25$; $x_1 = 4$
29. $x^2 - y^2 = 9$; $x_1 = -5$
30. $y^2 - x^2 = 16$; $x_1 = -3$

## 3.5 TAXAS DE VARIAÇÃO RELACIONADAS

Há muitos problemas ligados à taxa de variação de duas ou mais variáveis relacionadas em relação ao tempo nos quais não é necessário expressar cada uma dessas variáveis diretamente como funções do tempo. Por exemplo, suponhamos uma equação envolvendo as variáveis $x$ e $y$, sendo ambas $x$ e $y$ funções de uma terceira variável $t$, onde $t$ s denota tempo. Então, como as taxas de variação de $x$ e $y$ em relação a $t$ são dadas por $\dfrac{dx}{dt}$ e $\dfrac{dy}{dt}$, respectivamente, diferenciamos implicitamente em relação a $t$ como no exemplo que segue.

## 130 APLICAÇÕES DA DERIVADA E A REGRA DA CADEIA

**EXEMPLO 1** Suponha que $5x + 3xy = 4$, onde $x$ e $y$ são funções de uma terceira variável $t$, e $\dfrac{dy}{dt} = 3$. Ache $\dfrac{dx}{dt}$ quando $x = 2$.

**Solução** A equação dada é
$$5x + 3xy = 4 \qquad (1)$$
Diferenciando ambos os lados da equação em relação a $t$,
$$5\frac{dx}{dt} + 3y\frac{dx}{dt} + 3x\frac{dy}{dt} = 0$$
$$\frac{dx}{dt} = -\frac{3x}{3y + 5} \cdot \frac{dy}{dt} \qquad (2)$$
Para encontrar o valor de $y$ quando $x = 2$, substituímos $x$ por 2 em (1) e obtemos $y = -1$. De (2), com $x = 2$, $y = -1$ e $\dfrac{dy}{dt} = 3$,
$$\left.\frac{dx}{dt}\right]_{x=2} = -\tfrac{6}{2}(3)$$
$$= -9$$

**EXEMPLO 2** Uma escada com 5 m está encostada em uma parede. Se a base da escada é afastada da parede a uma velocidade de 1 m/s, qual a velocidade com que o topo da escada escorrega pela parede quando a base está a 4 m da parede?

**Solução** Seja $t$ o número de segundos decorridos desde que a escada começou a escorregar pela parede, $y$ o número de metros na distância do chão ao topo da escada em $t$ segundos, e $x$ o número de metros na distância da base da escada à parede em $t$ segundos. Veja a Figura 3.5.1. Como a base da escada é afastada da parede com uma velocidade de 1 m/s, $\dfrac{dx}{dt} = 1$. Queremos encontrar $\dfrac{dy}{dt}$ quando $x = 4$. Do teorema de Pitágoras,
$$y^2 = 25 - x^2 \qquad (3)$$
Como $x$ e $y$ são funções de $t$, diferenciamos ambos os lados de (3) em relação a $t$ e obtemos
$$2y\frac{dy}{dt} = -2x\frac{dx}{dt}$$
$$\frac{dy}{dt} = -\frac{x}{y} \cdot \frac{dx}{dt} \qquad (4)$$

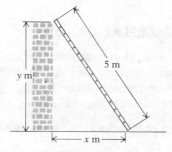

Figura 3.5.1

Quando $x = 4$, segue de (3) que $y = 3$. Como $\dfrac{dx}{dt} = 1$ segue de (4) que

$$\left.\dfrac{dy}{dt}\right]_{y=3} = -\tfrac{4}{3} \cdot 1 = -\tfrac{4}{3}$$

Logo, o topo da escada está escorregando a uma taxa de $1\tfrac{1}{3}$ m/s quando a base está a 4 m da parede. O sinal menos significa que $y$ está decrescendo enquanto $t$ está crescendo.

O Exemplo 2 envolve um problema com taxas de variação de variáveis relacionadas. É chamado um problema de taxas relacionadas. Em tais problemas as variáveis têm uma relação específica para valores de $t$, onde $t$ é uma medida de tempo. Esta relação é usualmente expressa na forma de uma equação, como no Exemplo 2 com a Equação (3). Valores das variáveis e taxas de variação das variáveis em relação a $t$ são muitas vezes dados em um determinado instante. No Exemplo 2, no instante em que $x = 4$, temos $y = 3$ e $\dfrac{dx}{dt} = 1$, e queremos encontrar $\dfrac{dy}{dt}$.

As seguintes etapas representam um procedimento possível para resolver problemas envolvendo taxas relacionadas.

1. Faça uma figura sempre que possível.
2. Defina as variáveis. Em geral, convém definir $t$ primeiro, pois as outras variáveis usualmente dependem de $t$.
3. Escreva todos os fatos numéricos conhecidos sobre as variáveis e suas derivadas em relação a $t$.
4. Obtenha uma equação envolvendo as variáveis que dependem de $t$.
5. Diferencie em relação a $t$ ambos os lados da equação encontrada na etapa 4.
6. Substitua os valores de quantidades conhecidas na equação da etapa 5 e resolva para a quantidade desejada.

**EXEMPLO 3** Suponha num certo mercado que $p$ seja o preço de um engradado de laranjas, $x$ o número de milhares de engradados ofertados diariamente, sendo a equação de oferta $px - 20p - 3x + 105 = 0$. Se a oferta diária está decrescendo a uma taxa de 250 engradados por dia, em que taxa os preços estão variando quando a oferta diária é de 5.000 engradados?

**Solução** Seja $t$ dias o tempo decorrido desde que a oferta diária de laranjas começou a descrescer. Então $p$ e $x$ são ambas funções de $t$. Desde que a oferta diária está decrescendo a uma taxa de 250 engradados por dia, $\dfrac{dx}{dt} = -\dfrac{250}{1.000} = -\dfrac{1}{4}$. Queremos encontrar $\dfrac{dp}{dt}$ quando $x = 5$. Da equação de oferta dada, diferenciamos implicitamente em relação a $t$ e obtemos

$$p\dfrac{dx}{dt} + x\dfrac{dp}{dt} - 20\dfrac{dp}{dt} - 3\dfrac{dx}{dt} = 0$$

$$\dfrac{dp}{dt} = \dfrac{3-p}{x-20} \cdot \dfrac{dx}{dt} \qquad (5)$$

Quando $x = 5$, segue da equação de oferta que $p = 6$. Como $\dfrac{dx}{dt} = -\dfrac{1}{4}$, de (5),

$$\left.\dfrac{dp}{dt}\right]_{p=6} = \dfrac{3-6}{5-20}\left(-\dfrac{1}{4}\right) = \dfrac{-3}{-15}\left(-\dfrac{1}{4}\right) = -\dfrac{1}{20}$$

Logo o preço de um engradado de laranjas está decrescendo a uma taxa de $ 0,05 por dia quando a oferta diária é 5.000 engradados.

**EXEMPLO 4** Quando um fabricante de móveis produz $x$ cadeiras por semana, o custo total e a receita total semanal são $C$ e $R$, respectivamente, e

$$C = 3.000 + 40x \qquad (6)$$
$$R = 150x - \tfrac{1}{4}x^2 \qquad (7)$$

Se a produção semanal atual é 200 cadeiras e ela está aumentando a uma taxa de 10 cadeiras por semana, ache a taxa de variação: (a) do custo total semanal; (b) da receita total semanal; (c) do lucro total semanal.

**Solução** Se $t$ semanas representa o tempo, então $C$, $R$ e $x$ são funções de $t$. Como a produção semanal está aumentando a uma taxa de 10 cadeiras por semana, $\dfrac{dx}{dt} = 10$.

(a) Queremos encontrar $\dfrac{dC}{dt}$. Diferenciando implicitamente ambos os lados de (6) em relação a $t$ obtemos

$$\frac{dC}{dt} = 40\,\frac{dx}{dt}$$

Substituindo $\dfrac{dx}{dt}$ por 10 obtemos

$$\frac{dC}{dt} = 40(10) = 400$$

Logo, o custo total semanal está aumentando a uma taxa de $ 400 por semana.

(b) Para encontrar $\dfrac{dR}{dt}$ diferenciamos implicitamente ambos os lados de (7) em relação a $t$, e obtemos

$$\frac{dR}{dt} = 150\,\frac{dx}{dt} - \frac{1}{2}x\,\frac{dx}{dt}$$

Como $x = 200$ e $\dfrac{dx}{dt} = 10$

$$\left.\frac{dR}{dt}\right]_{x=200} = 150(10) - \tfrac{1}{2}(200)(10) = 1.500 - 1.000 = 500$$

Assim, a receita total semanal está aumentando a uma taxa de $ 500 por semana.

(c) Como o lucro é igual à receita menos o custo, então se $P$ é o lucro total semanal,

$$P = R - C$$

Assim

$$\frac{dP}{dt} = \frac{dR}{dt} - \frac{dC}{dt}$$

Das partes (a) e (b), $\dfrac{dC}{dt} = 400$ e $\dfrac{dR}{dt} = 500$. Logo

$$\frac{dP}{dt} = 500 - 400 = 100$$

Portanto, o lucro total semanal está crescendo a uma taxa de $ 100 por semana.

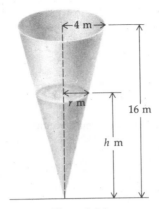

Figura 3.5.2

**EXEMPLO 5** Um tanque tem a forma de um cone invertido, tendo uma altura de 16 m e uma base com raio de 4 m. A água está fluindo dentro do tanque a uma vazão de 2 m³/min. Quão rápido se elevará o nível de água quando a água estiver com 5 m de profundidade?

**Solução** Seja $t$ o número de minutos decorridos desde que a água começou a fluir para dentro do tanque, $h$ o número de metros da altura do nível da água em $t$ min, $r$ o número de metros do raio da superfície de água em $t$ min e $V$ o número de metros cúbicos do volume de água no tanque em $t$ min.

Em qualquer tempo, o volume de água pode ser expresso em termos do volume de um cone (veja a Figura 3.5.2).

$$V = \tfrac{1}{3}\pi r^2 h \tag{8}$$

$V$, $r$ e $h$ são todas funções de $t$. Como a água está fluindo dentro do tanque a uma taxa de 2 m³/min, $\dfrac{dV}{dt} = 2$. Queremos encontrar $\dfrac{dh}{dt}$ quando $h = 5$. Para expressar $r$ em termos de $h$ temos de triângulos semelhantes

$$\frac{r}{h} = \frac{4}{16} \qquad r = \frac{1}{4} h$$

Substituindo este valor de $r$ em (8) obtemos

$$V = \tfrac{1}{3}\pi(\tfrac{1}{4}h)^2 (h) \quad \text{ou} \quad V = \tfrac{1}{48}\pi h^3 \tag{9}$$

Diferenciando ambos os lados de (9) em relação a $t$, obtemos

$$\frac{dV}{dt} = \frac{1}{16}\pi h^2 \frac{dh}{dt}$$

Substituindo $\dfrac{dV}{dt}$ por 2 e resolvendo para $\dfrac{dh}{dt}$, temos

$$\frac{dh}{dt} = \frac{32}{\pi h^2}$$

Logo

$$\left.\frac{dh}{dt}\right|_{h=5} = \frac{32}{25\pi}$$

Assim, o nível da água está subindo a uma taxa de $\frac{32}{25\pi}$ m/min quando a água está com 5 m de profundidade.

## Exercícios 3.5

Nos Exercícios de 1 a 8, $x$ e $y$ são funções de uma terceira variável $t$.

1. Se $2x + 3y = 8$ e $\frac{dy}{dt} = 2$, ache $\frac{dx}{dt}$.

2. Se $\frac{x}{y} = 10$ e $\frac{dx}{dt} = -5$, ache $\frac{dy}{dt}$.

3. Se $xy = 20$ e $\frac{dy}{dt} = 10$, ache $\frac{dx}{dt}$ quando $x = 4$.

4. Se $2xy - 3x - 4y = 3$ e $\frac{dy}{dt} = 4$, ache $\frac{dx}{dt}$ quando $x = 5$.

5. Se $9x^2 - 4y^2 = 45$ e $\frac{dx}{dt} = 6$, ache $\frac{dy}{dt}$ quando $y = -3$ e $x > 0$.

6. Se $x^2 + y^2 = 25$ e $\frac{dx}{dt} = 5$, ache $\frac{dy}{dt}$ quando $y = 4$ e $x > 0$.

7. Se $\sqrt{x} + \sqrt{y} = 5$ e $\frac{dy}{dt} = 3$, ache $\frac{dx}{dt}$ quando $x = 1$.

8. Se $2\sqrt{x} - 3\sqrt{y} + 11 = 0$ e $\frac{dy}{dt} = -10$, ache $\frac{dx}{dt}$ quando $x = 4$.

9. Esta semana uma fábrica está produzindo 50 unidades de uma determinada mercadoria, e a produção está aumentando a uma taxa de 2 unidades por semana. Se $C$ é o custo da produção de $x$ unidades, e $C = 0{,}08x^3 - x^2 + 10x + 48$, ache a taxa atual segundo a qual o custo de produção está crescendo.

10. A demanda em um certo mercado para um tipo particular de cereal usado no café da manhã é dada pela equação $px + 25p - 4.000 = 0$, onde $x$ milhares de caixas é a quantidade demandada por semana, quando $p$ é o preço de uma caixa. Se o preço atual é $\$0{,}80$ por caixa e este preço está crescendo a uma taxa de $\$0{,}02$ a cada semana, ache a taxa de variação da demanda.

11. A equação de demanda para uma determinada camisa é $2px + 65p - 4.950 = 0$, onde $x$ centenas de camisas são demandadas por semana, quando $p$ é o preço de uma camisa. Se a camisa está sendo vendida esta semana a $\$30$ e o preço está aumentando a uma taxa de $\$0{,}20$ por semana, ache a taxa de variação da demanda.

12. A equação de oferta para um certo produto é $x = 1.000\sqrt{3p^2 + 20p}$, onde $x$ unidades são ofertadas por mês, quando $p$ é o preço por unidade. Ache a taxa de variação da oferta se o preço atual é de $\$20$ por unidade e o preço está crescendo a uma taxa de $\$0{,}50$ por mês.

13. Um produtor oferta $x$ unidades de um produto por semana, quando o preço é $p$ por unidade. Se a equação de oferta é $10.000p = x^2 + 200x + 40.000$, ache a taxa de variação da oferta se o preço atual é $\$12$ por unidade e o preço está aumentando a uma taxa de $\$0{,}12$ por semana.

14. Suponha que $y$ seja o número de trabalhadores na força de trabalho necessária para se produzirem $x$ unidades de um certo produto, e $x = 4y^2$. Se a produção este ano for de 250.000 unidades e a produção está crescendo a uma taxa de 18.000 unidades por ano, qual a taxa atual segundo a qual a força de trabalho deve estar crescendo?

15. Quando um fabricante de roupas produz $x$ suéteres por semana, o custo total semanal e a receita total semanal são dados por $C$ e $R$, respectivamente, onde

$$C = 1.500 + 20x \qquad R = 90x - \frac{x^2}{10.000}$$

Se a produção semanal atual é de 400 suéteres e está crescendo a uma taxa de 25 suéteres por semana, ache a taxa de variação: (a) do custo total semanal; (b) da receita total semanal; (c) do lucro total semanal.

16. A equação de demanda para um certo produto é $100p = \sqrt{250.000 - x^2}$, onde $x$ unidades são demandadas por dia, quando $p$ é o preço por unidade. O custo total diário da produção de $x$ unidades é $C$, e $C = 200 + x + 0,001 x^2$. Se a produção diária atual é 300 unidades e está crescendo a uma taxa de 16 unidades, ache a taxa de variação: (a) do custo total diário; (b) da receita total diária; (c) do lucro total diário.

Nos Exercícios de 17 a 20, você precisa usar a fórmula para o volume de uma esfera. Se $r$ unidades é o raio de uma esfera e $V$ unidades cúbicas é o seu volume, então $V = \frac{4}{3}\pi r^3$.

17. Uma bola de neve está feita de tal forma que seu volume cresça a uma taxa de $224\,dm^3/min$. Ache a taxa segundo a qual o raio está crescendo quando a bola de neve tem um diâmetro de 122 cm.
18. Suponha que quando o diâmetro é 182 cm, a bola de neve do Exercício 17 comece a derreter a uma taxa de $7\,dm^3/min$. Ache a taxa segundo a qual o raio está variando, quando o raio é 61 cm.
19. Suponha que um tumor em uma pessoa tenha uma forma esférica. Se, quando o raio do tumor é 0,5 cm, o raio está crescendo a uma taxa de 0,001 cm por dia, qual a taxa de crescimento do volume do tumor naquele momento?
20. Uma célula bacteriana tem a forma esférica. Se o raio da célula está crescendo a uma taxa de 0,01 micrômetro por dia quando mede 1,5 micrômetro, qual a taxa de crescimento do volume da célula naquele momento?

Nos Exercícios de 21 a 23, você precisará usar a fórmula da superfície de uma esfera. Se $r$ unidades for o raio de uma esfera e $S$ unidades quadradas for a área da superfície, então $S = 4\pi r^2$.

21. Para o tumor do Exercício 19, qual a taxa de crescimento da área da superfície quando seu raio é 0,5 cm?
22. Para a célula do Exercício 20, qual a taxa de crescimento da área da superfície quando seu raio é 1,5 micrômetro?
23. O volume de um balão esférico está decrescendo a uma taxa proporcional à área de sua superfície. Mostre que o raio do balão diminui a uma taxa constante.
24. Uma criança está empinando um papagaio que está a 12 m de altura e movendo-se horizontalmente a uma taxa de 1 m/s. Se a linha está esticada, com que taxa a criança está dando linha quando o comprimento da linha já dada é de 15 m?
25. Se a base da escada no Exemplo 2 é afastada da parede a uma velocidade de 60 cm/s, com que velocidade o topo da escada escorregará na parede quando a base está a 6 m da parede?
26. Uma mulher em um embarcadouro está fazendo chegar um barco a uma taxa de 15 m/min, usando uma corda amarrada ao barco no nível da água. Se as mãos da mulher estão 5 m acima do nível da água, qual a velocidade do barco quando o comprimento da corda que resta é 6 m?
27. Uma lâmpada está pendurada a 4,5 m do chão que se supõe horizontal. Se um homem com 1,82 m de altura se afasta da luz caminhando a uma taxa de 1,5 m/s, com que velocidade sua sombra está aumentando?
28. No Exercício 27, com que velocidade a sombra da cabeça do homem se move?
29. A lei de Boyle para a expansão de um gás é $PV = C$, onde $P$ é o número de quilos por unidades quadradas de pressão, $V$ é o número de unidades cúbicas do volume do gás, e $C$ é uma constante. Num certo instante, a pressão é $1.465\,g/cm^2$, o volume é 142 decímetros cúbicos, e o volume está crescendo a uma taxa de 85 decímetros cúbicos por minuto. Ache a taxa de variação da pressão naquele instante.
30. A lei adiabática (sem ganho ou perda de calor) para a expansão do ar é $PV^{1,4} = C$, onde $P$ é o número de quilos por unidades quadradas de pressão, $V$ é o número de unidades cúbicas do volume, e $C$ é uma constante. Num dado instante, a pressão é $2.813\,g$ por centímetro quadrado e está crescendo a uma taxa de $563\,g/cm^2$ em cada segundo. Qual a taxa de variação do volume neste instante?
31. Uma pedra cai num lago parado. Ondas circulares concêntricas se espalham e o raio da região afetada cresce a uma taxa de 16 cm/s. Qual a taxa com que a região afetada está crescendo quando seu raio é de 4 cm?

32. Óleo está sendo derramado dentro de um tanque com a forma de um cone invertido, a uma taxa de $3\pi \, m^3/min$. Se o tanque tem um raio de $2,5\,m$ no topo e uma profundidade de $10\,m$, qual a rapidez de variação na profundidade de óleo, quando ela é $8\,m$?
33. Um tanque de água com a forma de um cone invertido está sendo esvaziado a uma taxa de $6\,m^3/min$. A altura do cone é $24\,m$ e o raio da base é $12\,m$. Ache a velocidade com que o nível de água está baixando, quando a profundidade da água é $10\,m$.
34. Um automóvel movendo-se a uma taxa de $9\,m/s$ aproxima-se de um cruzamento. Quando está a $37\,m$ do cruzamento, um caminhão movendo-se a uma taxa de $3\,m/s$ atravessa o cruzamento. O automóvel e o caminhão estão em estradas que formam entre si um ângulo reto. Quão rápido o caminhão e o automóvel estão se separando 2 segundos depois que o caminhão deixou o cruzamento?

## Exercícios de Recapitulação do Capítulo 3

Nos Exercícios de 1 a 8, ache a derivada da função dada.

1. $f(x) = (3x^2 - 2x + 1)^3$
2. $f(s) = (2s^3 - 3s + 7)^4$
3. $g(t) = \sqrt{t^2 + 4t - 3}$
4. $F(x) = (4x^4 - 4x^2 + 1)^{-1/3}$
5. $f(x) = \left(\dfrac{3x^2 + 4}{x^7 + 1}\right)^{10}$
6. $f(x) = \sqrt[3]{\dfrac{x}{x^3 + 1}}$
7. $F(x) = (x^2 - 1)^{3/2}(x^2 - 4)^{1/2}$
8. $g(x) = (x^4 - x)^{-3}(5 - x^2)^{-1}$

Nos Exercícios de 9 a 14, ache $\dfrac{dy}{dx}$.

9. $4x^2 + 4y^2 - y^3 = 0$
10. $xy^2 + 2y^3 = x - 2y$
11. $x^{2/3} + y^{2/3} = 4$
12. $x\sqrt{y} - y\sqrt{x} = 2$
13. $y = x^2 + [x^3 + (x^4 + x)^2]^3$
14. $y = \dfrac{x\sqrt{3} + 2x}{4x - 1}$

15. Ache uma equação da reta tangente à curva $2x^3 + 2y^3 - 9xy = 0$ no ponto $(2, 1)$.
16. Ache uma equação da reta tangente à curva $x - y = \sqrt{x + y}$ no ponto $(3, 1)$.
17. Se $C(x)$ é o custo total de fabricação de $x$ cadeiras, e $C(x) = x^2 + 40x + 800$, ache: (a) a função custo marginal; (b) o custo marginal quando 20 cadeiras são fabricadas; (c) o custo real de fabricação da vigésima primeira cadeira.
18. Se $C(x)$ é o custo total de produção de $x$ unidades de uma certa mercadoria, e $C(x) = 4x^{3/2} + 20x + 100$, ache: (a) o custo marginal quando 25 unidades são produzidas; (b) o número de unidades produzidas quando o custo marginal é $\$48$.
19. Para a função custo total do Exercício 17, ache e dê uma interpretação econômica: (a) do custo médio quando $x = 10$; (b) do custo marginal quando $x = 10$; (c) da elasticidade-custo quando $x = 10$.
20. Para a função custo total do Exercício 18, ache a elasticidade-custo quando $x = 100$ e dê uma interpretação econômica para o resultado.
21. A receita total obtida com a venda de $x$ relógios é $R(x)$, e $R(x) = 100x - \frac{1}{6}x^2$. Ache: (a) a função receita marginal; (b) a receita marginal quando $x = 15$; (c) a receita real da venda do décimo sexto relógio.
22. A função receita total $R$ para um certo produto é dada por $R(x) = 4x - \frac{3}{4}x^2$. Ache: (a) a equação de demanda; (b) a função receita marginal. (c) Faça esboços das curvas de demanda, receita total e receita marginal no mesmo conjunto de eixos.
23. A equação de oferta para uma calculadora é $y = m^2 + \sqrt{m}$, onde $100y$ calculadoras são ofertadas quando $m$ é seu preço unitário. Ache: (a) a taxa de variação média da oferta em relação ao preço quando este aumenta de $\$16$ para $\$17$; (b) a taxa de variação instantânea (ou marginal) da oferta em relação ao preço quando este é $\$16$.
24. Se $A$ unidades quadradas é a área de um triângulo-retângulo isósceles para o qual cada cateto mede $x$ unidades, ache: (a) a taxa de variação média de $A$ em relação a $x$ quando este varia de $8,00$ para $8,01$: (b) a taxa de variação instantânea de $A$ em relação a $x$ quando $x = 8,00$.

Exercícios de Recapitulação do Capítulo 3    **137**

25. A população de uma certa cidade $t$ anos após 1.º de janeiro de 1983 será $P(t)$, onde $P(t) = 30t^2 + 100t + 20.000$. (a) Ache a taxa segundo a qual a população estará crescendo em 1.º de janeiro de 1987 (b) Ache a taxa relativa de crescimento da população em 1.º de janeiro de 1987.

26. A equação de demanda para uma certa bolacha é

$$x = 800(400 - 3p - p^2)$$

onde $x$ caixas são demandadas quando $p$ é o preço por caixa. Ache: (a) a taxa média de variação da demanda em relação ao preço quando este aumenta de $ 1 para $ 1,05; (b) a taxa de variação instantânea da demanda em relação ao preço quando este é $ 1.

27. A equação de demanda para uma determinada marca de sabão é

$$px + x + 20p = 3.000$$

onde $1.000x$ barras de sabão são demandadas por semana quando $p$ é o preço por barra. Se o preço corrente do sabão é $ 0,49 por barra e está aumentando a uma taxa de $ 0,02 por semana, ache a taxa de variação da demanda.

28. A equação de oferta para um determinado produto é

$$8.000p = 20.000 + 80x + x^2$$

onde $x$ unidades são ofertadas por semana quando o preço é $p$ por unidade. Se o preço atual é $ 8 e está crescendo a uma taxa de $ 0,04 por semana, ache a taxa de variação da oferta.

29. Suponha que $C$ seja a capitalização de uma certa empresa, $P$ seja o lucro anual, e $P = 0,05C - 0,004C^2$. Se a capitalização estiver aumentando a uma taxa de $ 400.000 ao ano, ache a taxa de variação do lucro anual se a capitalização atual for (a) $ 3 milhões e (b) $ 6 milhões.

30. O custo total e a receita total semanal de uma fábrica são $C$ e $R$, respectivamente, quando $x$ unidades são produzidas por semana, e

$$C = 50x + 4.000 \qquad R = 350x - \tfrac{1}{3}x^2$$

Se a produção atual é de 300 unidades e está crescendo a uma taxa de 20 unidades por semana, ache a taxa de variação do: (a) custo total semanal; (b) receita total semanal; (c) lucro total semanal.

31. A equação de demanda para um determinado tipo de mercadoria é $px = 8.000$, onde $x$ unidades são demandadas por semana quando $p$ é o preço por unidade. Espera-se que em $t$ semanas o preço seja $p$, onde $p = 18 + \sqrt{t}$, e $t \in [0, 5]$. Qual é a taxa de variação antecipada da demanda em relação ao tempo em 4 semanas?

32. A lei de Stefan estabelece que um corpo emite energia radiante de acordo com a fórmula $R = kT^4$, onde $R$ é a medida da taxa de emissão da energia radiante por unidade de área, $T$ é a medida da temperatura da superfície na escala Kelvin, e $k$ é uma constante. Ache: (a) a taxa de variação média de $R$ em relação a $T$ quando a temperatura aumenta de 200 para 300; (b) a taxa de variação instantânea de $R$ em relação a $T$ quando $T = 200$.

33. Uma queimadura na pele de uma pessoa tem a forma de um círculo. Se o raio da queimadura está decrescendo a uma taxa de 0,05 cm por dia quando ele é 1,0 cm, qual a taxa de decréscimo da área da queimadura naquele instante?

34. Um funil na forma de um cone tem 25 cm através do topo e 20 cm de profundidade. A água está fluindo dentro do funil a uma taxa de 192 cm³/s e fora dele a uma taxa de 64 cm³/s. Quão rápido está subindo a superfície da água quando ela está com 13 cm de profundidade?

35. Um homem com 1,82 m de altura caminha em direção a um edifício, a uma taxa de 122 cm/s. Se há uma luz no chão a 12 m do edifício, quão rápido a sombra do homem no edifício está decrescendo quando ele está a 9 m do mesmo?

36. Uma escada com 7 m está encostada em uma parede. Se a base da escada é arrastada em direção à parede a 1,5 m/s, quão rápido o topo da escada está subindo pela parede quando a base está a 2 m dela?

37. Num grande lago um predador alimenta-se de pequenos peixes e a população de predadores em qualquer instante é uma função do número de pequenos peixes no lago, naquele instante. Suponha que quando existem $x$ pequenos peixes no lago, a população de predadores é $y$, e $y = \tfrac{1}{4}x^2 + 80$; se a estação de pesca terminou há $t$ semanas, $x = 8t + 90$. Qual a taxa de crescimento da população de predadores 9 semanas após o término da estação de pesca? Não expresse $y$ em termos de $t$, mas use a regra da cadeia.

# CAPÍTULO 4

# VALORES EXTREMOS DAS FUNÇÕES E APLICAÇÕES

## 4.1 VALORES MÁXIMOS E MÍNIMOS DAS FUNÇÕES

Vimos que a interpretação geométrica da derivada de uma função é a inclinação da reta tangente ao gráfico da função num ponto. Este fato possibilita-nos aplicarmos derivadas como uma ajuda para traçarmos gráficos. Por exemplo, a derivada pode ser usada para determinar em que pontos a reta tangente é horizontal; estes são os pontos onde a derivada é zero. Este procedimento foi aplicado na Ilustração 1 da Secção 2.4, onde encontramos o valor máximo de uma função lucro, localizando o ponto em seu gráfico onde a derivada era zero. Antes de aplicar a derivada para fazer esboços de gráficos e resolver problemas de máximos e mínimos, precisamos de algumas definições e teoremas.

Definição de valor máximo relativo.

A função $f$ é um **valor máximo relativo** em $c$ se existir um intervalo aberto contendo $c$, no qual $f$ esteja definida, tal que $f(c) \geq f(x)$ para todo $x$ neste intervalo.

As Figuras 4.1.1 e 4.1.2 mostram um esboço de uma parte do gráfico de uma função, tendo um máximo relativo em $c$.

Definição de valor mínimo relativo

A função $f$ é um **valor mínimo relativo** em $c$ se existir um intervalo aberto contendo $c$, no qual $f$ esteja definida, tal que $f(c) \leq f(x)$ para todo $x$ neste intervalo.

As Figuras 4.1.3 e 4.1.4 mostram um esboço de uma parte do gráfico de uma função, tendo um mínimo relativo em $c$.

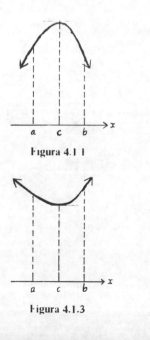

Figura 4.1.1

Figura 4.1.3

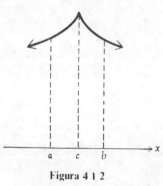

Figura 4.1.2

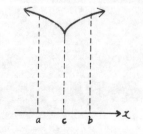

Figura 4.1.4

Se a função $f$ tem um máximo relativo ou um mínimo relativo em $c$, então $f$ tem um **extremo relativo** em $c$.

O seguinte teorema é usado para localizar possíveis valores de $c$ para os quais há um extremo relativo.

**Teorema 4.1.1** Se $f(x)$ existe para todos os valores de $x$ no intervalo aberto $(a, b)$, e se $f$ tem um extremo relativo em $c$, onde $a < c < b$, então se $f'(c)$ existe, $f'(c) = 0$.

A interpretação geométrica do Teorema 4.1.1 é que se $f$ tem um extremo relativo em $c$, e se $f'(c)$ existe, então o gráfico de $y = f(x)$ deve ter uma reta tangente horizontal no ponto onde $x = c$. A prova do teorema será omitida.

Se $f$ é uma função diferenciável, então os únicos valores de $x$ para os quais $f$ pode ter um extremo relativo são aqueles para os quais $f'(x) = 0$. Contudo, $f'(x)$ pode ser igual a zero para um determinado valor de $x$, embora $f$ possa não ter um extremo relativo ali, como mostra a seguinte ilustração.

ILUSTRAÇÃO 1

Considere a função $f$ definida por

$$f(x) = (x - 1)^3$$

Um esboço do gráfico desta função está na Figura 4.1.5. $f'(x) = 3(x - 1)^2$, logo $f'(1) = 0$. Contudo, $f(x) < 0$ se $x < 1$, e $f(x) > 0$ se $x > 1$. Assim, $f$ não tem um extremo relativo em 1. •

A função $f$ pode ter um extremo relativo em um número e $f'$ pode não existir aí. Isto é mostrado na Ilustração 2.

ILUSTRAÇÃO 2

Seja a função $f$ definida como segue:

$$f(x) = \begin{cases} 2x - 1 & \text{se } x \leq 3 \\ 8 - x & \text{se } 3 < x \end{cases}$$

Um esboço do gráfico desta função está na Figura 4.1.6. A função $f$ tem um máximo relativo em 3. Observe que $f$ não é diferenciável em 3; isto é, $f'(3)$ não existe. •

A Ilustração 2 mostra por que a condição "$f'(x)$ existe" precisa ser incluída nas hipóteses do Teorema 4.1.1.

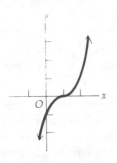

Figura 4.1.5

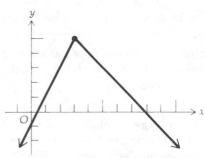

Figura 4.1.6

## 142 VALORES EXTREMOS DAS FUNÇÕES E APLICAÇÕES

Em suma, se a função $f$ está definida em um número $c$, uma condição necessária para $f$ ter um extremo relativo em $c$ é que $f'(c) = 0$ ou $f'(c)$ não existe. Mas, como observamos, esta condição não é suficiente.

Definição de número crítico de uma função

> Se $c$ é um número no domínio da função $f$, e se $f'(c) = 0$ ou $f'(c)$ não existe, então $c$ é chamado de **número crítico** da função $f$.

Devido a esta definição e à discussão anterior, uma condição necessária para uma função ter extremo relativo em um número $c$ é que $c$ seja um número crítico da função.

**EXEMPLO 1** Ache os números críticos da função $f$, definida por $f(x) = x^{4/3} - 4x^{1/3}$.

**Solução**

$$f(x) = x^{4/3} + 4x^{1/3}$$

$$f'(x) = \tfrac{4}{3}x^{1/3} + \tfrac{4}{3}x^{-2/3} = \tfrac{4}{3}x^{-2/3}(x + 1) = \frac{4(x+1)}{3x^{2/3}}$$

$f'(x) = 0$ quando $x = -1$, e $f'(x)$ não existe quando $x = 0$. Ambos $-1$ e $0$ estão no domínio de $f$; logo, os números críticos de $f$ são $-1$ e $0$.

Estamos freqüentemente interessados em uma função definida em um dado intervalo, e queremos encontrar o maior e o menor valor da função neste intervalo. Estes intervalos podem ser fechados ou abertos, ou ainda fechados de um lado e abertos no outro. O maior valor da função em um intervalo é chamado *valor máximo absoluto*, enquanto que o menor valor da função no intervalo é chamado *valor mínimo absoluto*. A seguir estão as definições precisas destes valores.

Definição de valor máximo absoluto em um intervalo

> A função $f$ tem um **valor máximo absoluto em um intervalo** se existir algum número $c$ no intervalo tal que $f(c) \geq f(x)$ para todo $x$ no intervalo. Em tal caso, $f(c)$ é o valor máximo absoluto de $f$ no intervalo.

Definição de valor mínimo absoluto em um intervalo

> A função $f$ tem um **valor mínimo absoluto em um intervalo** se existir algum número $c$ no intervalo tal que $f(c) \leq f(x)$ para todo $x$ no intervalo. Em tal caso, $f(c)$ é o valor mínimo de $f$ no intervalo.

Um **extremo absoluto** de uma função em um intervalo é um valor máximo absoluto ou um valor mínimo absoluto da função no intervalo. Uma função pode ou não ter um extremo absoluto em um dado intervalo. Em cada uma das ilustrações seguintes, uma função e um intervalo são dados e determinamos os extremos absolutos da função no intervalo, se eles existirem.

Valores Máximos e Mínimos das Funções  143

## ILUSTRAÇÃO 3

Seja $f$ a função definida por

$$f(x) = 2x$$

Um esboço do gráfico de $f$ em $[1, 4)$ está na Figura 4.1.7. A função $f$ tem um valor mínimo absoluto de 2 em $[1, 4)$. Não há um valor máximo absoluto de $f$ em $[1, 4)$, pois $\lim_{x \to 4^-} f(x) = 8$, mas $f(x)$ é sempre menor do que 8 no intervalo dado. •

## ILUSTRAÇÃO 4

Considere a função $f$ definida por

$$f(x) = -x^2$$

Um esboço do gráfico de $f$ em $(-3, 2]$ está na Figura 4.1.8. A função $f$ tem um valor máximo absoluto de 0 em $(-3, 2]$. Não há um valor mínimo absoluto de $f$ em $(-3, 2]$, pois $\lim_{x \to -3^+} f(x) = -9$, mas $f(x)$ é sempre maior do que $-9$ no intervalo dado. •

## ILUSTRAÇÃO 5

A função $f$ definida por

$$f(x) = \frac{x}{1 - x^2}$$

não tem nem valor máximo absoluto nem valor mínimo absoluto em $(-1, 1)$. Um esboço do gráfico de $f$ em $(-1, 1)$ está na Figura 4.1.9. Observe que

$$\lim_{x \to -1^+} f(x) = -\infty \quad \text{e} \quad \lim_{x \to 1^-} f(x) = +\infty$$ •

## ILUSTRAÇÃO 6

Seja $f$ a função definida por

$$f(x) = \begin{cases} x + 1 & \text{se} \quad x < 1 \\ x^2 - 6x + 7 & \text{se} \quad 1 \leq x \end{cases}$$

Figura 4.1.7

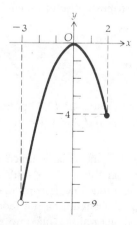

Figura 4.1.8

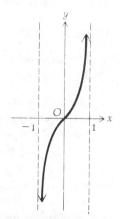

Figura 4.1.9

**144** VALORES EXTREMOS DAS FUNÇÕES E APLICAÇÕES

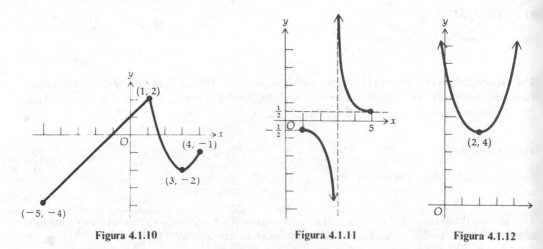

Figura 4.1.10            Figura 4.1.11            Figura 4.1.12

Um esboço do gráfico de $f$ em $[-5, 4]$ está na Figura 4.1.10. O valor máximo absoluto de $f$ em $[-5, 4]$ ocorre em 1, e $f(1) = 2$; o valor mínimo absoluto de $f$ em $[-5, 4]$ ocorre em $-5$, e $f(-5) = -4$. Note que $f$ tem um valor máximo relativo em 1 e um valor mínimo relativo em 3. Note também que 1 e 3 são números críticos de $f$, pois $f'$ não existe em 1 e $f'(3) = 0$.

• ILUSTRAÇÃO 7

A função $f$ definida por

$$f(x) = \frac{1}{x-3}$$

não tem nem valor máximo nem valor mínimo absoluto em $[1, 5]$. Veja a Figura 4.1.11 para um esboço do gráfico de $f$. $\lim_{x \to 3^-} f(x) = -\infty$; assim $f(x)$ pode ser feito menor do que qualquer número negativo, tomando-se $(3 - x) > 0$ e suficientemente pequeno. Também $\lim_{x \to 3^+} f(x) = +\infty$; assim $f(x)$ pode ser feito maior do que qualquer número positivo, tomando-se $(x - 3) > 0$ e suficientemente pequeno.

Podemos falar de extremo absoluto de uma função sem especificar um intervalo. Em tal caso estamos nos referindo a um extremo absoluto da função em todo o seu domínio.

• ILUSTRAÇÃO 8

O gráfico da função $f$ definida por

$$f(x) = x^2 - 4x + 8$$

é uma parábola, e um esboço está na Figura 4.1.12. O ponto mais baixo da parábola é em $(2, 4)$, e a parábola abre para cima. A função tem um valor mínimo absoluto de 4 em 2. Não há um valor máximo absoluto de $f$.

Analisando as Ilustrações 3 – 8, vemos que o único caso no qual existem ambos os valores máximo e mínimo absolutos é na Ilustração 6, onde a função é contínua no intervalo fechado $[-5, 4]$. Nos demais casos, ou a função é descontínua ou não temos um intervalo fechado. Se a função é contínua num intervalo fechado, há um teorema, chamado *teorema do valor extremo*, garantindo que a função possua valores máximo e mínimo absolutos no intervalo. A prova do teorema será omitida.

O teorema do valor extremo

> **Teorema 4.1.2** Se a função $f$ é contínua no intervalo fechado $[a, b]$, então $f$ tem um valor máximo absoluto e um valor mínimo absoluto em $[a, b]$.

O teorema do valor extremo estabelece que a continuidade de uma função em um intervalo fechado é uma condição suficiente para garantir que a função tenha valores máximo e mínimo absolutos no intervalo. Contudo, esta não é uma condição necessária. Por exemplo, a função cujo gráfico está na Figura 4.1.13 tem um valor máximo absoluto em $x = c$ e um valor mínimo absoluto em $x = d$, apesar da função ser descontínua no intervalo fechado $[-1, 1]$.

Um extremo absoluto de uma função contínua num intervalo fechado deve ser um extremo relativo ou um valor da função num ponto extremo do intervalo. Como uma condição necessária para a função ter um extremo relativo em $c$ é que $c$ seja um número crítico, os valores máximo e mínimo absolutos de uma função contínua em um intervalo fechado $[a, b]$ podem ser determinados pelo seguinte procedimento:

1. Ache os valores da função nos números críticos de $f$ em $[a, b]$.
2. Ache os valores de $f(a)$ e $f(b)$.
3. O maior dentre os valores das etapas 1 e 2 é o valor máximo absoluto e o menor, o valor mínimo absoluto.

**EXEMPLO 2** Dada $f(x) = x^3 + x^2 - x + 1$, ache os extremos absolutos de $f$ em $[-2, \frac{1}{2}]$.

**Solução** Como $f$ é contínua em $[-2, \frac{1}{2}]$, o teorema do valor extremo se aplica. Para achar os números críticos de $f$, primeiro calculamos $f'$:

$$f(x) = x^3 + x^2 - x + 1 \qquad f'(x) = 3x^2 + 2x - 1$$

$f'(x)$ existe para todos os números reais; assim sendo, os únicos números críticos de $f$ serão os valores de $x$ para os quais $f'(x) = 0$. Equacionando $f'(x) = 0$, temos

$$(3x - 1)(x + 1) = 0$$
$$x = \tfrac{1}{3} \qquad x = -1$$

Os números críticos de $f$ são $-1$ e $\frac{1}{3}$; ambos estão no intervalo fechado dado $[-2, \frac{1}{2}]$. Os valores da função nos números críticos e nos extremos do intervalo estão dados na Tabela 4.1.1.

Tabela 4.1.1

| $x$ | $-2$ | $-1$ | $\frac{1}{3}$ | $\frac{1}{2}$ |
|---|---|---|---|---|
| $f(x)$ | $-1$ | $2$ | $\frac{22}{27}$ | $\frac{7}{8}$ |

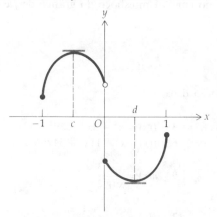

Figura 4.1.13

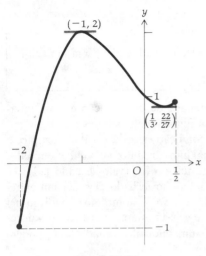

Tabela 4.1.2

| $x$ | 1 | 2 | 5 |
|---|---|---|---|
| $f(x)$ | 1 | 0 | $\sqrt[3]{9}$ |

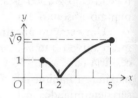

Figura 4.1.14    Figura 4.1.15

O valor máximo absoluto de $f$ em $[-2, \frac{1}{2}]$ é, portanto, 2, que ocorre em $-1$, e o valor mínimo absoluto de $f$ em $[-2, \frac{1}{2}]$ é $-1$, que ocorre no extremo esquerdo $-2$. Um esboço do gráfico desta função em $[-2, \frac{1}{2}]$ está na Figura 4.1.14.

**EXEMPLO 3** Dada $f(x) = (x-2)^{2/3}$, ache os extremos absolutos de $f$ em $[1, 5]$.

**Solução** Como $f$ é contínua em $[1, 5]$, o teorema do valor extremo se aplica.

$$f(x) = (x-2)^{2/3} \qquad f'(x) = \frac{2}{3(x-2)^{1/3}}$$

Não há valor de $x$ para o qual $f'(x) = 0$. Contudo, como $f'(x)$ não existe em 2, concluímos que 2 é um número crítico de $f$; assim, os extremos absolutos de $f$ ocorrem em 2 ou em um dos extremos do intervalo. Os valores de $f$ nestes números estão dados na Tabela 4.1.2.

Da tabela, concluímos que o valor mínimo absoluto de $f$ em $[1, 5]$ é 0, ocorrendo em 2, e o valor máximo absoluto de $f$ em $[1, 5]$ é $\sqrt[3]{9}$, ocorrendo em 5. Um esboço do gráfico de $f$ em $[1, 5]$ está na Figura 4.1.15.

## Exercícios 4.1

Nos Exercícios de 1 a 12 ache os números críticos da função dada.

1. $f(x) = x^3 + 7x^2 - 5x$
2. $g(x) = 2x^3 - 2x^2 - 16x + 1$
3. $f(x) = x^4 + 4x^3 - 2x^2 - 12x$
4. $f(x) = x^{7/3} + x^{4/3} - 3x^{1/3}$
5. $g(x) = x^{6/5} - 12x^{1/5}$
6. $f(x) = x^4 + 11x^3 + 34x^2 + 15x - 2$
7. $f(t) = (t^2 - 4)^{2/3}$
8. $f(x) = (x^2 - 3x - 4)^{1/3}$
9. $h(x) = \dfrac{x-3}{x+7}$
10. $f(t) = t^{5/3} - 3t^{2/3}$
11. $f(x) = \dfrac{x}{x^2 - 9}$
12. $f(x) = \dfrac{x+1}{x^2 - 5x + 4}$

Nos Exercícios de 13 a 24, ache os extremos absolutos da função dada no intervalo indicado, quando existirem, e ache os valores de $x$ nos quais o extremo absoluto ocorre. Faça um esboço do gráfico da função no intervalo.

13. $f(x) = 4 - 3x; (-1, 2]$

14. $f(x) = x^2 - 2x + 4; (-\infty, +\infty)$

15. $f(x) = \dfrac{1}{x}; [-2, 3]$

16. $f(x) = \dfrac{1}{x}; [2, 3)$

17. $f(x) = \sqrt{3 + x}; [-3, +\infty)$

18. $f(x) = \dfrac{3x}{9 - x^2}; (-3, 2)$

19. $f(x) = \dfrac{4}{(x - 3)^2}; [2, 5]$

20. $f(x) = \sqrt{4 - x^2}; (-2, 2)$

21. $f(x) = |x - 4| + 1; (0, 6)$

22. $f(x) = |3 - x|; (-\infty, +\infty)$

23. $f(x) = \begin{cases} \dfrac{2}{x - 5} & \text{se } x \neq 5 \\ 2 & \text{se } x = 5 \end{cases}; [3, 5]$

24. $f(x) = \begin{cases} |x + 1| & \text{se } x \neq -1 \\ 3 & \text{se } x = -1 \end{cases}; [-2, 1]$

Nos Exercícios de 25 a 34, ache os valores máximo e mínimo absolutos da função dada no intervalo indicado pelo método usado nos Exemplos 2 e 3 desta secção. Faça um esboço do gráfico da função no intervalo.

25. $g(x) = x^3 + 5x - 4; [-3, -1]$

26. $f(x) = x^3 + 3x^2 - 9x; [-4, 4]$

27. $f(x) = x^4 - 8x^2 + 16; [-4, 0]$

28. $f(x) = x^4 - 8x^2 + 16; [-3, 2]$

29. $f(x) = x^4 - 8x^2 + 16; [0, 3]$

30. $g(x) = x^4 - 8x^2 + 16; [-1, 4]$

31. $f(x) = \dfrac{x}{x + 2}; [-1, 2]$

32. $f(x) = \dfrac{x + 5}{x - 3}; [-5, 2]$

33. $f(x) = (x + 1)^{2/3}; [-2, 1]$

34. $f(x) = 1 - (x - 3)^{2/3}; [-5, 4]$

## 4.2 APLICAÇÕES ENVOLVENDO UM EXTREMO ABSOLUTO EM UM INTERVALO FECHADO

Vamos considerar alguns problemas nos quais a solução é um extremo absoluto de uma função em um intervalo fechado. Vamos fazer uso do teorema do valor extremo que assegura a existência de ambos os valores, máximo e mínimo absolutos, quando a função é contínua num intervalo fechado. O procedimento é ilustrado com alguns exemplos.

**EXEMPLO 1** O Exemplo 2 da Secção 1.5 e a Ilustração 10 da Secção 2.3 pertencem à seguinte situação: Um fabricante de caixas de papelão deseja fazer caixas sem tampa de pedaços quadrados de papelão com 12 cm de lado, cortando quadrados iguais dos quatro cantos e virando para cima os lados. Ache o comprimento do lado do quadrado a ser cortado para se obter uma caixa com o maior volume possível.

**Solução** Seja $x$ o número de cm do comprimento do lado do quadrado a ser cortado e $V(x)$ cm$^3$ o volume da caixa. A Figura 4.2.1 mostra um pedaço de papelão, e a Figura 4.2.2 mostra a caixa.

No Exemplo 2 da Secção 1.5 obtivemos a seguinte equação que define $V(x)$:

$$V(x) = 144x - 48x^2 + 4x^3 \qquad x \in [0, 6]$$

# 148 VALORES EXTREMOS DAS FUNÇÕES E APLICAÇÕES

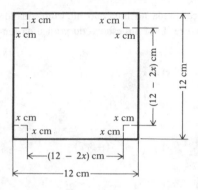

Figura 4.2.1

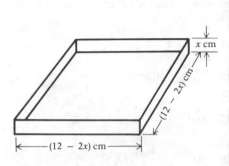

Figura 4.2.2

Como $V$ é contínua no intervalo fechado $[0, 6]$, segue do teorema do valor extremo que $V$ tem um valor máximo absoluto nesse intervalo. Também sabemos que esse valor máximo absoluto de $V$ deve ocorrer em número crítico ou num extremo do intervalo. Para achar os números críticos de $V$ achamos $V'(x)$ e então determinamos os valores de $x$ para os quais ou $V'(x) = 0$ ou $V'(x)$ não existe.

$$V'(x) = 144 - 96x + 12x^2$$

$V'(x)$ existe para todos os valores de $x$. Equacionando $V'(x) = 0$ temos

$$12(x^2 - 8x + 12) = 0$$
$$12(x - 6)(x - 2) = 0$$
$$x = 6 \qquad x = 2$$

Os números críticos de $V$ são 2 e 6, ambos no intervalo $[0, 6]$. Como $V(0) = 0$ e $V(6) = 0$, enquanto que $V(2) = 128$, concluímos que o valor máximo absoluto de $V$ em $[0, 6]$ é 128, ocorrendo em 2.

Logo, o maior volume possível é $128 \text{ cm}^3$, e este é obtido quando o lado do quadrado a ser cortado é 2 cm.

**EXEMPLO 2** Os pontos $A$ e $B$ são opostos um ao outro nas margens de um rio em linha reta, que tem 3 km de largura. O ponto $C$ está do mesmo lado que $B$, porém 2 km rio abaixo. Uma companhia telefônica deseja estender um cabo de $A$ até $C$. Se o custo do cabo por quilômetro é 25% maior sob a água do que em terra, qual a linha mais barata para a companhia?

**Solução** Consulte a Figura 4.2.3. Seja $P$ um ponto do mesmo lado que $B$ e $C$ e entre $B$ e $C$, de tal forma que o cabo irá de $A$ a $P$ e depois a $C$. Seja $x$ km a distância de $B$ a $P$. Então $(2 - x)$ km é a distância de $P$ a $C$, e $x \in [0, 2]$. Seja $k$ o custo por quilômetro em terra e $\frac{5}{4}k$ o custo por quilômetro sob a água ($k$ é uma constante). Se $C(x)$ é o custo total para se estender o cabo de $A$ a $P$ e de $P$ a $C$, então

$$C(x) = \tfrac{5}{4}k\sqrt{3^2 + x^2} + k(2 - x)$$

$$C'(x) = \frac{5kx}{4\sqrt{9 + x^2}} - k$$

## Aplicações Envolvendo um Extremo Absoluto em um Intervalo Fechado 149

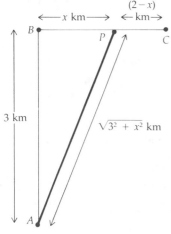

Figura 4.2.3

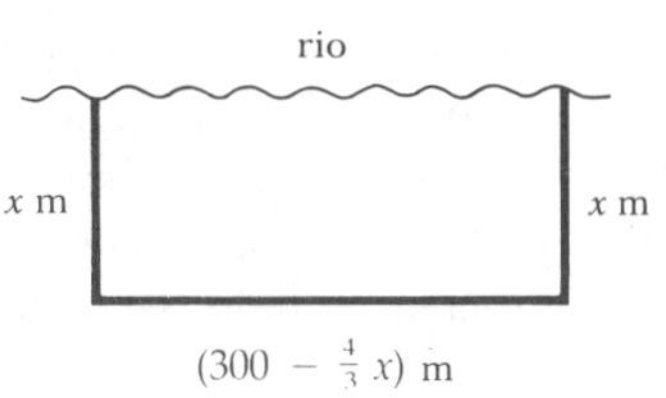

Figura 4.2.4

$C'(x)$ existe para todos os valores de $x$. Equacionando $C'(x) = 0$ e resolvendo para $x$ temos

$$\frac{5kx}{4\sqrt{9+x^2}} - k = 0$$

$$5x = 4\sqrt{9+x^2} \tag{1}$$

$$25x^2 = 16(9+x^2)$$

$$9x^2 = 16 \cdot 9$$

$$x^2 = 16$$

$$x = \pm 4$$

O número $-4$ é uma raiz estranha de (1), e 4 não está no intervalo [0, 2]. Logo, não há números críticos de $C$ em [0, 2]. O valor mínimo absoluto de $C$ em [0, 2] deve ocorrer, portanto, num extremo do intervalo. Computando $C(0)$ e $C(2)$ obtemos

$$C(0) = \tfrac{23}{4}k \quad \text{e} \quad C(2) = \tfrac{5}{4}k\sqrt{13}$$

Como $\tfrac{5}{4}k\sqrt{13} < \tfrac{23}{4}k$, o valor mínimo absoluto de $C$ em [0, 2] é $\tfrac{5}{4}k\sqrt{13}$, ocorrendo quando $x = 2$. Logo, para o custo do cabo ser mínimo, ele deverá ir diretamente de $A$ para $C$ sob a água.

**EXEMPLO 3** No Exemplo 3 da Secção 1.5 tínhamos a seguinte situação: Um terreno retangular às margens de um rio deve ser cercado, menos ao longo do rio, onde não há necessidade de cerca. O material para a cerca custa $ 12 por metro no lado paralelo ao rio e $ 8 por metro nos outros dois lados. Dispõe-se de $ 3.600 para gastar com a cerca. Ache as dimensões do terreno de maior área que pode ser cercado com $ 3.600.

**Solução** Seja $x$ m o comprimento de um dos lados não paralelos ao rio. Veja a Figura 4.2.4. No Exemplo 3 da Secção 1.5 mostramos que o número de metros no comprimento do lado paralelo ao rio é $300 - \tfrac{4}{3}x$, e se $A(x)$ m² é a área do terreno,

$$A(x) = 300x - \tfrac{4}{3}x^2 \qquad x \in [0, 225] \tag{2}$$

Como $A$ é contínua no intervalo fechado [0, 225], o teorema do valor extremo garante que $A$ tem um valor máximo absoluto neste intervalo. De (2),

$$A'(x) = 300 - \frac{8}{3}x$$

Como $A'(x)$ existe para todo $x$, os números críticos de $A$ são encontrados equacionando-se $A'(x) = 0$, o que dá

$$900 - 8x = 0$$
$$x = 112\tfrac{1}{2}$$

O único número crítico de $A$ é $112\tfrac{1}{2}$, que pertence ao intervalo [0, 225]. Assim, o valor máximo absoluto de $A$ deve ocorrer em 0, $112\tfrac{1}{2}$ ou 225. Como $A(0) = 0$ e $A(225) = 0$, enquanto que $A(112\tfrac{1}{2}) = 16.875$, o valor máximo absoluto de $A$ em [0, 225] é 16.875, ocorrendo quando $x = 112\tfrac{1}{2}$ e $300 - \tfrac{4}{3}x = 150$. Logo, a maior área possível que pode ser cercada com \$ 3.600 é 16.875 m², e é obtida quando o lado paralelo ao rio mede 150 m, enquanto que cada um dos outros dois lados mede $112\tfrac{1}{2}$ m.

**EXEMPLO 4** O Exemplo 5 da Secção 1.5 e a Ilustração 11 da Secção 2.3 dizem respeito à seguinte situação: No planejamento de um café-restaurante estima-se que se houver lugares para 40 a 80 pessoas o lucro bruto diário será de \$ 8 por lugar. Contudo, se a capacidade de lugares está acima de 80, o lucro bruto diário de cada lugar irá decrescer \$ 0,04 vezes o número de lugares acima de 80. Qual deve ser a capacidade de lugares necessária para se obter o máximo lucro bruto diário?

**Solução** Seja $x$ o número de lugares e $P(x)$ o lucro bruto diário. No Exemplo 5 da Secção 1.5 obtivemos a seguinte fórmula que define $P(x)$.

$$P(x) = \begin{cases} 8x & \text{se } 40 \leq x \leq 80 \\ 11{,}20x - 0{,}04x^2 & \text{se } 80 < x \leq 280 \end{cases}$$

Mesmo que $x$, por definição, seja um inteiro, para ter uma função contínua deixamos $x$ ser qualquer número real do intervalo [40, 280]. Na Ilustração 11 da Secção 2.3 mostramos que $P$ é contínua no intervalo fechado [40, 280]. Então, pelo teorema do valor extremo, há um valor máximo absoluto de $P$ neste intervalo.

$$P'(x) = 8 \quad \text{quando} \quad 40 < x < 80$$

e

$$P'(x) = 11{,}20 - 0{,}08x \quad \text{quando} \quad 80 < x < 280 \qquad (3)$$

Para encontrar onde $P'(x) = 0$, equacionamos o segundo membro de (3) a zero.

$$11{,}20 - 0{,}08x = 0$$
$$x = 140$$

Assim, 140 é um número crítico de $P$, e o gráfico tem uma reta tangente horizontal em $x = 140$. Como $P$ não é diferenciável em 80, então 80 é também um número crítico de $P$. Calculamos $P(x)$ nos extremos do intervalo [40, 280] e nos números críticos, obtendo

$$P(40) = 320 \qquad P(80) = 640 \qquad P(140) = 784 \qquad P(280) = 0$$

O valor máximo absoluto de $P$, então, é 784, ocorrendo quando $x = 140$.

A capacidade de assentos deve ser de 140 lugares, que dá um lucro bruto diário de \$ 784. Um esboço do gráfico de $P$ está na Figura 4.2.5.

O exemplo seguinte mostra uma interessante aplicação de extremos absolutos em biologia.

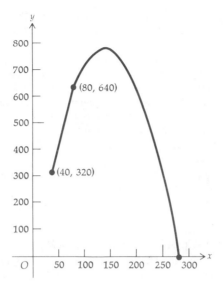

**Figura 4.2.5**

**EXEMPLO 5** Durante a tosse há um decréscimo no raio da traquéia de uma pessoa. Suponha que o raio da traquéia normal seja $R$ cm e o raio da traquéia durante a tosse seja $r$ cm, onde $R$ é uma constante enquanto que $r$ é uma variável. A velocidade do ar através da traquéia pode ser mostrada como uma função de $r$, e se $V(r)$ cm/s for esta velocidade, então

$$V(r) = kr^2(R - r) \qquad r \in [\tfrac{1}{2}R, R] \tag{4}$$

onde $k$ é uma constante positiva. Determine o raio da traquéia durante a tosse, para que a velocidade do ar através da traquéia seja máxima.

**Solução** Queremos encontrar o valor de $r$ que torna $V$ um máximo absoluto. Como $V$ é contínua no intervalo fechado $[\tfrac{1}{2}R, R]$, do teorema do valor extremo, $V$ tem um valor máximo absoluto neste intervalo. De (4),

$$V(r) = kRr^2 - kr^3$$
$$V'(r) = 2kRr - 3kr^2$$

$V'(r)$ existe para todo $r$. Assim, os únicos números críticos de $V$ são encontrados equacionando-se $V'(r) = 0$. Temos

$$2kRr - 3kr^2 = 0$$
$$kr(2R - 3r) = 0$$
$$r = 0 \qquad r = \tfrac{2}{3}R$$

Como 0 não está em $[\tfrac{1}{2}R, R]$, o único número crítico é $\tfrac{2}{3}R$. O valor máximo absoluto de $V$ deve ocorrer em $\tfrac{1}{2}R, \tfrac{2}{3}R$ ou $R$. Como $V(\tfrac{1}{2}R) = \tfrac{1}{8}kR^3$, $V(\tfrac{2}{3}R) = \tfrac{4}{27}kR^3$ e $V(R) = 0$, o valor máximo absoluto de $V$ ocorre quando $r = \tfrac{2}{3}R$. Logo, durante a tosse, a velocidade do ar através da traquéia é máxima quando o raio da traquéia é dois terços do seu raio normal.

## Exercícios 4.2

1. Ache o número no intervalo $[0, 1]$, tal que a diferença entre o número e seu quadrado seja um máximo.
2. Ache o número no intervalo $[\tfrac{1}{3}, 2]$, tal que a soma do número com seu recíproco seja um máximo.

## 152 VALORES EXTREMOS DAS FUNÇÕES E APLICAÇÕES

3. Ache dois números no intervalo $[-20, 20]$ cuja diferença é 20 e cujo produto é um mínimo.
4. Ache dois números no intervalo $[0, 50]$ cuja soma é 50 e cujo produto é um máximo
5. Consulte o Exercício 37 nos Exercícios 2.3. Um fabricante de caixas de zinco sem tampa deseja fazer uso de pedaços de zinco com dimensões 20 por 38 cm, cortando quadrados iguais dos quatro cantos e virando os lados para cima. Ache o comprimento do lado do quadrado a ser cortado, a fim de obter uma caixa com o maior volume possível de cada pedaço de zinco.
6. Consulte o Exercício 38 nos Exercícios 2.3. Suponha que o fabricante do Exercício 5 faça as caixas sem tampa de pedaços quadrados de zinco que medem $k$ cm de lado. Ache o comprimento do lado do quadrado a ser cortado a fim de obter uma caixa com o maior volume possível de cada pedaço de zinco.
7. Consulte o Exercício 39 nos Exercícios 2.3. Ache as dimensões do maior terreno retangular que possa ser cercado com 240 m de cerca.
8. Consulte o Exercício 6 nos Exercícios 1.5. Ache as dimensões do maior jardim retangular que possa ser cercado com 30 m de material próprio para cercas.
9. Consulte o Exercício 7 nos Exercícios 1.5. Se um lado de um terreno retangular tem um rio como limite, ache as dimensões do maior terreno retangular que possa ser cercado com 240 m de cerca para os três lados restantes.
10. Consulte o Exercício 40 nos Exercícios 2.3. Ache as dimensões do maior jardim retangular que possa ser colocado de tal forma que um lado de uma casa sirva como limite e 30 m de material para cerca sejam usados para os outros três lados.
11. Uma ilha está num ponto $A$, a 6 km de distância do ponto $B$ mais próximo de uma praia reta. Uma mulher na ilha deseja ir a um ponto $C$ a 9 km de $B$ na praia. A mulher pode alugar um bote por $ 2,50 o quilômetro e atingir por mar um ponto $P$ entre $B$ e $C$; então ela pode tomar um táxi a um custo de $ 2 o quilômetro e por uma estrada reta atingir $C$. Ache o caminho mais barato de $A$ para $C$.
12. Resolva o Exercício 11 se o ponto $C$ está somente a 7 km de $B$.
13. Resolva o Exemplo 2 desta secção se o ponto $C$ está 6 km rio abaixo de $B$.
14. Duas cidades $A$ e $B$ devem receber seu suprimento de água de um reservatório a ser localizado às margens de um rio em linha reta que está a 15 km de $A$ e 10 km de $B$. Se os pontos do rio mais próximos de $A$ e $B$ guardam entre si uma distância de 20 km e $A$ e $B$ estão do mesmo lado do rio, qual deve ser a localização do reservatório para que se gaste o mínimo com tubulações?
15. Consulte o Exercício 9 nos Exercícios 1.5. Um lote retangular deve ser fechado por uma cerca e dividido ao meio por outra cerca. Se a cerca do meio custa $ 2 por metro linear, enquanto que a outra $ 5 por metro, ache as dimensões do terreno de maior área que possa ser cercado com $ 960 de material para cercas.
16. Consulte o Exercício 10 nos Exercícios 1.5. Para que um pacote seja aceito por um determinado sistema postal, a soma do comprimento com o perímetro da secção transversal não deve ser maior do que 254 cm. Se o pacote tiver o formato de uma caixa retangular com uma secção quadrada, ache as dimensões do pacote com o maior volume possível que possa ser despachado.
17. Consulte o Exercício 41 nos Exercícios 2.3. Laranjeiras no Paraná produzem 600 laranjas por ano, se não foi ultrapassado o número de 20 árvores por acre. Para cada árvore plantada a mais por acre, o rendimento baixa em 15 laranjas. Quantas árvores por acre devem ser plantadas para se obter o maior número de laranjas?
18. Consulte o Exercício 42 nos Exercícios 2.3. Um fabricante pode obter um lucro de $ 20 em cada item, se não mais de 800 itens forem produzidos por semana. Se o lucro em cada item baixa $ 0,02 para todo item acima de 800, quantos itens devem ser produzidos por semana para que se tenha um lucro máximo?
19. Consulte o Exercício 19 nos Exercícios 1.5. Um clube privado cobra de cada membro taxas anuais de $ 100, menos $ 0,50 para cada membro acima de 600 e mais $ 0,50 para cada membro abaixo de 600. Quantos membros darão ao clube um rendimento anual máximo?
20. Consulte o Exercício 20 nos Exercícios 1.5. Uma apresentação teatral com fins filantrópicos irá custar $ 15 por pessoa se o número de entradas não exceder 150. Contudo, o custo por entrada fica reduzido de $ 0,07 para cada bilhete que exceder 150. Quantos bilhetes devem ser vendidos para maximizar a renda?
21. Consulte o Exercício 43 nos Exercícios 2.3. O número máximo de bactérias que um meio ambiente particular suporta é 900.000, e a taxa de crescimento das bactérias é conjuntamente proporcional ao

número de bactérias presentes e à diferença entre 900.000 e o número presente. Qual o número de bactérias para as quais a taxa de crescimento é máxima?

22. Consulte o Exercício 44 nos Exercícios 2.3. Um determinado lago pode suportar um máximo de 14.000 peixes, e a taxa de crescimento deles é conjuntamente proporcional ao número presente e à diferença entre 14.000 e o número existente. Qual deve ser o tamanho da população de peixes para que a taxa de crescimento seja máxima?

23. Dois produtos $A$ e $B$ são manufaturados em uma determinada fábrica. Se $C$ é o custo total de produção para um dia de 8 horas de trabalho, então $C = 3x^2 + 42y$, onde $x$ máquinas são usadas para produzir $A$ e $y$ máquinas para $B$. Se 15 máquinas estão funcionando durante as 8 horas de trabalho, determine quantas destas máquinas devem produzir $A$ e quantas $B$, para que o custo total seja mínimo.

24. Um pedaço de arame com 20 cm de comprimento é cortado em dois pedaços, e cada pedaço é dobrado na forma de um quadrado. Como cortar o arame de forma que as áreas dos quadrados sejam as menores possíveis?

25. Suponha que o decréscimo na pressão sangüínea de uma pessoa dependa da quantidade de uma certa droga tomada pela pessoa. Assim, se $x$ mg da droga forem tomados, o decréscimo na pressão sangüínea será uma função de $x$. Suponha que $f(x)$ defina esta função, e

$$f(x) = \tfrac{1}{2}x^2(k - x) \qquad x \in [0, k]$$

onde $k$ é uma constante positiva. Determine os valores de $x$ que causam o maior decréscimo na pressão sangüínea.

26. A resistência de uma viga retangular é conjuntamente proporcional à sua largura e altura. Ache as dimensões da viga mais resistente que pode ser cortada de uma barra na forma de um cilindro circular reto de raio 72 cm.

27. Numa certa cidadezinha a taxa com que um boato se espelha é conjuntamente proporcional ao número de pessoas que ouviram o boato e ao número de pessoas que não o ouviram. Mostre que o boato se espalha a uma taxa máxima quando metade da população da cidade ouviu o boato.

## 4.3 FUNÇÕES CRESCENTES E DECRESCENTES E O TESTE DA DERIVADA PRIMEIRA

Suponhamos que a Figura 4.3.1 represente um esboço do gráfico de uma função $f$ para todo $x$ no intervalo fechado $[x_1, x_7]$. Ao fazermos este esboço, assumimos que $f$ é contínua em $[x_1, x_7]$.

A Figura 4.3.1 mostra que quando um ponto se move ao longo da curva de $A$ para $B$, os valores funcionais aumentam à medida que crescem as abscissas, e que quando um ponto se move na curva de $B$ para $C$, os valores funcionais decrescem, enquanto que as abscissas crescem.

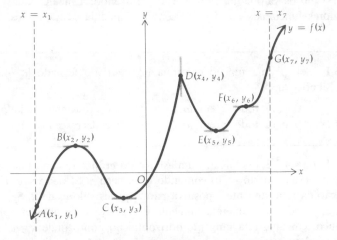

Figura 4.3.1

## 154 VALORES EXTREMOS DAS FUNÇÕES E APLICAÇÕES

Dizemos, então, que $f$ é *crescente* no intervalo fechado $[x_1, x_2]$ e que no intervalo fechado $[x_2, x_3]$ a função $f$ é *decrescente*. A seguir, daremos as definições precisas de função crescente ou decrescente em um intervalo.

### Definição de função crescente em um intervalo

> Uma função $f$, definida em um intervalo, é **crescente** neste intervalo se e somente se
> $$f(x_1) < f(x_2) \quad \text{quando} \quad x_1 < x_2$$
> onde $x_1$ e $x_2$ são números do intervalo.

A função da Figura 4.3.1 é crescente nos seguintes intervalos fechados: $[x_1, x_2]$; $[x_3, x_4]$; $[x_5, x_6]$; $[x_6, x_7]$; $[x_5, x_7]$.

### Definição de função decrescente em um intervalo

> Uma função $f$, definida em um intervalo, é **decrescente** neste intervalo se e somente se
> $$f(x_1) > f(x_2) \quad \text{quando} \quad x_1 < x_2$$
> onde $x_1$ e $x_2$ são números do intervalo.

A função da Figura 4.3.1 é decrescente nos seguintes intervalos fechados: $[x_2, x_3]$; $[x_4, x_5]$.

Se uma função $f$ é crescente ou decrescente em um intervalo, então $f$ é **monótona** no intervalo.

Antes de enunciarmos o Teorema 4.3.1, que dá um teste para determinarmos se uma dada função é monótona em um intervalo, vamos ver o que está acontecendo geometricamente. Consultando a Figura 4.3.1, observamos que quando a inclinação da reta tangente é positiva, a função está crescendo, e quando a inclinação é negativa, a função está decrescendo. Como $f'(x)$ é a inclinação da reta tangente à curva $y = f(x)$, $f$ é crescente se $f'(x) > 0$, e $f$ é decrescente se $f'(x) < 0$. Também, como $f'(x)$ é a taxa de variação dos valores funcionais de $f(x)$ em relação a $x$, quando $f'(x) > 0$ os valores funcionais estão crescendo, à medida que $x$ cresce; e quando $f'(x) < 0$, os valores funcionais estão decrescendo, à medida que $x$ cresce. Temos o seguinte teorema.

> **Teorema 4.3.1** Seja $f$ uma função contínua no intervalo fechado $[a, b]$ e diferenciável no intervalo aberto $(a, b)$:
> 
> (i) se $f'(x) > 0$ para todo $x$ em $(a, b)$, então $f$ é crescente em $[a, b]$;
> (ii) se $f'(x) < 0$ para todo $x$ em $(a, b)$, então $f$ é decrescente em $[a, b]$.

Consulte a Figura 4.3.2, que mostra um esboço do gráfico de uma função $f$ que admitimos ser contínua no intervalo aberto $(a, b)$ contendo o número $c$. Se $a < x < c$, $f'(x) > 0$ e $f$ é crescente; a inclinação da reta tangente é positiva para aqueles valores de $x$. Se $c < x < b$, $f'(x) < 0$ e $f$ é decrescente; a inclinação da reta tangente é negativa para aqueles valores de $x$. Como $f'(c) = 0$, o gráfico tem uma reta tangente horizontal no ponto onde $x = c$; além disso, $f$ tem um valor máximo relativo em $x = c$. Esta é uma ilustração da parte (i) do teste da derivada pri-

Funções Crescentes e Decrescentes e o Teste da Derivada Primeira   155

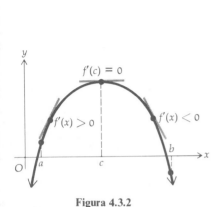

Figura 4.3.2

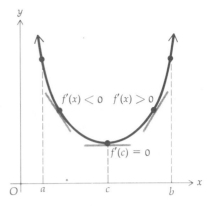

Figura 4.3.3

meira, dado pelo Teorema 4.3.2. Ele estabelece que se $f$ é contínua em $c$ e $f'(x)$ muda seu sinal algébrico de positivo para negativo quando $x$ cresce através de $c$, então $f$ tem um valor máximo relativo em $c$.

Na Figura 4.3.3 há um esboço do gráfico de outra função $f$ que admitimos ser contínua no intervalo aberto $(a, b)$, contendo o número $c$. Para esta função, quando $a < x < c$, $f'(x) < 0$ e $f$ é decrescente; a inclinação da reta tangente é negativa para aqueles valores de $x$. Também para esta função, quando $c < x < b$, $f'(x) > 0$ e $f$ é crescente; a inclinação da reta tangente é positiva para aqueles valores de $x$. Na Figura 4.3.3 observamos que o gráfico tem uma reta tangente horizontal no ponto onde $x = c$, que segue do fato de $f'(c) = 0$. Para esta função, há um valor mínimo relativo em $x = c$. Temos aqui uma ilustração da parte (ii) do teste da derivada primeira. Esta parte estabelece que se $f$ é contínua em $c$ e $f'(x)$ muda seu sinal do negativo para o positivo quando $x$ cresce através de $c$, então $f$ tem um valor mínimo relativo em $c$. A seguir damos o enunciado formal do teste da derivada primeira para extremos relativos de uma função.

O teste da derivada primeira para extremos relativos

---

**Teorema 4.3.2** Seja $f$ uma função contínua em todos os pontos do intervalo aberto $(a, b)$ contendo o número $c$, e vamos supor que $f'$ exista em todos os pontos de $(a, b)$, exceto possivelmente em $c$:

(i) Se $f'(x) > 0$ para todos os valores de $x$ em um intervalo aberto tendo $c$ como extremo direito, e se $f'(x) < 0$ para todos os valores de $x$ em um intervalo aberto tendo $c$ como extremo esquerdo, então $f$ tem um valor máximo relativo em $c$.

(ii) Se $f'(x) < 0$ para todos os valores de $x$ em um intervalo aberto tendo $c$ como extremo direito, e se $f'(x) > 0$ para todos os valores de $x$ em um intervalo aberto tendo $c$ como extremo esquerdo, então $f$ tem um valor mínimo relativo em $c$.

---

As Figuras 4.3.2 e 4.3.3 ilustram as partes (i) e (ii), respectivamente, do teste da derivada primeira quando $f'(c)$ existe. O teste da derivada primeira pode ser aplicado mesmo quando $f'(c)$ não existe, desde que $f'(x)$ exista para todos os outros valores de $x$ no intervalo aberto $(a, b)$. A Figura 4.3.4 mostra o esboço do gráfico de uma função $f$ que tem um valor máximo relativo em um número $c$, mas $f'(c)$ não existe; contudo, $f'(x) > 0$ quando $x < c$, e $f'(x) < 0$ quando $x > c$.

156 VALORES EXTREMOS DAS FUNÇÕES E APLICAÇÕES

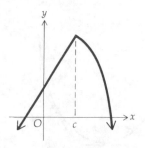

Figura 4.3.4

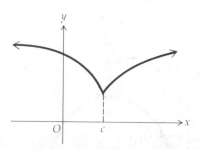

Figura 4.3.5

A função da Figura 4.3.5 tem um valor mínimo relativo em $c$, embora $f'(c)$ não exista. Para esta função, $f'(x) < 0$ quando $x < c$ e $f'(x) > 0$ quando $x > c$, e o teste da derivada primeira pode ser aplicado.

Se $c$ e um número crítico da função $f$, mas $f'(x)$ não muda seu sinal algébrico quando $x$ cresce através do número $c$, então o teste da derivada primeira não pode ser aplicado. Por exemplo, na Figura 4.3.6 temos um esboço do gráfico de uma função para a qual $c$ é um número crítico, onde $f'(c) = 0$, $f'(x) < 0$ quando $x < c$ e $f'(x) < 0$ quando $x > c$; $f$ não tem um extremo relativo em $c$. A Figura 4.3.7 mostra um esboço do gráfico de uma função $f$ para a qual $f'(c)$ não existe, $f'(x) > 0$ quando $x < c$ e $f'(x) > 0$ quando $x > c$; $f$ não tem um extremo relativo em $c$.

Na Figura 4.3.1 temos mais ilustrações do teste da derivada primeira. Nos números críticos $x_2$ e $x_4$, $f'(x)$ muda seu sinal algébrico de positivo para negativo, e $f$ tem um valor máximo relativo. Nos números críticos $x_3$ e $x_5$, $f'(x)$ muda seu sinal algébrico de negativo para positivo, e $f$ tem um valor mínimo relativo. Observe na figura que mesmo que $x_6$ seja um número crítico de $f$, não há extremo relativo em $x_6$, pois $f'(x) > 0$ se $x_5 < x < x_6$ e $f'(x) > 0$ se $x_6 < x < x_7$.

Resumindo, para determinar os extremos de uma função $f$:

1. Ache $f'(x)$.
2. Ache os números críticos de $f$, isto é, os valores de $x$ para os quais $f'(x)$ não existe.
3. Aplique o teste da derivada primeira (Teorema 4.3.2).

Os exemplos seguintes ilustram este procedimento.

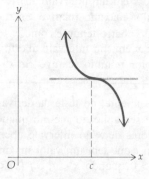

Figura 4.3.6

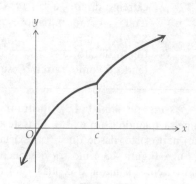

Figura 4.3.7

**EXEMPLO 1** Dada

$$f(x) = x^3 - 6x^2 + 9x + 1$$

ache os extremos relativos de $f$ aplicando o teste da derivada primeira. Determine os valores de $x$ nos quais ocorrem extremos relativos, bem como os intervalos nos quais $f$ é crescente ou decrescente. Faça um esboço do gráfico.

**Solução** $f'(x) = 3x^2 - 12x + 9$. $f'(x)$ existe para todos os valores de $x$. Equacionando $f'(x) = 0$ temos

$$3x^2 - 12x + 9 = 0$$
$$3(x-3)(x-1) = 0$$
$$x = 3 \quad x = 1$$

Assim, os números críticos de $f$ são 1 e 3. Para determinar se $f$ tem um extremo relativo nesses números aplicamos o teste da derivada primeira. Os resultados estão resumidos na Tabela 4.3.1.

**Tabela 4.3.1**

|             | $f(x)$ | $f'(x)$ | Conclusão                   |
|-------------|--------|---------|-----------------------------|
| $x < 1$     |        | +       | $f$ é crescente             |
| $x = 1$     | 5      | 0       | $f$ tem um valor máximo relativo |
| $1 < x < 3$ |        | −       | $f$ é decrescente           |
| $x = 3$     | 1      | 0       | $f$ tem um valor mínimo relativo |
| $3 < x$     |        | +       | $f$ é crescente             |

Da tabela, 5 é um valor máximo relativo de $f$ ocorrendo em 1, e 1 é um valor mínimo relativo de $f$ ocorrendo em 3. Na Figura 4.3.8 temos um esboço do gráfico de $f$.

**EXEMPLO 2** Dada $f(x) = x^{4/3} + 4x^{1/3}$, ache os extremos relativos de $f$, determine os valores de $x$ nos quais eles ocorrem e determine os intervalos nos quais $f$ é crescente ou decrescente. Faça um esboço do gráfico.

**Solução**

$$f(x) = x^{4/3} + 4x^{1/3}$$
$$f'(x) = \tfrac{4}{3}x^{1/3} + \tfrac{4}{3}x^{-2/3}$$
$$f'(x) = \frac{4}{3}\left(x^{1/3} + \frac{1}{x^{2/3}}\right)$$
$$f'(x) = \frac{4(x+1)}{3x^{2/3}}$$

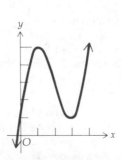

Figura 4.3.8

## 158 VALORES EXTREMOS DAS FUNÇÕES E APLICAÇÕES

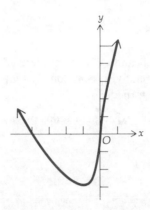

**Figura 4.3.9**

Como $f'(x)$ não existe quando $x = 0$ e $f'(x) = 0$ quando $x = -1$, os números críticos de $f$ são $-1$ e $0$. Aplicamos o teste da derivada primeira e resumimos os resultados na Tabela 4.3.2. A Figura 4.3.9 é um esboço do gráfico de $f$.

**Tabela 4.3.2**

|  | $f(x)$ | $f'(x)$ | Conclusão |
|---|---|---|---|
| $x < -1$ |  | $-$ | $f$ é decrescente |
| $x = -1$ | $-3$ | $0$ | $f$ tem um valor mínimo relativo |
| $-1 < x < 0$ |  | $+$ | $f$ é crescente |
| $x = 0$ | $0$ | não existe | $f$ não tem um extremo relativo em $x = 0$ |
| $0 < x$ |  | $+$ | $f$ é crescente |

### Exercícios 4.3

Nos Exercícios de 1 a 22, faça o seguinte: (a) ache os extremos relativos de $f$ aplicando o teste da derivada primeira; (b) determine os valores de $x$ nos quais ocorrem os extremos relativos; (c) determine os intervalos nos quais $f$ é crescente; (d) determine os intervalos nos quais $f$ é decrescente; (e) faça um esboço do gráfico.

1. $f(x) = x^2 - 4x - 1$
2. $f(x) = 3x^2 - 3x + 2$
3. $f(x) = x^3 - x^2 - x$
4. $f(x) = x^3 - 9x^2 + 15x - 5$
5. $f(x) = 2x^3 - 9x^2 + 2$
6. $f(x) = x^3 - 3x^2 - 9x$
7. $f(x) = \frac{1}{4}x^4 - x^3 + x^2$
8. $f(x) = x^4 + 4x$
9. $f(x) = x^5 - 5x^3 - 20x - 2$
10. $f(x) = \frac{1}{5}x^5 - \frac{5}{3}x^3 + 4x + 1$
11. $f(x) = \sqrt{x} - \frac{1}{\sqrt{x}}$
12. $f(x) = \frac{x-2}{x+2}$
13. $f(x) = 2x\sqrt{3-x}$
14. $f(x) = x\sqrt{5-x^2}$
15. $f(x) = (1-x)^2(1+x)^3$
16. $f(x) = (x+2)^2(x-1)^2$
17. $f(x) = 2 - 3(x-4)^{2/3}$
18. $f(x) = 2 - (x-1)^{1/3}$
19. $f(x) = x^{2/3} - x^{1/3}$
20. $f(x) = x^{2/5} + 1$
21. $f(x) = (x+1)^{2/3}(x-2)^{1/3}$
22. $f(x) = x^{2/3}(x-1)^2$

23. Ache $a$ e $b$, tais que a função definida por $f(x) = x^3 + ax^2 + b$ tenha um extremo relativo em $(2, 3)$.
24. Ache $a$, $b$ e $c$, tais que a função definida por $f(x) = ax^2 + bx + c$ tenha um valor máximo relativo de 7 em 1 e o gráfico de $y = f(x)$ passe pelo ponto $(2, -2)$.
25. Ache $a$, $b$, $c$ e $d$, tais que a função definida por $f(x) = ax^3 + bx^2 + cx + d$ tenha extremos relativos em $(1, 2)$ e $(2, 3)$.

## 4.4 DERIVADAS DE ORDEM SUPERIOR E O TESTE DA DERIVADA SEGUNDA

Se $f'$ é a derivada da função $f$, então $f'$ é também uma função, e é a **derivada primeira** de $f$. É por vezes chamada de **função derivada primeira** de $f$. Se a derivada de $f'$ existe, ela é chamada de **derivada segunda** de $f$, ou função derivada segunda, e pode ser denotada por $f''$ (leia "$f$ duas linhas"). Da mesma forma, definimos **derivada terceira** de $f$, ou função derivada terceira, como a derivada primeira da função $f''$, se ela existir. Denotamos a derivada terceira de $f$ por $f'''$ (leia "$f$ três linhas").

A **n-ésima derivada** da função $f$, onde $n$ é um inteiro positivo maior do que 1, é a derivada primeira da $(n-1)$-ésima derivada de $f$. Denotamos a $n$-ésima derivada de $f$ por $f^{(n)}$. Assim, se $f^{(n)}$ for a notação para a $n$-ésima função derivada, podemos denotar por $f^{(0)}$ a própria função $f$. Um outro símbolo para a $n$-ésima derivada de $f$ é $D_x^n f(x)$.

**EXEMPLO 1** Ache todas as derivadas da função $f$ definida por

$$f(x) = 8x^4 + 5x^3 - x^2 + 7$$

**Solução**

$$f'(x) = 32x^3 + 15x^2 - 2x$$
$$f''(x) = 96x^2 + 30x - 2$$
$$f'''(x) = 192x + 30$$
$$f^{(4)}(x) = 192$$
$$f^{(5)}(x) = 0$$
$$f^{(n)}(x) = 0 \quad n \geq 5$$

Se a função $f$ está definida pela equação $y = f(x)$, podemos denotar a derivada primeira de $f$ pela notação de Leibniz $\dfrac{dy}{dx}$. Com esta forma de notação temos o símbolo $\dfrac{d^2y}{dx^2}$ para a derivada segunda de $y$ em relação a $x$. Contudo, $\dfrac{d^2y}{dx^2}$ não deve ser considerado como um quociente. O símbolo $\dfrac{d^n y}{dx^n}$ é uma notação para a $n$-ésima derivada de $y$ em relação a $x$.

Como $f'(x)$ dá a taxa de variação instantânea de $f(x)$ em relação a $x$, $f''(x)$, sendo a derivada de $f'(x)$, dá a taxa de variação instantânea de $f'(x)$ em relação a $x$. Além disso, se $(x, y)$ é um ponto qualquer do gráfico de $y = f(x)$, então $\dfrac{dy}{dx}$ dá a inclinação da reta tangente ao gráfico no ponto $(x, y)$. Assim, $\dfrac{d^2y}{dx^2}$ é a taxa de variação instantânea da inclinação da reta tangente em relação a $x$ no ponto $(x, y)$.

**EXEMPLO 2** Seja $m(x)$ a inclinação da reta tangente a curva

$$y = x^3 - 2x^2 + x$$

no ponto $(x, y)$. Ache a taxa de variação instantânea de $m(x)$ em relação a $x$ no ponto $(2, 2)$.

**Solução**

$$m(x) = \frac{dy}{dx} = 3x^2 - 4x + 1$$

A taxa de variação instantânea de $m(x)$ em relação a $x$ é dada por $m'(x)$ ou, equivalentemente, $\frac{d^2y}{dx^2}$:

$$m'(x) = \frac{d^2y}{dx^2} = 6x - 4$$

No ponto $(2, 2)$ $\frac{d^2y}{dx^2} = 8$. Logo, no ponto $(2, 2)$ a variação em $m(x)$ é 8 vezes a variação em $x$.

Na ilustração seguinte há uma situação econômica na qual a derivada segunda indica a taxa de inflação.

• ILUSTRAÇÃO 1

Estima-se que $t$ meses após 1.º de janeiro, até 1.º de julho, o preço de certo produto seja $P(t)$ unidades monetárias, onde

$$P(t) = 40 + 3t^2 - \tfrac{1}{3}t^3 \qquad 0 \le t \le 6$$

Na Tabela 4.4.1 temos valores de $P(t)$ para $t = 0, 1, 2, 3, 4, 5, 6$ e estes valores dão o preço do produto no primeiro dia de cada mês, desde janeiro até julho.

Calculando as derivadas primeira e segunda de $P$ obtemos

$$P'(t) = 6t - t^2$$
$$P''(t) = 6 - 2t$$

**Tabela 4.4.1**

| $t$ | $P(t)$ | Conclusão |
|---|---|---|
| 0 | 40 | o preço em 1.º de janeiro é 40 |
| 1 | 42,7 | o preço em 1.º de fevereiro é 43 |
| 2 | 49,3 | o preço em 1.º de março é 49 |
| 3 | 58,0 | o preço em 1.º de abril é 58 |
| 4 | 66,7 | o preço em 1.º de maio é 67 |
| 5 | 73,3 | o preço em 1.º de junho é 73 |
| 6 | 76,0 | o preço em 1.º de julho é 76 |

Observe que se $0 < t < 6$, $P'(t) > 0$. Logo, o preço está crescendo em $[0, 6]$. Observe também que quando $0 < t < 3$, $P''(t) > 0$. Assim, quando $0 < t < 3$, $P'(t)$ está crescendo; isto é, a taxa de crescimento dos preços está se elevando. Assim, podemos dizer que quando $0 < t < 3$ o preço está crescendo e a taxa de inflação deste produto está crescendo. Quando $3 < t < 6$, $P''(t) < 0$. Assim sendo, quando $3 < t < 6$, $P'(t)$ está decrescendo; isto é, a taxa de aumento do preço está decrescendo. Logo, quando $3 < t < 6$, o preço está aumentando, mas a taxa de inflação do produto está decrescendo.

Por exemplo, quando $t = 2$ (em 1.º de março), temos $P'(2) = 8$ e $P''(2) = 2$. Assim, em 1.º de março o preço está crescendo a uma taxa de $ 0,08 por mês, e o aumento de preço está crescendo a uma taxa de $ 0,02 ao mês. Quando $t = 5$ (em 1.º de junho), obtemos $P'(5) = 5$ e $P''(5) = -4$. Assim, em 1.º de junho o preço está crescendo a uma taxa de $ 0,05 por mês, e o aumento de preço está decrescendo a uma taxa de $ 0,04 ao mês.

Na Ilustração 5 da Secção 5.1 retornaremos a esta função e discutiremos o seu comportamento em $t = 3$, onde a derivada segunda muda o seu sinal de positivo para negativo. •

Outras aplicações da derivada segunda são o seu uso no teste da derivada segunda para extremos relativos (Teorema 4.4.1) e o esboço do gráfico de uma função (Secção 5.2). Uma aplicação importante das derivadas de ordem superior é a determinação de séries infinitas.

Os exemplos seguintes ilustram como encontrar a derivada segunda de funções definidas implicitamente.

**EXEMPLO 3** Dada

$$4x^2 + 9y^2 = 36$$

ache $\dfrac{d^2y}{dx^2}$ por diferenciação implícita.

**Solução** Diferenciando implicitamente em relação a $x$, temos

$$8x + 18y \frac{dy}{dx} = 0$$

$$\frac{dy}{dx} = -\frac{4x}{9y} \tag{1}$$

Para encontrar $\dfrac{d^2y}{dx^2}$, calculamos a derivada de um quociente tendo em mente que $y$ é uma função de $x$. Assim

$$\frac{d^2y}{dx^2} = \frac{9y(-4) - (-4x)\left(9 \cdot \dfrac{dy}{dx}\right)}{81y^2} \tag{2}$$

Substituindo o valor de $\dfrac{dy}{dx}$ de (1) em (2) obtemos

$$\frac{d^2y}{dx^2} = \frac{-36y + (36x)\dfrac{-4x}{9y}}{81y^2}$$

$$= \frac{-36y^2 - 16x^2}{81y^3}$$

$$= \frac{-4(9y^2 + 4x^2)}{81y^3} \tag{3}$$

Como todo valor de $x$ e $y$ que satisfaz (3) precisa também satisfazer a equação original, podemos substituir $(9y^2 + 4x^2)$ por 36, obtendo

$$\frac{d^2y}{dx^2} = -\frac{4(36)}{81y^3} = -\frac{16}{9y^3}$$

Na Secção 4.3 vimos como determinar se uma função tem um valor máximo relativo e um valor mínimo relativo em um número crítico $c$, verificando o sinal algébrico de $f'$ em interva-

## 162 VALORES EXTREMOS DAS FUNÇÕES E APLICAÇÕES

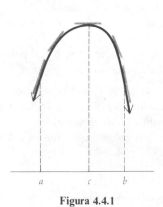

Figura 4.4.1

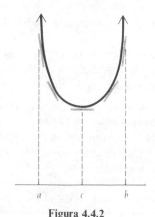

Figura 4.4.2

los à esquerda e à direita de $c$. Um outro teste para extremos relativos é aquele que envolve somente o número $c$. Antes de estabelecer o teste na forma de um teorema, apresentamos uma discussão geométrica informal que deve despertar a sua intuição.

Suponha que $f$ seja uma função tal que $f'$ e $f''$ existam em um intervalo aberto $(a, b)$ contendo $c$ e que $f'(c) = 0$; além disso, suponha que $f''$ seja negativa em $(a, b)$. Do Teorema 4.3.1 (ii), como $f''(x) < 0$ em $(a, b)$, então $f'$ é decrescente em $[a, b]$. Como o valor de $f'$ em um ponto do gráfico de $f$ dá a inclinação da reta tangente naquele ponto, segue que a inclinação da reta tangente está decrescendo em $[a, b]$. Na Figura 4.4.1 há um esboço do gráfico de uma função $f$ tendo estas propriedades. Segmentos de algumas retas tangentes são mostrados na figura. Observe que a inclinação da reta tangente está decrescendo em $[a, b]$. Note que $f$ tem um valor máximo relativo em $c$, onde $f'(c) = 0$ e $f''(c) < 0$.

Agora suponha que $f$ seja uma função tendo as propriedades da função no parágrafo anterior, exceto que $f''$ é positiva em $(a, b)$. Então, do Teorema 4.3.1 (i), como $f''(x) > 0$ em $(a, b)$, segue que $f'$ é crescente em $[a, b]$. Assim a inclinação da reta tangente está crescendo em $[a, b]$. A Figura 4.4.2 mostra um esboço do gráfico de uma função $f$ tendo essas propriedades. Na figura há segmentos de algumas retas tangentes cujas inclinações estão crescendo em $[a, b]$. A função $f$ tem um valor mínimo relativo em $c$, onde $f'(c) = 0$ e $f''(c) > 0$.

Os fatos nos dois parágrafos precedentes estão dados no **teste da derivada segunda para extremos relativos**, que é enunciado a seguir.

Teste da derivada segunda para extremos relativos

> **Teorema 4.4.1** Seja $c$ um número crítico de uma função $f$ no qual $f'(c) = 0$, e suponhamos que $f''$ exista para todos os valores de $x$ em um intervalo aberto contendo $c$. Se $f''(c)$ existe e
>
> (i) se $f''(c) < 0$, então $f$ tem um valor máximo relativo em $c$;
> (ii) se $f''(c) > 0$, então $f$ tem um valor mínimo relativo em $c$.

**EXEMPLO 4** Dada
$$f(x) = x^4 + \tfrac{4}{3}x^3 - 4x^2$$
ache os máximos e mínimos relativos de $f$ usando o teste da derivada segunda.

**Solução**

$f'(x) = 4x^3 + 4x^2 - 8x$

$f''(x) = 12x^2 + 8x - 8$

Equacionando $f'(x) = 0$.

$4x(x+2)(x-1) = 0$

$x = 0 \quad x = -2 \quad x = 1$

Assim, os números críticos de $f$ são $-2, 0$ e $1$. Determinamos se há ou não extremos relativos entre esses pontos encontrando o sinal da derivada segunda neles. Os resultados estão resumidos na Tabela 4.4.2.

**Tabela 4.4.2**

|        | $f(x)$         | $f'(x)$ | $f''(x)$ | Conclusão                       |
|--------|----------------|---------|----------|---------------------------------|
| $x=-2$ | $-\frac{32}{3}$ | 0       | +        | $f$ tem um valor mínimo relativo |
| $x=0$  | 0              | 0       | −        | $f$ tem um valor máximo relativo |
| $x=1$  | $-\frac{5}{3}$  | 0       | +        | $f$ tem um valor mínimo relativo |

Se $f''(c) = 0$, bem como $f'(c) = 0$, nada pode ser concluído a respeito de extremos relativos de $f$ em $c$. As ilustrações seguintes justificam esta afirmativa.

**ILUSTRAÇÃO 2**

Se $f(x) = x^4$, então $f'(x) = 4x^3$ e $f''(x) = 12x^2$. Assim, $f(0)$, $f'(0)$ e $f''(0)$ têm valor zero. Aplicando o teste da derivada primeira vemos que $f$ tem um valor mínimo relativo em 0. Um esboço do gráfico de $f$ está na Figura 4.4.3. •

**ILUSTRAÇÃO 3**

Se $g(x) = -x^4$, então $g'(x) = -4x^3$ e $g''(x) = -12x^2$. Logo, $g(0) = g'(0) = g''(0) = 0$. Neste caso, $g$ tem um valor máximo relativo em 0, o que pode ser visto aplicando-se o teste da derivada primeira. Um esboço do gráfico de $g$ está na Figura 4.4.4. •

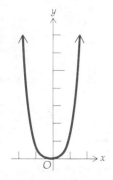

Figura 4.4.3

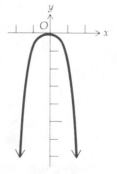

Figura 4.4.4

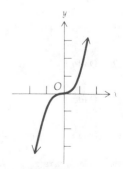

Figura 4.4.5

**164** VALORES EXTREMOS DAS FUNÇÕES E APLICAÇÕES

• ILUSTRAÇÃO 4

Se $h(x) = x^3$, então $h'(x) = 3x^2$ e $h''(x) = 6x$; assim, $h(0) = h'(0) = h''(0) = 0$. A função $h$ não tem um extremo relativo em 0, pois se $x < 0$, $h(x) < h(0)$; e se $x > 0$, $h(x) > h(0)$. Um esboço do gráfico de $h$ está na Figura 4.4.5.    •

Nas Ilustrações 2, 3 e 4 temos exemplos de três funções, cada uma tendo sua segunda derivada em um número para o qual a primeira derivada é zero; contudo, uma função tem um valor mínimo relativo no número, outra função um valor máximo relativo no número, e a terceira função não tem nenhum valor extremo relativo no número.

## Exercícios 4.4

Nos Exercícios de 1 a 10, ache as derivadas primeira e segunda das funções definidas pelas equações dadas.

1.  $f(x) = x^5 - 2x^3 + x$
2.  $F(x) = 7x^3 - 8x^2$
3.  $g(s) = 2s^4 - 4s^3 + 7s - 1$
4.  $G(t) = t^3 - t^2 + 1$
5.  $F(x) = x^2 \sqrt{x} - 5x$
6.  $g(r) = \sqrt{r} + \dfrac{1}{\sqrt{r}}$
7.  $f(x) = \sqrt{x^2 + 1}$
8.  $h(y) = \sqrt[3]{2y^3 + 5}$
9.  $g(x) = \dfrac{x^2}{x^2 + 4}$
10. $f(x) = \dfrac{2 - \sqrt{x}}{2 + \sqrt{x}}$

11. Ache $\dfrac{d^3y}{dx^3}$ se $y = x^4 - 2x^2 + x - 5$.
12. Ache $\dfrac{d^4y}{dx^4}$ se $y = 3x^5 - 2x^4 + 4x^2 - 2$.
13. Ache $\dfrac{d^4y}{dx^4}$ se $y = x^{7/2} - 2x^{5/2} + x^{1/2}$.
14. Ache $\dfrac{d^3s}{dt^3}$ se $s = \sqrt{4t + 1}$.
15. Ache $f^{(4)}(x)$ se $f(x) = \dfrac{3}{2x - 1}$.
16. Ache $D_x^4 f(x)$ se $f(x) = \dfrac{2}{x - 1}$.
17. Ache $D_x^3 f(x)$ se $f(x) = \dfrac{x}{(1 - x)^2}$.
18. Ache $\dfrac{d^3u}{dv^3}$ se $u = v\sqrt{v - 2}$.
19. Dado $x^2 + y^2 = 1$, mostre que $\dfrac{d^2y}{dx^2} = -\dfrac{1}{y^3}$.
20. Dado $x^2 + 25y^2 = 100$, mostre que $\dfrac{d^2y}{dx^2} = -\dfrac{4}{25y^3}$.
21. Dado $x^3 + y^3 = 1$, mostre que $\dfrac{d^2y}{dx^2} = -\dfrac{2x}{y^5}$.
22. Dado $x^{1/2} + y^{1/2} = 2$, mostre que $\dfrac{d^2y}{dx^2} = \dfrac{1}{x^{3/2}}$.
23. Dado $x^4 + y^4 = a^4$, onde $a$ é constante, ache $\dfrac{d^2y}{dx^2}$ na forma mais simples.
24. Dado $b^2x^2 - a^2y^2 = a^2b^2$, onde $a$ e $b$ são constantes, ache $\dfrac{d^2y}{dx^2}$ na forma mais simples.
25. Ache a taxa de variação instantânea da inclinação da reta tangente ao gráfico de $y = 2x^3 - 6x^2 - x + 1$ no ponto $(3, -2)$.

Outros Problemas Envolvendo Extremos Absolutos  **165**

26.  Ache a inclinação da reta tangente em cada ponto do gráfico de $y = x^4 + x^3 - 3x^2$ onde a taxa de variação da inclinação é zero.

Nos Exercícios de 27 a 44, ache os extremos relativos da função dada usando o teste da derivada segunda, se puder ser aplicado. Se o teste da derivada segunda não puder ser aplicado, use o teste da derivada primeira.

27.  $f(x) = 3x^2 - 2x + 1$
28.  $g(x) = 7 - 6x - 3x^2$
29.  $f(x) = -4x^3 + 3x^2 + 18x$
30.  $h(x) = 2x^3 - 9x^2 + 27$
31.  $g(x) = \frac{1}{3}x^3 - x^2 + 3$
32.  $f(y) = y^3 - 5y + 6$
33.  $f(z) = (4 - z)^4$
34.  $G(x) = (x + 2)^3$
35.  $h(x) = x^4 - \frac{1}{3}x^3 - \frac{3}{2}x^2$
36.  $f(x) = \frac{1}{5}x^5 - \frac{2}{3}x^3$
37.  $f(x) = 4x^{1/2} + 4x^{-1/2}$
38.  $g(t) = (t - 2)^{-3}$
39.  $f(x) = x(x + 2)^3$
40.  $f(x) = x\sqrt{8 - x^2}$
41.  $h(x) = x\sqrt{x + 3}$
42.  $f(x) = x(x - 1)^3$
43.  $F(x) = 6x^{1/3} - x^{2/3}$
44.  $g(x) = \frac{9}{x} + \frac{x^2}{9}$

45.  Para o produto da Ilustração 1, suponha que para $t$ meses após 1.º de julho, até 1.º de novembro, estima-se que o preço será $P(t)$, onde

$$P(t) = 76 + t^2 - \tfrac{1}{6}t^3 \qquad 0 \le t \le 4$$

(a) Determine o preço no primeiro dia dos meses de julho, agosto, setembro, outubro e novembro;
(b) mostre que o preço está crescendo em [0, 4]; (c) mostre que a taxa de inflação está crescendo quando $0 < t < 2$ e decrescendo quando $2 < t < 4$.

## 4.5 OUTROS PROBLEMAS ENVOLVENDO EXTREMOS ABSOLUTOS

O teorema do valor extremo (Teorema 4.1.2) garante um valor máximo e mínimo absolutos para uma função que é contínua num intervalo fechado. Consideraremos agora algumas funções definidas em intervalos para os quais o teorema do valor extremo não se aplica e que podem ou não ter extremos absolutos.

**EXEMPLO 1** Dada

$$f(x) = \frac{x^2 - 27}{x - 6}$$

ache os extremos absolutos de $f$ no intervalo [0, 6), se eles existirem.

**Solução** $f$ é contínua no intervalo [0, 6), pois a única descontinuidade de $f$ é em 6, que não está no intervalo.

$$f'(x) = \frac{2x(x - 6) - (x^2 - 27)}{(x - 6)^2} = \frac{x^2 - 12x + 27}{(x - 6)^2} = \frac{(x - 3)(x - 9)}{(x - 6)^2}$$

$f'(x)$ existe para todos os valores de $x$ em [0, 6), e $f'(x) = 0$ quando $x = 3$ ou 9; assim, o único número crítico de $f$ no intervalo [0, 6) é 3. O teste da derivada primeira é aplicado para determinar se $f$ tem um extremo relativo em 3. Os resultados estão resumidos na Tabela 4.5.1.

**Tabela 4.5.1**

|              | $f(x)$ | $f'(x)$ | Conclusão                      |
|--------------|--------|---------|--------------------------------|
| $0 \le x < 3$ |        | +       | $f$ é crescente                |
| $x = 3$      | 6      | 0       | $f$ tem um valor máximo relativo |
| $3 < x < 6$  |        | −       | $f$ é decrescente              |

Como $f$ tem um valor máximo relativo em 3 e é crescente no intervalo [0, 3) e decrescente em (3, 6), então em [0, 6) $f$ tem um valor máximo absoluto em 3 e ele é 6, ou seja, $f(3)$. Note que $\lim_{x \to 6} f(x) = -\infty$, e que então $f$ não tem um valor mínimo absoluto em [0, 6).

**EXEMPLO 2** Dada

$$f(x) = \frac{-x}{(x^2 + 6)^2}$$

ache os extremos absolutos de $f$ em $(0, +\infty)$, se existirem.

**Solução** $f$ é contínua para todos os valores de $x$.

$$f'(x) = \frac{-1(x^2 + 6)^2 + 4x^2(x^2 + 6)}{(x^2 + 6)^4} = \frac{-(x^2 + 6) + 4x^2}{(x^2 + 6)^3} = \frac{3x^2 - 6}{(x^2 + 6)^3}$$

$f'(x)$ existe para todos os valores de $x$. Equacionando $f'(x) = 0$ obtemos $x = \pm\sqrt{2}$; assim $\sqrt{2}$ é o único número crítico de $f$ em $(0, +\infty)$. O teste da derivada primeira é aplicado a $\sqrt{2}$ e os resultados estão resumidos na Tabela 4.5.2.

**Tabela 4.5.2**

|  | $f(x)$ | $f'(x)$ | Conclusão |
|---|---|---|---|
| $0 < x < \sqrt{2}$ |  |  | $f$ é decrescente |
| $x = \sqrt{2}$ | $-\frac{1}{64}\sqrt{2}$ | 0 | $f$ tem um valor mínimo relativo |
| $\sqrt{2} < x$ |  | + | $f$ é crescente |

Como $f$ tem um valor mínimo relativo em $\sqrt{2}$, e como $f$ é decrescente em $(0, \sqrt{2})$ e crescente em $(\sqrt{2}, +\infty)$, $f$ tem em $(0, +\infty)$ um valor mínimo absoluto em $\sqrt{2}$. O valor mínimo absoluto é $-\frac{1}{64}\sqrt{2}$. Não há valor máximo absoluto de $f$ em $(0, +\infty)$.

Para certas funções o seguinte teorema é útil para determinar se um extremo relativo é um extremo absoluto.

---

**Teorema 4.5.1** Seja $f$ uma função contínua no intervalo $I$ contendo o número $c$. Se $f(c)$ é um extremo relativo de $f$ em $I$ e $c$ é o único número em $I$ para o qual $f$ tem um extremo relativo, então

(i) se $f(c)$ é um valor máximo relativo de $f$ em $I$, $f(c)$ é um valor máximo absoluto de $f$ em $I$;

(ii) se $f(c)$ é um valor mínimo relativo de $f$ em $I$, $f(c)$ é um valor mínimo absoluto de $f$ em $I$.

---

A prova do Teorema 4.5.1 será omitida. Contudo, daremos uma interpretação geométrica do enunciado do teorema. Em cada uma das Figuras 4.5.1 e 4.5.2 há um esboço do gráfico de uma função contínua, tendo somente um extremo relativo no intervalo. O extremo relativo é um extremo absoluto. Na Figura 4.5.3 há um esboço do gráfico de uma função contínua tendo dois extremos relativos no intervalo. Nenhum dos dois é um extremo absoluto.

## Outros Problemas Envolvendo Extremos Absolutos 167

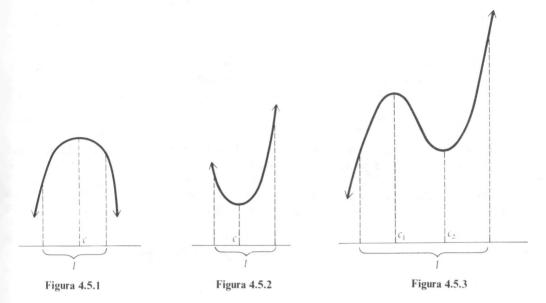

Figura 4.5.1    Figura 4.5.2    Figura 4.5.3

**EXEMPLO 3**  O Exemplo 4 da Secção 1.5 trata da seguinte situação: Uma caixa fechada com uma base quadrada deve apresentar um volume de 2.000 cm$^3$; o material para a tampa e fundo da caixa custa $ 3 por cm$^2$, e o material para os lados custa $ 1,50 por cm$^2$. Ache as dimensões da caixa para as quais o custo do material seja mínimo.

**Solução**  Seja $x$ cm o comprimento de um lado do quadrado da base e $C(x)$ o custo do material. No Exemplo 4 da Secção 1.5 obtivemos para $C(x)$:

$$C(x) = 6x^2 + \frac{12.000}{x} \qquad (1)$$

O domínio de $C$ é $(0, +\infty)$, e $C$ é contínua em seu domínio. De (1),

$$C'(x) = 12x - \frac{12.000}{x^2} \qquad (2)$$

$C'(x)$ não existe quando $x = 0$, mas 0 não pertence ao domínio de $C$. Logo, os únicos números críticos são aqueles obtidos da equação $C'(x) = 0$. Resolvendo, temos

$$\frac{12x^3 - 12.000}{x^2} = 0$$

$$x^3 = 1.000$$

$$x = 10$$

Para determinar se $x = 10$ torna $C$ um mínimo relativo, aplicamos o teste da derivada segunda. De (2) segue que

$$C''(x) = 12 + \frac{24.000}{x^3}$$

Os resultados do teste estão resumidos na Tabela 4.5.3.

**Tabela 4.5.3**

|        | $C'(x)$ | $C''(x)$ | Conclusão |
|--------|---------|----------|-----------|
| $x = 10$ | 0     | +        | $C$ tem um valor mínimo relativo |

Como $C$ é contínua em seu domínio $(0, +\infty)$ e o único extremo relativo de $C$ em seu domínio é em $x = 10$, segue, do Teorema 4.5.1 (ii), que este valor mínimo relativo de $C$ é o valor mínimo absoluto de $C$. Assim, o custo total do material será mínimo quando o lado do quadrado da base é 10 cm e a profundidade é 20 cm.

**EXEMPLO 4** Se uma lata de zinco de volume $16\pi$ cm$^3$ deve ter a forma de um cilindro circular reto, ache a altura e o raio para que o material usado na sua fabricação seja mínimo.

**Solução** Seja $r$ cm o raio da base do cilindro, $h$ cm a altura do cilindro, e $S$ cm$^2$ a área total da superfície do cilindro. Veja a Figura 4.5.4. A área lateral é $2\pi rh$ cm$^2$, a área da tampa é $\pi r^2$ cm$^2$ e a da base $\pi r^2$ cm$^2$. Logo,

$$S = 2\pi rh + 2\pi r^2 \tag{3}$$

A fórmula do volume do cilindro circular reto é $V = \pi r^2 h$. Assim,

$$16\pi = \pi r^2 h \tag{4}$$

Resolvendo (4) em $h$ e substituindo em (3) obtemos $S$ como uma função de $r$:

$$S(r) = 2\pi r \left(\frac{16}{r^2}\right) + 2\pi r^2$$

$$S(r) = \frac{32\pi}{r} - 2\pi r^2 \tag{5}$$

O domínio de $S$ é $(0, +\infty)$, e $S$ é contínua em seu domínio. De (5),

$$S'(r) = -\frac{32\pi}{r^2} + 4\pi r \tag{6}$$

$S'(r)$ não existe quando $r = 0$, mas 0 não está no domínio de $S$. Os únicos números críticos são aqueles obtidos ao se resolver a equação $S'(r) = 0$, logo

$4\pi r^3 = 32\pi$

$r^3 = 8$

$r = 2$

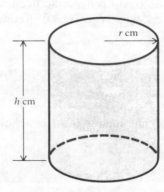

Figura 4.5.4

O único número crítico de $S$ é 2. De (6),

$$S''(r) = \frac{64\pi}{r^3} + 4\pi$$

Os resultados do teste da derivada segunda estão resumidos na Tabela 4.5.4.

**Tabela 4.5.4**

|       | $S'(r)$ | $S''(r)$ | Conclusão |
|-------|---------|----------|-----------|
| $r = 2$ | 0     | +        | $S$ tem um valor mínimo relativo |

Como $S$ é contínua em $(0, +\infty)$ e o único extremo relativo de $S$ em seu domínio é em $r = 2$, segue, do Teorema 4.5.1 (ii), que este valor mínimo relativo de $S$ é um valor mínimo absoluto de $S$. Quando $r = 2$ temos, de (4), $h = 4$. Logo, o mínimo de material usado irá ocorrer quando $r = 2$ cm e $h = 4$ cm.

Uma importante aplicação do cálculo de extremos absolutos em administração é no **controle de estoque**, onde a empresa está interessada em minimizar os custos de obtenção e de armazenamento do estoque.

Uma fábrica tem dois custos que se somam ao custo de produção de cada item: o **custo de preparar** e o **custo de manter**, que é freqüentemente um custo de armazenamento. O custo de preparar é a quantia gasta na preparação de um novo lote de produção, enquanto que o custo de manter é a quantia gasta durante o período em que os itens produzidos permanecem armazenados, até serem vendidos. Duas hipóteses são feitas:

1. A produção é instantânea, de modo que o estoque baixará a zero antes de um novo lote de produção se iniciar.
2. Não se permite escassez, impedindo-se, assim, um estoque negativo.

Supondo-se que exista uma demanda uniforme, quando o lote de produção consistir de $x$ unidades, o estoque médio será $\frac{1}{2}x$ unidades. Esta hipótese parece razoável, e pode ser provada usando-se a integral definida, como na Secção 7.4 (veja o Exercício 19 nos Exercícios 7.4). Admita, por exemplo, que haja uma demanda mensal uniforme de 600 unidades de um determinado produto. Havendo uma produção de 600 unidades no começo do mês, estes itens deverão ficar armazenados, sendo sua venda efetuada durante o mês. Como a demanda é uniforme, o estoque médio durante o mês seria de 300 unidades. Se houvesse dois lotes de produção – digamos, 300 unidades produzidas no começo do mês e outras 300 unidades produzidas 15 dias depois – então o estoque mensal médio ficaria reduzido a 150 unidades; se 200 unidades fossem produzidas a cada 10 dias, haveria uma redução para 100 unidades. Enquanto o número de lotes de produção cresce, o estoque mensal médio decresce; do mesmo modo, enquanto o custo de preparar cresce, o custo de manter decresce. Queremos minimizar a soma destes dois custos.

**EXEMPLO 5** Uma empresa tem uma demanda uniforme de 6.000 itens por mês. O custo de obtenção de cada lote de produção é $ 60 e o custo de armazenamento mensal de cada item é $ 0,50. Se a produção é instantânea e a escassez não é permitida, quantos itens devem ser produzidos por vez para se minimizar o custo mensal total de obtenção e armazenamento do estoque?

**Solução** Seja $x$ o número de itens produzidos em cada lote; $0 < x \leq 6\,000$. Seja $C(x)$ o custo total de obtenção e armazenamento do estoque.

Como 6.000 itens devem ser produzidos a cada mês, o número de lotes por mês é 6.000/$x$. O custo de preparar cada lote é $ 60, logo o custo total de obtenção será

$$60\left(\frac{6.000}{x}\right)$$

Como estamos supondo uma demanda uniforme, e como a produção é instantânea, o número médio de itens no estoque é $x/2$. O custo de armazenamento é $ 0,50 por item e, portanto, o custo total de manter é

$$\frac{1}{2}\cdot\frac{x}{2}$$

Logo

$$C(x) = 60\left(\frac{6.000}{x}\right) + \frac{1}{2}\cdot\frac{x}{2}$$

Por definição, $x$ é um inteiro positivo. Contudo, vamos considerar a função $C$ como tendo seu domínio no conjunto de todos os números reais no intervalo (0, 6.000] e se necessário ajustaremos a solução ao inteiro positivo mais próximo. Assim, $C$ é contínua em (0, 6.000].

$$C'(x) = -\frac{360.000}{x^2} + \frac{1}{4}$$

$$C''(x) = \frac{720.000}{x^3}$$

$C'(x)$ existe para todo $x$ em (0, 6.000]. Logo, os únicos números críticos de $C$ são obtidos equacionando-se $C'(x) = 0$. Obtemos

$$x^2 = 1.440.000$$

donde obtemos o número crítico 1.200 (−1.200 é rejeitado pois não está em (0, 6.000]). Os resultados do teste da derivada segunda em 1.200 estão resumidos na Tabela 4.5.5.

**Tabela 4.5.5**

|           | $C'(x)$ | $C''(x)$ | Conclusão                        |
|-----------|---------|----------|----------------------------------|
| $x = 1.200$ | 0       | +        | $C$ tem um valor mínimo relativo |

O único extremo de $C$ em (0, 6.000] ocorre em 1.200 e, portanto, o mínimo relativo de $C$ é um valor mínimo absoluto. Concluímos, então, que para minimizar o custo mensal total de obtenção e armazenamento do estoque, 1.200 itens devem ser produzidos em cada lote e o número de lotes por mês deve ser $6.000 \div 1.200 = 5$.

## Exercícios 4.5

Nos Exercícios de 1 até 16, encontre os extremos absolutos da função dada no intervalo indicado, se existir algum.

1. $f(x) = x^2 ; (-3, 2]$
2. $g(x) = (x-2)^2 ; [-1, 6)$
3. $F(x) = x^3 - 3x + 5 ; (-\infty, 0)$
4. $f(x) = -x^3 + 12x - 6 ; (0, +\infty)$

5. $g(x) = \dfrac{x+2}{x-2}; [-4, 4]$
6. $F(x) = \dfrac{x^2}{x+3}; [-4, -1]$
7. $f(x) = 4x^2 - 2x + 1; (-\infty, +\infty)$
8. $G(x) = (x-5)^{2/3}; (-\infty, +\infty)$
9. $g(x) = (x+1)^{2/3}; (-\infty, 0]$
10. $f(x) = (x+3)^{1/3}; (-\infty, +\infty)$
11. $f(x) = \dfrac{x}{(x^2+4)^{3/2}}; [0, +\infty)$
12. $f(x) = \dfrac{x^2 - 12}{x+4}; (-\infty, -4)$
13. $f(x) = 3x^4 - 4x^3 + 6x^2 - 12x + 1; (-\infty, +\infty)$
14. $g(x) = 3x^4 - 2x^3 + 6x^2 - 6x - 1; (-\infty, +\infty)$
15. $F(x) = 3 + 12x - 2x^2 + 8x^3 - 2x^4; (-\infty, +\infty)$
16. $f(x) = x^4 + x^3 - 8x^2 - 12x; (-\infty, +\infty)$
17. Consulte o Exercício 11 nos Exercícios 1.5. Um terreno retangular com uma área de 2.700 m² deve ser fechado por uma cerca, e uma outra cerca adicional deve ser usada para dividi-lo ao meio. O custo da cerca do meio é $ 12 por metro, e o da que percorre os lados é $ 18 por metro. Ache as dimensões do terreno para as quais o custo das cercas seja mínimo.
18. Consulte o Exercício 12 nos Exercícios 1.5. Um tanque aberto retangular tem uma base quadrada e um volume de 125 m³. O custo por metro quadrado do fundo é $ 24, e dos lados, $ 12. Ache as dimensões do tanque de forma que haja um custo mínimo de material.
19. Consulte o Exercício 13 nos Exercícios 1.5. Um fabricante de caixas deve produzir uma caixa fechada com 4.720 cm³ de volume, na qual a base é um retângulo cujo comprimento é três vezes a largura. Ache as dimensões da caixa construída com o mínimo de material.
20. Consulte o Exercício 14 nos Exercícios 1.5. Resolva o Exercício 19 se a caixa não tiver tampa.
21. Consulte o Exercício 15 nos Exercícios 1.5. Uma página de impresso deve conter 393 cm² de material impresso; deve-se deixar uma margem de 3,8 cm em cima e embaixo e uma margem de 2,5 cm nas laterais. Quais as dimensões da menor página que preenche estes requisitos?
22. Consulte o Exercício 16 nos Exercícios 1.5. O pavimento de um prédio tendo um piso retangular de 1.226 m² deve ser construído com um recuo de 7 m na frente e atrás, e um recuo de 5 m nas laterais. Ache as dimensões do terreno com a menor área onde este prédio possa ser construído.
23. Para a lata do Exemplo 4, suponha que o custo do material para a tampa e base seja o dobro do preço do material para os lados. Ache a altura e o raio para que o custo de material seja mínimo.
24. Um cartão-postal contendo 32 cm² de área impressa deve ter 2 cm de margem em cima e embaixo e $1\frac{1}{3}$ cm nos lados. Determine as dimensões do menor cartão que pode ser usado.
25. Numa certa comunidade, uma determinada epidemia espalha-se de tal forma que $x$ meses após seu início, $P$ por cento da população está infectada, onde

$$P = \dfrac{30x^2}{(1+x^2)^2}$$

Em quantos meses estará infectada a maioria da população e que porcentagem da população ela representa?

26. Um gerador de corrente direta tem uma força eletromotriz de $E$ volts e uma resistência interna de $r$ ohms, onde $E$ e $r$ são constantes. Se $R$ ohms for a resistência externa, a resistência total será $(r+R)$ ohms, e se $P$ watts for a potência, então

$$P = \dfrac{E^2 R}{(r+R)^2}$$

Mostre que a maior potência é consumida quando as resistências interna e externa são iguais.

27. Uma janela tipo normando consiste de um retângulo com um semicírculo na parte de cima. Se o perímetro da janela deve ser 1 m, determine qual deve ser o raio do semicírculo e a altura do retângulo para que a janela deixe passar mais luz.
28. Resolva o Exercício 27 se a janela deve ser tal que a iluminação que passa pelo semicírculo, por centímetro quadrado de área, seja somente a metade da luz que passa pelo retângulo.

29. Está determinado que, se excluídos os salários, o custo por quilômetro para operar um caminhão é $8 + \frac{1}{300}x$, onde $x$ km/h é a velocidade do caminhão. Se os salários do motorista e ajudante forem ao todo de $ 60 por hora, qual deve ser a velocidade média do caminhão para que o custo por quilômetro seja mínimo?

30. O custo por hora do combustível para um navio cargueiro é $\frac{1}{50}v^3$, onde $v$ nós (milha náutica por hora) é a velocidade do navio. Se existem custos adicionais de $ 400 por hora, qual deve ser a velocidade média do navio para que o custo por milha náutica seja mínimo?

31. Um fabricante de mesas tem um contrato para fornecer 3.000 mesas por ano a uma taxa uniforme. O custo para se iniciar um lote de produção é $ 96, e o custo de armazenamento anual é $ 40 por mesa. Se houver excesso de mesas armazenadas até a entrega, quantas mesas deverão ser produzidas em cada lote para que o custo total de obtenção e armazenamento do estoque seja minimizado? Suponha que a produção seja instantânea e que a escassez não seja permitida.

32. Uma firma tem um contrato para fornecer 5 unidades por dia de um certo produto. O custo para se iniciar um lote de produção é $ 250, e o custo de armazenamento de cada unidade é $ 1 por dia. Supondo que a produção seja instantânea e que a escassez não seja permitida, determine o número de unidades que deveriam ser produzidas em cada lote para se minimizar o custo total de obtenção e armazenamento do estoque.

33. Um distribuidor de um produto alimentício não perecível tem uma demanda mensal de 12.000 caixas que são compradas a uma taxa constante. O custo de um pedido, incluindo despesas de escritório, entrega e manipulação é $ 25, independentemente do tamanho do pedido. O custo de armazenamento é $ 0,60 por caixa. Supondo que as entregas sejam instantâneas e que a escassez não seja permitida, determine quantos pedidos devem ser feitos a cada mês e o tamanho de cada pedido para que o custo de armazenamento do estoque seja mínimo.

34. Uma loja vende 2.500 aparelhos de televisão por ano a uma taxa constante. O custo de um pedido é $ 20, independentemente do tamanho do pedido, e o custo de armazenamento é $ 10 por aparelho. Supondo que as entregas sejam instantâneas e que a escassez não seja permitida, determine quantos pedidos anuais deverão ser feitos e o tamanho de cada um para que o custo de armazenamento do estoque seja mínimo.

35. Resolva o Exercício 33 se a demanda mensal for $R$ caixas, o preço de um pedido for $K$, e o custo mensal de armazenamento for $S$ por caixa.

## Exercícios de Recapitulação do Capítulo 4

Nos Exercícios de 1 a 4, ache as derivadas primeira e segunda da função definida pela equação dada.

1. $f(x) = 3x^4 - 2x^3 + 7x^2 - 5x + 1$

2. $f(t) = \frac{t}{t-1}$

3. $g(x) = \frac{2x-1}{x+2}$

4. $F(x) = \sqrt[3]{2-3x}$

5. Ache $\frac{d^3y}{dx^3}$ se $y = \sqrt{3-2x}$.

6. Dado $4x^2 + 9y^2 = 36$, mostre que $\frac{d^2y}{dx^2} = -\frac{16}{9y^3}$.

Nos Exercícios de 7 a 14, ache os extremos da função dada no intervalo indicado, se houver algum, e ache os valores de $x$ nos quais os extremos absolutos ocorrem. Faça um esboço do gráfico da função no intervalo.

7. $f(x) = \sqrt{x-5}; [5, +\infty)$

8. $f(x) = \sqrt{9-x^2}; [-3, 3]$

9. $f(x) = \frac{5}{2}x^6 - 3x^5; [-1, 2]$

10. $f(x) = \frac{3}{x-2}; [0, 4]$

11. $f(x) = x^4 - 2x^2 + 1; [-1, 2]$

12. $f(x) = x^3 - 12x; [-1, 3]$

13. $f(x) = (x-1)^{1/3}; (-\infty, +\infty)$

14. $f(x) = (x-5)^{2/3}; (-\infty, +\infty)$

Nos Exercícios de 15 a 20, faça o seguinte: (a) ache os extremos relativos de $f$ usando o teste da derivada primeira; (b) determine os valores de $x$ nos quais ocorrem os extremos relativos; (c) determine os intervalos onde $f$ é crescente; (d) determine os intervalos onde $f$ é decrescente; (e) faça um esboço do gráfico.

**15.** $f(x) = x^3 - 9x^2 + 24x - 10$  **16.** $f(x) = 2x^3 + 3x^2 - 18x - 18$  **17.** $f(x) = (x - 4)^2(x + 2)^3$

**18.** $f(x) = (x - 2)^{4/3}$  **19.** $f(x) = x + \dfrac{1}{x^2}$  **20.** $f(x) = 2x + \dfrac{1}{2x}$

Nos Exercícios de 21 a 28, ache os extremos relativos da função dada usando o teste da derivada segunda, quando for possível aplicá-lo. Quando não for possível, use então o teste da derivada primeira.

**21.** $f(x) = x^3 + 3x^2 + 2$  **22.** $f(x) = x^3 - 3x + 2$  **23.** $g(x) = (x - 2)^4$  **24.** $F(x) = (x - 3)^3$

**25.** $f(t) = \dfrac{4}{t} + \dfrac{t^2}{4}$  **26.** $g(y) = (y + 2)(y - 1)^3$  **27.** $G(x) = x(x - 2)^3$  **28.** $g(w) = 5w^3 - 3w^5$

**29.** Ache dois números positivos cuja soma é 12, tais que a soma de seus quadrados seja um mínimo absoluto.
**30.** Ache dois números positivos cuja soma é 12, tais que a soma de seu produto seja um máximo absoluto.
**31.** Mostre que entre todos os retângulos tendo um perímetro de 36 cm, o quadrado de 9 cm de lado tem a maior área.
**32.** Mostre que entre todos os retângulos tendo uma área de 81 cm$^2$, o quadrado de 9 cm de lado tem o menor perímetro.
**33.** Consulte o Exercício 35 nos Exercícios de Recapitulação do Capítulo 2. Placas quadradas de metal com 51 cm de lado são usadas para construir caixas sem tampas, cortando-se quadrados iguais dos quatro cantos e levantando-se para cima os lados. Ache o comprimento do lado do quadrado a ser cortado para obter uma caixa com o maior volume possível.
**34.** Consulte o Exercício 36 nos Exercícios de Recapitulação do Capítulo 2. Um atacadista oferece entregar a um comerciante 300 cadeiras a $ 90 a unidade e reduzir o preço de cada cadeira em $ 0,25 na encomenda toda, para cada cadeira adicional acima de 300. Ache o montante total envolvido na maior transação possível entre o atacadista e o comerciante, nessas circunstâncias.
**35.** Consulte o Exercício 37 nos Exercícios de Recapitulação do Capítulo 2. Uma excursão patrocinada por uma escola que pode acomodar até 250 estudantes custará $ 15 por estudante se o número de estudantes não exceder 150; contudo, o custo por estudante será reduzido em $ 0,05 para cada estudante que passar de 150, até o custo atingir $ 10 por estudante. Quantos estudantes devem fazer a excursão para que a escola obtenha o maior rendimento bruto?
**36.** Consulte o Exercício 38 nos Exercícios de Recapitulação do Capítulo 2. Numa cidade com uma população de 11.000 pessoas, a taxa de crescimento de uma epidemia é conjuntamente proporcional ao número de pessoas infectadas e ao número de pessoas não infectadas. Determine o número de pessoas infectadas quando a epidemia está crescendo a uma taxa máxima.
**37.** Consulte o Exercício 41 nos Exercícios de Recapitulação do Capítulo 1. Uma caixa sem tampa com uma base quadrada deve ter um volume de 1 m$^3$. Ache as dimensões da caixa que pode ser construída com a menor quantidade de material.
**38.** Consulte o Exercício 42 nos Exercícios de Recapitulação do Capítulo 1. Resolva o Exercício 37 se a caixa for fechada.
**39.** Consulte o Exercício 43 nos Exercícios de Recapitulação do Capítulo 1. Um letreiro deve conter 50 m$^2$ de texto e são requeridas margens de 4 m em cima e embaixo, e 2 m nos lados. Ache as dimensões do menor letreiro que preenche todos os requisitos.
**40.** Um fabricante deve fornecer 10.000 carteiras por ano a uma taxa uniforme. O custo para se iniciar um lote de produção é $ 180, o excesso de carteiras é armazenado até a entrega, e o custo anual de armazenamento é $ 40 por carteira. Supondo que as entregas sejam instantâneas e que a escassez não seja permitida, quantas carteiras devem ser produzidas para que o custo total de obtenção e armazenamento do estoque seja minimizado?

**41.** Uma fábrica que produz lâmpadas tem um contrato para fornecer 3.000 lâmpadas por ano, a uma taxa uniforme. O custo para se iniciar um novo lote de produção é $ 120. O excesso de lâmpadas é armazenado até a entrega, e o custo anual de armazenamento é $ 50 por lâmpada. Quantas lâmpadas devem ser produzidas em cada lote, para que o custo total de obtenção e armazenamento do estoque seja mínimo? Suponha que a produção seja instantânea e que a escassez não seja permitida.

**42.** A rigidez de uma viga retangular é conjuntamente proporcional à sua largura e ao cubo de sua altura. Ache as dimensões da viga de maior rigidez que pode ser cortada de um tronco na forma de um cilindro circular reto com 72 cm de raio.

**43.** Devido a várias restrições, o tamanho de uma certa comunidade está limitado a 3.000 habitantes, e a taxa de crescimento da população é conjuntamente proporcional ao seu tamanho e à diferença entre 3.000 e seu tamanho. Determine o tamanho da população para o qual a taxa de crescimento da população é um máximo.

**44.** Uma lata fechada tendo um volume de 27 cm$^3$ deve ter a forma de um cilindro circular reto. Se a tampa e o fundo circulares são cortados de pedaços quadrados de chapa, ache o raio e a altura da lata para que a quantidade de material a ser usado seja mínima. Inclua o metal gasto para se obter a tampa e o fundo.

# CAPÍTULO 5

# OUTRAS APLICAÇÕES DA DERIVADA

## 5.1 CONCAVIDADE E PONTOS DE INFLEXÃO

A Figura 5.1.1 mostra um esboço do gráfico de uma função $f$ cujas derivadas primeira e segunda existem no intervalo fechado $[x_1, x_7]$. Como ambos $f$ e $f'$ são diferenciáveis, $f$ e $f'$ são contínuas em $[x_1, x_7]$.

Se considerarmos um ponto $P$ movendo-se ao longo do gráfico da Figura 5.1.1 de $A$ para $G$, então a posição de $P$ varia enquanto $x$ aumenta de $x_1$ para $x_7$. Enquanto $P$ se move ao longo do gráfico de $A$ para $B$, a inclinação da reta tangente ao gráfico é positiva e está decrescendo; isto é, a reta tangente esta se deslocando no sentido horário e o gráfico está abaixo da reta tangente. Quando o ponto $P$ está em $B$, a inclinação da reta tangente é zero e ainda está decrescendo. Enquanto o ponto $P$ se move ao longo do gráfico de $B$ para $C$, a inclinação da reta tangente é negativa e ainda decrescente; a reta tangente continua se deslocando no sentido horário e o gráfico está abaixo da reta tangente. Dizemos que o gráfico é *côncavo para baixo* de $A$ para $C$. Enquanto $P$ se move ao longo do gráfico de $C$ para $D$, a inclinação da reta tangente é negativa e está crescendo; isto é, a reta tangente está se deslocando no sentido anti-horário, e o gráfico está acima da reta tangente. Em $D$, a inclinação da reta tangente é zero e ainda está crescendo. De $D$ para $E$, a inclinação da reta tangente é positiva e crescente; a reta tangente continua se deslocando no sentido anti-horário e o gráfico está acima de sua tangente. Dizemos que o gráfico é *côncavo para cima* de $C$ para $E$. Temos as seguintes definições:

Definição de côncavo para cima

> O gráfico de uma função $f$ será **côncavo para cima** em um ponto $(c, f(c))$ se $f'(c)$ existir e se houver um intervalo aberto $I$ contendo $c$, tal que para todos os valores de $x \neq c$ em $I$ o ponto $(x, f(x))$ no gráfico esteja acima da reta tangente ao gráfico em $(c, f(c))$.

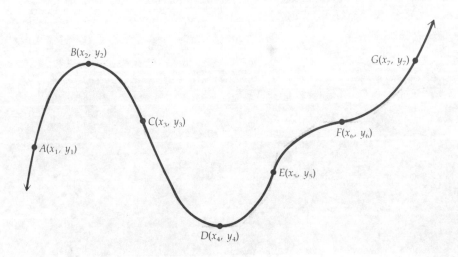

Figura 5.1.1

Concavidade e Pontos de Inflexão    **177**

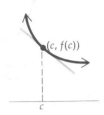

Figura 5.1.2

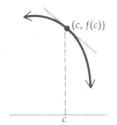

Figura 5.1.3

Definição de côncavo para baixo

> O gráfico de uma função $f$ será **côncavo para baixo** em um ponto $(c, f(c))$ se $f''(c)$ existir e se houver um intervalo aberto $I$ contendo $c$, tal que para todos os valores de $x \neq c$ em $I$ o ponto $(x, f(x))$ no gráfico esteja abaixo da reta tangente ao gráfico em $(c, f(c))$.

## ILUSTRAÇÃO 1

A Figura 5.1.2 mostra um esboço de uma parte do gráfico de uma função $f$ que é côncava para cima no ponto $(c, f(c))$, e a Figura 5.1.3 mostra um esboço de uma parte do gráfico de uma função $f$ que é côncava para baixo no ponto $(c, f(c))$. •

O gráfico da função $f$ da Figura 5.1.1 é côncavo para baixo em todos os pontos $(x, f(x))$ para os quais $x$ está nos intervalos abertos $(x_1, x_3)$ ou $(x_5, x_6)$. Da mesma forma, o gráfico da função $f$ na Figura 5.1.1 é côncavo para cima em todos os pontos $(x, f(x))$ para os quais $x$ está em $(x_3, x_5)$ ou $(x_6, x_7)$.

## ILUSTRAÇÃO 2

Se $f$ é a função definida por $f(x) = x^2$, então $f'(x) = 2x$ e $f''(x) = 2$. Assim, $f''(x) > 0$ para todo $x$. Além disso, o gráfico de $f$, mostrado na Figura 5.1.4, está acima de todas as suas retas tangentes. Assim, o gráfico de $f$ é côncavo para cima em todos os seus pontos.
Se $g$ é a função definida por $g(x) = -x^2$, então $g'(x) = -2x$ e $g''(x) = -2$. Logo, $g''(x) < 0$ para todo $x$. Além disso, o gráfico de $g$, mostrado na Figura 5.1.5, está abaixo de todas as suas retas tangentes. Logo, o gráfico de $g$ é côncavo para baixo em todos os seus pontos. •

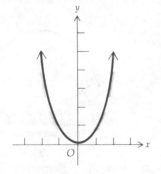

Figura 5.1.4

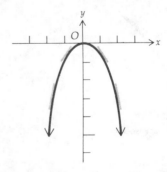

Figura 5.1.5

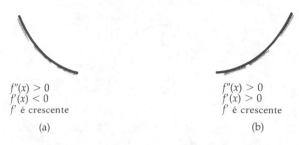

$f''(x) > 0$
$f'(x) < 0$
$f'$ é crescente
(a)

$f''(x) > 0$
$f'(x) > 0$
$f'$ é crescente
(b)

$f''(x) > 0$
$f'$ é crescente de valores negativos para valores positivos
(c)

Figura 5.1.6

A função $f$ da Ilustração 2 é tal que $f''(x) > 0$ para todo $x$, e o gráfico de $f$ é côncavo para cima em toda parte. Para a função $g$ da Ilustração 2, $g''(x) < 0$ para todo $x$, e o gráfico de $g$ é côncavo para baixo em toda parte. Estas duas funções são casos especiais do seguinte teorema:

**Teorema 5.1.1** Seja $f$ uma função que é diferenciável em algum intervalo aberto contendo $c$. Então

(i) se $f''(c) > 0$, o gráfico de $f$ é côncavo para cima em $(c, f(c))$;
(ii) se $f''(c) < 0$, o gráfico de $f$ é côncavo para baixo em $(c, f(c))$.

A prova do Teorema 5.1.1 será omitida; contudo, os seguintes argumentos geométricos devem apelar para sua intuição.

Consulte a Figura 5.1.6 (a – c), onde os gráficos são côncavos para cima. Na Figura 5.1.6(a), $f''(x) > 0$, onde $f'(x) < 0$ e $f'$ é crescente. Na Figura 5.1.6(b), $f''(x) > 0$, onde $f'(x) > 0$ e $f'$ é crescente. Na Figura 5.1.6(c), $f''(x) > 0$, onde $f'$ é crescente de valores negativos para valores positivos.

Consulte agora a Figura 5.1.7(a – c), onde os gráficos são côncavos para baixo. Na Figura 5.1.7(a), $f''(x) < 0$, onde $f'(x) > 0$ e $f'$ é decrescente. Na Figura 5.1.7(b), $f''(x) < 0$, onde $f'(x) < 0$ e $f'$ é decrescente. Na Figura 5.1.7(c), $f''(x) < 0$, onde $f'$ é decrescente de valores positivos para valores negativos.

O Teorema 5.1.1 não se aplica quando $f''(c) = 0$. Realmente, se $f''(c) = 0$, é possível que o gráfico seja côncavo para cima em $(c, f(c))$, como também é possível que ele seja côncavo para baixo em $(c, f(c))$. Por exemplo, na Figura 5.1.8 há um esboço do gráfico da função definida por $f(x) = x^4$; $f''(0) = 0$ e o gráfico é côncavo para cima em $(0, 0)$. A Figura 5.1.9 mostra um esboço do gráfico da função definida por $g(x) = -x^4$; $g''(0) = 0$ e o gráfico é côncavo para baixo em $(0, 0)$.

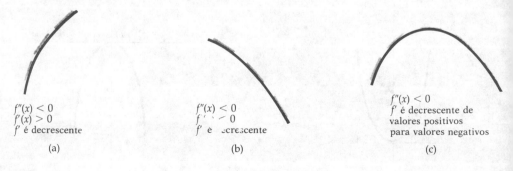

$f''(x) < 0$
$f'(x) > 0$
$f'$ é decrescente
(a)

$f''(x) < 0$
$f'(x) < 0$
$f'$ é decrescente
(b)

$f''(x) < 0$
$f'$ é decrescente de valores positivos para valores negativos
(c)

Figura 5.1.7

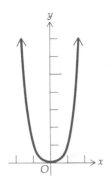

Figura 5.1.8

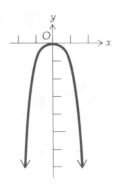

Figura 5.1.9

## ILUSTRAÇÃO 3

Estima-se que $t$ horas após o início do trabalho, às 7 horas, um trabalhador da linha de montagem realize determinada tarefa em $f(t)$ unidades e

$$f(t) = 21t + 9t^2 - t^3 \qquad 0 \le t \le 5 \tag{1}$$

Na Tabela 5.1.1 temos os valores funcionais para valores inteiros de $t$ de 1 a 5, e um esboço do gráfico de $f$ em $[0, 5]$ está na Figura 5.1.10. Da Equação (1) obtemos

$$f'(t) = 21 + 18t - 3t^2$$

e

$$f''(t) = 18 - 6t$$
$$= 6(3 - t)$$

Observe que $f''(t) > 0$ se $0 < t < 3$ e $f''(t) < 0$ se $3 < t < 5$. Como $f''(t) > 0$ quando $0 < t < 3$, $f'(t)$ está crescendo em $[0, 3]$; o gráfico é côncavo para cima quando $0 < t < 3$. Como $f''(t) < 0$ quando $3 < t < 5$, $f'(t)$ está decrescendo em $[3, 5]$; o gráfico é côncavo para baixo se $3 < t < 5$. Como $f'(t)$ é a taxa de variação de $f(t)$ em relação a $t$, concluímos que nas primeiras 3 horas (das 7 às 10 horas) o trabalhador está realizando a tarefa numa taxa crescente, e durante as duas horas restantes (das 10 ao meio-dia), o trabalhador está realizando a tarefa em uma taxa decrescente. Em $t = 3$ (às 10 horas) o trabalhador atinge a maior eficiência, e quando $3 < t < 5$ (após as 10 horas) há uma redução na taxa de produção do trabalhador. O ponto no qual o trabalhador está na maior eficiência é chamado *ponto de rendimento decrescente*. •

**Tabela 5.1.1**

| $t$ | 1 | 2 | 3 | 4 | 5 |
|---|---|---|---|---|---|
| $f(t)$ | 29 | 70 | 117 | 164 | 205 |

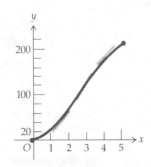

Figura 5.1.10

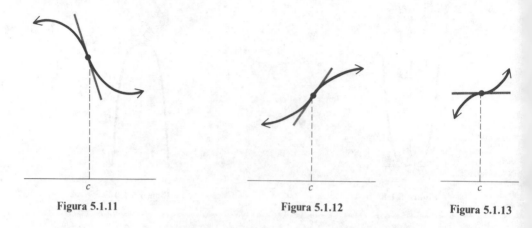

Figura 5.1.11          Figura 5.1.12          Figura 5.1.13

Na Ilustração 3, no ponto de rendimento decrescente, há uma mudança no sentido da concavidade do gráfico. Tal ponto é chamado *ponto de inflexão*.

Definição de ponto de inflexão

> O ponto $(c, f(c))$ será um **ponto de inflexão** do gráfico da função $f$ se o gráfico tiver uma reta tangente nele, e se existir um intervalo aberto $I$ contendo $c$, tal que se $x$ está em $I$, então,
> (i) $f''(x) < 0$ se $x < c$ e $f''(x) > 0$ se $x > c$; ou
> (ii) $f''(x) > 0$ se $x < c$ e $f''(x) < 0$ se $x > c$.

• ILUSTRAÇÃO 4

A Figura 5.1.11 ilustra um ponto de inflexão onde a condição (i) da definição acima se verifica; neste caso o gráfico é côncavo para baixo, em pontos à esquerda do ponto de inflexão, e côncavo para cima em pontos à direita do ponto de inflexão. A condição (ii) está satisfeita na Figura 5.1.12, onde o sentido da concavidade que era para cima muda para baixo no ponto de inflexão. A Figura 5.1.13 é outro exemplo de onde se verifica a condição (i), onde o sentido da concavidade, que era para baixo, muda para cima, no ponto de inflexão. •

No gráfico da Figura 5.1.1 há pontos de inflexão em $C$, $E$ e $F$.

• ILUSTRAÇÃO 5

Na Ilustração 1 da Secção 4.4 tínhamos a seguinte situação: Estima-se que $t$ meses após 1.º de janeiro, até 1.º de julho, o preço de certo produto seja $P(t)$, onde

$$P(t) = 40 + 3t^2 - \tfrac{1}{3}t^3 \qquad 0 \le t \le 6$$

Além disso, $P'(t) = 6t - t^2$, e $P''(t) = 6 - 2t$. Quando $0 < t < 3$, $P''(t) > 0$, e quando $3 < t < 6$, $P''(t) < 0$. Assim, da parte (ii) da definição, o gráfico de $P$ tem um ponto de inflexão em $t = 3$. Consulte a Figura 5.1.14 para um esboço do gráfico de $P$.

Na Ilustração 1 da Secção 4.4 concluímos que se $0 < t < 3$, o preço está crescendo e a taxa de inflação do produto está crescendo; quando $3 < t < 6$, o preço está crescendo, mas a taxa de inflação do produto está decrescendo. Assim, no ponto de inflexão (em $t = 3$) o preço está crescendo, atingindo sua maior taxa, e a taxa de inflação muda de crescente para decrescente. •

Concavidade e Pontos de Inflexão 181

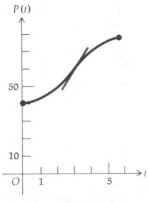

Figura 5.1.14

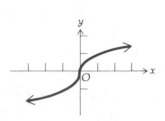

Figura 5.1.15

A definição de ponto de inflexão não indica nada sobre o valor da derivada segunda nele. O teorema seguinte estabelece que se a derivada segunda existir num ponto de inflexão, ela deverá ser nula nele.

**Teorema 5.1.2** Se a função $f$ for diferenciável em algum intervalo aberto contendo $c$, e se $(c, f(c))$ for um ponto de inflexão do gráfico de $f$, então se $f''(c)$ existe, $f''(c) = 0$.

**Prova** Seja $g$ a função tal que $g(x) = f'(x)$; então $g'(x) = f''(x)$. Como $(c, f(c))$ é um ponto de inflexão do gráfico de $f$, então $f''(x)$ muda de sinal em $c$ e, portanto, $g'(x)$ muda de sinal em $c$. Assim sendo, pelo teste da derivada primeira (Teorema 4.3.2), $g$ tem um extremo relativo em $c$, e $c$ é um número crítico de $g$. Como $g'(c) = f''(c)$, e uma vez que por hipótese $f''(c)$ existe, segue que $g'(c)$ existe. Logo, pelo Teorema 4.1.1, $g'(c) = 0$ e $f''(c) = 0$, como queríamos provar. ■

O contrário do Teorema 5.1.2 não é verdadeiro. Isto é, se a derivada segunda de uma função for zero em um número $c$, não é necessariamente verdade que o gráfico da função tem um ponto de inflexão em $x = c$. Este fato está mostrado na ilustração a seguir.

### ILUSTRAÇÃO 6

Considere a função $f$ definida por $f(x) = x^4$, $f'(x) = 4x^3$ e $f''(x) = 12x^2$. Além disso, $f''(0) = 0$; mas como $f''(x) > 0$ se $x < 0$ e $f''(x) > 0$ se $x > 0$, o gráfico é côncavo para cima em pontos imediatamente à esquerda e à direita de $(0, 0)$. Conseqüentemente, $(0, 0)$ não é um ponto de inflexão. Na Ilustração 2 da Secção 4.4 mostramos que esta função tem um valor mínimo relativo em zero. Além disso, o gráfico é côncavo para cima em $(0, 0)$ (veja a Figura 5.1.8). •

O gráfico de uma função pode ter um ponto de inflexão em um ponto, e a derivada segunda pode não existir nele, como mostra a ilustração a seguir.

### ILUSTRAÇÃO 7

Se $f$ é a função definida por $f(x) = x^{1/3}$, então

$$f'(x) = \tfrac{1}{3}x^{-2/3} \quad \text{e} \quad f''(x) = -\tfrac{2}{9}x^{-5/3}$$

$f''(0)$ não existe; mas se $x < 0$, $f''(x) > 0$, e se $x > 0$, $f''(x) < 0$. Logo, $f$ tem um ponto de inflexão em $(0, 0)$. Um esboço do gráfico desta função está na Figura 5.1.15. Note que para esta função $f'(0)$ também não existe. A reta tangente ao gráfico em $(0, 0)$ é o eixo $y$. •

Ao fazer o esboço de um gráfico com pontos de inflexão é útil desenhar um segmento da reta tangente no ponto de inflexão. Tal reta é chamada **tangente inflexional**.

**EXEMPLO 1** Para a função no Exemplo 1 da Secção 4.3 ache os pontos de inflexão do gráfico da função, e determine onde o gráfico é côncavo para cima e para baixo.

**Solução**

$f(x) = x^3 - 6x^2 + 9x + 1$
$f'(x) = 3x^2 - 12x + 9$
$f''(x) = 6x - 12$

$f''(x)$ existe para todos os valores de $x$; assim, o único ponto de inflexão é onde $f''(x) = 0$, o qual ocorre em $x = 2$. Para determinar se há um ponto de inflexão em $x = 2$ precisamos verificar se $f''(x)$ muda de sinal; ao mesmo tempo determinamos a concavidade do gráfico nos respectivos intervalos. Os resultados estão resumidos na Tabela 5.1.2.

**Tabela 5.1.2**

|         | $f(x)$ | $f'(x)$ | $f''(x)$ | Conclusão |
|---------|--------|---------|----------|-----------|
| $x < 2$ |        |         |          | o gráfico é côncavo para baixo |
| $x = 2$ | 3      | $-3$    | 0        | o gráfico tem um ponto de inflexão |
| $2 < x$ |        |         | $+$      | o gráfico é côncavo para cima |

No Exemplo 1 da Secção 4.3 mostramos que $f$ tem um valor máximo relativo em 1 e um valor mínimo relativo em 3. Um esboço do gráfico, mostrando um segmento da tangente inflexional, aparece na Figura 5.1.16.

**EXEMPLO 2** Se $f(x) = (1 - 2x)^3$, ache os pontos de inflexão do gráfico de $f$, e determine onde o gráfico tem a concavidade para cima e para baixo. Faça um esboço do gráfico de $f$.

**Solução**

$f(x) = (1 - 2x)^3$
$f'(x) = -6(1 - 2x)^2$
$f''(x) = 24(1 - 2x)$

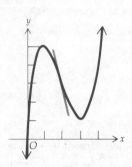

Figura 5.1.16

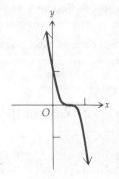

Figura 5.1.17

Como $f''(x)$ existe para todos os valores de $x$, o único ponto de inflexão possível é onde $f''(x) = 0$, isto é, em $x = \frac{1}{2}$. Usando o resumo da Tabela 5.1.3 vemos que $f''(x)$ muda de sinal de "+" para "−" em $x = \frac{1}{2}$; assim, aí temos um ponto de inflexão. Observe também que como $f'(\frac{1}{2}) = 0$, o gráfico tem uma reta tangente horizontal no ponto de inflexão. Um esboço do gráfico está na Figura 5.1.17.

**Tabela 5.1.3**

|  | $f(x)$ | $f'(x)$ | $f''(x)$ | Conclusão |
|---|---|---|---|---|
| $x < \frac{1}{2}$ |  |  | + | o gráfico é côncavo para cima |
| $x = \frac{1}{2}$ | 0 | 0 | 0 | o gráfico tem um ponto de inflexão |
| $\frac{1}{2} < x$ |  |  |  | o gráfico é côncavo para baixo |

## Exercícios 5.1

Nos Exercícios de 1 a 12, determine onde o gráfico de uma dada função tem a concavidade para cima e para baixo e ache os pontos de inflexão, se houver algum.

1. $f(x) = x^3 + 9x$
2. $g(x) = x^3 + 3x^2 - 3x - 3$
3. $g(x) = 2x^3 + 3x^2 - 7x + 1$
4. $f(x) = \frac{1}{12}x^4 + \frac{1}{6}x^3 - x^2$
5. $F(x) = x^4 - 8x^3 + 24x^2$
6. $f(x) = 16x^4 + 32x^3 + 24x^2 - 5x - 20$
7. $g(x) = \dfrac{x}{x^2 - 1}$
8. $G(x) = \dfrac{2x}{(x^2 + 4)^{3/2}}$
9. $f(x) = (x - 2)^{1/5}$
10. $F(x) = (2x - 6)^{3/2} + 1$
11. $g(x) = \dfrac{x - 2}{x + 4}$
12. $f(x) = \dfrac{x + 5}{x - 3}$

Nos Exercícios de 13 a 24, esboce uma parte do gráfico de uma função $f$ através do ponto onde $x = c$, se as condições dadas estão satisfeitas. Supõe-se que $f$ seja contínua em algum intervalo contendo $c$.

13. $f'(x) > 0$ se $x < c$; $f'(x) < 0$ se $x > c$; $f''(x) < 0$ se $x < c$; $f''(x) < 0$ se $x > c$.
14. $f'(x) > 0$ se $x < c$; $f'(x) > 0$ se $x > c$; $f''(x) > 0$ se $x < c$; $f''(x) < 0$ se $x > c$.
15. $f'(x) > 0$ se $x < c$; $f'(x) < 0$ se $x > c$; $f''(x) > 0$ se $x < c$; $f''(x) > 0$ se $x > c$.
16. $f'(x) < 0$ se $x < c$; $f'(x) > 0$ se $x > c$; $f''(x) > 0$ se $x < c$; $f''(x) < 0$ se $x > c$.
17. $f''(c) = 0$; $f'(c) = 0$; $f''(x) > 0$ se $x < c$; $f''(x) < 0$ se $x > c$.
18. $f'(c) = 0$; $f'(x) > 0$ se $x < c$; $f''(x) > 0$ se $x > c$.
19. $f''(c) = 0$; $f'(c) = 0$; $f''(x) > 0$ se $x < c$; $f''(x) > 0$ se $x > c$.
20. $f'(c) = 0$; $f'(x) < 0$ se $x < c$; $f''(x) > 0$ se $x > c$.
21. $f''(c) = 0$; $f'(c) = -1$; $f''(x) < 0$ se $x < c$; $f''(x) > 0$ se $x > c$.
22. $f''(c) = 0$; $f'(c) = \frac{1}{2}$; $f''(x) > 0$ se $x < c$; $f''(x) < 0$ se $x > c$.
23. $f'(c)$ não existe; $f''(x) > 0$ se $x < c$; $f''(x) > 0$ se $x > c$.
24. $f'(c)$ não existe; $f''(c)$ não existe; $f''(x) < 0$ se $x < c$; $f''(x) > 0$ se $x > 0$.
25. Faça um esboço do gráfico de uma função $f$ para a qual $f(x), f'(x)$ e $f''(x)$ existem e são positivas para todo $x$.
26. Faça um esboço do gráfico de uma função $f$ para a qual $f(x), f'(x)$ e $f''(x)$ existem e são negativas para todo $x$.

**184** OUTRAS APLICAÇÕES DA DERIVADA

27. Um trabalhador da construção civil começa o trabalho às 8 horas da manhã, e $x$ horas depois realizou uma dada tarefa em $f(x)$ unidades, onde

$$f(x) = 4x + 9x^2 - x^3 \quad 0 \le x \le 5$$

Determine em que momento o trabalhador está fazendo sua tarefa mais eficientemente; isto é, quando o trabalhador atinge o ponto de rendimento decrescente.

28. Consulte o Exercício 12 nos Exercícios 3.2. Estima-se que um trabalhador numa loja que fabrica molduras de quadros possa pintar $y$ molduras $x$ horas após começar o trabalho às 8 horas da manhã, e

$$y = 3x + 8x^2 - x^3 \quad 0 \le x \le 4$$

Determine em que momento o trabalhador está pintando mais eficientemente; isto é, quando o trabalhador atinge o ponto de rendimento decrescente.

29. Consulte o Exercício 45 nos Exercícios 4.4. Para o produto da Ilustração 5 desta secção, suponha que para $t$ meses após 1.º de julho, até 1.º de novembro, o preço seja $P(t)$ onde

$$P(t) = 76 + t^2 - \tfrac{1}{6}t^3 \quad 0 \le t \le 4$$

(a) Faça um esboço do gráfico de $P$ em $[0, 4]$. (b) Ache o ponto de inflexão do gráfico de $P$ e mostre que neste ponto o preço está crescendo à taxa mais alta e a taxa de inflação muda de crescente para decrescente.

30. Se $f(x) = ax^3 + bx^2$, determine $a$ e $b$ de tal forma que o gráfico de $f$ tenha um ponto de inflexão em $(1, 2)$.

31. Se $f(x) = ax^3 + bx^2 + cx$, determine $a$, $b$ e $c$ de tal forma que o gráfico de $f$ tenha um ponto de inflexão em $(1, 2)$ e que a inclinação da tangente inflexional seja $-2$.

32. Se $f(x) = ax^3 + bx^2 + cx + d$, determine $a$, $b$, $c$ e $d$ de tal forma que o gráfico de $f$ tenha um extremo relativo em $(0, 3)$ e um ponto de inflexão em $(1, -1)$.

## 5.2 APLICAÇÕES AO ESBOÇO DO GRÁFICO DE UMA FUNÇÃO

Vamos aplicar as discussões das Secções 4.3, 4.4 e 5.1 ao esboço do gráfico de uma função. Se nos for dada a função $f(x)$ e quisermos esboçar o gráfico de $f$, procedemos da seguinte forma. Primeiro encontramos $f'(x)$ e $f''(x)$. A seguir os números críticos de $f$ são os valores de $x$ no domínio de $f$ para os quais ou $f'(x)$ não existe ou $f'(x) = 0$. Em seguida aplicamos o teste da derivada primeira (Teorema 4.3.2) ou o teste da derivada segunda (Teorema 4.4.1) para determinar se nos números críticos há valores máximos ou mínimos relativos, ou nenhum dos dois. Para determinar os intervalos nos quais $f$ é crescente, encontramos os valores de $x$ para os quais $f'(x)$ é positiva; os valores de $x$ para os quais $f'(x)$ é negativa fornecem os intervalos nos quais $f$ é decrescente. Para determinar os intervalos nos quais $f$ é monótona devemos verificar os números críticos nos quais $f$ não tem extremos relativos. Os valores de $x$ para os quais $f''(x) = 0$ ou $f''(x)$ não existe são possíveis candidatos a pontos de inflexão; para descobrir se são realmente pontos de inflexão devemos verificar se $f''(x)$ muda de sinal em cada um destes valores de $x$. Os valores de $x$ para os quais $f''(x)$ é positiva ou negativa nos dão os pontos onde a concavidade do gráfico é para cima ou para baixo. É útil também encontrar a inclinação de cada tangente inflexional. Sugere-se que todas as informações assim obtidas sejam resumidas numa tabela, como nos exemplos que seguem.

**EXEMPLO 1** Dada $f(x) = x^3 - 3x^2 + 3$, ache os extremos relativos de $f$; os pontos de inflexão do gráfico de $f$; os intervalos nos quais $f$ é crescente ou decrescente; onde a concavidade do gráfico está para cima e onde está para baixo; e a inclinação de cada tangente inflexional. Faça um esboço do gráfico.

**Solução** $f(x) = x^3 - 3x^2 + 3$ e $f'(x) = 3x^2 - 6x$; $f''(x) = 6x - 6$. Equacionando-se $f'(x) = 0$, obtemos $x = 0$ e $x = 2$. De $f''(x) = 0$ obtemos $x = 1$. Ao montar a tabela consideraremos os pontos $x = 0$, $x = 1$ e $x = 2$, bem como os intervalos excluindo-se estes valores de $x$:

$$x < 0 \quad 0 < x < 1 \quad 1 < x < 2 \quad 2 < x$$

**Tabela 5.2.1**

|           | $f(x)$ | $f'(x)$ | $f''(x)$ | Conclusão |
|-----------|--------|---------|----------|-----------|
| $x < 0$   |        | +       | −        | $f$ é crescente; o gráfico é côncavo para baixo |
| $x = 0$   | 3      | 0       | −        | $f$ tem um valor máximo relativo; o gráfico é côncavo para baixo |
| $0 < x < 1$ |      | −       | −        | $f$ é decrescente; o gráfico é côncavo para baixo |
| $x = 1$   | 1      | −3      | 0        | $f$ é decrescente; o gráfico tem um ponto de inflexão |
| $1 < x < 2$ |      | −       | +        | $f$ é decrescente; o gráfico é côncavo para cima |
| $x = 2$   | −1     | 0       | +        | $f$ tem um valor mínimo relativo; o gráfico é côncavo para cima |
| $2 < x$   |        | +       | +        | $f$ é crescente; o gráfico é côncavo para cima |

Usando as informações da Tabela 5.2.1 e marcando alguns pontos, obtemos um esboço do gráfico que está na Figura 5.2.1.

**EXEMPLO 2** Dada

$$f(x) = \frac{x^2 + 4}{x} \qquad (1)$$

ache os extremos relativos de $f$; os pontos de inflexão do gráfico de $f$; os intervalos nos quais $f$ é crescente ou decrescente; onde a concavidade do gráfico está para cima e onde está para baixo; e a inclinação de cada tangente inflexional. Faça um esboço do gráfico.

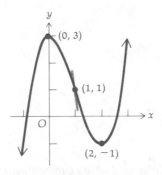

**Figura 5.2.1**

**Solução**

$$f(x) = \frac{x^2 + 4}{x}$$

$$f'(x) = \frac{2x(x) - 1(x^2 + 4)}{x^2} = \frac{x^2 - 4}{x^2}$$

$$f''(x) = \frac{2x(x^2) - 2x(x^2 - 4)}{x^4} = \frac{8}{x^3}$$

Equacionando $f'(x) = 0$ obtemos $x = \pm 2$; $f''(x)$ não se anula nunca. Para a Tabela 5.2.2 consideraremos os pontos nos quais $x = \pm 2$, e observamos que 0 não está no domínio de $f$. Também para a tabela, vamos considerar os intervalos, excluindo $\pm 2$ e 0:

$x < -2 \quad -2 < x < 0 \quad 0 < x < 2 \quad 2 < x$

**Tabela 5.2.2**

| | $f(x)$ | $f'(x)$ | $f''(x)$ | Conclusão |
|---|---|---|---|---|
| $x < -2$ | | $+$ | $-$ | $f$ é crescente; o gráfico é côncavo para baixo |
| $x = -2$ | $-4$ | $0$ | $-$ | $f$ tem um valor máximo relativo; o gráfico é côncavo para baixo |
| $-2 < x < 0$ | | $-$ | $-$ | $f$ é decrescente; o gráfico é côncavo para baixo |
| $x = 0$ | | não existem | | |
| $0 < x < 2$ | | $-$ | $+$ | $f$ é decrescente; o gráfico é côncavo para cima |
| $x = 2$ | $4$ | $0$ | $+$ | $f$ tem um valor mínimo relativo; o gráfico é côncavo para cima |
| $2 < x$ | | $+$ | $+$ | $f$ é crescente; o gráfico é côncavo para cima |

Observe que

$$\lim_{x \to 0^-} f(x) = \lim_{x \to 0^-} \frac{x^2 + 4}{x} = -\infty$$

e

$$\lim_{x \to 0^+} f(x) = \lim_{x \to 0^+} \frac{x^2 + 4}{x} = +\infty$$

Com estes fatos e aqueles da Tabela 5.2.2, e colocando alguns pontos, obtemos o esboço do gráfico de $f$ na Figura 5.2.2.

Aplicações ao Esboço do Gráfico de uma Função **187**

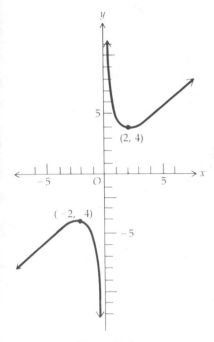

Figura 5.2.2

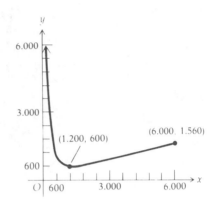

Figura 5.2.3

ILUSTRAÇÃO 1

A Equação (1), definindo a função do Exemplo 2, pode ser escrita como

$$f(x) = \frac{4}{x} + x \qquad (2)$$

Uma função definida por uma equação similar a (2) aparece em problemas de controle de estoque, discutidos na Secção 4.5. No Exemplo 5 daquela secção tínhamos a função $C$ definida por

$$C(x) = \frac{360.000}{x} + \frac{1}{4}x \qquad x \in (0, 6.000] \qquad (3)$$

onde $C(x)$ é o custo mensal total de uma companhia relativo à obtenção e armazenamento do estoque quando $x$ itens são produzidos em cada lote. Observe a semelhança entre as Equações (2) e (3). Na solução do Exemplo 5 da Secção 4.5 determinamos que $C$ tem um valor mínimo relativo em $x = 1.200$. Um esboço do gráfico de $C$ está na Figura 5.2.3. Observe a similaridade entre o gráfico da Figura 5.2.3 e o primeiro quadrante do gráfico da Figura 5.2.2. •

**EXEMPLO 3** Dada $f(x) = 5x^{2/3} - x^{5/3}$, ache os extremos relativos de $f$; os pontos de inflexão do gráfico de $f$; os intervalos nos quais $f$ é crescente ou decrescente; onde a concavidade do gráfico está para cima e onde está para baixo; e a inclinação de cada tangente inflexional. Faça um esboço do gráfico.

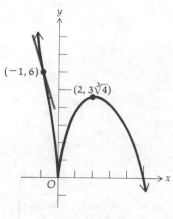

**Figura 5.2.4**

**Solução**

$f(x) = 5x^{2/3} - x^{5/3}$
$f'(x) = \frac{10}{3}x^{-1/3} - \frac{5}{3}x^{2/3}$
$f''(x) = -\frac{10}{9}x^{-4/3} - \frac{10}{9}x^{-1/3}$

$f'(x)$ não existe quando $x = 0$. Equacionando $f'(x) = 0$ obtemos $x = 2$. Logo, os números críticos de $f$ são $0$ e $2$. $f''(x)$ não existe quando $x = 0$.

De $f''(x) = 0$ obtemos $x = -1$. Ao construir a tabela, consideraremos os pontos nos quais $x = -1$, $x = 0$ e $x = 2$, e os seguintes intervalos:

$x < -1 \qquad -1 < x < 0 \qquad 0 < x < 2 \qquad 2 < x$

Um esboço do gráfico, a partir das informações da Tabela 5.2.3 e da marcação de alguns pontos, está na Figura 5.2.4.

**Tabela 5.2.3**

|  | $f(x)$ | $f'(x)$ | $f''(x)$ | Conclusão |
|---|---|---|---|---|
| $x < -1$ |  | − | + | $f$ é decrescente; o gráfico é côncavo para cima |
| $x = -1$ | 6 | −5 | 0 | $f$ é decrescente; o gráfico tem um ponto de inflexão |
| $-1 < x < 0$ |  | − | − | $f$ é decrescente; o gráfico é côncavo para baixo |
| $x = 0$ | 0 | não existem |  | $f$ tem um valor mínimo relativo |
| $0 < x < 2$ |  | + | − | $f$ é crescente; o gráfico é côncavo para baixo |
| $x = 2$ | $3\sqrt[3]{4} = 4,8$ | 0 | − | $f$ tem um valor máximo relativo; o gráfico é côncavo para baixo |
| $2 < x$ |  | − | − | $f$ é decrescente; o gráfico é côncavo para baixo |

## Exercícios 5.2

Para cada uma das funções nos Exercícios de 1 a 24, ache os extremos relativos de $f$; os pontos de inflexão do gráfico de $f$; os intervalos nos quais $f$ é crescente ou decrescente; onde a concavidade do gráfico está para cima e onde está para baixo; e a inclinação de cada tangente inflexional. Faça um esboço do gráfico.

1. $f(x) = 2x^3 - 6x + 1$
2. $f(x) = x^3 + x^2 - 5x$
3. $f(x) = x^4 - 2x^3$
4. $f(x) = 3x^4 + 2x^3$
5. $f(x) = x^3 + 5x^2 + 3x - 4$
6. $f(x) = 2x^3 - \frac{1}{2}x^2 - 12x + 1$
7. $f(x) = x^4 - 3x^3 + 3x^2 + 1$
8. $f(x) = x^4 - 4x^3 + 16x$
9. $f(x) = \frac{1}{4}x^4 - \frac{1}{3}x^3 - x^2 + 1$
10. $f(x) = \frac{1}{4}x^4 - x^3$
11. $f(x) = \frac{1}{2}x^4 - 2x^3 + 3x^2 + 2$
12. $f(x) = 3x^4 + 4x^3 + 6x^2 - 4$
13. $f(x) = (x + 1)^3(x - 2)^2$
14. $f(x) = x^2(x + 4)^3$
15. $f(x) = 3x^5 + 5x^4$
16. $f(x) = 3x^5 + 5x^3$
17. $f(x) = \dfrac{x^2 + 1}{x}$
18. $f(x) = x + \dfrac{9}{x}$
19. $f(x) = \dfrac{x^2}{x - 1}$
20. $f(x) = \dfrac{2x}{x^2 + 1}$
21. $f(x) = 3x^{2/3} - 2x$
22. $f(x) = x^{1/3} + 2x^{4/3}$
23. $f(x) = 3x^{4/3} - 4x$
24. $f(x) = 3x^{1/3} - x$

25. Consulte o Exercício 31 nos Exercícios 4.5. Um fabricante de mesas tem um contrato para fornecer 3.000 mesas por ano a uma taxa uniforme. O custo para se começar um lote de produção é $96, e o custo de armazenamento anual é $40 por mesa. O excesso de mesas é armazenado até a entrega, a produção é instantânea e a escassez não é permitida. Se $C(x)$ é o custo anual total de obtenção e armazenamento do estoque quando são produzidas $x$ unidades em cada lote, faça um esboço do gráfico de $C$.

26. Consulte o Exercício 32 nos Exercícios 4.5. Uma firma tem um contrato para fornecer diariamente 5 unidades de certo produto. O custo para se começar um lote de produção é $250, e o custo diário de armazenamento de cada unidade é $1. Suponha que a produção seja instantânea e que não haja escassez. Se $C(x)$ é o custo total diário de obtenção e armazenamento do estoque quando $x$ unidades são produzidas em cada lote, faça um esboço do gráfico de $C$.

## 5.3 GRÁFICOS DE FUNÇÕES EM ECONOMIA

Na Secção 3.1 discutimos as funções custo total, custo marginal e custo médio, mas o tratamento dos gráficos dessas funções foi adiado até agora para empregarmos os métodos de esboçar gráficos apresentados neste capítulo. Sugere-se que você reveja as definições dessas funções na Secção 3.1.

Seja $C$ a função custo total, de forma que $C(x)$ é o custo total da produção de $x$ unidades de um produto. Em situações normais $x$ e $C(x)$ são não negativas. Além disso, para que $C$ seja uma função contínua, vamos supor que $x$ seja um número real não negativo. Acrescente-se a isto que certas restrições econômicas precisam ser impostas a $C$, tais como:

1. $C(0) \geq 0$. Isto é, quando não se está produzindo nada, o custo total deve ser positivo ou zero. $C(0)$ é chamado *custo indireto* (*ou fixo*) *de fabricação*.
2. $C'(x) > 0$ para todo $x$. Isto é, o custo total deve crescer quando o número de unidades produzidas cresce.
3. $C''(x) \geq 0$ para $x$ maior do que um certo número positivo $N$. Quando o número de unidades produzidas é grande, o custo marginal será crescente ou nulo. Assim sendo, salvo quando $C''(x) = 0$, o gráfico da função custo total é côncavo para cima para $x > N$. Contudo, o custo marginal pode decrescer para alguns valores de $x$; logo, para esses valores de $x$, $C''(x) < 0$, e, assim sendo, para estes valores de $x$ o gráfico da função custo total será côncavo para baixo (veja o Exemplo 2).

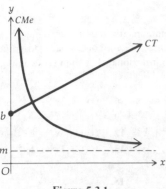
Figura 5.3.1

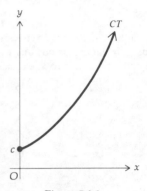
Figura 5.3.2

• ILUSTRAÇÃO 1

Consideremos uma função custo total linear.

$C(x) = mx + b$

Observe que $b$ representa o custo fixo. O custo marginal é dado por $C'(x) = m$. Se $Q$ é a função custo médio,

$$Q(x) = m + \frac{b}{x}$$

e

$$Q'(x) = -\frac{b}{x^2}$$

Consulte a Figura 5.3.1 para esboços da curva de custo total (denominada $CT$) e curva de custo médio (denominada $CMe$). A curva de custo total é um segmento de reta no primeiro quadrante, com inclinação $m$ e o intercepto $y$, $b$. A curva de custo médio é um ramo de uma hipérbole eqüilátera no primeiro quadrante que tem por assíntota horizontal a reta $y = m$. Como $Q'(x)$ é sempre negativa, a função custo médio é sempre decrescente, e enquanto $x$ cresce o valor de $Q(x)$ chega cada vez mais perto de $m$. O conceito de custo médio aproximando-se de uma constante ocorre freqüentemente em situações de produção em larga escala, onde o número de unidades produzidas é muito grande.

• ILUSTRAÇÃO 2

Suponhamos que $C$ seja uma função custo total quadrática e

$C(x) = ax^2 + bx + c$

onde $a$ e $c$ são positivas. Aqui $c$ é o custo fixo. A curva de custo total é uma parábola abrindo para cima. Como $C'(x) = 2ax + b$, um número crítico é $-b/2a$, que dá o vértice da parábola. Distinguimos dois casos: $b \geq 0$ e $b < 0$.

*Caso 1*: $b \geq 0$. $-b/2a$ é então negativo ou nulo e o vértice da parábola está à esquerda ou sobre o eixo $y$. Logo, o domínio de $C$ é o conjunto de todos os números não negativos. Um esboço da $CT$ para a qual $b > 0$ está na Figura 5.3.2.

Gráficos de Funções em Economia   **191**

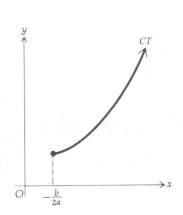

Figura 5.3.3

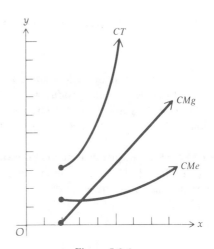

Figura 5.3.4

*Caso 2*: $b < 0$. $-b/2a$ é positivo; assim, o vértice da parábola está à direita do eixo $y$, e o domínio de $C$ está restrito aos números no intervalo $[-b/2a, +\infty)$. Um esboço da $CT$ para a qual $b < 0$ está na Figura 5.3.3. •

**EXEMPLO 1**  Suponha que $100\,C(x)$ seja o custo total de produção de $100x$ unidades de um produto, e $C(x) = \frac{1}{2}x^2 - 2x + 5$. Ache as funções (a) custo médio e (b) custo marginal. (c) Ache o custo unitário médio mínimo absoluto. (d) Faça esboços das curvas de: custo total, custo médio, e custo marginal no mesmo conjunto de eixos.

**Solução**  $C(x) = \frac{1}{2}x^2 - 2x + 5$.

(a) Se $Q$ é a função custo médio, $Q(x) = C(x)/x$. Assim,

$$Q(x) = \frac{1}{2}x - 2 + \frac{5}{x}$$

(b) A função custo marginal é $C'$, e

$$C'(x) = x - 2$$

(c) Calculamos $Q'(x)$ e $Q''(x)$.

$$Q'(x) = \frac{1}{2} - \frac{5}{x^2} \qquad Q''(x) = \frac{10}{x^3}$$

Equacionando $Q'(x) = 0$ obtemos $\sqrt{10}$ como um número crítico de $Q$, e $Q(\sqrt{10}) = \sqrt{10} - 2 = 1,16$. Como $Q''(\sqrt{10}) > 0$, $Q$ tem um valor mínimo relativo de 1,16 em $x = \sqrt{10}$. Da equação que define $Q(x)$ vemos que $Q$ é contínua em $(0, +\infty)$. Como o único extremo relativo de $Q$ em $(0, +\infty)$ é em $x = \sqrt{10}$, segue do Teorema 4.5.1 (ii) que $Q$ aí apresenta um valor mínimo absoluto. Quando $x = \sqrt{10} = 3,16$, $100x = 316$; assim concluímos que o custo unitário médio mínimo absoluto é $\$1,16$ quando 316 unidades são produzidas.

Os esboços das curvas $CT$, $CMe$ e $CMg$ (curva de custo marginal) estão na Figura 5.3.4.

Na Figura 5.3.4, observe que o ponto mais baixo na curva $CMe$ é o ponto de intersecção das curvas $CMe$ e $CMg$, isto é, onde o custo médio e marginal são iguais. A situação ocorre porque ali $Q'(x) = 0$. Como $Q(x) = C(x)/x$, então

$$Q'(x) = \frac{xC'(x) - C(x)}{x^2}$$

Assim, $Q'(x) = 0$ quando $xC'(x) - C(x) = 0$ ou, equivalentemente, quando

$$C'(x) = \frac{C(x)}{x}$$

Você deve notar o significado econômico disso: quando o custo marginal e médio são iguais, a mercadoria está sendo produzida ao mais baixo custo unitário médio.

O exemplo seguinte, envolvendo uma função custo cúbica, ilustra o caso no qual a concavidade do gráfico da função custo total muda.

**EXEMPLO 2** Faça um esboço do gráfico da função custo total $C$ para a qual $C(x) = x^3 - 6x^2 + 13x + 1$. Determine onde o gráfico é côncavo para cima e para baixo. Ache os pontos de inflexão e as equações de cada tangente inflexional. Desenhe um segmento da tangente inflexional.

**Solução**

$C(x) = x^3 - 6x^2 + 13x + 1$
$C'(x) = 3x^2 - 12x + 13$
$C''(x) = 6x - 12$

$C'(x)$ pode ser escrita como $3(x - 2)^2 + 1$. Logo, $C'(x) > 0$ para todo $x$. $C''(x) = 0$ quando $x = 2$. Para determinar a concavidade do gráfico nos intervalos $(0, 2)$ e $(2, +\infty)$ e se o gráfico tem um ponto de inflexão em $x = 2$, usamos as informações da Tabela 5.3.1.

**Tabela 5.3.1**

|  | $C(x)$ | $C'(x)$ | $C''(x)$ | Conclusão |
|---|---|---|---|---|
| $0 < x < 2$ |  | + | − | $C$ é crescente; o gráfico é côncavo para baixo |
| $x = 2$ | 11 | 1 | 0 | o gráfico tem um ponto de inflexão |
| $2 < x$ |  | + | + | $C$ é crescente; o gráfico é côncavo para cima |

Uma equação da tangente inflexional é

$y - 11 = 1(x - 2)$

$x - y + 9 = 0$

Um esboço do gráfico da função custo total junto com um segmento da tangente inflexional está na Figura 5.3.5.

Recordando as Secções 1.6 e 3.1, a equação de demanda fornece a relação entre $p$ e $x$, onde $x$ unidades de um certo produto são demandadas quando $p$ é o preço de uma unidade. Se a equação de demanda é resolvida em $p$, obtemos

$p = f(x)$

onde $f$ é a função preço, e, se resolvida em $x$, temos

$x = g(p)$

onde $g$ é a função de demanda. Ambos $x$ e $p$ são não negativos, e as funções $f$ e $g$ são, por hipótese, contínuas.

Gráficos de Funções em Economia    193

Figura 5.3.5

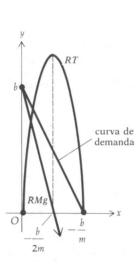
Figura 5.3.6

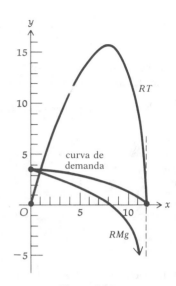
Figura 5.3.7

A não ser que a demanda seja constante, ambas as funções preço e de demanda são decrescentes, pois se $p_1$ e $p_2$ são os preços de $x_1$ e $x_2$ unidades, respectivamente, de um produto, então $x_2 > x_1$ se e somente se $p_2 > p_1$.

• ILUSTRAÇÃO 3

Se a equação de demanda é linear (e a demanda não é constante), então

$$p = mx + b \qquad 0 \le x \le -\frac{b}{m} \tag{1}$$

onde $m < 0$, pois a função preço é decrescente, e $b > 0$. A função receita total $R$ é dada por $R(x) = px$, assim

$$R(x) = mx^2 + bx \tag{2}$$

A função receita marginal é $R'$, e

$$R'(x) = 2mx + b \tag{3}$$

Além disso,

$$R''(x) = 2m \tag{4}$$

A curva de demanda, dada por (1), e a curva de receita marginal, dada por (3), têm o mesmo intercepto $y$, $b$, e para valores de $x \ne 0$ a curva de receita marginal está abaixo da curva de demanda. De (3) vemos que se $R'(x) = 0$, $x = -b/2m$, que é um número positivo. De (4) segue que $R''(x)$ é sempre negativa, logo $R$ tem um valor máximo relativo quando $x = -b/2m$. Este valor máximo relativo de $R$ é um valor máximo absoluto no intervalo $[0, -b/m]$. Assim, vemos que a curva de receita marginal intercepta o eixo $x$ no ponto cuja abscissa é o valor de $x$ para o qual a receita total é máxima, e a curva de demanda intercepta o eixo $x$ no ponto cuja abscissa é duas vezes aquele valor. Consulte a Figura 5.3.6.    •

O Exemplo 3 da Secção 3.1 é um caso particular da situação descrita na Ilustração 3. Um caso onde a equação de demanda é não linear é apresentado no seguinte exemplo:

**EXEMPLO 3** A curva de demanda para um dado produto é

$$p^2 + x - 12 = 0$$

Ache a função receita total e a função receita marginal. Faça esboços das curvas de demanda, receita total e receita marginal no mesmo conjunto de eixos.

**Solução** Resolvendo a equação de demanda em $p$, obtemos $p = \pm\sqrt{12-x}$. Como $R(x) = px$ e $p \geq 0$, temos

$$R(x) = x\sqrt{12-x}$$

e

$$R'(x) = \sqrt{12-x} - \frac{x}{2\sqrt{12-x}}$$

$$R''(x) = \frac{24 - 3x}{2\sqrt{12-x}}$$

Equacionando $R'(x) = 0$, obtemos $x = 8$. Usando as informações na Tabela 5.3.2 vemos que os esboços pedidos estão feitos na Figura 5.3.7.

**Tabela 5.3.2**

| $x$ | $p$ | $R(x)$ | $R'(x)$ |
|---|---|---|---|
| 0 | $\sqrt{12}$ | 0 | $\sqrt{12}$ |
| 3 | 3 | 9 | $\frac{5}{2}$ |
| 8 | 2 | 16 | 0 |
| 11 | 1 | 11 | $-\frac{9}{2}$ |
| 12 | 0 | 0 | não existe |

## Exercícios 5.3

1. O custo total da produção de $x$ unidades de um produto é dado por $C(x) = x^2 + 4x + 8$. Ache (a) a função custo médio e (b) a função custo marginal. (c) Ache o custo unitário médio mínimo absoluto. (d) Faça esboços das curvas de custo total, custo médio e custo marginal no mesmo conjunto de eixos. Observe que o custo médio e o custo marginal são iguais quando o custo médio assume o seu menor valor.

2. O custo total da produção de $x$ unidades de um produto é dado por $C(x) = 3x^2 + x + 3$. Ache (a) a função custo médio e (b) a função custo marginal. (c) Ache o custo unitário médio mínimo absoluto. (d) Faça esboços das curvas de custo total, custo médio e custo marginal no mesmo conjunto de eixos. Observe que o custo médio e o custo marginal são iguais quando o custo médio assume o seu menor valor.

3. Se $C(x)$ é o custo total da produção de $x$ unidades de um produto e $C(x) = 3x^2 - 6x + 4$, ache (a) a função custo médio e (b) a função custo marginal. (c) Qual é a imagem de $C$? (d) Ache o custo unitário médio mínimo absoluto. (c) Faça esboços das curvas de custo total, custo médio e custo marginal no mesmo conjunto de eixos. Observe que o custo médio e o custo marginal são iguais quando o custo médio assume o seu menor valor.

4. O custo total da produção de $x$ unidades de um produto é $C(x) = 2x^2 - 8x + 18$. Ache (a) o domínio e a imagem de $C$, (b) a função custo médio, (c) o custo unitário médio mínimo absoluto, e (d) a função custo marginal. (e) Trace as curvas de custo total, custo médio e custo marginal no mesmo conjunto de eixos.

Elasticidade-Preço da Demanda    **195**

5. A função custo total é dada por $C(x) = \frac{1}{3}x^3 - 2x^2 + 5x + 2$. (a) Determine a imagem de $C$. (b) Ache a função custo marginal. (c) Ache os intervalos nos quais a função custo marginal é crescente e decrescente. (d) Faça um esboço do gráfico da função $C$; determine onde a concavidade do gráfico é para cima e onde é para baixo, ache os pontos de inflexão e a equação de cada tangente inflexional.
6. O custo total de produção de $x$ vasilhas por dia numa certa fábrica é $C(x) = 4x + 500$. Ache (a) a função custo médio e (b) a função custo marginal. (c) Mostre que não há um custo unitário médio mínimo absoluto. (d) Qual o menor número de vasilhas que a fábrica precisa produzir diariamente, de tal forma que o custo médio por vasilha seja menor do que $ 7? (e) Faça esboços das curvas de custo total, custo médio e custo marginal no mesmo conjunto de eixos.
7. O custo fixo de uma fábrica de brinquedos é $ 400 por semana, e os outros custos somam $ 3 por brinquedo produzido. Ache (a) a função custo total, (b) a função custo médio, e (c) a função custo marginal. (e) Mostre que não há um custo unitário mínimo absoluto. (c) Qual é o menor número de brinquedos produzidos para que o custo médio por brinquedo seja menor do que $ 3,42? (f) Faça esboços dos gráficos de (a), (b) e (c) no mesmo conjunto de eixos.
8. A equação de demanda para um dado produto é $px^2 + 9p = 18$, onde $100x$ unidades são demandadas quando o preço unitário é $p$. Ache (a) a função receita total e (b) a função receita marginal. (c) Ache a receita total máxima absoluta.
9. Siga as instruções do Exercício 8 se a equação de demanda for $x^2 + p^2 = 36$.
10. Faça o Exercício 8 se $(p + 4)(x + 3) = 48$ for a equação de demanda.
11. A receita total de venda de $x$ carteiras é $R(x)$ e $R(x) = 200x - \frac{1}{3}x^2$. Ache (a) a equação de demanda e (b) a função receita marginal. (c) Ache a receita total máxima absoluta. (d) Faça esboços das curvas de demanda, receita total e receita marginal no mesmo conjunto de eixos.
12. Se $R(x)$ é a receita total de venda de $x$ televisores e $R(x) = 600x - \frac{1}{20}x^3$, ache (a) a equação de demanda e (b) a função receita marginal. (c) Ache a receita total máxima absoluta. (d) Faça esboços das curvas de demanda, receita total e receita marginal no mesmo conjunto de eixos.
13. $R(x)$ é a receita obtida quando $x$ unidades de um produto são demandadas e $R(x) = 30 + 50\sqrt{x+1}$, onde $x$ está em [3, 24]. Ache (a) a equação de demanda e (b) a função receita marginal. (c) Ache a receita total máxima absoluta. (d) Faça esboços das curvas de demanda, receita total e receita marginal no mesmo conjunto de eixos.
14. A receita total obtida com a venda de $x$ unidades de um produto é $R(x)$ e $R(x) = 20 + 30\sqrt{x-1}$, onde $x$ está em [2, 17]. Ache (a) a equação de demanda e (b) a função receita marginal. (c) Ache a receita total máxima absoluta. (d) Faça esboços das curvas de demanda, receita total e receita marginal no mesmo conjunto de eixos.

## 5.4 ELASTICIDADE-PREÇO DA DEMANDA

Consideremos uma equação de demanda envolvendo $p$ e $x$, onde $p$ é o preço unitário de certo produto para o qual $x$ unidades são demandadas àquele preço. Se a equação de demanda for resolvida em $x$, obtemos a função de demanda $g$ dada por

$$x = g(p)$$

Assumimos que $p$ é um número real não negativo e que a função de demanda é contínua.

Se $p$ muda por uma quantia $\Delta p$, então $x$ muda por uma quantidade $\Delta x$. A variação relativa em $p$ é, então, $\Delta p/p$ e a variação relativa em $x$ é $\Delta x/x$. A variação relativa média em $x$ (a quantidade demandada) por unidade de variação relativa em $p$ (o preço) é dada por

$$\frac{\Delta x}{x} \div \frac{\Delta p}{p} \qquad (1)$$

ou, equivalentemente,

$$\frac{p}{x} \cdot \frac{\Delta x}{\Delta p} \qquad (2)$$

Como $\Delta x = g(p + \Delta p) - g(p)$, (2) pode ser reescrita como

$$\frac{p}{x} \cdot \frac{g(p + \Delta p) - g(p)}{\Delta p}$$

Fazendo o limite da expressão acima quando $\Delta p$ se aproxima de zero temos, se $g'(p)$ existe,

$$\lim_{\Delta p \to 0} \frac{p}{x} \cdot \frac{g(p + \Delta p) - g(p)}{\Delta p} = \frac{p}{x} \cdot g'(p)$$

Mostramos que o limite do quociente (1) pode ser expresso como

$$\frac{p}{x} \cdot \frac{dx}{dp}$$

Este limite dá a variação percentual aproximada na demanda que corresponde a uma variação de 1% no preço. Ele é chamado *elasticidade-preço da demanda* e denotada pela letra grega $\eta$. A seguir está a definição formal.

Definição de elasticidade-preço da demanda

A **elasticidade-preço da demanda** dá a variação percentual aproximada na demanda que corresponde à variação de 1% no preço. Se a equação de demanda é $x = g(p)$ e $\eta$ é a elasticidade-preço da demanda, então

$$\eta = \frac{p}{x} \cdot \frac{dx}{dp} \tag{3}$$

Como a função de demanda é decrescente, $\dfrac{dx}{dp} < 0$, e, se $p \neq 0$, $\eta$ é negativo. Naturalmente se $x = 0$, $\eta$ não está definida.

**EXEMPLO 1** A equação de demanda para certo produto é

$$x = 18 - 2p^2$$

onde $x$ unidades são demandadas quando $p$ é o preço unitário. (a) Ache o decréscimo relativo na demanda quando o preço de 1 unidade é aumentado de $ 2 para $ 2,06. (b) Use o resultado da parte (a) para obter uma aproximação da elasticidade-preço da demanda em $p = 2$. (a) Ache exatamente a elasticidade-preço da demanda em $p = 2$ e interprete o resultado.

**Solução** (a) Quando $p = 2$, $x = 10$. Quando $p = 2,06$,

$$x = 18 - 2(2,06)^2$$
$$= 9,51$$

O decréscimo em $x$, então, é 0,49, e o decréscimo relativo em $x$ é $0,49/10 = 0,049 = 4,9\%$.

(b) Na parte (a), $p$ foi aumentado de $ 2 para $ 2,06, que representa um acréscimo de 3%. Assim, um aumento de 3% em $p$ causa um decréscimo em $x$ de 4,9%. Assim, uma aproximação da elasticidade-preço da demanda em $p = 2$ é

$$\frac{-4,9}{3} = -1,63$$

(c) A elasticidade-preço da demanda é, da Fórmula (3),

$$\eta = \frac{p}{x} \frac{dx}{dp} = \frac{p}{x}(-4p) = -\frac{4p^2}{x}$$

Assim, quando $p = 2$ e $x = 10$,

$$\eta = -\frac{4(2)^2}{10} = -1,60$$

Ao interpretarmos o resultado de $\eta = -1,60$ em $p = 2$ acreditamos que este significa que quando o preço unitário é $ 2, um acréscimo de 1% no preço unitário irá causar um decréscimo aproximado de 1,60% na demanda (ou um decréscimo de 1% no preço unitário irá causar um aumento aproximado de 1,60% na demanda).

**EXEMPLO 2** A equação de demanda de um determinado doce é

$$x = 960 - 31p + \tfrac{1}{4}p^2$$

onde $p$ é o preço unitário e $1.000x$ doces são demandados por semana àquele preço. (a) Ache a elasticidade-preço da demanda quando $p = 50$. (b) Se o preço de $ 0,50 é aumentado em 2%, qual a variação aproximada na demanda semanal?

**Solução** (a) Quando $p = 50$, $x = 35$. Como

$$x = 960 - 31p + \tfrac{1}{4}p^2$$

então

$$\frac{dx}{dp} = -31 + \tfrac{1}{2}p$$

Então

$$\left.\frac{dx}{dp}\right]_{p=50} = -31 + 25 = -6$$

Da Fórmula (3), quando $p = 50$, obtemos para a elasticidade-preço da demanda

$$\eta = \tfrac{50}{35}(-6) = -8,57$$

Esta resposta significa que quando o preço por doce é $ 0,50, o aumento de 1% no preço causará um decréscimo aproximado de 8,57% na demanda semanal.

(b) Se o preço de $ 0,50 é acrescido em 2%, há um decréscimo aproximado de 17,14% na demanda semanal.

**EXEMPLO 3** Suponha que $1.000x$ pacotes de café sejam demandados quando o preço por pacote é $p$, e

$$x = 25 - p^2$$

(a) Ache a elasticidade-preço da demanda quando o preço de um pacote é $ 3,50. (b) Que porcentagem de decréscimo no preço resultaria num aumento percentual de aproximadamente 5% na demanda?

**Solução** (a) Como $x = 25 - p^2$, então

$$\frac{dx}{dp} = -2p$$

Computamos a elasticidade-preço da demanda usando a Fórmula (3), e temos

$$\eta = \frac{p}{x}\frac{dx}{dp} = \frac{p}{x}(-2p) = -\frac{2p^2}{x}$$

Quando $p = 3{,}50$, $x = 25 - (3{,}50)^2 = 12{,}75$. Então, quando $p = 3{,}50$,

$$\eta = -\frac{2(3{,}50)^2}{12{,}75} = -1{,}92$$

(b) Do resultado da parte (a), o decréscimo de 1% no preço unitário causaria um acréscimo aproximado de 1,92% na demanda. Como $5/1{,}92 = 2{,}60$, segue que um decréscimo de 2,6% no preço de um pacote de café causaria um aumento aproximado de 5% na demanda.

Algumas propriedades interessantes da função receita total podem ser obtidas da elasticidade-preço da demanda. Se $R$ é a função receita total, $R(x)$ é a receita total para uma demanda de $x$ unidades ao preço unitário de $p$, e

$$R(x) = xp \qquad (4)$$

onde $x$ é uma função de $p$ (lembre-se de que a equação de demanda é $x = g(p)$). Agora diferenciamos implicitamente em relação a $p$ em ambos os lados da Equação (4), obtendo

$$D_x R(x) \cdot \frac{dx}{dp} = x + p\frac{dx}{dp} \qquad (5)$$

Dividimos ambos os lados de (5) por $\frac{dx}{dp}$ e obtemos

$$D_x R(x) = \frac{x}{\frac{dx}{dp}} + p$$

ou, equivalentemente,

$$D_x R(x) = p\left(1 + \frac{x}{p} \cdot \frac{1}{\frac{dx}{dp}}\right) \qquad (6)$$

Como

$$\eta = \frac{p}{x}\frac{dx}{dp}$$

então

$$\frac{1}{\eta} = \frac{x}{p} \cdot \frac{1}{\frac{dx}{dp}} \qquad (7)$$

Substituindo (7) em (6), e $D_x R(x)$ por $R'(x)$, temos

$$\boxed{R'(x) = p\left(1 + \frac{1}{\eta}\right)} \qquad (8)$$

Da Equação (8) podemos tirar as seguintes conclusões (tenha em mente que $\eta$ é negativo).

(i) Se $|\eta| > 1$, então para uma dada demanda e preço, um decréscimo no preço resulta em um maior aumento relativo na quantidade demandada. Diz-se que a demanda é **elástica**. Além disso, a receita marginal é positiva e, assim, a receita total aumenta quando o preço diminui; logo, a demanda aumenta.

(ii) Se $|\eta| = 1$, então para uma dada demanda e preço, um decréscimo no preço resulta no mesmo aumento relativo na quantidade demandada, e diz-se que a demanda é **unitária**. Além disso, a receita marginal é zero e, assim, a receita total tem um extremo (usualmente um máximo).

(iii) Se $|\eta| < 1$, então para uma dada demanda e preço, um decréscimo no preço resulta em um menor aumento relativo na quantidade demandada. Diz-se que a demanda é **inelástica**. Além disso, a receita marginal é negativa e, assim, a receita total decresce quando o preço decresce; logo, a demanda cresce.

Observe da conclusão (i) que se $|\eta| > 1$ (isto é, se a demanda é elástica), então a receita total pode ser aumentada diminuindo-se o preço.

Enquanto a demanda aumenta, com um decréscimo no preço, o valor absoluto da elasticidade-preço da demanda decresce continuamente para valores maiores do que 1, quando a demanda é pequena, e para valores menores do que 1, quando a demanda é grande. Quando a demanda aumenta, ela se torna mais inelástica. Das conclusões (i)−(iii) vemos que a receita total aumenta ou diminui à medida que a demanda aumenta em resposta a um decréscimo no preço, conforme ela seja elástica ou inelástica. De início, a receita total aumenta à medida que o preço diminui e a demanda aumenta ($|\eta| > 1$), então atinge um valor máximo absoluto para uma demanda particular (quando $|\eta| = 1$) e finalmente diminui à medida que a demanda aumenta mais adiante ($|\eta| < 1$). Veja a Figura 5.4.1.

**EXEMPLO 4** Para a equação de demanda do Exemplo 1, determine os valores de $x$ para os quais a demanda é (a) elástica, (b) unitária e (c) inelástica. (d) Ache as funções receita total e receita marginal e mostre que (8) é válida. (e) Faça um esboço do gráfico da função receita total e mostre onde $|\eta| > 1$, $|\eta| = 1$ e $|\eta| < 1$.

**Solução** No Exemplo 1 a equação de demanda é
$$x = 18 - 2p^2$$
e
$$\eta = -\frac{4p^2}{x} = \frac{2x - 36}{x}$$

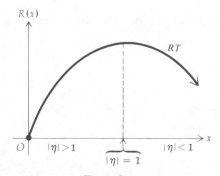

**Figura 5.4.1**

Como $x$ e $p$ devem ser não negativos, segue que $x$ está no intervalo $[0, 18]$ e $p$ está em $[0, 3]$ (naturalmente $\eta$ não existe quando $x = 0$). Logo

$$|\eta| = \frac{36 - 2x}{x}$$

(a) A demanda é elástica quando $|\eta| > 1$, isto é, quando

$$\frac{36 - 2x}{x} > 1 \quad \text{e} \quad x \in (0, 18]$$

ou, equivalentemente, quando

$$36 - 2x > x \quad \text{e} \quad x \in (0, 18]$$

ou ainda, quando

$$0 < x < 12$$

(b) A demanda é unitária quando $|\eta| = 1$, isto é, quando

$$\frac{36 - 2x}{x} = 1$$

ou, equivalentemente,

$$x = 12$$

(c) A demanda é inelástica quando $|\eta| < 1$, isto é, quando

$$\frac{36 - 2x}{x} < 1 \quad \text{e} \quad x \in (0, 18]$$

ou, equivalentemente, quando

$$12 < x \leq 18$$

(d) Resolvemos a equação de demanda em $p$ e obtemos, como $p \geq 0$,

$$p = \sqrt{9 - \tfrac{1}{2}x} \tag{9}$$

Se $R$ é a função receita total,

$$R(x) = x\sqrt{9 - \tfrac{1}{2}x} \tag{10}$$

$R'$ é a função receita marginal e

$$R'(x) = \sqrt{9 - \tfrac{1}{2}x} - \frac{x}{4\sqrt{9 - \tfrac{1}{2}x}} \tag{11}$$

Para verificar se (8) é válida, começamos com o primeiro membro de (8) e tomamos $\eta = -4p^2/x$ para obtermos

$$p\left(1 + \frac{1}{\eta}\right) = p\left(1 - \frac{x}{4p^2}\right)$$

$$= p - \frac{x}{4p}$$

Como $p = \sqrt{9 - \tfrac{1}{2}x}$,

$$p\left(1 + \frac{1}{\eta}\right) = \sqrt{9 - \tfrac{1}{2}x} - \frac{x}{4\sqrt{9 - \tfrac{1}{2}x}} \tag{12}$$

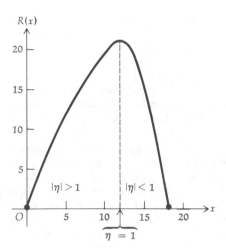

Figura 5.4.2

Comparando (11) e (12) temos

$$R'(x) = p\left(1 + \frac{1}{\eta}\right)$$

que é (8).

(e) A função receita total é dada por (10). Para fazer um esboço do gráfico de $R$, primeiro encontramos onde $R'(x) = 0$. De (11) podemos determinar que $R'(x) = 0$ quando $x = 12$. Podemos provar que $R$ tem um valor máximo relativo quando $x = 12$. Deste fato, e colocado no gráfico alguns pontos, temos o esboço pedido na Figura 5.4.2.

## Exercícios 5.4

1. Quando $p$ é o preço por unidade, $x$ unidades de um certo produto são demandadas, e $x = 2.100 - 100p^2 - 400p$. (a) Se o preço por unidade é aumentado de $ 2 para $ 2,20, ache o decréscimo relativo na demanda. (b) Use o resultado da parte (a) para obter uma aproximação da elasticidade-preço da demanda em $p = 2$. (c) Ache a elasticidade-preço da demanda exata em $p = 2$ e interprete o resultado.

2. A equação de demanda de um certo produto é $p^2 + p + \frac{1}{50}x = 40$, onde $x$ unidades são demandadas quando $p$ é o preço de uma unidade. (a) Se o preço de uma unidade é aumentado de $ 4 para $ 4,24, ache o decréscimo relativo na demanda. (b) Use o resultado da parte (a) para obter uma aproximação da elasticidade-preço da demanda em $p = 4$. (c) Ache o valor exato da elasticidade-preço da demanda em $p = 1$ e interprete o resultado.

3. Para um certo produto a equação de demanda é $x = 20 - 4p^2$, onde $x$ unidades são demandadas quando $p$ é o preço por unidade. (a) Ache o aumento relativo na demanda quando o preço unitário é reduzido de $ 1,00 para $ 0,95. (b) Use o resultado da parte (a) para obter uma aproximação da elasticidade-preço da demanda em $p = 1$. (c) Ache o valor exato da elasticidade-preço da demanda em $p = 1$ e interprete o resultado.

4. A equação de demanda para um artigo é $xp^3 = 24.000$, onde $x$ unidades são demandadas quando o preço de uma unidade é $p$. (a) Ache o aumento relativo na demanda quando o preço de uma unidade e diminuído de $ 2 para $ 1,90. (b) Use o resultado da parte (a) para obter uma aproximação da elasticidade-preço da demanda em $p = 2$. (c) Ache o valor exato da elasticidade-preço da demanda em $p = 2$ e interprete o resultado.

5. A demanda semanal de um tipo de pão é $100x$ quando $p$ é o preço de um pão, e a equação de demanda é $p^2 + 400x = 18.000$. (a) Ache a elasticidade-preço da demanda quando o preço é $ 0,60 por pão. (b) Se o preço de $ 0,60 for diminuído em 6%, qual a variação aproximada na demanda semanal?

6. A equação de demanda para um certo brinquedo é $x = 60 - 3p^2$, onde $1.000x$ brinquedos são demandados quando $p$ é o preço por brinquedo. (a) Ache a elasticidade-preço da demanda quando o preço é $4 por brinquedo. (b) Ache a variação aproximada na demanda se o preço de $4 é diminuído em 4%.

7. Suponha que $100x$ unidades de um certo produto sejam demandadas quando $p$ é o preço unitário e $p(x+1) = 16$, onde $p \in [1, 8]$. (a) Ache a elasticidade-preço da demanda quando o preço é $2 por unidade. (b) Ache a variação aproximada na demanda se o preço de $2 é aumentado em 3%.

8. Um certo produto tem a equação de demanda $x = \sqrt{10 - p^2}$, onde $100x$ unidades são demandadas quando o preço unitário é $p$. (a) Ache a elasticidade-preço da demanda quando o preço é $3. (b) Ache a variação aproximada na demanda se o preço de $3 é aumentado em 6%.

9. A equação de demanda de um certo livro é $p = \sqrt{100 - x} + 8$, onde $100x$ livros são demandados quando o preço de cada livro é $p$. (a) Ache a elasticidade-preço da demanda quando o preço é $14. (b) Qual a porcentagem de decréscimo no preço que resultaria em um aumento aproximado de 4% na demanda?

10. A demanda por despertadores é $100x$ quando $p$ é o preço por despertador, e a equação de demanda é $p = 8\sqrt{25 - x^2}$. (a) Ache a elasticidade-preço da demanda quando o preço é $32. (b) Qual a porcentagem de decréscimo no preço que resultaria em um aumento aproximado de 10% na demanda?

11. Para a equação de demanda do Exercício 3, determine os valores de $x$ para os quais a demanda é (a) elástica, (b) unitária e (c) inelástica. (d) Ache a função receita total e a função receita marginal e mostre que (8) é válida. (e) Faça um esboço do gráfico da função receita total e indique onde $|\eta| > 1$, $|\eta| = 1$ e $|\eta| < 1$.

12. Siga as instruções do Exercício 11 se a equação de demanda é $x = 25 - p^2$ e $x$ unidades são demandadas quando $p$ é o preço unitário.

13. Siga as instruções do Exercício 11 para a equação de demanda do Exercício 5.

14. Siga as instruções do Exercício 11 para a equação de demanda do Exercício 6.

15. Se a equação de demanda é $xp^n = a$, onde $n$ é um inteiro positivo e $a$ um número real diferente de zero, prove que a elasticidade-preço da demanda é uma constante, $-n$. Dê uma interpretação econômica para o resultado.

16. Para cada uma das equações de demanda que seguem, ache a elasticidade-preço da demanda e determine o valor de $x$ para o qual a demanda é unitária: (a) $p = \sqrt{5 - 2x}$; (b) $p = (5 - 2x)^2$; (c) $p = 5 - 2x^2$.

## 5.5 O LUCRO

O **lucro total** obtido em um negócio é definido como a diferença entre a receita total e o custo total. Isto é, se $P(x)$ é o lucro total obtido com a produção e venda de $x$ unidades de um produto, então

$$P(x) = R(x) - C(x) \tag{1}$$

onde $R(x)$ é a receita total e $C(x)$ o custo total. A função $P$ é chamada **função lucro total**. Da Equação (1) obtemos

$$P'(x) = R'(x) - C'(x) \tag{2}$$

A função $P'$ é chamada **função lucro marginal**, e $P'(k)$ é o lucro aproximado obtido da $(k+1)$-ésima unidade após $k$ unidades terem sido produzidas e vendidas. Da Equação (2) vemos que o lucro marginal é a receita marginal menos o custo marginal.

Na Figura 5.5.1(a) temos esboços dos gráficos das funções custo total e receita total de uma certa empresa, e na Figura 5.5.1(b) temos o esboço do gráfico da função lucro total da empresa (denotada por $LT$). Observe na Figura 5.5.1(a) que, quando a curva $CT$ está acima de $RT$ (quando o custo é maior do que a receita), então na Figura 5.5.1(b) a curva $LT$ está abaixo do eixo $x$ (o lucro é negativo, isto é, a empresa apresenta prejuízo); isto ocorre quando $0 \leq x \leq x_2$ e quando $x > x_3$. Quando a curva $CT$ está abaixo da curva $RT$ (quando o custo é menor do que a receita), a curva $LT$ está acima do eixo $x$ (o lucro é positivo, isto é, a empresa apresenta lu-

O Lucro 203

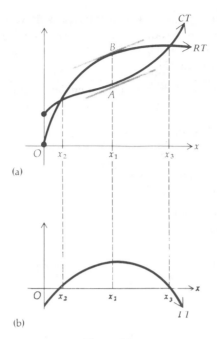

**Figura 5.5.1**

cro); isto ocorre quando $x_2 < x < x_3$. No ponto de intersecção das curvas $CT$ e $RT$ (quando o custo é igual a receita), a curva $LT$ intercepta o eixo $x$ (o lucro é zero, isto é, a empresa nem ganha nem perde); isto ocorre em $x_2$ e $x_3$.

A empresa está obtendo lucro quando a produção está entre $x_2$ e $x_3$. Vamos determinar qual nível de produção é necessário para se obter o lucro máximo. Na Figura 5.5.1(a) a distância vertical entre as curvas $RT$ e $CT$ para um dado $x$ é $P(x)$, a qual dá o lucro total correspondente àquele valor de $x$. Quando esta distância é a maior possível, $P(x)$ tem seu valor máximo. Observe na Figura 5.5.1(a) que a distância $AB$ é a maior distância vertical entre as duas curvas no intervalo $[x_2, x_3]$ e isto ocorre no número crítico $x_1$ da função $P$. Da Equação (2) vemos que $P'(x) = 0$ se e somente se $R'(x) = C'(x)$. Assim, *para haver lucro máximo, a receita marginal precisa ser igual ao custo marginal*. Note, na Figura 5.5.1(a), que nos pontos $B$ e $A$ nas duas curvas as tangentes são paralelas; logo, $R'(x_1) = C'(x_1)$.

De (2) obtemos

$$P''(x) = R''(x) - C''(x) \tag{3}$$

Como $P$ terá um valor funcional máximo relativo em um número $x$ para o qual $P'(x) = 0$ e $P'(x) < 0$, podemos concluir das Equações (2) e (3) que isto ocorrerá para um valor de $x$ para o qual $R'(x) = C'(x)$ e $R''(x) < C''(x)$. Logo, a função lucro terá um valor funcional máximo relativo quando a receita marginal for igual ao custo marginal e a inclinação do gráfico da função receita marginal for menor do que a inclinação do gráfico da função custo marginal. Estes conceitos estão ilustrados no exemplo seguinte, no qual estamos admitindo *concorrência perfeita*. Quando uma empresa está operando em mercado de **concorrência perfeita**, há um grande número de pequenas firmas e assim nenhuma firma pode afetar o preço aumentando a produção. Logo, sob concorrência perfeita, o preço de um produto é constante, e a empresa pode vender tanto quanto quiser a esse preço constante. A curva de demanda em tal caso é horizontal; é uma reta paralela ao eixo $x$.

**EXEMPLO 1** Sob concorrência perfeita uma empresa pode vender a um preço de $100 por unidade, um certo produto por ela produzido. Se $x$ unidades for a produção diária, o custo total da produção diária será $x^2 + 20x + 700$. Ache o número de unidades que a empresa deveria produzir para ter o maior lucro diário.

**Solução** Se $R(x)$ é a receita total da venda de $x$ unidades, então

$$R(x) = 100x \qquad (4)$$

Se $C$ é a função custo total, então

$$C(x) = x^2 + 20x + 700 \qquad (5)$$

Se $P$ é a função lucro total, então

$$\begin{aligned} P(x) &= R(x) - C(x) \\ &= 100x - (x^2 + 20x + 700) \\ &= -x^2 + 80x - 700 \end{aligned} \qquad (6)$$

Observe que $x$ está em $[0, +\infty)$.
De (4) e (5) obtemos

$$R'(x) = 100 \quad \text{e} \quad R''(x) = 0$$
$$C'(x) = 2x + 20 \quad \text{e} \quad C''(x) = 2$$

Equacionando $C'(x)$ e $R'(x)$ obtemos

$$2x + 20 = 100$$
$$x = 40$$

Como $R''(x) < C''(x)$ para todo $x$, $P''(x) = R''(x) - C''(x) < 0$. Logo, $P(40)$ é um valor máximo relativo. É também um valor máximo absoluto, pois $P$ é contínuo em $[0, +\infty)$ e $P(40)$ é o único extremo de $P$ para $x$ em $[0, +\infty)$.

Logo, o lucro total diário atinge o máximo quando 40 unidades são produzidas por dia.

Note que um método alternativo de solução é encontrar $P'(x)$ e $P''(x)$ de (6) e proceder como de costume, em problemas de extremos.

Para uma dada equação de demanda, a quantidade demandada pelo consumidor depende somente do preço do produto. Sob **monopólio**, o que significa haver somente um produtor de um certo produto, o preço e, portanto, a demanda, podem ser controlados regulando-se a quantidade produzida. Geralmente o preço diminui quando o produtor aumenta a produção. O produtor em regime de monopólio é chamado **monopolista**. O monopolista pretende controlar a quantidade produzida e, portanto, o preço por unidade (determinado a partir da equação de demanda), de tal forma que o lucro seja o maior possível.

**EXEMPLO 2** Suponha que sob monopólio a equação de demanda para um certo produto seja:

$$p = 4 - 0,0002x$$

onde $x$ unidades são produzidas a cada dia e $p$ é o preço unitário. O custo total da produção de $x$ unidades é $600 + 3x$. Se o lucro diário deve ser o maior possível, ache o número de unidades que o monopolista deve produzir a cada dia, o preço e o lucro diários.

**Solução** Como a equação de demanda é $p = 4 - 0,0002x$ e $x$ e $p$ devem ser não negativos, segue que $x$ está no intervalo fechado $[0, 20.000]$. Como $R(x) = xp$, temos

$$R(x) = 4x - 0,0002x^2 \qquad x \in [0, 20.000] \qquad (7)$$

A função custo total é dada por

$$C(x) = 600 + 3x \qquad (8)$$

Se $P(x)$ é o lucro total, $P(x) = R(x) - C(x)$, e assim

$$P(x) = x - 0,0002x^2 - 600 \qquad x \in [0, 20.000]$$

De (7) e (8) obtemos

$R'(x) = 4 - 0,0004x$ e $R''(x) = -0,0004$
$C'(x) = 3$ e $C''(x) = 0$

Equacionando $R'(x)$ e $C'(x)$ obtemos

$$4 - 0,0004x = 3$$
$$x = 2.500$$

Como $R''(x)$ é sempre menor do que $C''(x)$, podemos concluir que $P(2.500)$ é um valor máximo absoluto (observe que $P(x)$ é negativo para $x = 0$ e $x = 20.000$). $P(2.500) = 650$, e quando $x = 2.500$, $p = 3,50$.

Assim, para se obter o maior lucro diário possível, 2.500 unidades devem ser produzidas diariamente e vendidas a $ 3,50 cada, para obter um lucro total de $ 650.

**EXEMPLO 3** Resolva o Exemplo 2 se um imposto de $ 0,20 sobre cada unidade produzida for aplicado pelo governo.

**Solução** Com o imposto, a função custo total é agora dada por

$$C(x) = (600 + 3x) + 0,20x$$

e assim a função custo marginal é dada por

$$C'(x) = 3,20$$

Equacionando $R'(x)$ e $C'(x)$ obtemos

$$4 - 0,0004x = 3,20$$
$$x = 2.000$$

Como no Exemplo 2, segue que quando $x = 2.000$, $P$ tem um valor máximo absoluto em $[0, 20.000]$. De $P(x) = 0,8x - 0,0002x^2 - 600$ temos que $P(2.000) = 200$. Da equação da demanda $p = 4 - 0,0002x$ e obtemos $p = 3,60$ quando $x = 2.000$.

Logo, se o imposto de $ 0,20 for aplicado, o monopolista deverá produzir somente 2.000 unidades a cada dia, e deverá vender a $ 3,60 a unidade, para obter um lucro total diário de $ 200.

É interessante notar que comparando-se os resultados dos Exemplos 2 e 3, os $ 0,20 de aumento não devem ser repassados por inteiro ao consumidor, para se obter o maior lucro diário possível. Ou seja, é mais lucrativo elevar em somente $ 0,10 o preço unitário. O significado econômico deste resultado é que os consumidores são sensíveis às variações de preço, o que impede o monopolista de repassar o imposto integral ao consumidor. Este fato está demonstrado na ilustração seguinte, onde computamos a elasticidade-preço da demanda para a equação de demanda de dois exemplos.

## ILUSTRAÇÃO 1

A equação de demanda dos Exemplos 2 e 3 é $p = 4 - 0,0002x$. Resolvendo esta equação em $x$, obtemos

$$x = 20.000 - 5.000p$$

Se $\eta$ é a elasticidade-preço da demanda, então

$$\eta = \frac{p}{x}\frac{dx}{dp}$$

Como $\frac{dx}{dp} = -5.000$, segue que

$$\eta = -\frac{5.000p}{x}$$

No Exemplo 2 determinamos que, para o lucro máximo, $x = 2.500$ e $p = 3,50$. Calculamos $\eta$ para estes valores de $x$ e $p$, e obtemos

$$\eta = -\frac{5.000(3,50)}{2.500} = -7$$

No Exemplo 3, um imposto de $ 0,20 foi aplicado pelo governo ao monopolista, sobre cada unidade produzida. Se os $ 0,20 forem repassados integralmente ao consumidor, o preço aumentará em 5,0% de $ 3,50 ($ 0,20 é 5,7% de $ 3,50). Como $\eta = -7$ quando $p = 3,50$, segue que um aumento de 5,7% em $p$ irá causar um decréscimo em torno de 40% na demanda, enquanto que 2,9% de aumento em $p$ irá causar um decréscimo de apenas 20%, aproximadamente. ●

Deve ser ressaltado que a relação entre o aumento de preço praticado pelo monopolista e o valor do tributo baixado pelo governo depende da equação de demanda. No Exercício 15(b), no fim desta secção, temos uma situação onde somente cerca de um quarto do tributo imposto ao monopolista deve ser repassado ao consumidor. Contudo, no Exercício 17(b), o aumento no preço em função do imposto aplicado ao monopolista é maior do que o tributo.

Uma última nota de interesse nos Exemplos 2 e 3 explica de que modo os custos gerais fixos de uma empresa não afetam a determinação do número de unidades a serem produzidas, nem o preço unitário, de sorte a se obter o lucro máximo. Independentemente de alguma coisa ser produzida, os custos fixos devem ser cobertos. Nos Exemplos 2 e 3, como $C(x) = 600 + 3x$ e $600 + 3,2x$, respectivamente, o custo fixo é $ 600. Se 600 na expressão de $C(x)$ é substituído por uma constante $k$, $C'(x)$ não é afetada; logo, o valor de $x$ para o qual o custo marginal se iguala à receita marginal não é afetado por tal variação. Naturalmente, uma variação nos custos fixos afeta o custo unitário e também o lucro real; contudo, se uma empresa deve obter o maior lucro possível, uma variação no custo fixo não afetará o número de unidades a serem produzidas, nem o preço unitário.

**EXEMPLO 4** Para o monopolista do Exemplo 2, qual o imposto que deveria ser determinado pelo governo sobre cada unidade produzida, a fim de que a receita tributária fosse maximizada?

**Solução** Seja $t$ a taxa arrecadada pelo governo sobre cada unidade produzida. Se $x$ unidades são produzidas diariamente, o imposto total é de $tx$ por dia. A função custo total é, então, dada por

$$C(x) = (600 + 3x) + tx$$

Assim

$$C'(x) = 3 + t$$

Equacionando $R'(x)$ e $C'(x)$ obtemos

$$4 - 0,0004x = 3 + t$$
$$x = 2.500 - 2.500\,t$$

Este valor de $x$ maximiza o lucro diário do produtor. Se supomos ser $T$ a taxa diária arrecadada pelo governo, temos que $T = tx$. Logo

$T(t) = t(2.500 - 2.500t) \quad 0 \le t \le 1$
$T'(t) = 2.500 - 5.000t$
$T''(t) = -5.000$

Equacionando $T'(t) = 0$ obtemos $t = 0,50$, e como $T''(t) < 0$, $T$ tem um valor máximo relativo em $t = 0,50$. Como $T = 0$ para ambos $t = 0$ e $t = 1$, concluímos que $T$ tem um valor máximo absoluto quando $t = 0,50$.

Assim sendo, o governo deveria arrecadar um imposto de $ 0,50 sobre cada unidade produzida, a fim de maximizar a receita tributária.

## Exercícios 5.5

1. Sob monopólio, a equação de demanda para certo produto é $x + p = 140$, onde $x$ unidades são demandadas diariamente, quando o preço unitário é $p$. O custo total da produção de $x$ unidades é dado por $C(x) = x^2 + 20x + 300$ e $x$ está no intervalo fechado [0, 140]. (a) Ache a função lucro total e faça um esboço de seu gráfico. (b) Num outro conjunto de eixos, (a) faça esboços das curvas de receita total e custo total, e mostre a interpretação geométrica da função lucro total. (c) Ache as funções receita marginal e custo marginal. (d) Ache o lucro diário máximo. (e) Faça esboços dos gráficos das funções receita marginal e custo marginal no mesmo conjunto de eixos e mostre que eles se interceptam no ponto em que o valor de $x$ faz com que o lucro seja máximo.
2. Siga as instruções do Exercício 1 se a equação de demanda é $x^2 + p = 320$, $C(x) = 20x$, e $x$ está no intervalo fechado $[0, 8\sqrt{5}]$.
3. Uma empresa que fabrica e vende carteiras está operando sob concorrência perfeita e pode vender a um preço de $ 200 cada carteira que produz. Se $x$ carteiras forem produzidas e vendidas a cada semana e $C(x)$ for o custo total de uma semana de produção, então $C(x) = x^2 + 40x + 3.000$. Determine quantas carteiras devem ser feitas a cada semana para que o produtor tenha um lucro total semanal máximo. Qual será o lucro semanal máximo?
4. Uma firma operando sob concorrência perfeita fabrica e vende rádios portáteis. A firma pode vender a um preço de $ 75 cada, todos os rádios que produz. Se $x$ rádios forem fabricados por dia e $C(x)$ for o custo total diário de produção, então $C(x) = x^2 + 25x + 100$. Quantos rádios deveriam ser produzidos para que a firma tivesse um lucro total diário máximo? Qual é o lucro total diário máximo?
5. Suponha que sob um monopólio a equação de demanda de um determinado produto seja $p = 6 - \frac{1}{5}\sqrt{x - 100}$, onde $x$ artigos são demandados quando o preço unitário é $p$ e $x \in [100, 1.000]$. Se $C(x)$ é o custo total de produção de $x$ artigos, então $C(x) = 2x + 100$. (a) Ache as funções custo marginal e receita marginal. (b) Ache o valor de $x$ que resulta no lucro máximo.
6. Sob monopólio, a equação de demanda de um certo produto é $p = (8 - \frac{1}{100}x)^2$, onde $x$ unidades são demandadas quando o preço unitário é $p$ e $x \in [0, 800]$. A função custo total é dada por $C(x) = 18x - \frac{1}{100}x^2$, onde $C(x)$ é o custo total da produção de $x$ unidades. (a) Ache as funções custo marginal e receita marginal. (b) Ache o valor de $x$ que resulta no lucro total máximo.
7. Um monopolista determina que se $C(x)$ é o custo total da produção de $x$ unidades de um certo produto, então $C(x) = 20.000 + 25x$. A equação de demanda é $p = 100 - 0,02x$, onde $x$ unidades são demandadas quando $p$ é o preço unitário. Se lucro total deve ser maximizado, ache (a) o número de unidades que deveriam ser produzidas, (b) o preço de cada unidade e (c) o lucro total.
8. Sob monopólio, a equação de demanda de um certo produto é $x + 2.500p = 20.000$, onde $x$ unidades são demandadas quando o preço unitário é $p$. O custo total da produção de $x$ unidades é $300 + 4x$. Se o lucro total deve ser o maior possível, ache (a) o número de unidades que devem ser produzidas, (b) o preço de cada unidade e (c) o lucro total.
9. Resolva o Exercício 7 se o governo determina um imposto de $ 0,10 por unidade produzida.
10. Resolva o Exercício 8 se o governo determina um imposto de $ 0,30 por unidade produzida.
11. Para o monopolista do Exercício 7, determine o valor do imposto que deveria ser aplicado pelo governo sobre cada unidade produzida, a fim de que a receita tributária fosse maximizada.

**208** OUTRAS APLICAÇÕES DA DERIVADA

12. Siga as instruções do Exercício 11 para o monopolista do Exercício 8.
13. Sob monopólio, a equação de demanda para um certo produto é $p + 2\sqrt{x-1} = 6$, e a função custo é dada por $C(x) = 2x + 1$. (a) Determine os valores permissíveis de $x$. (b) Ache as funções custo marginal e receita marginal. (c) Ache o valor de $x$ que resulta num lucro máximo.
14. Ache o imposto máximo que pode ser arrecadado pelo governo se cada unidade produzida por um monopolista for taxada, sendo $x + 3p = 75$ a equação de demanda, onde $x$ é o número de unidades demandadas quando $p$ é o preço unitário. Seja $C(x) = 3x + 100$, onde $C(x)$ é o custo total da produção de $x$ unidades.
15. Sob um monopólio, a equação de demanda para certo produto é $x + 2p = 24$, onde $x$ unidades são demandadas quando o preço unitário é $p$. Se $C(x)$ é o custo total da produção de $x$ unidades, então $C(x) = \frac{1}{100}x^3 + \frac{3}{10}x^2$. (a) Ache o preço unitário, se o lucro total deve ser maximizado. (b) Resolva a parte (a) se o governo recolhe de um monopolista um imposto de $\$ 2$ por cada unidade produzida.
16. A equação de demanda para um certo produto fabricado por um monopolista é $p = a - bx$, onde $x$ unidades são demandadas quando $p$ é o preço de uma unidade, e o custo total, $C(x)$, da produção de $x$ unidades, é determinado por $C(x) = c + dx$. Os números $a$, $b$, $c$ e $d$ são constantes positivas. Se o governo recolhe um imposto do monopolista de $t$ por unidade produzida, mostre que para maximizar os lucros o monopolista deve repassar ao consumidor somente metade do imposto; isto é, o monopolista deve aumentar o preço unitário em $\frac{1}{2}t$. *Nota*: A equação de demanda é a função custo total do Exemplo 3 e os Exercícios 9 e 10 são casos particulares desta situação mais geral.
17. Sob monopólio, a equação de demanda é $100p = (100 - x)^2$, onde $x$ unidades são demandadas quando $p$ é o preço unitário. A função custo total é dada por $C(x) = 55x - \frac{4}{5}x^2$, onde $C(x)$ é o custo total da produção de $x$ unidades. (a) Ache o preço que o monopolista deve cobrar para obter um lucro total máximo. (b) Se o governo impõe ao monopolista um imposto de $\$ 9$ por unidade produzida, determine o preço a ser cobrado para que ele obtenha o lucro total máximo. (c) Mostre que o aumento no preço de (a) para a parte (b) é maior do que o tributo recolhido pelo governo.
18. Sob monopólio, a equação de demanda de certo produto é
$$10^6 px = 10^9 - 2 \cdot 10^6 x + 18 \cdot 10^3 x^2 - 6x^3$$
onde $x$ unidades são produzidas por semana quando $p$ é o preço unitário e $x \geq 100$. O custo médio da produção de cada unidade é dado por $Q(x) = \frac{1}{50}x - 24 + 11 \cdot 10^3 x^{-1}$. Ache o número de unidades que devem ser produzidas a cada semana e o preço de cada unidade, para que o lucro semanal seja maximizado.

## Exercícios de Recapitulação do Capítulo 5

Nos Exercícios de 1 a 4 determine onde o gráfico da função dada é côncavo para cima e côncavo para baixo e ache os pontos de inflexão, se existir algum.

1. $f(x) = x^3 + 3x^2 + 12x + 10$  2. $g(x) = x^3 - 6x + 2$  3. $g(x) = (x - 1)^{1/3}$  4. $f(x) = \dfrac{x-1}{x-2}$

Nos Exercícios de 5 a 10, ache os extremos relativos de $f$; os pontos de inflexão do gráfico de $f$; os intervalos nos quais $f$ é crescente ou decrescente; onde o gráfico é côncavo para cima e onde é côncavo para baixo; e a inclinação de cada tangente inflexional. Faça um esboço do gráfico.

5. $f(x) = x^3 + 3x^2 - 4$   6. $f(x) = (x + 2)^{4/3}$   7. $f(x) = (x - 3)^{5/3} + 1$
8. $f(x) = (x - 4)^2(x - 1)$   9. $f(x) = \dfrac{x^2}{x-3}$   10. $f(x) = (x - 2)^4$

11. O custo total de produção de $x$ unidades de um produto é $C(x)$, e $C(x) = 2x^2 + 4x + 32$. Ache (a) a função custo médio e (b) a função custo marginal. (c) Ache o custo unitário médio mínimo absoluto. (d) Faça esboços das curvas de custo total, custo médio e custo marginal no mesmo conjunto de eixos.
12. O custo total da produção de $x$ rádios por dia em uma certa fábrica é dado por $C(x) = 20x + 1.000$. Ache (a) a função custo médio e (b) a função custo marginal. (c) Mostre que não há um custo unitário médio mínimo absoluto. (d) Qual é o menor número de rádios que a fábrica deve produzir em um

dia para que o custo médio por rádio seja no máximo $ 30? (e) Faça esboços das curvas de custo total, custo médio e custo marginal no mesmo conjunto de eixos.

13. A equação de demanda para um certo produto é $x = 16 - p^2$, onde $x$ unidades são demandadas quando $p$ é o preço unitário. Ache (a) a função receita total e (b) a função receita marginal. (c) Faça esboços das curvas de demanda, receita total e receita marginal no mesmo conjunto de eixos.

14. A receita total recebida da venda de $x$ unidades de um certo produto é $R(x)$, e $R(x) = x\sqrt{72 - x^2}$. Ache (a) a equação de demanda e (b) a função receita marginal. (c) Faça esboços, no mesmo conjunto de eixos, das curvas de demanda, receita total e receita marginal.

15. Se $R(x)$ é a receita total recebida da venda de $x$ unidades de um certo produto, e $R(x) = 1.350x - \frac{1}{2}x^3$, ache (a) a equação de demanda e (b) a função receita marginal. (c) Ache a receita total máxima absoluta. (d) Faça esboços, no mesmo conjunto de eixos, das curvas de demanda, receita total e receita marginal.

16. Quando $p$ é o preço unitário, $x$ unidades de um certo produto são demandadas, e $x = 1.000 - 50p^2 - 150p$. (a) Se o preço unitário for aumentado de $ 3 para $ 3,15, ache o decréscimo relativo na demanda. (b) Use o resultado de (a) para obter uma aproximação da elasticidade-preço da demanda em $p = 3$. (c) Ache o valor exato da elasticidade-preço da demanda em $p = 3$ e interprete o resultado.

17. A equação de demanda de um certo tipo de bolo é $p^2 + 50x = 10.000$, onde $x$ bolos são demandados quando $p$ é o preço de cada um. (a) Ache a elasticidade-preço da demanda quando o preço é $ 0,50 por bolo. (b) Ache a variação aproximada na demanda se o preço de $ 0,50 é aumentado em 2%.

18. Suponha que $x$ unidades de um certo artigo sejam demandadas quando $p$ é o preço unitário, e $p(x + 2) = 200$, onde $p \in [1, 10]$. (a) Ache a elasticidade-preço da demanda quando o preço é $ 4 por unidade. (b) Ache a variação aproximada na demanda se o preço de $ 4 é diminuído em 10%.

19. Para a equação de demanda do Exercício 17, determine os valores de $x$ para os quais a demanda é (a) elástica, (b) unitária e (c) inelástica, e mostre que a Equação (8) da Secção 5.4 é válida. (e) Faça esboços do gráfico da função receita total e indique onde $|\eta| > 1$, $|\eta| = 1$ e $|\eta| < 1$.

20. Siga as instruções do Exercício 19 para a equação de demanda do Exercício 18.

21. Uma fábrica de móveis operando sob concorrência perfeita pode vender a $ 600 cada mesa que fabrica. Se $x$ mesas forem produzidas e vendidas por semana, e $C(x)$ for o custo total de produção, então $C(x) = 4.000 + 60x + 2x^2$. Quantas mesas devem ser fabricadas por semana para que a fábrica atinja um lucro total semanal máximo?

22. Sob monopólio, a equação de demanda para um certo item de decoração é $x^2 - 375x + 60.000 - 300p = 0$, onde $x$ itens são demandados quando o preço é $p$ por item. Se $C(x)$ for o custo total de produção de $x$ itens, então $C(x) = 50x + 100$. (a) Ache as funções receita marginal e custo marginal. (b) Ache o valor de $x$ que resulta em um lucro total máximo.

23. Sob monopólio, a equação de demanda para certo produto é $p = 190 - 0,03x$, onde $x$ unidades são demandadas quando o preço unitário é $p$. Se $C(x)$ é o custo total de produção de $x$ unidades, então $C(x) = 50.000 + 40x$. Se o lucro total deve ser maximizado, ache (a) o número de unidades que devem ser produzidas, (b) o preço unitário e (c) o lucro total.

24. Resolva o Exercício 23 se o governo impuser um tributo de $ 012, por unidade produzida.

25. Para o monopolista do Exercício 23, determine o montante do tributo que deve ser imposto pelo governo sobre cada unidade produzida para que a arrecadação seja maximizada.

26. Sob monopólio, a equação de demanda para um certo artigo é $2x + 5p = 100$, onde $x$ unidades são produzidas a um preço unitário de $p$. O custo total de produção de $x$ unidades é $C(x) = \frac{3}{20}x^2 + \frac{1}{100}x^3$. Ache o preço unitário para que o lucro total seja maximizado.

27. Se o governo impõe ao monopolista do Exercício 26 um imposto de $ 4 sobre cada unidade produzida, ache o preço unitário e o lucro total deve ser maximizado.

28. Consulte o Exercício 40 nos Exercícios de Recapitulação do Capítulo 4. Um fabricante deve fornecer 10.000 carteiras por ano a uma taxa uniforme. O custo para se começar um lote de produção é $ 180, o excesso de carteiras é armazenado até a entrega, e o custo anual do estoque é $ 40 por carteira. As entregas são instantâneas e a escassez não é permitida. Se $C(x)$ é o custo total anual de obtenção e armazenamento do estoque quando $x$ carteiras são produzidas em cada lote, faça um esboço do gráfico de $C$.

29. Se $f(x) = ax^3 + bx^2$, determine $a$ e $b$, de modo que $f$ tenha um ponto de inflexão em (2, 16).

30. Se $f(x) = ax^3 + bx^2 + cx$, determine $a$, $b$ e $c$ de forma que o gráfico de $f$ tenha um ponto de inflexão em (1, -1) e tal que a tangente inflexional tenha uma inclinação de 3.

# CAPÍTULO 6

# A DIFERENCIAL E ANTIDIFERENCIAÇÃO

## 6.1 A DIFERENCIAL

Na Figura 6.1.1 uma equação da curva é $y = f(x)$. A linha $PT$ é tangente à curva em $P(x, y)$, $Q$ é o ponto $(x + \Delta x, y + \Delta y)$ e a distância $\overline{MQ}$ é $\Delta y$. Na figura, $\Delta x$ e $\Delta y$ são ambos positivos; contudo, eles podiam ser negativos. Para um valor pequeno de $|\Delta x|$, a inclinação da reta secante $PQ$ e a inclinação da reta tangente em $P$ são aproximadamente iguais; isto é,

$$\frac{\Delta y}{\Delta x} \approx f'(x)$$

$$\Delta y \approx f'(x)\Delta x \qquad (1)$$

O primeiro membro de (1) é definido como *diferencial* de $y$.

Definição de diferencial

> Se a função $f$ é definida por $y = f(x)$, então a **diferencial de** $y$, denotada por $dy$, é dada por
> $$dy = f'(x)\Delta x \qquad (2)$$
> onde $x$ está no domínio de $f'$ e $\Delta x$ é um incremento arbitrário de $x$.

• ILUSTRAÇÃO 1

Se $y = 3x^2 - x$, então $f(x) = 3x^2 - x$; assim $f'(x) = 6x - 1$. Logo, da definição de diferencial,
$$dy = (6x - 1)\Delta x$$
Em particular, se $x = 2$, então $dy = 11\Delta x$. •

Quando $y = f(x)$, a definição acima indica o que se entende por $dy$, a diferencial da variável dependente. Queremos também definir diferencial da variável independente, ou $dx$. Para chegar a uma definição adequada para $dx$, consistente com a definição de $dy$, consideremos a função identidade, que é a função $f$ definida por $f(x) = x$. Então $f'(x) = 1$ e $y = x$; assim, $dy = 1 \cdot \Delta x = \Delta x$. Como $y = x$, queremos que $dx$ seja igual a $dy$ para esta função particular; isto é, para esta função queremos $dx = \Delta x$. É este raciocínio que leva à seguinte definição:

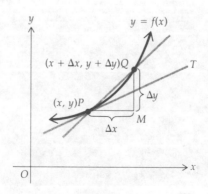

Figura 6.1.1

A Diferencial    **213**

Definição de diferencial da variável independente

---
Se a função $f$ está definida por $y = f(x)$, então a **diferencial de x**, denotada por $dx$, é dada por

$$\boxed{dx = \Delta x} \qquad (3)$$

onde $\Delta x$ é um incremento arbitrário de $x$, e $x$ é qualquer número no domínio de $f'$.

---

De (2) e (3),

$$\boxed{dy = f'(x)dx} \qquad (4)$$

Dividindo ambos os membros por $dx$ temos

$$\frac{dy}{dx} = f'(x) \quad \text{se} \quad dx \neq 0 \qquad (5)$$

A Equação (5) expressa a derivada como o quociente de duas diferenciais. Lembre-se de que a notação $\frac{dy}{dx}$ para uma derivada foi introduzida na Secção 2.4, quando não tinha sido dado significado independente para $dy$ e $dx$.

**EXEMPLO 1** Dada $y = 4x^2 - 3x + 1$, ache $\Delta y$, $dy$ e $\Delta y - dy$ para (a) qualquer valor de $x$ e $\Delta x$; (b) $x = 2$, $\Delta x = 0,1$; (c) $x = 2$, $\Delta x = 0,01$; (d) $x = 2$, $\Delta x = 0,001$.

**Solução** (a) Como $y = 4x^2 - 3x + 1$, então

$$y + \Delta y = 4(x + \Delta x)^2 - 3(x + \Delta x) + 1$$
$$(4x^2 - 3x + 1) + \Delta y = 4x^2 + 8x\Delta x + 4(\Delta x)^2 - 3x - 3\Delta x + 1$$
$$\Delta y = (8x - 3)\Delta x + 4(\Delta x)^2$$

Também, se $y = f(x)$,

$$dy = f'(x)dx$$

Assim

$$dy = (8x - 3)dx$$
$$= (8x - 3)\Delta x$$
$$\Delta y - dy = 4(\Delta x)^2$$

Os resultados para as partes (b), (c) e (d) são dados na Tabela 6.1.1, onde $\Delta y = (8x - 3)\Delta x + 4(\Delta x)^2$ e $dy = (8x - 3)\Delta x$.

**Tabela 6.1.1**

| $x$ | $\Delta x$ | $\Delta y$ | $dy$ | $\Delta y - dy$ |
|---|---|---|---|---|
| 2 | 0,1 | 1,34 | 1,3 | 0,04 |
| 2 | 0,01 | 0,1304 | 0,13 | 0,0004 |
| 2 | 0,001 | 0,013004 | 0,013 | 0,000004 |

Observe, da Tabela 6.1.1, que quanto mais próximo $\Delta x$ está de zero, menor é a diferença entre $\Delta y$ e $dy$. Além disso, observe que para cada valor de $\Delta x$, o valor correspondente de $\Delta y - dy$ é menor do que o valor de $\Delta x$. Mais genericamente, $dy$ é uma aproximação de $\Delta y$ quando $\Delta x$ é pequeno, e a aproximação é mais exata que o valor de $\Delta x$.

Para um valor fixo de $x$, digamos $x_0$,

$$dy = f'(x_0)dx$$

Isto é, $dy$ é uma função linear de $dx$; conseqüentemente, $dy$ é usualmente mais simples de computar do que $\Delta y$ (isto foi visto no Exemplo 1). Como $f(x_0 + \Delta x) - f(x_0) = \Delta y$

$$f(x_0 + \Delta x) = f(x_0) + \Delta y$$

Assim

$$f(x_0 + \Delta x) \approx f(x_0) + dy \tag{6}$$

Nossos resultados estão ilustrados na Figura 6.1.2. A equação da curva na figura é $y = f(x)$, e o gráfico é côncavo para cima. A reta $PT$ é tangente à curva em $P(x_0, f(x_0))$; $\Delta x$ e $dx$ são iguais e representados pela distância orientada $\overline{PM}$, onde $M$ é o ponto $(x_0 + \Delta x, f(x_0))$. Seja $Q$ o ponto $(x_0 + \Delta x, f(x_0 + \Delta x))$, a distância orientada $\overline{MQ}$ igual a $\Delta y$ ou, equivalentemente, $f(x_0 + \Delta x) - f(x_0)$. A inclinação de $PT$ é $f'(x) = dy/dx$. Também, a inclinação de $PT$ é $\overline{MR}/\overline{PM}$, e como $\overline{PM} = dx$, temos $dy = \overline{MR}$ e $\overline{RQ} = \Delta y - dy$. Note que quanto menor o valor de $dx$ (isto é, quanto mais próximo o ponto $Q$ está do ponto $P$), menor será o valor de $\Delta y - dy$ (isto é, menor será o segmento da reta $RQ$). Uma equação da reta tangente $PT$ é

$$y = f(x_0) + f'(x_0)(x - x_0)$$

Assim, se $\bar{y}$ é a ordenada de $R$, então

$$\bar{y} = f(x_0) + dy \tag{7}$$

Comparando (6) e (7), observe que quando usamos $f(x_0) + dy$ para aproximar o valor de $f(x_0 + \Delta x)$, estamos aproximando a ordenada do ponto $Q(x_0 + \Delta x, f(x_0 + \Delta x))$ sobre a curva pela ordenada do ponto $R(x_0 + \Delta x, f(x_0) + dy)$ sobre a reta que é tangente à curva em $P(x_0, f(x_0))$.

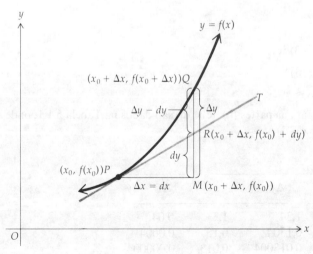

Figura 6.1.2

Na Figura 6.1.2 o gráfico é côncavo para cima e a função é crescente. Nos Exercícios 1 e 2 pede-se que você faça figuras similares. No Exercício 1 o gráfico deve ser côncavo para baixo e a função, crescente, enquanto que no Exercício 2 o gráfico deve ser côncavo para cima e a função, decrescente.

Os cálculos nos Exemplos 2 e 3 pretendem ilustrar o conceito de diferencial.

**EXEMPLO 2**  Use diferenciais para encontrar um valor aproximado para $\sqrt[3]{28}$.

**Solução**  Considere a função $f$ definida por $f(x) = \sqrt[3]{x}$, e seja $y = f(x)$. Logo,

$$y = \sqrt[3]{x}$$

e

$$dy = f'(x)dx$$
$$= \frac{1}{3x^{2/3}} dx$$

O cubo perfeito mais próximo de 28 é 27. Assim, computamos $dy$ com $x = 27$ e $dx = \Delta x = 1$.

$$dy = \frac{1}{3(27)^{2/3}} (1) = \frac{1}{27}$$

Aplicando a Fórmula (6) com $x_0 = 27$, $\Delta x = 1$ e $dy = 1/27$,

$$f(27 + 1) \approx f(27) + \tfrac{1}{27}$$
$$\sqrt[3]{27 + 1} \approx \sqrt[3]{27} + \tfrac{1}{27}$$
$$\sqrt[3]{28} \approx 3 + \tfrac{1}{27}$$

Logo $\sqrt[3]{28} \approx 3{,}037$.

Da Tabela 1 no fim do livro, $\sqrt[3]{28} = 3{,}037$. Assim, a aproximação é precisa até três casas decimais.

**EXEMPLO 3**  Um peso de papel na forma de uma bola esférica oca, tendo um raio interno de 6 cm e uma espessura de $\tfrac{1}{3}$ cm, é feito de metal. Se o custo do material é $\$0{,}25$ por centímetro cúbico, use diferenciais para achar o custo aproximado do metal a ser usado na manufatura do peso do papel.

**Solução**  Consideremos o volume da casca como um incremento do volume de uma esfera. Seja $r$ cm o raio da esfera; $V$ o número de centímetros cúbicos no raio da esfera e $\Delta V$ o número de centímetros cúbicos no volume da casca esférica.

$$V = \tfrac{4}{3}\pi r^3$$
$$dV = 4\pi r^2 dr$$

Substituindo $r = 6$ e $dr = \Delta r = \tfrac{1}{3}$, obtemos

$$dV = 4\pi(6)^2 \tfrac{1}{3}$$
$$= 48\pi$$

Assim,

$$\Delta V \approx 48\pi$$

Se $C$ é o custo total do metal usado na manufatura do peso de papel, então

$$C \approx (0,25)(48\pi) = 12\pi = 12(3,1416) = 37,70$$

Portanto, o custo total do metal utilizado é, aproximadamente, $ 37,70.

**EXEMPLO 4** Para a empresa do Exemplo 5 da Secção 4.5 use diferenciais para encontrar a variação aproximada no custo mensal total de obtenção e armazenamento do estoque se o lote de produção de 1.000 itens for aumentado para 1.010 itens.

**Solução** Se $C$ é o custo mensal total quando $x$ itens são produzidos em um lote, então da solução do Exemplo 5 da Secção 4.5, temos

$$C = \frac{360.000}{x} + \frac{x}{4}$$

Assim,

$$dC = \frac{dC}{dx} \cdot dx = \left(-\frac{360.000}{x^2} + \frac{1}{4}\right)dx$$

Quando $x = 1.000$ e $dx = \Delta x = 10$, obtemos

$$dC = \left(-\frac{360.000}{1.000.000} + \frac{1}{4}\right)10$$

$$= \left(-\frac{9}{25} + \frac{1}{4}\right)10$$

$$= -1,1$$

Logo

$$\Delta C \approx -1,1$$

Concluímos que quando um lote de produção de 1.000 itens aumenta para 1.010 itens, o custo mensal total de obtenção e armazenamento do estoque diminui em aproximadamente $ 1,10.

• **ILUSTRAÇÃO 2**

Na Ilustração 1 da Secção 3.1, $C(x)$ é o custo total de fabricação de $x$ brinquedos, e

$$C(x) = 110 + 4x + 0,02x^2$$

Mostramos, na Secção 3.1, que uma aproximação para $C(51) - C(50)$, que é o custo de produção do qüinquagésimo primeiro brinquedo, é dada por $C'(50)$, o valor da função custo marginal em 50. Este fato pode ser provado usando-se o conceito de diferenciais. Seja

$$y = C(x)$$

Então

$$\Delta y = C(x + \Delta x) - C(x) \tag{8}$$

e

$$dy = C'(x)dx \tag{9}$$

Se $x = 50$ e $dx = \Delta x = 1$, então de (8) temos

$$\Delta y = C(51) - C(50)$$

e de (9) temos

$$dy = [C'(50)](1) = C'(50)$$

Como $dy$ é uma aproximação de $\Delta y$, podemos concluir que $C'(50)$ é uma aproximação de $C(51) - C(50)$. •

No Capítulo 2 obtivemos fórmulas para o cálculo de derivadas. Estas fórmulas serão agora estabelecidas com a notação de Leibniz junto com as fórmulas correspondentes para a diferencial. Nestas fórmulas, $u$ e $v$ são funções de $x$, e deve ser entendido que as fórmulas são válidas se $\dfrac{du}{dx}$ e $\dfrac{dv}{dx}$ existem. Quando aparece $c$, ele é constante.

I $\quad \dfrac{d(c)}{dx} = 0 \qquad\qquad$ I' $\quad d(c) = 0$

II $\quad \dfrac{d(x^n)}{dx} = nx^{n-1} \qquad\qquad$ II' $\quad d(x^n) = nx^{n-1}\, dx$

III $\quad \dfrac{d(cu)}{dx} = c\dfrac{du}{dx} \qquad\qquad$ III' $\quad d(cu) = c\, du$

IV $\quad \dfrac{d(u+v)}{dx} = \dfrac{du}{dx} + \dfrac{dv}{dx} \qquad\qquad$ IV' $\quad d(u+v) = du + dv$

V $\quad \dfrac{d(uv)}{dx} = u\dfrac{dv}{dx} + v\dfrac{du}{dx} \qquad\qquad$ V' $\quad d(uv) = u\, dv + v\, du$

VI $\quad \dfrac{d\left(\dfrac{u}{v}\right)}{dx} = \dfrac{v\dfrac{du}{dx} - u\dfrac{dv}{dx}}{v^2} \qquad\qquad$ VI' $\quad d\left(\dfrac{u}{v}\right) = \dfrac{v\, du - u\, dv}{v^2}$

VII $\quad \dfrac{d(u^n)}{dx} = nu^{n-1}\dfrac{du}{dx} \qquad\qquad$ VII' $\quad d(u^n) = nu^{n-1}\, du$

A operação de diferenciação é estendida para incluir o processo que leva à determinação da diferencial, bem como da derivada. Se $y = f(x)$, $dy$ pode ser encontrado aplicando-se as fórmulas I' – VII' ou encontrando-se $f'(x)$ e multiplicando-o por $dx$.

**EXEMPLO 5** Dada

$$y = \frac{\sqrt{x^2+1}}{2x+1}$$

encontre $dy$.

**Solução** Aplicando a fórmula VI' obtemos

$$dy = \frac{(2x+1)d(\sqrt{x^2+1}) - \sqrt{x^2+1}\, d(2x+1)}{(2x+1)^2} \tag{10}$$

Da fórmula VII'

$$d(\sqrt{x^2+1}) = \tfrac{1}{2}(x^2+1)^{-1/2} 2x\, dx = x(x^2+1)^{-1/2} dx \tag{11}$$

e

$$d(2x+1) = 2\, dx \tag{12}$$

Substituindo os valores de (11) e (12) em (10) obtemos

$$dy = \frac{x(2x+1)(x^2+1)^{-1/2}\,dx - 2(x^2+1)^{1/2}\,dx}{(2x+1)^2}$$

$$= \frac{(2x^2+x)\,dx - 2(x^2+1)\,dx}{(2x+1)^2(x^2+1)^{1/2}}$$

$$= \frac{x-2}{(2x+1)^2\sqrt{x^2+1}}\,dx$$

## Exercícios 6.1

1. Faça uma figura similar à Figura 6.1.2, se o gráfico é côncavo para baixo e a função é crescente. Indique os segmentos de reta cujos comprimentos representam as seguintes quantidades: $\Delta x$, $\Delta y$, $dx$ e $dy$.
2. Faça uma figura similar à Figura 6.1.2, se o gráfico é côncavo para cima, a função é decrescente e $\Delta x < 0$. Indique os segmentos cujos comprimentos representam as seguintes quantidades: $|\Delta x|$, $\Delta y$, $|dx|$ e $dy$.

Nos Exercícios de 3 a 10, ache (a) $\Delta y$; (b) $dy$; (c) $\Delta y - dy$.

3. $y = x^2$
4. $y = 3x^2 - x$
5. $y = 6 - 3x - 2x^2$
6. $y = x^3 - x^2$
7. $y = \sqrt{x}$
8. $y = \dfrac{1}{x^2+1}$
9. $y = \dfrac{2}{x-1}$
10. $y = \dfrac{1}{\sqrt{x}}$

Nos Exercícios de 11 a 16, ache, para os valores dados, (a) $\Delta y$; (b) $dy$; (c) $\Delta y - dy$.

11. $y = x^2 - 3x$; $x = 2$; $\Delta x = 0{,}03$
12. $y = x^2 - 3x$; $x = -1$; $\Delta x = 0{,}02$
13. $y = \dfrac{1}{x}$; $x = -2$; $\Delta x = -0{,}1$
14. $y = \dfrac{1}{x}$; $x = 3$; $\Delta x = -0{,}2$
15. $y = x^3 + 1$; $x = 1$; $\Delta x = -0{,}5$
16. $y = x^3 + 1$; $x = -1$; $\Delta x = 0{,}1$

Nos Exercícios de 17 a 22, ache $dy$.

17. $y = (3x^2 - 2x + 1)^3$
18. $y = \sqrt{4 - x^2}$
19. $y = x^2\sqrt[3]{2x+3}$
20. $y = \dfrac{3x}{x^2+2}$
21. $y = \sqrt{\dfrac{x-1}{x+1}}$
22. $y = \sqrt{3x+4}\sqrt[3]{x^2-1}$

Nos Exercícios de 23 a 26, use diferenciais para encontrar um valor aproximado para a quantidade dada. Expresse cada resposta até três dígitos significativos.

23. $\sqrt{82}$
24. $\sqrt[4]{82}$
25. $\sqrt[3]{7{,}5}$
26. $\sqrt[3]{0{,}0098}$

27. A medida da aresta de um cubo é 15 cm, com um erro possível de 0,01 cm. Usando diferenciais, ache o erro aproximado no cálculo com esta medida (a) do volume; (b) da área de uma das faces.
28. Uma caixa de metal na forma de um cubo deve ter um volume interior de 1.000 cm³. Os seis lados são feitos de metal, com $\frac{1}{2}$ cm de espessura. Se o custo do metal usado é $ 0,20 por centímetro cúbico, use diferenciais para encontrar o custo total aproximado do metal a ser usado na manufatura da caixa.

29. Um tanque cilíndrico aberto deve ter um revestimento externo de 2 cm de espessura. Se o raio interno é 6 m e a altitude é 10 m, ache por diferenciais a quantidade aproximada de material de revestimento a ser usada.
30. O talo de um certo cogumelo tem forma cilíndrica, e um talo de 2 cm de altura e raio $r$ cm tem um volume de $V$ cm$^3$, onde $V = 2\pi r^2$. Use a diferencial para encontrar o aumento aproximado no volume do talo, quando o raio aumenta de 0,4 cm para 0,5 cm.
31. Uma queimadura na pele de uma pessoa tem uma forma circular tal que se $r$ cm é o raio e $A$ cm$^2$ é a área da queimadura, então $A = \pi r^2$. Use a diferencial para encontrar o decréscimo na área da queimadura, quando o raio diminui de 1 cm para 0,8 cm.
32. Uma certa célula bacteriana tem a forma esférica, tal que se $r$ micrômetros ($\mu$m) for seu raio e $V$ micrômetros cúbicos for seu volume, então $V = \frac{4}{3}\pi r^3$. Use a diferencial para encontrar o aumento aproximado no volume da célula, quando o raio aumenta de 2,2 $\mu$m para 2,3 $\mu$m.
33. Um tumor no corpo de uma pessoa tem uma forma esférica tal que se $r$ cm é o seu raio e $V$ cm$^3$ o seu volume, então $V = \frac{4}{3}\pi r^3$. Use a diferencial para encontrar o aumento aproximado no volume do tumor, quando o raio cresce de 1,5 cm para 1,6 cm.
34. Um empreiteiro é contratado para pintar ambos os lados de 1.000 placas circulares, cada uma com 3 m de raio. Depois de receber as placas ele descobre que o raio é 1 cm maior. Use diferenciais para encontrar a porcentagem aproximada de aumento na pintura.
35. Se o erro possível na medida do volume de um gás é 0,1 cm$^3$ e o erro permitido na pressão é 0,001 C g/cm$^2$, ache o tamanho do menor recipiente para o qual a lei de Boyle (Exercício 29 nos Exercícios 3.5) é válida.
36. Para a lei adiabática de expansão do ar (Exercício 30 nos Exercícios 3.5), prove que $dP/P = -1,4 dV/V$.
37. Resolva o Exemplo 4 desta secção, supondo que o número de itens em um lote de produção tenha sido aumentado de 1.400 para 1.410.
38. Retomando o Exercício 31 nos Exercícios 4.5, use diferenciais para encontrar a variação aproximada no custo total de obtenção e armazenamento do estoque, se o número de mesas em um lote de produção for aumentado de 100 para 105.
39. Voltando ao Exercício 33 nos Exercícios 4.5, use diferenciais para encontrar a variação aproximada no custo total de manutenção do estoque, se o número de caixas em um pedido for aumentado de 800 para 810.
40. Para a loja de móveis do Exercício 34 nos Exercícios 4.5, use diferenciais para encontrar a variação aproximada no custo total de manutenção do estoque, se o número de televisores em um pedido for aumentado de 80 para 84.

## 6.2 ANTIDIFERENCIAÇÃO

Você já está familiarizado com *operações inversas*. Adição e subtração, multiplicação e divisão, potenciação e radiciação são operações inversas. A operação inversa da diferenciação é chamada **antidiferenciação**. Suponha, por exemplo, que uma função custo total $C$ seja conhecida; então a função custo marginal é obtida de $C$ encontrando-se $C'$, a derivada de $C$. Se, contudo, a função custo marginal é dada e deseja-se encontrar a função custo total $C$, o procedimento envolve antidiferenciação e a função encontrada com esta operação é chamada uma *antiderivada*. Nesta secção vamos desenvolver algumas técnicas para o cálculo de antiderivadas, e nas Secções 6.3 e 6.4 aplicaremos estas técnicas para resolver alguns problemas práticos.

Definição de antiderivada de uma função

> Uma função $F$ é chamada **antiderivada** de uma função $f$ em um intervalo $I$ se $F'(x) = f(x)$ para todo valor de $x$ em $I$.

## 220 A DIFERENCIAL E ANTIDIFERENCIAÇÃO

• ILUSTRAÇÃO 1

Se $F$ está definida por $F(x) = 4x^3 + x^2 + 5$, então $F'(x) = 12x^2 + 2x$. Assim, se $f$ é a função definida por $f(x) = 12x^2 + 2x$, dizemos que $f$ é a derivada de $F$ e que $F$ é uma antiderivada de $f$. Se $G$ é a função definida por $G(x) = 4x^3 + x^2 - 17$, então $G$ é também uma antiderivada de $f$, pois $G'(x) = 12x^2 + 2x$. Realmente, toda função cujos valores são dados por $4x^3 + x^2 + C$, onde $C$ é qualquer constante, é uma antiderivada de $f$. •

Em geral, se uma função $F$ é uma antiderivada de uma função $f$ em um intervalo $I$, e se $G$ está definida por

$$G(x) = F(x) + C$$

onde $C$ é uma constante arbitrária, então

$$G'(x) = F'(x) = f(x)$$

e $G$ é também uma antiderivada de $f$ no intervalo $I$.

Vamos mostrar agora que se $F$ é uma determinada antiderivada de $f$ em um intervalo $I$, então o conjunto de todas as antiderivadas de $f$ em $I$ está definido por $F(x) + C$, onde $C$ é uma constante arbitrária. Primeiro, são necessários dois teoremas preliminares.

---

**Teorema 6.2.1** Se $f$ é uma função, $I$ um intervalo, e

$f'(x) = 0$ para todo $x$ em $I$

então $f$ é constante em $I$; isto é, há uma constante $K$, tal que

$f(x) = K$ para todo $x$ em $I$

---

A prova formal do Teorema 6.2.1 será omitida. Contudo, os seguintes argumentos geométricos informais devem apelar para a sua intuição.

Como $f'(x) = 0$ para todo $x$ no intervalo $I$, então, para o gráfico da equação $y = f(x)$, a inclinação da reta tangente é zero em todo $I$. Assim, a reta tangente é horizontal, onde quer que seja em $I$, e para que tal situação ocorra, o gráfico de $y = f(x)$ em $I$ deve ser uma reta horizontal. Logo, $f(x) = K$ em $I$, onde $K$ é uma constante.

Suponha agora que $g$ e $h$ sejam duas funções tendo a mesma derivada em um intervalo $I$; isto é,

$$g'(x) = h'(x) \quad \text{para todo } x \text{ em } I \tag{1}$$

Seja $f$ a função definida em $I$ por

$$f(x) = g(x) - h(x)$$

assim sendo, para todos os valores de $x$ em $I$

$$f'(x) = g'(x) - h'(x)$$

Mas de (1), $g'(x) = h'(x)$ para todos os valores de $x$ em $I$. Logo,

$f'(x) = 0$ para todo $x$ em $I$

Assim, o Teorema 6.2.1 aplica-se à função $f$, e há uma constante $K$, tal que

$f(x) = K$ para todo $x$ em $I$

Substituindo $f(x)$ por $g(x) - h(x)$ temos

$g(x) = h(x) + K$ para todo $x$ em $I$

Estivemos provando o teorema enunciado a seguir.

---

**Teorema 6.2.2** Se $g$ e $h$ são duas funções tais que $g'(x) = h'(x)$ para todos os valores de $x$ num intervalo $I$, então há uma constante $K$, tal que

$g(x) = h(x) + K$ para todo $x$ em $I$

---

Estamos agora em condições de obter o teorema significante desta secção.
Seja $F$ uma determinada antiderivada de $f$ em um intervalo $I$. Então,

$F'(x) = f(x)$ para todo $x$ em $I$ (2)

Se $G$ representa qualquer antiderivada de $f$ em $I$, então

$G'(x) = f(x)$ para todo $x$ em $I$ (3)

De (2) e (3) segue que

$G'(x) = F'(x)$ para todo $x$ em $I$

Logo, do Teorema 6.2.2, há uma constante $K$, tal que

$G(x) = F(x) + K$ para todo $x$ em $I$

Como $G$ representa qualquer antiderivada de $f$ em $I$, segue que todas as antiderivadas de $f$ podem ser obtidas de $F(x) + C$, onde $C$ é uma constante arbitrária. Estivemos provando o teorema enunciado a seguir.

---

**Teorema 6.2.3** Se $F$ é uma determinada antiderivada de $f$ em um intervalo $I$, então o conjunto de todas as antiderivadas de $f$ em $I$ é dado por

$F(x) + C$ (4)

onde $C$ é uma constante arbitrária e todas as antiderivadas de $f$ em $I$ podem ser obtidas de (4), atribuindo-se valores particulares a $C$.

---

Se $F$ é uma antiderivada de $f$, então $F'(x) = f(x)$, e assim

$d(F(x)) = f(x)dx$

A antidiferenciação é o processo segundo o qual se determina o conjunto de todas as antiderivadas de uma dada função. O símbolo

$$\int$$

denota a operação de antidiferenciação, e escrevemos

$$\int f(x)dx = F(x) + C \qquad (5)$$

onde

$F'(x) = f(x)$

ou, equivalentemente,

$d(F(x)) = f(x)dx$ (6)

De (5) e (6) podemos escrever

$$\int d(F(x)) = F(x) + C \tag{7}$$

A Equação (7) estabelece que quando antidiferenciamos a diferencial de uma função, obtemos a função mais uma constante arbitrária. Assim, o símbolo $\int$ da antidiferenciação indica a operação inversa daquela denotada por $d$ para o cálculo da diferencial.

Como antidiferenciação é a operação inversa da diferenciação, os teoremas de antidiferenciação podem ser obtidos dos de diferenciação. Assim, os teoremas enunciados a seguir podem ser provados a partir de seus correspondentes, na diferenciação.

**Teorema 6.2.4**

$$\int dx = x + C$$

**Teorema 6.2.5**

$$\int af(x)dx = a\int f(x)dx$$

onde $a$ é uma constante.

O Teorema 6.2.5 estabelece que para se encontrar a antiderivada de uma constante vezes uma função, acha-se uma antiderivada da função e esta é multiplicada pela constante.

**Teorema 6.2.6** Se $f_1$ e $f_2$ estão definidas no mesmo intervalo, então

$$\int [f_1(x) + f_2(x)]dx = \int f_1(x)dx + \int f_2(x)dx$$

O Teorema 6.2.6 estabelece que para se encontrar uma antiderivada da soma de duas funções, acha-se a antiderivada de cada uma separadamente e então somam-se os resultados, desde que ambas as funções estejam definidas no mesmo intervalo. O Teorema 6.2.6 pode ser estendido a qualquer número finito de funções. Combinando-se o Teorema 6.2.6 com o Teorema 6.2.5, temos o seguinte resultado:

**Teorema 6.2.7** Se $f_1, f_2, \ldots, f_n$ estão definidas no mesmo intervalo,

$$\int [c_1 f_1(x) + c_2 f_2(x) + \ldots + c_n f_n(x)]dx = c_1 \int f_1(x)dx + c_2 \int f_2(x)dx + \ldots + c_n \int f_n(x)dx$$

onde $c_1, c_2, \ldots, c_n$ são constantes.

Antidiferenciação    223

**Teorema 6.2.8**

$$\int x^n dx = \frac{x^{n+1}}{n+1} + C \quad \text{se} \quad n \neq -1$$

Como afirmamos anteriormente, estes teoremas decorrem dos teoremas correspondentes para se encontrar a diferencial. A seguir está a prova do Teorema 6.2.8.

$$d\left(\frac{x^{n+1}}{n+1} + C\right) = \frac{(n+1)x^n}{n+1} dx = x^n dx$$

Aplicações dos teoremas anteriores estão ilustradas nos exemplos ilustrados a seguir.

**EXEMPLO 1**  Calcule $\int (3x + 5) dx$

**Solução**

$$\int (3x + 5) dx = 3 \int x \, dx + 5 \int dx \quad \text{(pelo Teorema 6.2.7)}$$

$$= 3\left(\frac{x^2}{2} + C_1\right) + 5(x + C_2) \quad \text{(pelos Teoremas 6.2.8 e 6.2.4)}$$

$$= \tfrac{3}{2}x^2 + 5x + 3C_1 + 5C_2$$

Como $3C_1 + 5C_2$ é uma constante arbitrária, ela pode ser denotada por $C$, e assim nossa resposta é

$\tfrac{3}{2}x^2 + 5x + C$

Esta resposta pode ser comprovada achando-se a derivada. Fazendo isto temos

$D_x(\tfrac{3}{2}x^2 + 5x + C) = 3x + 5$

**EXEMPLO 2**  Calcule $\int \sqrt[3]{x^2} \, dx$

**Solução**

$$\int \sqrt[3]{x^2} \, dx = \int x^{2/3} \, dx$$

$$= \frac{x^{2/3+1}}{\tfrac{2}{3}+1} + C \quad \text{(do Teorema 6.2.8)}$$

$$= \tfrac{3}{5} x^{5/3} + C$$

**EXEMPLO 3**  Calcule $\int \left(\frac{1}{x^4} + \frac{1}{\sqrt[4]{x}}\right) dx$

**Solução**

$$\int \left(\frac{1}{x^4} + \frac{1}{\sqrt[4]{x}}\right) dx = \int (x^{-4} + x^{-1/4}) dx$$

$$= \frac{x^{-4+1}}{-4+1} + \frac{x^{-1/4+1}}{-\frac{1}{4}+1} + C$$

$$= \frac{x^{-3}}{-3} + \frac{x^{3/4}}{\frac{3}{4}} + C$$

$$= -\frac{1}{3x^3} + \frac{4}{3}x^{3/4} + C$$

Muitas antiderivadas não podem ser encontradas aplicando-se diretamente as fórmulas. No entanto, algumas vezes é possível encontrar uma antiderivada utilizando-se as fórmulas após mudar a variável.

• **ILUSTRAÇÃO 2**

Suponha que queremos encontrar

$$\int 2x \sqrt{1+x^2}\, dx \qquad (8)$$

Se fizermos a substituição $u = 1 + x^2$, então $du = 2x\, dx$, e (8) torna-se

$$\int u^{1/2} du$$

a qual, pelo Teorema 6.2.8, dá

$$\tfrac{2}{3} u^{3/2} + C$$

Então, substituindo $u$ por $(1 + x^2)$, temos nosso resultado

$$\tfrac{2}{3}(1+x^2)^{3/2} + C$$

A justificativa do procedimento usado na Ilustração 2 é fornecida pelo teorema seguinte, o qual é análogo à regra da cadeia para diferenciação e, assim sendo, pode ser chamado *regra da cadeia para a antidiferenciação*.

A regra da cadeia para a antidiferenciação

---

**Teorema 6.2.9** Seja $g$ uma função diferenciável de $x$ e seja o intervalo $I$ a imagem de $g$. Suponha que $f$ seja uma função em $I$ e que $F$ seja uma antiderivada de $f$ em $I$. Então, se $u = g(x)$,

$$\int f(g(x))g'(x)dx = \int f(u)du = F(u) + C = F(g(x)) + C$$

---

A prova do Teorema 6.2.9 será omitida. Como um caso particular do Teorema 6.2.9, do Teorema 6.2.8 temos a *fórmula da potência generalizada para antiderivadas*, a qual estabeleceremos a seguir.

Antidiferenciação    **225**

Fórmula da potência generalizada para antiderivadas

**Teorema 6.2.10**  Se $g$ é uma função diferenciável, então se $u = g(x)$,

$$\int [g(x)]^n g'(x)\,dx = \int u^n\,du = \frac{u^{n+1}}{n+1} + C = \frac{[g(x)]^{n+1}}{n+1} + C$$

onde $n \neq -1$.

Os Exemplos 4, 5 e 6 ilustram a aplicação do Teorema 6.2.10.

**EXEMPLO 4**  Calcule $\int \sqrt{3x+4}\,dx$

**Solução**  Para aplicar o Teorema 6.2.10, fazemos a substituição $u = 3x + 4$; então, $du = 3\,dx$ ou $\frac{1}{3}du = dx$. Logo,

$$\int \sqrt{3x+4}\,dx = \int u^{1/2} \cdot \frac{du}{3}$$

$$= \frac{1}{3}\int u^{1/2}\,du$$

$$= \frac{1}{3} \cdot \frac{u^{3/2}}{\frac{3}{2}} + C$$

$$= \tfrac{2}{9} u^{3/2} + C$$

$$= \tfrac{2}{9}(3x+4)^{3/2} + C$$

**EXEMPLO 5**  Calcule $\int t(5+3t^2)^8\,dt$

**Solução**  Observe que $d(5+3t^2) = 6t\,dt$. Assim, fazemos a substituição

e então
$$u = 5 + 3t^2$$
$$du = 6t\,dt$$
$$\tfrac{1}{6} du = t\,dt$$

Logo

$$\int t(5+3t^2)^8\,dt = \int (5+3t^2)^8 (t\,dt)$$

$$= \int u^8 (\tfrac{1}{6}\,du)$$

$$= \frac{1}{6}\int u^8\,du$$

$$= \frac{1}{6} \cdot \frac{u^9}{9} + C$$

$$= \tfrac{1}{54}(5+3t^2)^9 + C$$

**EXEMPLO 6** Calcule $\int x^2 \sqrt[5]{7-4x^3}\, dx$

**Solução** Como $d(7-4x^3) = -12x^2\, dx$, fazemos a substituição
$$u = 7 - 4x^3$$
Então
$$du = -12x^2\, dx$$
$$-\tfrac{1}{12}\, du = x^2\, dx$$
Temos, portanto

$$\int x^2 \sqrt[5]{7-4x^3}\, dx = \int (7-4x^3)^{1/5}(x^2\, dx)$$
$$= \int u^{1/5}(-\tfrac{1}{12}\, du)$$
$$= -\frac{1}{12}\int u^{1/5}\, du$$
$$= -\frac{1}{12}\cdot \frac{u^{6/5}}{\frac{6}{5}} + C$$
$$= -\tfrac{5}{72}(7-4x^3)^{6/5} + C$$

Os detalhes das soluções dos Exemplos 4, 5 e 6 podem ser abreviados, não se estabelecendo explicitamente a substituição de $u$. A solução do Exemplo 4 toma a seguinte forma:

$$\int \sqrt{3x+4}\, dx = \frac{1}{3}\int (3x+4)^{1/2}(3\, dx)$$
$$= \frac{1}{3}\cdot \frac{(3x+4)^{3/2}}{\frac{3}{2}} + C$$
$$= \tfrac{2}{9}(3x+4)^{3/2} + C$$

A solução do Exemplo 5 pode ser escrita como

$$\int t(5+3t^2)^8\, dt = \frac{1}{6}\int (5+3t^2)^8(6t\, dt)$$
$$= \frac{1}{6}\cdot \frac{(5+3t^2)^9}{9} + C$$
$$= \tfrac{1}{54}(5+3t^2)^9 + C$$

e a solução do Exemplo 6 pode ser abreviada como segue:

$$\int x^2 \sqrt[5]{7-4x^3}\, dx = -\frac{1}{12}\int (7-4x^3)^{1/5}(-12x^2\, dx)$$
$$= -\frac{1}{12}\cdot \frac{(7-4x^3)^{6/5}}{\frac{6}{5}} + C$$
$$= -\tfrac{5}{72}(7-4x^3)^{6/5} + C$$

Antidiferenciação 227

**EXEMPLO 7** Calcule $\displaystyle\int \frac{4x^2\,dx}{(1-8x^3)^4}$

**Solução** Como $d(1-8x^3) = -24x^2\,dx$, escrevemos

$$\int \frac{4x^2\,dx}{(1-8x^3)^4} = 4\int (1-8x^3)^{-4}(x^2\,dx)$$

$$= 4\left(-\frac{1}{24}\right)\int (1-8x^3)^{-4}(-24x^2\,dx)$$

$$= -\frac{1}{6}\cdot\frac{(1-8x^3)^{-3}}{-3} + C$$

$$= \frac{1}{18(1-8x^3)^3} + C$$

**EXEMPLO 8** Calcule $\displaystyle\int x^2\sqrt{1+x}\,dx$

**Solução** Seja $u = 1 + x$. Então $x = u - 1$ e $dx = du$. Fazendo estas substituições, temos

$$\int x^2\sqrt{1+x}\,dx = \int (u-1)^2 u^{1/2}\,du$$

$$= \int (u^2 - 2u + 1)u^{1/2}\,du$$

$$= \int u^{5/2}\,du - 2\int u^{3/2}\,du + \int u^{1/2}\,du$$

$$= \frac{u^{7/2}}{\frac{7}{2}} - 2\cdot\frac{u^{5/2}}{\frac{5}{2}} + \frac{u^{3/2}}{\frac{3}{2}} + C$$

$$= \tfrac{2}{7}(1+x)^{7/2} - \tfrac{4}{5}(1+x)^{5/2} + \tfrac{2}{3}(1+x)^{3/2} + C$$

**ILUSTRAÇÃO 3**

Um método alternativo para a solução do Exemplo 8 é fazer a substituição $v = \sqrt{1+x}$. Então, $v^2 = 1 + x$, logo $x = v^2 - 1$ e $dx = 2v\,dv$. Com estas substituições o cálculo toma a forma:

$$\int x^2\sqrt{1+x}\,dx = \int (v^2-1)^2\cdot v\cdot(2v\,dv)$$

$$= 2\int v^6\,dv - 4\int v^4\,dv + 2\int v^2\,dv$$

$$= \tfrac{2}{7}v^7 - \tfrac{4}{5}v^5 + \tfrac{2}{3}v^3 + C$$

$$= \tfrac{2}{7}(1+x)^{7/2} - \tfrac{4}{5}(1+x)^{5/2} + \tfrac{2}{3}(1+x)^{3/2} + C$$

Os resultados para cada um dos exemplos acima podem ser confirmados encontrando-se a derivada (ou a diferencial) da resposta.

• ILUSTRAÇÃO 4

No Exemplo 5 temos

$$\int t(5+3t^2)^8 \, dt = \tfrac{1}{54}(5+3t^2)^9 + C$$

Diferenciando o segundo membro

$$D_t[\tfrac{1}{54}(5+3t^2)^9] = \tfrac{1}{54} \cdot 9(5+3t^2)^8 \cdot 6t$$
$$= t(5+3t^2)^8$$

• ILUSTRAÇÃO 5

No Exemplo 8 temos

$$\int x^2\sqrt{1+x}\, dx = \tfrac{2}{7}(1+x)^{7/2} - \tfrac{4}{5}(1+x)^{5/2} + \tfrac{2}{3}(1+x)^{3/2} + C$$

Diferenciando o segundo membro

$$D_x[\tfrac{2}{7}(1+x)^{7/2} - \tfrac{4}{5}(1+x)^{5/2} + \tfrac{2}{3}(1+x)^{3/2}]$$
$$= (1+x)^{5/2} - 2(1+x)^{3/2} + (1+x)^{1/2}$$
$$= (1+x)^{1/2}[(1+x)^2 - 2(1+x) + 1]$$
$$= (1+x)^{1/2}[1 + 2x + x^2 - 2 - 2x + 1]$$
$$= x^2\sqrt{1+x}$$

## Exercícios 6.2

Nos Exercícios de 1 a 46, faça a antidiferenciação. Nos Exercícios de 1 a 4, de 11 a 14 e de 21 a 24 confirme achando a derivada de sua resposta.

1. $\int 3x^4 \, dx$
2. $\int (3x^5 - 2x^3) \, dx$
3. $\int (3 - 2t + t^2) \, dt$
4. $\int (4x^3 - 3x^2 + 6x - 1) \, dx$
5. $\int (8x^4 + 4x^3 - 6x^2 - 4x + 5) \, dx$
6. $\int (2 + 3x^2 - 8x^3) \, dx$
7. $\int \sqrt{x}(x+1) \, dx$
8. $\int (ax^2 + bx + c) \, dx$
9. $\int (x^{3/2} - x) \, dx$
10. $\int \left(\sqrt{x} - \dfrac{1}{\sqrt{x}}\right) dx$
11. $\int \left(\dfrac{2}{x^3} + \dfrac{3}{x^2} + 5\right) dx$
12. $\int \left(3 - \dfrac{1}{x^4} + \dfrac{1}{x^2}\right) dx$
13. $\int \dfrac{x^2 + 4x - 4}{\sqrt{x}} \, dx$
14. $\int \dfrac{y^4 + 2y^2 - 1}{\sqrt{y}} \, dy$
15. $\int \left(\sqrt{2x} - \dfrac{1}{\sqrt{2x}}\right) dx$
16. $\int \dfrac{27t^3 - 1}{\sqrt[3]{t}} \, dt$
17. $\int \sqrt{1 - 4y} \, dy$
18. $\int \sqrt[3]{3x - 4} \, dx$

Equações Diferenciais com Variáveis Separáveis  229

19. $\int \sqrt[3]{6 - 2x}\, dx$

20. $\int \sqrt{5r + 1}\, dr$

21. $\int x\sqrt{x^2 - 9}\, dx$

22. $\int 3x\sqrt{4 - x^2}\, dx$

23. $\int x^2 \sqrt{x^3 - 1}\, dx$

24. $\int x(2x^2 + 1)^6\, dx$

25. $\int 5x \sqrt[3]{(9 - 4x^2)^2}\, dx$

26. $\int \dfrac{x\, dx}{\sqrt[3]{x^2 + 1}}$

27. $\int \dfrac{y^3}{(1 - 2y^4)^5}\, dy$

28. $\int (x^2 - 4x + 4)^{4/3}\, dx$

29. $\int \dfrac{s\, ds}{\sqrt{3s^2 + 1}}$

30. $\int \dfrac{2r\, dr}{(1 - r)^{2/3}}$

31. $\int \dfrac{t\, dt}{\sqrt{t + 3}}$

32. $\int \sqrt{\dfrac{1}{t} - 1}\, \dfrac{dt}{t^2}$

33. $\int \sqrt{1 + \dfrac{1}{3x}}\, \dfrac{dx}{x^2}$

34. $\int x^4 \sqrt{3x^5 - 5}\, dx$

35. $\int \sqrt{3 - x}\, x^2\, dx$

36. $\int (x^3 + 3)^{1/4} x^5\, dx$

37. $\int \dfrac{(x^2 + 2x)\, dx}{\sqrt{x^3 + 3x^2 + 1}}$

38. $\int x(x^2 + 1)\sqrt{4 - 2x^2 - x^4}\, dx$

39. $\int \dfrac{x(3x^2 + 1)\, dx}{(3x^4 + 2x^2 + 1)^2}$

40. $\int \sqrt{3 + s}(s + 1)^2\, ds$

41. $\int \dfrac{y + 3}{(3 - y)^{2/3}}\, dy$

42. $\int (2t^2 + 1)^{1/3} t^3\, dt$

43. $\int \dfrac{(r^{1/3} + 2)^4}{\sqrt[3]{r}}\, dr$

44. $\int \left(t + \dfrac{1}{t}\right)^{3/2} \left(\dfrac{t^2 - 1}{t^2}\right)\, dt$

45. $\int \dfrac{x^3}{(x^2 + 4)^{3/2}}\, dx$

46. $\int \dfrac{x^3}{\sqrt{1 - 2x^2}}\, dx$

47. Calcule $\int (2x + 1)^3\, dx$ por dois métodos: (a) expanda $(2x + 1)^3$ pelo teorema binomial, e aplique os Teoremas 6.2.4, 6.2.7 e 6.2.8; (b) faça a substituição $u = 2x + 1$. Explique a diferença na apresentação das respostas obtidas em (a) e (b).

48. Calcule $\int \sqrt{x - 1}\, x^2\, dx$ por dois métodos: (a) faça a substituição $u = x - 1$; (b) faça a substituição $v = \sqrt{x - 1}$.

## 6.3  EQUAÇÕES DIFERENCIAIS COM VARIÁVEIS SEPARÁVEIS

Uma equação contendo derivadas é chamada uma **equação diferencial**. Algumas equações diferenciais simples são

$$\dfrac{dy}{dx} = 2x \qquad (1)$$

$$\dfrac{dy}{dx} = \dfrac{2x^2}{3y^3} \qquad (2)$$

$$\dfrac{d^2 y}{dx^2} = 4x + 3 \qquad (3)$$

A **ordem** de uma equação diferencial é a da derivada de maior ordem que aparece na equação. Logo (1) e (2) são equações diferenciais de primeira ordem e (3) é de segunda ordem. O tipo mais simples de equação diferencial é uma equação da forma

$$\frac{dy}{dx} = f(x) \tag{4}$$

da qual (1) é um caso particular. Escrevendo (4) com diferenciais, temos

$$dy = f(x)\,dx \tag{5}$$

Um outro tipo de equação diferencial de primeira ordem é

$$\frac{dy}{dx} = \frac{g(x)}{h(y)} \tag{6}$$

A Equação (2) é um caso particular de uma equação deste tipo. Se (6) é escrita com diferenciais, temos

$$h(y)\,dy = g(x)\,dx \tag{7}$$

Em ambas (5) e (7), o primeiro membro envolve somente a variável $y$ e o segundo membro somente a variável $x$. Assim, as variáveis são separadas, e dizemos que estas são equações diferenciais com variáveis separáveis.

Considere (5). Para resolver esta equação precisamos encontrar todas as funções $G$ para as quais $y = g(x)$, tais que a equação seja satisfeita. Assim, se $F$ é uma antiderivada de $f$, todas as funções $G$ estão definidas por $G(x) = F(x) + C$, onde $C$ é uma constante arbitrária. Isto é, se $d(G(x)) = d(F(x) + C) = f(x)\,dx$, então a chamada **solução completa** de (5) é dada por

$$y = F(x) + C \tag{8}$$

A Equação (8) representa uma família de funções dependentes de uma constante arbitrária $C$. Isto é chamado **família de um parâmetro**. Os gráficos destas funções formam uma família de curvas de um parâmetro, em um plano, e por qualquer ponto particular $(x_1, y_1)$ passa uma única curva da família.

• ILUSTRAÇÃO 1

Suponha que queiramos encontrar a solução completa da equação diferencial

$$dy = 2x\,dx \tag{9}$$

O conjunto de todas as antiderivadas do primeiro membro de (9) é $(y + C_1)$ e o conjunto de todas as antiderivadas de $2x$ é $(x^2 + C_2)$. Assim,

$$y + C_1 = x^2 + C_2$$

Como $(C_2 - C_1)$ é uma constante arbitrária se $C_1$ e $C_2$ forem arbitrárias, podemos substituir $(C_2 - C_1)$ por $C$, obtendo então

$$y = x^2 + C \tag{10}$$

que é a solução completa da equação diferencial dada.

A Equação (10) representa uma família de funções de um parâmetro. A Figura 6.3.1 mostra esboços dos gráficos das funções correspondentes a $C = -4$, $C = -1$, $C = 0$, $C = 1$ e $C = 2$. •

Consideremos agora (7), que é

$$h(y)\,dy = g(x)\,dx$$

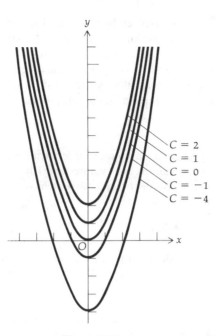

**Figura 6.3.1**

Se antidiferenciarmos ambos os membros da equação, teremos

$$\int h(y)\,dy = \int g(x)\,dx$$

Se $H$ é uma antiderivada de $h$ e $G$ uma antiderivada de $g$, a solução completa de (7) é dada por

$$H(y) = G(x) + C$$

**EXEMPLO 1** Ache a solução completa da equação diferencial

$$\frac{dy}{dx} = \frac{2x^2}{3y^3}$$

**Solução** Se a equação diferencial é escrita com diferenciais, temos

$$3y^3\,dy = 2x^2\,dx$$

e as variáveis são separadas. Antidiferenciando ambos os lados da equação, obtemos

$$\int 3y^3\,dy = \int 2x^2\,dx$$

$$\frac{3y^4}{4} = \frac{2x^3}{3} + \frac{C}{12} \tag{11}$$

$$9y^4 = 8x^3 + C$$

que é a solução completa.

Em (11) a constante arbitrária foi escrita como $C/12$, tal que quando ambos os lados da equação são multiplicados por 12, a constante arbitrária torna-se $C$.

Muitas vezes em problemas envolvendo equações diferenciais deseja-se encontrar soluções particulares que satisfaçam a certas condições chamadas **condições de contorno** ou **condições iniciais**. Por exemplo, se uma equação de primeira ordem é dada, bem como a condição de contorno segundo a qual $y = y_1$ quando $x = x_1$, então, após encontrar a solução completa, se $x$ e $y$ são substituídos por $x_1$ e $y_1$, um valor particular de $C$ é determinado. Quando este valor de $C$ é substituído na solução completa, uma solução particular é obtida.

• **ILUSTRAÇÃO 2**

Para encontrar a solução particular da equação diferencial (9) que satisfaz à condição de contorno $y = 6$ quando $x = 2$, substituímos estes valores em (10) e resolvemos em $C$, dando $6 = 4 + C$ ou $C = 2$. Substituindo este valor de $C$ em (10) obtemos

$$y = x^2 + 2$$

que é a solução particular desejada. •

A Equação (3) e exemplo de um tipo particular de equação de segunda ordem

$$\frac{d^2 y}{dx^2} = f(x) \tag{12}$$

São necessárias duas antidiferenciações sucessivas para resolver (12), e duas constantes arbitrárias ocorrem na solução completa. A solução completa de (12) representa uma **família de funções de dois parâmetros** e o gráfico destas funções forma uma família de curvas de dois parâmetros, no plano. O exemplo que segue mostra o método para se obter a solução completa de uma equação deste tipo.

**EXEMPLO 2** Ache a solução completa da equação diferencial

$$\frac{d^2 y}{dx^2} = 4x + 3$$

**Solução** Como $\dfrac{d^2 y}{dx^2} = \dfrac{dy'}{dx}$, a equação dada pode ser escrita como

$$\frac{dy'}{dx} = 4x + 3$$

Escrevendo isto em forma diferencial temos

$$dy' = (4x + 3)\, dx$$

Antidiferenciando, obtemos

$$\int dy' = \int (4x + 3)\, dx$$

do qual temos

$$y' = 2x^2 + 3x + C_1$$

Como $y' = \dfrac{dy}{dx}$, fazemos esta substituição na equação acima e obtemos

$$\frac{dy}{dx} = 2x^2 + 3x + C_1$$

Usando diferenciais, obtemos
$$dy = (2x^2 + 3x + C_1)\,dx$$
Antidiferenciando,
$$\int dy = \int (2x^2 + 3x + C_1)\,dx$$
de onde resulta que
$$y = \tfrac{2}{3}x^3 + \tfrac{3}{2}x^2 + C_1 x + C_2$$
que é a solução completa.

**EXEMPLO 3** Ache uma solução particular da equação diferencial no Exemplo 2 para a qual $y = 2$ e $y' = -3$ quando $x = 1$.

**Solução** Como $y' = 2x^2 + 3x + C_1$, substituímos $-3$ por $y'$ e 1 por $x$, resultando $-3 = 2 + 3 + C_1$ ou $C_1 = -8$. Substituindo este valor de $C_1$ na solução completa, obtemos
$$y = \tfrac{2}{3}x^3 + \tfrac{3}{2}x^2 - 8x + C_2$$
Como $y = 2$ quando $x = 1$, substituímos estes valores na equação acima, resultando $C_2 = \tfrac{47}{6}$. A solução particular desejada, então, é
$$y = \tfrac{2}{3}x^3 + \tfrac{3}{2}x^2 - 8x + \tfrac{47}{6}$$

**EXEMPLO 4** Uma empresa fez uma análise de seus meios de produção e de seu pessoal. Com o equipamento e o número de trabalhadores atuais a empresa pode produzir 3.000 unidades por dia. Foi estimado que, sem nenhuma mudança no equipamento, a taxa de variação do número de unidades produzidas por dia em relação à variação do número de trabalhadores adicionais é $80 - 6x^{1/2}$, onde $x$ é o número de trabalhadores adicionais. Ache a produção diária se 25 trabalhadores forem acrescidos à força de trabalho.

**Solução** Seja $y$ o número de unidades produzidas por dia. Então
$$\frac{dy}{dx} = 80 - 6x^{1/2}$$
do qual obtemos
$$dy = (80 - 6x^{1/2})\,dx$$
Antidiferenciando, temos
$$y = 80x - 4x^{3/2} + C$$
Como $y = 3.000$ quando $x = 0$, temos $C = 3.000$. Logo
$$y = 80x - 4x^{3/2} + 3.000$$
Seja $y_{25}$ o valor de $y$ quando $x = 25$, então
$$y_{25} = 2.000 - 500 + 3.000$$
$$= 4.500$$
Logo, 4.500 unidades são produzidas por dia se a força de trabalho for aumentada em 25 trabalhadores.

## Exercícios 6.3

Nos Exercícios de 1 a 16, ache a solução completa da equação diferencial.

1. $\dfrac{dy}{dx} = 4x - 5$
2. $\dfrac{dy}{dx} = 6 - 3x^2$
3. $\dfrac{dy}{dx} = 3x^2 + 2x - 7$
4. $\dfrac{dy}{dx} = x^4 + 2x^2 - \dfrac{1}{x^2}$

5. $\dfrac{du}{dv} = \dfrac{2v^2 - 3}{v^2}$
6. $\dfrac{dy}{dx} = (3x + 1)^3$
7. $\dfrac{dy}{dx} = 3\sqrt{2x - 1}$
8. $\dfrac{ds}{dt} = 5\sqrt{s}$

9. $\dfrac{dy}{dx} = 3xy^2$
10. $\dfrac{dy}{dx} = \dfrac{\sqrt{x} + x}{\sqrt{y} - y}$
11. $\dfrac{dy}{dx} = \dfrac{3x\sqrt{1 + y^2}}{y}$
12. $\dfrac{dy}{dx} = \dfrac{x^2\sqrt{x^3 - 3}}{y^2}$

13. $\dfrac{d^2 y}{dx^2} = 5x^2 + 1$
14. $\dfrac{d^2 y}{dx^2} = \sqrt{2x - 3}$
15. $\dfrac{d^2 u}{dv^2} = \sqrt{3v + 1}$
16. $\dfrac{d^2 s}{dt^2} = \sqrt[3]{4t + 5}$

Nos Exercícios de 17 a 24, ache uma solução particular da equação diferencial determinada pelas condições de contorno.

17. $\dfrac{dy}{dx} = x^2 - 2x - 4$; $y = -6$ quando $x = 3$
18. $\dfrac{dy}{dx} = (x + 1)(x + 2)$; $y = -\dfrac{3}{2}$ quando $x = -3$

19. $\dfrac{dx}{y} = \dfrac{4\,dy}{x}$; $y = -2$ quando $x = 4$
20. $\dfrac{dy}{dx} = \dfrac{x}{4\sqrt{(1 + x^2)^3}}$; $y = 0$ quando $x = 1$

21. $\dfrac{d^2 y}{dx^2} = x^2 + 3x$; $y = 2$ e $y' = 1$ quando $x = 1$
22. $\dfrac{d^2 y}{dx^2} = -\dfrac{3}{x^4}$; $y = \dfrac{1}{2}$ e $y' = -1$ quando $x = 1$

23. $\dfrac{d^2 u}{dv^2} = 4(1 + 3v)^2$; $u = -1$ e $\dfrac{du}{dv} = -2$ quando $v = -1$

24. $\dfrac{d^2 y}{dx^2} = \sqrt[3]{3x - 1}$; $y = 2$ e $y' = 5$ quando $x = 3$

25. O ponto $(3, 2)$ está sob uma curva, e em um ponto $(x, y)$ sob a curva a reta tangente é igual a $2x - 3$. Ache uma equação da curva.

26. Uma equação da reta tangente a uma curva no ponto $(1, 3)$ é $y = x + 2$. Se em um ponto $(x, y)$ sob a curva $\dfrac{d^2 y}{dx^2} = 6x$, ache uma equação da curva.

27. Os pontos $(-1, 3)$ e $(0, 2)$ estão sob uma curva, e em um ponto $(x, y)$ da curva, $\dfrac{d^2 y}{dx^2} = 2 - 4x$. Ache uma equação da curva.

28. Em um ponto $(x, y)$ sob uma curva, $\dfrac{d^3 y}{dx^3} = 2$, e $(1, 3)$ é um ponto de inflexão no qual a inclinação da tangente inflexional é $-2$. Ache uma equação da curva.

29. O custo de uma certa máquina é $\$700$, e seu valor é depreciado de acordo com a fórmula $\dfrac{dV}{dt} = -500(t + 1)^{-2}$, onde $V$ é o valor $t$ após sua compra. Qual é o seu valor 3 anos após sua compra?

30. Um colecionador de arte compra uma pintura por $\$1.000$ de um artista cujo valor dos trabalhos está crescendo em relação ao tempo de acordo com a fórmula $\dfrac{dV}{dt} = 5(t + 4)^{3/2}$, onde $V$ é o valor esperado da pintura $t$ anos após sua compra. Se esta fórmula fosse válida para os próximos 6 anos, qual seria o valor esperado da pintura daqui a 5 anos?

31. Uma empresa estima que o crescimento da sua receita de vendas para os próximos 10 anos seja dado pela fórmula $\frac{dS}{dt} = \frac{1}{5}(t+1)^{1/3}$, onde $S$ é a receita bruta de vendas daqui a $t$ anos, e $0 \le t \le 10$. Se a receita bruta de vendas este ano for $1 milhão, qual a receita bruta esperada após 7 anos?
32. A eficiência de um operário em uma fábrica é dada como uma porcentagem. Por exemplo, se a eficiência do operário em um certo período de tempo é dada como 70%, então o operário está rendendo 70% de seu potencial total. Suponha que $E$% seja a eficiência de um operário $t$ horas após o começo do trabalho, e a taxa segundo a qual $E$ está mudando seja $(35 - 8t)$ por cento, por hora. Se a eficiência do operário for 81% após 3 horas de trabalho, ache a eficiência do operário após (a) 4 horas e (b) 8 horas.
33. Uma ferida está cicatrizando de forma que $t$ dias após segunda-feira a área da ferida estará diminuindo a uma taxa de $-3(t+2)^{-2}$ cm² por dia. Se na terça-feira a área da ferida passou a 2 cm², (a) qual era a área da ferida na segunda-feira e (b) qual será a área esperada na sexta-feira se a cicatrização continuar na mesma taxa?
34. A população de uma cidade vem crescendo a uma taxa de $400(t+1)^{-1/2}$ pessoas por ano, $t$ anos após 1981. Sendo a população em 1984 de 6.000 pessoas, (a) qual era a população em 1981 e (b) qual será a população em 1989 se a taxa de crescimento continuar a mesma?
35. Para os primeiros 10 dias de dezembro a célula de uma planta cresce de tal maneira que $t$ dias após 1.º de dezembro o volume da célula estará crescendo a uma taxa de $(12 - t)^{-2}$ micrômetros cúbicos ($\mu$m) por dia. Se em 3 de dezembro o volume da célula era 3 $\mu$m³, qual será o volume em 8 de dezembro?
36. O volume de água em um tanque é $V$ m³, quando a profundidade da água é $h$ m. Se a taxa de variação de $V$ em relação a $h$ é dada por $\frac{dV}{dh} = \pi(2h + 3)^2$, ache o volume de água no tanque quando a profundidade é 3 m.

## 6.4 APLICAÇÕES DE ANTIDIFERENCIAÇÃO EM ECONOMIA

Como a função custo marginal $C'$ e a função receita marginal $R'$ são as derivadas primeiras da função custo total $C$ e da função receita total $R$, respectivamente, $C$ e $R$ podem ser obtidas de $C'$ e $R'$, por antidiferenciação. Ao se determinar a função $C$ de $C'$, a constante arbitrária pode ser calculada se conhecermos o custo fixo (isto é, o custo quando nenhuma unidade é produzida) ou o custo da produção de um número específico de unidades de um produto. Como em geral se verifica que a receita total é zero quando o número de unidades produzidas é zero, este fato pode ser usado para se calcular a constante arbitrária, ao se obter $R$ a partir de $R'$.

**EXEMPLO 1** A função custo marginal $C'$ é dada por $C'(x) = 4x - 8$, onde $C(x)$ é o custo total da produção de $x$ unidades. Se o custo de produção de 5 unidades é $ 20, ache a função custo total. Faça esboços das curvas de custo total e de custo marginal no mesmo conjunto de eixos.

**Solução** O custo marginal deve ser não negativo. Logo, $4x - 8 \ge 0$ e, portanto, os valores permitidos de $x$ são $x \ge 2$. Como

$$C'(x) = 4x - 8$$

$$C(x) = \int (4x - 8)\, dx$$

$$= 2x^2 - 8x + k$$

Como $C(5) = 20$, obtemos $k = 10$. Logo

$$C(x) = 2x^2 - 8x + 10 \qquad x \ge 2$$

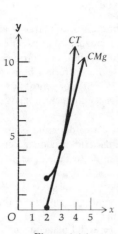

Figura 6.4.1

Figura 6.4.2

Os esboços pedidos são mostrados na Figura 6.4.1.

**EXEMPLO 2**  Se a receita marginal é dada por $R'(x) = 27 - 12x + x^2$, ache a função receita total e a equação de demanda. Faça esboços das curvas de demanda, receita total e receita marginal no mesmo conjunto de eixos.

**Solução**  Se $R$ é a função receita total, e
$$R'(x) = 27 - 12x + x^2$$
então
$$R(x) = \int (27 - 12x + x^2)\, dx$$
$$= 27x - 6x^2 + \tfrac{1}{3}x^3 + C$$
Como $R(0) = 0$, obtemos $C = 0$. Logo,
$$R(x) = 27x - 6x^2 + \tfrac{1}{3}x^3$$
Se $f$ é a função preço, $R(x) = xf(x)$; logo
$$f(x) = 27 - 6x + \tfrac{1}{3}x^2$$
Se $p$ é o preço unitário de um produto quando $x$ unidades são demandadas, então $p = f(x)$, a equação de demanda é
$$3p = 81 - 18x + x^2$$
Para determinar os valores permitidos de $x$, usamos os fatos de que $x \geq 0$, $p \geq 0$ e $f$ é uma função decrescente. Como
$$f'(x) = -6 + \tfrac{2}{3}x$$
$f$ é decrescente quando $x < 9$ (isto é, quando $f'(x) < 0$). Também, quando $x = 9$, $p = 0$; assim, os valores permitidos de $x$ são os números no intervalo fechado [0, 9]. Os esboços pedidos estão na Figura 6.4.2.

**EXEMPLO 3** Após um período de testes, um fabricante determina que se $x$ unidades de um certo artigo são produzidas por semana, o custo marginal é dado por $C'(x) = 0.3x - 11$, onde $C(x)$ é o custo total de produção de $x$ unidades. Se o preço de venda do artigo está fixado em $\$ 19$ por unidade e o custo fixo é $\$ 200$ por semana, ache o lucro total máximo que pode ser obtido por semana.

**Solução** Seja $R(x)$ a receita total obtida, vendendo-se $x$ unidades, e $P(x)$ o lucro total obtido, vendendo-se $x$ unidades. Como $x$ unidades são vendidas a $\$ 19$ por unidade,

$$R(x) = 19x$$

Assim, a receita marginal é dada por

$$R'(x) = 19$$

Foi dado que

$$C'(x) = 0.3x - 11$$

O lucro total será máximo quando a receita marginal se igualar ao custo marginal (veja a Secção 5.5). Equacionando $R'(x)$ e $C'(x)$ obtemos $x = 100$. Assim, 100 unidades deveriam ser produzidas a cada semana, para que o lucro total máximo fosse obtido.

$$C(x) = \int (0.3x - 11) \, dx$$
$$= 0.15x^2 - 11x + k$$

Como o custo fixo é $\$ 200$, $C(0) = 200$, e daí $k = 200$. Logo

$$C(x) = 0.15x^2 - 11x + 200$$

Como $P(x) = R(x) - C(x)$,

$$P(x) = 19x - (0.15x^2 - 11x + 200)$$
$$= -0.15x^2 + 30x - 200$$

Então, $P(100) = 1.300$. Logo, o lucro total máximo é $\$ 1.300$, que é obtido se 100 unidades forem produzidas por semana.

## Exercícios 6.4

1. A função receita marginal para um produto é dada por $R'(x) = 12 - 3x$. Se $x$ unidades são demandadas quando $p$ é o preço unitário, ache (a) a função receita total e (b) a equação de demanda. (c) Faça esboços no mesmo conjunto de eixos das curvas de receita total e de demanda.
2. Para um certo artigo, a função receita marginal é dada por $R'(x) = 15 - 4x$. Ache (a) a função receita total e (b) a equação de demanda. (c) Faça esboços no mesmo conjunto de eixos das curvas de receita total e de demanda.
3. A função custo marginal de um determinado artigo é dada por $C'(x) = 3(5x+4)^{-1/2}$. Se o custo fixo é $\$ 10$, ache a função custo total.
4. Para um certo produto a função custo marginal é dada por $C'(x) = 3\sqrt{2x+4}$. Se o custo fixo é zero, ache a função custo total.
5. Ache a equação de demanda de um produto para o qual a função receita marginal é dada por $R'(x) = 4 + 10(x+5)^{-2}$.
6. Ache a função preço de um produto para o qual a função receita marginal é dada por $R'(x) = 14 - 9x + x^2$
7. A função custo marginal para um produto é dada por $C'(x) = 6x - 17$. Se o custo de produção de 2 unidades é $\$ 25$, ache a função custo total.

**238** A DIFERENCIAL E ANTIDIFERENCIAÇÃO

8. Se a função receita marginal é dada por $R'(x) = 3x^2 - 12x + 10$, ache (a) a função receita total e (b) a função preço.
9. A função receita marginal é dada por $R'(x) = 16 - 3x^2$. Ache (a) a função receita total e (b) a equação de demanda. (c) Faça esboços no mesmo conjunto de eixos das curvas de demanda, de receita total e de receita marginal.
10. Ache (a) a função receita total e (b) a equação de demanda se a função receita marginal é dada por $R'(x) = \frac{3}{4}x^2 - 10x + 12$. (c) Faça esboços no mesmo conjunto de eixos das curvas de demanda, de receita total e de receita marginal.
11. A função custo marginal é dada por $C'(x) = 3x^2 + 8x + 4$, e o custo fixo é $ 6. Se $C(x)$ é o custo total de $x$ unidades, (a) ache a função custo total e (b) faça esboços no mesmo conjunto de eixos das curvas de custo total e de custo marginal.
12. A função custo marginal está definida por $C'(x) = 6x$, onde $C(x)$ é o custo total de $x$ centenas de um certo produto. Se o custo de 200 unidades é $ 2.000, ache (a) a função custo total e (b) o custo fixo. (c) Faça esboços no mesmo conjunto de eixos das curvas de custo total e de custo marginal.
13. Uma empresa determinou que a função custo marginal para a produção de um determinado artigo é dada por $C'(x) = 125 + 10x + \frac{1}{9}x^2$, onde $C(x)$ é o custo total de produção de $x$ unidades do produto. Se o custo fixo é $ 250, qual o custo de produção de 15 unidades?
14. A função receita marginal é dada por $R'(x) = ab(x + b)^{-2} - c$. Ache (a) a função receita total e (b) a equação de demanda.
15. A função custo marginal para um fabricante de vasos é $C'(x) = 4 - 9\sqrt{3x}/2x$, onde $C(x)$ é o custo total de produção de $x$ vasos. O custo fixo é $ 54. Se 27 vasos são produzidos, ache (a) o custo marginal e (b) o custo unitário médio.
16. A função custo marginal de um determinado artigo é $C'(x) = 30x^{1/2}$, onde $C(x)$ é o custo total da produção de $x$ artigos. O custo fixo é $ 100. Se 25 unidades são produzidas, ache (a) o custo marginal e (b) o custo unitário médio.
17. A taxa de variação da inclinação da curva de custo total de uma certa empresa é a constante 2, e a curva contém os pontos (2, 12) e (3, 18). Ache a função custo total.
18. Para um determinado produto, a taxa de variação da função custo total por unidade de variação em $x$ é $3x$ e a curva de custo total contém o ponto (5, 45). Ache a função custo total.
19. Um fabricante de brinquedos tem um novo brinquedo para colocar no mercado e deseja determinar um preço de venda que resulte num lucro total máximo. Analisando o preço e demanda de um brinquedo similar, prevê-se que $x$ brinquedos serão demandados quando $p$ for o preço por brinquedo; então $\frac{dp}{dx} = -\frac{p^2}{30.000}$, e a demanda deverá ser 1.800 quando o preço for $ 10. Se $C(x)$ é o custo total de produção de $x$ brinquedos, então $C(x) = x + 7.500$. Ache o preço a ser cobrado para que o lucro seja máximo.
20. Se a função receita marginal é dada por $R'(x) = ax^{-1/3}$, onde $a$ é uma constante, mostre que a elasticidade-preço da demanda é constante.

## Exercícios de Recapitulação do Capítulo 6

Nos Exercícios de 1 a 14, execute a antidiferenciação.

1. $\int (2x^3 - x^2 + 3) \, dx$  2. $\int (5x^4 + 3x - 1) \, dx$  3. $\int (4y + 6\sqrt{y}) \, dy$  4. $\int \sqrt{x}(1 + x^2) \, dx$

5. $\int \left( \frac{2}{x^4} - \frac{5}{x^2} \right) dx$  6. $\int \left( \sqrt[3]{t} - \frac{1}{\sqrt[3]{t}} \right) dt$  7. $\int 5x\sqrt{2 + 3x^2} \, dx$  8. $\int x^4 \sqrt{x^5 - 1} \, dx$

9. $\int \left( \sqrt{3x} + \frac{1}{\sqrt{5x}} \right) dx$  10. $\int \sqrt[3]{7w + 3} \, dw$  11. $\int \frac{x^3 + x}{\sqrt{x^4 + 2x^2}} \, dx$

12. $\int (x^3 + x)\sqrt{x^2 + 3} \, dx$  13. $\int \sqrt{4x + 3}(x^2 + 1) \, dx$  14. $\int \frac{s}{\sqrt{2s + 3}} \, ds$

Exercícios de Recapitulação do Capítulo 6    239

Nos Exercícios de 15 a 20, ache a solução completa da equação diferencial dada

15. $x^2 y \dfrac{dy}{dx} = (y^2 - 1)^2$    16. $\dfrac{dy}{dx} = \dfrac{x+1}{\sqrt{x}}$    17. $y^2\, dx + y^2\, dy = dy$

18. $\dfrac{d^2y}{dx^2} = 12x^2 - 30x$    19. $\dfrac{d^2y}{dx^2} = \sqrt{2x-1}$    20. $y\sqrt{2x^2+1}\, dy = x\sqrt{1-y^2}\, dx$

21. Se $y = 80x - 16x^2$, ache a diferença de $\Delta y - dy$ se (a) $x = 2$ e $\Delta x = 0,1$; (b) $x = 4$ e $\Delta x = -0,2$.
22. Use diferenciais para encontrar um valor aproximado até três casas decimais de $\sqrt[3]{126}$.
23. Use diferenciais para aproximar o volume de material necessário à confecção de uma bola de borracha, se o raio da parte interior oca é 2 cm e a espessura da borracha é de $\tfrac{1}{8}$ cm.
24. A inclinação da reta tangente em um ponto $(x, y)$ da curva é $10 - 4x$, e o ponto $(1, -1)$ está sob a curva. Ache uma equação da curva.
25. Em um ponto $(x, y)$ sob uma curva, $\dfrac{d^2y}{dx^2} = 4 - x^2$, e uma equação da reta tangente no ponto $(1, -1)$ é $2x - 3y = 3$. Ache uma equação da curva.
26. Ache uma solução particular da equação diferencial $x^2\, dy = y^3\, dx$ para a qual $y = 1$ quando $x = 4$.
27. Ache a solução particular da equação diferencial $\dfrac{d^2y}{dx^2} = \sqrt{x+4}$ para a qual $y = 3$ e $y' = 2$ quando $x = 4$.
28. Se $x^3 + y^3 - 3xy^2 + 1 = 0$, ache $dy$ no ponto $(1, 1)$ se $dx = 0,1$.
29. O custo marginal para um determinado produto é dado por $C'(x) = 4(3x + 1)^{-1/2}$, onde $C(x)$ é o custo total da produção de $x$ unidades. Se o custo da produção de 5 unidades é $ 20, ache a função custo total.
30. Ache a equação de demanda de um produto para o qual a função receita marginal é dada por $R'(x) = 20(x + 4)^{-2} + 10$.
31. A receita marginal para um determinado produto é dada por $R'(x) = x^2 - 16x + 48$, onde $R(x)$ é a receita total recebida com a venda de $x$ unidades do produto. Ache (a) a função receita total e (b) a equação de demanda. (c) Faça esboços das curvas de demanda, de receita total e de receita marginal no mesmo conjunto de eixos.
32. A função custo marginal é dada por $C'(x) = 3x^2 + 12x + 9$ e o custo fixo é $ 12. Se $C(x)$ é o custo total de $x$ unidades, (a) ache a função custo total, e (b) faça esboços no mesmo conjunto de eixos das curvas de custo total e de custo marginal.
33. Se $x$ unidades de um certo artigo são produzidas por dia, o custo marginal é dado por $C'(x) = 0,5x - 10$, onde $C(x)$ é o custo total da produção de $x$ unidades e o custo fixo é $ 50 por dia. Se o preço de venda do artigo é $ 20 por unidade, ache o lucro diário máximo que pode ser obtido.
34. Um "container" com a forma de um cubo e com um volume de 1.000 cm$^3$ deve ser confeccionado usando-se seis quadrados idênticos de um material que custa $ 0,12 por cm$^2$. Use diferenciais para determinar com exatidão o comprimento do lado de cada quadrado, para que o custo total do material fique equilibrado dentro de $ 3.
35. Uma empresa estima que a taxa de variação do número de unidades produzidas por dia em relação a uma variação no número de trabalhadores adicionais é $100 - 9x^{1/2}$, onde $x$ é o número de trabalhadores adicionais. Ache a produção diária quando 9 trabalhadores são acrescentados à força de trabalho, se a produção é de 4.000 unidades sem trabalhadores adicionais.
36. O custo de uma certa máquina é $ 900 e seu valor se deprecia com o tempo de acordo com a fórmula $\dfrac{dV}{dt} = -300(t+1)^{-2}$, onde $V$ é o valor $t$ anos após sua compra. Qual o seu valor 2 anos após a compra?
37. Uma empresa compra um equipamento em 1.º de abril de 1982 por $ 1.200. Se o valor se deprecia de acordo com a fórmula $\dfrac{dV}{dt} = -300(2t+1)^{-1/2}$, onde $V$ é o valor $t$ anos após a compra, determine o valor do equipamento em 1.º de abril de 1986.

**240** A DIFERENCIAL E ANTIDIFERENCIAÇÃO

**38.** Suponha que uma certa empresa estime o crescimento de sua receita de vendas pela fórmula $\frac{dS}{dt} = 2(t-1)^{2/3}$, onde $S$ é a receita bruta de vendas em $t$ anos. Se a receita bruta proveniente das vendas para o ano corrente é $ 8 milhões, qual deverá ser a receita bruta esperada para daqui dois anos?

**39** É 31 de julho e um tumor vem crescendo dentro do corpo de uma pessoa, de tal forma que $t$ dias após 1.º de julho o volume do tumor estará crescendo a uma taxa de $\frac{1}{100}(t+6)^{1/2}$ cm$^3$ por dia. Se o volume do tumor em 4 de julho era 0,20 cm$^3$, qual é o volume hoje?

**40.** A matrícula em um certo colégio vem crescendo a uma taxa de $1.000(t+1)^{-1/2}$ estudantes por ano desde 1981. Se a matrícula em 1984 foi de 10.000 estudantes, (a) qual teria sido a matrícula em 1981, e (b) quantos estudantes são esperados em 1989 se o crescimento continuar na mesma taxa?

**41.** O volume de um balão está crescendo de acordo com a fórmula $\frac{dV}{dt} = \sqrt{t+1} + \frac{2}{3}t$, onde $V$ cm$^3$ é o volume do balão em $t$ segundos. Se $V = 33$ quando $t = 3$, ache (a) a fórmula para $V$ em termos de $t$; (b) o volume do balão em 8 segundos.

# CAPÍTULO 7

# A INTEGRAL DEFINIDA

## 7.1 A NOTAÇÃO SIGMA E LIMITES NO INFINITO

Neste capítulo estamos interessados em somas de um grande número de parcelas e para facilitar vamos introduzir a **notação sigma**. Esta notação envolve o uso do símbolo $\sum$, o sigma maiúsculo do alfabeto grego, que corresponde ao nosso S. Alguns exemplos da notação sigma são dado na seguinte ilustração.

• ILUSTRAÇÃO 1

$$\sum_{i=1}^{5} i^2 = 1^2 + 2^2 + 3^2 + 4^2 + 5^2$$

$$\sum_{i=-2}^{2} (3i + 2) = [3(-2) + 2] + [3(-1) + 2] + [3 \cdot 0 + 2] + [3 \cdot 1 + 2] + [3 \cdot 2 + 2]$$
$$= (-4) + (-1) + 2 + 5 + 8$$

$$\sum_{j=1}^{n} j^3 = 1^3 + 2^3 + 3^3 + \ldots + n^3$$

$$\sum_{k=3}^{8} \frac{1}{k} = \frac{1}{3} + \frac{1}{4} + \frac{1}{5} + \frac{1}{6} + \frac{1}{7} + \frac{1}{8}$$

Temos a seguinte definição formal da notação sigma.

Definição da notação sigma

$$\sum_{i=m}^{n} F(i) = F(m) + F(m + 1) + F(m + 2) + \ldots + F(n - 1) + F(n) \tag{1}$$

onde $m$ e $n$ são inteiros e $m \leq n$.

O lado direito de (1) consiste da soma de $(n - m + 1)$ termos, o primeiro dos quais é obtido substituindo-se $i$ por $m$ em $F(i)$, o segundo substituindo-se $i$ por $(m + 1)$ em $F(i)$, e assim por diante, até que o último termo seja obtido substituindo-se $i$ por $n$ em $F(i)$.

O número $m$ é chamado de **limite inferior** da soma, e $n$ é chamado **limite superior**. O símbolo $i$ é chamado o **índice do somatório**. É um símbolo "mudo", pois qualquer outra letra poderia ser usada para esse propósito. Por exemplo,

$$\sum_{k=3}^{5} k^2 = 3^2 + 4^2 + 5^2$$

é equivalente a

$$\sum_{i=3}^{5} i^2 = 3^2 + 4^2 + 5^2$$

**ILUSTRAÇÃO 2**

Da definição de notação sigma,

$$\sum_{i=3}^{6} \frac{i^2}{i+1} = \frac{3^2}{3+1} + \frac{4^2}{4+1} + \frac{5^2}{5+1} + \frac{6^2}{6+1} \qquad \bullet$$

Algumas vezes os termos da soma envolvem subíndices, mostrados na seguinte ilustração

**ILUSTRAÇÃO 3**

$$\sum_{i=1}^{n} A_i = A_1 + A_2 + \ldots + A_n$$

$$\sum_{k=4}^{9} kb_k = 4b_4 + 5b_5 + 6b_6 + 7b_7 + 8b_8 + 9b_9$$

$$\sum_{i=1}^{5} f(x_i)\,\Delta x = f(x_1)\,\Delta x + f(x_2)\,\Delta x + f(x_3)\,\Delta x + f(x_4)\,\Delta x + f(x_5)\,\Delta x \qquad \bullet$$

Os teoremas seguintes que envolvem a notação sigma são úteis para cálculos e podem ser facilmente provados.

---

**Teorema 7.1.1**

$$\sum_{i=1}^{n} c = cn, \text{ onde } c \text{ é qualquer constante}$$

---

**Prova**

$$\sum_{i=1}^{n} c = c + c + \ldots + c \quad (n \text{ termos})$$
$$= cn \qquad \blacksquare$$

**Teorema 7.1.2**

$$\sum_{i=1}^{n} c \cdot F(i) = c \sum_{i=1}^{n} F(i), \text{ onde } c \text{ é uma constante}$$

**Prova**

$$\sum_{i=1}^{n} c \cdot F(i) = c \cdot F(1) + c \cdot F(2) + c \cdot F(3) + \ldots + c \cdot F(n)$$
$$= c[F(1) + F(2) + F(3) + \ldots + F(n)]$$
$$= c \sum_{i=1}^{n} F(i) \qquad \blacksquare$$

**Teorema 7.1.3**

$$\sum_{i=1}^{n} [F(i) + G(i)] = \sum_{i=1}^{n} F(i) + \sum_{i=1}^{n} G(i)$$

**Prova**

$$\sum_{i=1}^{n} [F(i) + G(i)]$$
$$= [F(1) + G(1)] + [F(2) + G(2)] + \ldots + [F(n) + G(n)]$$
$$= [F(1) + F(2) + \ldots + F(n)] + [G(1) + G(2) + \ldots + G(n)]$$
$$= \sum_{i=1}^{n} F(i) + \sum_{i=1}^{n} G(i) \qquad \blacksquare$$

O Teorema 7.1.3 pode ser estendido à soma de um número qualquer de funções.

No teorema seguinte há quatro fórmulas que são úteis para cálculos com a notação sigma. Elas estão numeradas para referências futuras.

A Notação Sigma e Limites no Infinito **245**

**Teorema 7.1.4** Se $n$ é um inteiro positivo, então

$$\sum_{i=1}^{n} i = \frac{n(n+1)}{2} \qquad \text{(Fórmula 1)}$$

$$\sum_{i=1}^{n} i^2 = \frac{n(n+1)(2n+1)}{6} \qquad \text{(Fórmula 2)}$$

$$\sum_{i=1}^{n} i^3 = \frac{n^2(n+1)^2}{4} \qquad \text{(Fórmula 3)}$$

$$\sum_{i=1}^{n} i^4 = \frac{n(n+1)(6n^3 + 9n^2 + n - 1)}{30} \qquad \text{(Fórmula 4)}$$

**Prova da Fórmula 1**

$$\sum_{i=1}^{n} i = 1 + 2 + 3 + \ldots + (n-1) + n$$

e

$$\sum_{i=1}^{n} i = n + (n-1) + (n-2) + \ldots + 2 + 1$$

Se estas duas equações são somadas termo a termo, o lado esquerdo é

$$2\sum_{i=1}^{n} i$$

e o lado direito é uma soma de $n$ termos, cada um com o valor $(n+1)$. Conseqüentemente

$$2\sum_{i=1}^{n} i = (n+1) + (n+1) + (n+1) + \ldots + (n+1) \qquad n \text{ termos}$$

$$= n(n+1)$$

Logo

$$\sum_{i=1}^{n} i = \frac{n(n+1)}{2}$$

As provas das Fórmulas 2, 3 e 4 serão omitidas.

**EXEMPLO 1** Use as Fórmulas 1 – 4 para calcular os seguintes somatórios:

(a) $\sum_{i=1}^{4} i$; (b) $\sum_{i=1}^{4} i^2$; (c) $\sum_{i=1}^{4} i^3$; (d) $\sum_{i=1}^{4} i^4$

**Solução**

(a) $\sum_{i=1}^{4} i = 1 + 2 + 3 + 4$

Da Fórmula 1, com $n = 4$,

$$\sum_{i=1}^{4} i = \frac{4(4+1)}{2} = \frac{4 \cdot 5}{2} = 10$$

(b) $\sum_{i=1}^{4} i^2 = 1^2 + 2^2 + 3^2 + 4^2$

Da Fórmula 2, com $n = 4$,

$$\sum_{i=1}^{4} i^2 = \frac{4(4+1)(8+1)}{6} = \frac{4 \cdot 5 \cdot 9}{6} = 30$$

(c) $\sum_{i=1}^{4} i^3 = 1^3 + 2^3 + 3^3 + 4^3$

Da Fórmula 3, com $n = 4$,

$$\sum_{i=1}^{4} i^3 = \frac{4^2(4+1)^2}{4} = \frac{16 \cdot 25}{4} = 100$$

(d) $\sum_{i=1}^{4} i^4 = 1^4 + 2^4 + 3^4 + 4^4$

Da Fórmula 4, com $n = 4$,

$$\sum_{i=1}^{4} i^4 = \frac{4(4+1)(6 \cdot 64 + 9 \cdot 16 + 4 - 1)}{30} = \frac{4(5)(531)}{30} = 354$$

**EXEMPLO 2** Calcule $\sum_{i=1}^{n} (12i^2 - 2i + 5)$

**Solução**

$$\sum_{i=1}^{n} (12i^2 - 2i + 5) = \sum_{i=1}^{n} 12i^2 + \sum_{i=1}^{n} (-2i) + \sum_{i=1}^{n} 5$$

$$= 12 \sum_{i=1}^{n} i^2 - 2 \sum_{i=1}^{n} i + \sum_{i=1}^{n} 5$$

Usamos as Fórmulas 2 e 1 e o Teorema 7.1.1 para obter

$$12 \sum_{i=1}^{n} i^2 - 2 \sum_{i=1}^{n} i + \sum_{i=1}^{n} 5 = \frac{12n(n+1)(2n+1)}{6} - \frac{2n(n+1)}{2} + 5n$$

$$= 4n^3 + 6n^2 + 2n - n^2 - n + 5n$$
$$= 4n^3 + 5n^2 + 6n$$

**EXEMPLO 3** Na Secção 7.2 temos a seguinte expressão:

$$\sum_{i=1}^{n} \frac{1}{n} \left[ 60 + 288 \left( 1 + \frac{i-1}{n} \right)^2 \right]$$

Simplifique o somatório.

## Solução

$$\sum_{i=1}^{n} \frac{1}{n}\left[60 + 288\left(1 + \frac{i-1}{n}\right)^2\right]$$

$$= \frac{1}{n}\sum_{i=1}^{n} 60 + \frac{288}{n}\sum_{i=1}^{n} \frac{(n+i-1)^2}{n^2}$$

$$= \frac{1}{n}(60n) + \frac{288}{n^3}\sum_{i=1}^{n} (n^2 + i^2 + 1 + 2ni - 2n - 2i)$$

$$= 60 + \frac{288}{n^3}\left[\sum_{i=1}^{n} i^2 + \sum_{i=1}^{n} (2n-2)i + \sum_{i=1}^{n} (n^2 - 2n + 1)\right]$$

$$= 60 + \frac{288}{n^3}\left[\sum_{i=1}^{n} i^2 + 2(n-1)\sum_{i=1}^{n} i + (n^2 - 2n + 1)\sum_{i=1}^{n} 1\right]$$

$$= 60 + \frac{288}{n^3}\left[\frac{n(n+1)(2n+1)}{6} + \frac{2(n-1)n(n+1)}{2} + (n^2 - 2n + 1)n\right]$$

$$= 60 + \frac{288}{n^3}\left[\frac{2n^3 + 3n^2 + n}{6} + n^3 - n + n^3 - 2n^2 + n\right]$$

$$= 60 + \frac{288}{n^3}\left[\frac{7}{3}n^3 - \frac{3}{2}n^2 + \frac{1}{6}n\right]$$

$$= 60 + 672 - \frac{432}{n} + \frac{48}{n^2}$$

$$= 732 - \frac{432}{n} + \frac{48}{n^2}$$

Neste capítulo precisamos considerar limites de funções quando a variável independente cresce ou decresce ilimitadamente. Seja a função $f$ definida pela equação

$$f(x) = \frac{2x^2}{x^2 + 1}$$

Um esboço do gráfico desta função está na Figura 7.1.1. Vamos supor que $x$ assuma valores 0, 1, 2, 3, 4, 5, 10, 100, 1.000, e assim por diante, permitindo que $x$ aumente ilimitadamente. Os valores funcionais correspondentes são dados na Tabela 7.1.1.

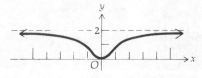

**Figura 7.1.1**

**Tabela 7.1.1**

| $x$ | 0 | 1 | 2 | 3 | 4 | 5 | 10 | 100 | 1.000 |
|---|---|---|---|---|---|---|---|---|---|
| $f(x) = \dfrac{2x^2}{x^2+1}$ | 0 | 1 | $\dfrac{8}{5}$ | $\dfrac{18}{10}$ | $\dfrac{32}{17}$ | $\dfrac{50}{26}$ | $\dfrac{200}{101}$ | $\dfrac{20.000}{10.001}$ | $\dfrac{2.000.000}{1.000.001}$ |

Observe, da Tabela 7.1.1, que enquanto $x$ cresce através de valores positivos, os valores funcionais $f(x)$ chegam cada vez mais perto de 2. Em particular, quando $x = 4$,

$$2 - \frac{2x^2}{x^2+1} = 2 - \frac{32}{17} = \frac{2}{17}$$

Logo, a diferença entre 2 e $f(x)$ é $\frac{2}{17}$, quando $x = 4$. Quando $x = 100$,

$$2 - \frac{2x^2}{x^2+1} = 2 - \frac{20.000}{10.001} = \frac{2}{10.001}$$

Logo, a diferença entre 2 e $f(x)$ é $2/10.001$, quando $x = 100$.

Prosseguindo, vemos intuitivamente que podemos tornar o valor de $f(x)$ tão próximo de 2 quanto quisermos, tomando $x$ suficientemente grande. Em outras palavras, podemos tornar a diferença entre 2 e $f(x)$ tão pequena quanto quisermos, tomando $x$ maior do que um número positivo suficientemente grande.

Quando uma variável independente está crescendo ilimitadamente através de valores positivos, escrevemos "$x \to +\infty$". Do exemplo ilustrativo acima podemos dizer que

$$\lim_{x \to +\infty} \frac{2x^2}{x^2+1} = 2$$

Em geral, temos a seguinte definição:

Definição de $\lim_{x \to \infty} f(x) = L$

---

Seja $f$ uma função que está definida em todo número de um certo intervalo $(a, +\infty)$. **O limite de $f(x)$, quando $x$ cresce ilimitadamente, é $L$**, e escreve-se

$$\lim_{x \to +\infty} f(x) = L \qquad (1)$$

se $|f(x) - L|$ pode-se tornar tão pequeno quanto quisermos, tomando $x$ maior do que um certo número positivo suficientemente grande.

---

*Nota*: Quando se escreve $x \to +\infty$, esta notação não tem o mesmo significado que, por exemplo, $x \to 1.000$. O símbolo $x \to +\infty$ indica o comportamento da variável $x$. Contudo, pode-se ler (1) como "o limite de $f(x)$ quando $x$ se aproxima do infinito positivo é $L$", tendo em mente esta nota.

Consideremos agora a mesma função e vamos supor que $x$ assuma os valores $0, -1, -2, -3, -4, -5, -10, -100, -1.000$, e assim por diante, permitindo que $x$ decresça por valores negativos, ilimitadamente. A Tabela 7.1.2 dá os valores correspondentes da função $f(x)$.

**Tabela 7.1.2**

| $x$ | 0 | −1 | −2 | −3 | −4 | −5 | −10 | −100 | −1.000 |
|---|---|---|---|---|---|---|---|---|---|
| $f(x) = \dfrac{2x^2}{x^2 + 1}$ | 0 | 1 | $\dfrac{8}{5}$ | $\dfrac{18}{10}$ | $\dfrac{32}{17}$ | $\dfrac{50}{26}$ | $\dfrac{200}{101}$ | $\dfrac{20.000}{10.001}$ | $\dfrac{2.000.000}{1.000.001}$ |

Observe que os valores funcionais são os mesmos que os obtidos com valores de $x$ positivos. Assim, vemos intuitivamente que enquanto $x$ decresce ilimitadamente, $f(x)$ aproxima-se de 2, e mais formalmente dizemos que podemos tornar $|f(x) - 2|$ tão pequeno quando quisermos, tomando $x$ menor do que um certo número negativo com valor absoluto suficientemente grande. Usando o símbolo "$x \to -\infty$" para denotar que a variável $x$ está decrescendo ilimitadamente, escrevemos

$$\lim_{x \to -\infty} \frac{2x^2}{x^2 + 1} = 2$$

Em geral, temos a seguinte definição:

Definição de $\lim\limits_{x \to -\infty} f(x) = L$

> Seja $f$ uma função que está definida para todo número em algum intervalo $(-\infty, a)$. O **limite de $f(x)$, quando $x$ decresce ilimitadamente**, é $L$, e escreve-se
> 
> $$\lim_{x \to -\infty} f(x) = L \qquad (2)$$
> 
> se $|f(x) - L|$ pode-se tornar tão pequeno quanto quisermos, tomando $x$ menor do que algum número negativo com valor absoluto suficientemente grande.

*Nota*: Como a definição anterior, o símbolo $x \to -\infty$ indica somente o comportamento da variável $x$, mas (2) pode ser lido como "o limite de $f(x)$ quando $x$ se aproxima do infinito negativo é $L$".

Os Teoremas de Limite 2, 4, 5, 6, 7, 8, 9 e 10 na Secção 2.1 e os Teoremas 11 e 12 da Secção 2.2 valem quando "$x \to a$" é substituído por "$x \to +\infty$" ou "$x \to -\infty$". Temos ainda os seguintes teoremas adicionais:

> **Teorema de Limite 13** Se $r$ é um número positivo qualquer, então
> 
> (i) $\lim\limits_{x \to +\infty} \dfrac{1}{x^r} = 0$
> 
> (ii) $\lim\limits_{x \to -\infty} \dfrac{1}{x^r} = 0$

## ILUSTRAÇÃO 4
Do Exemplo 3.

$$\sum_{i=1}^{n} \frac{1}{n}\left[60 + 288\left(1 + \frac{i-1}{n}\right)^2\right] = 732 - \frac{432}{n} + \frac{48}{n^2}$$

Assim

$$\lim_{n \to +\infty} \sum_{i=1}^{n} \frac{1}{n}\left[60 + 288\left(1 + \frac{i-1}{n}\right)^2\right] = \lim_{n \to +\infty} \left(732 - \frac{432}{n} + \frac{48}{n^2}\right)$$

$$= \lim_{n \to +\infty} 732 - 432 \lim_{n \to +\infty} \frac{1}{n} + 48 \lim_{n \to +\infty} \frac{1}{n^2}$$

$$= 732 - 432(0) + 48(0)$$

$$= 732 \qquad \bullet$$

**EXEMPLO 4** Ache cada um dos seguintes limites:

(a) $\lim_{x \to +\infty} \frac{4x - 3}{2x + 5}$  (b) $\lim_{x \to -\infty} \frac{2x^2 - x + 5}{4x^3 - 1}$

**Solução** (a) Para usar o Teorema de Limite 13, dividimos o numerador e o denominador por $x$, obtendo

$$\lim_{x \to +\infty} \frac{4x - 3}{2x + 5} = \lim_{x \to +\infty} \frac{4 - \dfrac{3}{x}}{2 + \dfrac{5}{x}}$$

$$= \frac{\lim_{x \to +\infty} 4 - 3 \lim_{x \to +\infty} \dfrac{1}{x}}{\lim_{x \to +\infty} 2 + 5 \lim_{x \to +\infty} \dfrac{1}{x}} = \frac{4 - 3 \cdot 0}{2 + 5 \cdot 0} = 2$$

(b) Para usar o Teorema de Limite 13, dividimos o numerador e o denominador pela mais alta potência de $x$ que ocorre tanto no numerador quanto no denominador, que, no caso, é $x^3$.

$$\lim_{x \to -\infty} \frac{2x^2 - x + 5}{4x^3 - 1} = \lim_{x \to -\infty} \frac{\dfrac{2}{x} - \dfrac{1}{x^2} + \dfrac{5}{x^3}}{4 - \dfrac{1}{x^3}}$$

$$= \frac{2 \lim_{x \to -\infty} \dfrac{1}{x} - \lim_{x \to -\infty} \dfrac{1}{x^2} + 5 \lim_{x \to -\infty} \dfrac{1}{x^3}}{\lim_{x \to -\infty} 4 - \lim_{x \to -\infty} \dfrac{1}{x^3}}$$

$$= \frac{2 \cdot 0 - 0 + 5 \cdot 0}{4 - 0} = 0$$

Limites "infinitos" no infinito podem ser considerados. Há definições formais para cada um dos seguintes casos:

$$\lim_{x \to +\infty} f(x) = +\infty \qquad \lim_{x \to -\infty} f(x) = +\infty$$

$$\lim_{x \to +\infty} f(x) = -\infty \qquad \lim_{x \to -\infty} f(x) = -\infty$$

Por exemplo, $\lim_{x \to +\infty} f(x) = +\infty$ se a função $f$ está definida em algum intervalo $(a, +\infty)$ e se $f(x)$ pode ser obtido maior do que qualquer número positivo prefixado, tomando-se $x$ maior do que um certo número positivo suficientemente grande.

**EXEMPLO 5** Ache cada um dos seguintes limites:

(a) $\lim_{x \to +\infty} \dfrac{x^2}{x+1}$   (b) $\lim_{x \to +\infty} \dfrac{2x - x^2}{3x + 5}$

**Solução**

(a) $\lim_{x \to +\infty} \dfrac{x^2}{x+1} = \lim_{x \to +\infty} \dfrac{1}{\dfrac{1}{x} + \dfrac{1}{x^2}}$

Calculando o limite do denominador temos

$$\lim_{x \to +\infty} \left( \frac{1}{x} + \frac{1}{x^2} \right) = \lim_{x \to +\infty} \frac{1}{x} + \lim_{x \to +\infty} \frac{1}{x^2} = 0 + 0 = 0$$

Logo, o limite do denominador é 0, e o denominador aproxima-se de 0 através de valores positivos.

O limite do numerador é 1, e assim, pelo Teorema de Limite 12, segue que

$$\lim_{x \to +\infty} \frac{x^2}{x+1} = +\infty$$

(b) $\lim_{x \to +\infty} \dfrac{2x - x^2}{3x + 5} = \lim_{x \to +\infty} \dfrac{\dfrac{2}{x} - 1}{\dfrac{3}{x} + \dfrac{5}{x^2}}$

Os limites do numerador e do denominador são considerados separadamente.

$$\lim_{x \to +\infty} \left( \frac{2}{x} - 1 \right) = \lim_{x \to +\infty} \frac{2}{x} - \lim_{x \to +\infty} 1 = 0 - 1 = -1$$

$$\lim_{x \to +\infty} \left( \frac{3}{x} + \frac{5}{x^2} \right) = \lim_{x \to +\infty} \frac{3}{x} + \lim_{x \to +\infty} \frac{5}{x^2} = 0 + 0 = 0$$

Logo, temos o limite de um quociente no qual o limite do numerador é $-1$ e o limite do denominador é 0, sendo que o numerador se aproxima de 0 por valores positivos. Pelo Teorema de Limite 12 segue que

$$\lim_{x \to +\infty} \frac{2x - x^2}{3x + 5} = -\infty$$

# Exercícios 7.1

Nos Exercícios de 1 a 8, escreva os termos do somatório e ache a soma.

1. $\sum_{i=1}^{6}(3i-2)$
2. $\sum_{i=1}^{7}(i+1)^2$
3. $\sum_{i=2}^{5}\frac{i}{i-1}$
4. $\sum_{j=3}^{6}\frac{2}{j(j-2)}$

5. $\sum_{i=-2}^{3}2^i$
6. $\sum_{i=0}^{3}\frac{1}{1+i^2}$
7. $\sum_{k=1}^{4}\frac{(-1)^{k+1}}{k}$
8. $\sum_{k=-2}^{3}\frac{k}{k+3}$

Nos Exercícios de 9 a 16, calcule o somatório indicado usando os Teoremas 7.1.1 a 7.1.4.

9. $\sum_{i=1}^{30}(i^2+3i+1)$
10. $\sum_{i=1}^{40}(2i^2-4i+1)$
11. $\sum_{i=1}^{25}2i(i-1)$
12. $\sum_{i=1}^{20}3i(i^2+2)$

13. $\sum_{i=1}^{n}(i^3+i+5)$
14. $\sum_{i=1}^{n}(4i^2-3i-5)$
15. $\sum_{i=1}^{n}4i^2(i-2)$
16. $\sum_{i=1}^{n}2i(1+i^2)$

Nos Exercícios de 17 a 32, calcule o limite.

17. $\lim_{x\to+\infty}\frac{1}{x^3}$
18. $\lim_{x\to-\infty}\frac{3}{x^4}$
19. $\lim_{t\to+\infty}\frac{2t+1}{5t-2}$
20. $\lim_{x\to-\infty}\frac{6x-4}{3x+1}$

21. $\lim_{x\to-\infty}\frac{2x+7}{4-5x}$
22. $\lim_{x\to+\infty}\frac{1+5x}{2-3x}$
23. $\lim_{x\to+\infty}\frac{7x^2-2x+1}{3x^2+8x+5}$
24. $\lim_{s\to-\infty}\frac{4s^2+3}{2s^2-1}$

25. $\lim_{x\to+\infty}\frac{x+4}{3x^2-5}$
26. $\lim_{x\to+\infty}\frac{x^2+5}{x^3}$
27. $\lim_{y\to+\infty}\frac{2y^2-3y}{y+1}$
28. $\lim_{x\to+\infty}\frac{x^2-2x+5}{7x^3+x+1}$

29. $\lim_{x\to-\infty}\frac{4x^3+2x^2-5}{8x^3+x+2}$
30. $\lim_{x\to+\infty}\frac{3x^4-7x^2+2}{2x^4+1}$
31. $\lim_{y\to+\infty}\frac{2y^3-4}{5y+3}$
32. $\lim_{x\to-\infty}\frac{5x^3-12x+7}{4x^2-1}$

Nos Exercícios de 33 a 36, ache o limite.

33. $\lim_{n\to+\infty}\sum_{i=1}^{n}(i-1)^2\cdot\frac{8}{n^3}$
34. $\lim_{n\to+\infty}\sum_{i=1}^{n}i^3\cdot\frac{81}{n^4}$

35. $\lim_{n\to+\infty}\sum_{i=1}^{n}\left(1+\frac{3i}{n}+\frac{3i^2}{n^2}+\frac{i^3}{n^3}\right)\frac{1}{n}$
36. $\lim_{n\to+\infty}\sum_{i=1}^{n}\left(4-\frac{i^2}{n^2}\right)\frac{1}{n}$

## 7.2 ÁREA

Suponha que o fabricante de uma moderna calculadora eletrônica determine que durante os 3 primeiros anos de produção, se $x$ anos decorreram desde que a calculadora foi introduzida pela primeira vez, $f(x)$ unidades devem ser produzidas anualmente, onde

$$f(x) = 60 + 288x^2 \qquad 0 \leq x \leq 3$$

Como deveria ser interpretada esta equação? Uma vez que

$$f(1) = 60 + 288(1)^2 = 348$$

alguém poderia concluir que 348 calculadoras são produzidas 1 ano após o lançamento do produto no mercado. Contudo, esta interpretação é válida somente se a taxa de produção for constante, na base anual. Isto é, 348 unidades deveriam ser produzidas durante o segundo ano somente se a taxa anual de produção durante o segundo ano fosse uma constante, 348 unidades, que seria o nível no fim do primeiro ano. Esta situação não ocorre. Por exemplo,

$$f(1\tfrac{1}{2}) = 60 + 288(\tfrac{3}{2})^2 = 708$$

e

$$f(2) = 60 + 288(2)^2 = 1.212$$

Visto que, quando $x = 1$, a produção é 348 unidades, e quando $x = 2$ a produção é 1.212 unidades, segue que o número de calculadoras produzidas durante o segundo ano está entre 348 e 1.212. Uma melhor aproximação vem do argumento que durante a primeira metade do segundo ano o número de unidades produzidas deveria ser pelo menos $\tfrac{1}{2}(348) = 174$ e durante a segunda metade ela deveria ser pelo menos $\tfrac{1}{2}(708) = 354$; assim, durante o segundo ano o número de calculadoras produzidas deveria ser pelo menos $174 + 354 = 528$. Uma interpretação deste raciocínio está mostrada na Figura 7.2.1. A figura mostra um esboço do gráfico de

$$f(x) = 60 + 288x^2 \qquad 0 \leq x \leq 3$$

e dois retângulos sombreados. A área do primeiro retângulo é $\tfrac{1}{2} 348 = 174$, que seria a quantidade de calculadoras produzidas durante a primeira metade do segundo ano se a produção durante este tempo mantiver uma taxa anual constante de $f(1) = 348$. A área do segundo retângulo é $\tfrac{1}{2}(708) = 354$, que é a quantidade de calculadoras que deveria ser produzida durante a segunda metade do ano se a produção durante esse tempo mantiver uma taxa anual constante de $f(1\tfrac{1}{2}) = 708$.

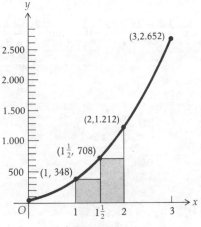

Figura 7.2.1

Área 255

Para uma aproximação ainda melhor da produção do segundo ano, vamos supor que durante cada mês a taxa de produção seja constante e igual à produção do primeiro dia do mês. Com esta hipótese, bem como a de que cada mês é $\frac{1}{12}$ do ano, o número de unidades produzidas durante o primeiro mês do segundo ano é $\frac{1}{12} f(1) = \frac{1}{12}(348) = 29$; durante o segundo mês, $\frac{1}{12} f(1\frac{1}{12}) = \frac{1}{12}[60 + 288(\frac{13}{12})^2] = 33\frac{1}{6}$ unidades são produzidas; durante o terceiro mês, o número de unidades produzidas é $\frac{1}{12} f(1\frac{2}{12}) = \frac{1}{12}[60 + 288(\frac{7}{6})^2] = 37\frac{2}{3}$, e assim por diante; durante o décimo segundo mês, o número de unidades produzidas é $\frac{1}{12} f(1\frac{11}{12}) = \frac{1}{12}[60 + 288(\frac{23}{12})^2] = 93\frac{1}{6}$. De modo análogo, computamos o número de unidades produzidas durante os oito meses restantes; o número total de unidades produzidas durante o segundo ano é, então,

$$\frac{1}{12}[f(1) + f(1\tfrac{1}{12}) + f(1\tfrac{2}{12}) + f(1\tfrac{3}{12}) + f(1\tfrac{4}{12}) + f(1\tfrac{5}{12}) + f(1\tfrac{6}{12}) + f(1\tfrac{7}{12})$$
$$+ f(1\tfrac{8}{12}) + f(1\tfrac{9}{12}) + f(1\tfrac{10}{12}) + f(1\tfrac{11}{12})]$$
$$= 29 + 33\tfrac{1}{6} + 37\tfrac{2}{3} + 42\tfrac{1}{2} + 47\tfrac{2}{3} + 53\tfrac{1}{6} + 59 + 65\tfrac{1}{6} + 71\tfrac{2}{3} + 78\tfrac{1}{2} + 85\tfrac{2}{3} + 93\tfrac{1}{6} = 696\tfrac{1}{3} \quad (1)$$

Podemos concluir, desta aproximação, que o número de calculadoras produzidas durante o segundo ano é pelo menos 696.

O somatório (1) representa a soma das áreas dos 12 retângulos sombreados na Figura 7.2.2. O primeiro retângulo tem uma altura de $f(1)$ e uma largura de $\frac{1}{12}$ unidade; assim sua área é $\frac{1}{12} f(1) = \frac{1}{12}(348) = 29$. Para o segundo retângulo a altura é $f(1\frac{1}{12})$ e a largura é $\frac{1}{12}$ unidade; logo sua área é $\frac{1}{12} f(1\frac{1}{12}) = \frac{1}{12}(398) = 33\frac{1}{6}$. E assim por diante. O décimo segundo retângulo tem uma altura de $f(1\frac{11}{12})$ e uma largura de $\frac{1}{12}$ unidade; logo sua área é $\frac{1}{12} f(1\frac{11}{12}) = \frac{1}{12}(1.118) = 93\frac{1}{6}$.

Podemos ainda melhorar a aproximação da produção do segundo ano mantendo constante a taxa de produção por um período de tempo menor do que um mês. Por exemplo, suponha que durante cada semana a taxa de produção seja constante e igual à produção do primeiro dia da semana. Então, o número de calculadoras produzidas durante o segundo ano seria dado pelo número que exprime a soma das áreas de 52 retângulos. Podemos melhorar ainda mais a aproximação acima, supondo que a taxa de produção diária seja constante e igual à produção no começo do dia. Então, o número que exprime a soma das áreas de 365 retângulos será a aproximação do número de calculadoras produzidas durante o segundo ano. Se tomarmos intervalos de tempo cada vez menores, nos quais a taxa de produção seja considerada constante, o número de retângulos crescerá ilimitadamente e o número de calculadoras produzidas irá chegar cada vez mais próximo da área sombreada da Figura 7.2.3.

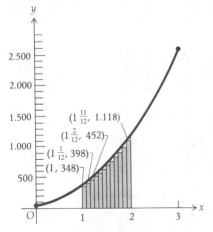

Figura 7.2.2

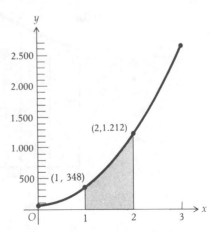

Figura 7.2.3

# 256 A INTEGRAL DEFINIDA

Veremos agora como obter uma fórmula para calcular a soma das áreas de $n$ retângulos inscritos na região sombreada da Figura 7.2.3. Lembre-se que quando há dois retângulos inscritos, como na Figura 7.2.1, a soma das áreas dos retângulos é

$$\frac{1}{2}[f(1) + f(1\tfrac{1}{2})] = 528 \tag{2}$$

Quando existem 12 retângulos inscritos, como na Figura 7.2.2, a soma das áreas dos retângulos é

$$\frac{1}{12}[f(1) + f(1\tfrac{1}{12}) + f(1\tfrac{2}{12}) + \ldots + f(1\tfrac{11}{12})] = 696\tfrac{1}{3} \tag{3}$$

A fórmula que queremos será uma generalização das expressões nos primeiros membros de (2) e (3).

A Figura 7.2.4 mostra uma ampliação da região sombreada na Figura 7.2.3. O intervalo fechado [1, 2] sob o eixo $x$ está dividido em $n$ subintervalos iguais. Cada um desses subintervalos tem um comprimento de $\frac{1}{n}$ unidade. Os extremos esquerdos dos subintervalos são

$1, 1 + \frac{1}{n}, 1 + \frac{2}{n}, 1 + \frac{3}{n}, \ldots, 1 + \frac{i-1}{n}, \ldots, 1 + \frac{n-1}{n}$, onde $1 + \frac{i-1}{n}$ denota o extremo esquerdo do $i$-ésimo subintervalo. Consideremos os $n$ retângulos tendo como bases estes subintervalos e como alturas os valores funcionais nos extremos esquerdos dos subintervalos. Na Figura 7.2.4 você verá os três primeiros retângulos, o $i$-ésimo retângulo, e o $n$-ésimo retângulo. Seja $S_n$ a soma das áreas dos $n$ retângulos. Então

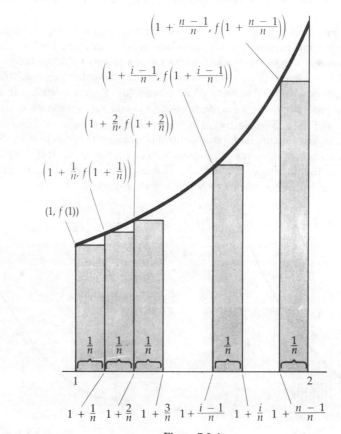

Figura 7.2.4

$$S_n = \frac{1}{n}f(1) + \frac{1}{n}f\left(1 + \frac{1}{n}\right) + \frac{1}{n}f\left(1 + \frac{2}{n}\right) + \ldots + \frac{1}{n}f\left(1 + \frac{i-1}{n}\right) +$$
$$\ldots + \frac{1}{n}f\left(1 + \frac{n-1}{n}\right)$$
$$= \frac{1}{n}\left[f(1) + f\left(1 + \frac{1}{n}\right) + f\left(1 + \frac{2}{n}\right) + \ldots + f\left(1 + \frac{i-1}{n}\right) + \right.$$
$$\left. \ldots + f\left(1 + \frac{n-1}{n}\right)\right]$$
$$= \sum_{i=1}^{n} \frac{1}{n} f\left(1 + \frac{i-1}{n}\right)$$

Como $f(x) = 60 + 288x^2$, então

$$f\left(1 + \frac{i-1}{n}\right) = 60 + 288\left(1 + \frac{i-1}{n}\right)^2$$

Logo

$$S_n = \sum_{i=1}^{n} \frac{1}{n}\left[60 + 288\left(1 + \frac{i-1}{n}\right)^2\right]$$

Do Exemplo 3 na Secção 7.1

$$\sum_{i=1}^{n} \frac{1}{n}\left[60 + 288\left(1 + \frac{i-1}{n}\right)^2\right] = 732 - \frac{432}{n} + \frac{48}{n^2}$$

Assim

$$S_n = 732 - \frac{432}{n} + \frac{48}{n^2} \qquad (4)$$

Se em (4), $n = 2$, então temos

$$S_2 = 732 - \frac{432}{2} + \frac{48}{2^2}$$
$$= 732 - 216 + 12$$
$$= 528$$

que está de acordo com (2). Se $n = 12$ em (4), temos

$$S_{12} = 732 - \frac{432}{12} + \frac{48}{12^2}$$
$$= 732 - 36 + \tfrac{1}{3}$$
$$= 696\tfrac{1}{3}$$

que é consistente com (3).

Por meio da Fórmula (4) podemos computar a soma das áreas de qualquer número de retângulos inscritos na região sombreada da Figura 7.2.3. Se a taxa de produção for mantida constante semanalmente com o valor que tinha no começo da semana, então teremos 52 retângulos, e de (4),

$$S_{52} = 732 - \frac{432}{52} + \frac{48}{(52)^2}$$

$$= 732 - 8\tfrac{4}{13} + \tfrac{3}{169}$$

$$= 723,71$$

Se a taxa de produção for mantida constante diariamente com o valor que tinha no começo do dia, teremos então 365 retângulos, e de (4)

$$S_{365} = 732 - \frac{432}{365} + \frac{48}{(365)^2}$$

$$= 732 - 1,18356 + 0,00036$$

$$= 730,82$$

Se o número de retângulos aumenta ilimitadamente, isto é, $n \to +\infty$, temos, como na Ilustração 4 da Secção 7.1,

$$\lim_{n \to +\infty} S_n = \lim_{n \to +\infty} \left(732 - \frac{432}{n} + \frac{48}{n^2}\right)$$

$$= \lim_{n \to +\infty} 732 - 432 \lim_{n \to +\infty} \frac{1}{n} + 48 \lim_{n \to +\infty} \frac{1}{n^2}$$

$$= 732 - 432(0) + 48(0)$$

$$= 732$$

O resultado 732 representa o número real de calculadoras produzidas durante o segundo ano. Do ponto de vista geométrico, 732 é o número de unidades quadradas na área da região limitada acima pelo gráfico de $f(x) = 60 + 288x^2$, abaixo pelo eixo $x$ e dos lados pelas retas $x = 1$ e $x = 2$; isto é, a área da região sombreada da Figura 7.2.3 é 732 unidades quadradas. Vamos agora usar este método para obter a fórmula para a área de uma região plana limitada por uma curva.

A palavra *medida* é usada no que segue. Uma medida refere-se a um número (nenhuma unidade incluída). Por exemplo, se a área de um retângulo é 10 cm$^2$, dizemos que a medida da área do triângulo é 10. Você deve ter uma idéia intuitiva do que se entende por medida da área de certas figuras geométricas; é um número que de alguma forma dá o tamanho da região limitada pela figura. A área de um retângulo é o produto do seu comprimento pela largura, e a área de um triângulo é a metade do produto do comprimento de uma base por sua altura.

A área de um polígono pode ser definida como a soma das áreas dos triângulos nos quais ele pode ser decomposto, e pode-se provar que a área assim obtida é independente de como o polígono é decomposto em triângulos (veja a Figura 7.2.5). Em seguida vamos definir a medida da área de uma região plana limitada por uma curva.

Consideremos uma região $R$ no plano, como na Figura 7.2.6. A região $R$ é limitada pelo eixo $x$, pelas retas $x = a$, $x = b$ e pela curva com equação $y = f(x)$, onde $f$ é uma função contínua no intervalo fechado $[a, b]$. Para simplificar, seja $f(x) \geq 0$ para todo $x$ em $[a, b]$. Queremos

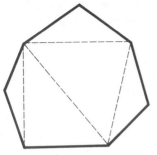

Figura 7.2.5

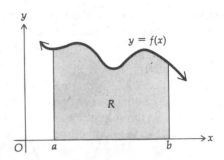

Figura 7.2.6

designar um número $A$ como sendo a medida da área de $R$, e vamos usar um processo de limite semelhante ao que é usado para definir a área de um círculo: A área de um círculo é definida como o limite das áreas dos polígonos regulares inscritos quando o número de lados cresce ilimitadamente. Percebemos intuitivamente que, qualquer que seja o número escolhido para representar $A$, este número deve ser no mínimo tão grande quanto a medida da área de qualquer região poligonal contida em $R$, e não deve ser maior do que a medida da área de qualquer região poligonal contendo $R$.

Primeiro vamos definir uma região poligonal contida em $R$. Dividimos o intervalo fechado $[a, b]$ em $n$ subintervalos. Por conveniência, vamos tomá-los com igual comprimento, $\Delta x$, por exemplo. Logo, $\Delta x = (b - a)/n$. Sejam $x_0, x_1, x_2, \ldots, x_{n-1}, x_n$ os extremos destes subintervalos onde $x_0 = a$, $x_1 = a + \Delta x$, $\ldots$, $x_i = a + i\Delta x$, $\ldots$, $x_{n-1} = a + (n - 1)\Delta x$, $x_n = b$. Vamos denotar o $i$-ésimo intervalo por $[x_{i-1}, x_i]$. Como $f$ é contínua no intervalo fechado $[a, b]$, ela é contínua em cada subintervalo fechado. Pelo teorema do valor extremo (4.1.2) há em cada subintervalo um número para o qual $f$ tem um valor mínimo absoluto. Seja $c_i$ este número no $i$-ésimo subintervalo, assim sendo, $f(c_i)$ é o valor mínimo absoluto de $f$ no subintervalo $[x_{i-1}, x_i]$. Consideremos $n$ retângulos, cada um com um comprimento $\Delta x$ unidades e uma altura $f(c)$ unidades (veja a Figura 7.2.7). Seja $S_n$ unidades quadradas a soma das áreas dos $n$ retângulos, então

$$S_n = f(c_1)\Delta x + f(c_2)\Delta x + \ldots + f(c_i)\Delta x + \ldots + f(c_n)\Delta x$$

ou, com a notação sigma

$$S_n = \sum_{i=1}^{n} f(c_i)\Delta x \qquad (5)$$

O somatório do segundo membro de (5) dá a soma das medidas das áreas dos $n$ retângulos inscritos. Assim, apesar de definirmos $A$, ela deve ser tal que

$$A \geq S_n$$

Na Figura 7.2.7 a região sombreada tem uma área de $S_n$ unidades quadradas. Agora aumentamos $n$. Especificamente, multiplicamos $n$ por 2; desta forma dobramos o número de retângulos e dividimos ao meio o comprimento de cada retângulo. Isto está ilustrado na Figura 7.2.8, mostrando duas vezes mais retângulos que na Figura 7.2.7. Comparando as duas figuras, observe que a região sombreada na Figura 7.2.8 parece aproximar-se mais da região $R$ do que a da Figura 7.2.7. Assim, a soma das medidas das áreas dos retângulos na Figura 7.2.8 está mais próxima do número que desejamos para representar a medida da área de $R$.

Enquanto $n$ aumenta, os valores de $S_n$ encontrados de (5) aumentam, e sucessivos valores de $S_n$ diferem um do outro por quantidades que se tornam arbitrariamente pequenas. Isto está provado em cálculo avançado por um teorema que estabelece que se $f$ é contínua em $[a, b]$, então enquanto $n$ aumenta ilimitadamente, o valor de $S_n$ dado por (5) aproxima-se de um limite. É este limite que tomamos como medida da área da região $R$.

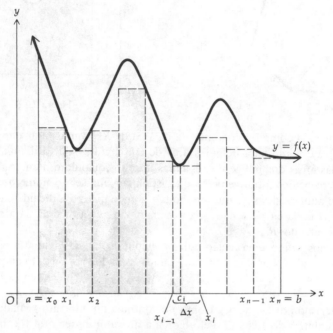

Figura 7.2.7

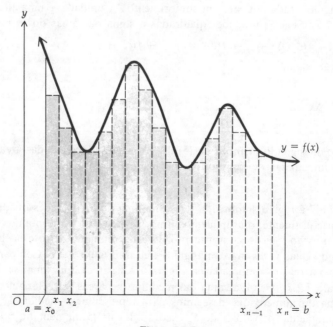

Figura 7.2.8

Definição da área de uma região plana limitada por uma curva

Suponha que a função $f$ seja contínua no intervalo fechado $[a, b]$, com $f(x) \geq 0$ para todo $x$ em $[a, b]$, e que $R$ seja a região limitada pela curva $y = f(x)$, o eixo $x$ e as retas $x = a$ e $x = b$. Divida o intervalo $[a, b]$ em $n$ subintervalos, cada um com comprimento $\Delta x = (b - a)/n$, e denote o $i$-ésimo subintervalo por $[x_{i-1}, x_i]$. Então, se $f(c_i)$ é o valor funcional mínimo absoluto no $i$-ésimo subintervalo, a medida da área da região $R$ é dada por

$$A = \lim_{n \to +\infty} \sum_{i=1}^{n} f(c_i) \Delta x \qquad (6)$$

A Equação (6) significa que

$$\left| \sum_{i=1}^{n} f(c_i) \Delta x - A \right|$$

pode-se tornar tão pequena quanto quisermos, tomando $n$ como um inteiro positivo maior do que algum número positivo suficientemente grande.

Podíamos ter tomado retângulos circunscritos ao invés de inscritos. Neste caso, tomamos como alturas dos retângulos o valor máximo absoluto de $f$ em cada subintervalo. A existência deste valor está garantida pelo teorema do valor extremo. As correspondentes somas das medidas das áreas dos retângulos circunscritos são no mínimo tão grandes quanto a medida da área da região $R$, e pode ser mostrado que o limite destas somas quando $n$ aumenta ilimitadamente é exatamente o mesmo que o limite da soma das medidas das áreas dos retângulos inscritos. Isto está também provado em cálculo avançado. Assim, podíamos definir a medida da área da região $R$ por

$$A = \lim_{n \to +\infty} \sum_{i=1}^{n} f(d_i) \Delta x \qquad (7)$$

onde $f(d_i)$ é o valor máximo absoluto de $f$ em $[x_{i-1}, x_i]$.

A medida da altura do retângulo no $i$-ésimo subintervalo realmente pode ser o valor funcional de qualquer número do subintervalo, e o limite da soma das medidas das áreas dos retângulos é o mesmo, não importando o número escolhido. Isto está provado também em cálculo avançado, e na Secção 7.3 aplicamos a definição de medida da área de uma região como o limite de tal soma.

**EXEMPLO 1** Ache a área da região limitada pela curva $y = x^2$, o eixo $x$ e a reta $x = 3$ através de retângulos inscritos.

**Solução** A Figura 7.2.9 mostra a região e o $i$-ésimo retângulo inscrito. Divida o intervalo fechado $[0, 3]$ em $n$ subintervalos, com $\Delta x$ de comprimento cada um: $x_0 = 0$, $x_1 = \Delta x$, $x_2 = 2 \Delta x$, ..., $x_i = i \Delta x$, ..., $x_{n-1} = (n-1) \Delta x$, $x_n = 3$.

$$\Delta x = \frac{3-0}{n} = \frac{3}{n} \qquad f(x) = x^2$$

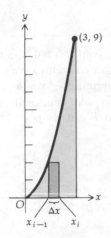

**Figura 7.2.9**

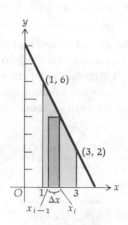

**Figura 7.2.10**

Como $f$ é crescente em $[0, 3]$, o valor mínimo absoluto de $f$ no $i$-ésimo subintervalo $[x_{i-1}, x_i]$ é $f(x_{i-1})$. Logo, de (6),

$$A = \lim_{n \to +\infty} \sum_{i=1}^{n} f(x_{i-1}) \Delta x \tag{8}$$

Como $x_{i-1} = (i-1) \Delta x$ e $f(x) = x^2$,

$$f(x_{i-1}) = [(i-1) \Delta x]^2$$

Logo

$$\sum_{i=1}^{n} f(x_{i-1}) \Delta x = \sum_{i=1}^{n} (i-1)^2 (\Delta x)^3$$

Mas $\Delta x = 3/n$, logo

$$\sum_{i=1}^{n} f(x_{i-1}) \Delta x = \sum_{i=1}^{n} (i-1)^2 \frac{27}{n^3} = \frac{27}{n^3} \sum_{i=1}^{n} (i-1)^2$$

$$= \frac{27}{n^3} \left[ \sum_{i=1}^{n} i^2 - 2 \sum_{i=1}^{n} i + \sum_{i=1}^{n} 1 \right]$$

e usando as Fórmulas 2 e 1 da Secção 7.1 e o Teorema 7.1.1 temos

$$\sum_{i=1}^{n} f(x_{i-1}) \Delta x = \frac{27}{n^3} \left[ \frac{n(n+1)(2n+1)}{6} - 2 \cdot \frac{n(n+1)}{2} + n \right]$$

$$= \frac{27}{n^3} \cdot \frac{2n^3 + 3n^2 + n - 6n^2 - 6n + 6n}{6} = \frac{9}{2} \cdot \frac{2n^2 - 3n + 1}{n^2}$$

Então, de (8),

$$A = \lim_{n \to +\infty} \left[ \frac{9}{2} \cdot \frac{2n^2 - 3n + 1}{n^2} \right]$$

$$= \frac{9}{2} \cdot \lim_{n \to +\infty} \left( 2 - \frac{3}{n} + \frac{1}{n^2} \right)$$

$$= \tfrac{9}{2}(2 - 0 + 0)$$

$$= 9$$

Logo, a área da região é 9 unidades quadradas.

**EXEMPLO 2** Ache a área da região do Exemplo 1 usando retângulos circunscritos.

**Solução** Com retângulos circunscritos, a medida da altura do $i$-ésimo retângulo é o valor máximo absoluto de $f$ no $i$-ésimo subintervalo $[x_{i-1}, x_i]$, que é $f(x_i)$. De (7),

$$A = \lim_{n \to +\infty} \sum_{i=1}^{n} f(x_i) \Delta x \qquad (9)$$

Como $x_i = i \Delta x$, então $f(x_i) = (i \Delta x)^2$, logo

$$\sum_{i=1}^{n} f(x_i) \Delta x = \sum_{i=1}^{n} i^2 (\Delta x)^3 = \frac{27}{n^3} \sum_{i=1}^{n} i^2$$

$$= \frac{27}{n^3} \left[ \frac{n(n+1)(2n+1)}{6} \right]$$

$$= \frac{9}{2} \cdot \frac{2n^2 + 3n + 1}{n^2}$$

Então, de (9),

$$A = \lim_{n \to +\infty} \frac{9}{2} \left( 2 + \frac{3}{n} + \frac{1}{n^2} \right) = 9$$

como no Exemplo 1.

**EXEMPLO 3** Ache a área do trapézio que é a região limitada pela reta $2x + y = 8$, pelo eixo $x$ e pelas retas $x = 1$ e $x = 3$. Use retângulos inscritos.

**Solução** Na Figura 7.2.10 são mostrados a região e o $i$-ésimo retângulo inscrito. O intervalo fechado $[1, 3]$ é dividido em $n$ subintervalos com comprimentos iguais $\Delta x$: $x_0 = 1$, $x_1 = 1 + \Delta x$, $x_2 = 1 + 2\Delta x$, ..., $x_i = 1 + i\Delta x$, ..., $x_{n-1} = 1 + (n-1)\Delta x$, $x_n = 3$.

$$\Delta x = \frac{3 - 1}{n} = \frac{2}{n}$$

Resolvendo a equação da reta em $y$ obtemos $y = -2x + 8$. Logo $f(x) = -2x + 8$, e como $f$ é decrescente em $[1, 3]$, o valor mínimo absoluto de $f$ no $i$-ésimo subintervalo $[x_{i-1}, x_i]$ é $f(x_i)$. Como $x_i = 1 + i\Delta x$ e $f(x) = -2x + 8$, então $f(x_i) = -2(1 + i\Delta x) + 8 = 6 - 2i\Delta x$. De (6),

$$A = \lim_{n \to +\infty} \sum_{i=1}^{n} f(x_i)\, \Delta x$$

$$= \lim_{n \to +\infty} \sum_{i=1}^{n} (6 - 2i\, \Delta x)\, \Delta x$$

$$= \lim_{n \to +\infty} \sum_{i=1}^{n} [6\, \Delta x - 2i(\Delta x)^2]$$

$$= \lim_{n \to +\infty} \sum_{i=1}^{n} \left[ 6\left(\frac{2}{n}\right) - 2i\left(\frac{2}{n}\right)^2 \right]$$

$$= \lim_{n \to +\infty} \left[ \frac{12}{n} \sum_{i=1}^{n} 1 - \frac{8}{n^2} \sum_{i=1}^{n} i \right]$$

Do Teorema 7.1.1 e da Fórmula 1 da Secção 7.1,

$$A = \lim_{n \to +\infty} \left[ \frac{12}{n} \cdot n - \frac{8}{n^2} \cdot \frac{n(n+1)}{2} \right]$$

$$= \lim_{n \to +\infty} \left( 8 - \frac{4}{n} \right)$$

$$= 8$$

Logo, a área é 8 unidades quadradas. Usando a fórmula de geometria plana para a área do trapézio, $A = \frac{1}{2}h(b_1 + b_2)$, onde $h$, $b_1$ e $b_2$ são, respectivamente, a medida da altura e das duas bases, obtemos $A = \frac{1}{2}(2)(6 + 2) = 8$, que é igual ao resultado já obtido.

## Exercícios 7.2

Nos Exercícios de 1 a 16, use o método desta secção para encontrar a área da região dada; use retângulos inscritos ou circunscritos, como indicado. Para cada exercício faça uma figura mostrando a região e o $i$-ésimo retângulo.

1. A região limitada por $y = x^2$, o eixo $x$ e a reta $x = 2$; retângulos inscritos.
2. A região do Exercício 1; retângulos circunscritos.
3. A região limitada por $y = 2x$, o eixo $x$ e as retas $x = 1$ e $x = 4$; retângulos circunscritos.
4. A região do Exercício 3; retângulos inscritos.
5. A região acima do eixo $x$ e à direita da reta $x = 1$, limitada pelo eixo $x$, a reta $x = 1$ e a curva $y = 4 - x^2$; retângulos inscritos.
6. A região do Exercício 5; retângulos circunscritos.
7. A região à esquerda da reta $x = 1$, limitada pela curva e retas do Exercício 5; retângulos circunscritos.
8. A região do Exercício 7; retângulos inscritos.
9. A região limitada por $y = 3x^4$, o eixo $x$ e a reta $x = 1$; retângulos inscritos.
10. A região do Exercício 9; retângulos circunscritos.
11. A região limitada por $y = x^3$, o eixo $x$, e as retas $x = -1$ e $x = 2$; retângulos inscritos.
12 A região do Exercício 11; retângulos circunscritos.

13. A região limitada por $y = x^3 + x$, o eixo $x$ e as retas $x = -2$ e $x = 1$; retângulos circunscritos.
14. A região do Exercício 13; retângulos inscritos
15. A região limitada por $y = mx$, com $m > 0$, o eixo $x$ e as retas $x = a$ e $x = b$, com $b > a > 0$; retângulos circunscritos.
16. A região do Exercício 15; retângulos inscritos.
17. Use o método desta secção para encontrar a área de um trapézio isósceles cujas bases têm medidas $b_1$ e $b_2$ e cuja altura mede $h$.
18. O gráfico de $y = 4 - |x|$ e o eixo $x$ de $x = -4$ a $x = 4$ formam um triângulo. Use o método desta secção para encontrar a área deste triângulo.

Nos Exercícios de 19 a 24, ache a área da região tomando como medida a altura do $i$-ésimo retângulo $f(m_i)$, onde $m_i$ é o ponto médio do $i$-ésimo subintervalo. (*Sugestão*: $m_i = \frac{1}{2}(x_i + x_{i-1})$.)

19. A região do Exemplo 1.
20. A região do Exercício 1.
21. A região do Exercício 3.
22. A região do Exercício 5.
23. A região do Exercício 7.
24. A região do Exercício 9.
25. Suponha que a função discutida no começo desta secção seja linear, tal que

$$f(x) = 60 + 288x \quad 0 \leq x \leq 3$$

onde $f(x)$ unidades por ano deveriam ser produzidas quando passados $x$ anos desde que a calculadora foi introduzida. (a) Interprete o número de calculadoras produzidas durante o segundo ano como a medida da área de uma região limitada por um trapézio, e faça uma figura mostrando a região. (b) Use o método desta secção para calcular o número de calculadoras produzidas durante o segundo ano. (c) Verifique o resultado da parte (b), usando a fórmula para o cálculo da área do trapézio: $A = \frac{1}{2}(b_1 + b_2)h$, onde $b_1$ e $b_2$ unidades são os comprimentos dos lados paralelos e $h$ unidades é a altura.
26. Durante os 4 primeiros meses, espera-se que as vendas de um novo produto sejam de $f(x)$ unidades mensais, $x$ meses após a colocação do produto no mercado, onde

$$f(x) = 100 + 150x^2 \quad 0 \leq x \leq 4$$

(a) Interprete as vendas esperadas do segundo mês como a medida da área de uma região plana, e faça uma figura mostrando a região. (b) Use o método desta secção para calcular as vendas esperadas no segundo mês, achando a área da região da parte (a).
27. Para o produto do Exercício 26, faça o seguinte: (a) Interprete as vendas esperadas do terceiro mês como a medida da área de uma região plana, e faça uma figura mostrando a região. (b) Use o método desta secção para computar as vendas esperadas no terceiro mês, achando a área da região da parte (a).

## 7.3 A INTEGRAL DEFINIDA

Na Secção 7.2 a medida da área de uma região foi definida como o seguinte limite:

$$\lim_{n \to +\infty} \sum_{i=1}^{n} f(c_i) \Delta x \tag{1}$$

Para chegar até esta definição dividimos o intervalo fechado $[a, b]$ em subintervalos de igual comprimento e então tomamos $c_i$ como o ponto no $i$-ésimo subintervalo para o qual $f$ tem um valor mínimo absoluto. Também restringimos os valores de $f(x)$ a serem não negativos em $[a, b]$ e, além disso, exigimos que $f$ fosse contínua em $[a, b]$.

O somatório em (1) é um caso especial do somatório usado para definir *integral definida*. Seja $f$ uma função definida no intervalo fechado $[a, b]$. Dividindo este intervalo em $n$ subintervalos de igual comprimento $\Delta x$, então $\Delta x = (b - a)/n$. Vamos denotar os extremos destes subintervalos por $x_0, x_1, x_2, \ldots, x_{n-1}, x_n$, onde $x_0 = a, x_1 = a + \Delta x, \ldots, x_i = a + i\Delta x, \ldots, x_{n-1} = a + (n-1)\Delta x, x_n = b$. Vamos denotar o $i$-ésimo subintervalo por $[x_{i-1}, x_i]$.

Escolha um ponto em cada subintervalo: Seja $\xi_1$ o ponto escolhido em $[x_0, x_1]$, tal que $x_0 \leq \xi_1 \leq x_1$. Seja $\xi_2$ o ponto escolhido em $[x_1, x_2]$ tal que $x_1 \leq \xi_2 \leq x_2$, e assim sucessivamente, de forma que $\xi_i$ seja o ponto escolhido em $[x_{i-1}, x_i]$ e $x_{i-1} \leq \xi_i \leq x_i$. Forme então a soma

$$f(\xi_1)\Delta x + f(\xi_2)\Delta x + \ldots + f(\xi_i)\Delta x + \ldots + f(\xi_n)\Delta x$$

ou

$$\sum_{i=1}^{n} f(\xi_i)\Delta x \qquad (2)$$

Tal somatório é chamado uma **soma de Riemann**, em homenagem ao matemático Georg Friedrich Bernhard Riemann (1826-1866).

• ILUSTRAÇÃO 1

Suponha $f(x) = 10 - x^2$ com $0 \leq x \leq 3$. Acharemos a soma de Riemann (2) para a função $f$ em $[0, 3]$ se houver seis subintervalos com $x_0 = 0$, $x_1 = \frac{1}{2}$, $x_2 = 1$, $x_3 = \frac{3}{2}$, $x_4 = 2$, $x_5 = \frac{5}{2}$, $x_6 = 3$ e $\xi_1 = \frac{1}{4}$, $\xi_2 = \frac{2}{3}$, $\xi_3 = \frac{5}{4}$, $\xi_4 = 2$, $\xi_5 = \frac{7}{3}$, $\xi_6 = \frac{5}{2}$.

A Figura 7.3.1 mostra um esboço do gráfico de $f$ em $[0, 3]$ e os seis retângulos, cujas medidas de suas áreas são os termos da soma de Riemann.

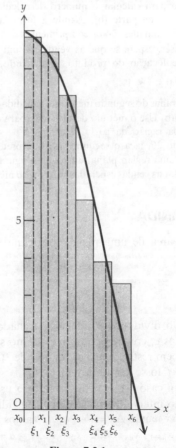

Figura 7.3.1

$$\Delta x = \frac{3-0}{6} = \frac{1}{2}$$

$$\sum_{i=1}^{6} f(\xi_i)\,\Delta x = f(\xi_1)\,\Delta x + f(\xi_2)\,\Delta x + f(\xi_3)\,\Delta x + f(\xi_4)\,\Delta x + f(\xi_5)\,\Delta x + f(\xi_6)\,\Delta x$$

$$= f(\tfrac{1}{4})\tfrac{1}{2} + f(\tfrac{2}{3})\tfrac{1}{2} + f(\tfrac{5}{4})\tfrac{1}{2} + f(2)\tfrac{1}{2} + f(\tfrac{7}{3})\tfrac{1}{2} + f(\tfrac{5}{2})\tfrac{1}{2}$$
$$= \tfrac{1}{2}(9\tfrac{15}{16} + 9\tfrac{5}{9} + 8\tfrac{7}{16} + 6 + 4\tfrac{5}{9} + 3\tfrac{3}{4})$$
$$= 21\tfrac{17}{144}$$

Como os valores funcionais de $f(x)$ não estão restritos a valores não negativos, alguns dos $f(\xi_i)$ podem ser negativos. Em tal caso a interpretação da soma de Riemann é de uma soma de medidas de áreas de retângulos situados acima do eixo $x$ mais os negativos das medidas das áreas dos retângulos situados abaixo do eixo $x$. Esta situação está ilustrada na Figura 7.3.2. Ali

$$\sum_{i=1}^{10} f(\xi_i)\,\Delta x = A_1 + A_2 - A_3 - A_4 - A_5 + A_6 + A_7 - A_8 - A_9 - A_{10}$$

pois $f(\xi_3)$, $f(\xi_4)$, $f(\xi_5)$, $f(\xi_8)$, $f(\xi_9)$ e $f(\xi_{10})$ são números negativos.

Agora definimos a *integral definida*.

Definição de integral definida

---

Se $f$ é uma função definida no intervalo fechado $[a, b]$, então a **integral definida** de $f$ de $a$ a $b$, denotada por $\int_a^b f(x)\,dx$, é dada por

$$\int_a^b f(x)\,dx = \lim_{n \to +\infty} \sum_{i=1}^{n} f(\xi_i)\,\Delta x \qquad (3)$$

se o limite existe, onde $\xi_i$ é qualquer número no intervalo fechado $[x_{i-1}, x_i]$, $i = 1, 2, \ldots, n$.

---

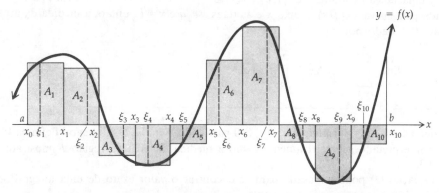

Figura 7.3.2

## 268 A INTEGRAL DEFINIDA

A integral definida pode ser enunciada mais genericamente permitindo-se que os $n$ subintervalos sejam de comprimentos diferentes e exigindo-se que o maior comprimento tenda a zero quando $n$ cresce ilimitadamente. Contudo, a definição mais restrita dada é suficiente para nossos propósitos.

Na notação para integral definida $\int_a^b f(x)dx$, $f(x)$ é chamado o **integrando**, $a$ é chamado o **limite inferior**, e $b$ o **limite superior**. O símbolo

$$\int$$

é chamado um **sinal de integral**. O sinal de integral assemelha-se à letra maiúscula $S$, que é apropriada pois a integral definida é o limite de uma soma. Este símbolo já foi usado no Capítulo 6, para indicar a operação de antidiferenciação. A razão para o mesmo símbolo é que o teorema (7.3.2), chamado teorema fundamental do cálculo, possibilita-nos calcular a integral definida encontrando uma antiderivada (também chamada uma **integral indefinida**).

A afirmação "$f$ é **integrável** no intervalo fechado $[a, b]$" é equivalente à afirmação "a integral definida de $f$ de $a$ a $b$ existe". O teorema seguinte nos dá uma condição para que uma função seja integrável.

---

**Teorema 7.3.1** Se a função $f$ for contínua no intervalo fechado $[a, b]$, então $f$ será integrável em $[a, b]$.

---

A definição da área de uma região plana limitada por uma curva, dada na Secção 7.2, afirma que

$$A = \lim_{n \to +\infty} \sum_{i=1}^{n} f(c_i) \Delta x$$

onde $f(c_i)$ é o valor funcional mínimo absoluto no $i$-ésimo subintervalo. Daremos agora uma definição mais geral que permite ser $f(\xi_i)$ qualquer valor funcional no $i$-ésimo subintervalo.

Definição da área de uma região plana limitada por uma curva

---

Seja $f$ uma função contínua em $[a, b]$ e $f(x) \geq 0$ para todo $x$ em $[a, b]$. Seja $R$ a região limitada pela curva $y = f(x)$, o eixo $x$ e as retas $x = a$ e $x = b$. Então, a medida da área da região $R$ é dada por

$$A = \lim_{n \to +\infty} \sum_{i=1}^{n} f(\xi_i) \Delta x = \int_a^b f(x)\, dx$$

---

A definição acima afirma que se $f(x) \geq 0$ para todo $x$ em $[a, b]$, a integral definida $\int_a^b f(x)\, dx$ pode ser interpretada geometricamente como a medida da área da região $R$ mostrada na Figura 7.3.3.

A Equação (3) pode ser usada para se encontrar o valor exato de uma integral definida, como está ilustrado no seguinte exemplo:

**EXEMPLO 1** Ache o valor exato da integral definida $\int_1^3 x^2 \, dx$. Interprete geometricamente o resultado.

**Solução** Divida o intervalo [1, 3] em $n$ subintervalos de igual comprimento. Então, $\Delta x = 2/n$. Se escolhermos $\xi_i$ como o extremo direito de cada subintervalo, temos

$$\xi_1 = 1 + \frac{2}{n}, \xi_2 = 1 + 2\left(\frac{2}{n}\right), \xi_3 = 1 + 3\left(\frac{2}{n}\right), \ldots, \xi_i = 1 + i\left(\frac{2}{n}\right), \ldots, \xi_n = 1 + n\left(\frac{2}{n}\right)$$

Como $f(x) = x^2$,

$$f(\xi_i) = \left(1 + \frac{2i}{n}\right)^2 = \left(\frac{n+2i}{n}\right)^2$$

Logo, usando (3) e aplicando os teoremas da Secção 7.1, obtemos

$$\int_1^3 x^2 \, dx = \lim_{n \to +\infty} \sum_{i=1}^{n} \left(\frac{n+2i}{n}\right)^2 \frac{2}{n}$$

$$= \lim_{n \to +\infty} \frac{2}{n^3} \sum_{i=1}^{n} (n^2 + 4ni + 4i^2)$$

$$= \lim_{n \to +\infty} \frac{2}{n^3} \left[ n^2 \sum_{i=1}^{n} 1 + 4n \sum_{i=1}^{n} i + 4 \sum_{i=1}^{n} i^2 \right]$$

$$= \lim_{n \to +\infty} \frac{2}{n^3} \left[ n^2 n + 4n \cdot \frac{n(n+1)}{2} + \frac{4n(n+1)(2n+1)}{6} \right]$$

$$= \lim_{n \to +\infty} \frac{2}{n^3} \left[ n^3 + 2n^3 + 2n^2 + \frac{2n(2n^2 + 3n + 1)}{3} \right]$$

$$= \lim_{n \to +\infty} \left[ 6 + \frac{4}{n} + \frac{8n^2 + 12n + 4}{3n^2} \right]$$

$$= \lim_{n \to +\infty} \left[ 6 + \frac{4}{n} + \frac{8}{3} + \frac{4}{n} + \frac{4}{3n^2} \right] = 6 + 0 + \tfrac{8}{3} + 0 + 0 = 8\tfrac{2}{3}$$

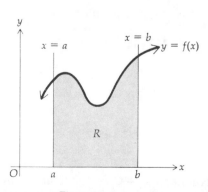

Figura 7.3.3

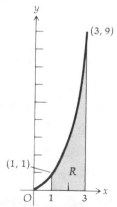

Figura 7.3.4

Vamos interpretar geometricamente o resultado. Como $x^2 \geq 0$ para todo $x$ em [1, 3], a região limitada pela curva $y = x^2$, o eixo $x$ e as retas $x = 1$ e $x = 3$ tem uma área de $8\frac{2}{3}$ unidades quadradas. A região está mostrada na Figura 7.3.4.

Historicamente, os conceitos básicos de integral definida foram usados pelos antigos gregos, principalmente Arquimedes (287-212 a.C.), há mais de 2.000 anos, muito antes da invenção do cálculo diferencial. No século XVII, quase simultaneamente, porém independentemente, Newton e Leibniz mostraram como o cálculo podia ser usado para se encontrar a área de uma região limitada por uma curva ou um conjunto de curvas, calculando-se uma integral definida por antidiferenciação. O procedimento envolve o que é conhecido como *teorema fundamental do cálculo*. Vamos agora estabelecer este importante teorema.

Teorema fundamental do cálculo

**Teorema 7.3.2** Seja $f$ uma função contínua no intervalo fechado $[a, b]$, e seja $g$ uma antiderivada de $f$ em $[a, b]$; isto é,

$$g'(x) = f(x)$$

para todo $x$ em $[a, b]$. Então

$$\int_a^b f(x)\,dx = g(b) - g(a)$$

Uma prova completa do teorema fundamental está fora do contexto deste livro. Contudo, na Secção 7.7 há uma discussão sobre a prova. Daremos agora algumas ilustrações e exemplos mostrando como o Teorema 7.3.2 é aplicado. Ao usarmos o teorema denotamos

$$[g(b) - g(a)] \quad \text{por} \quad g(x) \Big]_a^b$$

• ILUSTRAÇÃO 2

Vamos aplicar o teorema fundamental do cálculo para computar a integral definida do Exemplo 1:

$$\int_1^3 x^2\,dx$$

Aqui $f(x) = x^2$. Como $g$ pode ser qualquer antiderivada de $f$, podemos escolher

$$g(x) = \tfrac{1}{3}x^3$$

Logo, do Teorema 7.3.2, obtemos

$$\int_1^3 x^2\,dx = \tfrac{1}{3}x^3 \Big]_1^3 = 9 - \tfrac{1}{3} = 8\tfrac{2}{3}$$

Resultado este que está de acordo com o Exemplo 1.

Na Ilustração 2, qualquer antiderivada de $f$ é da forma $\tfrac{1}{3}x^3 + C$, onde $C$ é uma constante arbitrária, e se escolhemos a antiderivada de $f$ nesta forma, a solução pode ser escrita como segue:

$$\int_1^3 x^2\,dx = \tfrac{1}{3}x^3 + C \Big]_1^3$$
$$= (9 + C) - (\tfrac{1}{3} + C)$$
$$= 9 + C - \tfrac{1}{3} - C$$
$$= 8\tfrac{2}{3}$$

Observe que a constante $C$ é eliminada por subtração.

Em virtude da conexão entre integrais definidas e antiderivadas, usamos o sinal de integral $\int$ para a notação $\int f(x)dx$ de uma antiderivada. Vamos agora abandonar a terminologia de antiderivadas e antidiferenciação e começar a chamar $\int f(x)dx$ de **integral indefinida** de "$f$ de $x, dx$".
O processo de cálculo de uma integral indefinida ou definida é chamado **integração**.

A diferença entre integral indefinida e definida deve ser enfatizada. A integral indefinida $\int f(x)\,dx$ é definida como um conjunto de funções $g(x) + C$ tal que $D_x[g(x)] = f(x)$. Contudo, a integral definida $\int_a^b f(x)\,dx$ é um número cujo valor depende da função $f$, dos números $a$ e $b$, e está definida como uma soma de Riemann. A definição de integral definida não faz nenhuma referência à diferenciação.

A integral indefinida envolve uma constante arbitrária; por exemplo,
$$\int x^2\,dx = \frac{x^3}{3} + C$$

Esta constante arbitrária $C$ é chamada uma **constante de integração**. Aplicando o teorema fundamental para computar uma integral definida, não precisamos incluir a constante arbitrária $C$ na expressão para $g(x)$, pois o teorema permite-nos escolher *qualquer* antiderivada, inclusive aquela para a qual $C = 0$.

**EXEMPLO 2** Calcule $\displaystyle\int_2^4 (x^3 - 6x^2 + 9x + 1)\,dx$

**Solução**

$$\int_2^4 (x^3 - 6x^2 + 9x + 1)\,dx = \frac{x^4}{4} - 6 \cdot \frac{x^3}{3} + 9 \cdot \frac{x^2}{2} + x \Big]_2^4$$
$$= (64 - 128 + 72 + 4) - (4 - 16 + 18 + 2)$$
$$= 4$$

**EXEMPLO 3** Calcule $\displaystyle\int_{-1}^1 (x^{4/3} + 4x^{1/3})\,dx$

**Solução**

$$\int_{-1}^1 (x^{4/3} + 4x^{1/3})\,dx = \tfrac{3}{7}x^{7/3} + 4 \cdot \tfrac{3}{4}x^{4/3} \Big]_{-1}^1$$
$$= \tfrac{3}{7} + 3 - (-\tfrac{3}{7} + 3)$$
$$= \tfrac{6}{7}$$

**EXEMPLO 4**  Calcule $\int_0^2 2x^2 \sqrt{x^3 + 1}\, dx$

**Solução**

$$\int_0^2 2x^2 \sqrt{x^3 + 1}\, dx = \frac{2}{3} \int_0^2 \sqrt{x^3 + 1}(3x^2\, dx)$$

$$= \frac{2}{3} \cdot \frac{(x^3 + 1)^{3/2}}{\frac{3}{2}} \Big]_0^2$$

$$= \tfrac{4}{9}(8 + 1)^{3/2} - \tfrac{4}{9}(0 + 1)^{3/2}$$

$$= \tfrac{4}{9}(27 - 1)$$

$$= \tfrac{104}{9}$$

**EXEMPLO 5**  Calcule $\int_0^3 x\sqrt{1 + x}\, dx$

**Solução**  Para calcular a integral indefinida $\int x\sqrt{1 + x}\, dx$, seja

$u = \sqrt{1 + x} \qquad u^2 = 1 + x \qquad x = u^2 - 1 \qquad dx = 2u\, du$

Substituindo, temos

$$\int x\sqrt{1 + x}\, dx = \int (u^2 - 1)u(2u\, du)$$

$$= 2\int (u^4 - u^2)\, du$$

$$= \tfrac{2}{5}u^5 - \tfrac{2}{3}u^3 + C$$

$$= \tfrac{2}{5}(1 + x)^{5/2} - \tfrac{2}{3}(1 + x)^{3/2} + C$$

Logo, a integral definida

$$\int_0^3 x\sqrt{1 + x}\, dx = \tfrac{2}{5}(1 + x)^{5/2} - \tfrac{2}{3}(1 + x)^{3/2} \Big]_0^3$$

$$= \tfrac{2}{5}(4)^{5/2} - \tfrac{2}{3}(4)^{3/2} - \tfrac{2}{5}(1)^{5/2} + \tfrac{2}{3}(1)^{3/2}$$

$$= \tfrac{64}{5} - \tfrac{16}{3} - \tfrac{2}{5} + \tfrac{2}{3}$$

$$= \tfrac{116}{15}$$

Um outro método de calcular a integral definida do Exemplo 5 envolve mudar os limites da integral definida para valores de $u$. O procedimento está exemplificado na ilustração apresentada a seguir. Muitas vezes este segundo método é mais rápido e sua justificação segue imediatamente dos Teoremas 6.2.9 e 7.3.2.

- **ILUSTRAÇÃO 3**

Como $u = \sqrt{1 + x}$, vemos que quando $x = 0$, $u = 1$; e quando $x = 3$, $u = 2$. Assim, temos

$$\int_0^3 x\sqrt{1+x}\,dx = 2\int_1^2 (u^4 - u^2)\,du$$

$$= \tfrac{2}{5}u^5 - \tfrac{2}{3}u^3 \Big]_1^2$$

$$= \tfrac{64}{5} - \tfrac{16}{3} - \tfrac{2}{5} + \tfrac{2}{3}$$

$$= \tfrac{116}{15}$$

**EXEMPLO 6** Ache a área da região no primeiro quadrante limitada pela curva cuja equação é $y = 10 - x^2$, o eixo $x$, o eixo $y$ e a reta $x = 3$. Faça um esboço.

**Solução** Na Figura 7.3.5 temos a região e um dos elementos retangulares de área. Dividimos o intervalo [0, 3] em $n$ subintervalos de igual comprimento. O comprimento de cada retângulo é $\Delta x$ unidades, e a altura do $i$-ésimo retângulo é $10 - \xi_i^2$ unidades, onde $\xi_i$ é qualquer número no $i$-ésimo subintervalo. Logo, a medida da área do elemento retangular é $(10 - \xi_i^2)\Delta x$. A soma das medidas das áreas de $n$ desses elementos retangulares é

$$\sum_{i=1}^{n}(10 - \xi_i^2)\,\Delta x$$

que é uma soma de Riemann. O limite destas somas quando $n \to +\infty$ dá a medida da área procurada. O limite da soma de Riemann é uma integral definida, que pode ser calculada pelo teorema fundamental do cálculo.

Seja $A$ unidades quadradas a área da região. Então

$$A = \lim_{n \to +\infty} \sum_{i=1}^{n}(10 - \xi_i^2)\,\Delta x$$

$$= \int_0^3 (10 - x^2)\,dx$$

$$= 10x - \frac{x^3}{3}\Big]_0^3$$

$$= 30 - 9$$

$$= 21$$

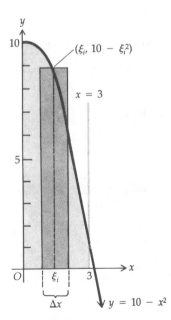

Figura 7.3.5

Compare a solução do Exemplo 6 com a soma de Riemann da Ilustração 1. O resultado de $21\tfrac{17}{144}$ da Ilustração 1 é uma aproximação da medida da área no Exemplo 6.

## Exercícios 7.3

Nos Exercícios de 1 a 6, ache a soma de Riemann para a função no intervalo, para o número dado de subintervalos e para os valores dados de $\xi_i$. Faça um esboço do gráfico da função no intervalo e mostre os retângulos cujas medidas de suas áreas são os termos da soma de Riemann. (Veja a Ilustração 1 e a Figura 7.3.1.)

1. $f(x) = x^2$, $0 \leq x \leq 3$; quatro subintervalos: $x_0 = 0$, $x_1 = \frac{3}{4}$, $x_2 = 1\frac{1}{2}$, $x_3 = 2\frac{1}{4}$, $x_4 = 3$; $\xi_1 = \frac{1}{4}$, $\xi_2 = 1$, $\xi_3 = 1\frac{1}{2}$, $\xi_4 = 2\frac{1}{2}$
2. $f(x) = x^2$, $0 \leq x \leq 3$; seis subintervalos: $x_0 = 0$, $x_1 = \frac{1}{2}$, $x_2 = 1$, $x_3 = 1\frac{1}{2}$, $x_4 = 2$, $x_5 = 2\frac{1}{2}$, $x_6 = 3$; $\xi_1 = \frac{1}{4}$, $\xi_2 = \frac{2}{3}$, $\xi_3 = 1\frac{1}{3}$, $\xi_4 = 2$, $\xi_5 = 2\frac{1}{4}$, $\xi_6 = 2\frac{2}{3}$
3. $f(x) = \frac{1}{x}$, $1 \leq x \leq 3$; seis subintervalos: $x_0 = 1$, $x_1 = 1\frac{1}{3}$, $x_2 = 1\frac{2}{3}$, $x_3 = 2$, $x_4 = 2\frac{1}{3}$, $x_5 = 2\frac{2}{3}$, $x_6 = 3$; $\xi_1 = 1\frac{1}{4}$, $\xi_2 = 1\frac{1}{2}$, $\xi_3 = 2$, $\xi_4 = 2$, $\xi_5 = 2\frac{1}{2}$, $\xi_6 = 2\frac{3}{4}$
4. $f(x) = \frac{1}{x}$, $1 \leq x \leq 3$; quatro subintervalos: $x_0 = 1$, $x_1 = 1\frac{1}{2}$, $x_2 = 2$, $x_3 = 2\frac{1}{2}$, $x_4 = 3$; $\xi_1 = 1\frac{1}{4}$, $\xi_2 = 2$, $\xi_3 = 2\frac{1}{2}$, $\xi_4 = 2\frac{3}{4}$
5. $f(x) = x^2 - x + 1$, $0 \leq x \leq 1$; quatro subintervalos: $x_0 = 0$, $x_1 = 0{,}25$, $x_2 = 0{,}5$, $x_3 = 0{,}75$, $x_4 = 1$; $\xi_1 = 0{,}1$, $\xi_2 = 0{,}4$, $\xi_3 = 0{,}6$, $\xi_4 = 0{,}9$
6. $f(x) = x^3$, $-1 \leq x \leq 2$; cinco subintervalos: $x_0 = -1$, $x_1 = -0{,}4$, $x_2 = 0{,}2$, $x_3 = 0{,}8$, $x_4 = 1{,}4$, $x_5 = 2$; $\xi_1 = -0{,}5$, $\xi_2 = 0$, $\xi_3 = 0{,}75$, $\xi_4 = 1$, $\xi_5 = 1{,}5$

Nos Exercícios de 7 a 12, ache o valor exato da integral definida, usando somente a definição de integral definida; isto é, usando o método do Exemplo 1 desta secção.

7. $\int_0^1 x^2 \, dx$
8. $\int_2^7 3x \, dx$
9. $\int_1^2 x^3 \, dx$
10. $\int_2^4 x^2 \, dx$
11. $\int_1^4 (x^2 + 4x + 5) \, dx$
12. $\int_0^5 (x^3 - 1) \, dx$

Nos Exercícios de 13 a 34, calcule a integral definida usando o teorema fundamental do cálculo.

13. $\int_0^3 (3x^2 - 4x + 1) \, dx$
14. $\int_0^4 (x^3 - x^2 + 1) \, dx$
15. $\int_3^6 (x^2 - 2x) \, dx$
16. $\int_{-1}^3 (3x^2 + 5x - 1) \, dx$
17. $\int_1^2 \frac{x^2 + 1}{x^2} \, dx$
18. $\int_{-3}^5 (y^3 - 4y) \, dy$
19. $\int_0^1 \frac{z}{(z^2 + 1)^3} \, dz$
20. $\int_1^4 \sqrt{x}(2 + x) \, dx$
21. $\int_1^{10} \sqrt{5x - 1} \, dx$
22. $\int_0^{\sqrt{5}} t\sqrt{t^2 + 1} \, dt$
23. $\int_{-2}^0 3w\sqrt{4 - w^2} \, dw$
24. $\int_{-1}^3 \frac{dy}{(y + 2)^3}$
25. $\int_1^2 t^2\sqrt{t^3 + 1} \, dt$
26. $\int_1^3 \frac{x \, dx}{(3x^2 - 1)^3}$
27. $\int_0^1 \frac{(y^2 + 2y) \, dy}{\sqrt[3]{y^3 + 3y^2 + 4}}$
28. $\int_2^4 \frac{w^4 - w}{w^3} \, dw$
29. $\int_0^{15} \frac{w \, dw}{(1 + w)^{3/4}}$
30. $\int_4^5 x^2\sqrt{x - 4} \, dx$
31. $\int_0^3 (x + 2)\sqrt{x + 1} \, dx$
32. $\int_{-2}^1 (x + 1)\sqrt{x + 3} \, dx$
33. $\int_1^{64} \left( \sqrt{t} - \frac{1}{\sqrt{t}} + \sqrt[3]{t} \right) dt$
34. $\int_1^4 \frac{x^5 - x}{3x^3} \, dx$

Nos Exercícios de 35 a 40, ache a área da região limitada pela curva e retas dadas. Faça uma figura mostrando a região e um elemento retangular da área. Expresse a medida da área como o limite de uma soma de Riemann, e depois com a notação de integral definida. Calcule a integral definida pelo teorema fundamental do cálculo.

**35.** $y = 4 - x^2$; eixo $x$
**36.** $y = x^2 - 2x + 3$; eixo $x$; $x = -2$; $x = 1$
**37.** $y = 4x - x^2$; eixo $x$; $x = 1$; $x = 3$
**38.** $y = 6 - x - x^2$; eixo $x$
**39.** $y = \sqrt{x+1}$; eixo $x$; eixo $y$; $x = 8$
**40.** $y = \dfrac{1}{x^2} - x$; eixo $x$; $x = 2$; $x = 3$

## 7.4 APLICAÇÕES DA INTEGRAL DEFINIDA

Na Secção 7.2 mostramos como a produção anual de um produto estava relacionada com a área de uma região plana. Esta mesma situação pode ser formulada usando-se o conceito de integral definida, como mostra a seguinte ilustração.

**ILUSTRAÇÃO 1**

Se decorreram $x$ anos desde o lançamento de uma calculadora eletrônica, então o número de unidades produzidas anualmente é $f(x)$, onde

$$f(x) = 60 + 288x^2 \qquad 0 \le x \le 3$$

Se $N$ é o número de calculadoras produzidas durante o segundo ano, então

$$N = \lim_{n \to +\infty} \sum_{i=1}^{n} f(\xi_i)\, \Delta x$$

$$= \int_1^2 f(x)\, dx$$

$$= \int_1^2 (60 + 288x^2)\, dx$$

$$= 60x + 288 \cdot \frac{x^3}{3} \Big]_1^2$$

$$= 60x + 96x^3 \Big]_1^2$$

$$= 120 + 768 - (60 + 96)$$

$$= 732 \qquad \bullet$$

Consideraremos agora outras aplicações da integral definida. A quantidade a ser achada é primeiro expressa como o limite de uma soma de Riemann, o qual é uma integral definida, calculada usando-se o teorema fundamental do cálculo.

**EXEMPLO 1** Suponha que durante os primeiros 5 anos nos quais um novo produto esteja no mercado, são vendidas $y$ unidades por ano quando se passaram $x$ anos do lançamento, e

$$y = 3.000\sqrt{x} + 1.000 \qquad 0 \le x \le 5 \tag{1}$$

Ache o total de vendas durante os primeiros 4 anos.

**Solução** Um esboço do gráfico de (1) está na Figura 7.4.1. O número de unidades vendidas durante os 4 primeiros anos é a medida da área da região sombreada, mostrada na figura. Seja

$$f(x) = 3.000\sqrt{x} + 1.000$$

O intervalo [0, 4] é dividido em $n$ subintervalos de igual comprimento $\Delta x$. Seja $\xi_i$ um número qualquer do $i$-ésimo subintervalo. Se $S$ unidades são vendidas durante os quatro primeiros anos,

$$S = \lim_{n \to +\infty} \sum_{i=1}^{n} f(\xi_i)\, \Delta x$$

$$= \int_0^4 f(x)\, dx$$

$$= \int_0^4 (3.000 x^{1/2} + 1.000)\, dx$$

$$= 3.000 \cdot \frac{x^{3/2}}{\frac{3}{2}} + 1.000 x \Big]_0^4$$

$$= 2.000(4)^{3/2} + 1.000 \cdot 4$$

$$= 2.000(8) + 4.000$$

$$= 20.000$$

Logo, 20.000 unidades são vendidas durante os quatro primeiros anos.

**EXEMPLO 2** O administrador de uma empresa estima que a compra de um certo equipamento irá resultar em uma economia de custos operacionais. A economia dos custos operacionais é $f(x)$ unidades monetárias por ano, quando o equipamento estiver em uso por $x$ anos, e

$$f(x) = 4.000x + 1.000 \qquad 0 \le x \le 10$$

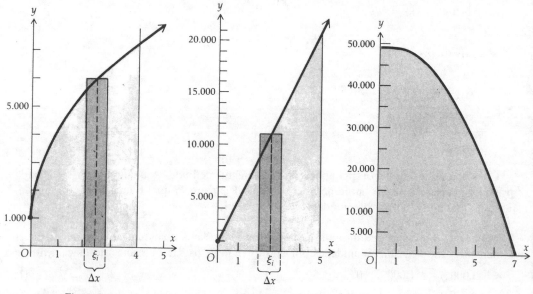

Figura 7.4.1  Figura 7.4.2  Figura 7.4.3

(a) Qual a economia em custos operacionais para os 5 primeiros anos? (b) Se o preço de compra é $ 36.000, após quantos anos de uso o equipamento estará pago por si mesmo?

**Solução** (a) Um esboço do gráfico de $f$ em [0, 5] está na Figura 7.4.2. A economia obtida nos custos operacionais para os 5 primeiros anos é a medida da área da região sombreada na figura. Se $S$ unidades for esse número, então

$$S = \lim_{n \to +\infty} \sum_{i=1}^{n} f(\xi_i) \Delta x$$

$$= \int_0^5 f(x)\, dx$$

$$= \int_0^5 (4.000x + 1.000)\, dx$$

$$= 2.000x^2 + 1.000x \Big]_0^5$$

$$= 2.000(25) + 1.000(5)$$

$$= 55.000$$

Logo, a economia nos custos operacionais para os 5 primeiros anos é $ 55.000.

(b) Como o preço de compra é $ 36.000, o número de anos requeridos para o equipamento pagar-se por si mesmo é $n$, onde

$$\int_0^n f(x)\, dx = 36.000$$

$$\int_0^n (4.000x + 1.000)\, dx = 36.000$$

$$2.000x^2 + 1.000x \Big]_0^n = 36.000$$

$$2.000n^2 + 1.000n = 36.000$$

$$2n^2 + n - 36 = 0$$

$$(n - 4)(2n + 9) = 0$$

$$n = 4 \qquad n = -\tfrac{9}{2}$$

Assim, são necessários 4 anos de uso para o equipamento pagar-se por si mesmo.

O próximo exemplo mostra como usar a integral definida para o cálculo do custo de manter estoque.

**EXEMPLO 3** O administrador de uma rede de casas noturnas recebe uma remessa de um certo gênero alimentício toda segunda-feira. Como a freqüência é baixa no começo da semana e alta no fim de semana, a demanda aumenta com o decorrer dos 7 dias; assim, após $x$ dias o estoque é $y$ unidades, onde

$$y = 49.000 - 1.000x^2 \qquad 0 \leq x \leq 7 \tag{2}$$

Se o armazenamento diário custa $ 0,03 por unidade, ache o custo total de manter estoque por 7 dias.

**Solução** A Figura 7.4.3 mostra um esboço do gráfico de (2). Se a área da região sombreada na figura é $A$ e $C$ unidades é o custo total de manter estoque por 7 dias, então

$$C = 0{,}03A$$

Para calcular $A$, o intervalo $[0, 7]$ é dividido em $n$ subintervalos de mesmo comprimento $\Delta x$. Se $\xi_i$ é qualquer número no $i$-ésimo subintervalo e $f(x) = 49.000 - 1.000x^2$,

$$A = \lim_{n \to +\infty} \sum_{i=1}^{n} f(\xi_i) \Delta x = \int_0^7 f(x)\, dx$$

$$= \int_0^7 (49.000 - 1.000x^2)\, dx$$

Logo

$$C = 0{,}03 \int_0^7 (49.000 - 1.000x^2)\, dx$$

$$= 0{,}03 \left[ 49.000x - 1.000 \cdot \frac{x^3}{3} \right]_0^7$$

$$= 0{,}03 \left[ 49.000 \cdot 7 - 1.000 \cdot \frac{7^3}{3} \right]$$

$$= 0{,}03(7)^3 [1.000 - \tfrac{1.000}{3}]$$

$$= 0{,}01\,(343)\,(2.000)$$

$$= 68{,}60$$

Assim, o custo total de manter estoque por 7 dias é $\$\,68{,}60$.

Uma outra aplicação da integral definida refere-se ao **valor médio** de uma função em um intervalo fechado. É a generalização da média aritmética de um conjunto finito de números. Se $\{f(x_1), f(x_2), \ldots, f(x_n)\}$ é um conjunto de $n$ números, então a média aritmética é dada por

$$\frac{f(x_1) + f(x_2) + \ldots + f(x_n)}{n} = \frac{\sum_{i=1}^{n} f(x_i)}{n}$$

Para generalizar esta definição, consideremos uma divisão do intervalo fechado $[a, b]$ em $n$ subintervalos com o mesmo comprimento $\Delta x = (b - a)/n$. Seja $\xi_i$ um ponto qualquer do $i$-ésimo subintervalo. Formemos a soma:

$$\frac{f(\xi_1) + f(\xi_2) + \ldots + f(\xi_n)}{n} = \frac{\sum_{i=1}^{n} f(\xi_i)}{n} \qquad (3)$$

Este quociente corresponde à média aritmética de $n$ números. Como $\Delta x = (b-a)/n$, então

$$n = \frac{b-a}{\Delta x} \qquad (4)$$

Substituindo (4) em (3), obtemos

$$\frac{\sum_{i=1}^{n} f(\xi_i)}{\frac{(b-a)}{\Delta x}} \quad \text{ou,} \quad \frac{\sum_{i=1}^{n} f(\xi_i) \Delta x}{b-a}$$

Tomando o limite para $n \to +\infty$, temos, se existir o limite,

$$\lim_{n \to +\infty} \frac{\sum_{i=1}^{n} f(\xi_i) \Delta x}{b-a} = \frac{\int_a^b f(x)\,dx}{b-a}$$

O que nos leva à definição.

Definição do valor médio de uma função

---

Se a função $f$ é integrável no intervalo fechado $[a, b]$, o **valor médio** de $f$ em $[a, b]$ é

$$\frac{\int_a^b f(x)\,dx}{b-a}$$

---

ILUSTRAÇÃO 2

Para a rede de casas noturnas do Exemplo 3, o estoque de um determinado gênero alimentício após $x$ dias é $f(x)$ unidades, onde

$$f(x) = 49.000 - 1.000 x^2$$

Se $S$ unidades é o estoque médio no período de 7 dias de segunda-feira a sábado, então, da definição de valor médio,

$$S = \frac{\int_0^7 f(x)\,dx}{7-0} = \frac{1}{7} \int_0^7 (49.000 - 1.000 x^2)\,dx$$

$$= \frac{1}{7} \left[ 49.000 x - 1.000 \cdot \frac{x^3}{3} \right]_0^7 = \frac{1}{7} \left[ 49.000 \cdot 7 - 1.000 \cdot \frac{7^3}{3} \right]$$

$$= \frac{7^2}{3} (3.000 - 1.000) = 32.667 \qquad \bullet$$

**EXEMPLO 4** (a) Se $f(x) = x^2$, ache o valor médio de $f$ no intervalo $[1, 3]$. (b) Ache o valor de $x$ que dá o valor médio da função. (c) Interprete geometricamente o resultado da parte (a).

**Solução** (a) Se V.M. é o valor médio de $f$ em $[1, 3]$, temos, da definição,

$$V.M. = \frac{\int_1^3 x^2\, dx}{3-1} = \frac{1}{2}\int_1^3 x^2\, dx$$

$$= \frac{1}{2}\left[\frac{x^3}{3}\right]_1^3 = \frac{1}{6}(27-1)$$

$$= \tfrac{13}{3}$$

(b) Como $f(x) = x^2$, queremos encontrar o valor de $x$ para o qual

$$x^2 = \tfrac{13}{3}$$

Logo

$$x = \pm\tfrac{1}{3}\sqrt{39}$$

Rejeitamos $-\tfrac{1}{3}\sqrt{39}$ pois não está em $[1, 3]$, e temos

$$x = \tfrac{1}{3}\sqrt{39}$$

(c) Na Figura 7.4.4 há um esboço do gráfico de $f$ em $[1, 3]$ e o segmento de reta do ponto $E(\tfrac{1}{3}\sqrt{39}, 0)$ no eixo $x$ ao ponto $F(\tfrac{1}{3}\sqrt{39}, \tfrac{13}{3})$ no gráfico de $f$. A área do retângulo $AGHB$, tendo $\tfrac{13}{3}$ de altura e 2 de comprimento, é igual à área da região $ACDB$. Conseqüentemente, a área da região sombreada $CGF$ é igual à área da região sombreada $FDH$.

**EXEMPLO 5**  Espera-se que a receita de vendas de um certo produto $x$ dias após seu lançamento seja $f(x)$, onde

$$f(x) = 24x^2 + 200x$$

Ache a receita média de vendas do primeiro ao qüinquagésimo dia.

**Solução**  Se $A$ é a receita média de vendas do primeiro ao qüinquagésimo dia,

$$A = \frac{\int_1^5 (24x^2 + 200x)\, dx}{5 - 1} = \frac{1}{4}\left[24\cdot\frac{x^3}{3} + 200\cdot\frac{x^2}{2}\right]_1^5$$

$$= 2x^3 + 25x^2\Big]_1^5 = (250 + 625) - (2 + 25)$$

$$= 848$$

Logo, a receita média de vendas do primeiro ao qüinquagésimo dia é $\$ 848$.

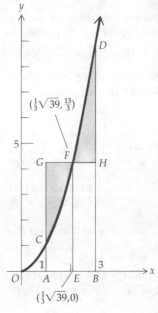

Figura 7.4.4

Uma aplicação importante da integral definida envolve probabilidade. A probabilidade de um evento ocorrer é um número no intervalo fechado [0, 1]. Quanto mais segura for a ocorrência de um evento, mais próxima de 1 será a probabilidade.

Suponha que o conjunto de todos os resultados possíveis de uma dada situação seja o conjunto de todos os números $x$ em algum intervalo $I$. Por exemplo, $x$ pode ser o número de horas da vida útil de um tubo de televisão, o número de minutos no tempo de espera por uma mesa em um restaurante, ou o número de centímetros na altura de uma pessoa. Algumas vezes é necessário determinar a probabilidade de que $x$ esteja em algum subintervalo de $I$. Por exemplo, pode-se querer encontrar a probabilidade de um tubo de televisão durar de 2.000 a 2.500 horas, ou a probabilidade de uma pessoa ter que esperar de 20 a 30 minutos por uma mesa em um restaurante, ou ainda que alguém escolhido ao acaso tenha uma altura entre 1,63 m a 1,80 m. Tais problemas envolvem o cálculo de uma integral definida chamada uma **função densidade de probabilidade**.

As funções densidade de probabilidade são obtidas de experimentos estatísticos e as técnicas usadas fogem do contexto deste livro. Há duas propriedades que devem estar satisfeitas por uma função densidade de probabilidade em um intervalo fechado $[a, b]$. Elas são:

1. $f(x) \geq 0$ para todo $x$ em $[a, b]$

2. $\int_a^b f(x)\, dx = 1$

ILUSTRAÇÃO 3

Para verificar que se $f(x) = \frac{1}{2}x$, então $f$ será uma função densidade de probabilidade em $[0, 2]$, mostramos que as duas propriedades acima estão satisfeitas.

1. $\frac{1}{2}x \geq 0$ para todo $x$ em $[0, 2]$

2. $\int_0^2 \frac{1}{2}x\, dx = \dfrac{x^2}{4}\Big]_0^2 = 1$    •

A seguir, temos a definição de probabilidade de que um particular evento irá ocorrer em um intervalo.

Definição de $P([c, d])$

> Se $f$ é uma função densidade de probabilidade no intervalo fechado $[a, b]$ e $[c, d]$ é um subintervalo de $[a, b]$, então a probabilidade de que um particular evento irá ocorrer no intervalo $[c, d]$ é denotada por $P([c, d])$, e
>
> $$P([c, d]) = \int_c^d f(x)\, dx$$

A Figura 7.4.5 mostra um esboço do gráfico de uma função densidade de probabilidade $f$ em $[a, b]$. Como $\int_a^b f(x)\, dx = 1$, a medida da área da região limitada por $y = f(x)$, o eixo $x$ e as retas $x = a$ e $x = b$ é 1. A medida da área da região sombreada na figura é $\int_c^d f(x)\, dx$, que é $P([c, d])$.

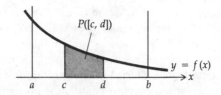

Figura 7.4.5

**EXEMPLO 6** Em um certo armazém, a função densidade de probabilidade de $100x$ por cento dos pedidos serem atendidos por dia de trabalho é dada por

$$f(x) = 12(x^2 - x^3) \quad 0 \le x \le 1$$

(a) Mostre que $f$ satisfaz as duas propriedades requeridas por uma função densidade de probabilidade. (b) Determine a probabilidade de que no máximo 70% dos pedidos sejam atendidos em 1 dia de trabalho. (c) Ache a probabilidade de que pelo menos 80% dos pedidos sejam atendidos em 1 dia de trabalho.

**Solução** (a) Vamos verificar as propriedades:

1. Se $0 \le x \le 1$, $12x^2 \ge 12x^3$, e assim, $12(x^2 - x^3) \ge 0$

2. $\int_0^1 12(x^2 - x^3)\, dx = 12\left[\frac{x^3}{3} - \frac{x^4}{4}\right]_0^1 = 12\left(\frac{1}{3} - \frac{1}{4}\right) = 1$

(b) A probabilidade de que no máximo 70% dos pedidos sejam atendidos em 1 dia de trabalho é $P([0;\,0{,}70])$ e

$$P([0;\,0{,}70]) = \int_0^{0{,}70} 12(x^2 - x^3)\, dx$$

$$= 12\left[\frac{x^3}{3} - \frac{x^4}{4}\right]_0^{0{,}70}$$

$$= 4x^3 - 3x^4 \Big]_0^{0{,}70}$$

$$= 4(0{,}70)^3 - 3(0{,}70)^4$$

$$= 1{,}3720 - 0{,}7203$$

$$= 0{,}6517$$

(c) A probabilidade de que no mínimo 80% dos pedidos sejam atendidos em 1 dia de trabalho é $P([0{,}80,\,1])$, e

$$P([0{,}80,\,1]) = \int_{0{,}80}^1 12(x^2 - x^3)\, dx$$

$$= 4x^3 - 3x^4 \Big]_{0{,}80}^1$$

$$= (4 - 3) - [4(0{,}80)^3 - 3(0{,}80)^4]$$

$$= 1 - [2{,}0480 - 1{,}2288]$$

$$= 0{,}1808$$

# Exercícios 7.4

1. Use o teorema fundamental do cálculo para encontrar o resultado da parte (b) do Exercício 25, nos Exercícios 7.2.
2. Use o teorema fundamental do cálculo para calcular as vendas esperadas no segundo mês para o produto do Exercício 26, nos Exercícios 7.2.
3. Use o teorema fundamental do cálculo para calcular as vendas esperadas nos 3 primeiros meses para o produto do Exercício 26, nos Exercícios 7.2.
4. Para o produto do Exemplo 1, ache o total de vendas (a) do primeiro ano e (b) do quarto ano.
5. Suponha que para um período de 5 minutos, uma secretária possa datilografar a uma taxa de $f(x)$ palavras por minuto, $x$ minutos após começar a trabalhar, onde

    $f(x) = 75 + 10x - 3x^2 \qquad 0 \leq x \leq 5$

    Quantas palavras ela datilografa durante os 5 minutos?
6. Quantas palavras a secretária do Exercício 5 datilografa durante os 3 primeiros minutos?
7. Com a compra de maquinaria nova espera-se uma economia nos custos operacionais, de tal forma que decorridos $x$ anos da compra a economia seja de $f(x)$ ao ano, onde

    $f(x) = 1.000 + 5.000x$

    (a) Quanto é economizado em custos operacionais durante os seis primeiros anos de uso da maquinaria? (b) Se a maquinaria custa $ 67.500, quanto tempo levaria para que ela pagasse a si mesma?
8. Estima-se que daqui a $x$ anos a população de uma certa cidade esteja crescendo a uma taxa de $f(x)$ pessoas por ano, onde

    $f(x) = 400 + 100x^{3/2} \qquad 0 \leq x \leq 5$

    Determine o aumento da população para os próximos 4 anos.
9. O valor contábil de um certo equipamento está variando a uma taxa de $f(x)$ unidades monetárias ao ano, quando o equipamento tem $x$ anos de uso, e

    $f(x) = 4.000x - 60.000$

    Determine por quanto o equipamento será depreciado durante o terceiro ano.
10. Se o equipamento do Exercício 9 tivesse sido comprado por $ 450.000, quanto tempo levaria para que fosse completamente depreciado?
11. Numa certa comunidade, $t$ dias após o início de uma epidemia, sua taxa de crescimento é $f(t)$ pessoas por dia, onde

    $f(t) = 2t(50 - 3t)$

    (a) Quantas pessoas são infectadas durante a primeira semana da epidemia? (b) E no oitavo dia de epidemia?
12. Numa pequena cidade um boato se espalha a uma taxa de $f(t)$ pessoas por hora desde seu começo, e

    $f(t) = 40t - 3t^2$

    (a) Quantas pessoas ouviram o boato durante as 5 primeiras horas? (b) Quantas novas pessoas ouviram o boato durante a sexta hora?
13. O gerente de um parque de diversões espera que durante o primeiro mês de operações o número diário de visitantes cresça de tal forma que $f(t)$ visitantes sejam esperados $t$ dias após sua abertura, onde

    $f(t) = 9.800 + 40t$

    Em que dia é esperado o 100.000º visitante?
14. Para o parque de diversões do Exercício 13, quantos visitantes são esperados (a) no qüinquagésimo dia; (b) durante os 5 primeiros dias?
15. Um comerciante recebe uma remessa anual de 7.200 enfeites de Natal em 23 de outubro. O padrão de vendas é basicamente o mesmo todo ano: dentro do período de 60 dias o estoque move-se vaga-

rosamente no começo, mas aproximando-se o Natal, a demanda aumenta de tal forma que $x$ dias após 23 de outubro o estoque é $y$ enfeites, onde

$$y = 7.200 - 2x^2 \qquad 0 \leq x \leq 60$$

Se o custo diário de armazenamento é 0,02% por enfeite, ache o custo total de manter estoque por 60 dias.

16. Um vendedor de chocolate estoca 9.000 caixas no fim de março, e planeja vendê-las na Páscoa, que acontecerá em 14 de abril. As vendas são baixas no começo, mas à medida que se aproxima a festividade a demanda aumenta, de tal forma que $x$ dias após 30 de março o estoque é de $y$ caixas, onde

$$y = 9.000 - 40x^2 \qquad 0 \leq x \leq 15$$

Se o armazenamento custa $ 0,04 por dia, ache o custo total de manter estoque por 15 dias.

17. Um comerciante recebe uma remessa de 6.300 pacotes de sopa que espera serem vendidas a uma taxa constante de 120 pacotes por dia, num período de 30 dias. (a) Se o armazenamento diário custa $ 0,01 por pacote, qual é o custo total de manter estoque por 30 dias? (b) Mostre que o resultado da parte (a) é o mesmo que o custo de armazenamento de 1.800 pacotes de sopa por 30 dias.

18. Um distribuidor atacadista tem um pedido fixo de 25.000 caixas de detergente que chega a cada 20 semanas. Essas caixas são despachadas pelo distribuidor a uma taxa constante de 1.250 caixas por semana. (a) Se o custo de armazenamento é de $ 0,03 por caixa, a cada semana, qual será o custo total de manter estoque durante 20 semanas? (b) Mostre que o resultado da parte (a) é o mesmo que o custo de armazenamento de 12.500 caixas por 20 semanas.

19. Uma fábrica produz um suprimento de $n$ itens de um certo produto por mês, e eles são armazenados até serem vendidos. Os itens são vendidos a uma taxa constante até o estoque zerar no fim do mês. Se o custo de armazenamento é $p$ por mês por unidade, mostre que o custo mensal de armazenamento é $p \cdot \dfrac{n}{2}$, que é o mesmo que o custo de armazenamento de $\tfrac{1}{2}n$ unidades pelo mês inteiro.

Nos Exercícios de 20 a 22, ache o valor médio da função $f$ no intervalo dado $[a, b]$. Nos Exercícios 20 e 21, ache o valor de $x$ no qual o valor médio de $f$ ocorre, e faça um esboço.

20. $f(x) = 9 - x^2$; $[a, b] = [0, 3]$
21. $f(x) = 8x - x^2$; $[a, b] = [0, 4]$
22. $f(x) = 3x\sqrt{x^2 - 16}$; $[a, b] = [4, 5]$
23. Para o comerciante do Exercício 15, determine o número médio de enfeites disponíveis no período de 60 dias.
24. Para o vendedor de chocolate do Exercício 16, determine o número médio de caixas disponíveis no período de 15 dias.
25. Para a secretária do Exercício 5, ache a velocidade média de datilografia durante os primeiros 4 minutos do período de 5 minutos.
26. A equação de demanda de um certo produto é $x^2 + 100p^2 = 10.000$, onde $x$ unidades são demandadas, quando $p$ é o preço por unidade. Ache a receita total média quando o número de unidades demandadas assume todos os valores de 60 a 80.
27. Para os $x$ meses de 1.º de junho a 1.º de novembro o preço de um pacote de 1 kg de café era $f(x)$, onde

$$f(x) = 3,40 - 0,40x + 0,06x^2 \qquad 0 \leq x \leq 5$$

Determine o preço médio para os 3 meses de 1.º de julho a 1.º de outubro.

28. (a) Se $f(x) = \tfrac{1}{18}(2x + 1)$, mostre que $f$ satisfaz as duas propriedades requeridas por uma função densidade de probabilidade no intervalo [1, 4]. (b) Ache a probabilidade de que um evento ocorra para $x$ em [2, 3] para a função densidade de probabilidade da parte (a).
29. Para uma determinada empresa a função densidade de probabilidade de que $100x$ por cento de seus pedidos semanais sejam atendidos é dada por

$$f(x) = \tfrac{3}{10}(x^2 + 3) \qquad 0 \leq x \leq 1$$

(a) Mostre que $f$ satisfaz as propriedades requeridas por uma função densidade de probabilidade.
(b) Ache a probabilidade de que pelo menos 90% dos pedidos semanais sejam atendidos.

30. A função densidade de probabilidade de que determinado componente de um gravador de vídeo dure 1.000x horas é dada por

$$f(x) = \tfrac{1}{18}(9 - x^2) \qquad 0 \le x \le 3$$

(a) Mostre que $f$ satisfaz as propriedades requeridas por uma função densidade de probabilidade.
(b) Determine a probabilidade de que o componente dure pelo menos 2.000 horas.

31. Para a função densidade de probabilidade do Exercício 29, determine a probabilidade de 70 a 90% dos pedidos semanais serem atendidos.

32. Para a função densidade de probabilidade do Exercício 30, ache a probabilidade de que o componente não dure mais do que 1.000 horas.

## 7.5 ÁREA DE UMA REGIÃO EM UM PLANO

Suponha que a utilização de uma certa maquinaria resulte numa receita a uma taxa de $R(x)$ unidades monetárias por mês, se $x$ meses se passaram desde a instalação da maquinaria, e

$$R(x) = 1.400 - 2x^2$$

Além disso, vamos admitir que o custo de operação e manutenção do equipamento seja $C(x)$ unidades monetárias por mês, onde

$$C(x) = 200 + x^2$$

A Figura 7.5.1 mostra esboços dos gráficos de $R$ e $C$.

Observe que quando $x = 20$, $R(x) = C(x)$; quando $0 \le x \le 20$, $R(x) > C(x)$ e a utilização da maquinaria mostra um lucro; quando $20 < x$, $R(x) < C(x)$ e o uso do equipamento não é rentável. O lucro total obtido da utilização do equipamento por 20 meses está relacionado com a área da região (sombreada na Figura 7.5.1) limitada pelas duas curvas, quando $x$ está em [0, 20]. Prosseguiremos agora para obter um método de encontrar a área de tal região, e depois retornaremos a esta situação no Exemplo 2.

Consideremos duas funções $f$ e $g$ contínuas no intervalo fechado $[a, b]$ e tais que $f(x) \ge g(x) \ge 0$ para todo $x$ em $[a, b]$. Queremos encontrar a área da região limitada pelas duas curvas $y = f(x)$ e $y = g(x)$ e pelas duas retas $x = a$ e $x = b$; tal região aparece na Figura 7.5.2.

Vamos dividir $[a, b]$ em $n$ subintervalos de igual comprimento $\Delta x$. Em cada subintervalo escolhemos um ponto $\xi_i$. Consideremos o retângulo tendo $[f(\xi_i) - g(\xi_i)]$ unidades de altura e $\Delta x$ unidades de comprimento. Tal retângulo está na Figura 7.5.2. Existem $n$ destes retângu-

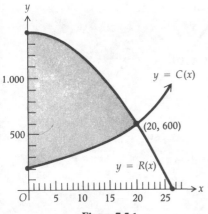

Figura 7.5.1

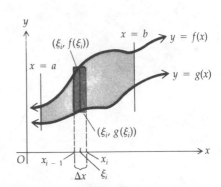

Figura 7.5.2

## 286 A INTEGRAL DEFINIDA

los, cada um associado a um subintervalo. A soma das medidas das áreas destes $n$ retângulos é dada pela seguinte soma de Riemann:

$$\sum_{i=1}^{n} [f(\xi_i) - g(\xi_i)] \Delta x$$

Esta soma de Riemann é uma aproximação ao que intuitivamente julgamos que represente a "medida da área" da região. Quanto maior o valor de $n$ — ou equivalentemente, quanto menor o valor de $\Delta x$ — melhor será a aproximação. Se $A$ unidades quadradas for a área da região, definimos

$$A = \lim_{n \to +\infty} \sum_{i=1}^{n} [f(\xi_i) - g(\xi_i)] \Delta x \qquad (1)$$

Como $f$ e $g$ são contínuas em $[a, b]$, $(f - g)$ também o é; logo o limite na Equação (1) existe e é igual à integral definida

$$\int_a^b [f(x) - g(x)] dx$$

**EXEMPLO 1** Ache a área da região limitada pelas curvas $y = x^2$ e $y = -x^2 + 4x$.

**Solução** Para encontrar os pontos de intersecção das duas curvas, resolvemos as equações simultaneamente e obtemos os pontos $(0, 0)$ e $(2, 4)$. A região está na Figura 7.5.3.

Seja $f(x) = -x^2 + 4x$ e $g(x) = x^2$. Logo, no intervalo $[0, 2]$ a curva $y = f(x)$ está acima de $y = g(x)$. Traçamos agora um elemento de área retangular, com $[f(\xi_i) - g(\xi_i)]$ unidades de altura e $\Delta x$ unidades de comprimento. A medida da área deste retângulo é dada, então, por $[f(\xi_i) - g(\xi_i)] \Delta x$. A soma das medidas das áreas de $n$ destes retângulos é dada pela soma de Riemann

$$\sum_{i=1}^{n} [f(\xi_i) - g(\xi_i)] \Delta x$$

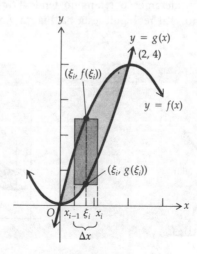

**Figura 7.5.3**

Se $A$ unidades quadradas for a área, então

$$A = \lim_{n \to +\infty} \sum_{i=1}^{n} [f(\xi_i) - g(\xi_i)] \Delta x$$

e o limite da soma de Riemann é a integral definida. Logo

$$A = \int_0^2 [f(x) - g(x)] dx$$
$$= \int_0^2 [(-x^2 + 4x) - x^2] dx$$
$$= \int_0^2 (-2x^2 + 4x) dx$$
$$= -\tfrac{2}{3}x^3 + 2x^2 \Big]_0^2$$
$$= -\tfrac{16}{3} + 8 - 0$$
$$= \tfrac{8}{3}$$

A área da região é $\tfrac{8}{3}$ unidades quadradas.

**EXEMPLO 2** A utilização de um certo equipamento gera uma receita a uma taxa de $R(x)$ unidades monetárias por mês, após terem decorridos $x$ meses da sua instalação, e

$$R(x) = 1.400 - 2x^2$$

Se o custo de operação e manutenção do equipamento for $C(x)$ unidades monetárias por mês, onde

$$C(x) = 200 + x^2$$

ache o lucro total obtido com a utilização do equipamento durante 20 meses.

**Solução** Como indicado no começo desta secção, o lucro total durante 20 meses é o número de unidades quadradas da região sombreada na Figura 7.5.1. Se esta área for $A$ unidades quadradas,

$$A = \lim_{n \to +\infty} \sum_{i=1}^{n} [R(\xi_i) - C(\xi_i)] \Delta x = \int_0^{20} [R(x) - C(x)] dx$$
$$= \int_0^{20} [(1.400 - 2x^2) - (200 + x^2)] dx = \int_0^{20} (1.200 - 3x^2) dx$$
$$= 1.200x - x^3 \Big]_0^{20} = 1.200(20) - (20)^3 = 24.000 - 8.000$$
$$= 16.000$$

Logo, o lucro total é $ 16.000.

Aplicações econômicas da área de uma região plana limitada por duas curvas aparecem na Secção 7.6, onde o excedente do consumidor e o excedente do produtor são discutidos.

Na Secção 7.3 a definição de área de uma região plana limitada acima pela curva $y = f(x)$ abaixo pelo eixo $x$ e lateralmente pelas retas $x = a$ e $x = b$, supondo $f(x) \geq 0$ no intervalo fechado $[a, b]$, é

$$\lim_{n \to +\infty} \sum_{i=1}^{n} f(\xi_i) \Delta x$$

Se $f(x) < 0$ para todo $x$ em $[a, b]$, então cada $f(\xi_i)$ é um número negativo; assim, definimos o número de unidades quadradas na área da região limitada por $y = f(x)$, o eixo $x$ e as retas $x = a$, $x = b$, como sendo

$$\lim_{n \to +\infty} \sum_{i=1}^{n} [-f(\xi_i)] \Delta x$$

o que é igual a

$$-\int_a^b f(x) \, dx$$

**EXEMPLO 3** Ache a área da região limitada pela curva $y = x^2 - 4x$, o eixo $x$ e as retas $x = 1$ e $x = 3$.

**Solução** A região, juntamente com um elemento retangular de área, está na Figura 7.5.4.

Consideremos uma partição do intervalo $[1, 3]$; o comprimento do $i$-ésimo retângulo é $\Delta x$. Como $x^2 - 4x < 0$ em $[1, 3]$, a altura do $i$-ésimo retângulo é $-(\xi_i^2 - 4\xi_i) = 4\xi_i - \xi_i^2$. Logo, a soma das medidas das áreas dos $n$ retângulos é dada por

$$\sum_{i=1}^{n} (4\xi_i - \xi_i^2) \Delta x$$

A medida da área desejada é dada pelo limite desta soma quando $n \to +\infty$; assim, se $A$ unidades quadradas for a área da região,

$$A = \lim_{n \to +\infty} \sum_{i=1}^{n} (4\xi_i - \xi_i^2) \Delta x$$

$$= \int_1^3 (4x - x^2) \, dx$$

$$= 2x^2 - \tfrac{1}{3}x^3 \Big]_1^3$$

$$= \tfrac{22}{3}$$

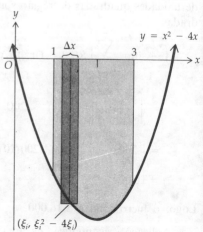

Figura 7.5.4

Assim, a área da região é $\frac{22}{3}$ unidades quadradas.

Área de uma Região em um Plano    289

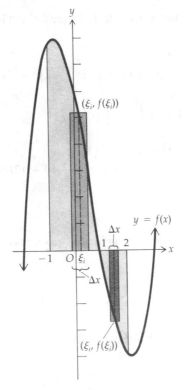

**Figura 7.5.5**

**EXEMPLO 4**  Ache a área da região limitada pela curva $y = x^3 - 2x^2 - 5x + 6$, o eixo $x$ e as retas $x = -1$ e $x = 2$.

**Solução**  A região está na Figura 7.5.5. Seja $f(x) = x^3 - 2x^2 - 5x + 6$. Como $f(x) \geq 0$ quando $x$ está em $[-1, 1]$ e $f(x) \leq 0$ quando $x$ está em $[1, 2]$, vamos separar a região em duas partes. Seja $A_1$ o número de unidades quadradas na área da região quando $x$ está em $[-1, 1]$ e $A_2$ o número de unidades quadradas na área da região quando $x$ está em $[1, 2]$. Então

$$A_1 = \lim_{n \to +\infty} \sum_{i=1}^{n} f(\xi_i)\, \Delta x$$

$$= \int_{-1}^{1} f(x)\, dx$$

$$= \int_{-1}^{1} (x^3 - 2x^2 - 5x + 6)\, dx$$

e

$$A_2 = \lim_{n \to +\infty} \sum_{i=1}^{n} [-f(\xi_i)]\, \Delta x = \int_{1}^{2} -(x^3 - 2x^2 - 5x + 6)\, dx$$

**290** A INTEGRAL DEFINIDA

Se $A$ unidades quadradas for a área de toda região, então

$$A = A_1 + A_2$$

$$= \int_{-1}^{1} (x^3 - 2x^2 - 5x + 6) \, dx - \int_{1}^{2} (x^3 - 2x^2 - 5x + 6) \, dx$$

$$= \left[ \tfrac{1}{4}x^4 - \tfrac{2}{3}x^3 - \tfrac{5}{2}x^2 + 6x \right]_{-1}^{1} - \left[ \tfrac{1}{4}x^4 - \tfrac{2}{3}x^3 - \tfrac{5}{2}x^2 + 6x \right]_{1}^{2}$$

$$= [(\tfrac{1}{4} - \tfrac{2}{3} - \tfrac{5}{2} + 6) - (\tfrac{1}{4} + \tfrac{2}{3} - \tfrac{5}{2} - 6)]$$
$$\qquad - [(4 - \tfrac{16}{3} - 10 + 12) - (\tfrac{1}{4} - \tfrac{2}{3} - \tfrac{5}{2} + 6)]$$

$$= \tfrac{32}{3} - (-\tfrac{29}{12})$$

$$= \tfrac{157}{12}$$

A área de toda região é, então, $\tfrac{157}{12}$ unidades quadradas.

• **ILUSTRAÇÃO 1**

Para a função $f$ do Exemplo 4, a integral definida de $f$ de $-1$ a $1$ é

$$\int_{-1}^{1} f(x) \, dx = \int_{-1}^{1} (x^3 - 2x^2 - 5x + 6) \, dx$$

$$= \tfrac{32}{3}$$

Esta integral definida é o $A_1$ no Exemplo 4.

A integral definida de $f$ de 1 a 2 é

$$\int_{1}^{2} f(x) \, dx = \int_{1}^{2} (x^3 - 2x^2 - 5x + 6) \, dx$$

$$= -\tfrac{29}{12}$$

Esta integral definida é o negativo de $A_2$ no Exemplo 4. Isto ocorre porque todos os valores funcionais são negativos no intervalo [1, 2].

Além disso, a integral definida de $f$ de $-1$ a $2$ é

$$\int_{-1}^{2} f(x) \, dx = \int_{-1}^{2} (x^3 - 2x^2 - 5x + 6) \, dx$$

$$= \tfrac{1}{4}x^4 - \tfrac{2}{3}x^3 - \tfrac{5}{2}x^2 + 6x \Big]_{-1}^{2}$$

$$= (4 - \tfrac{16}{3} - 10 + 12) - (\tfrac{1}{4} + \tfrac{2}{3} - \tfrac{5}{2} - 6)$$

$$= \tfrac{2}{3} - (-\tfrac{91}{12}) = \tfrac{99}{12}$$

Observe que esta integral definida é $A_1 + (-A_2)$, pois

$$A_1 + (-A_2) = \tfrac{32}{3} + (-\tfrac{29}{12}) = \tfrac{99}{12}$$

A definição, dada anteriormente nesta secção, de área da região limitada acima pela curva $y = f(x)$, abaixo pela curva $y = g(x)$ e lateralmente pelas retas $x = a$ e $x = b$ requeria $f(x) \geq g(x) \geq 0$.

Área de uma Região em um Plano 291

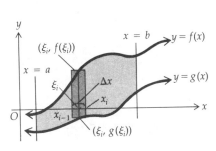

Figura 7.5.6

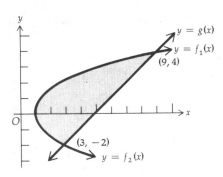

Figura 7.5.7

A área é, então, dada por

$$\lim_{n \to +\infty} \sum_{i=1}^{n} [f(\xi_i) - g(\xi_i)] \Delta x = \int_a^b [f(x) - g(x)] \, dx$$

Esta definição é ainda válida se $g(x) < 0$ em $[a, b]$ ou se ambas $f(x)$ e $g(x)$ forem negativas em $[a, b]$, desde que $f(x) \geq g(x)$ em $[a, b]$. A Figura 7.5.6 ilustra esta situação.

**EXEMPLO 5** Ache a área da região limitada pela parábola $y^2 = 2x - 2$ e pela reta $y = x - 5$.

**Solução** As duas se interceptam nos pontos $(3, -2)$ e $(9, 4)$. A região está na Figura 7.5.7. A equação $y^2 = 2x - 2$ é equivalente às equações

$$y = \sqrt{2x - 2} \quad \text{e} \quad y = -\sqrt{2x - 2}$$

sendo que a primeira dá a metade superior da parábola e a segunda a metade inferior. Se $f_1(x) = \sqrt{2x - 2}$ e $f_2(x) = -\sqrt{2x - 2}$, então $y = f_1(x)$ e $y = f_2(x)$ são as equações das metades, respectivamente, superior e inferior da parábola. Como $g(x) = x - 5$, $y = g(x)$ é a equação da reta acima.

Na Figura 7.5.8 vemos dois elementos retangulares de área. Cada retângulo tem seu lado superior na curva $y = f_1(x)$. Como o lado inferior do primeiro retângulo está na curva $y = f_2(x)$, a altura é $[f_1(\xi_i) - f_2(\xi_i)]$. Se quisermos resolver o problema usando este tipo de elementos de área, precisamos dividir a região em duas partes separadas, por exemplo $R_1$ e $R_2$, onde $R_1$ é a região limitada pelas curvas $y = f_1(x)$, $y = f_2(x)$ e a reta $x = 3$; $R_2$ é a região limitada pelas curvas $y = f_1(x)$, $y = g(x)$ e a reta $x = 3$ (veja a Figura 7.5.9).

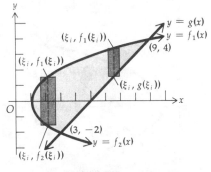

Figura 7.5.8

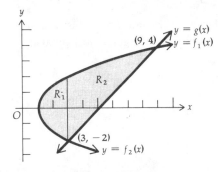

Figura 7.5.9

Se $A_1$ for o número de unidades quadradas da área da região $R_1$, temos

$$A_1 = \lim_{n \to +\infty} \sum_{i=1}^{n} [f_1(\xi_i) - f_2(\xi_i)] \Delta x$$

$$= \int_1^3 [f_1(x) - f_2(x)] \, dx$$

$$= \int_1^3 [\sqrt{2x-2} + \sqrt{2x-2}] \, dx$$

$$= 2 \int_1^3 \sqrt{2x-2} \, dx$$

$$= \tfrac{2}{3}(2x-2)^{3/2} \Big]_1^3$$

$$= \tfrac{16}{3}$$

Se $A_2$ for o número de unidades quadradas da área da região $R_2$, temos

$$A_2 = \lim_{n \to +\infty} \sum_{i=1}^{n} [f_1(\xi_i) - g(\xi_i)] \Delta x$$

$$= \int_3^9 [f_1(x) - g(x)] \, dx$$

$$= \int_3^9 [\sqrt{2x-2} - (x-5)] \, dx$$

$$= \left[ \tfrac{1}{3}(2x-2)^{3/2} - \tfrac{1}{2}x^2 + 5x \right]_3^9$$

$$= [\tfrac{64}{3} - \tfrac{81}{2} + 45] - [\tfrac{8}{3} - \tfrac{9}{2} + 15]$$

$$= \tfrac{38}{3}$$

Logo, $A_1 + A_2 = \tfrac{16}{3} + \tfrac{38}{3} = 18$. Assim, a área da região toda é 18 unidades quadradas.

**EXEMPLO 6** Ache a área da região no Exemplo 5, tomando elementos retangulares horizontais de área.

**Solução** A Figura 7.5.10 ilustra a região com um elemento retangular horizontal de área.

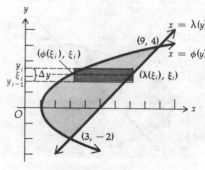

Figura 7.5.10

Se resolvermos em $x$ as equações da parábola e da reta,

$$x = \tfrac{1}{2}(y^2 + 2) \quad \text{e} \quad x = y + 5$$

Seja então $\phi(y) = \tfrac{1}{2}(y^2 + 2)$ e $\lambda(y) = y + 5$; logo $x = \phi(y)$ e $x = \lambda(y)$ são as equações da parábola e da reta, respectivamente. Consideremos o intervalo fechado $[-2, 4]$ no eixo $y$ e vamos dividi-lo em $n$ subintervalos com comprimento $\Delta y$. No $i$-ésimo subintervalo $[y_{i-1}, y_i]$, escolhemos um ponto $\xi_i$. Então, o $i$-ésimo elemento de área tem um comprimento de $[\lambda(\xi_i) - \phi(\xi_i)]$ e uma altura de $\Delta y$. A medida da área da região pode ser aproximada pela soma de Riemann

$$\sum_{i=1}^{n} [\lambda(\xi_i) - \phi(\xi_i)] \Delta y$$

Se $A$ unidades quadradas for a área da região, então

$$A = \lim_{n \to +\infty} \sum_{i=1}^{n} [\lambda(\xi_i) - \phi(\xi_i)] \Delta y$$

Como $\lambda$ e $\phi$ são contínuas em $[-2, 4]$, $(\lambda - \phi)$ também será e o limite da soma de Riemann é uma integral definida:

$$\begin{aligned}
A &= \int_{-2}^{4} [\lambda(y) - \phi(y)] \, dy \\
&= \int_{-2}^{4} [(y + 5) - \tfrac{1}{2}(y^2 + 2)] \, dy \\
&= \tfrac{1}{2} \int_{-2}^{4} (-y^2 + 2y + 8) \, dy \\
&= \tfrac{1}{2} \left[ -\tfrac{1}{3} y^3 + y^2 + 8y \right]_{-2}^{4} \\
&= \tfrac{1}{2} [(-\tfrac{64}{3} + 16 + 32) - (\tfrac{8}{3} + 4 - 16)] \\
&= 18
\end{aligned}$$

Comparando as soluções nos Exemplos 5 e 6, vemos que no primeiro caso há duas integrais definidas a serem calculadas, enquanto que no segundo, somente uma. Em geral, se possível, os elementos retangulares de área devem ser tomados de modo que se obtenha uma única integral definida.

## Exercícios 7.5

Nos Exercícios de 1 a 20, ache a área da região limitada pelas curvas dadas. Em cada um dos problemas, faça o seguinte: (a) faça uma figura mostrando a região e um elemento retangular de área; (b) expresse a área da região como uma soma de Riemann; (c) ache o limite da parte (b) calculando a integral definida pelo teorema fundamental do cálculo.

**1.** $y = 2x^2$; $y = 2\sqrt{x}$          **2.** $y = x^3$; $y = \sqrt{x}$

**294** A INTEGRAL DEFINIDA

3. $y = x^2 + 1$; $y = x + 1$. Tome os elementos de área perpendiculares ao eixo $x$.
4. $y = 2x^2 + 3$; $y = 2x + 3$. Tome os elementos de área perpendiculares ao eixo $x$.
5. A mesma região do Exercício 3. Tome os elementos de área paralelos ao eixo $x$.
6. A mesma região do Exercício 4. Tome os elementos de área paralelos ao eixo $x$.
7. $x^2 = -y$; $y = -4$
8. $y^2 = -x$; $x = -2$; $x = -4$
9. $x^2 + y + 4 = 0$; $y = -8$. Tome os elementos de área perpendiculares ao eixo $y$.
10. A mesma região do Exercício 9. Tome os elementos de área paralelos ao eixo $y$.
11. $x^3 = 2y^2$; $x = 0$; $y = -2$
12. $y^3 = 4x$; $x = 0$; $y = -2$
13. $y = 2 - x^2$; $y = -x$
14. $y = x^2$; $y = x^4$
15. $y = x^2$; $x^2 = 18 - y$
16. $x = 4 - y^2$; $x = 4 - 4y$
17. $x = y^2 - 2$; $x = 6 - y^2$
18. $x = y^2 - y$; $x = y - y^2$
19. $y = x^3$; $x = y^2$
20. $y^2 = 4x$; $y^2 = 5 - x$
21. Ache por integração a área do triângulo com vértices em (5, 1), (1, 3) e (−1, −2).
22. Ache por integração a área do triângulo com vértices em (3, 4), (2, 0) e (0, 1).
23. Quando um certo equipamento está com $x$ anos de uso, ele gera uma receita total a uma taxa de $R(x)$ unidades monetárias anuais, onde

$$R(x) = 15.000 - 80x^2$$

O custo total de operação e manutenção do equipamento aumenta com o tempo; assim, em $x$ anos o custo total será $C(x)$ unidades monetárias por ano, onde

$$C(x) = 3.000 + 40x^2$$

(a) Faça uma figura mostrando esboços dos gráficos das funções $R$ e $C$ no mesmo conjunto de eixos. (b) Determine o número de anos em que é rentável usar o equipamento. (c) Qual é o lucro total obtido com o uso do equipamento durante o número de anos determinado na parte (b)? (d) Mostre na figura obtida na parte (a) a região cuja área é $n$ unidades quadradas, onde $n$ é o número obtido na parte (c).

24. O uso de determinada máquina $x$ meses após sua compra gera uma receita total a uma taxa de $R(x)$ unidades monetárias mensais onde

$$R(x) = 11.000 - 3x^2$$

O custo total de operação e manutenção da máquina aumenta com o tempo; assim, em $x$ meses o custo total será $C(x)$ unidades monetárias mensais, onde

$$C(x) = 1.000 + x^2$$

(a) Faça uma figura mostrando esboços dos gráficos das funções $R$ e $C$ no mesmo conjunto de eixos. (b) Determine o número de meses em que é rentável usar o equipamento. (c) Qual é o lucro total obtido com o uso do equipamento durante o número de meses determinado na parte (b)? (d) Mostre na figura obtida na parte (a) a região cuja área é $n$ unidades quadradas, onde $n$ é o número obtido na parte (c).

## 7.6 EXCEDENTE DO CONSUMIDOR E EXCEDENTE DO PRODUTOR

Muitas vezes o preço que um consumidor paga por uma certa mercadoria está abaixo do que ele estaria disposto a pagar para não ficar sem ela. Vamos relacionar o preço máximo que um consumidor estaria disposto a pagar por uma mercadoria para não abrir mão dela à satisfação advinda da sua compra. Além disso, devemos relacionar o preço que o consumidor efetivamente paga à satisfação que ele sente ao pagar aquele preço. O excesso da primeira satisfação sobre a segunda é chamado *excedente de satisfação*. Para algumas mercadorias o excedente de satisfação é muito maior do que para outras. Exemplos de bens tendo um grande excedente de satisfação são o sal e fósforos, uma vez que seus preços são consideravelmente menores do que a maioria das pessoas estaria disposta a pagar para não ficar sem eles.

Excedente do Consumidor e Excedente do Produtor  295

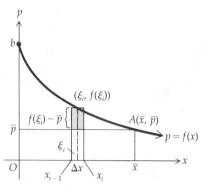
Figura 7.6.1

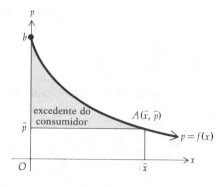
Figura 7.6.2

Se quisermos obter uma medida do ganho global combinado dos consumidores de uma certa mercadoria, tomamos o excedente de satisfação total resultante das diferenças entre cada preço de demanda e o preço pelo qual está sendo vendida a mercadoria. Esta medida é chamada de *excedente do consumidor*. Agora vamos apresentar uma discussão que nos leve à definição de excedente do consumidor.

Na Figura 7.6.1 a curva de demanda, tendo por equação $p = f(x)$, está esboçada. O ponto $A$ na figura tem coordenadas $(\bar{x}, \bar{p})$, onde $\bar{p}$ é o preço de mercado e $\bar{x}$ é o número de unidades na demanda correspondente. Estamos exigindo que a função $f$ seja contínua no intervalo $[0, \bar{x}]$; logo, $x$ pode assumir qualquer valor no intervalo. Vamos dividir o intervalo em $n$ subintervalos, cada um com um comprimento $\Delta x$. Assim, há $n$ subintervalos da forma $[x_{i-1}, x_i]$, onde $i = 1, 2, \ldots, n$. Vamos escolher qualquer número $\xi_i$ tal que $x_{i-1} \leq \xi_i \leq x_i$ em cada subintervalo. Quando $\xi_i$ unidades da mercadoria são demandadas, o preço é $f(\xi_i)$, que é maior do que o preço de mercado $\bar{p}$, e assim sendo o excedente de satisfação proporcionado é $f(\xi_i) - \bar{p}$. Para $\Delta x$ próximo a zero o excedente de satisfação para cada valor de $x$ em $[x_{i-1}, x_i]$ está próximo de $f(\xi_i) - \bar{p}$. O produto $[f(\xi_i) - \bar{p}] \Delta x$ é uma aproximação do excedente de satisfação total proporcionado quando a demanda $x$ assume todos os valores no intervalo $[x_{i-1}, x_i]$. A soma de Riemann

$$\sum_{i=1}^{n} [f(\xi_i) - \bar{p}] \Delta x$$

é uma aproximação daquilo que os economistas tomam intuitivamente como sendo o excedente do consumidor. Tomando o limite quando $n \to +\infty$ desta soma de Riemann (o limite existe dada a exigência da continuidade de $f$ em $[0, \bar{x}]$), temos a integral definida

$$\lim_{n \to +\infty} \sum_{i=1}^{n} [f(\xi_i) - \bar{p}] \Delta x = \int_0^{\bar{x}} [f(x) - \bar{p}] \, dx$$

O primeiro membro acima pode ser escrito como

$$\int_0^{\bar{x}} f(x) \, dx - \int_0^{\bar{x}} \bar{p} \, dx = \int_0^{\bar{x}} f(x) \, dx - \bar{p}\bar{x}$$

que dá a área da região abaixo da curva de demanda e acima da reta $p = \bar{p}$. Veja a Figura 7.6.2. É este raciocínio que leva à seguinte definição:

**296** A INTEGRAL DEFINIDA

Definição do excedente do consumidor.

Suponha que a equação de demanda, $p = f(x)$ ou $x = g(p)$, para certa mercadoria seja dada, onde $p$ é o preço unitário quando $x$ unidades são demandadas. Seja $\bar{p}$ o preço de mercado e $\bar{x}$ o número de unidades na correspondente demanda de mercado. Então, o **excedente do consumidor** é dado pela área abaixo da curva de demanda e acima da reta $p = \bar{p}$. Logo, se $EC$ for o número de unidades monetárias correspondente ao excedente do consumidor,

$$EC = \int_0^{\bar{x}} f(x)\,dx - \bar{p}\bar{x} \qquad (1)$$

ou, equivalentemente,

$$EC = \int_{\bar{p}}^{b} g(p)\,dp \qquad (2)$$

onde $b = f(0)$.

Existem várias maneiras de se determinar o preço de mercado $\bar{p}$ de certa mercadoria. Pode ser o preço de equilíbrio, ou pode ser controlado por um monopólio, conforme discutimos na Secção 5.5. É possível que $\bar{p}$ seja decidido arbitrariamente.

**EXEMPLO 1** As equações de oferta e demanda para uma certa mercadoria são, respectivamente,

$$3p^2 + p - x = 0 \quad \text{e} \quad 3p + x = 32.$$

onde $p$ é o preço unitário e $x$ unidades é a quantidade. Determine o excedente do consumidor se prevalecer o equilíbrio de mercado, e faça um esboço mostrando a região cuja área dá o excedente do consumidor.

**Solução** Resolvendo a equação de demanda em $x$ e substituindo na equação de oferta, obtemos

$$3p^2 + p - (32 - 3p) = 0$$
$$3p^2 + 4p - 32 = 0$$
$$(3p - 8)(p + 4) = 0$$

de onde obtemos $p = \frac{8}{3}$, e o correspondente valor de $x$ é 24. As curvas de demanda e oferta interceptam-se no ponto de equilíbrio $E(24, \frac{8}{3})$. Consulte a Figura 7.6.3. Se $EC$ é o número de unidades monetárias correspondente ao excedente do consumidor, de (1) obtemos

$$EC = \int_0^{24} \frac{32 - x}{3}\,dx - \frac{8}{3} \cdot 24$$

$$= \frac{32}{3}x - \frac{1}{6}x^2 \Big]_0^{24} - 64$$

$$= 96$$

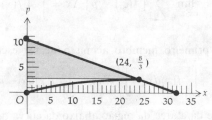

Figura 7.6.3

O excedente do consumidor é, então, $96 e a região cuja área dá este valor está sombreada na Figura 7.6.3.

**EXEMPLO 2**   Resolva o Exemplo 1 usando a Equação (2) da definição de excedente do consumidor.

**Solução**   Resolvendo a equação de demanda para $x$ obtemos $x = g(p) = 32 - 3p$. Como $f(x) = \frac{1}{3}(32 - x)$, $b = f(0) = \frac{32}{3}$. Então

$$EC = \int_{8/3}^{32/3} (32 - 3p)\, dp = 32p - \tfrac{3}{2}p^2 \Big]_{8/3}^{32/3}$$
$$= 32(\tfrac{32}{3}) - \tfrac{3}{2}(\tfrac{32}{3})^2 - 32(\tfrac{8}{3}) + \tfrac{3}{2}(\tfrac{8}{3})^2$$
$$= \tfrac{1024}{3} - \tfrac{512}{3} - \tfrac{256}{3} + \tfrac{32}{3}$$
$$= 96$$

que é igual à resposta anterior.

Consulte a equação de oferta do Exemplo 1 e observe que alguns produtores poderiam estar dispostos a ofertar a mercadoria abaixo do preço de equilíbrio de $2,67 ($\frac{8}{3} = 2,67$). Em particular, a um preço de $2,14 unidades seriam ofertadas; e a um preço de $1,4 unidades seriam ofertadas. Aqueles produtores que estariam dispostos a ofertar a mercadoria a um preço mais baixo que o de equilíbrio de $2,67, iriam ganhar com o preço prevalecente no equilíbrio. Vamos supor que desejamos determinar o ganho global combinado dos produtores da mercadoria do Exemplo 1. Tomaríamos, então, o montante gerado pelas diferenças entre o preço vigente no mercado e cada preço de oferta dado pela equação de oferta, enquanto $x$ assume todos os valores de 0 a $\bar{x}$. Esta medida é chamada *excedente do produtor*. Antes de darmos uma definição precisa faremos uma discussão preliminar, a fim de tornar a definição mais significativa.

A Figura 7.6.4 mostra a curva de oferta tendo por equação $p = h(x)$ e o ponto $A$ com coordenadas $(\bar{x}, \bar{p})$, onde $\bar{x}$ unidades são ofertadas, quando $\bar{p}$ é o preço de mercado. Exigimos que a função $h$ seja contínua em $[0, \bar{x}]$. Vamos dividir o intervalo $[0, \bar{x}]$ em $n$ subintervalos da forma $[x_{i-1}, x_i]$, onde $i = 1, 2, \ldots, n$ e onde cada subintervalo tem comprimento $\Delta x$. Em cada subintervalo escolhemos um número $\xi_i$, tal que $x_{i-1} \leq \xi_i \leq x_i$. Para uma oferta de $\xi_i$ unidades o preço da oferta é $h(\xi_i)$. O preço de mercado, dado por $\bar{p}$, é maior do que $h(\xi_i)$, assim o ganho do produtor com o preço de oferta $h(\xi_i)$ é $\bar{p} - h(\xi_i)$. Para $\Delta x$ próximo de zero, o ganho do produtor para cada valor de $x$ em $[x_{i-1}, x_i]$ é próximo de $\bar{p} - h(\xi_i)$, e o produto $[\bar{p} - h(\xi_i)]\Delta x$

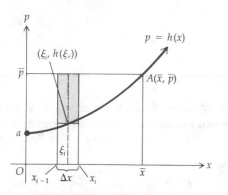

Figura 7.6.4

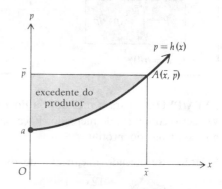

Figura 7.6.5

**298** A INTEGRAL DEFINIDA

é uma aproximação do ganho dos produtores quando a quantidade ofertada assume todos os valores no intervalo $[x_{i-1}, x_i]$. A soma de Riemann

$$\sum_{i=1}^{n} [\bar{p} - h(\xi_i)] \Delta x$$

é uma aproximação do que os economistas tomam intuitivamente como sendo o excedente do produtor. Como $h$ é contínua em $[0, \bar{x}]$, o limite da soma acima, quando $n \to +\infty$, existe, e temos a integral definida

$$\lim_{n \to +\infty} \sum_{i=1}^{n} [\bar{p} - h(\xi_i)] \Delta x = \int_0^{\bar{x}} [\bar{p} - h(x)] \, dx$$

$$= \int_0^{\bar{x}} \bar{p} \, dx - \int_0^{\bar{x}} h(x) \, dx$$

$$= \bar{p}\bar{x} - \int_0^{\bar{x}} h(x) \, dx$$

Esta integral definida dá a área da região acima da curva de oferta e abaixo da reta $p = \bar{p}$. Consulte a Figura 7.6.5.

Definição do excedente do produtor

> Suponha que a equação de oferta, $p = h(x)$ ou $x = \lambda(p)$, para certa mercadoria, seja dada, onde $p$ é o preço unitário quando $x$ unidades são ofertadas. Seja $\bar{p}$ o preço de mercado e $\bar{x}$ o número de unidades ofertadas àquele preço. Então, o **excedente do produtor** é dado pela área da região acima da curva de oferta e abaixo da reta $p = \bar{p}$. Logo, se $EP$ for o número de unidades monetárias correspondente ao excedente do produtor,
>
> $$\boxed{EP = \bar{p}\bar{x} - \int_0^{\bar{x}} h(x) \, dx} \qquad (3)$$
>
> ou, equivalentemente,
>
> $$\boxed{EP = \int_a^{\bar{p}} \lambda(p) \, dp} \qquad (4)$$
>
> onde $a = h(0)$.

**EXEMPLO 3** Para a mercadoria do Exemplo 1, determine o excedente do produtor, se prevalecer o equilíbrio de mercado. Faça também um esboço mostrando a região cuja área é igual ao excedente do produtor.

**Solução** Resolvendo a equação de oferta em $p$ obtemos

$$p = h(x) = \frac{\sqrt{1 + 12x} - 1}{6}$$

Como o ponto de equilíbrio é $(24, \frac{8}{3})$, $x = 24$ e $p = \frac{8}{3}$; assim, se $EP$ é o excedente do produtor, temos de (3)

$$EP = \frac{8}{3} \cdot 24 - \int_0^{24} \frac{\sqrt{1+12x}-1}{6} dx$$

$$= 64 - \frac{1}{6}\left[\frac{1}{18}(1+12x)^{3/2} - x\right]_0^{24}$$

$$= \frac{358}{27} = 13,26$$

Logo, o excedente do produtor é $ 13,26. A região cuja área dá o excedente do produtor está sombreada na Figura 7.6.6

**EXEMPLO 4** Para uma certa mercadoria as equações de demanda e oferta são, respectivamente,
$100p = 1.600 - x^2$ e $400p = x^2 + 2.400$

Determine, até a segunda casa decimal, o excedente do consumidor e o excedente do produtor se prevalecer o equilíbrio de mercado. Faça um esboço mostrando cada uma das regiões cuja área determina o excedente do consumidor e o excedente do produtor.

**Solução** O preço de equilíbrio e a quantidade de equilíbrio são obtidos resolvendo-se simultaneamente as equações de demanda e oferta. Temos

$$1.600 - x^2 = \frac{1}{4}x^2 + 600$$

$$\frac{5}{4}x^2 = 1.000$$

$$x^2 = 800$$

$$x = 20\sqrt{2}$$

Quando $x = 20\sqrt{2}$, $p = 8$. A Figura 7.6.7 mostra o esboço requerido das curvas de demanda e oferta, e as regiões sombreadas cujas áreas determinam os excedentes do consumidor e do produtor. Se $EC$ é o excedente do consumidor,

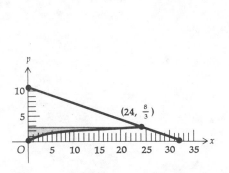

Figura 7.6.6

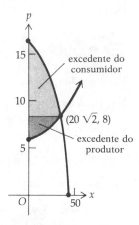

Figura 7.6.7

$$EC = \int_8^{16} 10\sqrt{16-p}\, dp$$

$$= -\tfrac{20}{3}(16-p)^{3/2} \Big]_8^{16}$$

$$= \tfrac{320}{3}\sqrt{2} = 150{,}85$$

Se *EP* é o excedente do produtor,

$$EP = \int_6^8 20\sqrt{p-6}\, dp$$

$$= \tfrac{40}{3}(p-6)^{3/2} \Big]_6^8$$

$$= \tfrac{80}{3}\sqrt{2} = 37{,}71$$

Logo, o excedente do consumidor é $ 150,85 e o excedente do produtor é $ 37,71.

**EXEMPLO 5** Sob um monopólio, no qual o produtor pode controlar a quantidade produzida e, portanto, o preço, o número de unidades produzidas é determinado de forma a se obter lucro máximo. Se a equação de demanda é

$$10p = (80 - x^2)$$

e a função custo total é dada por

$$C(x) = \tfrac{1}{2}x^2 + 100x$$

onde $C(x)$ é o custo total da produção de $x$ unidades, determine o excedente do consumidor. Faça um esboço mostrando a região cuja área dá o excedente do consumidor.

**Solução** Para encontrar $\bar{p}$, primeiro encontramos $\bar{x}$ usando o fato de que o lucro será um máximo quando a receita marginal igualar-se ao custo marginal. Se $R$ é a função receita total, temos

$$R(x) = px$$

$$= \frac{x}{10}(80-x)^2$$

$$= 640x - 16x^2 + \tfrac{1}{10}x^3$$

$$R'(x) = 640 - 32x + \tfrac{3}{10}x^2$$

$$C'(x) = x + 100$$

Equacionando $R'(x) = C'(x)$ obtemos

$$\tfrac{3}{10}x^2 - 32x + 640 = x + 100$$

$$3x^2 - 330x + 5.400 = 0$$

$$3(x-20)(x-90) = 0$$

# Excedente do Consumidor e Excedente do Produtor

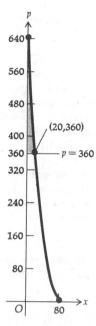

Figura 7.6.8

Como $p = \frac{1}{10}(80-x)^2$, $D_x p = -\frac{1}{5}(80-x)$; logo, $x \leq 80$ para $p$ ser decrescente, quando $x$ é crescente. Logo, $\bar{x} = 20$, e então $\bar{p} = 360$. A Figura 7.6.8 mostra a curva de demanda, a reta $p = 360$, e a região sombreada cuja área dá o excedente do consumidor. Se $EC$ é o excedente do consumidor, temos

$$EC = \frac{1}{10}\int_0^{20}(80-x)^2\,dx - 20 \cdot 360$$

$$= -\frac{1}{30}(80-x)^3 \Big]_0^{20} - 7.200$$

$$= -7.200 + \frac{51.200}{3} - 7.200$$

$$= \frac{8.000}{3}$$

$$= 2.666,67$$

Assim, o excedente do consumidor é $ 2.666,67.

## Exercícios 7.6

Nos Exercícios de 1 a 14, $x$ unidades são demandadas ou ofertadas quando $p$ é o preço unitário.

1. A equação de demanda de certa mercadoria é $100p = 2.400 - 20x - x^2$, e o preço de mercado é $ 16. Ache o excedente do consumidor e faça um esboço mostrando a região cuja área o determina.
2. Ache o excedente do consumidor se a equação de demanda é $10p = 3\sqrt{1.600 - 2x}$ e a demanda de mercado é 700. Faça um esboço mostrando a região cuja área determina o excedente do consumidor.

3. Ache o excedente do produtor para uma mercadoria cuja equação de oferta é $2x^2 - 300p + 900 = 0$ e cujo preço de mercado é $ 9. Faça um esboço mostrando a região cuja área determina o excedente do produtor.
4. Se a equação de oferta de um artigo é $10p = 2\sqrt{x + 300}$ e o preço de mercado é $ 8, ache o excedente do produtor. Faça um esboço mostrando a região cuja área determina o excedente do produtor.
5. Se a equação de demanda de certa mercadoria é $10p = \sqrt{900 - x}$ e a demanda é fixa em 500, ache o excedente do consumidor. Integre em relação a $x$.
6. Para um certo artigo a equação de demanda é $x^2 + 100p = 2.500$ e o preço de mercado é $ 16. Ache o excedente do consumidor integrando em relação a $x$.
7. Resolva o Exercício 5, integrando em relação a $p$.
8. Resolva o Exercício 6, integrando em relação a $p$.
9. Se a equação de oferta para determinada mercadoria é $100p = (x + 20)^2$, sendo o preço de mercado $ 25, ache o excedente do produtor. Integre em relação a $x$.
10. Ache o excedente do produtor para uma mercadoria cuja equação de oferta é $x^2 - 200p + 900 = 0$ e cuja demanda de mercado é 30. Integre em relação a $x$.
11. Resolva o Exercício 9, integrando em relação a $p$.
12. Resolva o Exercício 10, integrando em relação a $p$.
13. As equações de demanda e oferta para uma certa mercadoria são, respectivamente,

$$x = 25p = 150 \quad \text{e} \quad 200p - x = 300$$

e o mercado está em equilíbrio. Ache os excedentes do consumidor e do produtor sem integração. *Sugestão*: As quantidades procuradas podem ser determinadas através de áreas de triângulos-retângulos.
14. As equações de demanda e oferta para uma certa mercadoria são, respectivamente,

$$x = 760 - p^2 \quad \text{e} \quad x = p^2 - 40$$

Ache os excedentes do consumidor e do produtor se o mercado está em equilíbrio.
15. Suponha que a equação de demanda do Exercício 1 e a de oferta do Exercício 3 apliquem-se à mesma mercadoria. Ache os excedentes do consumidor e do produtor, supondo que o mercado esteja em equilíbrio.
16. Para uma certa mercadoria, suponha que a equação de demanda seja a do Exercício 2 e a de oferta a do Exercício 4. Se o mercado está em equilíbrio, ache os excedentes do consumidor e do produtor.
17. Para uma certa mercadoria, a equação de demanda é $30p = 3.600 - x^2$, onde $p$ é o preço unitário quando $x$ unidades são demandadas. A função custo total é dada por $C(x) = (x + 20)^2$, onde $C(x)$ é o custo total de produção de $x$ unidades. Ache o excedente do consumidor se a quantidade produzida, e portanto o preço, sob um monopólio, são determinados de forma a se ter lucro total máximo.
18. A equação de demanda de certa mercadoria é $10p = 1.600 - x^2$, onde $p$ é o preço unitário quando $x$ unidades são demandadas. A função custo total é dada por $C(x) = \frac{1}{2}x^2 + 60x$, onde $C(x)$ é o custo total de produção de $x$ unidades. Ache o excedente do consumidor se a quantidade produzida, e portanto o preço, sob um monopólio, são determinados de forma a se ter lucro total máximo.

## 7.7 PROPRIEDADES DA INTEGRAL DEFINIDA (OPCIONAL)

O teorema fundamental do cálculo foi estabelecido como Teorema 7.3.2 e tem sido aplicado para o cálculo de integrais definidas. Como foi dito na Secção 7.3, uma prova rigorosa deste teorema foge ao contexto deste livro. Contudo, dada a importância desse teorema, vamos apresentar uma discussão sobre a demonstração. Vamos enunciar primeiro algumas propriedades da integral definida necessárias ao desenvolvimento.

Na definição de integral definida, o intervalo fechado $[a, b]$ é dado e se supõe que $a < b$. Para considerarmos uma integral definida de uma função $f$ de $a$ e $b$ quando $a > b$, ou quando $a = b$, temos a seguinte definição:

Definição de $\int_a^b f(x)\,dx$ quando $a \geq b$

---

(i) Se $a > b$ e se $\int_a^b f(x)\,dx$ existe

$$\int_a^b f(x)\,dx = -\int_b^a f(x)\,dx \qquad (1)$$

(ii) Se $f(a)$ existe

$$\int_a^b f(x)\,dx = 0 \qquad (2)$$

---

## ILUSTRAÇÃO 1

No Exemplo 1 da Secção 7.3 a definição da integral definida foi usada para mostrar que

$$\int_1^3 x^2\,dx = 8\tfrac{2}{3}$$

Com este resultado e a Equação (1) segue que

$$\int_3^1 x^2\,dx = -8\tfrac{2}{3}$$

## ILUSTRAÇÃO 2

De (2) segue que

$$\int_1^1 x^2\,dx = 0$$

Uma outra propriedade da integral definida é dada no seguinte teorema:

---

**Teorema 7.7.1** Se $f$ é integrável em um intervalo fechado contendo os três números $a$, $b$ e $c$, então

$$\int_a^b f(x)\,dx = \int_a^c f(x)\,dx + \int_c^b f(x)\,dx$$

qualquer que seja a ordem de $a$, $b$ e $c$.

---

A prova do Teorema 7.7.1 será omitida, ent e anto, uma interpretação é dada na próxima ilustração, onde $a < c < b$.

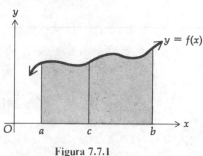 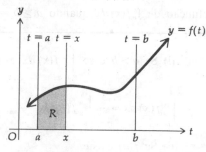

Figura 7.7.1    Figura 7.7.2

• ILUSTRAÇÃO 3

Se $f(x) \geq 0$ para todo $x$ em $[a, b]$ e $a < c < b$, então o Teorema 7.7.1 afirma que a medida da área da região limitada pela curva $y = f(x)$ e o eixo $x$ de $a$ a $b$ é igual à soma das medidas das áreas das regiões de $a$ a $c$ e de $c$ até $b$. Veja a Figura 7.7.1.    •

Precisamos considerar integrais definidas tendo um limite superior variável. Seja $f$ uma função contínua no intervalo fechado $[a, b]$. Então, o valor da integral definida depende somente da função $f$ e dos números $a$ e $b$, e não do símbolo $x$ usado aqui como variável independente. Da Ilustração 1,

$$\int_1^3 x^2 \, dx = 8\tfrac{2}{3}$$

Qualquer outro símbolo poderia ser usado em lugar de $x$; por exemplo,

$$\int_1^3 t^2 \, dt = \int_1^3 u^2 \, du = \int_1^3 r^2 \, dr = 8\tfrac{2}{3}$$

Se $f$ é contínua no intervalo fechado $[a, b]$, então pelo Teorema 7.3.1 e pela definição de integral definida, $\int_a^b f(t) \, dt$ existe. Se $x$ é um número em $[a, b]$, então $f$ é contínua em $[a, x]$ porque ela é contínua em $[a, b]$. Conseqüentemente, $\int_a^x f(t) \, dt$ existe e é um único número cujo valor depende de $x$. Logo, $\int_a^x f(t) \, dt$ define uma função $F$ tendo como seu domínio todos os números no intervalo fechado $[a, b]$ e cujo valor funcional em qualquer número $x$ em $[a, b]$ é dado por

$$F(x) = \int_a^x f(t) \, dt \tag{3}$$

Como uma observação sobre notação, se os limites da integral definida são variáveis, símbolos diferentes são usados para estes limites e para a variável independente no integrando. Assim, em (3), como $x$ é o limite superior, o símbolo $t$ é usado como variável independente no integrando.

Se, em (3), $f(t) \geq 0$ para todos os valores de $t$ em $[a, b]$, então os valores funcionais de $F(x)$ podem ser interpretados geometricamente como a medida da área da região limitada pela curva cuja equação é $y = f(t)$, o eixo $t$ e as retas $t = a$ e $t = x$. Veja a Figura 7.7.2. Note que $F(a) = \int_a^a f(t) \, dt$, que por (2) é igual a zero.

Agora queremos mostrar que a função $F$, a qual é contínua em $[a, b]$ e definida por (3), é diferenciável em $[a, b]$; além disso, queremos mostrar que se $x$ é qualquer número em $[a, b]$, então

$$F'(x) = f(x) \tag{4}$$

Tomamos dois números $x_1$ e $x_1 + \Delta x$ em $[a, b]$. Então

$$F(x_1) = \int_a^{x_1} f(t)\, dt$$

$$F(x_1 + \Delta x) = \int_a^{x_1 + \Delta x} f(t)\, dt$$

logo

$$F(x_1 + \Delta x) - F(x_1) = \int_a^{x_1 + \Delta x} f(t)\, dt - \int_a^{x_1} f(t)\, dt \qquad (5)$$

Pelo Teorema 7.7.1

$$\int_a^{x_1} f(t)\, dt + \int_{x_1}^{x_1 + \Delta x} f(t)\, dt = \int_a^{x_1 + \Delta x} f(t)\, dt$$

ou, equivalentemente,

$$\int_a^{x_1 + \Delta x} f(t)\, dt - \int_a^{x_1} f(t)\, dt = \int_{x_1}^{x_1 + \Delta x} f(t)\, dt \qquad (6)$$

Substituindo (6) em (5) obtemos

$$F(x_1 + \Delta x) - F(x_1) = \int_{x_1}^{x_1 + \Delta x} f(t)\, dt$$

ou, dividindo por $\Delta x$,

$$\frac{F(x_1 + \Delta x) - F(x_1)}{\Delta x} = \frac{\int_{x_1}^{x_1 + \Delta x} f(t)\, dt}{\Delta x}$$

Tomando o limite quando $\Delta x$ se aproxima de zero, temos

$$\lim_{\Delta x \to 0} \frac{F(x_1 + \Delta x) - F(x_1)}{\Delta x} = \lim_{\Delta x \to 0} \frac{\int_{x_1}^{x_1 + \Delta x} f(t)\, dt}{\Delta x} \qquad (7)$$

O primeiro membro de (7) é $F'(x_1)$. Se mostrarmos que o segundo membro de (7) é $f(x_1)$ teremos mostrado que (4) é válida para todo número $x$ em $[a, b]$. Uma prova rigorosa deste fato é muito avançada para este texto. Utilizaremos em seu lugar um argumento geométrico informal.

Vamos considerar $f(t) \geq 0$ e $\Delta x > 0$. Então, $\int_{x_1}^{x_1 + \Delta x} f(t)\, dt$ é a medida da área da região limitada pela curva $y = f(x)$, o eixo $x$ e as retas $t = x_1$ e $t = x_1 + \Delta x$. Veja a Figura 7.7.3. Sejam $m$

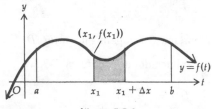

Figura 7.7.3

unidades e $M$ unidades, respectivamente, os valores mínimo e máximo de $f(t)$ no intervalo $[x_1, x_1 + \Delta x]$. Então

$$m \Delta x \leq \int_{x_1}^{x_1 + \Delta x} f(t) \, dt \leq M \Delta x$$

ou, equivalentemente,

$$m \leq \frac{\int_{x_1}^{x_1 + \Delta x} f(t) \, dt}{\Delta x} \leq M \qquad (8)$$

Se $\Delta x$ aproxima-se de zero pela direita, então como $f$ é contínua em $[x_1, x_1 + \Delta x]$, ambos os valores $m$ e $M$ se aproximam de $f(x_1)$, e logo, pela desigualdade (8),

$$\lim_{\Delta x \to 0^+} \frac{\int_{x_1}^{x_1 + \Delta x} f(t) \, dt}{\Delta x} = f(x_1) \qquad (9)$$

Um argumento análogo pode ser dado se $\Delta x < 0$. Neste caso, consideramos o intervalo $[x_1 + \Delta x, x_1]$ e para $\Delta x$ aproximando-se de zero pela esquerda obtemos

$$\lim_{\Delta x \to 0^-} \frac{\int_{x_1}^{x_1 + \Delta x} f(t) \, dt}{\Delta x} = f(x_1) \qquad (10)$$

Logo, de (9) e (10) segue que o primeiro membro de (7) é $f(x_1)$. Assim, de (7) obtemos

$$F'(x_1) = f(x_1)$$

Como $x_1$ é qualquer número em $[a, b]$, então temos (4). Enunciamos formalmente este resultado como o seguinte teorema:

**Teorema 7.7.2** Seja a função $f$ contínua no intervalo fechado $[a, b]$, e seja $x$ um número qualquer em $[a, b]$. Se $F$ for a função definida por

$$F(x) = \int_a^x f(t) \, dt$$

então

$$F'(x) = f(x) \qquad (11)$$

O Teorema 7.7.2 estabelece que a integral definida $\int_a^x f(t) \, dt$, com o limite superior $x$, variável, é uma antiderivada de $f$.

**EXEMPLO 1** Aplique o Teorema 7.7.2 para encontrar $D_x \int_1^x \sqrt{9 + t^2} \, dt$.

**Solução** Com a notação do enunciado do Teorema 7.7.2,

$$F(x) = \int_1^x \sqrt{9 + t^2} \, dt \qquad f(t) = \sqrt{9 + t^2}$$

e $a = 1$. Então do teorema,

$$F'(x) = f(x)$$

Assim.

$$D_x \int_1^x \sqrt{9 + t^2}\, dt = \sqrt{9 + x^2}$$

Vamos usar agora o Teorema 7.7.2 para provar o teorema fundamental do cálculo, cujo enunciado é: Seja $f$ uma função contínua no intervalo fechado $[a, b]$, e seja $g$ qualquer antiderivada de $f$ em $[a, b]$. Então

$$\int_a^b f(x)\, dx = g(b) - g(a)$$

**Prova** Se $f$ é contínua em todos os números de $[a, b]$, sabemos do Teorema 7.7.2 que a integral definida $\int_a^x f(t)\, dt$, com limite superior variável $x$, define uma função $F$ cuja derivada em $[a, b]$ é $f$. Como por hipótese $g'(x) = f(x)$, segue, do Teorema 6.2.2, que

$$x) = \int_a^x f(t)\, dt + k \tag{12}$$

onde $k$ é uma constante.

Tomando $x = b$ e $x = a$, sucessivamente, em (12) obtemos

$$g(b) = \int_a^b f(t)\, dt + k \tag{13}$$

$$g(a) = \int_a^a f(t)\, dt + k \tag{14}$$

De (13) e (14),

$$g(b) - g(a) = \int_a^b f(t)\, dt - \int_a^a f(t)\, dt$$

Mas, de (2), $\int_a^a f(t)\, dt = 0$; assim

$$g(b) - g(a) = \int_a^b f(t)\, dt$$

que é o que queríamos provar. ∎

Tivemos aplicações do teorema fundamental do cálculo nas Secções 7.3 – 7.6. Os dois exemplos seguintes utilizam o teorema fundamental, bem como o Teorema 7.7.1.

**EXEMPLO 2** Calcule $\int_{-2}^{2} |x|\, dx$

**Solução** Como

$$|x| = \begin{cases} x & \text{se } x \geq 0 \\ -x & \text{se } x \leq 0 \end{cases}$$

usamos primeiro o Teorema 7.7.1. Temos

$$\int_{-2}^{2} |x|\, dx = \int_{-2}^{0} |x|\, dx + \int_{0}^{2} |x|\, dx$$

$$= \int_{-2}^{0} (-x)\, dx + \int_{0}^{2} x\, dx$$

$$= \left[-\frac{x^2}{2}\right]_{-2}^{0} + \left[\frac{x^2}{2}\right]_{0}^{2}$$

$$= (-0 + 2) + (2 - 0)$$

$$= 4$$

**EXEMPLO 3** Calcule $\int_{-3}^{4} |x + 2|\, dx$

**Solução** Se $f(x) = |x + 2|$, ao invés de achar uma antiderivada de $f$ diretamente, escrevemos $f(x)$ como

$$f(x) = \begin{cases} x + 2 & \text{se } x \geq -2 \\ -x - 2 & \text{se } x \leq -2 \end{cases}$$

Do Teorema 7.7.1,

$$\int_{-3}^{4} |x + 2|\, dx = \int_{-3}^{-2} |x + 2|\, dx + \int_{-2}^{4} |x + 2|\, dx$$

$$= \int_{-3}^{-2} (-x - 2)\, dx + \int_{-2}^{4} (x + 2)\, dx$$

$$= \left[-\frac{x^2}{2} - 2x\right]_{-3}^{-2} + \left[\frac{x^2}{2} + 2x\right]_{-2}^{4}$$

$$= [(-2 + 4) - (-\tfrac{9}{2} + 6)] + [(8 + 8) - (2 - 4)]$$

$$= 18\tfrac{1}{2}$$

**EXEMPLO 4** Um restaurante que atende às pessoas que trabalham nas imediações está aberto das 7 às 15 horas. Depois de estar aberto por $x$ horas, a receita bruta em um dia de trabalho normal é $f(x)$ por hora, onde

$$f(x) = \begin{cases} 330 - 30(x - 1)^2 & \text{se} \quad 0 \leq x \leq 4 \\ 420 - 90(x - 6)^2 & \text{se} \quad 4 < x \leq 8 \end{cases}$$

(a) Faça um esboço do gráfico de $f$. (b) Interprete a receita bruta diária em um dia de trabalho normal como o número de unidades quadradas na área da região limitada pelo gráfico da parte (a), e ache este número.

Propriedades da Integral Definida (Opcional) **309**

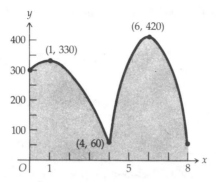

**Figura 7.7.4**

**Solução** (a) Um esboço do gráfico de $f$ está na Figura 7.7.4. Observe que o período de pique do café da manhã é às 8 horas (quando $x = 1$) e o período de pique do almoço é às 13 horas (quando $x = 6$). Observe também que das 8 às 11 horas (de $x = 1$ a $x = 4$) a receita decresce, e então quando se aproxima o horário de almoço ela aumenta das 11 às 13 horas (de $x = 4$ a $x = 6$). Depois, das 13 às 15 horas (de $x = 6$ a $x = 8$) ela volta a decrescer. Observe também que $f$ é contínua em $x = 4$, pois

$$\lim_{x \to 4^-} f(x) = \lim_{x \to 4^+} f(x) = 60 = f(4)$$

(b) A receita bruta diária em um dia normal de trabalho é a medida da área sombreada na Figura 7.7.4. Sendo $R$ este número, então

$$R = \int_0^8 f(x)\,dx = \int_0^4 f(x)\,dx + \int_4^8 f(x)\,dx$$

$$= \int_0^4 [330 - 30(x-1)^2]\,dx + \int_4^8 [420 - 90(x-6)^2]\,dx$$

$$= \left[330x - 10(x-1)^3\right]_0^4 + \left[420x - 30(x-6)^3\right]_4^8$$

$$= 1.040 + 1.200 = 2.240$$

Assim, a receita bruta diária é $ 2.240.

## Exercícios 7.7

Nos Exercícios de 1 a 6, use o Teorema 7.7.2 para achar a derivada indicada.

1. $D_x \int_0^x \sqrt{4 + t^2}\,dt$

2. $D_x \int_2^x \dfrac{dt}{t^4 + 4}$

3. $D_x \int_2^x \dfrac{dt}{\sqrt{t^2 - 1}}$, onde $x > 2$

4. $D_x \int_0^x \sqrt{9 - t^2}\,dt$, onde $-3 \leq x \leq 3$

5. $D_x \int_x^3 \dfrac{dt}{3 + t^2}$

6. $D_x \int_x^5 \sqrt{1 + t^2}\,dt$

Nos Exercícios de 7 a 14, use o Teorema 7.7.1 e o teorema fundamental do cálculo para calcular a integral definida.

7. $\int_{-1}^{2} |x|\, dx$  8. $\int_{-3}^{3} |x+1|\, dx$  9. $\int_{-2}^{5} |x-3|\, dx$

10. $\int_{-1}^{4} |3-x|\, dx$  11. $\int_{-1}^{1} \sqrt{|x|-x}\, dx$  12. $\int_{-2}^{2} \sqrt{2+|x|}\, dx$

13. $\int_{-4}^{4} f(x)\, dx \quad \text{se } f(x) = \begin{cases} x^2+1 & \text{se } -4 \leq x \leq 0 \\ 5-(x-2)^2 & \text{se } 0 < x \leq 4 \end{cases}$

14. $\int_{-3}^{2} f(x)\, dx \quad \text{se } f(x) = \begin{cases} 6-(x+1)^2 & \text{se } -5 \leq x < 0 \\ 2x+5 & \text{se } 0 < x \leq 5 \end{cases}$

Nos Exercícios de 15 a 20, ache a área da região limitada pelas curvas dadas.

15. $y = |x-1|;\ y = 0;\ x = -1;\ x = 2$  16. $y = |x+2|;\ y = 4$

17. $y = 0;\ x = 4;\ y = f(x)$ onde $f(x) = \begin{cases} x+1 & \text{se } x \leq 0 \\ 9-2(x-2)^2 & \text{se } 0 < x \end{cases}$

18. $y = 1;\ y = f(x)$ onde $f(x) = \begin{cases} x^2 & \text{se } x < 0 \\ x^3 & \text{se } 0 \leq x \end{cases}$

19. $y = |x|;\ y = x^2 - 1;\ x = -1;\ x = 1$

20. $y = |x+1| + |x|;\ y = 0;\ x = -2;\ x = 3$

21. Um certo restaurante está aberto para almoço e jantar das 11 às 21 horas. Em um sábado comum, $x$ horas após a abertura, a receita bruta é $f(x)$ por hora, onde

$$f(x) = \begin{cases} 400 - 80(x-2)^2 & \text{se } 0 \leq x \leq 4 \\ 620 - 60(x-7)^2 & \text{se } 4 < x \leq 10 \end{cases}$$

(a) Faça um esboço do gráfico de $f$. (b) Interprete a receita bruta de um sábado comum como a medida da área da região limitada pelo gráfico da parte (a), e ache este número.

## Exercícios de Recapitulação do Capítulo 7

Nos Exercícios 1 e 2, calcule o somatório indicado usando os Teoremas 7.1.1 a 7.1.4.

1. $\displaystyle\sum_{i=1}^{20} (i^2 + 2i - 3)$  2. $\displaystyle\sum_{i=1}^{30} 2i(i^2 + 3)$

Nos Exercícios de 3 a 6, calcule o limite, se existir.

3. $\displaystyle\lim_{x \to +\infty} \frac{3x-4}{6x+5}$  4. $\displaystyle\lim_{x \to -\infty} \frac{4x^2-5x+1}{2x^2+x+3}$  5. $\displaystyle\lim_{t \to +\infty} \frac{t^2+1}{t+1}$  6. $\displaystyle\lim_{y \to +\infty} \frac{3y+1}{y^2-2}$

Nos Exercícios 7 e 8, ache o valor exato da integral definida usando a definição; não use o teorema fundamental do cálculo.

7. $\int_{0}^{1} (2x+5)\, dx$  8. $\int_{0}^{2} (3x^2 - 1)\, dx$

Exercícios de Recapitulação do Capítulo 7  **311**

Nos Exercícios de 9 a 14, calcule a integral definida usando o teorema fundamental do cálculo.

**9.** $\int_{-1}^{2} (t^3 - 3t)\, dt$
**10.** $\int_{1}^{2} \dfrac{4\, dx}{3x^3}$
**11.** $\int_{1}^{5} \dfrac{dx}{\sqrt{3x+1}}$

**12.** $\int_{-5}^{5} 2x \sqrt[3]{x^2 + 2}\, dx$
**13.** $\int_{0}^{2} x^2 \sqrt{x^3 + 1}\, dx$
**14.** $\int_{-1}^{7} \dfrac{x^2\, dx}{\sqrt{x+2}}$

Nos Exercícios de 15 a 20, ache a área da região limitada pelas curvas e retas dadas. Faça uma figura mostrando a região e um elemento retangular de área. Expresse a medida da área como o limite de uma soma de Riemann, e então com a notação de integral definida. Calcule a integral definida pelo teorema fundamental do cálculo.

**15.** $y = 9 - x^2$; eixo $x$; eixo $y$; $x = 3$
**16.** $y = \sqrt{x+1}$; eixo $x$; eixo $y$; $x = 8$
**17.** $y = 2\sqrt{x-1}$; eixo $x$; $x = 5$; $x = 17$
**18.** $y = 16 - x^2$; eixo $x$
**19.** $y = x\sqrt{x+5}$; eixo $x$; $x = -1$; $x = 4$
**20.** $y = \dfrac{4}{x^2} - x$; eixo $x$; $x = -2$; $x = -1$

**21.** Ache a área da região limitada pela reta $y = x$ e pela parábola $y = x^2$.
**22.** Ache a área da região limitada pelas curvas $x = y^2$ e $x = y^3$.
**23.** Ache a área da região limitada pela curva $x^2 + y - 5 = 0$ e pela reta $y = -4$. Tome os elementos de área perpendiculares ao eixo $y$.
**24.** Ache a área da região limitada pela curva $y = x^2 - 7x$, o eixo $x$ e retas $x = 2$ e $x = 4$.
**25.** Ache a área da região limitada pelo arco da curva $y^2 = x^2(4 - x)$.
**26.** Ache a área da região limitada pelas parábolas $y^2 = 4x$ e $x^2 = 4y$.
**27.** Se $f(x) = x^2 \sqrt{x - 3}$, ache o valor médio de $f$ em $[7, 12]$.
**28.** (a) Ache o valor médio da função $f$ definida por $f(x) = 1/x^2$ no intervalo $[1, r]$. (b) Se $A$ é o valor médio encontrado em (a), ache $\lim_{r \to +\infty} A$.
**29.** Suponha que $C(x)$ seja o custo total de produção de $x$ unidades de certa mercadoria, e $C(x) = \frac{1}{50}x^2 + 500$. Ache o custo total médio quando o número de unidades produzidas assume todos os valores de 0 a 400.
**30.** A equação de demanda de certa mercadoria é $p^2 + x - 10 = 0$, onde $100x$ unidades da mercadoria são demandadas quando $p$ é o preço unitário. Ache a receita total média quando o número de unidades demandadas assume todos os valores de 600 a 800.
**31.** Para os 5 primeiros meses que um produto está no mercado as vendas são $f(x)$ unidades por mês, $x$ meses após o lançamento e

$f(x) = 50 + 180x^2 \qquad 0 \le x \le 5$

(a) Interprete as vendas do terceiro mês como a medida da área de uma região plana e faça uma figura mostrando a região. (b) Ache as vendas do terceiro mês calculando a área da parte (a).
**32.** Após $x$ anos de uso de uma certa maquinaria, seu valor contábil está variando a uma taxa de $f(x)$ unidades por ano, onde

$f(x) = 3.000x - 18.000$

Qual a depreciação nos 4 primeiros anos?
**33.** Estima-se que nos próximos $x$ anos a população estará crescendo a uma taxa de $f(x)$ pessoas por ano, dentro do prazo de 10 anos, onde

$f(x) = 200 + 350x^{4/3} \qquad 0 \le x \le 10$

Qual o aumento esperado da população nos próximos 8 anos?
**34.** Nos próximos 5 dias quantas pessoas poderão ser expostas a um certo vírus se o cálculo é de que em $t$ dias a partir de agora o vírus terá se disseminado a uma taxa de $f(t)$ pessoas por dia, onde $f(t) = 9t(8 - t)$?
**35.** Quantas pessoas estarão em contato com o vírus do Exercício 34 durante o quinto dia?

**312** A INTEGRAL DEFINIDA

36. A função densidade de probabilidade para que a vida útil de certo componente eletrônico seja $1.000x$ horas é dada por

$$f(x) = \tfrac{3}{22}(5 - x^2) \qquad 0 \le x \le 2$$

(a) Mostre que $f$ satisfaz as propriedades requeridas de uma função densidade de probabilidade. (b) Qual a probabilidade de que o componente dure pelo menos 1.000 horas?

37. Uma livraria ligada à universidade recebe uma remessa de 600 livros-textos de cálculo em 10 de julho, antes do começo das aulas, em 9 de agosto. Nota-se que no início do período de 30 dias, as vendas são baixas, e à medida que se aproxima o início das aulas, a demanda aumenta de tal forma que $x$ dias após 10 de julho o estoque é de $y$ livros, onde

$$y = 600 - \tfrac{2}{3}x^2 \qquad 0 \le x \le 30$$

Se o armazenamento diário custa $\$0,15$ por livro, ache o custo de manter estoque por 30 dias.

38. Uma certa máquina gera uma receita total a uma taxa de $R(x)$ unidades monetárias por ano, $x$ anos após sua compra e

$$R(x) = 2.500 - 5x^2$$

Além disso, o custo total de operação e manutenção da máquina cresce com o tempo, de tal forma que em $x$ anos o custo total será $C(x)$ por ano, onde

$$C(x) = 880 + 15x^2$$

(a) Faça uma figura mostrando os esboços dos gráficos de $R$ e $C$ no mesmo conjunto de eixos. (b) Por quantos anos é rentável operar a máquina? (c) Qual o lucro total obtido quando se opera a máquina no número de anos determinado em (b)? (d) Mostre na figura da parte (a) a região cuja área mede $N$, onde $N$ é o número encontrado em (c).

39. A equação de demanda para um certo artigo é $100p^2 + x - 2.500 = 0$, e o preço de mercado é $\$3$. Ache o excedente do consumidor integrando (a) em relação a $x$ e (b) em relação a $p$.

40. Se a equação de oferta de certa mercadoria é $64p = (x + 4)^2$ e o preço de mercado é $\$1$, ache o excedente do produtor integrando (a) em relação a $x$ e (b) em relação a $p$.

41. As equações de demanda e oferta para certa mercadoria são, respectivamente, $2x + p = 12$ e $x^2 - p + 4 = 0$. Ache os excedentes do consumidor e do produtor se o mercado estiver em equilíbrio.

# CAPÍTULO 8

# AS FUNÇÕES EXPONENCIAL E LOGARÍTMICA

## 8.1 TIPOS DE JUROS E O NÚMERO e

Para chegarmos à definição de $e$, um número que aparece nas aplicações de matemática em vário campos, vamos mostrar sua importância ao economista, considerando os juros sobre um inves timento.

Se o dinheiro é emprestado a uma taxa de juros de 12% ao ano, então a dívida de quen pediu emprestado ao fim de um ano será de $ 1.12 para cada $ 1 emprestado. Em geral, se a taxa de juros for $100i\%$ ao ano, então para cada $ 1 emprestado, o reembolso ao fim de um anc será $(1 + i)$. Se a quantia emprestada for $P$, então a dívida ao fim de um ano será $P(1 + i)$.

Há diferentes tipos de juros a considerar. Um tipo é chamado **juros simples**, que são aquele: juros ganhos somente sobre a quantia original emprestada. Neste tipo, os juros não são pagos sobre quaisquer juros acumulados. Por exemplo, suponha que os juros sobre $ 100 sejam de 10% de juros simples anuais. Então, o emprestador receberia $ 10 ao fim de cada ano. Se uma quantia $P$ for depositada a uma taxa de juros simples de $100i\%$, os juros ao fim de um ano serão $Pi$. Se nenhuma retirada for feita em $n$ anos, os juros totais ganhos serão $Pni$, e se $A$ for a quantia tota¹ em depósito ao fim de $n$ anos,

$$A = P + Pni$$
$$A = P(1 + ni) \qquad (1)$$

Juros simples são usados algumas vezes para empréstimos a prazo curto; possivelmente 30, 60 ou 90 dias. Em tais casos, para simplificar os cálculos, um ano é considerado como 360 dias, e supõe-se que cada mês tenha 30 dias

**EXEMPLO 1** Um empréstimo de $ 500 é feito por um período de 90 dias a juros simples de 16% anuais. Determine a quantia a ser reembolsada ao final de 90 dias.

**Solução** São dados $P = 500$, $i = 0,16$ e $n = \frac{90}{360} = \frac{1}{4}$. Logo, se $A$ for a quantia a ser reembolsada, de (1) obtemos

$$A = 500[1 + \tfrac{1}{4}(0,16)]$$
$$= 520$$

Se no decorrer do prazo de um empréstimo ou investimento os juros ganhos em cada período forem somados ao principal e renderem mais juros, estes serão chamados **juros compostos**. Quando a palavra "juros" é usada sem adjetivo, subentende-se que se trate de juros compostos por ser o tipo de juros mais usado.

A taxa de juros é dada usualmente como uma taxa anual, mas freqüentemente os juros são computados e somados ao principal mais do que uma vez ao ano. Se os juros forem compostos $m$ vezes ao ano, então a taxa anual precisa ser dividida por $m$ para se determinar os juros de cada período. Por exemplo, se $ 100 forem depositados numa poupança que paga 8% compostos trimestralmente, então a quantia na poupança no final do primeiro trimestre será

$$100\left(1 + \frac{0,08}{4}\right) \quad 100(1.02)$$

A quantia em depósito ao final do segundo trimestre será

$$[100(1.02)](1.02) \quad 100(1.02)^2$$

Ao final do terceiro trimestre, a quantia em depósito será

$$[100(1.02)^2](1.02) - 100(1.02)^3$$

e assim por diante. Ao final do $n$-ésimo trimestre, a quantia em depósito será

$$100(1,02)^n$$

Genericamente, temos o seguinte teorema:

---

**Teorema 8.1.1** Se $P$ for a quantia depositada numa poupança que rende uma taxa de juros de $100i\%$ compostos $m$ vezes por ano, e se $A_n$ for a quantia em depósito ao final de $n$ períodos de juros, então

$$A_n = P\left(1 + \frac{i}{m}\right)^n \qquad (2)$$

---

A prova do Teorema 8.1.1 envolve uma técnica matemática chamada indução, e será omitida.

Se $t$ for o número de anos pelos quais uma quantia $P$ é investida a uma taxa de juros de $100i\%$ compostos $m$ vezes ao ano, então o número de períodos de juros é $n = mt$, e sendo $A$ a quantia total em $t$ anos, podemos escrever a Fórmula (2) como

$$A = P\left(1 + \frac{i}{m}\right)^{mt} \qquad (3)$$

Para facilitar o uso da Fórmula (2) ou (3), a Tabela 5 no fim do livro dá os valores de $(1 + j)^n$, que é a quantia total após $n$ períodos, quando \$ 1 for investido a uma taxa de juros de $100j\%$ por período.

**EXEMPLO 2** Suponha que \$ 400 sejam depositados numa caderneta de poupança que rende $8\%$ de juros ao ano, compostos semestralmente. Se nenhuma retirada e nenhum depósito adicional forem feitos, ache a quantia em depósito ao final de 3 anos.

**Solução** Os juros são compostos duas vezes por ano, e assim $m = 2$. Como o prazo é de 3 anos, $t = 3$. $P = 400$ e $i = 0,08$, e logo, se $A$ for a quantia total em depósito ao fim do prazo, da Fórmula (3) temos que

$$A = 400\left(1 + \frac{0,08}{2}\right)^6 = 400(1,04)^6$$

Usando a Tabela 5 no fim do livro, $(1,04)^6 = 1,2653$. Assim

$$A = 400(1,2653) = 506,12$$

Portanto, a quantia em depósito ao final de 3 anos será \$ 506,12.

Algumas vezes, faz-se uma distinção entre a taxa de juros anuais, chamada de **taxa nominal**, e a **taxa efetiva**, que é a taxa que dá a mesma quantia de juros compostos, uma vez ao ano, que a taxa nominal composta $m$ vezes por ano. Isto é, a taxa efetiva é $100j\%$ e a taxa nominal é $100i\%$, compostos $m$ vezes ao ano, logo,

$$\left(1 + \frac{i}{m}\right)^m = 1 + j \qquad (4)$$

## 316 AS FUNÇÕES EXPONENCIAL E LOGARÍTMICA

• ILUSTRAÇÃO 1

Suponhamos que $ 5.000 foram emprestados a uma taxa de 12% compostos mensalmente, e a dívida deve ser resgatada em um único pagamento ao final de um ano. Queremos encontrar a taxa de juros efetiva. Seja $j$ esta taxa; temos da Fórmula (4), com $m = 12$ e $i = 0,12$,

$$1 + j = \left(1 + \frac{0,12}{12}\right)^{12}$$

$$j = (1,01)^{12} - 1$$

Usando a Tabela 5 para encontrar $(1,01)^{12} = 1,1268$, temos

$$j = 0,1268 = 12,68\%$$

Vamos usar a Fórmula (3) para encontrar quanto o devedor deverá pagar. Se $A$ é o total a ser pago, temos

$$A = 5.000(1,01)^{12}$$
$$= 5.000(1,1268)$$
$$= 5.634$$

Assim, o devedor deverá pagar $ 5.634. •

A Fórmula (3) dá a quantia total após $t$ anos se a quantia investida for $P$ a uma taxa de $100i\%$, compostos $m$ vezes por ano. Vamos imaginar uma situação onde os juros são compostos continuamente; isto é, consideremos a Fórmula (3) quando o número de períodos de juros anuais cresce ilimitadamente. Então, indo para o limite na Fórmula (3), temos

$$A = P \lim_{m \to \infty} \left(1 + \frac{i}{m}\right)^{mt}$$

que pode ser escrito como

$$A = P \lim_{m \to +\infty} \left[\left(1 + \frac{i}{m}\right)^{m/i}\right]^{it} \quad (5)$$

Consideremos agora

$$\lim_{m \to +\infty} \left(1 + \frac{i}{m}\right)^{m/i} \quad (6)$$

Seja $z = i/m$. Então $m/i = 1/z$, e como "$m \to +\infty$" é equivalente a "$z \to 0^+$", temos

$$\lim_{m \to +\infty} \left(1 + \frac{i}{m}\right)^{m/i} = \lim_{z \to 0^+} (1 + z)^{1/z} \quad (7)$$

Assim, o limite em (6) existe se $\lim_{z \to 0^+} (1 + z)^{1/z}$ existe, ou ainda, mais genericamente, se existe o limite

$$\lim_{z \to 0} (1 + z)^{1/z}$$

Você pode usar uma calculadora manual para computar os valores de $(1 + z)^{1/z}$ quando $z$ assume valores cada vez mais perto de 0. Consulte as Tabelas 8.1.1 e 8.1.2 para valores de $z$ próximos a zero positivos e negativos, respectivamente.

Estas tabelas levam-nos à conclusão de que o $\lim_{z \to 0} (1 + z)^{1/z}$ provavelmente existe e é um número entre 2,7182 e 2,7184. E é isto que realmente ocorre, embora não seja provado aqui. A prova da existência do limite pode ser encontrada em textos mais avançados de cálculo. Com a hipótese de que o limite existe, vamos denotá-lo pela letra $e$ e dar uma definição formal.

**Tabela 8.1.1**

| $z$ | 0,5 | 0,1 | 0,01 | 0,001 | 0,0001 |
|---|---|---|---|---|---|
| $(1 + z)^{1/z}$ | 2,2500 | 2,5937 | 2,7048 | 2,7169 | 2,7182 |

**Tabela 8.1.2**

| $z$ | $-0,5$ | $-0,1$ | $-0,01$ | $-0,001$ | $-0,0001$ |
|---|---|---|---|---|---|
| $(1 + z)^{1/z}$ | 4,0000 | 2,8680 | 2,7320 | 2,7196 | 2,7184 |

Definição do número $e$

$$\lim_{z \to 0} (1 + z)^{1/z} = e \tag{8}$$

A letra $e$ foi escolhida em homenagem ao matemático e físico suíço Leonhard Euler (1707-1783). O número $e$ é um número irracional, e seu valor aproximado pode ser expresso com qualquer precisão desejada. O método usado para isso são as séries infinitas, estudadas em um curso de cálculo mais avançado. O valor de $e$ aproximado para sete casas decimais é 2,7182818. Assim,

$$e \approx 2,7182818$$

No fim do livro, a Tabela 4 dá potências de $e$. Tais potências podem também ser obtidas de uma calculadora manual que tenha a tecla $e^x$. A importância do número $e$ ficará evidente durante este capítulo.

Retomando a discussão de juros compostos continuamente, temos de (5), (7) e (8)

$$A = Pe^{it} \tag{9}$$

onde $A$ é a quantia após $t$ anos se $P$ for a quantia investida a uma taxa de $100i\%$ compostos continuamente. Este valor de $A$ é um limite superior para a quantia dada por (3), quando os juros são compostos freqüentemente e podem ser usados como uma aproximação em tal situação. Este fato aparece na ilustração seguinte, onde comparamos a quantia ao final de 1 ano, quando os juros são compostos continuamente, com as correspondentes quantias obtidas quando os juros são compostos mensalmente e quinzenalmente.

### ILUSTRAÇÃO 2

Na Ilustração 1 vimos que se $ 5.000 forem emprestados a uma taxa de juros de 12% compostos mensalmente, e a dívida deve ser resgatada em um pagamento ao final de 1 ano, então se $j$ for a taxa efetiva de juros,

$$j = 12,68\%$$

e se $A$ for a quantia a ser resgatada,

$$A = 5.634$$

**318** AS FUNÇÕES EXPONENCIAL E LOGARÍTMICA

Suponha que temos o mesmo problema, exceto que a taxa de juros de 12% é composta quinzenalmente, ao invés de mensalmente. Então, usamos a Fórmula (4) com $m = 24$ e $i = 0,12$, e temos

$$j = \left(1 + \frac{0,12}{24}\right)^{24} - 1$$

$$= (1,005)^{24} - 1$$

Usando a Tabela 5 para encontrar $(1,005)^{24} = 1,1272$, temos

$j = 0,1272$
$= 12,72\%$

Além disso, da Fórmula (3),

$A = 5.000(1,005)^{24}$
$= 5.000(1,1272)$
$= 5.636$

Vamos supor agora que os juros sejam compostos continuamente, a 12%. Como $P = 5.000$, $i = 0,12$ e $t = 1$, temos, de (9)

$A = 5.000e^{0,12}$

Da Tabela 4, $e^{0,12} = 1,1275$. Assim

$A = 5.000(1,1275)$
$= 5.637,50$

Como $ 5.637,50 é a quantia quando os juros são compostos continuamente a 12%, ela é um limite superior para as quantias, não importando quão freqüentemente os juros sejam compostos.

Seja $j$ a taxa efetiva de juros quando os juros são compostos continuamente a 12%, então

$5.000(1 + j) = 5.000e^{0,12}$
$1 + j = e^{0,12}$
$j = 1,1275 - 1$
$= 0,1275$
$= 12,75\%$

Se em (9), $P = 1$, $i = 1$ e $t = 1$, temos que

$A = e$

o que dá uma justificativa para a interpretação econômica do número $e$ como sendo o que resulta de um investimento de $ 1 ao ano, a uma taxa de juros de 100% compostos continuamente.

**EXEMPLO 3** Um banco anuncia que os juros nas cadernetas de poupança são computados a 6% ao ano, compostos diariamente. (a) Se $ 100 foram depositados na poupança, ache a quantia aproximada ao final de 1 ano, tomando a taxa como 6% compostos continuamente. (b) Qual é a taxa efetiva de juros?

**Solução** (a) De (9) com $P = 100$, $i = 0,06$ e $t = 1$, temos

$A = 100e^{0,06}$

Da Tabela 4, $e^{0,06} = 1,0618$. Logo,

$A = 100(1,0618)$
$= 106,18$

Assim, a quantia aproximada em depósito ao final de 1 ano é $ 106,18.

(b) Se $j$ é a taxa efetiva de juros,

$$100(1 + j) = 106,18$$
$$1 + j = 1,0618$$
$$j = 0,0618$$

Logo, a taxa efetiva de juros é 6,18%.

Na discussão acima estivemos interessados em encontrar o valor futuro de uma soma de dinheiro. Isto é, queríamos determinar a quantia atingida por um dado principal num dado número de anos, utilizando vários tipos de taxas de juros. Muitas vezes, nos negócios, deseja-se resolver o problema inverso, isto é, determinar o **valor atual** (ou o valor de hoje) de uma quantia que estará disponível no futuro. O valor atual $A$ a ser recebido em $t$ anos é o principal a ser investido hoje, a fim de render $A$ em $t$ anos.

Resolvendo (3) para $P$, obtemos

$$P = \frac{A}{\left(1 + \frac{i}{m}\right)^{mt}}$$

$$\boxed{P = A\left(1 + \frac{i}{m}\right)^{-mt}} \tag{10}$$

A Equação (10) dá a fórmula para encontrar o valor atual $P$ da quantia $A$ a ser recebida em $t$ anos se o dinheiro for investido a uma taxa de $100i\%$ ao ano compostos $m$ vezes por ano. Se os juros forem compostos somente uma vez ao ano, então $m = 1$, e temos

$$P = A(1 + i)^{-t}$$

**EXEMPLO 4**  Ache o valor atual de $ 1.000 a serem recebidos em 3 anos, se o dinheiro pode ser investido a uma taxa anual de 12% composta semestralmente.

**Solução**  Seja $P$ o valor atual. De (10) com $A = 1.000$, $i = 0,12$, $m = 2$ e $t = 3$,

$$P = 1.000\left(1 + \frac{0,12}{2}\right)^{-6}$$

$$= 1.000(1,06)^{-6}$$

A Tabela 6 no fim do livro dá o valor de $(1 + j)^{-n}$ para vários valores de $j$ e $n$. Dessa tabela, $(1,06)^{-6} = 0,7050$. Assim,

$$P = 1.000(0,7050)$$
$$= 705$$

Logo, receber $ 705 agora é equivalente a receber $ 1.000 em 3 anos, se o dinheiro for investido a 12% compostos semestralmente.

Resolvendo (9) para $P$, obtemos

$$\boxed{P = Ae^{-it}}$$

que dá o valor atual de $A$ pagável em $t$ anos se os juros forem compostos continuamente a uma taxa de $100i\%$. Se $A = 1$ em (11), temos

$$P = e^{-it} \qquad (12)$$

que dá o valor atual de $\$\,1$ recebido em $t$ anos, se os juros forem compostos continuamente a uma taxa de $100i\%$.

**EXEMPLO 5** Qual é o valor atual de $\$\,1.000$ pagáveis em 3 anos, se o dinheiro pode ser investido à uma taxa de $12\%$ compostos continuamente?

**Solução** Seja $P$ o valor atual. De (11) com $A = 1.000$, $i = 0,12$ e $t = 3$,

$$P = 1.000 e^{-0,36}$$

Da Tabela 4, $e^{-0,36} = 0,69768$. Logo,

$$P = 1.000(0,69768)$$
$$= 697,68$$

Assim, receber $\$\,697,68$ agora é equivalente a receber $\$\,1.000$ em 3 anos, se o dinheiro for investido a $12\%$ compostos continuamente.

## Exercícios 8.1

1. Um empréstimo de $\$\,2.000$ é feito a uma taxa de juros simples de $12\%$ anuais. Determine a quantia a ser paga se o prazo do empréstimo for (a) 90 dias; (b) 6 meses; (c) 1 ano.
2. Resolva o Exercício 1 se o empréstimo for de $\$\,1.500$ e a taxa for $10\%$ anuais.
3. Determine o montante ao fim de 4 anos de um investimento de $\$\,1.000$ se a taxa de juros anuais for $8\%$ e (a) os juros forem simples; (b) os juros forem compostos anualmente; (c) os juros forem compostos semestralmente; (d) os juros forem compostos trimestralmente.
4. Ache o montante de um investimento de $\$\,500$ ao final de 2 anos, se a taxa anual de juros for $6\%$ e (a) os juros forem simples; (b) os juros forem compostos anualmente; (c) os juros forem compostos semestralmente; (d) os juros forem compostos mensalmente.
5. Resolva o Exercício 4 se a taxa anual de juros for de $12\%$ sobre o investimento de $\$\,500$.
6. Um empréstimo de $\$\,200$ deve ser pago de uma só vez ao fim de um ano. Se a taxa anual de juros for $12\%$ compostos trimestralmente, determine (a) a quantia total a ser paga e (b) a taxa efetiva de juros.
7. Um investimento de $\$\,5.000$ rende juros a uma taxa de $16\%$ ao ano e os juros são pagos de uma só vez no final do ano. (a) Ache os juros ganhos durante o primeiro ano, se eles forem compostos trimestralmente. (b) Qual a taxa efetiva de juros?
8. Faça o Exercício 6 se a taxa de juros de $12\%$ for composta continuamente.
9. Faça o Exercício 7 se a taxa de juros de $16\%$ for composta continuamente.
10. Ache a taxa efetiva de juros se a taxa anual é de $12\%$ composta (a) semestralmente; (b) mensalmente; (c) continuamente.
11. Ache a taxa efetiva de juros se a taxa anual é de $24\%$ composta (a) semestralmente; (b) mensalmente; (c) continuamente.
12. Quanto deve ser depositado numa caderneta de poupança agora se se deseja ter $\$\,2.500$ em conta ao final de 5 anos, sabendo-se que a taxa anual de juros é $8\%$ composta (a) anualmente e (b) trimestralmente?
13. Ao final de 4 anos o saldo de uma caderneta de poupança é de $\$\,3.000$. O depósito foi feito no começo do período e nenhuma retirada foi feita. Qual o depósito original se a taxa de juros é de $6\%$ ao ano composta (a) anualmente e (b) mensalmente?
14. Um depósito de $\$\,1.000$ é feito numa caderneta de poupança em um banco que oferece juros a uma taxa anual de $7\%$ composta diariamente. (a) Ache a quantia aproximada ao fim de um ano, considerando a taxa de $7\%$ como composta continuamente. (b) Qual a taxa efetiva de juros?
15. Resolva o Exercício 14 se o banco anuncia que os juros serão calculados a uma taxa anual de $9\%$ composta diariamente, e considere a taxa como $9\%$ composta continuamente.

16. Ache o valor atual de $10.000 pagáveis ao final de 10 anos, se o dinheiro foi investido a 12% ao ano e os juros são compostos (a) anualmente e (b) continuamente.
17. Resolva o Exercício 16 se a taxa de juros é 8%.
18. Um imóvel comprado há 8 anos foi vendido por $ 90.000. Se foi determinado que a taxa de juros do investimento deveria ser de 10% compostos anualmente, qual foi o preço de compra aproximado do imóvel?
19. Um quadro foi adquirido há 10 anos e vendido agora em leilão pelo colecionador por $ 18.000. Se o colecionador determinou que a taxa de juros ganha deveria ser de 24% compostos trimestralmente, qual o preço de compra do quadro?
20. Uma moeda valiosa comprada há vinte anos foi vendida hoje por $ 10.000. Se foi determinado que a taxa anual de juros do investimento deveria ser de 12% compostos continuamente, qual foi o preço aproximado de compra da moeda?
21. Um livro raro foi vendido por $ 2.300 quatro anos após ter sido comprado. O vendedor determinou que a taxa de juros do investimento deveria ser de 18% compostos continuamente. Qual o preço aproximado de compra do livro?
22. Nas Tabelas 8.1.1 e 8.1.2 temos valores de $(1+z)^{1/z}$ quando $z = 0,001$ e $z = -0,001$. Obtenha uma aproximação do número $e$ até a terceira casa decimal, usando estes valores para encontrar o valor médio de $(1,001)^{1.000}$ e $(0,999)^{-1.000}$.
23. Obtenha uma aproximação do número $e$ até a quarta casa decimal, achando o valor médio de $(1,0001)^{10.000}$ e $(0,9999)^{-10.000}$. Use as Tabelas 8.1.1 e 8.1.2 para os valores de $(1+z)^{1/z}$, quando $z = 0,0001$ e $z = -0,0001$.
24. Faça um esboço do gráfico da função definida por

$$f(x) = (1+x)^{1/x}$$

no intervalo $[-0,5, 0,5]$, supondo que $f$ seja contínua neste intervalo e colocando no gráfico os pontos nos quais $x$ tem os valores $-0,5$, $-0,1$, $-0,01$, $0,01$, $0,1$ e $0,5$. Para os valores funcionais utilize as Tabelas 8.1.1 e 8.1.2. Sobre o eixo $x$ tome 0,1 como unidade de comprimento e sobre o eixo $y$ tome 1 como unidade de comprimento. A coordenada $y$ do ponto onde o gráfico intercepta o eixo $y$ é o número $e$.

## 8.2 FUNÇÕES EXPONENCIAIS

A definição de potência de um número positivo quando o expoente é um número racional está definida em álgebra. Em particular, $2^x$ está definido para qualquer valor racional de $x$. Por exemplo,

$$2^5 = 2 \cdot 2 \cdot 2 \cdot 2 \cdot 2 \qquad 2^0 = 1 \qquad 2^{-3} = \frac{1}{2^3} \qquad 2^{2/3} = \sqrt[3]{2^2}$$
$$= 32 \qquad\qquad\qquad\qquad\qquad\qquad = \frac{1}{8} \qquad\qquad = \sqrt[3]{4}$$

Não é tão simples definir $2^x$ quando $x$ é um número irracional. Por exemplo, o que significa $2^{\sqrt{3}}$? A definição de potência irracional de um número positivo requer uma abordagem mais avançada do que estamos fazendo neste livro. Podemos, contudo, dar uma indicação intuitiva de quais as potências irracionais de um número positivo que podem existir, mostrando como interpretar o significado $2^{\sqrt{3}}$. Para fazer isto, enunciamos, sem demonstração, o seguinte teorema.

---

**Teorema 8.2.1** Se $r$ e $s$ são números racionais, então

(i) se $b > 1$:     $r < s$   implica   $b^r < b^s$

(ii) se $0 < b < 1$:     $r < s$   implica   $b^r > b^s$

**322** AS FUNÇÕES EXPONENCIAL E LOGARÍTMICA

Uma aproximação decimal para $\sqrt{3}$ pode ser obtida com precisão até o número de casas decimais desejado. Usando quatro casas decimais, temos que $\sqrt{3} = 1{,}7321$. Como $1 < 1{,}7 < 2$, então do Teorema 8.2.1(i) segue que

$$2^1 < 2^{1.7} < 2^2$$

Como $1{,}7 < 1{,}73 < 1{,}8$, então

$$2^{1.7} < 2^{1.73} < 2^{1.8}$$

Como $1{,}73 < 1{,}732 < 1{,}74$, então

$$2^{1.73} < 2^{1.732} < 2^{1.74}$$

Como $1{,}732 < 1{,}7321 < 1{,}733$ então

$$2^{1.732} < 2^{1.7321} < 2^{1.733}$$

e assim por diante. Em cada desigualdade há uma potência de 2 para a qual o expoente é uma aproximação decimal do valor de $\sqrt{3}$, e em cada desigualdade sucessiva o expoente contém uma casa decimal a mais do que a desigualdade anterior. Seguindo este procedimento indefinidamente, a diferença entre os termos à esquerda e à direita da desigualdade pode ser obtida tão pequena quanto desejarmos. Assim, nossa intuição leva-nos a supor que há um valor de $2^{\sqrt{3}}$ que satisfaz cada desigualdade sucessiva quando o processo continua indefinidamente. Uma discussão similar pode ser dada para qualquer potência irracional de um número positivo. Além disso, o Teorema 8.2.1 é válido se $r$ e $s$ forem números reais quaisquer.

Podemos definir agora uma *função exponencial*.

Definição de função exponencial com base $b$

> Se $b > 0$ e $b \neq 1$, então a **função exponencial com base $b$** é a função $f$ definida por
> $$f(x) = b^x \qquad (1)$$
> O domínio de $f$ é o conjunto dos números reais e a imagem de $f$ é o conjunto dos números positivos.

Observe que se $b = 1$, então (1) fica $f(x) = 1^x$. Mas se $x$ é qualquer número real, então $1^x = 1$, e assim temos uma função constante. Por esta razão, impomos a condição de que $b \neq 1$ na discussão acima.

Nas duas ilustrações que seguem, vamos considerar os gráficos das funções exponenciais com bases 2 e $\frac{1}{2}$, respectivamente.

• ILUSTRAÇÃO 1

A função exponencial com base 2 é a função $F$ tal que

$$F(x) = 2^x$$

A Tabela 8.2.1 dá alguns valores racionais de $x$ com os correspondentes valores funcionais.

Tabela 8.2.1

| $x$ | $-3$ | $-2$ | $-1$ | $0$ | $1$ | $2$ | $3$ |
|---|---|---|---|---|---|---|---|
| $2^x$ | $\frac{1}{8}$ | $\frac{1}{4}$ | $\frac{1}{2}$ | $1$ | $2$ | $4$ | $8$ |

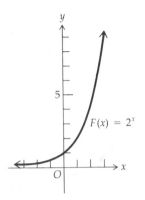

Figura 8.2.1

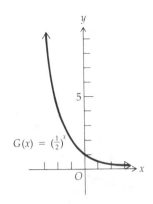

Figura 8.2.2

Um esboço do gráfico está na Figura 8.2.1; ele foi feito colocando-se no gráfico os pontos cujas coordenadas estão dadas na Tabela 8.2.1 e ligando-se estes pontos com uma curva suave. A função é crescente, como foi indicado pelo gráfico e enunciado no Teorema 8.2.1(i) com $r$ e $s$ sendo números reais e ainda, de acordo com a definição de função crescente. Observe que

$$\lim_{x \to -\infty} 2^x = 0$$

ou seja, $2^x$ aproxima-se de zero à medida que $x$ decresce ilimitadamente. Além disso,

$$\lim_{x \to +\infty} 2^x = +\infty$$

ou seja, $2^x$ cresce ilimitadamente, à medida que $x$ cresce ilimitadamente.

ILUSTRAÇÃO 2

A função exponencial com base $\frac{1}{2}$ é a função $G$, tal que

$$G(x) = (\tfrac{1}{2})^x$$

Na Tabela 8.2.2 temos alguns valores racionais de $x$ com os correspondentes valores funcionais.

**Tabela 8.2.2**

| $x$ | $-3$ | $-2$ | $-1$ | 0 | 1 | 2 | 3 |
|---|---|---|---|---|---|---|---|
| $(\tfrac{1}{2})^x$ | 8 | 4 | 2 | 1 | $\tfrac{1}{2}$ | $\tfrac{1}{4}$ | $\tfrac{1}{8}$ |

Colocando no gráfico os pontos cujas coordenadas estão dadas na Tabela 8.2.2 e ligando estes pontos com uma curva suave, obtemos o esboço do gráfico de $G$ dado na Figura 8.2.2. A função é decrescente, como mostra o gráfico, em decorrência do Teorema 8.2.1(ii) com $r$ e $s$ sendo números reais e da definição de função decrescente. Note que

$$\lim_{x \to +\infty} (\tfrac{1}{2})^x = 0$$

ou seja, $(\tfrac{1}{2})^x$ aproxima-se de zero à medida que $x$ cresce ilimitadamente. Além disso,

$$\lim_{x \to -\infty} (\tfrac{1}{2})^x = +\infty$$

ou seja, $(\tfrac{1}{2})^x$ cresce ilimitadamente, à medida que $x$ decresce ilimitadamente.

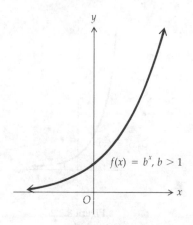
Figura 8.2.3

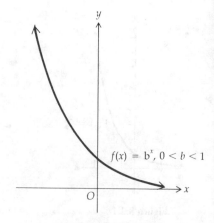
Figura 8.2.4

A Figura 8.2.3 mostra um esboço do gráfico da função $f$, tal que $f(x) = b^x$ e $b > 1$. A função exponencial com base $b$, $b > 1$, é uma função crescente. Este fato decorre do Teorema 8.2.1(i), sendo $r$ e $s$ números reais, e da definição de função crescente.

Na Figura 8.2.4 há um esboço do gráfico da função exponencial com base $b$, quando $0 < b < 1$. Esta função é decrescente, o que decorre do Teorema 8.2.1(ii), sendo $r$ e $s$ números reais, e da definição de função decrescente.

As leis dos expoentes, que são válidas para expoentes racionais, também são válidas se os expoentes forem números reais. Estas leis estão resumidas no seguinte teorema:

**Teorema 8.2.2** Se $a$ e $b$ são números positivos quaisquer, $x$ e $y$ números reais quaisquer, então

(i) $a^x a^y = a^{x+y}$

(ii) $\dfrac{a^x}{a^y} = a^{x-y}$

(iii) $(a^x)^y = a^{xy}$

(iv) $(ab)^x = a^x b^x$

(v) $\left(\dfrac{a}{b}\right)^x = \dfrac{a^x}{b^x}$

As demonstrações das propriedades (i) a (v) do Teorema 8.2.2 para expoentes reais vão além do contexto deste livro e, portanto, serão omitidas.

**EXEMPLO 1** Simplifique cada uma das expressões a seguir através da lei dos expoentes:
(a) $2^{\sqrt{3}} \cdot 2^{\sqrt{12}}$;  (b) $(7^{\sqrt{5}})^{\sqrt{20}}$

**Solução**

(a) $2^{\sqrt{3}} \cdot 2^{\sqrt{12}} = 2^{\sqrt{3}} \cdot 2^{2\sqrt{3}}$    (b) $(7^{\sqrt{5}})^{\sqrt{20}} = 7^{\sqrt{5} \cdot \sqrt{20}}$
$= 2^{\sqrt{3} + 2\sqrt{3}}$                                                        $= 7^{\sqrt{100}}$
$= 2^{3\sqrt{3}}$                                                                    $= 7^{10}$

Funções Exponenciais  325

Da definição de função exponencial com base $b$, segue que a base pode ser qualquer número positivo diferente de 1. Quando a base é o número $e$ definido na Secção 8.1, temos o que é comumente chamado de *função exponencial natural*.

Definição de função exponencial natural

> **A função exponencial natural** é a função $f$ definida por
>
> $f(x) = e^x$
>
> O domínio da função exponencial natural é o conjunto dos números reais e a imagem é o conjunto dos números reais positivos.

**EXEMPLO 2** Faça um esboço do gráfico da função exponencial natural.

**Solução** A Tabela 8.2.3 dá alguns valores de $x$ e os correspondentes valores da função exponencial natural. As aproximações das potências de $e$ são encontradas na Tabela 4, no fim do livro.

**Tabela 8.2.3**

| $x$   | 0 | 0,5 | 1   | 1,5 | 2   | 2,5  | -0,5 | -1  | -2  |
|-------|---|-----|-----|-----|-----|------|------|-----|-----|
| $e^x$ | 1 | 1,6 | 2,7 | 4,5 | 7,4 | 12,2 | 0,6  | 0,4 | 0,1 |

Os pontos cujas coordenadas estão dadas na Tabela 8.2.3 são colocados no gráfico, e estes pontos são ligados por uma curva suave, originando um esboço do gráfico da função exponencial natural, mostrado na Figura 8.2.5.

Modelos matemáticos envolvendo potências de $e$ ocorrem em muitos campos. Alguns modelos envolvem o que é chamado *crescimento exponencial* ou *decaimento exponencial*. Diz-se que a função definida por uma equação da forma

$f(t) = Be^{kt} \qquad t \geq 0$ (2)

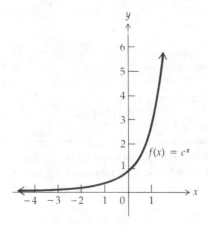

**Figura 8.2.5**

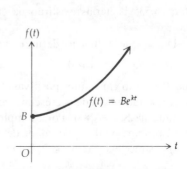

**Figura 8.2.6**

onde $B$ e $k$ são constantes positivas, tem **crescimento exponencial**. Na Secção 8.6 você aprenderá que quando a taxa de crescimento de uma quantidade é proporcional a seu tamanho, a quantidade cresce exponencialmente. Para traçar um esboço do gráfico de (2) notamos que $f(0) = B$ e $f(t)$ é sempre positiva. Além disso,

$$\lim_{t \to +\infty} f(t) = \lim_{t \to +\infty} Be^{kt} = +\infty$$

Assim sendo, $f(t)$ cresce ilimitadamente à medida que $t$ cresce ilimitadamente. Veja a Figura 8.2.6.

Um exemplo particular de crescimento exponencial ocorre se \$1.000 forem investidos a $12\%$ compostos continuamente. Se $f(t)$ for a quantia de tal investimento após $t$ anos, temos, da Fórmula (9) da Secção 8.1,

$$f(t) = 1.000 e^{0.12t}$$

Assim sendo, o montante do investimento cresce exponencialmente. O exemplo que segue envolve crescimento exponencial em biologia.

**EXEMPLO 3** Em uma certa cultura de bactérias, se $f(t)$ bactérias estão presentes em $t$ minutos, então

$$f(t) = Be^{0.04t} \tag{3}$$

onde $B$ é uma constante. Se 1.500 bactérias estão presentes inicialmente, quantas bactérias existirão após 1 hora?

**Solução** Como 1.500 bactérias estão presentes inicialmente, $f(0) = 1.500$. Logo, de (3),

$$f(0) = Be^{0.04(0)}$$
$$1.500 = Be^0$$
$$1.500 = B$$

De (3), com $B = 1.500$, temos que

$$f(t) = 1.500 e^{0.04t} \tag{4}$$

O número de bactérias presentes após 1 hora é $f(60)$. De (4),

$$f(60) = 1.500 e^{0.04(60)}$$
$$= 1.500 e^{2.4}$$

Da Tabela 4, $e^{2.4} = 11,023$. Logo,

$$f(60) = 1.500(11,023)$$
$$= 16.535$$

Então 16.535 bactérias existirão na cultura após 1 hora.

Diz-se que a função definida por uma equação da forma

$$f(t) = Be^{-kt} \quad t > 0 \tag{5}$$

onde $B$ e $k$ são constantes positivas, tem um **decaimento exponencial**. O decaimento exponencial ocorre quando a taxa de decréscimo de uma quantidade é proporcional a seu tamanho, como será mostrado na Secção 8.6. Por exemplo, é sabido de experimentos que a taxa de decaimento de rádio é proporcional à quantidade de rádio presente em um dado instante. Um esboço do gráfico de (5) aparece na Figura 8.2.7. Observe que

$$\lim_{t \to +\infty} f(t) = \lim_{t \to +\infty} Be^{-kt} = 0$$

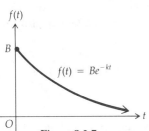

Figura 8.2.7

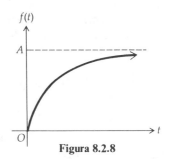

Figura 8.2.8

O próximo exemplo envolve decaimento exponencial, onde o valor de certo equipamento está decrescendo exponencialmente.

**EXEMPLO 4** Se $V(t)$ é o valor de certo equipamento $t$ anos após sua compra, então

$$V(t) = Be^{-0,20t} \tag{6}$$

onde $B$ é uma constante. Se o equipamento foi comprado por $ 8.000, qual será o seu valor após 2 anos?

**Solução** Como o equipamento foi comprado por $ 8.000, $V(0) = 8.000$. Logo, de (6),

$V(0) = Be^{-0,20(0)}$
$8.000 = Be^0$
$8.000 = B$

Substituindo $B$ por 8.000 em (6), temos

$$V(t) = 8.000e^{-0,20t} \tag{7}$$

O valor do equipamento após 2 anos é $V(2)$. De (7)

$V(2) = 8.000e^{-0,20(2)}$
$= 8.000e^{-0,40}$

Da Tabela 4, $e^{-0,40} = 0,670320$. Logo

$V(2) = 8.000(0,670320)$
$= 5.362,56$

Assim, o valor do equipamento após 2 anos será $ 5.362,56.

Um outro modelo envolvendo potências de $e$ é dado pela função definida por

$$f(t) = A(1 - e^{-kt}) \qquad t \geq 0 \tag{8}$$

onde $A$ e $k$ são constantes positivas. Esta função descreve um **crescimento limitado**. Como

$$\lim_{t \to +\infty} f(t) = \lim_{t \to +\infty} \left( A - \frac{A}{e^{kt}} \right) = A - 0 = A$$

então, à medida que $t$ cresce ilimitadamente, $f(t)$ aproxima-se de $A$. Note também que

$f(0) = A(1 - e^0) = 0$

Destas informações, obtemos o esboço do gráfico de $f$ mostrado na Figura 8.2.8. Este gráfico é algumas vezes chamado **curva de aprendizagem**. A propriedade do nome evidencia-se quando $f(t)$ representa a competência de uma pessoa ao executar uma tarefa. Enquanto a experiência de uma pessoa aumenta, a competência aumenta rapidamente no princípio e, então, vai diminuindo à medida que experiências adicionais têm pouco efeito na destreza segundo a qual a tarefa é desempenhada.

**EXEMPLO 5** Um operário típico em uma certa fábrica pode produzir $f(t)$ unidades por dia, onde

$$f(t) = 50(1 - e^{-kt}) \qquad (9)$$

Se um operário pode produzir 37 unidades por dia após 4 dias, quantas unidades ele poderá produzir após 7 dias?

**Solução** Sabemos que $f(4) = 37$. Assim,

$$37 = 50(1 - e^{-4k})$$
$$\tfrac{37}{50} = 1 - e^{-4k}$$
$$e^{-4k} = 1 - 0,74$$
$$e^{-4k} = 0,26 \qquad (10)$$

Na Tabela 4, queremos encontrar um valor de $x$ para o qual $e^{-x} = 0,26$. Na tabela vemos que $e^{-1,35} = 0,259240$. Assim

$$e^{-1,35} = 0,26 \qquad (11)$$

Logo, de (10) e (11), temos

$$e^{-4k} = e^{-1,35}$$
$$-4k = -1,35$$
$$k = 0,34$$

Tomando $k = 0,34$ em (9), temos

$$f(t) = 50(1 - e^{-0,34t}) \qquad (12)$$

Queremos encontrar $f(7)$. De (12),

$$f(7) = 50(1 - e^{-0,34(7)})$$
$$= 50(1 - e^{-2,38})$$

Da Tabela 4, $e^{-2,38} = 0,093$. Logo

$$f(7) = 50(1 - 0,093)$$
$$= 45$$

Logo, o operário pode produzir 45 unidades por dia após 7 dias.

O crescimento limitado é também descrito por uma função definida por

$$f(t) = A - Be^{-kt} \qquad t \geq 0 \qquad (13)$$

onde $A$, $B$ e $k$ são constantes positivas. Para esta função $f(0) = A - B$. Um esboço do gráfico aparece na Figura 8.2.9. Na Secção 8.7 mostramos que o crescimento limitado ocorre quando uma quantidade cresce a uma taxa proporcional à diferença entre um número fixo e seu tamanho, onde o número fixo serve como limite superior.

Consideremos agora o crescimento de uma população que é afetada pelo meio ambiente, o qual impõe uma limitação superior ao seu tamanho. Por exemplo, espaço ou reprodução podem ser fatores limitados pelo meio ambiente. Em tais casos, um modelo matemático do tipo

Funções Exponenciais   329

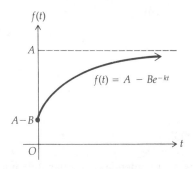

**Figura 8.2.9**

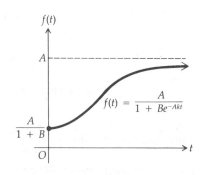

**Figura 8.2.10**

(2) não se aplica, pois a população não cresce acima de um certo valor. Um modelo que leva em conta fatores ambientais é dado pela função definida por

$$f(t) = \frac{A}{1 + Be^{-Akt}} \quad t \geq 0 \tag{14}$$

onde $A$, $B$ e $k$ são constantes positivas. Na Figura 8.2.10 há um esboço do gráfico desta função. Ela é chamada curva do **crescimento logístico**. Observe que quando $t$ é pequeno, o gráfico é similar àquele para crescimento exponencial da Figura 8.2.6, e quando $t$ aumenta, a curva é análoga à da Figura 8.2.9 para crescimento limitado.

Uma aplicação do crescimento logístico em economia é a difusão de informações acerca de um dado produto. Crescimento logístico é usado em biologia para descrever a propagação de uma doença e em sociologia para descrever a disseminação de um boato ou de uma piada.

**EXEMPLO 6** Numa certa comunidade a propagação de um determinado vírus da gripe foi tal que $t$ semanas após seu surgimento, $f(t)$ pessoas contraíram a doença, onde

$$f(t) = \frac{45.000}{1 + 224e^{-0,9t}} \tag{15}$$

Quantas pessoas tiveram a gripe (a) no surgimento; (b) após 3 semanas; (c) após 10 semanas? (d) Se a epidemia continuar indefinidamente, quantas pessoas irão contrair a gripe?

**Solução** (a) O número de pessoas que tiveram gripe no surgimento é $f(0)$, e

$$f(0) = \frac{45.000}{1 + 224e^{-0,9(0)}} = \frac{45.000}{1 + 224} = 200$$

(b) Após 3 semanas o número de pessoas com gripe é $f(3)$, e

$$f(3) = \frac{45.000}{1 + 224e^{-0,9(3)}} = \frac{45.000}{1 + 224e^{-2,7}}$$

$$= \frac{45.000}{1 + 224(0,067206)} = \frac{45.000}{16,054}$$

$$= 2.803$$

(c) Após 10 semanas o número de pessoas com gripe é $f(10)$, e

$$f(10) = \frac{45.000}{1 + 224e^{-9}} = \frac{45.000}{1 + 224(0,0001234)}$$

$$= \frac{45.000}{1,02764} = 43.790$$

(d) $\lim_{t \to +\infty} f(t) = \lim_{t \to +\infty} \frac{45.000}{1 + 224e^{-0,9t}} = \frac{45.000}{1 + 0} = 45.000$

Logo, aproximadamente 45.000 pessoas irão contrair gripe se a epidemia continuar indefinidamente

## Exercícios 8.2

Nos Exercícios de 1 a 14 faça um esboço do gráfico da função exponencial dada. Nos Exercícios de 9 a 14 use a Tabela 4 no fim do livro ou uma calculadora para determinar as potências de $e$.

1. $f(x) = 3^x$
2. $g(x) = 4^x$
3. $F(x) = 3^{-x}$
4. $G(x) = 4^{-x}$
5. $g(x) = (\frac{1}{5})^x$
6. $f(x) = 10^x$
7. $f(x) = 2^{x+1}$
8. $g(x) = 3^{x-1}$
9. $G(x) = e^{2x}$
10. $F(x) = e^{-x}$
11. $f(x) = 10e^{0,2x}$
12. $g(x) = 100e^{0,1x}$
13. $F(x) = 100e^{-0,1x}$
14. $G(x) = 10e^{-0,2x}$

15. Faça esboços dos gráficos de $y = 3^x$ e $x = 3^y$ no mesmo conjunto de eixos coordenados.
16. Faça esboços dos gráficos de $y = e^x$ e $x = e^y$ no mesmo conjunto de eixos coordenados.
17. A função $f$ definida por $f(x) = e^{-x^2}$ é importante em estatística. Faça um esboço do gráfico de $f$, supondo-a contínua e colocando no gráfico os pontos nos quais $x$ assume os valores $-2, -\frac{3}{2}, -1, -\frac{1}{2}, 0, \frac{1}{2}, 1, \frac{3}{2}$ e $2$. Use a Tabela 4 ou uma calculadora para as potências de $e$.

Nos Exercícios de 18 a 21 simplifique as expressões dadas aplicando a lei dos expoentes. Quando aparecerem variáveis, a base é um número positivo.

18. (a) $x^2 \cdot x^5$; (b) $(x^2)^5$; (c) $x^5 \div x^2$; (d) $x^2 \div x^5$
19. (a) $y^6 \cdot y^{-2}$; (b) $(y^6)^{-2}$; (c) $y^6 \div y^{-2}$; (d) $y^{-2} \div y^{-6}$
20. (a) $3^{\sqrt{2}} \cdot 3^{\sqrt{50}}$; (b) $(e^{\sqrt{2}})^{\sqrt{50}}$
21. (a) $2^{\sqrt{12}} \cdot 2^{\sqrt{27}}$; (b) $(e^{\sqrt{12}})^{\sqrt{27}}$

22. O valor de uma certa máquina $t$ anos após sua compra é $V(t)$, onde

$$V(t) = ke^{-0,30t}$$

e $k$ é uma constante. Se a máquina foi comprada há 8 anos por $ 10.000, qual o seu valor agora?

23. Uma pintura abstrata, historicamente importante; foi comprada em 1922 por $ 200, e seu valor tem dobrado a cada 10 anos, desde então. (a) Se $f(t)$ é o valor $t$ anos após a compra, defina $f(t)$. (b) Qual era o valor da pintura em 1982?

24. Se $P(h)$ quilos por metro quadrado é a pressão atmosférica a uma altitude de $h$ metros acima do nível do mar, então

$$P(h) = ke^{-0,00003h}$$

onde $k$ é uma constante. Se a pressão atmosférica ao nível do mar é 10.332 quilos por metro quadrado, ache a pressão atmosférica fora de um avião que está a uma altitude de 3.000 m.

25. Se $f(t)$ gramas de uma substância radioativa estão presentes após $t$ segundos, então

$$f(t) = ke^{-0,3t}$$

onde $k$ é uma constante. Se 100 g da substância estão presentes inicialmente, quanto haverá após 5 segundos?

26. Suponha que $f(t)$ seja o número de bactérias presentes em uma certa cultura em $t$ minutos, e
$$f(t) = ke^{0.035t}$$
onde $k$ é uma constante. Se 5.000 bactérias estão presentes após 10 min, quantas bactérias estavam presentes inicialmente?

27. Em 1975 foi estimado que para os próximos 20 anos a população de uma certa cidade deva ser $f(t)$ pessoas, $t$ anos a partir de 1975, onde
$$f(t) = C \cdot 10^{kt}$$
onde $C$ e $k$ são constantes. Se a população em 1975 era 1.000 e em 1980, 4.000, qual a população esperada em 1990?

28. Após $t$ horas de prática em datilografia foi determinado que uma pessoa podia datilografar $f(t)$ palavras por minuto, onde
$$f(t) = 90(1 - e^{-0.03t})$$
(a) Faça um esboço do gráfico de $f$ e observe o comportamento de $f$ quando $t$ cresce ilimitadamente.
(b) Quantas palavras por minuto a pessoa pode datilografar após 30 horas de prática?
(c) Quantas palavras por minuto espera-se que a pessoa possa datilografar?

29. A eficiência de um operário típico em uma certa fábrica é dada pela função definida por
$$f(t) = 100 - 60e^{-0.2t}$$
onde o operário pode completar $f(t)$ unidades, estando no trabalho por $t$ meses. (a) Faça um esboço do gráfico de $f$ e observe o comportamento de $f$ quando $t$ cresce ilimitadamente. (b) Quantas unidades por dia podem ser completadas por um operário inexperiente? (c) Quantas unidades diárias podem ser completadas por um operário com 6 meses de experiência? (d) Quantas unidades por dia pode completar, eventualmente, um trabalhador médio?

30. O valor de revenda de certo equipamento é $f(t)$, $t$ anos após sua compra, onde
$$f(t) = 1.200 + 8.000e^{-0.25t}$$
(a) Faça um esboço do gráfico de $f$ e observe o comportamento quando $t$ cresce ilimitadamente. (b) Qual o valor do equipamento na época de sua compra? (c) Qual o valor do equipamento 10 anos após sua compra? Qual é o valor de sucata previsto para o equipamento após um longo período de tempo?

31. Um dia num campus universitário quando há 5.000 pessoas presentes, um certo estudante ouviu que certa pessoa muito controvertida iria fazer um discurso não programado. Essa informação ele passou a seus amigos, que por sua vez a repassaram a outras pessoas. Decorridos $t$ min, $f(t)$ pessoas ouviram o boato, onde
$$f(t) = \frac{5.000}{1 + 4.999e^{-0.5t}}$$
Quantas pessoas ouviram o boato (a) após 10 min e (b) após 20 min? (c) Ache $\lim_{t \to +\infty} f(t)$.

32. Em uma certa cidade com população $A$, 20% dos moradores ouviram pelo rádio uma notícia sobre um escândalo político local. Após $t$ horas, $f(t)$ pessoas já sabiam do escândalo, onde
$$f(t) = \frac{A}{1 + Be^{-Akt}}$$
Se 50% da população sabia do escândalo decorrido após 1 hora, quanto tempo levou para que 80% da população soubesse do escândalo?

33. Em uma comunidade onde $A$ pessoas são suscetíveis a um certo vírus, ele se espalha de tal forma que $t$ semanas após seu aparecimento, $f(t)$ pessoas foram contaminadas por ele, onde
$$f(t) = \frac{A}{1 + Be^{-Akt}}$$
Se 10% das pessoas suscetíveis tinham o vírus inicialmente e 25% tinham sido infectadas após 3 semanas, qual a porcentagem das pessoas suscetíveis infectadas após 6 semanas?

## 8.3 AS FUNÇÕES LOGARÍTMICAS

Suponha que queiramos encontrar o número de anos necessários para que $ 900 se acumulem até $ 1.500, se o dinheiro for investido a 10% compostos continuamente. Se $T$ for o número de anos a ser determinado, então da Fórmula (9) da Secção 8.1 com $P = 900$, $A = 1.500$, $i = 0,10$ e $t = T$, temos que

$$1.500 = 900\, e^{0,10T}$$

Nesta equação a incógnita $T$ aparece como expoente. Por enquanto não podemos resolver tal equação usando as funções que conhecemos. Contudo, o conceito de logaritmo permitirá resolvê-la. Vamos desenvolver este conceito e depois retomar o problema no Exemplo 4.

Quando $b > 1$, a função exponencial com base $b$ é uma função crescente, e quando $0 < b < 1$, ela é decrescente. Além disso, esta função é contínua em seu domínio, que é o conjunto dos números reais. Como a imagem da função exponencial é o conjunto dos números positivos, segue do teorema do valor médio que para qualquer número positivo $y$ existe um número real $x$, tal que

$$y = b^x$$

A Figura 8.3.1 mostra um esboço do gráfico de $y = b^x$ quando $b > 1$; nesta figura um número positivo $p_i (i = 1, 2, 3)$ é escolhido no eixo $y$ e o único número real $r_i$ é o ponto correspondente no eixo $x$, de tal forma que

$$p_i = b^{r_i}$$

Assim, podemos enunciar a seguinte definição:

Definição de função logarítmica na base $b$

---

Seja $b$ qualquer número positivo, exceto 1. Se $x$ for um número positivo qualquer, há exatamente um número real $y$, tal que $x = b^y$. Este único número $y$ é o valor da **função logarítmica na base $b$** em $x$, e é denotado por $\log_b x$. Logo

$$y = \log_b x \text{ se e somente se } x = b^y \tag{1}$$

---

$\log_b x$ lê-se como "o logaritmo de $x$ na base $b$".

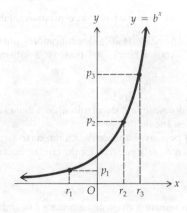

**Figura 8.3.1**

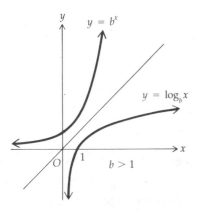

Figura 8.3.2

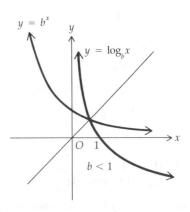

Figura 8.3.3

Como a imagem da função exponencial com base $b$ é o conjunto dos números positivos, o domínio da função logarítmica na base $b$ é o conjunto dos números positivos. A imagem da função logarítmica na base $b$ é o conjunto dos números reais, pois este é o domínio da função exponencial com base $b$. A Figura 8.3.2 mostra um esboço do gráfico da função logarítmica na base $b$, onde $b > 1$. É a reflexão sobre a reta $y = x$ do gráfico da função exponencial com base $b(b > 1)$; isto é, dobrando-se o papel ao longo da linha $y = x$ os dois gráficos coincidiriam. Um esboço do gráfico da função logarítmica na base $b$, onde $0 < b < 1$, está na Figura 8.3.3. Observe que ele é a reflexão sobre a reta $y = x$ do gráfico da função exponencial com base $b(0 < b < 1)$.

Os esboços dos gráficos nas Figuras 8.3.2 e 8.3.3 indicam certas propriedades da função logarítmica na base $b$. Vamos enumerá-las, tendo em mente que apesar de serem válidas não foram dadas provas formais de sua validade.

1. A função é contínua no domínio dos números positivos.
2. Se $b > 1$, a função é crescente; se $0 < b < 1$, ela é decrescente.
3. Se $b > 1$, $\log_b x$ é positiva se $x > 1$, é negativa, se $0 < x < 1$. Se $0 < b < 1$, $\log_b x$ é negativa se $x > 1$ e positiva se $0 < x < 1$. Além disso, $\log_b x$ não está definida se $x$ for negativo.
4. $\log_b 1 = 0$.
5. Se $b > 1$, $\lim_{x \to 0^+} \log_b x = -\infty$; e se $0 < b < 1$, $\lim_{x \to 0^+} \log_b x = +\infty$.

As duas equações que aparecem em (1) são equivalentes.

### ILUSTRAÇÃO 1

$4^2 = 16$  é equivalente a  $\log_4 16 = 2$

$2^3 = 8$  é equivalente a  $\log_2 8 = 3$

$(\frac{1}{9})^{1/2} = \frac{1}{3}$  é equivalente a  $\log_{1/9} \frac{1}{3} = \frac{1}{2}$

$5^{-2} = \frac{1}{25}$  é equivalente a  $\log_5 \frac{1}{25} = -2$

• ILUSTRAÇÃO 2

$\log_{10} 10.000 = 4$    é equivalente a    $10^4 = 10.000$

$\log_8 2 = \frac{1}{3}$    é equivalente a    $8^{1/3} = 2$

$\log_7 1 = 0$    é equivalente a    $7^0 = 1$

$\log_9 \frac{1}{3} = -\frac{1}{2}$    é equivalente a    $9^{-1/2} = \frac{1}{3}$

$\log_6 6 = 1$    é equivalente a    $6^1 = 6$

**EXEMPLO 1** Ache o valor de cada um dos seguintes logaritmos: (a) $\log_7 49$; (b) $\log_5 \sqrt{5}$; (c) $\log_6 \frac{1}{6}$; (d) $\log_3 81$; (e) $\log_{10} 0{,}001$.

**Solução** Em cada item vamos representar o logaritmo dado por $y$ e obter uma equação equivalente na forma exponencial. Então, resolvemos $y$ usando o fato de que se $b > 0$, $b \neq 1$, $b^y = b^n$ implica $y = n$.

(a) Seja $\log_7 49 = y$. Esta equação é equivalente a $7^y = 49$. Como $49 = 7^2$, temos
$7^y = 7^2$

Logo $y = 2$; isto é, $\log_7 49 = 2$.

(b) Seja $\log_5 \sqrt{5} = y$. Logo $5^y = \sqrt{5}$ ou, equivalentemente,
$5^y = 5^{1/2}$

Assim $y = \frac{1}{2}$; isto é, $\log_5 \sqrt{5} = \frac{1}{2}$.

(c) Seja $\log_6 \frac{1}{6} = y$. Assim $6^y = \frac{1}{6}$ ou, equivalentemente,
$6^y = 6^{-1}$

Logo $y = -1$; isto é, $\log_6 \frac{1}{6} = -1$.

(d) Seja $\log_3 81 = y$. Assim $3^y = 81$ ou, equivalentemente,
$3^y = 3^4$

Logo $y = 4$; isto é, $\log_3 81 = 4$.

(e) Seja $\log_{10} 0{,}001 = y$. Então $10^y = 0{,}001$. Como $10^{-3} = 0{,}001$, temos
$10^y = 10^{-3}$

Logo $y = -3$; isto é, $\log_{10} 0{,}001 = -3$.

Se eliminamos $y$ entre as equações em (1), obtemos

$$\boxed{b^{\log_b x} = x} \qquad (2)$$

Eliminando $x$ entre as mesmas equações obtemos
$\log_b b^y = y$

Se nesta equação substituímos $y$ por $x$, obtemos a equação equivalente

$$\boxed{\log_b b^x = x} \qquad (3)$$

As Equações (2) e (3) são identidades e, devido a estas identidades, a função exponencial com base $b$ e a função logarítmica na base $b$ são *funções inversas*. Em geral, duas funções $f$ e $g$ para as quais

$f(g(x)) = x$    e    $g(f(x)) = x$ $\qquad (4)$

são chamadas **funções inversas**. Se em (4) tomamos $f$ como a função exponencial com base $b$ e $g$ como a função logarítmica na base $b$, obtemos as Equações (2) e (3), respectivamente.

Três propriedades importantes de logaritmos são dadas no teorema que segue. As provas baseiam-se nas propriedades correspondentes de expoentes.

---

**Teorema 8.3.1** Se $b > 0$, $b \neq 1$, $M > 0$, $N > 0$ e $r$ é um número real qualquer, então

(i) $\log_b MN = \log_b M + \log_b N$ \hfill (5)

(ii) $\log_b \dfrac{M}{N} = \log_b M - \log_b N$ \hfill (6)

(iii) $\log_b M^r = r \log_b M$ \hfill (7)

---

**Prova da Parte (i)**

Seja
$$u = \log_b M \quad \text{e} \quad v = \log_b N \quad (8)$$

Colocando as Equações (8) na forma exponencial, temos

$$M = b^u \quad \text{e} \quad N = b^v$$

Logo,
$$MN = b^u \cdot b^v$$
$$= b^{u+v}$$

A forma logarítmica desta equação é

$$\log_b MN = u + v \quad (9)$$

Substituindo $u$ e $v$ pelos valores dados nas Equações (8), obtemos

$$\log_b MN = \log_b M + \log_b N \quad \blacksquare$$

As provas de (ii) e (iii) são análogas e serão omitidas.

**EXEMPLO 2** Expresse cada uma das expressões abaixo em termos dos logaritmos de $x$, $y$ e $z$, onde as variáveis representam números positivos:

(a) $\log_b x^2 y^3 z^4$; \quad (b) $\log_b \dfrac{x}{yz^2}$; \quad (c) $\log_b \sqrt[5]{\dfrac{xy^2}{z^3}}$

**Solução** (a) Usando (5) temos

$$\log_b x^2 y^3 z^4 = \log_b x^2 + \log_b y^3 + \log_b z^4$$

Aplicando (7) a cada um dos logaritmos do segundo membro obtemos

$$\log_b x^2 y^3 z^4 = 2 \log_b x + 3 \log_b y + 4 \log_b z$$

(b) De (6) segue que

$$\log_b \dfrac{x}{yz^2} = \log_b x - \log_b yz^2$$

Aplicando (5) ao segundo logaritmo do segundo membro temos

$$\log_b \frac{x}{yz^2} = \log_b x - (\log_b y + \log_b z^2)$$

$$= \log_b x - \log_b y - 2 \log_b z$$

(c) De (7) segue que

$$\log_b \sqrt[5]{\frac{xy^2}{z^3}} = \frac{1}{5} \log_b \frac{xy^2}{z^3}$$

Aplicando (6) ao segundo membro obtemos

$$\log_b \sqrt[5]{\frac{xy^2}{z^3}} = \frac{1}{5} (\log_b xy^2 - \log_b z^3)$$

$$= \frac{1}{5} (\log_b x + \log_b y^2 - \log_b z^3)$$

$$= \frac{1}{5} (\log_b x + 2 \log_b y - 3 \log_b z)$$

$$= \frac{1}{5} \log_b x + \frac{2}{5} \log_b y - \frac{3}{5} \log_b z$$

**EXEMPLO 3** Escreva cada uma das expressões seguintes com um único logaritmo com coeficiente 1: (a) $\log_b x + 2 \log_b y - 3 \log_b z$; (b) $\frac{1}{3} (\log_b 4 - \log_b 3 + 2 \log_b x - \log_b y)$.
**Solução**

(a) $\log_b x + 2 \log_b y - 3 \log_b z = (\log_b x + \log_b y^2) - \log_b z^3$
$$= \log_b xy^2 - \log_b z^3$$
$$= \log_b \frac{xy^2}{z^3}$$

(b) $\frac{1}{3} (\log_b 4 - \log_b 3 + 2 \log_b x - \log_b y)$

$$= \frac{1}{3} [(\log_b 4 + \log_b x^2) - (\log_b 3 + \log_b y)]$$

$$= \frac{1}{3} [\log_b 4x^2 - \log_b 3y]$$

$$= \frac{1}{3} \log_b \frac{4x^2}{3y}$$

$$= \log_b \sqrt[3]{\frac{4x^2}{3y}}$$

As Funções Logarítmicas   **337**

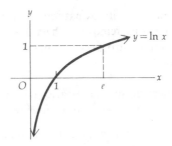

**Figura 8.3.4**

Quando os logaritmos são usados principalmente como ajuda para a computação, a base usada é 10. Tais logaritmos são chamados de **logaritmos comuns**. A Tabela 2 no fim do livro dá valores dos logaritmos comuns até quatro decimais. Uma calculadora manual com uma tecla log pode também ser usada para obter esses valores.

Consideremos a função logarítmica cuja base é o número $e$, definido na Secção 8.1. Esta função é chamada de *função logarítmica natural*, cuja definição formal é dada a seguir.

Definição de função logarítmica natural

---
Se $x$ é um número positivo qualquer, há exatamente um número real $y$, tal que $x = e^y$. Este único número $y$ é o valor da **função logarítmica natural** em $x$, que é denotada por $\ln x$. Logo

$$y = \ln x \text{ se e somente se } x = e^y \tag{10}$$
---

Lemos $\ln x$ como "o logaritmo natural de $x$". Você ficará a par da importância da função logarítmica natural em cálculo quando estudar a Secção 8.4.

Um esboço do gráfico da função logarítmica natural está na Figura 8.3.4. Ele tem, é claro, a aparência do gráfico da função logarítmica na base $b$, com $b > 1$, como na Figura 8.3.2. Na Figura 8.3.4 observe que $e$ é o número cujo logaritmo natural é 1; isto é

$$\boxed{\ln e = 1} \tag{11}$$

Isto segue da definição (10) pois

$\ln e = 1$ é equivalente a $e = e^1$

Se em (2) $b = e$, temos

$$\boxed{e^{\ln x} = x} \tag{12}$$

e se $b = e$ em (3), temos

$$\boxed{\ln e^x = x} \tag{13}$$

Devido a (12) e (13), as funções exponencial natural e logarítmica natural são inversas.

Se no Teorema 8.3.1 substituímos $b$ por $e$, temos as três propriedades seguintes, onde $M > 0$, $N > 0$ e $r$ é um número real qualquer:

$$\ln MN = \ln M + \ln N \tag{14}$$

$$\ln \frac{M}{N} = \ln M - \ln N \tag{15}$$

$$\ln M^r = r \ln M \tag{16}$$

No exemplo seguinte usaremos logaritmos naturais para resolver o problema apresentado no começo desta secção. Na solução usaremos a Tabela 3 do fim do livro, onde são dados os valores dos logaritmos naturais com quatro casas decimais. Uma calculadora manual com uma tecla ln também poderia ser usada.

**EXEMPLO 4** Determine o número de anos necessários para que $900 se acumulem até $1.500 se o dinheiro é investido a 10% compostos continuamente.

**Solução** Se $T$ é o número de anos a ser determinado, então da Fórmula (9) na Secção 8.1 com $P = 900$, $A = 1.500$, $i = 0,10$ e $t = T$, temos

$$900e^{0,10T} = 1.500$$
$$e^{0,10T} = \frac{1.500}{900}$$
$$e^{0,10T} = \frac{5}{3}$$

Tomando logaritmos naturais em ambos os membros da equação, temos

$$\ln e^{0,10T} = \ln \tfrac{5}{3}$$

Usando (16) no primeiro membro e (15) no segundo membro, temos

$$0,10T(\ln e) = \ln 5 - \ln 3$$

Da Tabela 3, $\ln 5 = 1,6094$ e $\ln 3 = 1,0986$; como $\ln e = 1$, então

$$0,10T(\ln e) = \ln 5 - \ln 3$$
$$0,10T = 0,5108$$
$$T = 5,108$$

Como 5,108 anos equivale a 5 anos, 1 mês e 9 dias, este é o tempo necessário para $900 acumularem-se até $1.500 se o dinheiro for investido a 10% compostos continuamente.

**EXEMPLO 5** Resolva o Exemplo 4 se o dinheiro for investido a 10% compostos semestralmente.

**Solução** Se $T$ é o número de anos a ser determinado, então da Fórmula (3) na Secção 8.1 com $P = 900$, $A = 1.500$, $i = 0,10$, $m = 2$ e $t = T$, temos

$$1.500 = 900\left(1 + \frac{0,10}{2}\right)^{2T}$$
$$(1,05)^{2T} = \tfrac{5}{3}$$

Tomando o logaritmo natural de ambos os membros da equação, obtemos

$$\ln(1,05)^{2T} = \ln \tfrac{5}{3}$$
$$2T \ln(1,05) = \ln 5 - \ln 3$$
$$T = \frac{\ln 5 - \ln 3}{2 \ln(1,05)}$$

Da Tabela 3, $\ln 5 = 1,6094$, $\ln 3 = 1,0986$ e $\ln 1,05 = 0,0488$. Logo

$$T = \frac{1,6094 - 1,0986}{2(0,0488)}$$

$$= \frac{0,5108}{0,0976}$$

$$= 5,234$$

Como 5,234 anos equivale a 5 anos, 2 meses e 24 dias, este é o tempo necessário para $ 900 acumularem-se até $ 1.500 se o dinheiro for investido a 10% compostos semestralmente.

Uma relação entre os logaritmos na base $b$ e naturais pode ser obtida partindo-se da equação

$$y = \log_b x \qquad (17)$$

Uma equação equivalente na forma exponencial é

$$b^y = x$$

Tomando o logaritmo natural de ambos os membros, temos

$$\ln b^y = \ln x$$

$$y \ln b = \ln x$$

$$y = \frac{\ln x}{\ln b}$$

De (17), $y = \log_b x$. Logo

$$\boxed{\log_b x = \frac{\ln x}{\ln b}} \qquad (18)$$

A Equação (18) pode ser usada para computar o logaritmo de um número em qualquer base, se for possível determinarem-se os logaritmos naturais requeridos.

Se em (18) tomamos $x = e$, temos

$$\log_b e = \frac{\ln e}{\ln b}$$

ou, como $\ln e = 1$,

$$\boxed{\log_b e = \frac{1}{\ln b}} \qquad (19)$$

**EXEMPLO 6** Compute o valor dos logaritmos dados: (a) $\log_2 e$; (b) $\log_5 10$.

**Solução** (a) De (19),

$$\log_2 e = \frac{1}{\ln 2} = \frac{1}{0,6931} = 1,443$$

(b) De (18),

$$\log_5 10 = \frac{\ln 10}{\ln 5} = \frac{2,3026}{1,6094} = 1,431$$

## Exercícios 8.3

Nos Exercícios de 1 a 6, faça um esboço do gráfico da função dada.

1. $f(x) = \log_{10} x$
2. $g(x) = \log_2 x$
3. $g(x) = \ln(x + 1)$
4. $f(x) = \ln(x - 1)$
5. $F(x) = \ln(-x)$
6. $G(x) = -\ln x$

Nos Exercícios de 7 a 12, ache o valor do logaritmo dado.

7. (a) $\log_8 64$; (b) $\log_4 64$; (c) $\log_{64} 8$; (d) $\log_2 \frac{1}{64}$
8. (a) $\log_9 81$; (b) $\log_3 81$; (c) $\log_{27} 81$; (d) $\log_{81} 3$
9. (a) $\log_2 1$; (b) $\log_2 2$; (c) $\log_2 4$; (d) $\log_2 \frac{1}{2}$
10. (a) $\log_2 \frac{1}{8}$; (b) $\log_4 \frac{1}{8}$; (c) $\log_{1/2} 8$; (d) $\log_{1/4} 8$
11. (a) $\log_3 \frac{1}{81}$; (b) $\log_{27} \frac{1}{81}$; (c) $\log_{1/3} 81$; (d) $\log_{81} \frac{1}{27}$
12. (a) $\log_{10} 1$; (b) $\log_{10} 10$; (c) $\log_{100} 10$; (d) $\log_{10} 0{,}001$

Nos Exercícios de 13 a 16, expresse cada um dos logaritmos em termos dos logaritmos de $x$, $y$ e $z$, onde as variáveis representam números positivos.

13. (a) $\log_b xyz$; (b) $\ln \dfrac{x^4 y}{z^2}$
14. (a) $\log_b x^2 y^3 z^4$; (b) $\ln \dfrac{x^3 z}{y^4}$
15. (a) $\log_b \sqrt[3]{yz^2}$; (b) $\ln \sqrt[5]{\dfrac{x^3 y^4}{z^2}}$
16. (a) $\log_b \sqrt[4]{xy^3}\, z$; (b) $\ln \sqrt[3]{\dfrac{x^2}{yz^2}}$

Nos Exercícios de 17 a 20, escreva as expressões como um único logaritmo com um coeficiente 1.

17. (a) $4 \log_{10} x + \frac{1}{2} \log_{10} y$; (b) $5 \ln x + \frac{1}{2} \ln y - \frac{1}{3} \ln z$
18. (a) $3 \log_2 x - \frac{1}{3} \log_2 y + 4 \log_2 y + 1$; (b) $\frac{3}{4} \ln x - 6 \ln y - \frac{4}{5} \ln z$
19. (a) $\frac{2}{3} \log_b x - 4 \log_b y + \log_b z - 1$; (b) $\ln \pi + \ln h + 2 \ln r - \ln 3$
20. (a) $\log_{10} 2 + \log_{10} \pi + \frac{1}{2} \log_{10} t - \frac{1}{2} \log_{10} g$; (b) $\frac{1}{4} \ln x^3 + \frac{1}{4} \ln y - \frac{1}{2} \ln z$

21. A equação de oferta de determinada mercadoria é $p = 20 + 10 \ln (1 + x)$, onde $x$ unidades são ofertadas quando $p$ é o preço unitário. (a) Faça um esboço da curva de oferta. (b) Ache o preço pelo qual 10 unidades deveriam ser ofertadas.
22. A equação de demanda de certa mercadoria é $x = \ln 10 - \ln p$, onde $x$ unidades são demandadas quando $p$ é o preço unitário. (a) Faça um esboço da curva de demanda. (b) Ache o preço mais alto que alguém pagaria pela mercadoria.
23. Quanto tempo levaria para $\$ 500$ acumularem-se até $\$ 900$ se o dinheiro for investido a 9% compostos continuamente?
24. Resolva o Exercício 23, supondo que o dinheiro seja investido a 12% compostos continuamente.
25. Resolva o Exercício 23, supondo que o dinheiro seja investido a 9% compostos anualmente.
26. Resolva o Exercício 23, supondo que o dinheiro seja investido a 12% compostos mensalmente.
27. Quanto tempo levará para um investimento duplicar se os juros forem pagos a uma taxa de 8% compostos continuamente?
28. Quanto tempo levará para um investimento triplicar se os juros forem pagos a uma taxa de 12% compostos continuamente?
29. Resolva o Exercício 27, se os juros forem pagos a uma taxa de 8% compostos (a) anualmente e (b) trimestralmente.
30. Resolva o Exercício 28, se os juros forem pagos a uma taxa de 12% compostos (a) anualmente e (b) semestralmente.
31. Na cultura de bactérias do Exemplo 3 na Secção 8.2, depois de quantos minutos estarão presentes 3.000 bactérias?

32. Depois de quantos anos desde sua compra a máquina do Exercício 22 nos Exercícios 8.2 tinha o valor de $ 4.000?
33. Quando se espera que o valor da pintura do Exercício 23 nos Exercícios 8.2 seja de $ 18.000?
34. Consulte o Exercício 24 nos Exercícios 8.2. Em que altitude é a pressão atmosférica de 2.441 quilos por metro quadrado?
35. Após quantos segundos estará presente somente 1 g da substância radioativa do Exercício 25 nos Exercícios 8.2?
36. Após quantos dias de trabalho o operário do Exemplo 5 na Secção 8.2 produzirá 25 unidades por dia?
37. Após quantos meses de trabalho o operário do Exercício 29 nos Exercícios 8.2 completará 25 unidades diárias?
38. Quanto tempo após sua compra o equipamento do Exercício 30 nos Exercícios 8.2 terá seu valor de revenda de $ 5.500?
39. Para a epidemia de gripe do Exemplo 6 na Secção 8.2, após quantas semanas metade da população contraiu a gripe?
40. No campus universitário do Exercício 31 nos Exercícios 8.2, após quantos minutos metade dos que estão no campus ouviram o boato?

Nos Exercícios de 41 a 44, compute o valor do logaritmo dado.

41. $\log_{10} e$     42. $\log_5 e$     43. $\log_2 10$     44. $\log_4 100$

## 8.4 DERIVADAS DAS FUNÇÕES LOGARÍTMICAS E INTEGRAIS QUE DÃO LUGAR À FUNÇÃO LOGARÍTMICA NATURAL

Para obter a derivada da função logarítmica na base $b$, aplicamos a definição de derivada dada em (2) da Secção 2.5.

Se $f(x) = \log_b x$, então

$$f'(x) = \lim_{\Delta x \to 0} \frac{f(x + \Delta x) - f(x)}{\Delta x}$$

$$= \lim_{\Delta x \to 0} \frac{\log_b(x + \Delta x) - \log_b x}{\Delta x}$$

$$= \lim_{\Delta x \to 0} \frac{1}{\Delta x} \log_b \frac{x + \Delta x}{x}$$

$$= \lim_{\Delta x \to 0} \frac{1}{\Delta x} \log_b \left(1 + \frac{\Delta x}{x}\right) \tag{1}$$

Em (1) seja $z = \dfrac{\Delta x}{x}$. Então $\dfrac{1}{\Delta x} = \dfrac{1}{xz}$ e "$\Delta x \to 0$" é equivalente a "$z \to 0$". Então (1) pode ser escrito na forma

$$f'(x) = \lim_{z \to 0} \frac{1}{xz} \log_b(1 + z)$$

$$= \lim_{z \to 0} \frac{1}{x} \left[\frac{1}{z} \log_b(1 + z)\right]$$

$$= \lim_{z \to 0} \frac{1}{x} \log_b(1 + z)^{1/z}$$

$$= \frac{1}{x} \lim_{z \to 0} \log_b(1 + z)^{1/z} \tag{2}$$

Como a função logarítmica é contínua, (2) pode ser escrito como

$$f'(x) = \frac{1}{x} \log_b \lim_{z \to 0} (1 + z)^{1/z}$$

Da definição do número $e$ dada em (8) na Secção 8.1, temos

$$f'(x) = \frac{1}{x} \log_b e \qquad (3)$$

O seguinte teorema segue de (3) e da regra da cadeia.

---

**Teorema 8.4.1** Se $u$ é uma função diferenciável de $x$,

$$D_x(\log_b u) = \frac{\log_b e}{u} \cdot D_x u \qquad (4)$$

---

Se a base $b$ é $e$, então temos a função logarítmica natural, e como

$$\log_e e = \ln e = 1$$

temos o seguinte teorema.

---

**Teorema 8.4.2** Se $u$ é uma função diferenciável de $x$,

$$D_x(\ln u) = \frac{1}{u} \cdot D_x u \qquad (5)$$

---

Comparando as Fórmulas (4) e (5), você pode ver que quando a base é $e$, obtemos as fórmulas mais simples para a derivada de uma função logarítmica.

Do Teorema 8.4.2, com $u = x$, temos

$$D_x(\ln x) = \frac{1}{x}$$

• ILUSTRAÇÃO 1

Vamos computar $D_x(\ln x^2)$ por dois métodos.

(a) Do Teorema 8.4.2, com $u = x^2$,

$$D_x(\ln x^2) = \frac{1}{x^2}(2x) = \frac{2}{x}$$

(b) Se o Teorema 8.3.1(iii) é aplicado antes de encontrar a derivada, temos

$$\ln x^2 = 2 \ln x$$

Assim

$$D_x (\ln x^2) = 2 \cdot \frac{1}{x} = \frac{2}{x}$$

**EXEMPLO 1** Ache a derivada da função dada. (a) $f(x) = \log_{10}(3x^2 - 7)$; (b) $g(x) = \ln \frac{x}{x^2 + 1}$

**Solução** (a) Do Teorema 8.4.1, com $b = 10$ e $u = 3x^2 - 7$,

$$f'(x) = \frac{\log_{10} e}{3x^2 - 7} \cdot D_x(3x^2 - 7)$$

$$= \frac{6x \log_{10} e}{3x^2 - 7}$$

(b) Do Teorema 8.4.2, com $u = \frac{x}{x^2 + 1}$

$$g'(x) = \frac{1}{\frac{x}{x^2 + 1}} \cdot D_x\left(\frac{x}{x^2 + 1}\right)$$

$$= \frac{x^2 + 1}{x} \cdot \frac{x^2 + 1 - 2x(x)}{(x^2 + 1)^2}$$

$$= \frac{1 - x^2}{x(x^2 + 1)}$$

**EXEMPLO 2** Ache a derivada: (a) $y = \ln(2x - 1)^3$; (b) $z = [\ln(2x - 1)]^3$.

**Solução**

(a) $D_x y = \frac{1}{(2x - 1)^3} \cdot D_x[(2x - 1)^3]$

$$= \frac{1}{(2x - 1)^3}[3(2x - 1)^2(2)]$$

$$= \frac{6}{2x - 1}$$

(b) $D_x z = 3[\ln(2x - 1)]^2 \cdot D_x[\ln(2x - 1)]$

$$= 3[\ln(2x - 1)]^2 \cdot \frac{1}{2x - 1} \cdot 2$$

$$= \frac{6[\ln(2x - 1)]^2}{2x - 1}$$

A ilustração seguinte mostra o cálculo das derivadas nos Exemplos 1(b) e 2(a), aplicando-se as propriedades de logaritmos dadas no Teorema 8.3.1.

• ILUSTRAÇÃO 2

(a) Se o Teorema 8.3.1(ii) é aplicado antes do cálculo da derivada no Exemplo 1(b), temos

$$g(x) = \ln x - \ln(x^2 + 1)$$

$$g'(x) = \frac{1}{x} - \frac{1}{x^2 + 1} \cdot 2x$$

$$= \frac{x^2 + 1 - 2x^2}{x(x^2 + 1)}$$

$$= \frac{1 - x^2}{x(x^2 + 1)}$$

(b) Aplicando o Teorema 8.3.1(iii) antes do cálculo da derivada no Exemplo 2(a), temos que

$$y = 3 \ln(2x - 1)$$

$$D_x y = 3 \cdot \frac{1}{2x - 1} \cdot 2$$

$$= \frac{6}{2x - 1}$$

**EXEMPLO 3** A equação de demanda para certa mercadoria é

$$x = 5.000 - 1.000 \ln (p + 40)$$

onde $x$ unidades são demandadas, quando $p$ é o preço unitário. (a) Ache a elasticidade-preço da demanda quando o preço unitário é $ 60. (b) Use o resultado da parte (a) para encontrar a variação aproximada na demanda quando o preço de $ 60 é aumentado em 5%.

**Solução** (a) Se $\eta$ é a elasticidade-preço da demanda, então, da definição (Equação (3) da Secção 5.4),

$$\boxed{\eta = \frac{p}{x} \cdot \frac{dx}{dp}} \tag{6}$$

Como

$$x = 5.000 - 1.000 \ln (p + 40) \tag{7}$$

$$\boxed{\frac{dx}{dp} = -\frac{1.000}{p + 40}} \tag{8}$$

Quando $p = 60$, de (7),

$$x = 5.000 - 1.000 \ln 100$$
$$= 5.000 - 1.000(4,6052)$$
$$= 5.000 - 4.605,2$$
$$= 395$$

de (8)

$$\frac{dx}{dp} = -\frac{1.000}{100}$$
$$= -10$$

Assim, quando $p = 60$, de (6) temos

$$\eta = \tfrac{60}{395}(-10)$$
$$= -1,52$$

O resultado de $\eta = -1,52$ significa que quando o preço unitário é $ 60, um aumento de 1% no preço unitário irá causar um decréscimo aproximado de 1,52% na demanda, ou um decréscimo de 1% no preço unitário irá causar um acréscimo de 1,52% na demanda.

(b) Se o preço de $ 60 for acrescido de 5%, haverá um decréscimo aproximado na demanda de $5(1,52)\% = 7,6\%$.

Na discussão que segue, precisamos usar $D_x(\ln |x|)$. Para encontrar isto usando o Teorema 8.4.2, $\sqrt{x^2}$ é substituída por $|x|$; assim,

$$D_x(\ln |x|) = D_x(\ln \sqrt{x^2})$$
$$= \frac{1}{\sqrt{x^2}} \cdot D_x(\sqrt{x^2})$$
$$= \frac{1}{\sqrt{x^2}} \cdot \frac{x}{\sqrt{x^2}}$$
$$= \frac{x}{x^2}$$
$$= \frac{1}{x}$$

Deste resultado e da regra da cadeia, segue o próximo teorema.

**Teorema 8.4.3** Se $u$ é uma função diferenciável de $x$,

$$D_x(\ln |u|) = \frac{1}{u} \cdot D_x u$$

O exemplo seguinte ilustra como as propriedades da função logarítmica natural, dadas no Teorema 8.3.1, podem simplificar o trabalho envolvido na diferenciação de expressões complicadas incluindo produtos, quocientes e potências.

**EXEMPLO 4** Dada

$$y = \frac{\sqrt[3]{x+1}}{(x+2)\sqrt{x+3}}$$

ache $D_x y$.

**Solução** Da equação dada

$$|y| = \left|\frac{\sqrt[3]{x+1}}{(x+2)\sqrt{x+3}}\right| = \frac{|\sqrt[3]{x+1}|}{|x+2||\sqrt{x+3}|}$$

Tomando o logaritmo natural e aplicando as propriedades de logaritmos, obtemos

$$\ln|y| = \tfrac{1}{3}\ln|x+1| - \ln|x+2| - \tfrac{1}{2}\ln|x+3|$$

Diferenciando ambos os lados implicitamente em relação a $x$ e aplicando o Teorema 8.4.3, obtemos

$$\frac{1}{y}D_x y = \frac{1}{3(x+1)} - \frac{1}{x+2} - \frac{1}{2(x+3)}$$

Multiplicando ambos os lados por $y$ obtemos

$$D_x y = y \cdot \frac{2(x+2)(x+3) - 6(x+1)(x+3) - 3(x+1)(x+2)}{6(x+1)(x+2)(x+3)}$$

Substituindo $y$ pelo valor dado obtemos $D_x y$ igual a

$$\frac{(x+1)^{1/3}}{(x+2)(x+3)^{1/2}} \cdot \frac{2x^2 + 10x + 12 - 6x^2 - 24x - 18 - 3x^2 - 9x - 6}{6(x+1)(x+2)(x+3)}$$

Logo,

$$D_x y = \frac{-7x^2 - 23x - 12}{6(x+1)^{2/3}(x+2)^2(x+3)^{3/2}}$$

O processo ilustrado no Exemplo 4 é chamado **diferenciação logarítmica** e foi desenvolvido em 1697 por Johann Bernoulli (1667-1748).

Do Teorema 8.4.3 obtemos o seguinte teorema para integração indefinida.

---

**Teorema 8.4.4**

$$\int \frac{1}{u}\,du = \ln|u| + C$$

---

Dos Teoremas 8.4.4 e 6.2.8, sendo $n$ um número real qualquer,

$$\int u^n\,du = \begin{cases} \dfrac{u^{n+1}}{n+1} + C & \text{se } n \neq -1 \\ \ln|u| + C & \text{se } n = -1 \end{cases} \tag{9}$$

**EXEMPLO 5** Calcule

$$\int \frac{x^2\,dx}{x^3 + 1}$$

**Solução**

$$\int \frac{x^2 \, dx}{x^3 + 1} = \frac{1}{3} \int \frac{3x^2 \, dx}{x^3 + 1} = \frac{1}{3} \ln|x^3 + 1| + C$$

**EXEMPLO 6** Calcule

$$\int_0^2 \frac{x^2 + 2}{x + 1} \, dx$$

**Solução** Como $(x^2 + 2)/(x + 1)$ é uma fração imprópria, dividimos o numerador pelo denominador e obtemos

$$\frac{x^2 + 2}{x + 1} = x - 1 + \frac{3}{x + 1}$$

Logo

$$\int_0^2 \frac{x^2 + 2}{x + 1} \, dx = \int_0^2 \left( x - 1 + \frac{3}{x + 1} \right) dx$$

$$= \tfrac{1}{2} x^2 - x + 3 \ln|x + 1| \Big]_0^2$$

$$= 2 - 2 + 3 \ln 3 - 3 \ln 1$$

$$= 3 \ln 3 - 3 \cdot 0$$

$$= 3 \ln 3$$

A resposta no Exemplo 6 também pode ser escrita como $\ln 27$, pois, pelo Teorema 8.3.1(iii), $3 \ln 3 = \ln 3^3$.

**EXEMPLO 7** Calcule

$$\int \frac{\ln x}{x} \, dx$$

**Solução** Seja $u = \ln x$; então $du = dx/x$; logo

$$\int \frac{\ln x}{x} \, dx = \int u \, du = \frac{1}{2} u^2 + C = \frac{1}{2} (\ln x)^2 + C$$

## Exercícios 8.4

Nos Exercícios de 1 a 16, diferencie a função dada e simplifique o resultado.

1. (a) $f(x) = \ln(4 + 5x)$; (b) $g(x) = \ln \sqrt{4 + 5x}$
2. (a) $f(x) = \ln(8 - 2x)$; (b) $g(x) = \ln(8 - 2x)^5$
3. (a) $f(t) = \ln(3t + 1)^2$; (b) $g(t) = [\ln(3t + 1)]^2$
4. (a) $F(x) = \ln(1 + 4x^2)$; (b) $G(x) = \ln \sqrt{1 + 4x^2}$
5. (a) $f(x) = \ln(3x^2 - 2x + 1)^2$; (b) $g(x) = \log_2(3x^2 - 2x + 1)$
6. (a) $f(x) = \ln(x^2 + 2)^3$; (b) $g(x) = \log_{10}(x^2 + 2)$

**348** AS FUNÇÕES EXPONENCIAL E LOGARÍTMICA

7. $f(t) = \log_{10} \dfrac{t}{t+1}$ 

8. $h(x) = \dfrac{\log_{10} x}{x}$

9. $f(x) = \sqrt{\log_b x}$

10. $g(t) = \log_{10}[\log_{10}(t+1)]$

11. $h(w) = \ln \sqrt[3]{\dfrac{w+1}{w^2+1}}$

12. $f(r) = r \ln r$

13. $g(y) = \ln(\ln y)$

14. $F(x) = \sqrt{x+1} - \ln(1 + \sqrt{x+1})$

15. $g(x) = \ln |x^3 + 1|$

16. $f(t) = \ln \left| \dfrac{3t}{t^2 + 4} \right|$

Nos Exercícios de 17 a 20, ache $D_x y$ por diferenciação logarítmica.

17. $y = x^2(x^2 - 1)^3(x+1)^4$

18. $y = \dfrac{x^5(x+2)}{x-3}$

19. $y = \dfrac{x^3 + 2x}{\sqrt[5]{x^7 + 1}}$

20. $y = \dfrac{x\sqrt{x+1}}{\sqrt[3]{x-1}}$

Nos Exercícios 21 e 22, ache $D_x y$ por diferenciação implícita.

21. $\ln xy + x + y = 2$

22. $\ln \dfrac{y}{x} + xy = 1$

Nos Exercícios de 23 a 30, calcule a integral indefinida.

23. $\displaystyle\int \dfrac{dx}{3 - 2x}$

24. $\displaystyle\int \dfrac{dx}{7x + 10}$

25. $\displaystyle\int \dfrac{3x}{x^2 + 4} dx$

26. $\displaystyle\int \dfrac{x}{2 - x^2} dx$

27. $\displaystyle\int \dfrac{3x^2}{5x^3 - 1} dx$

28. $\displaystyle\int \dfrac{2x - 1}{x(x - 1)} dx$

29. $\displaystyle\int \dfrac{2x^3}{x^2 - 4} dx$

30. $\displaystyle\int \dfrac{5 - 4y^2}{3 - 2y} dy$

Nos Exercícios de 31 a 34, calcule a integral definida.

31. $\displaystyle\int_3^5 \dfrac{2x}{x^2 - 5} dx$

32. $\displaystyle\int_4^5 \dfrac{x}{4 - x^2} dx$

33. $\displaystyle\int_2^4 \dfrac{dx}{x \ln^2 x}$

34. $\displaystyle\int_2^4 \dfrac{\ln x}{x} dx$

35. A função receita marginal para uma mercadoria é dada por $R'(x) = 12/(x+2)$, onde $R(x)$ é a receita total quando $x$ unidades forem vendidas. Ache a equação de demanda.

36. Uma determinada empresa determinou que se sua despesa semanal com propaganda for $x$, então sendo $S$ a receita semanal de vendas, $S = 4.000 \ln x$. (a) Determine a taxa de variação da receita de vendas em relação às despesas de propaganda, quando o orçamento semanal de propaganda for de $ 800. (b) Se o orçamento semanal de propaganda for aumentado para $ 950, qual o aumento aproximado na receita semanal de vendas?

37. A equação de demanda para um certo molho de salada é $x = 20 - 10 \ln p$, onde $x$ garrafas são demandadas quando $p$ é o preço por garrafa. (a) Ache a elasticidade-preço da demanda quando o preço por garrafa for $ 1. (b) Use o resultado da parte (a) para determinar a variação aproximada na demanda quando o preço de $ 1 for aumentado em 10%.

38. Um fabricante de geradores elétricos começou suas atividades em 1.º de janeiro de 1973. Durante o primeiro ano não houve vendas, pois a empresa concentrou-se em aprimorar o produto. Após o primeiro ano, as vendas cresceram constantemente segundo a equação $y = x \ln x$, onde $x$ é o número de anos de atividades da empresa e $y$ corresponde ao volume de vendas em unidades monetárias. (a) Faça um esboço do gráfico da equação. Determine a taxa segundo a qual as vendas estão crescendo, (b) em 1.º de janeiro de 1977 e (c) em 1.º de janeiro de 1983.

39. A equação de demanda para determinada mercadoria é $p(x+2) = 40 - x$, onde $x$ unidades são demandadas quando $p$ é o preço unitário. Ache o excedente do consumidor se a demanda de mercado for 10.

40. A equação de demanda para uma certa mercadoria é $p = 10/(x+1)$, onde $x$ unidades são demandadas quando $p$ é o preço unitário. Ache o excedente do consumidor se o preço de mercado for $ 4.

Diferenciação e Integração das Funções Exponenciais 349

41. As equações de demanda e de oferta para uma certa mercadoria são, respectivamente,
$$p = \frac{600 - 2x}{x + 100} \quad \text{e} \quad 200p = 300 + x$$
onde $x$ unidades são demandadas ou ofertadas quando $p$ é o preço unitário. Se o mercado estiver em equilíbrio, ache o excedente do consumidor.

42. Num cabo telegráfico, a medida da velocidade do sinal é diretamente proporcional a $x^2 \ln(1/x)$, onde $x$ é a razão entre a medida do raio do núcleo do cabo e a medida da espessura do enrolamento do cabo. Ache o valor de $x$ para o qual a velocidade do sinal é máxima.

43. Em biologia a equação de crescimento de Gompertz é por vezes usada para descrever o crescimento limitado de uma população. Esta equação é
$$\frac{dy}{dt} = ky \ln \frac{a}{y}$$
onde $a$ e $k$ são constantes positivas. Ache a solução geral desta equação diferencial.

Nos Exercícios 44 e 45, faça um esboço da curva dada pela equação.

44. $y = x \ln x$  45. $y = x - \ln x$

## 8.5 DIFERENCIAÇÃO E INTEGRAÇÃO DAS FUNÇÕES EXPONENCIAIS

Para obter a derivada da função exponencial com base $b$, começamos com a equação
$$y = b^x \qquad (1)$$
Então de (1) na Secção 8.3,
$$x = \log_b y$$
Diferenciando ambos os membros desta equação implicitamente em relação a $x$, obtemos
$$1 = \frac{\log_b e}{y} \cdot D_x y$$
Assim
$$D_x y = y \cdot \frac{1}{\log_b e} \qquad (2)$$
De (19) na Secção 8.3,
$$\frac{1}{\log_b e} = \ln b \qquad (3)$$
Substituindo (1) e (3) em (2) obtemos
$$D_x(b^x) = b^x \ln b \qquad (4)$$
De (4) e da regra da cadeia temos o seguinte teorema.

**Teorema 8.5.1** Se $u$ é uma função diferenciável de $x$,
$$\boxed{D_x(b^u) = b^u \ln b \, D_x u} \qquad (5)$$

• ILUSTRAÇÃO 1

Se $y = 10^{3x}$, então do Teorema 8.5.1,
$$D_x y = 10^{3x} \ln 10(3) = 3(\ln 10)10^{3x}$$

Se em (4) a base $b$ é $e$, temos a função exponencial natural, e de (4) com $b = e$ obtemos
$$D_x(e^x) = e^x \ln e$$

$$\boxed{D_x(e^x) = e^x} \tag{6}$$

De (6) e da regra da cadeia temos o seguinte teorema.

---

**Teorema 8.5.2** Se $u$ é uma função diferenciável de $x$,

$$\boxed{D_x(e^u) = e^u D_x u} \tag{7}$$

---

• ILUSTRAÇÃO 2

Se $y = e^{3x}$, então do Teorema 8.5.2,
$$D_x y = e^{3x}(3) = 3e^{3x}$$

Comparando as Fórmulas (5) e (7) você verá novamente que quando a base for o número $e$ obtemos a fórmula mais simples para a derivada de uma função exponencial.

**EXEMPLO 1** Ache a derivada da função dada: (a) $f(x) = 3^{x^2}$; (b) $g(x) = e^{1/x^2}$.

**Solução** (a) Do Teorema 8.5.1, com $b = 3$ e $u = x^2$,

$$f'(x) = 3^{x^2} \ln 3 \cdot D_x(x^2)$$
$$= 3^{x^2} \ln 3 (2x)$$
$$= 2(\ln 3) x 3^{x^2}$$

(b) Do Teorema 8.5.2, com $u = 1/x^2$,

$$g'(x) = e^{1/x^2} \cdot D_x\left(\frac{1}{x^2}\right)$$
$$= e^{1/x^2}\left(-\frac{2}{x^3}\right)$$
$$= -\frac{2e^{1/x^2}}{x^3}$$

Do Teorema 8.5.2, se $f(x) = ke^x$, onde $k$ é uma constante, então $f'(x) = ke^x$. Assim, a derivada desta função é ela mesma. A única outra função com a mesma propriedade que encontramos anteriormente foi a função constante $f(x) = 0$; observe que esta função é um caso especial de $f(x) = ke^x$ quando $k = 0$. Pode ser provado que a função mais geral possível que é sua própria derivada é dada por $f(x) = ke^x$ (veja o Exercício 42).

Dos Teoremas 8.5.1 e 8.5.2 obtemos os dois teoremas seguintes para a integração indefinida.

**Teorema 8.5.3** Se $b$ é um número positivo qualquer distinto de 1,

$$\int b^u \, du = \frac{b^u}{\ln b} + C$$

## ILUSTRAÇÃO 3

Do Teorema 8.5.3 com $b = 2$ e $u = x$,

$$\int 2^x \, dx = \frac{2^x}{\ln 2} + C \qquad \bullet$$

**Teorema 8.5.4**

$$\int e^u \, du = e^u + C$$

## ILUSTRAÇÃO 4

Do Teorema 8.5.4 com $u = 2x$ e $du = 2dx$, temos

$$\int e^{2x} \, dx = \frac{1}{2} \int e^{2x}(2 \, dx)$$

$$= \frac{1}{2} e^{2x} + C \qquad \bullet$$

**EXEMPLO 2** Ache $\int \sqrt{10^{3x}} \, dx$

**Solução** $\int \sqrt{10^{3x}} \, dx = \int 10^{3x/2} \, dx$. Seja $u = \frac{3}{2}x$; então, $du = \frac{3}{2}dx$; assim, $\frac{2}{3}du = dx$. Logo

$$\int 10^{3x/2} \, dx = \int 10^u \left(\frac{2}{3} \, du\right)$$

$$= \frac{2}{3} \cdot \frac{10^u}{\ln 10} + C$$

$$= \frac{2 \cdot 10^{3x/2}}{3 \ln 10} + C$$

**EXEMPLO 3** Ache $\int \dfrac{e^{\sqrt{x}}}{\sqrt{x}}\,dx$

**Solução** Seja $u = \sqrt{x}$; então, $du = \frac{1}{2}x^{-1/2}\,dx$; assim

$$\int \dfrac{e^{\sqrt{x}}}{\sqrt{x}}\,dx = 2\int e^u\,du$$

$$= 2e^u + C$$
$$= 2e^{\sqrt{x}} + C$$

Da Equação (12) na Secção 8.3, se $x > 0$,

$$e^{\ln x} = x$$

Assim, se $x > 0$ e $n$ é um número real qualquer,

$$x^n = (e^{\ln x})^n$$

$$\boxed{x^n = e^{n\ln x}} \qquad (8)$$

Numa abordagem mais avançada de função exponencial, (8) é dada como a definição de expoente real. A Equação (8) e uma tabela de potências de $e$ (ou uma calculadora manual) podem ser usadas para computar $a^n$, se $n$ for um número irracional qualquer. O exemplo seguinte mostra o procedimento.

**EXEMPLO 4** Compute o valor de $2^{\sqrt{3}}$ com duas casas decimais.

**Solução** De (8),

$$2^{\sqrt{3}} = e^{\sqrt{3}\ln 2}$$
$$= e^{1,732(0,6931)}$$
$$= e^{1,200}$$
$$= 3,32$$

Como $x^n$ foi definido para todo número real $n$, agora vamos provar o Teorema 2.6.2 (derivada de uma função potência) quando o expoente é um número real qualquer. De (8), se $x > 0$,

$$x^n = e^{n\ln x}$$

Logo

$$D_x(x^n) = e^{n\ln x} D_x(n\ln x)$$

$$= e^{n\ln x}\left(\dfrac{n}{x}\right)$$

$$= x^n \cdot \dfrac{n}{x}$$

$$\boxed{D_x(x^n) = nx^{n-1}} \qquad (9)$$

Diferenciação e Integração das Funções Exponenciais **353**

A Equação (9) permite-nos encontrar a derivada de uma variável elevada a uma potência constante. Anteriormente nesta secção aprendemos como diferenciar uma constante elevada a uma potência variável. Vamos considerar agora a derivada de uma função cujo valor funcional é dado por uma variável elevada a uma potência variável, como mostra o seguinte exemplo.

**EXEMPLO 5** Se $y = x^x$, onde $x > 0$, ache $dy/dx$.

**Solução** De (8), se $x > 0$, $x^x = e^{x \ln x}$. Logo

$$y = e^{x \ln x}$$

$$\frac{dy}{dx} = e^{x \ln x} D_x(x \ln x)$$

$$= e^{x \ln x} \left( x \cdot \frac{1}{x} + \ln x \right)$$

$$= x^x(1 + \ln x)$$

O método de diferenciação logarítmica pode também ser usado para encontrar a derivada de uma função cujo valor funcional é uma variável elevada a uma potência variável, como mostra o seguinte exemplo.

**EXEMPLO 6** Ache $dy/dx$ no Exemplo 5, usando diferenciação logarítmica.

**Solução** Temos que $y = x^x$ com $x > 0$. Tomando o logaritmo natural de ambos os membros, obtemos

$$\ln y = \ln x^x$$
$$\ln y = x \ln x$$

Diferenciando ambos os membros da equação acima em relação a $x$, obtemos

$$\frac{1}{y} \cdot \frac{dy}{dx} = x \cdot \frac{1}{x} + \ln x$$

$$\frac{dy}{dx} = y(1 + \ln x)$$

$$\frac{dy}{dx} = x^x(1 + \ln x)$$

## Exercícios 8.5

Nos Exercícios de 1 a 12, ache a derivada da função dada.

1. (a) $f(x) = e^{5x}$; (b) $g(x) = 2^{5x}$
2. (a) $f(x) = e^{-7x}$; (b) $g(x) = 10^{-7x}$
3. (a) $f(x) = e^{-3x^2}$; (b) $g(x) = b^{-3x^2}, b > 0$
4. (a) $f(x) = e^{x^2-3}$; (b) $g(x) = b^{x^2-3}, b > 0$
5. $f(t) = \dfrac{e^t}{t}$
6. $g(x) = e^{e^x}$
7. $h(x) = \dfrac{e^x - e^{-x}}{e^x + e^{-x}}$
8. $f(w) = \dfrac{e^{2w}}{w^2}$
9. $g(x) = 10^{x^2-2x}$
10. $f(x) = (x^3 + 3)2^{-7x}$
11. $f(x) = \ln(e^x + e^{-x})$
12. $g(x) = \ln \dfrac{e^{4x} - 1}{e^{4x} + 1}$

Nos Exercícios 13 e 14, ache $D_x y$ por diferenciação implícita.

13. $e^x + e^y = e^{x+y}$
14. $ye^{2x} + xe^{2y} = 1$

Nos Exercícios de 15 a 28, calcule a integral indefinida.

15. (a) $\int e^{2x}\,dx$; (b) $\int 3^{2x}\,dx$
16. (a) $\int e^{-4x}\,dx$; (b) $\int 10^{-4x}\,dx$

17. (a) $\int e^{2-5x}\,dx$; (b) $\int 10^{2-5x}\,dx$
18. (a) $\int e^{2x+1}\,dx$; (b) $\int 5^{2x+1}\,dx$

19. $\int x^2 e^{2x^3}\,dx$
20. $\int 3xe^{4x^2}\,dx$
21. $\int \dfrac{1+e^{2x}}{e^x}\,dx$
22. $\int \dfrac{e^{2x}}{e^x+3}\,dx$

23. $\int \dfrac{e^{3x}}{(1-2e^{3x})^2}\,dx$
24. $\int e^{3x}e^{2x}\,dx$
25. $\int 3^t e^t\,dt$
26. $\int x^2 10^{x^3}\,dx$

27. $\int 5^{x^4+2x}(2x^3+1)\,dx$
28. $\int 2^{z\ln z}(\ln z + 1)\,dz$

Nos Exercícios de 29 a 31, calcule a integral indefinida.

29. $\displaystyle\int_0^3 \dfrac{e^x + e^{-x}}{2}\,dx$
30. $\displaystyle\int_1^2 \dfrac{e^x}{e^x + e}\,dx$
31. $\displaystyle\int_0^2 xe^{4-x^2}\,dx$

Nos Exercícios de 32 a 37, ache $dy/dx$.

32. $y = x^{x^2}$; $x > 0$
33. $y = x^{\sqrt{x}}$; $x > 0$
34. $y = (\ln x)^{\ln x}$; $x > 1$
35. $y = x^{\ln x}$; $x > 0$
36. $y = x^{e^x}$; $x > 0$
37. $y = (x)^{x^x}$; $x > 0$

Nos Exercícios de 38 a 41, calcule o valor com duas casas decimais, expressando-o como uma potência de $e$.

38. $2^{\sqrt{2}}$
39. $(\sqrt{2})^{\sqrt{2}}$
40. $(\sqrt{2})^e$
41. $3^\pi$

42. Prove que a função mais geral que é igual à sua derivada é dada por $f(x) = ke^x$. (*Sugestão*: Seja $y = f(x)$ e resolva a equação diferencial $dy/dx = y$.)
43. Ache a taxa segundo a qual o valor da pintura do Exercício 23 nos Exercícios 8.2 estava crescendo em 1982.
44. Uma empresa estima que em $t$ anos o número de seus empregados será $N(t)$, onde $N(t) = 1.000(0,8)^{t/2}$. (a) Quantos empregados a empresa espera ter em 4 anos? (b) A que taxa se espera que o número de empregados esteja variando em 4 anos?
45. Uma empresa tem observado que quando inicia uma nova campanha de vendas, o volume de vendas diárias aumenta. Contudo, à medida que o impacto da campanha passa, o volume de vendas diárias adicionais decresce. Para uma campanha específica ficou determinado que se $S(t)$ é o volume de vendas diárias adicionais como resultado da campanha e $t$ é o número de dias passados desde que terminou a campanha, então $S(t) = 1.000(3^{-t/2})$. Ache a taxa segundo a qual o volume de vendas diárias adicionais está decrescendo quando (a) $t = 4$ e (b) $t = 10$.
46. O distribuidor de determinada mercadoria tem observado que o número de unidades vendidas depende do orçamento de propaganda. Seja $S(x)$ o número de unidades vendidas quando o orçamento de propaganda é $x$. Estima-se que $S(x)$ está crescendo a uma taxa de $10e^{-0,02x}$ unidades por \$ 1 de aumento no orçamento de propaganda; isto é, $S'(x) = 10e^{-0,02x}$. Se 250 unidades forem vendidas sem qualquer propaganda, ache uma equação que defina $S(x)$.
47. A equação de demanda para certa mercadoria é $p = 10e^{-x}$, onde $x$ unidades são demandadas quando $p$ é o preço por unidade. Ache o excedente do consumidor quando o preço de mercado for \$ 1.
48. A equação de oferta para certa mercadoria é $p = 20e^{x/3}$, onde $x$ unidades são ofertadas quando $p$ é o preço unitário. Se o preço de mercado for \$ 6,00, ache o excedente do produtor.

## 8.6 LEIS DE CRESCIMENTO E DECAIMENTO

Modelos matemáticos envolvendo crescimento e decaimento exponencial foram discutidos na Secção 8.2. Nesta secção vamos mostrar que estes modelos ocorrem quando a taxa de variação da quantidade de uma grandeza em relação ao tempo é proporcional à quantidade da grandeza presente em um dado instante. Em tais casos, se o tempo é representado por $t$ unidades, e $y$ unidades é a quantidade da grandeza presente em qualquer tempo, então

$$\frac{dy}{dt} = ky$$

onde $k$ é uma constante. Se $y$ cresce quando $t$ cresce, então $k > 0$, e temos a **lei de crescimento natural**; a solução da equação diferencial dá um modelo de crescimento exponencial. Se $y$ decresce quando $t$ cresce, então $k < 0$, e temos a **lei de decaimento natural**; a solução da equação diferencial dá um modelo de decaimento exponencial.

No Exemplo 1 que segue, a taxa de crescimento da população de uma comunidade é proporcional à população presente a todo o instante, e a solução envolve crescimento exponencial. No Exemplo 2, as vendas diárias de uma mercadoria decrescem segundo uma taxa proporcional às vendas diárias, e a solução envolve decaimento exponencial. Na Secção 8.1 discutimos um investimento para o qual os juros são compostos continuamente, que é um exemplo de crescimento exponencial; você verá que esta situação ocorre quando a quantia de um investimento está crescendo a uma taxa proporcional a seu tamanho. Crescimento exponencial ocorre em biologia sob certas circunstâncias, quando a taxa de crescimento de uma cultura de bactérias é proporcional ao número de bactérias presentes em qualquer tempo especificado. Numa reação química temos decaimento exponencial quando a taxa de decaimento de uma substância é proporcional à quantidade de substância presente.

**Tabela 8.6.1**

| $t$ | 0 | 30 | 60 |
|---|---|---|---|
| $A$ | 50.000 | 75.000 | $A_{60}$ |

**EXEMPLO 1** A taxa de crescimento da população de uma certa cidade é proporcional à população. Se a população em 1930 era 50.000 e em 1960 ela era 75.000, qual a população esperada em 1990?

**Solução** Seja $t$ o número de anos desde 1930. Seja $A$ a população em $t$ anos. Temos as condições iniciais dadas na Tabela 8.6.1.
A equação diferencial é

$$\frac{dA}{dt} = kA$$

Separando as variáveis obtemos

$$\frac{dA}{A} = k\, dt$$

Integrando, temos

$$\int \frac{dA}{A} = k \int dt$$

$$\ln |A| = kt + \bar{c}$$

$$|A| = e^{kt + \bar{c}} = e^{\bar{c}} \cdot e^{kt}$$

Se $e^{\bar{c}} = C$ temos $|A| = Ce^{kt}$, e como $A$ é não negativo, podemos omitir as barras de valor absoluto, obtendo então

$$A = Ce^{kt}$$

Como $A = 50.000$ quando $t = 0$, obtemos $C = 50.000$. Assim

$$A = 50.000 e^{kt} \qquad (1)$$

Como $A = 75.000$ quando $t = 30$, obtemos

$$75.000 = 50.000 e^{30k}$$

$$e^{30k} = 3/2 \qquad (2)$$

Quando $t = 60$, $A = A_{60}$. Logo

$$A_{60} = 50.000 e^{60k}$$

$$A_{60} = 50.000 (e^{30k})^2 \qquad (3)$$

Substituindo (2) em (3) obtemos

$$A_{60} = 50.000 (\tfrac{3}{2})^2$$
$$= 112.500$$

Logo, a população esperada em 1990 é 112.500.

No exemplo acima, como a população está crescendo com o tempo, temos um caso de lei de crescimento. Se uma população decresce com o tempo, o que pode ocorrer se a taxa de mortalidade for maior do que a taxa de natalidade, então temos um caso de lei de decaimento (veja o Exercício 3). No próximo exemplo há uma outra situação envolvendo a lei de decaimento.

**EXEMPLO 2** Uma certa mercadoria foi promovida por uma substancial campanha de propaganda, e pouco antes de cessar a promoção a quantidade diária de vendas era 10.000 unidades. Imediatamente após, as vendas diárias decresceram a uma taxa proporcional às vendas diárias. Se 10 dias após cessar a promoção o volume diário de vendas era 8.000 unidades, ache a quantidade de vendas diárias 20 dias após cessar a promoção.

**Solução** Sendo $S$ unidades a quantidade de vendas diárias $t$ dias após a promoção, então

$$\frac{dS}{dt} = kS \qquad (4)$$

Quando $t = 0$, $S = 10.000$, e quando $t = 10$, $S = 8.000$. Queremos encontrar $S$ quando $t = 20$. Seja $S_{20}$ este valor de $S$. Estas condições estão na Tabela 8.6.2.

**Tabela 8.6.2**

| $t$ | 0 | 10 | 20 |
|---|---|---|---|
| $S$ | 10.000 | 8.000 | $S_{20}$ |

Como no Exemplo 1, a solução geral da equação diferencial (4) é
$$S = Ce^{kt}$$
Como $S = 10.000$ quando $t = 0$, então $C = 10.000$. Logo
$$S = 10.000e^{kt} \qquad (5)$$
Como $S' = 8.000$ quando $t = 10$, temos
$$8.000 = 10.000e^{10k}$$
$$e^{10k} = 0,8 \qquad (6)$$
Quando $t = 20$, $S = S_{20}$ e então
$$S_{20} = 10.000e^{20k}$$
$$S_{20} = 10.000(e^{10k})^2 \qquad (7)$$
Substituindo (6) em (7) obtemos
$$S_{20} = 10.000(0,8)^2$$
$$= 6.400$$
Assim, 20 dias após cessar a promoção, as vendas diárias são de 6.400 unidades.

**EXEMPLO 3** Suponha que o PIB (Produto Interno Bruto) de um certo país tenha uma taxa de crescimento proporcional ao PIB. Se este em 1.º de janeiro de 1978 era $ 80 bilhões e em 1.º de janeiro de 1982 de $ 96 bilhões, quando se espera um PIB de $ 128 bilhões?

**Solução** Seja $t$ o número de anos decorridos desde 1.º de janeiro de 1978. Seja $x$ o montante do PIB em $t$ anos. A Tabela 8.6.3 dá as condições iniciais. A equação diferencial é
$$\frac{dx}{dt} = kx$$
Como no Exemplo 1, a solução geral é
$$x = Ce^{kt}$$
Uma vez que $x = 80$ quando $t = 0$, segue que $C = 80$. Logo,
$$x = 80e^{kt}$$
Sendo $x = 96$ quando $t = 4$, temos
$$96 = 80e^{4k}$$
$$1,2 = e^{4k}$$
$$\ln 1,2 = 4k$$
$$k = \tfrac{1}{4} \ln 1,2$$
$$k = \tfrac{1}{4}(0,1823)$$
$$k = 0,0456$$

**Tabela 8.6.3**

| $t$ | 0 | 4 | $T$ |
|---|---|---|---|
| $x$ | 80 | 96 | 128 |

Assim
$$x = 80e^{0,0456t}$$
Logo
$$128 = 80e^{0,0456T}$$
$$e^{0,0456T} = 1,6$$
$$0,0456T = \ln 1,6$$
$$T = \frac{0,4700}{0,0456} = 10,3$$

Como 10,3 anos equivale a aproximadamente 10 anos e 4 meses, segue que o PIB de $ 128 bilhões é esperado em 1.º de maio de 1988.

Consideremos agora um investimento de $P$ que cresce a uma taxa proporcional à sua magnitude. Esta é a lei de crescimento natural. Então, se $A$ for a quantia em $t$ anos,

$$\frac{dA}{dt} = kA$$

$$\int \frac{dA}{A} = k \int dt$$

$$\ln |A| = kt + \bar{c}$$

$$A = Ce^{kt}$$

Quando $t = 0$, $A = P$; logo $C = P$. Assim sendo temos
$$A = Pe^{kt} \qquad (8)$$

Comparando (8) com a Equação (9) na Secção 8.1 vemos que elas são iguais, se $k = i$. Assim, se o montante de um investimento aumenta a uma taxa proporcional à sua magnitude, então os juros são compostos continuamente e a taxa anual de juros é a constante de proporcionalidade.

- ILUSTRAÇÃO 1

Se uma quantia $P$ for investida a uma taxa de 14% ao ano composta continuamente e se $A$ for o montante do investimento em $t$ anos, então

$$\frac{dA}{dt} = 0,14A$$

e $A = P$ quando $t = 0$. Logo
$$A = Pe^{0,14t}$$

**EXEMPLO 4**  Se uma quantia de dinheiro dobra em 6 anos a juros compostos continuamente, qual a taxa anual de juros?

**Solução** De (8) com $A = 2P$ e $t = 6$,

$2P = Pe^{6k}$

$e^{6k} = 2$

$\ln e^{6k} = \ln 2$

$6k = \ln 2$

$k = \frac{1}{6}(0{,}6931)$

$k = 0{,}115$

Logo, a taxa anual de juros é 11,5%.

**EXEMPLO 5** Numa certa cultura de bactérias a taxa de crescimento delas é proporcional ao número de bactérias presentes. Se inicialmente houver 1.000 bactérias presentes e se o número delas duplicar em 20 min, quanto tempo levará até que se tenha 1.000.000 bactérias presentes?

**Solução** Seja $t$ minutos o tempo decorrido, e seja $A$ o número de bactérias presentes em $t$ minutos. A Tabela 8.6.4 dá as condições iniciais. A equação diferencial é

$$\frac{dA}{dt} = kA$$

Como no Exemplo 1, a solução geral é

$A = Ce^{kt}$

Quando $t = 0$, $A = 1.000$; logo, $C = 1.000$, o que dá

$A = 1.000e^{kt}$

Usando o fato de que $A = 2.000$ quando $t = 20$, obtemos

$e^{20k} = 2$

$20k = \ln 2$

$k = \frac{1}{20} \ln 2$

$k = 0{,}03466$

Assim temos

$A = 1.000e^{0{,}03466t}$

Substituindo $t$ por $T$ e $A$ por 1.000.000, temos

$1.000.000 = 1.000e^{0{,}03466T}$

$e^{0{,}03466T} = 1.000$

$0{,}03466T = \ln 1.000$

$T = \dfrac{6{,}9078}{0{,}03466}$

$T = 199{,}30$

**Tabela 8.6.4**

| $t$ | 0 | 20 | $T$ |
|---|---|---|---|
| $A$ | 1.000 | 2.000 | 1.000.000 |

Logo, haverá 1.000.000 bactérias presentes em 3 h, 19 min e 18 s.

Em problemas envolvendo a lei de decaimento natural, a **meia-vida** de uma substância é o tempo requerido para metade dela decair.

**EXEMPLO 6** A taxa de decaimento do rádio é proporcional à quantidade de substância presente em qualquer instante. Se 60 mg de rádio estão presentes agora e sua meia-vida é 1.690 anos, quanto de rádio estará presente daqui a 100 anos?

**Solução** Seja $t$ o número de anos a partir de agora. E seja $A$ o número de miligramas de rádio presentes em $t$ anos. As condições iniciais estão dadas na Tabela 8.6.5. A equação diferencial é

$$\frac{dA}{dt} = kA$$

Como no Exemplo 1, a solução geral é

$$A = Ce^{kt}$$

Como $A = 60$ quando $t = 0$, obtemos $60 = C$. Logo

$$A = 60e^{kt} \qquad (9)$$

Sendo $A = 30$ quando $t = 1.690$, obtemos $30 = 60e^{1.690k}$, ou

$$0,5 = e^{1.690k}$$

Assim

$$\ln 0,5 = 1.690k$$

e

$$k = \frac{\ln 0,5}{1.690} = \frac{-0,6931}{1.690} = -0,000410$$

Substituindo este valor de $k$ em (9) obtemos

$$A = 60e^{-0,000410t}$$

Quando $t = 100$, $A = A_{100}$ e temos

$$A_{100} = 60e^{-0,0410} = 57,6$$

Logo, haverá 57,6 mg de rádio presentes daqui a 100 anos.

**EXEMPLO 7** Há 100 milhões de litros de água fluoretada no reservatório que supre uma cidade, e a água contém 700 kg de fluoreto. Para diminuir o teor de fluoreto deixa-se fluir água fresca no reservatório à razão de 3 milhões de litros por dia, e a mistura de água com fluoreto mantém-se uniforme, fluindo do reservatório à mesma taxa. Quantos quilogramas de fluoreto restam no reservatório 60 dias após ter começado o fluxo de água fresca?

**Tabela 8.6.5**

| $t$ | 0 | 1.690 | 100 |
|---|---|---|---|
| $A$ | 60 | 30 | $A_{100}$ |

Leis de Crescimento e Decaimento    361

**Tabela 8.6.6**

| $t$ | 0 | 60 |
|---|---|---|
| $x$ | 700 | $x_{60}$ |

**Solução**  Seja $t$ o número de dias decorridos desde o começo do fluxo de água para dentro do reservatório. Seja $x$ o número de quilogramas de fluoreto no reservatório em $t$ dias.

Como 100 milhões de litros de água fluoretada estão no tanque todo o tempo, em $t$ dias o número de quilogramas de fluoreto por milhões de litros é $x/100$. Três milhões de litros de água fluoretada fluem do reservatório por dia; assim, o reservatório perde $3(x/100)$kg de fluoreto por dia. Como $D_t x$ é a taxa de variação de $x$ em relação a $t$, e $x$ decresce enquanto $t$ cresce, então, temos a equação diferencial

$$\frac{dx}{dt} = -\frac{3x}{100}$$

As condições iniciais estão dadas na Tabela 8.6.6. Separando-se as variáveis e integrando temos

$$\int \frac{dx}{x} = -0{,}03 \int dt$$

$$\ln |x| = -0{,}03t + \bar{c}$$

$$x = Ce^{-0{,}03t}$$

Quando $t = 0$, $x = 700$; assim $C = 700$. Se $t = 60$ e $x = x_{60}$, temos

$$x_{60} = 700e^{-1,8}$$

$$= 700(0{,}1653)$$

$$= 115{,}71$$

Logo, há 115,71 kg de fluoreto no reservatório 60 dias após o início do fluxo de água fresca

## Exercícios 8.6

1. A taxa de crescimento natural da população de uma certa cidade é proporcional à população. Se a população aumenta de 40.000 para 60.000 em 40 anos, quando será de 80.000 a população?
2. A população de uma certa cidade dobrou no período compreendido entre 1890 e 1950. Se a taxa de crescimento da população em qualquer momento é proporcional à população naquele momento, e a população em 1950 era de 60.000, estime a população no ano 2000.
3. A população de uma cidade está decrescendo numa taxa proporcional a seu tamanho. Em 1970 a população era 50.000 e em 1980 ela era 44.000. Qual a população esperada em 1990?
4. Para a mercadoria do Exemplo 2, quantos dias após cessar a propaganda espera-se que o volume diário de vendas seja de 6.000 unidades?
5. Após a pré-estréia e estréia de um certo filme cessa a publicidade e a assistência decresce a uma taxa proporcional a seu tamanho. Se o número de pessoas na platéia de certo cinema era de 5.000 na estréia e no terceiro dia era de 2.000, qual o número de pessoas esperadas no sexto dia?
6. Para o país do Exemplo 3, qual o PIB esperado em 1.º de janeiro de 1991?
7. O PIB de determinado país tem uma taxa de crescimento que é proporcional ao PIB. Se este em 1.º de janeiro de 1971 era $ 60 bilhões e em 1.º de janeiro de 1981 duas vezes esta quantia, quando se espera que triplique este valor?

## 362 AS FUNÇÕES EXPONENCIAL E LOGARÍTMICA

8. Se uma quantia investida duplica em 10 anos com juros compostos continuamente, quanto tempo levara para a quantia original triplicar?
9. Se uma quantia triplica em 9 anos com juros compostos continuamente, qual a taxa anual de juros?
10. Se o poder de compra de uma unidade monetária está decrescendo a uma taxa de $10\%$ ao ano compostos continuamente, quanto tempo levará para o poder de compra ser de $\frac{1}{2}$ unidade?
11. Após um ano de uso, a taxa de depreciação de um automóvel em qualquer momento é proporcional a seu valor naquele momento. Se um automóvel foi comprado em 1.º de junho de 1981 e seus valores um ano e dois anos depois são respectivamente. $7.000 e $ 5.800, qual é o valor esperado em 1.º de junho de 1987?
12. Suponha que o valor de certa coleção de antiguidades aumente com a idade e sua taxa de valorização em qualquer momento seja proporcional a seu valor naquele momento. Se o valor da coleção era $ 25.000 há 10 anos e se o seu valor atual é $ 35.000, em quantos anos se espera que o valor seja $ 50.000?
13. Em uma certa cultura de bactérias elas aumentam numa taxa proporcional ao número presente. Se 1.000 bactérias estão presentes inicialmente e se o número dobra em 30 min, quantas bactérias estarão presentes em 2 horas?
14. A taxa de crescimento de uma certa cultura de bactérias é proporcional ao número presente e este número triplica em 1 hora. Se ao fim de 4 horas existem 10 milhões de bactérias, quantas estavam presentes inicialmente?
15. A taxa de mortalidade no inverno de certas espécies de animais selvagens em uma certa região geográfica é proporcional ao numero de espécies presentes em qualquer momento. Havia 2.400 espécies presentes na região no primeiro dia de inverno e 30 dias depois 2.000 espécies. Quantas espécies se espera que sobrevivam ao inverno? Isto é, quantas espécies estarão vivendo 90 dias após o começo do inverno?
16. Num circuito elétrico sem capacitores mas com indutores e resistores, quando a força eletromotriz é removida, a taxa de decréscimo da corrente é proporcional à corrente. A corrente é de $i$ amperes $t$ segundos após desligar a fonte, e $i = 40$ quando $t = 0$. Se a corrente cai para 15 ampères em 0,01 s, ache $i$ em termos de $t$.
17. Numa certa reação química, a taxa de conversão de uma substância é proporcional à quantidade de substância que ainda não reagiu naquele instante. Após 10 min, um terço da quantidade original de substância já reagiu. Após 15 min, a quantidade de substância que reagiu é de 20 g. Qual a quantidade original de substância?
18. O açúcar decompõe-se em água a uma taxa proporcional a quantidade ainda inalterada. Se inicialmente havia 50 kg de açúcar presentes e ao final de 5 horas restam 20 kg, quanto levará para que $90\%$ do açúcar esteja decomposto?
19. Se a vida média do rádio é de 1.690 anos, que porcentagem da quantidade presente agora restará após (a) 100 anos e (b) 1.000 anos?
20. Trinta por cento de uma substância radioativa desaparece em 15 anos. Ache a vida média da substância.
21. Um tanque contém 100 litros de água salgada, onde 70 kg de sal foram dissolvidos. Água fresca flui no tanque a uma taxa de 3 litros min, e a mistura mantém-se uniforme por agitação, fluindo para fora do tanque na mesma taxa. Quantos quilogramas de sal permanecem no tanque ao final de 1 hora?
22. Um tanque contém 200 litros de água salgada, nos quais há 3 kg de sal por litro. Deseja-se diluir esta solução adicionando-se água salgada contendo 1 kg de sal por litro, que flui no tanque a uma taxa de 4 litros min e flui para fora do tanque na mesma taxa. Quando o tanque conterá $1\frac{1}{2}$ kg de sal por litro?
23. O professor Willard Libby da Universidade da Califórnia em Los Angeles recebeu o Prêmio Nobel em Química pela descoberta de um método para determinar a data da morte de fósseis. Ele fez uso do fato de que os tecidos dos organismos vivos é composto de dois tipos de carbono, um carbono-14 radioativo (escreve-se comumente $^{14}C$) e o carbono-12 estável ($^{12}C$). A razão entre as quantidades de $^{14}C$ e $^{12}C$ é aproximadamente constante. Quando o organismo morre, a lei de decaimento natural aplica-se ao $^{14}C$. Se foi determinado que a quantidade de $^{14}C$ em um pedaço de carvão é somente $15\%$ da quantidade original e que a vida média do $^{14}C$ é 5.600 anos, quando morreu a árvore de onde veio o pedaço de carvão?
24. Consulte o Exercício 23. Suponha que após achar um fóssil, um arqueólogo determine que a quantidade de $^{14}C$ presente é $25\%$ da original. Usando o fato de que a vida média do $^{14}C$ é 5.600 anos, qual a idade do fóssil?

## 8.7 APLICAÇÕES ADICIONAIS DAS FUNÇÕES EXPONENCIAIS

Na Secção 8.2 discutimos o modelo matemático que descreve o crescimento limitado dado pela função definida por

$$f(t) = A - Be^{-kt} \qquad t \geq 0 \qquad (1)$$

onde $A$, $B$ e $k$ são constantes positivas. O gráfico de tal função é conhecido como curva de aprendizagem e está na Figura 8.7.1. Tal modelo surge quando uma quantidade cresce a uma taxa proporcional à diferença entre um número fixo e seu tamanho, onde o número fixo serve como um limite superior. Este fato é mostrado na seguinte ilustração.

### ILUSTRAÇÃO 1

Suponha que uma grandeza aumente a uma taxa proporcional à diferença entre um numero fixo $A$ e seu tamanho. Então, se o tempo for representado por $t$ unidades e $y$ unidades for a quantidade da grandeza presente em cada instante,

$$\frac{dy}{dt} = k(A - y) \qquad (2)$$

Separando as variáveis obtemos

$$\frac{dy}{A - y} = k\,dt$$

Integrando, temos

$$\int \frac{dy}{A - y} = k \int dt$$

$$-\ln|A - y| = kt + C$$

$$\ln|A - y| = -kt - C$$

$$|A - y| = e^{-C}e^{-kt}$$

Seja $e^{-C} = B$. Como $A - y$ é não negativo, podemos omitir as barras de valor absoluto. Assim temos

$$A - y = Be^{-kt}$$

$$y = A - Be^{-kt}$$

Se $y$ for substituído por $f(t)$, obtemos

$$f(t) = A - Be^{-kt}$$

que é a equação em (1).

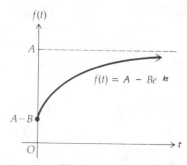

Figura 8.7.1

**EXEMPLO 1** Um empregado novo está executando a sua tarefa com mais eficiência a cada dia, de tal forma que se $y$ for o número de unidades diárias produzidas após $t$ dias no trabalho,

$$\frac{dy}{dt} = k(80 - y)$$

O empregado produziu 20 unidades no primeiro dia de trabalho e 50 unidades no décimo dia de trabalho. (a) Quantas unidades diárias se espera que ele produza em 30 dias de trabalho? (b) Mostre que após 60 dias de trabalho ele estará produzindo 1 unidade a menos do que seu potencial total.

**Solução** A equação diferencial dada é similar a (2) na Ilustração 1, com $A = 80$. Procederemos da mesma forma, separando as variáveis e integrando. A solução toma a forma

$$\frac{dy}{dt} = k(80 - y)$$

$$\int \frac{dy}{80-y} = k \int dt$$

$$\ln|80-y| = kt + C$$

$$\ln|80-y| = -kt - C$$

$$80 - y = e^{-C}e^{-kt}$$

$$y = 80 - Be^{-kt} \tag{3}$$

Como ele produz 20 unidades no primeiro dia de trabalho, $y = 20$ quando $t = 0$. Substituindo estes valores em (3), temos

$$20 = 80 - Be^0$$

$$20 = 80 - B$$

$$B = 60$$

Estabelecendo que $B = 60$ em (3), obtemos

$$y = 80 - 60e^{-kt} \tag{4}$$

Após 10 dias de trabalho ele produz 50 unidades; logo, $y = 50$ quando $t = 10$. Assim, de (4)

$$50 = 80 - 60e^{-k(10)}$$

$$e^{-10k} = 0{,}5$$

$$-10k = \ln 0{,}5$$

$$-10k = -0{,}6931$$

$$k = 0{,}069$$

Substituindo este valor de $k$ em (4), temos

$$y = 80 - 60e^{-0{,}069t} \tag{5}$$

(a) Seja $y = y_{30}$ quando $t = 30$. Logo de (5),

$$\begin{aligned} y_{30} &= 80 - 60e^{-0,069(30)} \\ &= 80 - 60e^{-2,07} \\ &= 80 - 60(0,126) \\ &= 80 - 7,56 \\ &= 72,44 \end{aligned}$$

Logo, ele produz 72 unidades diárias após estar no emprego por 30 dias.

(b) Seja $y = y_{60}$ quando $t = 60$. Assim de (5),

$$\begin{aligned} y_{60} &= 80 - 60e^{-0,069(60)} \\ &= 80 - 60e^{-4,14} \\ &= 80 - 60(0,016) \\ &= 80 - 0,96 \\ &= 79,04 \end{aligned}$$

Após estar no emprego por 60 dias ele produz 79 unidades diárias. Como

$$\lim_{t \to +\infty} (80 - 60e^{-0,069t}) = 80$$

o seu potencial total é de 80 unidades por dia. Assim, após 60 dias ele estará produzindo 1 unidade a menos do que seu potencial total.

**EXEMPLO 2** A lei de Newton de refrigeração estabelece que a taxa segundo a qual um corpo muda de temperatura é proporcional à diferença entre sua temperatura e a de seu meio ambiente. Se um corpo está num local cuja temperatura do ar é 35° e o corpo resfria de 120° a 60° em 40 min, ache a temperatura do corpo após 100 min.

**Solução** Seja $t$ o número de minutos no tempo decorrido desde que o corpo começou a esfriar. Seja $x$ o número de graus na temperatura do corpo em $t$ min.

A Tabela 8.7.1 dá as condições iniciais. Da lei de Newton, temos que

$$\frac{dx}{dt} = k(x - 35)$$

Separando as variáveis obtemos

$$\frac{dx}{x - 35} = k\,dt$$

Assim,

$$\int \frac{dx}{x - 35} = k \int dt$$

$$\ln|x - 35| = kt + \bar{c}$$

$$x - 35 = e^{kt + \bar{c}}$$

$$x = e^{\bar{c}}e^{kt} + 35$$

$$x = Ce^{kt} + 35$$

**Tabela 8.7.1**

| $t$ | 0 | 40 | 100 |
|---|---|---|---|
| $x$ | 120 | 60 | $x_{100}$ |

Quando $t = 0$, $x = 120$; logo $C = 85$; portanto,

$$x = 85e^{kt} + 35$$

Quando $t = 40$, $x = 60$, e obtemos

$$60 = 85e^{40k} + 35$$
$$40k = \ln \tfrac{5}{17}$$
$$k = \tfrac{1}{40}(\ln 5 - \ln 17)$$
$$k = \tfrac{1}{40}(1,6094 - 2,8332)$$
$$k = -0,0306$$

Logo

$$x = 85e^{-0,0306t} + 35$$

Então

$$x_{100} = 85e^{-3,06} + 35 = 39$$

Assim a temperatura do corpo é 39° após 100 min.

No próximo exemplo aparece uma função densidade de probabilidade da forma

$$f(x) = ke^{-kx} \quad x \geq 0$$

onde $k > 0$. Neste caso, dizemos que a variável está exponencialmente distribuída no intervalo $[0, +\infty)$. Relembre que há duas condições a serem satisfeitas pela função densidade de probabilidade em $[0, +\infty)$. A primeira condição está satisfeita, pois $f(x) \geq 0$ para todo $x$ em $[0, +\infty)$. Para verificar a segunda condição de que a integral definida de $f$ em $[0, +\infty)$ é 1, temos uma integral imprópria. Tais integrais são estudadas na Secção 9.5, e naquela secção nos referiremos a esta função densidade de probabilidade e mostraremos ser 1 o valor da integral.

**EXEMPLO 3** Para um certo tipo de bateria a função densidade de probabilidade de que sejam $x$ horas a vida de uma bateria escolhida ao acaso é dada por

$$f(x) = \tfrac{1}{60} e^{-x/60} \quad x \geq 0$$

Ache a probabilidade de que a vida de uma bateria selecionada ao acaso esteja (a) entre 50 e 60 horas e (b) entre 15 e 25 horas.

**Solução** (a) A probabilidade de que a vida da bateria selecionada ao acaso esteja entre 50 e 60 horas é $P([50, 60])$ e

$$P([50, 60]) = \int_{50}^{60} \frac{1}{60} e^{-x/60} \, dx$$

$$= -\int_{50}^{60} e^{-x/60} \left(-\frac{dx}{60}\right)$$

$$= -e^{-x/60} \Big]_{50}^{60}$$

$$= -e^{-60/60} + e^{-50/60}$$

$$= -e^{-1} + e^{-0,83}$$

$$= -0,37 + 0,44$$

$$= 0,07$$

(b) A probabilidade de que a vida da bateria selecionada ao acaso esteja entre 15 e 25 horas é $P([15, 25])$ e

$$P([15, 25]) = \int_{15}^{25} \frac{1}{60} e^{-x/60} \, dx$$

$$= -e^{-x/60} \Big]_{15}^{25}$$

$$= -e^{-25/60} + e^{-15/60}$$

$$= -e^{-0,42} + e^{-0,25}$$

$$= -0,66 + 0,78$$

$$= 0,12$$

**EXEMPLO 4** A equação de demanda para um novo tipo de utensílio é dada por

$$x = 5.000 e^{-0,04p}$$

onde $x$ unidades são demandadas quando $p$ é o preço por unidade. Ache o valor de $p$ para o qual a receita total de vendas será máxima. Ache também a receita total máxima de vendas.

**Solução** Seja $R$ a receita total de vendas. Como $R = px$,

$$R = 5.000 p e^{-0,04p} \quad p \in [0, +\infty)$$
$$D_p R = 5.000 e^{-0,04p} + 5.000 p(-0,04) e^{-0,04p}$$
$$= 5.000 e^{-0,04p}(1 - 0,04p)$$

Equacionando $D_p R = 0$ obtemos

$$1 - 0,04p = 0$$
$$p = 25$$

**Tabela 8.7.2**

|  | $R$ | $D_p R$ | Conclusão |
|---|---|---|---|
| $0 < p < 25$ |  | + | $R$ é crescente |
| $p = 25$ | 45.985 | 0 | $R$ tem um valor máximo relativo |
| $25 < p$ |  | − | $R$ é decrescente |

Da Tabela 8.7.2 podemos concluir que no intervalo $[0, +\infty)$ $R$ tem um valor máximo relativo em 25. Como $R$ é contínua em $[0, +\infty)$ e $R$ tem somente um extremo relativo no intervalo, segue que $R$ tem um valor máximo absoluto em 25. Logo, a receita total máxima de vendas é $ 45.985, que ocorre quando o preço é $ 25 por unidade.

O próximo exemplo envolve certo bem imóvel cujo valor aumenta em um certo período de tempo. O bem imóvel valorizará cada vez mais na razão do tempo em que for mantido. Eventualmente, contudo, pode haver um instante em que o dinheiro investido à taxa de juros corrente crescerá mais rapidamente do que o valor do imóvel. Se for planejado vender o imóvel quando seu valor atual for máximo, então o lucro máximo será obtido

**EXEMPLO 5** Uma companhia de investimentos estima que o preço de certo imóvel será $(100.000 + 20.000\,n)$ em $n$ anos. Se a companhia pode receber uma taxa de juros de 12% compostos trimestralmente, quando a companhia deveria vender o imóvel de tal forma que seu valor atual seja máximo?

**Solução** Seja $P$ o valor atual do imóvel. Usando a Equação (10) da Secção 8.1 com $A = 100.000 + 20.000n$, $i = 0,12$, $m = 4$ e $t = n$, temos

$$P = (100.000 + 20.000n)(1 + 0,03)^{-4n}$$

O valor atual será máximo para aquele valor de $n$ que o torna um máximo absoluto. Diferenciando, obtemos

$$\begin{aligned}D_nP &= 20.000(1,03)^{-4n} + (100.000 + 20.000n)(1,03)^{-4n}(\ln 1,03)(-4)\\ &= (1,03)^{-4n}[20.000 + (-400.000 - 80.000n)(0,0296)]\\ &= (1,03)^{-4n}[20.000 - 11.800 - 2.370n]\\ &= (1,03)^{-4n}(8.200 - 2.370n)\end{aligned}$$

Equacionando $D_nP = 0$, obtemos

$$8.200 - 2.370n = 0$$

$$n = \frac{8.200}{2.370}$$

$$n = 3,46$$

Como $n \geq 0$, e uma vez que $D_nP > 0$ quando $0 < n < 3,46$ e $D_nP < 0$ quando $3,46 < n$, do teste da derivada primeira segue que $P$ tem um valor máximo relativo quando $n = 3,46$. Como $P$ é contínuo em $[0, +\infty)$ e há somente um extremo relativo no intervalo, $P$ tem um valor máximo absoluto quando $n = 3,46$. Logo, a companhia deve planejar a venda do imóvel em 3,46 anos, isto é, em 3 anos e 6 meses.

**EXEMPLO 6** Resolva o Exemplo 5 se a companhia pode receber uma taxa de juros de 12% compostos continuamente.

**Solução** Aplicamos a Equação (11) da Secção 8.1 com $A = 100.000 + 20.000n$, $i = 0,12$ e $t = n$. Então, se $P$ é o valor atual do imóvel,

$$P = (100.000 + 20.000n)e^{-0,12n}$$

Logo

$$\begin{aligned}D_nP &= 20.000e^{-0,12n} + (100.000 + 20.000n)e^{-0,12n}(-0,12)\\ &= e^{-0,12n}[20.000 + (-12.000 - 2.400n)]\\ &= e^{-0,12n}(8.000 - 2.400n)\end{aligned}$$

Equacionando $D_nP = 0$, obtemos

$$8.000 - 2.400n = 0$$

$$n = \frac{8.000}{2.400}$$

$$n = 3,33$$

Como $D_n P > 0$ quando $0 < n < 3{,}33$ e $D_n P < 0$ quando $3{,}33 < n$, então $P$ tem um valor máximo relativo quando $n = 3{,}33$. Este valor de $n$ dá a $P$ um valor máximo absoluto, pois $P$ é contínuo para $n \geq 0$ e há somente um extremo relativo. Assim, a companhia deve planejar vender o imóvel em 3,33 anos, ou seja, em 3 anos e 4 meses.

## Exercícios 8.7

1. Suponha que um estudante tenha 3 horas para fazer uma revisão final para um exame e durante este tempo deseja memorizar um conjunto de 60 fatos. De acordo com os psicólogos, a taxa segundo a qual uma pessoa pode memorizar um conjunto de fatos é proporcional ao número de fatos que faltam ser memorizados. Assim, se o estudante memoriza $y$ fatos em $t$ minutos,

$$\frac{dy}{dt} = k(60 - y)$$

   Supõe-se que inicialmente zero fatos sejam memorizados. Se o estudante memoriza 15 fatos nos 20 primeiros minutos, quantos fatos memorizará em (a) 1 hora e (b) 3 horas?

2. Um trabalhador novo em uma linha de montagem pode executar uma determinada tarefa de tal forma que se $y$ unidades forem completadas por dia após $t$ dias na linha de montagem, então

$$\frac{dy}{dt} = k(90 - y)$$

   No primeiro dia de trabalho ele completa 60 unidades, e após 5 dias de trabalho ele completa 75 unidades por dia. (a) Quantas unidades diárias são completadas após estar no trabalho há 9 dias? (b) Mostre que o trabalhador estará produzindo o equivalente a quase seu potencial total após 30 dias.

3. Sob as condições do Exemplo 2, após quantos minutos estará o corpo com uma temperatura de 45°?

4. Se um corpo a uma temperatura ambiente de 0° resfria de 200° a 100° em 40 min, quantos minutos mais levará para o corpo resfriar até 50°? Use a lei de Newton dada no Exemplo 2.

5. Se um termômetro é retirado de um ambiente onde a temperatura é 75° para outro onde é 35°, e a leitura for 65° após 30 s, (a) quanto tempo após a remoção a leitura será 50°? (b) Qual a leitura após 3 min da remoção? Use a lei de Newton do Exemplo 2.

6. Para certo tipo de lâmpada, a função densidade de probabilidade de que $x$ horas sejam a vida de uma lâmpada selecionada ao acaso é dada por

$$f(x) = \tfrac{1}{40} e^{-x/40} \qquad x \geq 0$$

   Ache a probabilidade de que a lâmpada selecionada ao acaso tenha uma vida (a) entre 40 e 60 horas e (b) entre 10 e 30 horas.

7. Para certo aparelho, a função densidade de probabilidade de que precisará reparos $x$ meses após sua compra é dada por

$$f(x) = 0{,}02 e^{-0{,}02 x} \qquad x \geq 0$$

   Se o aparelho tem um ano de garantia, qual é a probabilidade de que um comprador selecionado ao acaso precisará reparos em seu aparelho durante o ano de garantia?

8. Em uma certa cidade, a função densidade de probabilidade de que $x$ min seja a duração de uma chamada telefônica escolhida ao acaso é dada por

$$f(x) = \tfrac{1}{3} e^{-x/3} \qquad x \geq 0$$

   Ache a probabilidade de que uma chamada telefônica escolhida ao acaso dure (a) entre 3 e 4 min e (b) entre 1 e 2 min.

9. O custo total da produção de $x$ unidades de uma mercadoria é $C(x)$ e $C(x) = 40 e^{x/4}$. Ache a função que dá (a) o custo médio e (b) o custo marginal. (c) Ache o custo unitário mínimo absoluto. (d) Verifique que os custos médio e marginal são iguais quando o custo médio tem o seu menor valor.

10. Certa mercadoria tem a equação de demanda $p = 10 e^{-x/400}$, onde $x$ unidades são demandadas quando $p$ é o preço unitário. Ache (a) a função receita total e (b) a função receita marginal. (c) Ache a receita total máxima absoluta.

11. Uma agência de publicidade determinou estatisticamente que se um fabricante de alimentos para o café da manhã aumentar seu orçamento de comerciais na televisão em $x$ unidades monetárias, haverá um aumento no lucro total de $25x^2 e^{-0,2x}$. (a) Qual deve ser o aumento do orçamento para que o fabricante tenha lucro máximo? (b) Qual será o correspondente aumento nos lucros da empresa?

12. Um fabricante sabe que se $100x$ unidades de determinada mercadoria forem produzidas a cada semana, o custo marginal será dado por $2^{x/2}$ e a receita marginal será dada por $8(2^{-x/2})$, ambos em milhares de unidades monetárias. Sendo os custos fixos semanais de \$ 2.000, ache o lucro semanal máximo que pode ser obtido.

13. Um colecionador tem um quadro avaliado em \$ 55.000 e acha que este irá aumentar o seu valor em \$ 10.000 a cada ano. Se o colecionador pode investir dinheiro a uma taxa de 12% ao ano compostos trimestralmente, por quanto tempo deveria planejar manter o quadro, de tal forma que seu valor atual seja máximo?

14. Uma mulher possui dois apartamentos. O maior pode ser vendido por \$ 250.000 e seu valor sobe a uma taxa de \$ 25.000 por ano. O menor pode ser vendido por \$ 200.000, e seu valor sobe a uma taxa de \$ 20.000 por ano. A mulher deseja vender um apartamento e manter o outro. Se ela investe seu dinheiro a uma taxa de juros de 8% compostos anualmente, qual apartamento ela deveria vender agora, e por quanto tempo ela deveria planejar manter o outro, de tal forma que seu valor atual seja máximo?

15. Resolva o Exercício 13, supondo que o colecionador possa receber uma taxa de juros de 12% compostos continuamente.

16. Resolva o Exercício 14 se a mulher investe seu dinheiro a uma taxa de juros de 8% compostos continuamente.

## 8.8 ANUIDADES

Na Secção 8.1 consideramos problemas envolvendo a determinação do valor ao final de $t$ anos de um investimento de uma quantia $P$ a uma dada taxa de juros. Nestes problemas supusemos que nenhum depósito adicional fora feito além dos juros. Freqüentemente há situações onde depósitos adicionais são feitos. Quando pagamentos iguais são feitos em períodos iguais de tempo, temos o que é chamado **anuidade**. Se os pagamentos são feitos no fim dos períodos de pagamento, temos o que se chama **anuidade ordinária**. Se cada um dos pagamentos é feito no princípio do período de pagamento, a anuidade é chamada **anuidade devida**.

Vamos considerar uma anuidade ordinária para a qual depósitos iguais de $P$ são feitos ao fim de cada ano por um prazo de $t$ anos a uma taxa de juros de $100i\%$ compostos anualmente. Ao fim do primeiro ano o montante da anuidade é $P$. Ao fim do segundo ano o primeiro depósito de $P$ rendeu juros por um ano; logo, seu valor será $P(1 + i)$. Também ao fim do segundo ano um depósito de $P$ é feito. Logo, o montante da anuidade em 2 anos será

$$P(1 + i) + P$$

Analogamente, após 3 anos a quantia será

$$[P(1 + i) + P](1 + i) + P = P(1 + i)^2 + P(1 + i) + P$$

Da mesma forma, após 4 anos a quantia será

$$[P(1 + i)^2 + P(1 + i) + P](1 + i) + P$$
$$= P(1 + i)^3 + P(1 + i)^2 + P(1 + i) + P$$

Supondo que o montante da anuidade após $k$ anos seja

$$P(1 + i)^{k-1} + P(1 + i)^{k-2} + \ldots + P(1 + i) + P$$

então o montante ao fim de $(k + 1)$ anos será

$$[P(1 + i)^{k-1} + P(1 + i)^{k-2} + \ldots + P(1 + i) + P](1 + i) + P$$
$$= P(1 + i)^k + P(1 + i)^{k-1} + \ldots + P(1 + i)^2 + P(1 + i) + P$$

Provamos, portanto, por indução matemática, que se $A$ for montante da anuidade depois de $t$ anos, então

$$A = P[(1+i)^{t-1} + (1+i)^{t-2} + \ldots + (1+i)^2 + (1+i) + 1] \qquad (1)$$

A expressão do lado direito de (1) é chamada uma *progressão geométrica*. Para acharmos uma fórmula que compute a soma vamos multiplicar ambos os membros da Equação (1) por $(1+i)$, obtendo

$$(1+i)A = P[(1+i)^t + (1+i)^{t-1} + \ldots + (1+i)^2 + (1+i)] \qquad (2)$$

Subtraindo os termos da Equação (1) dos termos correspondentes da Equação (2), obtemos

$$(1+i)A - A = P[(1+i)^t - 1]$$

e resolvendo em $A$, obtemos

$$\boxed{A = P\left[\frac{(1+i)^t - 1}{i}\right]} \qquad (3)$$

Se para uma anuidade ordinária os juros são compostos $m$ vezes ao ano e os pagamentos de $P$ são feitos $m$ vezes por ano, então o número de períodos de juros em $t$ anos será $mt$, que denotaremos por $n$, e a taxa de juros por período será denotada por $100j\%$, onde $j = i/m$. Neste caso, o montante da anuidade após $t$ anos (ou, equivalentemente, $n$ períodos) é dado por

$$\boxed{A = P\left[\frac{(1+j)^n - 1}{j}\right]} \qquad (4)$$

Os cálculos envolvendo o uso das Fórmulas (3) e (4) são simplificados usando-se a Tabela 7 no fim do livro, a qual dá o valor de $[(1+j)^n - 1]/j$, que é o montante de uma anuidade ordinária de pagamentos iguais de $ 1 após $n$ períodos, com uma taxa de juros de $100j\%$ por período.

Exemplos da determinação do valor dos pagamentos iguais numa anuidade ordinária aparecem ao considerarmos os *fundos de amortização*. Um **fundo de amortização** é um fundo criado para pagar uma obrigação que irá surgir em uma data no futuro. O exemplo seguinte ilustra tal situação.

**EXEMPLO 1** Um empréstimo de $ 500 com juros a uma taxa de 12% compostos semestralmente deve ser liquidado em um pagamento único daqui a dois anos. A fim de se preparar para isto, pagamentos trimestrais são colocados num fundo de amortização que paga 8% compostos trimestralmente. Quanto é o pagamento trimestral?

**Solução** Seja $A$ a quantia a ser paga em 2 anos. Então

$$A = 500(1,06)^4 = 500(1,2625)$$
$$= 631,25$$

Seja $P$ o pagamento trimestral do fundo de amortização. Então, usando a Fórmula (4), onde $j = 0,08/4 = 0,02$ e $n = 4 \cdot 2 = 8$, temos

$$631,25 = P\left[\frac{(1,02)^8 - 1}{0,02}\right]$$

Da Tabela 7 encontramos $[(1,02)^8 - 1]/0,02 = 8,5830$, assim

$$631,25 = P(8,5830)$$
$$P = 73,55$$

Logo, os pagamentos trimestrais ao fundo de amortização devem ser de $ 73,55.

Queremos agora obter uma fórmula para encontrar o valor atual de uma anuidade ordinária de pagamentos iguais de $P$ por $n$ períodos, com uma taxa de juros de $100j\%$ por período. Seja $V_1$ o valor atual do primeiro pagamento de $P$ a ser feito ao fim do primeiro período. Temos, então,

$$P = V_1(1 + j)$$

Logo

$$V_1 = \frac{P}{1+j}$$

Se $V_2$ é o valor atual do segundo pagamento de $P$ a ser feito ao fim do segundo período, temos

$$P = V_2(1+j)^2$$

de onde obtemos

$$V_2 = \frac{P}{(1+j)^2}$$

E assim por diante, se $V_k$ for o valor atual do $k$-ésimo pagamento de $P$ a ser feito ao fim do $k$-ésimo período, temos

$$V_k = \frac{P}{(1+j)^k}$$

Se $V$ o valor atual da anuidade, temos que $V = V_1 + V_2 + \ldots + V_n$, assim

$$V = \frac{P}{1+j} + \frac{P}{(1+j)^2} + \frac{P}{(1+j)^3} + \ldots + \frac{P}{(1+j)^n} \quad (5)$$

Multiplicando cada termo da Equação (5) por $1/(1+j)$, obtemos

$$\frac{V}{1+j} = \frac{P}{(1+j)^2} + \frac{P}{(1+j)^3} + \ldots + \frac{P}{(1+j)^{n+1}} \quad (6)$$

Subtraindo os termos da Equação (5) dos termos correspondentes da Equação (6), obtemos

$$\frac{V}{1+j} - V = \frac{P}{(1+j)^{n+1}} - \frac{P}{1+j}$$

Multiplicando ambos os membros da equação acima por $(1+j)$, obtemos

$$V - (1+j)V = P[(1+j)^{-n} - 1]$$

e resolvendo em $V$ temos

$$\boxed{V = P\left[\frac{1 - (1+j)^{-n}}{j}\right]} \quad (7)$$

A Tabela 8 no fim do livro dá os valores de $[1 - (1+j)^{-n}]/j$, que é o valor atual de uma anuidade ordinária de pagamentos iguais de $ 1 por $n$ períodos, com uma taxa de juros de $100j\%$ por período.

Se a taxa de juros é $100i\%$ ao ano e os pagamentos iguais são feitos em períodos de 1 ano, então na Fórmula (7) $j = i$ e $n = t$, logo

$$V = P\left[\frac{1 - (1 + i)^{-t}}{i}\right] \tag{8}$$

**EXEMPLO 2** O aluguel de um apartamento é de $ 450 por mês, pagáveis 1 mês adiantado. Se o inquilino deseja pagar um ano de aluguel adiantado a uma taxa anual de 12% compostos mensalmente, que quantia deveria ser paga?

**Solução** Este problema envolve pagamentos iguais de $ 450 por 12 períodos. Como os pagamentos são no começo do período de pagamento, esta é uma anuidade devida. Podemos trabalhar o problema como o de uma anuidade ordinária, considerando o primeiro pagamento em separado e os 11 pagamentos restantes como sendo uma anuidade ordinária (pagamentos ao fim de cada período de pagamento) por 11 períodos. Se $V$ o valor atual da anuidade ordinária e $S$ a quantia que deve ser paga agora, temos

$S = 450 + V$

Usando a Fórmula (7) com $P = 450$, $j = 0{,}12/12 = 0{,}01$ e $n = 11$, temos

$$S = 450 + 450\left[\frac{1 - (1{,}01)^{-11}}{0{,}01}\right]$$

Da Tabela 8 encontramos $[1 - (1{,}01)^{-11}]/0{,}01 = 10{,}3676$, e substituindo isto acima obtemos

$S = 450 + 450(10{,}3676)$
$\phantom{S} = 5.115{,}42$

Assim, o inquilino deveria pagar agora $ 5.115,42 para cobrir o aluguel de um ano.

**EXEMPLO 3** Uma empresa está considerando um contrato que irá produzir um retorno líquido de $ 3.000 semestralmente, por 5 anos. Entretanto, uma vez assinado o contrato, a empresa precisará investir $ 24.000 em equipamentos especiais que terão um valor residual de $ 5.000 ao final de 5 anos. Se o dinheiro pode ser empregado a 10% ao ano compostos semestralmente, a empresa deve ou não assinar o contrato?

**Solução** Primeiro, vamos encontrar o valor atual de $ 5.000 que é o valor residual do equipamento ao final de 5 anos. Se $P$ é o valor atual, então

$P = 5.000(1{,}05)^{-10}$
$\phantom{P} = 5.000(0{,}6139)$
$\phantom{P} = 3.070$

O valor atual do custo do equipamento é, então, $ 24.000 − $ 3.070 = $ 20.930. Se $V$ o valor atual do retorno, usando-se a Fórmula (7), onde $P = 3.000$, $j = 0{,}10/2 = 0{,}05$ e $n = 5 \cdot 2 = 10$, temos

$$V = 3.000\left[\frac{1 - (1{,}05)^{-10}}{0{,}05}\right]$$

$\phantom{V} = 3.000(7{,}7217)$
$\phantom{V} = 23.165$

O valor atual do retorno é, então, $ 23.165; portanto, maior que o valor atual do custo do equipamento. Logo, a empresa deve assinar o contrato.

Vamos estender agora o conceito de pagamentos iguais em iguais períodos de tempo aos casos de um investimento contínuo cujos juros são compostos continuamente. Vamos supor que o valor investido em $t$ anos a partir de agora seja $f(t)$, onde $f$ é uma função contínua. Queremos encontrar uma fórmula apropriada para determinar $A$, a quantia em $T$ anos a partir de agora a uma taxa de juros de $100i\%$ compostos continuamente.

Como o investimento em $t$ anos é $f(t)$ e a taxa é $100i\%$ compostos continuamente para um período de $(T-t)$ anos, da Equação (9) na Secção 8.1 vemos que ele irá importar em $f(t)e^{i(T-t)}$, em $T$ anos. Seja $g$ a função definida por $g(t) = f(t)e^{i(T-t)}$. Dividindo o intervalo fechado $[0, T]$ em $n$ subintervalos, tendo cada um deles $\Delta t$ de comprimento. Seja $\xi_i$ qualquer número no $i$-ésimo subintervalo $[t_{i-1}, t_i]$. Definimos $A$ como sendo

$$\lim_{n \to +\infty} \sum_{i=1}^{n} g(\xi_i)\, \Delta t$$

Isto é um limite de uma soma de Riemann, e como $g$ é contínua em $[0, T]$, o limite existe e é a integral definida de $g$ de 0 a $T$. Lembrando que $g(t) = f(t)e^{i(T-t)}$, temos a fórmula

$$\boxed{A = \int_0^T f(t)e^{i(T-t)}\, dt} \tag{9}$$

Observe que $A$ é uma função de $T$. Muitas vezes é necessário usar integração por partes para aplicar a Fórmula (9). Este tópico está discutido na Secção 9.1. Contudo, se $f(t)$ for constante ou uma potência de $e$, podemos usar as técnicas de integração já conhecidas.

Suponha que $f(t)$ seja uma constante $P$; então, da Fórmula (9),

$$A = \int_0^T P e^{i(T-t)}\, dt$$

$$= P \left[ \frac{-e^{i(T-t)}}{i} \right]_0^T$$

$$= P \left( \frac{-1}{i} + \frac{e^{iT}}{i} \right)$$

$$\boxed{A = P \left( \frac{e^{iT} - 1}{i} \right)} \tag{10}$$

Compare a Fórmula (10) com a Fórmula (3) e você verá que elas são idênticas, exceto que $(1+i)$ em (3) é substituída por $e^i$ em (10).

**EXEMPLO 4** Ache o montante, 10 anos após, de um investimento de $ 500 por ano a uma taxa anual de $11\%$ compostos continuamente.

Anuidades 375

**Solução** Se $A$ é o montante, então de (9),

$$A = \int_0^{10} 500 e^{0,11(10-t)} \, dt$$

$$= 500 \left[ \frac{-e^{0,11(10-t)}}{0,11} \right]_0^{10}$$

$$= 500 \left[ \frac{e^{1,1} - 1}{0,11} \right]$$

$$= \frac{50.000}{11} (3,0042 - 1)$$

$$= 9.110$$

Logo, o montante em 10 anos será $\$\,9.110$.

Observe no Exemplo 4 que em vez da integral poderíamos ter obtido a terceira linha da solução por substituição direta em (10).

Vamos obter agora uma fórmula para achar o valor atual da quantia $A$ dada em (10). Da Equação (12) na Secção 8.1 sabemos que o valor atual de $\$\,1$ em $t$ anos a partir de agora é $e^{-it}$; logo, o valor atual de $f(t)$, recebido em $t$ anos, é $f(t)e^{-it}$. Por um argumento semelhante ao que precedeu (9), concluímos que se $V$ for o valor atual da quantia percebida em $T$ anos, de um fluxo contínuo de renda em $t$ anos de $f(t)$ por ano investido a uma taxa de $100i\%$, compostos continuamente, então

$$V = \int_0^T f(t) \, e^{-it} \, dt \qquad (11)$$

Se na Fórmula (11) $f(t)$ é uma constante $P$, então

$$V = \int_0^T P e^{-it} \, dt$$

$$= P \left[ \frac{-e^{-it}}{i} \right]_0^T$$

$$= P \left( \frac{-e^{-iT}}{i} + \frac{1}{i} \right)$$

$$V = P \left( \frac{1 - e^{-iT}}{i} \right) \qquad (12)$$

Comparando as Fórmulas (12) e (8), vemos que elas guardam a mesma relação que as Fórmulas (10) e (3).

**EXEMPLO 5** No Exemplo 3 suponha que em vez do contrato pagando $ 3.000 semestralmente por 5 anos seja oferecido um fluxo contínuo de renda de $ 6.000 por ano. Além disso, suponha que o dinheiro esteja valendo 10% ao ano compostos continuamente. Ache o valor atual do custo do equipamento especial e o valor atual do retorno sob estas condições.

**Solução** O valor residual do equipamento ao final de 5 anos é $ 5.000. O valor atual deste $ 5.000 é obtido da Equação (11) da Secção 8.1 com $A = 5.000$, $i = 0,1$ e $t = 5$. Assim, se $P$ é o valor atual,

$$P = 5.000e^{-0,5}$$
$$= 5.000(0,6065)$$
$$= 3.033$$

Logo, o valor atual do custo do equipamento especial é $ 24.000 − $ 3.033 = $ 20.967.

Se $V$ é o valor atual do retorno, então de (11) com $f(t) = 6.000$, $i = 0,1$ e $T = 5$,

$$V = \int_0^5 6.000 e^{-0,1t}\, dt$$

$$= 6.000(-10)e^{-0,1t}\Big]_0^5$$

$$= -60.000(e^{-0,5} - 1)$$

$$= -60.000(0,6065 - 1)$$

$$= -60.000(-0,3935)$$

$$= 23.610$$

Logo, o valor atual do retorno é $ 23.610.

## Exercícios 8.8

1. Ao fim de cada 6 meses, $ 200 são depositados em uma caderneta de poupança. Se a taxa de juros anual for 8% compostos semestralmente, qual será a quantia total na caderneta ao fim de 4 anos?
2. Depósitos iguais são feitos em uma caderneta de poupança ao fim de cada ano durante 10 anos, de tal forma que haverá lá $ 40.000 ao fim do décimo ano. Qual deve ser o valor de cada depósito se os juros forem compostos anualmente à taxa de 10%?
3. Deseja-se ter $ 20.000 em poupança ao final de 10 anos. Se forem feitos depósitos iguais no fim de cada 3 meses, qual deve ser o valor de cada depósito se os juros forem compostos trimestralmente a uma taxa anual de 8%?
4. Se $ 500 forem depositados em poupança ao fim de cada 3 meses e a taxa de juros for de 8% ao ano compostos trimestralmente, qual o total da poupança ao fim de 2 anos?
5. Um empréstimo de $ 2.000 com juros a 16% ao ano compostos trimestralmente deve ser pago em um único pagamento 4 anos a partir de agora. Para preparar-se para isto, pagamentos trimestrais são colocados num fundo de amortização que paga uma taxa anual de 12% compostos trimestralmente. De quanto deve ser o pagamento trimestral?
6. Resolva o Exercício 5 se o empréstimo for de $ 5.000 e o fundo de amortização render juros de somente 8% compostos trimestralmente.
7. Uma pessoa faz um pagamento à vista de $ 20.000 na compra de uma casa, e concorda pagar $ 4.000 ao fim de cada período de 6 meses pelos próximos 15 anos. Se o dinheiro está valendo 12% ao ano compostos semestralmente, qual o valor atual do preço de compra da casa?

Anuidades 377

8. Um depósito de $ 400 é feito a cada 6 meses em um fundo que paga juros a uma taxa de 12% compostos semestralmente. Quanto haverá no fundo logo após o vigésimo depósito?
9. Um seguro de vida tem um valor atual de $ 12.000. O plano do seguro prevê um pagamento de $ 2.000 ao fim de 10 anos e o restante deverá ser pago em 10 pagamentos anuais consecutivos iguais, começando 1 ano mais tarde. Se o dinheiro está valendo 10% ao ano compostos anualmente, qual será o pagamento anual?
10. Qual o valor atual de um contrato que paga $ 200 ao fim de cada trimestre por 4 anos e um adicional de $ 1.000 ao fim do último trimestre, se o dinheiro está valendo 16% ao ano compostos trimestralmente?
11. Uma empresa deseja fazer pagamentos semestrais a um fundo de amortização para prover a substituição em 5 anos de um equipamento que irá custar $ 10.000. Se o equipamento atual tiver um valor residual de $ 500 após 5 anos, qual o valor dos depósitos iguais que devem ser feitos, começando em 6 meses, se o fundo rende uma taxa anual de 8% compostos semestralmente?
12. Um negócio pode ser concluído por $ 100.000 à vista ou $ 60.000 de sinal e seis pagamentos anuais iguais de $ 10.000. Qual será aproximadamente a taxa de juros anual, composta anualmente, se a segunda alternativa for escolhida?
13. Um equipamento especial irá produzir lucros de $ 50.000 ao fim de cada ano, durante 5 anos. O preço de aquisição da máquina é $ 200.000, e para comprá-la uma empresa deve obter um empréstimo a ser pago em 5 pagamentos anuais iguais, a uma taxa anual de 10% compostos anualmente. A empresa deve ou não comprar o equipamento, se ao fim de 5 anos não houver valor residual?
14. No Exercício 13, suponha que a empresa pague à vista pelo equipamento e que após 5 anos seu valor residual seja de $ 30.000. Além disso, suponha que a empresa poderia investir seu dinheiro a uma taxa anual de 10% compostos anualmente. Neste caso, a empresa deveria comprar o equipamento?
15. No Exercício 13, suponha que ao invés de lucros anuais iguais de $ 50.000, tenhamos $ 40.000, ao fim do primeiro e segundo anos, $ 50.000 ao fim do terceiro ano, $ 60.000 ao fim do quarto e quinto anos. Além disso, suponha que a empresa pague à vista pelo equipamento, e que depois de 5 anos o valor residual seja de $ 30.000. Se o dinheiro pode ser investido a uma taxa de 10% ao ano compostos anualmente, deve a empresa comprar o equipamento?
16. Uma empresa está considerando aceitar um contrato de 5 anos que dará um retorno líquido estimado de $ 1.000 ao fim do primeiro ano, $ 5.000 ao fim do segundo, $ 10.000 ao fim do terceiro e quarto anos e $ 5.000 ao fim do quinto ano. Para satisfazer o contrato, a empresa precisa investir $ 5.000 no começo de cada um dos 5 anos. Se a empresa pode investir seu dinheiro a uma taxa de juros de 10% ao ano compostos anualmente, deve aceitar ou não o contrato?
17. Faça o Exercício 1, se ao invés de depositar $ 200 ao fim de cada 6 meses os $ 400 anuais forem um investimento contínuo e a taxa de juros for 8% ao ano compostos continuamente.
18. Faça o Exercício 4, se ao invés de depositar $ 500 no final de cada trimestre os $ 2.000 anuais forem um investimento contínuo e a taxa de juros for 8% ao ano compostos continuamente.
19. No Exercício 5, suponha que os juros sobre o empréstimo sejam de 16% ao ano compostos continuamente. Além disso, suponha que o pagamento deva ser um fluxo contínuo de $x$ ao ano, durante 4 anos, no fundo de amortização que paga 12% ao ano compostos continuamente. Determine $x$.
20. No Exercício 6, suponha que o empréstimo de $ 5.000 tenha juros a 16% ao ano compostos continuamente. Além disso, suponha que os pagamentos devam ser um fluxo contínuo de $x$ ao ano, durante 4 anos, no fundo de amortização que paga uma taxa de juros anual de 8% compostos continuamente. Determine $x$.
21. No Exercício 9, se o restante deve ser pago a um fluxo contínuo de $x$ ao ano, durante 10 anos, e a taxa de juros é 10% compostos continuamente, ache $x$.
22. Faça o Exercício 10, se ao invés do contrato pagando $ 200 no final de cada trimestre, este oferecer um fluxo contínuo de renda de $ 800 ao ano, durante 4 anos, e se o dinheiro estiver valendo 16% ao ano compostos continuamente.
23. Suponha que um fluxo de renda decresça por um período de $T$ anos e em $t$ anos o valor da renda anual seja $ae^{-bt}$, onde $a$ e $b$ são constantes. (a) Ache o valor atual desta renda se a taxa anual de juros for $100i$% compostos continuamente. (b) Mostre que a resposta de (a) é a mesma que o valor atual de um fluxo contínuo de renda de $a$ ao ano, se a taxa de juros for $100(i+b)$% compostos continuamente.

## Exercícios de Recapitulação do Capítulo 8

Nos Exercícios de 1 a 14, diferencie a função dada.

1. $f(x) = \ln(5x + 3)$
2. $f(x) = \ln(x^2 - 2x)$
3. $g(x) = \ln\sqrt{x^2 + 1}$
4. $f(t) = \ln(3t - 1)^2$
5. $f(x) = \log_{10} x^2$
6. $g(x) = \log_2 \dfrac{x+1}{x-1}$
7. $f(r) = e^{r^2}$
8. $g(y) = 10^{-3y}$
9. $g(t) = t^2 2^t$
10. $F(x) = x^2 e^{2x}$
11. $f(x) = \dfrac{e^x}{e^x + e^{-x}}$
12. $f(x) = \ln\sqrt{\dfrac{2x+1}{x-3}}$
13. $G(x) = x^{2x};\ x > 0$
14. $h(t) = t^{3/\ln t}$

Nos Exercícios de 15 a 20, calcule a integral indefinida.

15. $\displaystyle\int \dfrac{3e^{2x}\, dx}{1 + e^{2x}}$
16. $\displaystyle\int e^{2x^2 - 4x}(x - 1)\, dx$
17. $\displaystyle\int (e^{3t} + 2^{3t})\, dt$
18. $\displaystyle\int \dfrac{10^{\ln x^2}\, dx}{x}$
19. $\displaystyle\int \dfrac{xe^{6x^2}\, dx}{1 + e^{6x^2}}$
20. $\displaystyle\int (w + 1)e^w 7^{we^w}\, dw$

Nos Exercícios de 21 a 26, calcule a integral definida.

21. $\displaystyle\int_0^2 x^2 e^{x^3}\, dx$
22. $\displaystyle\int_0^1 (e^{2x} + 1)^2\, dx$
23. $\displaystyle\int_1^8 \dfrac{t^{1/3}\, dt}{t^{4/3} + 4}$
24. $\displaystyle\int_e^{e^2} \dfrac{dy}{y(\ln y)}$

25. Ache $D_x y$ se $ye^x + xe^y + x + y = 0$.
26. Um empréstimo de $ 1.000 deve ser liquidado através de um único pagamento, ao fim de um ano. Se a taxa de juros for de 12%, ao ano compostos mensalmente, ache (a) a quantia total a ser paga e (b) a taxa efetiva de juros.
27. Ache a taxa efetiva de juros quando eles são computados a uma taxa anual de 16%, compostos (a) semestralmente; (b) trimestralmente; (c) continuamente.
28. Faça o Exercício 26, se a taxa de juros for de 12%, compostos continuamente.
29. Uma casa comprada há 10 anos foi vendida por $ 100.000. Se a taxa de juros anuais for de 20%, compostos trimestralmente, qual o preço de compra da casa aproximado ao milhar mais próximo?
30. Os juros numa poupança são calculados a 8%, ao ano compostos continuamente. Se alguém deseja ter $ 1.000 em conta, ao fim de um ano, fazendo um único depósito agora, de quanto deve ser este depósito?
31. Quanto tempo levará para que um investimento dobre se os juros forem recebidos a uma taxa de 12%, ao ano compostos (a) trimestralmente e (b) continuamente?
32. Quanto tempo levará para que um depósito de $ 500 em uma poupança se acumule até $ 600, se os juros forem calculados a 8%, ao ano compostos (a) trimestralmente e (b) continuamente?
33. Se $A$ mg de rádio estão presentes após $t$ anos, então $A = ke^{-0,0004t}$, onde $k$ é uma constante. Além disso, 60 mg de rádio estão presentes agora. (a) Quanto restará de rádio daqui a 100 anos? (b) Quanto tempo levará para que haja 50 mg de rádio presentes?
34. Em $t$ minutos haverá $f(t)$ bactérias em certa cultura, onde $f(t) = ke^{-0,03t}$ e $k$ é uma constante. Se 60.000 bactérias estão presentes inicialmente, (a) quantas bactérias existirão em 15 min e (b) após quantos minutos existirão 200.000 bactérias?

Exercícios de Recapitulação do Capítulo 8    **379**

35. Em uma pequena cidade, uma epidemia espalha-se de tal forma que $f(t)$ pessoas contraíram a doença $t$ semanas após o início da epidemia, onde

$$f(t) = \frac{10.000}{1 + 599e^{-0.8t}}$$

Quantas pessoas tinham a doença (a) inicialmente, (b) após 6 semanas e (c) após 12 semanas? (d) Se a epidemia continua indefinidamente, quantas pessoas contrairão a doença?

36. Na cidade do Exercício 35, após quantas semanas 5.000 pessoas, a metade da população da cidade, contrairão a doença?

37. Um determinado artigo tem a equação de demanda $pe^{x^2/200} = 20$, onde $x$ unidades são demandadas quando $p$ é o preço unitário. Ache (a) a função receita total e (b) a função receita marginal. (c) Ache a receita total máxima absoluta.

38. A equação de demanda de certa mercadoria é $xe^p = 200$, onde $x$ unidades são demandadas quando $p$ é o preço unitário. (a) Ache a elasticidade-preço da demanda quando $p = 10$. (b) Do resultado de (a) ache uma variação aproximada na demanda se o preço de $ 10 for aumentado em 2%.

39. Em certo campus universitário a função densidade de probabilidade para que a duração de uma chamada telefônica seja $t$ min é dada por

$$f(t) = 0,4e^{-0,4t} \quad t \geq 0$$

Qual a probabilidade de que uma chamada telefônica escolhida ao acaso dure (a) entre 2 e 3 min, (b) 2 min ou menos e (c) no máximo 3 min?

40. A taxa de crescimento natural da população de certa cidade é proporcional à população. Se a população dobra em 60 anos, e se a população em 1950 era 60.000, estime a população no ano 2000.

41. A taxa de decaimento de uma substância radioativa é proporcional à quantidade de substância presente. Se a metade de um dado depósito da substância desaparece em 1.900 anos, quanto tempo levará para que 95% do depósito desapareça?

42. A carga elétrica sobre uma superfície esférica escapa a uma taxa proporcional à carga. Inicialmente a carga elétrica era 8 coulombs e um quarto escapa em 15 min. Quando restarão somente 2 coulombs?

43. A taxa de crescimento de uma certa cultura de bactérias é proporcional ao número presente e o número dobra em 20 min. Se ao fim de 1 hora havia 1.500.000 bactérias, quantas bactérias estavam presentes inicialmente?

44. Um tanque contém 100 litros de água doce, e salmoura contendo 2 kg de sal por litro flui para dentro do tanque a uma taxa de 3 litros/min. Se a mistura, mantida uniforme por agitação, flui para fora à mesma taxa, quantos quilogramas de sal há no tanque ao fim de 30 min?

45. Um tanque contém 60 litros de água salgada, com 120 kg de sal dissolvido. Água salgada com 3 kg de sal por litro flui para dentro do tanque a uma taxa de 2 litros/min; a mistura, mantida uniforme por agitação, flui para fora do tanque à mesma taxa. Quanto tempo levará para que haja 100 kg de sal no tanque?

46. Consulte o Exercício 23 nos Exercícios 8.6. Um paleontologista descobre um inseto preservado dentro de âmbar transparente, que é resina de árvore endurecida, e determinou-se que a quantidade de $^{14}C$ presente no inseto era 2% da quantidade original. Use o fato de que a vida média de $^{14}C$ é 5.600 anos para determinar a idade do inseto quando da descoberta.

47. Um estudante tem 50 tempos verbais de uma língua estrangeira para memorizar. A taxa segundo a qual o estudante pode memorizar estes verbos é proporcional ao número de verbos que restam para ser memorizados; isto é, se o estudante memoriza $y$ verbos em $t$ min,

$$\frac{dy}{dt} = k(50 - y)$$

Suponha que inicialmente nenhum verbo seja memorizado, e suponha que 20 verbos sejam memorizados nos primeiros 30 min. Quantos verbos o estudante memorizará em (a) 1 hora e (b) 2 horas? (c) Após quanto tempo restará um único verbo a ser memorizado?

48. Ache a equação de demanda de um artigo cuja função receita marginal é dada por $R'(x) = 10/(x + 1)$, onde $R(x)$ é a receita total quando $x$ unidades são vendidas.

49. Ao final de cada ano, depósitos iguais são feitos numa caderneta de poupança, rendendo uma taxa de juros de 10% ao ano compostos anualmente. (a) Se o valor de cada depósito for $ 500, quanto haverá na caderneta ao final de 8 anos? (b) Se se deseja que haja $ 6.000 na caderneta no final do oitavo ano qual deve ser o valor de cada depósito?
50. Determine o valor atual de um contrato que paga $ 1.000 no final de cada trimestre, durante 3 anos, e um adicional de $ 5.000 no final do último trimestre se o dinheiro está valendo 12% ao ano compostos trimestralmente.
51. Faça a parte (a) do Exercício 49, se ao invés de depositar $ 500 no final de cada ano esta quantia for um investimento contínuo e a taxa de juros for 10% ao ano, compostos continuamente.
52. A equação de demanda de determinado artigo é $4^{x/2}p = 10$, onde $x$ unidades são demandadas quando $p$ é o preço unitário. Se o preço de mercado for $ 5, ache o excedente do consumidor. Faça um esboço mostrando a curva de demanda e a região cuja área representa o excedente do consumidor.
53. Use a lei do resfriamento de Newton, dada no Exemplo 2 da Secção 8.7, para determinar a temperatura corrente de um corpo num ambiente de temperatura 40°, se 30 min atrás a temperatura do corpo era 150° e 10 min atrás era 90°.

# CAPÍTULO 9

# TÓPICOS EM INTEGRAÇÃO

## 9.1 INTEGRAÇÃO POR PARTES

As fórmulas de integração padrão que você aprendeu nos capítulos anteriores e que são freqüentemente usadas estão catalogadas abaixo.

$$\int du = u + C$$

$$\int a\, du = au + C \qquad \text{onde } a \text{ é uma constante qualquer}$$

$$\int [f(u) + g(u)]\, du = \int f(u)\, du + \int g(u)\, du$$

$$\int u^n\, du = \frac{u^{n+1}}{n+1} + C \qquad n \neq -1$$

$$\int \frac{du}{u} = \ln |u| + C$$

$$\int a^u\, du = \frac{a^u}{\ln a} + C$$

$$\int e^u\, du = e^u + C$$

Um método de integração bastante útil é a **integração por partes**. Ela depende da fórmula de diferencial de um produto. Se $u$ e $v$ são funções da variável $x$, então

$$d(uv) = u\, dv + v\, du$$

ou, equivalentemente,

$$u\, dv = d(uv) - v\, du \tag{1}$$

Integrando ambos os membros de (1) temos

$$\boxed{\int u\, dv = uv - \int v\, du} \tag{2}$$

A Fórmula (2) é chamada de **fórmula para integração por partes**. Esta fórmula expressa a integral $\int u\, dv$ em termos de outra integral, $\int v\, du$. Através de uma escolha conveniente de $u$ e $dv$, pode ser mais fácil calcular a segunda integral do que a primeira.

● ILUSTRAÇÃO 1

Queremos calcular

$$\int xe^x\, dx$$

se $u = x$ e $dv = e^x\, dx$, encontramos então $du$ e $v$ da seguinte forma:

$$u = x \qquad dv = e^x\, dx$$

$$du = dx \qquad v = \int e^x\, dx$$

$$= e^x + C_1$$

Da Fórmula (2),

$$\int xe^x\, dx = x(e^x + C_1) - \int (e^x + C_1)\, dx$$

$$= xe^x + C_1 x - \int e^x\, dx - \int C_1\, dx$$

$$= xe^x + C_1 x - e^x - C_1 x + C_2$$

$$= xe^x - e^x + C_2 \qquad \bullet$$

Na Ilustração 1, observe que a primeira constante de integração $C_1$ não aparece no resultado final. Isto é verdade em geral, e provaremos como segue: escrevendo $v + C_1$ na Fórmula (2) temos

$$\int u\, dv = u(v + C_1) - \int (v + C_1)\, du$$

$$= uv + C_1 u - \int v\, du - C_1 \int du$$

$$= uv + C_1 u - \int v\, du - C_1 u$$

$$= uv - \int v\, du$$

Logo, é desnecessário escrever $C_1$ quando estivermos encontrando $v$ de $dv$.

## ILUSTRAÇÃO 2

Se você tiver a integral

$$\int x^3 e^{x^2}\, dx$$

então, para determinar as substituições por $u$ e $dv$, tenha em mente que para encontrar $v$ você precisa integrar $dv$. Isto sugere colocar $dv = xe^{x^2}\, dx$, e então $u = x^2$. Integrando, achamos

$$v = \int xe^{x^2}\, dx$$
$$= \frac{1}{2}\int e^{x^2}(2x\, dx)$$
$$= \tfrac{1}{2} e^{x^2}$$

Lembre que é desnecessário escrever a constante de integração quando estiver calculando $v$ de $dv$. Vamos calcular a diferencial de $u$:

$$u = x^2$$
$$du = 2x\, dx$$

Da Fórmula (2),

$$\int x^3 e^{x^2}\, dx = x^2\left(\frac{1}{2}e^{x^2}\right) - \int \frac{1}{2}e^{x^2}(2x\, dx)$$
$$= \tfrac{1}{2}x^2 e^{x^2} - \tfrac{1}{2}e^{x^2} + C \qquad \bullet$$

Nas aplicações da integração por partes a uma integral específica, um par de escolhas para $u$ e $dv$ pode funcionar, enquanto que o outro não. Esta situação ocorre na Ilustração 3.

● ILUSTRAÇÃO 3

Na Ilustração 1, se ao invés das escolhas de $u$ e $dv$ como foi feito, tomássemos

$$u = e^x \quad \text{e} \quad dv = x\, dx$$

Então,

$$du = e^x\, dx \quad \text{e} \quad v = \tfrac{1}{2}x^2$$

Assim,

$$\int xe^x\, dx = \frac{1}{2}x^2 e^x - \frac{1}{2}\int x^2 e^x\, dx$$

A integral à direita é mais complicada do que a da esquerda por onde começamos; isto indica que estas não são escolhas desejáveis para $u$ e $dv$. ●

**EXEMPLO 1** Encontre $\int x \ln x\, dx$

**Solução** Seja $u = \ln x$ e $dv = x\, dx$. Então,

$$du = \frac{dx}{x} \qquad v = \frac{x^2}{2}$$

Logo

$$\int x \ln x\, dx = \frac{x^2}{2}\ln x - \int \frac{x^2}{2}\cdot\frac{dx}{x}$$
$$= \frac{x^2}{2}\ln x - \frac{1}{2}\int x\, dx$$
$$= \tfrac{1}{2}x^2 \ln x - \tfrac{1}{4}x^2 + C$$

Pode acontecer que uma dada integral requeira repetidas aplicações da integração por partes. Isto está ilustrado no seguinte exemplo.

**EXEMPLO 2**   Ache $\int x^2 e^x \, dx$

**Solução**   Seja $u = x^2$ e $dv = e^x \, dx$. Então
$$du = 2x \, dx \quad \text{e} \quad v = e^x$$
Temos, então, que
$$\int x^2 e^x \, dx = x^2 e^x - 2 \int x e^x \, dx$$
Aplicamos agora a integração por partes à integral à direita. Seja
$$\bar{u} = x \quad \text{e} \quad d\bar{v} = e^x \, dx$$
Então
$$d\bar{u} = dx \quad \text{e} \quad \bar{v} = e^x$$
Assim, obtemos
$$\int x e^x \, dx = x e^x - \int e^x \, dx$$
$$= x e^x - e^x + \bar{C}$$
Logo
$$\int x^2 e^x \, dx = x^2 e^x - 2(x e^x - e^x + \bar{C})$$
$$= x^2 e^x - 2x e^x + 2 e^x + C$$

A integração por partes é usada freqüentemente quando o integrando contém logaritmos ou produtos de dois tipos de funções, como no Exemplo 2, que envolve o produto de uma função polinomial e uma função exponencial. No próximo exemplo o integrando é o produto de uma função polinomial e uma função logarítmica.

**EXEMPLO 3**   Ache uma fórmula para $\int x^r \ln x \, dx$ se $r$ é um número real qualquer.

**Solução**   Distinguimos dois casos: $r \neq -1$ e $r = -1$.

*Caso 1:*   $r \neq -1$. Seja $u = \ln x$ e $dv = x^r \, dx$. Então
$$du = \frac{1}{x} dx \quad \text{e} \quad v = \frac{x^{r+1}}{r+1}$$
Logo
$$\int x^r \ln x \, dx = \frac{x^{r+1}}{r+1} \ln x - \frac{1}{r+1} \int x^r \, dx$$
$$= \frac{x^{r+1}}{r+1} \ln x - \frac{x^{r+1}}{(r+1)^2} + C$$

*Caso 2:* $r = -1$. A integral torna-se

$$\int \frac{\ln x}{x} dx = \int w \, dw \qquad \text{onde } w = \ln x$$

Logo, obtemos

$$\int \frac{\ln x}{x} dx = \tfrac{1}{2}w^2 + C$$

$$= \tfrac{1}{2}(\ln x)^2 + C$$

Combinando os Casos 1 e 2 obtemos a fórmula

$$\int x^r \ln x \, dx = \begin{cases} \dfrac{x^{r+1}}{r+1} \ln x - \dfrac{x^{r+1}}{(r+1)^2} + C & \text{se } r \neq -1 \\ \tfrac{1}{2}(\ln x)^2 + C & \text{se } r = -1 \end{cases}$$

**EXEMPLO 4** Um investimento feito agora produzirá continuamente um rendimento de $200t$ por ano, onde $t$ é o número de anos a partir de agora. Se o rendimento for depositado numa conta bancária com juros de 8% compostos continuamente, ache com a máxima aproximação possível, a quantia em depósito ao final de 6 anos.

**Solução** Aplicamos a Fórmula (9) da Secção 8.8 com $f(t) = 200t$, $i = 0.08$ e $T = 6$. Logo, se $A$ for o montante ao fim de 6 anos,

$$A = 200 \int_0^6 t e^{0,08(6-t)} dt$$

Para computar a integral usamos integração por partes, com

$$u = t \qquad dv = e^{0,08(6-t)}$$

$$du = dt \qquad v = -\frac{e^{0,08(6-t)}}{0,08}$$

Logo

$$A = 200 \left[ -\frac{e^{0,08(6-t)}}{0,08} t \right]_0^6 + \frac{1}{0,08} \int_0^6 e^{0,08(6-t)} dt$$

$$= 200 \left[ -\frac{e^{0,08(6-t)}}{0,08} t - \frac{e^{0,08(6-t)}}{0,0064} \right]_0^6$$

$$= 200 \left( -\frac{6}{0,08} - \frac{1}{0,0064} + \frac{e^{0,48}}{0,0064} \right)$$

$$= \frac{200}{0,0064} (-0,48 - 1 + 1,6161)$$

$$= 31.250(0,1361)$$

$$= 4.253$$

Assim, a quantia em depósito ao final de 6 anos será $ 4.253.

## Exercícios 9.1

Nos Exercícios de 1 a 24, calcule a integral indefinida.

1. $\int xe^{3x}\,dx$
2. $\int xe^{-2x}\,dx$
3. $\int x3^x\,dx$
4. $\int x10^{x/2}\,dx$

5. $\int \ln x\,dx$
6. $\int \log_{10} x\,dx$
7. $\int x \log_{10} x\,dx$
8. $\int \ln 2x^2\,dx$

9. $\int x^2 \ln x\,dx$
10. $\int x^2 \log_2 x\,dx$
11. $\int (\ln x)^2\,dx$
12. $\int (\ln x)^3\,dx$

13. $\int xa^x\,dx$
14. $\int x \log_a x\,dx$
15. $\int x^2 e^{-2x}\,dx$
16. $\int x^3 e^x\,dx$

17. $\int \dfrac{xe^x}{(x+1)^2}\,dx$
18. $\int \dfrac{\ln(x+1)}{\sqrt{x+1}}\,dx$
19. $\int \dfrac{\ln x}{x^2}\,dx$
20. $\int \dfrac{\ln x}{x^3}\,dx$

21. $\int \dfrac{x^3\,dx}{\sqrt{1-x^2}}$
22. $\int x^3 \sqrt{1-x^2}\,dx$
23. $\int e^{3\sqrt{x}}\,dx$
24. $\int (2^x + x)^2\,dx$

Nos Exercícios de 25 a 28, calcule a integral definida.

25. $\int_0^2 x^2 3^x\,dx$
26. $\int_0^1 x^2 e^{-2x}\,dx$
27. $\int_{-1}^2 \ln(x+2)\,dx$
28. $\int_1^3 x^2 (\ln x)^2\,dx$

29. Ache a área da região limitada pela curva $y = \ln x$, o eixo $x$ e a reta $x = e^2$.
30. Ache a área da região limitada pela curva $y = 2xe^{-x/2}$, o eixo $x$ e a reta $x = 4$.
31. Durante a manhã, tendo chegado às 8 horas, um empregado pode completar $f(x)$ unidades por hora após estar $x$ horas trabalhando, onde
$$f(x) = 50xe^{-0.4x}$$
Quantas unidades o empregado completa às 11 horas da manhã?
32. A função custo marginal é $C'$, e $C'(x) = \ln x$, onde $x \geq 1$. Ache a função custo total se $C(x)$ for o custo total da produção de $x$ unidades e $C(1) = 5$.
33. Para uma certa mercadoria, $p = \ln(10 - x)$ e $p = \ln(2x + 1)$ são, respectivamente, as equações de demanda e de oferta. O preço de mercado é o preço de equilíbrio no qual $x$ unidades são demandadas e ofertadas quando $p$ é o preço unitário. Determine (a) o excedente do consumidor e (b) o excedente do produtor. Faça um esboço mostrando cada região cujas áreas determinam os excedentes do consumidor e do produtor.
34. A equação de oferta de certa mercadoria é $p = 2\ln(x + 2)$, onde $x$ unidades são ofertadas quando $p$ é o preço unitário. Se o preço de mercado é $\$4$, determine o excedente do produtor.
35. Ache, com a máxima aproximação possível, o montante em 5 anos de um investimento contínuo de $100t$ ao ano, onde $t$ é o número de anos a partir de agora, se a taxa de juros é $12\%$, compostos continuamente. Use a Fórmula (9) da Secção 8.8.
36. Um fluxo contínuo de renda de $500t$ ao ano é originado de um investimento feito agora, onde $t$ é o número de anos. Se a renda dos 5 anos deve ser depositada numa conta bancária com juros de $10\%$, compostos continuamente, ache, com a máxima aproximação possível, o valor atual dessa renda. Use a Fórmula (11) da Secção 8.8.
37. A renda por ano em $t$ anos de um fluxo contínuo de renda é $1.000t(2^{-t})$. Ache, com a máxima aproximação possível, o valor atual dessa renda por um período de 5 anos, se a taxa de juros é $8\%$, compostos continuamente. Use a Fórmula (11) da Secção 8.8.

38. (a) Obtenha a seguinte fórmula, onde $r$ é um número real qualquer:

$$\int x^r e^x \, dx = x^r e^x - r \int x^{r-1} e^x \, dx$$

(b) Use a fórmula encontrada em (a) para calcular $\int x^4 e^x \, dx$.

39. Para um certo tipo de roupa de banho a função densidade de probabilidade que determinada loja venderá 1.000$x$ roupas de banho durante dezembro é dada por

$$f(x) = \tfrac{1}{9} x e^{-x/3} \qquad x \geq 0$$

(a) Ache a probabilidade de que a loja venderá no máximo 5.000 roupas de banho em dezembro. (b) Qual a probabilidade de que a loja venderá entre 9.000 e 12.000 roupas de banho em dezembro?

40. (a) Obtenha a seguinte fórmula, onde $r$ e $q$ são números reais quaisquer:

$$\int x^r (\ln x)^q \, dx = \begin{cases} \dfrac{x^{r+1}(\ln x)^q}{r+1} - \dfrac{q}{r+1} \int x^r (\ln x)^{q-1} \, dx & \text{se } r \neq -1 \\ \dfrac{(\ln x)^{q+1}}{q+1} + C & \text{se } r = -1 \end{cases}$$

(b) Use a fórmula obtida em (a) para computar $\int x^4 (\ln x)^2 \, dx$.

## 9.2 INTEGRAÇÃO DE FUNÇÕES RACIONAIS POR FRAÇÕES PARCIAIS

Na Secção 8.2 tivemos o modelo matemático dado pela função definida por

$$f(t) = \frac{A}{1 + Be^{-Akt}} \qquad t \geq 0 \tag{1}$$

onde $A$, $B$ e $k$ são constantes positivas. O gráfico dessa função é uma curva de crescimento logístico e está mostrado na Figura 8.2.10 e repetido nesta secção, na Figura 9.2.1, adiante.

A função em (1) é um modelo de crescimento de uma população quando o meio ambiente impõe uma limitação superior em seu tamanho. Também é um modelo que descreve a disseminação de uma doença ou um boato, bem como a distribuição de informação. O modelo surge quando uma grandeza cresce a uma taxa que é conjuntamente proporcional à quantidade presente e à diferença entre um número fixo $A$ e a quantidade presente. Assim, se o tempo é representado em $t$ unidades, e se $y$ unidades é a quantidade presente em qualquer momento,

$$\frac{dy}{dt} = ky(A - y) \tag{2}$$

Se as variáveis forem separadas nesta equação diferencial, obtemos

$$\frac{dy}{y(A-y)} = k \, dt \tag{3}$$

Integrar a expressão à esquerda de (3) requer o uso de frações parciais. Desenvolveremos agora o processo de integração por frações parciais e então, na Ilustração (2), mostraremos que a equação diferencial (2) tem a função de (1) como sua solução geral.

Na Secção 1.4 uma função racional foi definida como aquela que pode ser expressa como o quociente de duas funções polinomiais. Isto é, a função $H$ é uma função racional se $H(x) = P(x)/Q(x)$, onde $P(x)$ e $Q(x)$ são polinômios. Vimos anteriormente que se o grau do numerador não for menor do que o grau do denominador, temos uma fração imprópria, e neste caso dividimos o numerador pelo denominador até obter uma fração própria, isto é, uma fração na qual o grau do numerador é menor do que o grau do denominador. Por exemplo,

$$\frac{x^4 - 10x^2 + 3x + 1}{x^2 - 4} = x^2 - 6 + \frac{3x - 23}{x^2 - 4}$$

Assim, se quisermos integrar

$$\int \frac{x^4 - 10x^2 + 3x + 1}{x^2 - 4} dx$$

o problema é reduzido a integrar

$$\int (x^2 - 6) dx + \int \frac{3x - 23}{x^2 - 4} dx$$

Em geral, então, estamos interessados na integração de expressões da forma

$$\int \frac{P(x)}{Q(x)} dx$$

onde o grau de $P(x)$ é menor do que o grau de $Q(x)$.

Para fazer isto é freqüentemente necessário escrever $P(x)/Q(x)$ como a soma de **frações parciais**. Os denominadores das frações parciais são obtidos fatorando-se $Q(x)$ num produto de fatores lineares ou quadráticos. Algumas vezes pode ser difícil encontrar esses fatores de $Q(x)$; contudo, um teorema de álgebra avançada estabelece que teoricamente isto é sempre possível.

Após ter fatorado $Q(x)$ em um produto de fatores lineares e quadráticos, o método para determinar as frações parciais depende da natureza destes fatores. Há vários casos, mas consideraremos aqui somente os dois nos quais os fatores de $Q(x)$ são lineares.

*Caso 1:* Os fatores de $Q(x)$ são todos lineares, e nenhum é repetido. Isto é,

$$Q(x) = (a_1 x + b_1)(a_2 x + b_2) \ldots (a_n x + b_n)$$

onde não há dois fatores idênticos. Neste caso, escrevemos

$$\frac{P(x)}{Q(x)} \equiv \frac{A_1}{a_1 x + b_1} + \frac{A_2}{a_2 x + b_2} + \ldots + \frac{A_n}{a_n x + b_n} \qquad (4)$$

onde $A_1, A_2, \ldots, A_n$ são constantes a serem determinadas.

Observe que usamos $\equiv$ (leia "identicamente igual") ao invés de $=$ em (4), pois trata-se de uma identidade em $x$.

A seguinte ilustração mostra como calcular os valores de $A_i$.

● ILUSTRAÇÃO 1

Para avaliar

$$\int \frac{(x - 1) dx}{x^3 - x^2 - 2x}$$

fatoramos o denominador obtendo

$$\frac{x-1}{x^3-x^2-2x} \equiv \frac{x-1}{x(x-2)(x+1)}$$

Logo

$$\frac{x-1}{x(x-2)(x+1)} \equiv \frac{A}{x} + \frac{B}{x-2} + \frac{C}{x+1} \qquad (5)$$

A Equação (5) é uma identidade para todo $x$ (exceto $x = 0, 2, -1$); donde

$$x - 1 \equiv A(x-2)(x+1) + Bx(x+1) + Cx(x-2) \qquad (6)$$

A Equação (6) é uma identidade para todo valor de $x$, inclusive 0, 2 e $-1$. Queremos determinar $A$, $B$ e $C$. Substituindo $x$ por 0 em (6) obtemos

$$-1 = -2A \quad \text{ou} \quad A = \tfrac{1}{2}$$

Substituindo $x$ por 2 em (6) obtemos

$$1 = 6B \quad \text{ou} \quad B = \tfrac{1}{6}$$

Finalmente, substituindo $x$ por $-1$ em (6) obtemos

$$-2 = 3C \quad \text{ou} \quad C = -\tfrac{2}{3}$$

Há outro método de encontrar $A$, $B$ e $C$. Combinando os termos do segundo membro de (6),

$$x - 1 \equiv (A + B + C)x^2 + (-A + B - 2C)x - 2A \qquad (7)$$

Para que (7) seja uma identidade, os coeficientes dos dois membros devem ser iguais. Logo

$$A + B + C = 0$$
$$-A + B - 2C = 1$$
$$-2A = -1$$

Resolvendo esse sistema de equações obtemos $A = \tfrac{1}{2}$, $B = \tfrac{1}{6}$ e $C = -\tfrac{2}{3}$.
Substituindo esses valores em (5) obtemos

$$\frac{x-1}{x(x-2)(x+1)} \equiv \frac{\tfrac{1}{2}}{x} + \frac{\tfrac{1}{6}}{x-2} + \frac{-\tfrac{2}{3}}{x+1}$$

Assim, a integral dada pode ser expressa como:

$$\int \frac{x-1}{x^3 - x^2 - 2x} dx = \frac{1}{2} \int \frac{dx}{x} + \frac{1}{6} \int \frac{dx}{x-2} - \frac{2}{3} \int \frac{dx}{x+1}$$

$$= \tfrac{1}{2} \ln|x| + \tfrac{1}{6} \ln|x-2| - \tfrac{2}{3} \ln|x+1| + \tfrac{1}{6} \ln C$$

$$= \tfrac{1}{6}(3\ln|x| + \ln|x-2| - 4\ln|x+1| + \ln C)$$

$$= \frac{1}{6} \ln \left| \frac{Cx^3(x-2)}{(x+1)^4} \right|$$

*Caso 2*: Os fatores de $Q(x)$ são lineares e alguns são repetidos.
Suponha que $(a_i x + b_i)$ seja um fator multiplicado $p$ vezes. Então, correspondendo a este fator haverá uma soma de $p$ frações parciais

$$\frac{A_1}{(a_i x + b_i)^p} + \frac{A_2}{(a_i x + b_i)^{p-1}} + \ldots + \frac{A_{p-1}}{(a_i x + b_i)^2} + \frac{A_p}{a_i x + b_i}$$

onde $A_1, A_2, \ldots, A_p$ são constantes a serem determinadas.

O Exemplo 1, a seguir, ilustra este segundo caso.

**EXEMPLO 1** Ache

$$\int \frac{(x^3 - 1)\, dx}{x^2(x - 2)^3}$$

**Solução** A fração no integrando pode ser escrita como soma de frações parciais da seguinte forma:

$$\frac{x^3 - 1}{x^2(x - 2)^3} \equiv \frac{A}{x^2} + \frac{B}{x} + \frac{C}{(x - 2)^3} + \frac{D}{(x - 2)^2} + \frac{E}{x - 2} \qquad (8)$$

A Equação (8) é uma identidade para todo valor de $x$, exceto $x = 0, 2$. Multiplicando ambos os membros de (8) pelo mínimo denominador comum obtemos

$$x^3 - 1 \equiv A(x - 2)^3 + Bx(x - 2)^3 + Cx^2 + Dx^2(x - 2) + Ex^2(x - 2)^2 \qquad (9)$$

Substituindo $x$ por 2 em (9) temos

$7 = 4C$    ou    $C = \frac{7}{4}$

e substituindo $x$ por 0 em (9) temos

$-1 = -8A$    ou    $A = \frac{1}{8}$

Pondo estes valores de $A$ e $C$ em (9) e desenvolvendo as potências dos binômios, obtemos

$$x^3 - 1 \equiv \tfrac{1}{8}(x^3 - 6x^2 + 12x - 8) + Bx(x^3 - 6x^2 + 12x - 8) + \tfrac{7}{4}x^2$$
$$+ Dx^3 - 2Dx^2 + Ex^2(x^2 - 4x + 4)$$
$$x^3 - 1 \equiv (B + E)x^4 + (\tfrac{1}{8} - 6B + D - 4E)x^3$$
$$+ (-\tfrac{3}{4} + 12B + \tfrac{7}{4} - 2D + 4E)x^2 + (\tfrac{3}{2} - 8B)x - 1$$

Igualando os coeficientes das potências iguais de $x$ obtemos

$$B + E = 0$$
$$\tfrac{1}{8} - 6B + D - 4E = 1$$
$$-\tfrac{3}{4} + 12B + \tfrac{7}{4} - 2D + 4E = 0$$
$$\tfrac{3}{2} - 8B = 0$$

Resolvendo, temos

$B = \tfrac{3}{16}$    $D = \tfrac{5}{4}$    $E = -\tfrac{3}{16}$

Logo, de (8)

$$\frac{x^3 - 1}{x^2(x - 2)^3} \equiv \frac{\tfrac{1}{8}}{x^2} + \frac{\tfrac{3}{16}}{x} + \frac{\tfrac{7}{4}}{(x - 2)^3} + \frac{\tfrac{5}{4}}{(x - 2)^2} + \frac{-\tfrac{3}{16}}{x - 2}$$

Assim,

$$\int \frac{x^3 - 1}{x^2(x-2)^3} \, dx$$

$$= \frac{1}{8} \int \frac{dx}{x^2} + \frac{3}{16} \int \frac{dx}{x} + \frac{7}{4} \int \frac{dx}{(x-2)^3} + \frac{5}{4} \int \frac{dx}{(x-2)^2} - \frac{3}{16} \int \frac{dx}{x-2}$$

$$= -\frac{1}{8x} + \frac{3}{16} \ln |x| - \frac{7}{8(x-2)^2} - \frac{5}{4(x-2)} - \frac{3}{16} \ln |x-2| + C$$

$$= \frac{-11x^2 + 17x - 4}{8x(x-2)^2} + \frac{3}{16} \ln \left| \frac{x}{x-2} \right| + C$$

**EXEMPLO 2**  Ache

$$\int \frac{du}{u^2 - a^2}$$

**Solução**

$$\frac{1}{u^2 - a^2} \equiv \frac{A}{u-a} + \frac{B}{u+a}$$

Multiplicando por $(u-a)(u+a)$ obtemos

$$1 \equiv A(u+a) + B(u-a)$$

$$1 \equiv (A+B)u + Aa - Ba$$

Igualando os coeficientes, temos

$A + B = 0$

$Aa - Ba = 1$

Resolvendo simultaneamente, obtemos

$$A = \frac{1}{2a} \quad \text{e} \quad B = -\frac{1}{2a}$$

Logo

$$\int \frac{du}{u^2 - a^2} = \frac{1}{2a} \int \frac{du}{u-a} - \frac{1}{2a} \int \frac{du}{u+a}$$

$$= \frac{1}{2a} \ln |u-a| - \frac{1}{2a} \ln |u+a| + C$$

ou, equivalentemente,

$$\int \frac{du}{u^2 - a^2} = \frac{1}{2a} \ln \left| \frac{u-a}{u+a} \right| + C$$

Integração de Funções Racionais por Frações Parciais **393**

Este tipo de integral do exemplo anterior ocorre com freqüência bastante para ser catalogada como fórmula.

$$\int \frac{du}{u^2 - a^2} = \frac{1}{2a} \ln \left| \frac{u-a}{u+a} \right| + C \qquad (10)$$

Além disso

$$\int \frac{du}{a^2 - u^2} = -\int \frac{du}{u^2 - a^2}$$

$$= -\frac{1}{2a} \ln \left| \frac{u-a}{u+a} \right| + C$$

$$= \frac{1}{2a} \ln \left| \frac{u+a}{u-a} \right| + C$$

que também será catalogada como fórmula.

$$\int \frac{du}{a^2 - u^2} = \frac{1}{2a} \ln \left| \frac{u+a}{u-a} \right| + C \qquad (11)$$

Vamos agora retornar a discussão do início desta secção e mostrar que a equação diferencial (2) descreve o crescimento logístico.

ILUSTRAÇÃO 2

Temos a equação diferencial

$$\frac{dy}{dt} = ky(A - y)$$

Separando as variáveis e integrando-as temos

$$\int \frac{dy}{y(A - y)} = k \int dt \qquad (12)$$

Para avaliar a integral da esquerda usamos frações parciais.

$$\frac{1}{y(A - y)} \equiv \frac{D}{y} + \frac{E}{A - y}$$

$$1 \equiv D(A - y) + Ey \qquad (13)$$

Em (13) substituímos $y$ por 0 obtendo

$$1 = DA \quad \text{ou} \quad D = \frac{1}{A}$$

Substituindo $y$ por $A$ em (13) resulta

$$1 = EA \quad \text{ou} \quad G = \frac{1}{A}$$

Logo

$$\frac{1}{y(A-y)} = \frac{\frac{1}{A}}{y} + \frac{\frac{1}{A}}{A-y}$$

Assim

$$\int \frac{dy}{y(A-y)} = \frac{1}{A} \int \frac{dy}{y} + \frac{1}{A} \int \frac{dy}{A-y}$$

$$= \frac{1}{A} \ln |y| - \frac{1}{A} \ln |A-y| + C$$

$$= \frac{1}{A} \ln \left| \frac{y}{A-y} \right| + C \qquad (14)$$

Substituindo (14) em (12) resulta

$$\frac{1}{A} \ln \left| \frac{y}{A-y} \right| + C = kt$$

$$\ln \left| \frac{y}{A-y} \right| = Akt - AC$$

$$\frac{y}{A-y} = e^{-AC} e^{Akt}$$

$$y = e^{-AC} e^{Akt} (A-y)$$

$$y = Ae^{-AC} e^{Akt} - ye^{-AC} e^{Akt}$$

$$y + ye^{-AC} e^{Akt} = Ae^{-AC} e^{Akt}$$

$$y(1 + e^{-AC} e^{Akt}) = Ae^{-AC} e^{Akt}$$

$$y = \frac{Ae^{-AC} e^{Akt}}{1 + e^{-AC} e^{Akt}}$$

Dividimos numerador e denominador por $e^{-AC} e^{Akt}$ para obter

$$y = \frac{A}{e^{AC} e^{-Akt} + 1}$$

Estabelecendo que $e^{AC} = B$, então $B > 0$, pois $e^{AC} > 0$. Assim, se $y = f(t)$ temos

$$f(t) = \frac{A}{1 + Be^{-Akt}}$$

que é a função em (1).

Na Figura 9.2.1 temos uma curva de crescimento logístico, que é o gráfico de (1). O ponto de inflexão desse gráfico ocorre onde $f(t) = \frac{1}{2}A$. Será pedido que você mostre isto no Exercício 24. Assim, se (1) é um modelo para a divulgação de um boato, onde $A$ é o número total de pessoas que irão eventualmente ouvi-lo, então este está se espalhando mais rapidamente quando $\frac{1}{2}A$ pessoas o ouviram. Analogamente, se (1) é um modelo para uma epidemia, então a doença está no auge da velocidade de alastramento quando metade das pessoas suscetíveis já a contraíram.

Integração de Funções Racionais por Frações Parciais    **395**

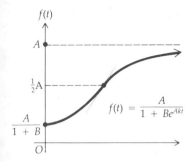

Figura 9.2.1

**Tabela 9.2.1**

| $t$ | 0 | 10 | $\bar{t}$ |
|---|---|---|---|
| $y$ | 60 | 400 | 600 |

**EXEMPLO 3** Um certo lago pode suportar até 1.200 peixes, de tal forma que a quantidade de peixes nele cresce a uma taxa conjuntamente proporcional ao número presente e à diferença entre 1.200 e o número presente. Dez semanas atrás o lago continha 60 peixes e agora contém 400 peixes. Quando existirem 600 peixes, a taxa de crescimento será máxima. Quando ocorrerá tal situação?

**Solução**  Seja $y$ o número de peixes no lago em $t$ semanas, onde o tempo é medido a partir de 10 semanas atrás. Assim, para $t = 0$, $y = 60$, e para $t = 10$, $y = 400$; seja $t = \bar{t}$ quando $y = 600$. Estes valores aparecem na Tabela 9.2.1. A equação diferencial é

$$\frac{dy}{dt} = ky(1.200 - y)$$

Como na Ilustração 2, a solução geral desta equação diferencial é

$$y = \frac{1.200}{1 + Be^{-1.200kt}} \tag{15}$$

Como $y = 60$ quando $t = 0$, de (15) temos

$$60 = \frac{1.200}{1 + B} \qquad 1 + B = 20 \qquad B = 19$$

Sendo $B = 19$ em (15) obtemos

$$y = \frac{1.200}{1 + 19e^{-1.200kt}} \tag{16}$$

Em (16), substituímos $t$ por 10 e $y$ por 400, resultando

$$400 = \frac{1.200}{1 + 19e^{-12.000k}}$$

$$1 + 19e^{-12.000k} = 3$$

$$e^{-12.000k} = \tfrac{2}{19}$$

$$-12.000k = \ln 2 - \ln 19$$

$$-12.000k = 0{,}6931 - 2{,}9445$$

$$-12.000k = -2{,}2514$$

$$1.200k = 0{,}22514$$

Substituindo $1.200k$ por $0,22514$ em (16), temos

$$y = \frac{1.200}{1 + 19e^{-0,22514t}}$$

Nesta equação, seja $y = 600$ e $t = \bar{t}$, então

$$600 = \frac{1.200}{1 + 19e^{-0,22514\bar{t}}}$$

$$1 + 19e^{-0,22514\bar{t}} = 2$$

$$e^{-0,22514\bar{t}} = \frac{1}{19}$$

$$-0,22514\bar{t} = \ln 1 - \ln 19$$

$$-0,22514\bar{t} = -2,9445$$

$$\bar{t} = \frac{2,9445}{0,22514}$$

$$\bar{t} = 13,08$$

Como o tempo começou a ser medido 10 semanas atrás, concluímos que o lago conterá 600 peixes daqui a 3 semanas.

**EXEMPLO 4** Uma empresa que iniciou seus negócios em 1.º de abril de 1983, estima que durante os primeiros 6 anos de operações a receita total de vendas crescerá a uma taxa de

$$\frac{t^3 + t^2 + 3t + 1}{t^2 + t}$$

milhões, onde $t$ é o número de anos em que a empresa vem operando. Se a receita total de vendas para o ano que acaba em 31 de março de 1984 era $\$8$ milhões, qual a receita total de vendas esperada para o ano que acaba em 31 de março de 1988?

**Solução** Seja $S$ milhões a receita total das vendas do ano que acaba a $t$ anos de 1.º de abril de 1983. Temos as condições iniciais dadas na Tabela 9.2.2. Temos também a equação diferencial

$$\frac{dS}{dt} = \frac{t^3 + t^2 + 3t + 1}{t^2 + t}$$

Tabela 9.2.2

| $t$ | 1 | 5 |
|---|---|---|
| $S$ | 8 | $S_5$ |

de onde obtemos

$$S = \int \frac{t^3 + t^2 + 3t + 1}{t^2 + t} dt \qquad (17)$$

Observe que o integrando é uma fração imprópria. Dividimos o numerador pelo denominador

$$\frac{t^3 + t^2 + 3t + 1}{t^2 + t} \equiv t + \frac{3t + 1}{t^2 + t} \qquad (18)$$

Substituindo (18) em (17 temos

$$S = \int t\, dt + \int \frac{3t+1}{t^2+t}\, dt \qquad (19)$$

Para avaliar a segunda integral à direita de (19), fatoramos o denominador e então escrevemos a fração como uma soma de frações parciais.

$$\frac{3t+1}{t(t+1)} \equiv \frac{A}{t} + \frac{B}{t+1}$$

Logo

$$3t + 1 \equiv A(t+1) + Bt$$
$$3t + 1 \equiv (A+B)t + A$$

Igualando os coeficientes temos

$$A + B = 3 \quad \text{e} \quad A = 1$$

Logo

$$A = 1 \quad \text{e} \quad B = 2$$

Assim

$$\frac{3t+1}{t(t+1)} \equiv \frac{1}{t} + \frac{2}{t+1} \qquad (20)$$

Substituímos (20) em (19) e obtemos

$$S = \int t\, dt + \int \frac{dt}{t} + 2\int \frac{dt}{t+1}$$
$$S = \tfrac{1}{2}t^2 + \ln|t| + 2\ln|t+1| + C$$
$$S = \tfrac{1}{2}t^2 + \ln|t(t+1)^2| + C \qquad (21)$$

Visto que $S = 8$ quando $t = 1$, substituímos estes valores em (21) obtendo

$$8 = \tfrac{1}{2} + \ln 4 + C$$
$$C = 7{,}5 - \ln 4$$

Em (21) substituímos $C$ por seu valor e

$$S = \tfrac{1}{2}t^2 + \ln|t(t+1)^2| + 7{,}5 - \ln 4$$

Como $S = S_5$ quando $t = 5$,

$$S_5 = \tfrac{1}{2}(25) + \ln(5 \cdot 36) + 7{,}5 - \ln 4$$
$$= 20 + \ln \frac{5 \cdot 36}{4}$$
$$= 20 + \ln 45$$
$$= 20 + 3{,}8067$$
$$= 23{,}8067$$

Logo, a receita total de vendas esperadas no ano que acaba em 31 de março de 1988 $ 23.806.700.

Em química a **lei de ação de massas** fornece uma aplicação de integração que leva ao uso d(e) frações parciais. Sob certas condições, sabe-se que uma substância $A$ reage com uma substân(-)cia $B$ para formar uma terceira substância $C$, de tal forma que a taxa de variação da quantidad(e) de $C$ seja conjuntamente proporcional às quantidades remanescentes de $A$ e $B$ em qualque(r) instante dado.

Suponha que inicialmente haja $\alpha$ g de $A$ e $\beta$ g de $B$ e que $r$ g de $A$ se combinem com $s$ g d(e) $B$ para formar $(r+s)$ g de $C$. Se $x$ for o número de gramas da substância $C$ presentes em $t$ uni(-)dades de tempo, então $C$ contém $rx/(r+s)$ g de $A$ e $sx/(r+s)$ g de $B$. O número de gramas de $A$ re(-)manescentes será, então, $\alpha - rx/(r+s)$, e o número de gramas da substância $B$ remanescentes será $\beta - sx/(r+s)$. Logo, a lei de ação de massas resulta

$$\frac{dx}{dt} = K\left(\alpha - \frac{rx}{r+s}\right)\left(\beta - \frac{sx}{r+s}\right)$$

onde $K$ é uma constante de proporcionalidade. Esta equação pode escrita como

$$\frac{dx}{dt} = \frac{Krs}{(r+s)^2}\left(\frac{r+s}{r}\alpha - x\right)\left(\frac{r+s}{s}\beta - x\right) \tag{22}$$

Seja

$$k = \frac{Krs}{(r+s)^2} \qquad a = \frac{r+s}{r}\alpha \qquad b = \frac{r+s}{s}\beta$$

A Equação (22) torna-se

$$\frac{dx}{dt} = k(a-x)(b-x) \tag{23}$$

Podemos separar as variáveis em (23) e obter

$$\frac{dx}{(a-x)(b-x)} = k\,dt$$

Se $a = b$, então o lado esquerdo da equação pode ser integrado pela fórmula da potência. Se $a \neq b$, frações parciais podem ser usadas.

**EXEMPLO 5** Uma reação química faz com que uma substância $A$ se combine com uma subs(-)tância $B$ para formar uma substância $C$, de tal forma que a lei de ação de massas seja obedecida. Se na Equação (23) $a = 8$ e $b = 6$ e 2 g de substância $C$ são formados em 10 min, quantos gra(-)mas de $C$ serão formados em 15 min?

**Solução** Sendo $x$ g o total de substância $C$ presente em $t$ min, temos as condições iniciais dadas na Tabela 9.2.3. A Equação (23) torna-se

$$\frac{dx}{dt} = k(8-x)(6-x)$$

Tabela 9.2.3

| $t$ | 0 | 10 | 15 |
|---|---|---|---|
| $x$ | 0 | 2 | $x_{15}$ |

Separando as variáveis temos

$$\int \frac{dx}{(8-x)(6-x)} = k \int dt \qquad (24)$$

Escrevendo o integrando como a soma de frações parciais resulta

$$\frac{1}{(8-x)(6-x)} \equiv \frac{A}{8-x} + \frac{B}{6-x}.$$

$$1 \equiv A(6-x) + B(8-x)$$

Substituindo $x$ por 6 temos $B = \frac{1}{2}$ e substituindo $x$ por 8 temos $A = -\frac{1}{2}$. Logo, (24) é escrita como

$$-\frac{1}{2} \int \frac{dx}{8-x} + \frac{1}{2} \int \frac{dx}{6-x} = k \int dt$$

Integrando, temos

$$\tfrac{1}{2} \ln |8-x| - \tfrac{1}{2} \ln |6-x| + \tfrac{1}{2} \ln |C| = kt$$

$$\ln \left| \frac{6-x}{C(8-x)} \right| = -2kt$$

$$\frac{6-x}{8-x} = Ce^{-2kt} \qquad (25)$$

Substituindo $x = 0$, $t = 0$ em (25) dá $C = \frac{3}{4}$. Logo

$$\frac{6-x}{8-x} = \frac{3}{4} e^{-2kt} \qquad (26)$$

Substituindo $x = 2$, $t = 10$ em (26) dá

$$\tfrac{4}{6} = \tfrac{3}{4} e^{-20k}$$

$$e^{-20k} = \tfrac{8}{9}$$

Substituindo $x = x_{15}$, $t = 15$ em (26) dá

$$\frac{6 - x_{15}}{8 - x_{15}} = \frac{3}{4} e^{-30k}$$

$$4(6 - x_{15}) = 3(e^{-20k})^{3/2}(8 - x_{15})$$

$$24 - 4x_{15} = 3(\tfrac{8}{9})^{3/2}(8 - x_{15})$$

$$24 - 4x_{15} = \frac{16\sqrt{2}}{9}(8 - x_{15})$$

$$x_{15} = \frac{54 - 32\sqrt{2}}{9 - 4\sqrt{2}}$$

$$x_{15} = 2{,}6$$

Logo, 2,6 g de substância $C$ serão formados em 15 min.

## Exercícios 9.2

Nos Exercícios de 1 a 16, avalie a integral indefinida.

1. $\displaystyle\int \frac{dx}{x^2 - 4}$
2. $\displaystyle\int \frac{5x - 2}{x^2 - 4}\,dx$
3. $\displaystyle\int \frac{x^2\,dx}{x^2 + x - 6}$
4. $\displaystyle\int \frac{(4x - 2)\,dx}{x^3 - x^2 - 2x}$

5. $\displaystyle\int \frac{4w - 11}{2w^2 + 7w - 4}\,dw$
6. $\displaystyle\int \frac{9t^2 - 26t - 5}{3t^2 - 5t - 2}\,dt$
7. $\displaystyle\int \frac{6x^2 - 2x - 1}{4x^3 - x}\,dx$
8. $\displaystyle\int \frac{x^2 + x + 2}{x^2 - 1}\,dx$

9. $\displaystyle\int \frac{dx}{x^3 + 3x^2}$
10. $\displaystyle\int \frac{x^2 + 4x - 1}{x^3 - x}\,dx$
11. $\displaystyle\int \frac{dx}{x^2(x + 1)^2}$
12. $\displaystyle\int \frac{3x^2 - x + 1}{x^3 - x^2}\,dx$

13. $\displaystyle\int \frac{x^2 - 3x - 7}{(2x + 3)(x + 1)^2}\,dx$
14. $\displaystyle\int \frac{dt}{(t + 2)^2(t + 1)}$
15. $\displaystyle\int \frac{3z + 1}{(z^2 - 4)^2}\,dz$
16. $\displaystyle\int \frac{2x^4 - 2x + 1}{2x^5 - x^4}\,dx$

Nos Exercícios de 17 a 22, avalie a integral definida.

17. $\displaystyle\int_1^2 \frac{x - 3}{x^3 + x^2}\,dx$
18. $\displaystyle\int_0^4 \frac{(x - 2)\,dx}{2x^2 + 7x + 3}$
19. $\displaystyle\int_1^3 \frac{x^2 - 4x + 3}{x(x + 1)^2}\,dx$

20. $\displaystyle\int_1^4 \frac{(2x^2 + 13x + 18)\,dx}{x^3 + 6x^2 + 9x}$
21. $\displaystyle\int_1^2 \frac{5x^2 - 3x + 18}{9x - x^3}\,dx$
22. $\displaystyle\int_0^1 \frac{(3x^2 + 7x)\,dx}{(x + 1)(x^2 + 5x + 6)}$

23. Ache a área da região no primeiro quadrante limitada pela curva $(x + 2)^2 y = 4 - x$.

24. A solução geral da equação diferencial $\dfrac{dy}{dt} = ky(A - y)$ é

$$y = \frac{A}{1 + Be^{-Akt}} \tag{27}$$

onde $A$, $B$ e $k$ são constantes positivas. Mostre que $\dfrac{dy}{dt}$ é um máximo quando $y = \tfrac{1}{2}A$, e assim o gráfico de (27) tem um ponto de inflexão, onde $y = \tfrac{1}{2}A$.

25. Em uma certa cidade há 4.800 pessoas suscetíveis a uma determinada doença. A taxa de crescimento de uma epidemia desta doença é conjuntamente proporcional ao número de pessoas infectadas e ao número de pessoas suscetíveis que ainda não foram infectadas. Inicialmente 300 pessoas estão infectadas e após 10 dias o número de infectados é 1.200. (a) Quantas pessoas estão infectadas após 20 dias? (b) Quando a doença se espalhará mais rapidamente? Isto é, quando 2.400 pessoas estarão infectadas?

26. Certo ambiente pode suportar até 2.000.000 bactérias, de modo que a taxa de crescimento das bactérias seja conjuntamente proporcional ao número de bactérias presentes e à diferença entre 2.000.000 e o número presente. Há vinte minutos havia 1.000 bactérias presentes no ambiente e agora há 2.000. (a) Quantas bactérias estarão presentes daqui a 1 hora? (b) Quando será maior o crescimento das bactérias? Isto é, quando haverá 1.000.000 bactérias presentes?

27. Numa comunidade de 7.500 pessoas, a taxa segundo a qual um boato se espalha é conjuntamente proporcional ao número de pessoas que o ouviram e ao número das que não o ouviram. Inicialmente 300 pessoas ouviram o boato e, após 2 horas, 1.500 já o tinham ouvido. (a) Quantas pessoas ouviram o boato após 3 horas? (b) Quando estará se espalhando mais rapidamente o boato? Isto é, quando 3.750 pessoas terão ouvido o boato?

28. A receita de vendas de um fabricante que iniciou seus negócios há 4 anos tem crescido estavelmente a uma taxa de

$$\frac{t^3 + 3t^2 + 6t + 7}{t^2 + 3t + 2}$$

milhões por ano, onde $t$ é o número de anos em que a empresa vem operando. Estima-se que a receita de vendas irá crescer à mesma taxa nos próximos 2 anos. Se a receita total das vendas do ano que acabou foi de $ 6 milhões, qual é a receita total das vendas esperada no período de 1 ano a partir de agora? Dê a resposta mais próxima de $ 100.

29. Suponha, no Exemplo 5, que $a = 5$, $b = 4$ e 1 g de substância $C$ se forme em 5 min. Quantos gramas de $C$ estarão formados em 10 min?
30. Suponha, no Exemplo 5, que $a = 6$, $b = 3$ e 1 g de substância $C$ se forme em 4 min. Quanto tempo levará para se formarem 2 g da substância $C$?
31. Em qualquer instante, a taxa à qual uma substância se dissolve é conjuntamente proporcional à quantidade da substância presente naquele instante e à diferença entre a concentração da substância na solução naquele instante e a concentração da substância na solução saturada. Uma quantidade de material insolúvel está misturada com 10 kg de sal inicialmente, e o sal é dissolvido em um tanque contendo 20 litros de água. Se 5 kg de sal dissolvem-se em 10 min e a concentração de sal numa solução saturada é 3 kg/litro, quanto sal irá se dissolver em 20 min?

## 9.3 INTEGRAÇÃO APROXIMADA

Há em estatística uma função importante chamada **função densidade de probabilidade normal padrão** que é definida por

$$N(x) = \frac{1}{\sqrt{2\pi}} e^{-x^2/2}$$

Um esboço do gráfico de $N$ está ilustrado na Figura 9.3.1. É uma curva em forma de sino, muito conhecida dos estatísticos. Observe que a curva é simétrica em relação ao eixo $y$; isto é, a parte da curva correspondente a $x \leq 0$ é a imagem especular com respeito ao eixo $y$ da parte da curva correspondente a $x \geq 0$. A Tabela 9.3.1 nos dá valores de $N(x)$ para alguns valores de $x$.

Tabela 9.3.1

| $x$ | 0 | $\pm 0,5$ | $\pm 1,0$ | $\pm 1,5$ | $\pm 2,0$ | $\pm 2,5$ | $\pm 3,0$ | $\pm 3,5$ | $\pm 4,0$ |
|---|---|---|---|---|---|---|---|---|---|
| $N(x)$ | 0,40 | 0,35 | 0,24 | 0,13 | 0,05 | 0,02 | 0,004 | 0,001 | 0,0001 |

Observe que quando $x$ cresce ou decresce infinitamente, $N(x)$ aproxima-se rapidamente de 0. Por exemplo, $N(3) = 0,004$ e $N(4) = 0,0001$. Pode ser demonstrado que a área limitada pela curva $y = N(x)$ e o eixo $x$ no intervalo $(-\infty, +\infty)$ é 1, embora seja difícil fazer isto. Para computar a probabilidade $P([a, b])$ desta função densidade de probabilidade, é necessário avaliar a integral definida

$$\frac{1}{\sqrt{2\pi}} \int_a^b e^{-x^2/2} \, dx \tag{1}$$

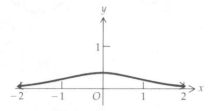

Figura 9.3.1

que é a medida da área da região limitada acima pela curva $y = N(x)$, abaixo pelo eixo $x$, e dos lados pelas retas $x = a$ e $x = b$. Contudo, a integral em (1) não pode ser calculada pelo teorema fundamental do cálculo, pois não podemos encontrar uma antiderivada do integrando usando funções elementares. Há outras integrais definidas na mesma situação. Exemplos dessas integrais são $\int_0^1 \sqrt{1 + x^3}\, dx$ e as dos Exercícios de 27 a 30. Podemos computar um valor aproximado dessas integrais definidas por um dos dois métodos discutidos nesta secção. Estes processos dão muitas vezes uma precisão razoavelmente boa. Comecemos agora a desenvolver estes processos e no Exemplo 5, no final desta secção, retornaremos à função densidade de probabilidade normal padrão e computaremos valores aproximados de uma probabilidade, usando cada um dos dois métodos.

O primeiro processo é chamado a **regra do trapézio**. Seja $f$ uma função contínua no intervalo fechado $[a, b]$. A integral definida de $f$ desde $a$ até $b$ é o limite de uma soma de Riemann; isto é,

$$\int_a^b f(x)\, dx = \lim_{n \to +\infty} \sum_{i=1}^n f(\xi_i)\, \Delta x$$

A interpretação geométrica da soma de Riemann

$$\sum_{i=1}^n f(\xi_i)\, \Delta x$$

é que ela é a soma das medidas das áreas dos retângulos que estão acima do eixo $x$ mais o negativo da medida das áreas dos retângulos que estão abaixo do eixo $x$ (veja a Figura 7.3.2). Para aproximar a medida da área de uma região usaremos trapézios, ao invés de retângulos.

Para a integral definida $\int_a^b f(x)\, dx$ dividimos o intervalo $[a, b]$ em $n$ subintervalos, cada um com amplitude $\Delta x = (b - a)/n$. Com isto obtemos os $(n + 1)$ pontos seguintes: $x_0 = a$, $x_1 = a + \Delta x$, $x_2 = a + 2\Delta x$, ..., $x_i = a + i\Delta x$, ..., $x_{n-1} = a + (n - 1)\Delta x$, $x_n = b$. Então, a integral definida pode ser expressa como a soma de $n$ integrais definidas da seguinte forma:

$$\int_a^b f(x)\, dx = \int_a^{x_1} f(x)\, dx + \int_{x_1}^{x_2} f(x)\, dx + \ldots$$
$$+ \int_{x_{i-1}}^{x_i} f(x)\, dx + \ldots + \int_{x_{n-1}}^b f(x)\, dx \qquad (2)$$

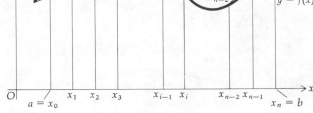

**Figura 9.3.2**

Integração Aproximada **403**

Para interpretar (2) geometricamente, consulte a Figura 9.3.2, na qual $f(x) \geq 0$ para todo $x$ em $[a, b]$; contudo, (2) é válida para qualquer função contínua em $[a, b]$.

Então a integral $\int_a^{x_1} f(x)\, dx$ é a medida da área da região limitada pelo eixo $x$, as retas $x = a$ e $x = x_1$, e a parte da curva de $P_0$ a $P_1$. Esta integral pode ser aproximada pela medida da área do trapézio formado pelas retas $x = a$, $x = x_1$, $P_0 P_1$ e o eixo $x$. A medida da área deste trapézio pode ser encontrada usando-se uma fórmula de geometria que resulta

$\frac{1}{2}[f(x_0) + f(x_1)]\Delta x$

Da mesma forma, as demais integrais no segundo membro de (2) podem ser aproximadas pela medida da área de um trapézio. Para a $i$-ésima integral,

$$\int_{x_{i-1}}^{x_i} f(x)\, dx \approx \tfrac{1}{2}[f(x_{i-1}) + f(x_i)]\, \Delta x \tag{3}$$

Assim, usando (3) para cada uma das integrais no segundo membro de (1) temos

$$\int_a^b f(x)\, dx \approx \tfrac{1}{2}[f(x_0) + f(x_1)]\,\Delta x + \tfrac{1}{2}[f(x_1) + f(x_2)]\,\Delta x + \ldots$$
$$+ \tfrac{1}{2}[f(x_{n-2}) + f(x_{n-1})]\,\Delta x + \tfrac{1}{2}[f(x_{n-1}) + f(x_n)]\,\Delta x$$

Logo

$$\int_a^b f(x)\, dx \approx \tfrac{1}{2}\Delta x[f(x_0) + 2f(x_1) + 2f(x_2) + \ldots + 2f(x_{n-1}) + f(x_n)] \tag{4}$$

A Fórmula (4) é conhecida como a *regra do trapézio* e está enunciada formalmente no teorema abaixo.

A regra do trapézio

**Teorema 9.3.1** Se a função $f$ for contínua no intervalo fechado $[a, b]$ e os números $a = x_0$, $x_1, x_2, \ldots, x_n = b$ dividem $[a, b]$ em $n$ intervalos de igual comprimento, então

$$\int_a^b f(x)\, dx \approx \frac{b-a}{2n}[f(x_0) + 2f(x_1) + 2f(x_2) + \ldots + 2f(x_{n-1}) + f(x_n)]$$

**EXEMPLO 1** Compute

$$\int_0^3 \frac{dx}{16 + x^2}$$

usando a regra do trapézio com $n = 6$. Expresse o resultado com três casas decimais.

**Solução** Como $[a, b] = [0, 3]$ e $n = 6$,

$\Delta x = \dfrac{b-a}{n} = \dfrac{3}{6} = 0{,}5$ e $\dfrac{b-a}{2n} = 0{,}25$

Logo

$$\int_0^3 \frac{dx}{16+x^2}$$
$$\approx 0{,}25\,[\,f(x_0) + 2f(x_1) + 2f(x_2) + 2f(x_3) + 2f(x_4) + 2f(x_5) + f(x_6)\,]$$

onde $f(x) = 1/(16 + x^2)$. O cálculo da soma entre colchetes acima está feito na Tabela 9.3.2. Assim

$$\int_0^3 \frac{dx}{16+x^2} \approx 0{,}25\,(0{,}6427) = 0{,}161$$

Para se encontrar o valor exato desta integral definida é necessário usar funções de trigonometria (a função inversa da tangente). O valor exato com quatro casas decimais é 0,1609.

Aumentando o valor de $n$ quando estivermos usando a regra do trapézio, melhoraremos a aproximação da integral definida. Para grandes valores de $n$ é conveniente usar o computador para fazer os cálculos. A fórmula seguinte, equivalente à do Teorema 9.3.1, é mais facilmente programável para uso em computador.

$$\int_a^b f(x)\,dx \approx \left(\tfrac{1}{2}[f(a) - f(b)] + \sum_{i=1}^n f(x_i)\right) \Delta x$$

Para examinarmos a precisão da aproximação de uma integral definida pela regra do trapézio, provamos, primeiramente, que à medida que $n$ cresce ilimitadamente, o limite da aproximação pela regra do trapézio é o valor exato da integral definida. Seja

$$T = \tfrac{1}{2}\Delta x\,[\,f(x_0) + 2f(x_1) + \ldots + 2f(x_{n-1}) + f(x_n)\,]$$

Então

$$T = [\,f(x_1) + f(x_2) + \ldots + f(x_n)\,]\,\Delta x + \tfrac{1}{2}[\,f(x_0) - f(x_n)\,]\,\Delta x$$

**Tabela 9.3.2**

| $i$ | $x_i$ | $f(x_i)$ | $k_i$ | $k_i \cdot f(x_i)$ |
|---|---|---|---|---|
| 0 | 0   | 0,0625 | 1 | 0,0625 |
| 1 | 0,5 | 0,0615 | 2 | 0,1230 |
| 2 | 1   | 0,0588 | 2 | 0,1176 |
| 3 | 1,5 | 0,0548 | 2 | 0,1096 |
| 4 | 2   | 0,0500 | 2 | 0,1000 |
| 5 | 2,5 | 0,0450 | 2 | 0,0900 |
| 6 | 3   | 0,0400 | 1 | 0,0400 |

$$\sum_{i=0}^{6} k_i f(x_i) = 0{,}6427$$

ou, equivalentemente,

$$T = \sum_{i=1}^{n} f(x_i)\,\Delta x + \tfrac{1}{2}[f(a) - f(b)]\,\Delta x$$

Logo, se $n \to +\infty$,

$$\lim_{n\to+\infty} T = \lim_{n\to+\infty} \sum_{i=1}^{n} f(x_i)\,\Delta x + \lim_{n\to+\infty} \tfrac{1}{2}[f(a) - f(b)]\left(\frac{b-a}{n}\right)$$

$$= \int_a^b f(x)\,dx + 0$$

Assim, podemos obter a diferença entre $T$ e o valor da integral tão pequena quanto desejarmos, bastando para isto tomarmos $n$ suficientemente grande.

O seguinte teorema, que se encontra provado em análise numérica, fornece um método para se estimar o erro cometido quando usamos a regra do trapézio. O erro é denotado por $\varepsilon_T$.

**Teorema 9.3.2** Vamos supor que a função $f$ seja contínua no intervalo fechado $[a, b]$, e que $f'$ e $f''$ ambas existam em $[a, b]$. Se

$$\varepsilon_T = \int_a^b f(x)\,dx - T$$

onde $T$ é o valor aproximado de $\int_a^b f(x)\,dx$ encontrado pela regra do trapézio, então existe um número $\eta$ em $[a, b]$ tal que

$$\varepsilon_T = -\tfrac{1}{12}(b-a)\,f''(\eta)\,(\Delta x)^2 \tag{5}$$

**EXEMPLO 2** Ache as limitações para o erro no resultado do Exemplo 1.

**Solução** Primeiro, vamos encontrar os valores máximo e mínimo absolutos de $f''(x)$ em $[0, 3]$.

$$f(x) = (16 + x^2)^{-1}$$
$$f'(x) = -2x(16 + x^2)^{-2}$$
$$f''(x) = 8x^2(16 + x^2)^{-3} - 2(16 + x^2)^{-2} = (6x^2 - 32)(16 + x^2)^{-3}$$
$$f'''(x) = -6x(6x^2 - 32)(16 + x^2)^{-4} + 12x(16 + x^2)^{-3}$$
$$= 24x(16 - x^2)(16 + x^2)^{-4}$$

Como $f'''(x) > 0$ para todo $x$ pertencente ao intervalo aberto $(0, 3)$, então $f''$ é crescente no intervalo aberto $(0, 3)$. Logo, o valor mínimo absoluto de $f''$ em $[0, 3]$ é $f''(0)$, e o valor máximo absoluto de $f''$ em $[0, 3]$ é $f''(3)$.

$$f''(0) = -\frac{1}{128} \quad \text{e} \quad f''(3) = \frac{22}{15.625}$$

Tomando $\eta = 0$ no lado direito de (5) obtemos

$$-\frac{3}{12}\left(-\frac{1}{128}\right)\frac{1}{4} = \frac{1}{2.048}$$

Tomando $\eta = 3$ no lado direito de (5) temos

$$-\frac{3}{12}\left(\frac{22}{15.625}\right)\frac{1}{4} = -\frac{11}{125.000}$$

Logo, se $\varepsilon_T$ for o erro no resultado do Exemplo 1,

$$-\frac{11}{125.000} \leq \varepsilon_T \leq \frac{1}{2.048}$$

$$-0,0001 \leq \varepsilon_T \leq 0,0005$$

Se, no Teorema 9.3.2, $f(x) = mx + b$, então $f''(x) = 0$ para todo $x$. Logo, $\varepsilon_T = 0$; assim sendo, a regra do trapézio dá o valor exato da integral definida de uma função linear.

Um outro método para aproximar os valores de uma integral definida é dado pela **regra de Simpson**, às vezes chamada de **regra parabólica**. Para uma dada subdivisão do intervalo fechado $[a, b]$, a regra de Simpson fornece usualmente uma aproximação melhor do que a regra do trapézio. Na regra do trapézio, os pontos sucessivos do gráfico de $y = f(x)$ são ligados por segmentos de reta, enquanto que na regra de Simpson estes pontos são ligados por segmentos de parábolas. Antes de desenvolvermos a regra de Simpson, vamos enunciar um teorema que será necessário.

**Teorema 9.3.3** Se $P_0(x_0, y_0)$, $P_1(x_1, y_1)$ e $P_2(x_2, y_2)$ são três pontos não alinhados na parábola de equação $y = Ax^2 + Bx + C$, onde $y_0 \geq 0$, $y_1 \geq 0$, $y_2 \geq 0$, $x_1 = x_0 + h$ e $x_2 = x_0 + 2h$, então a medida da área da região limitada pela parábola, o eixo $x$ e as retas $x = x_0$ e $x = x_2$ é dada por

$$\tfrac{1}{3}h(y_0 + 4y_1 + y_2) \tag{6}$$

A demonstração do Teorema 9.3.3 consiste em mostrar que a área da região sombreada na Figura 9.3.3 é dada por (6). Para fazer isto é necessário encontrar uma equação da parábo-

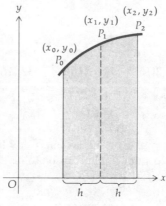

Figura 9.3.3

la através dos pontos $P_0$, $P_1$ e $P_2$. Se esta equação for $y = f(x)$, então a área é dada por $\int_{x_0}^{x_0+2h} f(x)dx$. Os detalhes da demonstração serão omitidos.

Prosseguiremos agora a fim de obter a regra de Simpson. Seja $f$ uma função contínua no intervalo fechado $[a, b]$. Consideremos uma subdivisão do intervalo $[a, b]$ em $2n$ subintervalos ($2n$ foi usado aos invés de $n$ porque queremos um número par de subintervalos). A amplitude de cada subintervalo é dada por $\Delta x = (b - a)/2n$. Sejam $P_0(x_0, y_0)$, $P_1(x_1, y_1)$, ..., $P_{2n}(x_{2n}, y_{2n})$ os pontos da curva $y = f(x)$ cujas abscissas são os pontos de subdivisão; veja a Figura 9.3.4, onde $f(x) \geq 0$ para todo $x$ em $[a, b]$.

Aproximamos o segmento da curva $y = f(x)$ de $P_0$ a $P_2$ pelo segmento da parábola com eixo vertical que passa pelos pontos $P_0$, $P_1$ e $P_2$. Então, pelo Teorema 9.3.3, a medida da área da região limitada por esta parábola, o eixo $x$ e as retas $x = x_0$ e $x = x_2$, com $h = \Delta x$, é dada por

$$\tfrac{1}{3}\Delta x(y_0 + 4y_1 + y_2) \quad \text{ou} \quad \tfrac{1}{3}\Delta x[f(x_0) + 4f(x_1) + f(x_2)]$$

Em uma forma similar aproximamos o segmento da curva $y = f(x)$ de $P_2$ a $P_4$ pelo segmento da parábola com eixo vertical que passa pelos pontos $P_2$, $P_3$ e $P_4$. A medida da área da região limitada por esta parábola, o eixo $x$ e as retas $x = x_2$ e $x = x_4$ é dada por

$$\tfrac{1}{3}\Delta x(y_2 + 4y_3 + y_4) \quad \text{ou} \quad \tfrac{1}{3}\Delta x[f(x_2) + 4f(x_3) + f(x_4)]$$

Este processo continua até atingir $n$ de tais regiões, e a medida da área da última região é dada por

$$\tfrac{1}{3}\Delta x(y_{2n-2} + 4y_{2n-1} + y_{2n}) \quad \text{ou} \quad \tfrac{1}{3}\Delta x[f(x_{2n-2}) + 4f(x_{2n-1}) + f(x_{2n})]$$

A soma das medidas das áreas destas regiões aproxima a medida da área da região limitada pela curva cuja equação é $y = f(x)$, o eixo $x$ e as retas $x = a$ e $x = b$. A medida da área desta região é dada pela integral definida $\int_a^b f(x)\, dx$. Assim, temos como uma aproximação da integral definida

$$\tfrac{1}{3}\Delta x[f(x_0) + 4f(x_1) + f(x_2)] + \tfrac{1}{3}\Delta x[f(x_2) + 4f(x_3) + f(x_4)] + \ldots$$
$$+ \tfrac{1}{3}\Delta x[f(x_{2n-4}) + 4f(x_{2n-3}) + f(x_{2n-2})] + \tfrac{1}{3}\Delta x[f(x_{2n-2}) + 4f(x_{2n-1}) + f(x_{2n})]$$

Assim

$$\int_a^b f(x)\, dx \approx \tfrac{1}{3}\Delta x[f(x_0) + 4f(x_1) + 2f(x_2) + 4f(x_3) + 2f(x_4) + \ldots$$
$$+ 2f(x_{2n-2}) + 4f(x_{2n-1}) + f(x_{2n})] \tag{7}$$

onde $\Delta x = (b - a)/2n$.

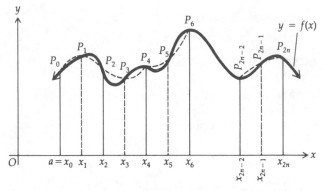

Figura 9.3.4

A Fórmula (7) é conhecida como a *regra de Simpson*. Ela está formalmente enunciada no seguinte teorema:

A regra de Simpson

**Teorema 9.3.4** Se a função $f$ for contínua no intervalo fechado $[a, b]$, $2n$ for um inteiro par, e os números $a = x_0, x_1, x_2, \ldots, x_{2n-1}, x_{2n} = b$ dividem o intervalo $[a, b]$ em $n$ subintervalos de mesma amplitude, então

$$\int_a^b f(x)\, dx \approx \frac{b-a}{6n}[f(x_0) + 4f(x_1) + 2f(x_2) + 4f(x_3) + 2f(x_4) + \ldots$$
$$+ 2f(x_{2n-2}) + 4f(x_{2n-1}) + f(x_{2n})]$$

**EXEMPLO 3** Use a regra de Simpson para aproximar o valor de

$$\int_0^1 \frac{dx}{x+1}$$

com $2n = 4$. Dê o resultado com quatro casas decimais.

**Solução** Aplicando a regra de Simpson com $2n = 4$ temos

$$\Delta x = \frac{b-a}{2n} = \frac{1}{4} \quad \text{e} \quad \frac{b-a}{6n} = \frac{1}{12}$$

Logo, se $f(x) = 1/(x+1)$,

$$\int_0^1 \frac{dx}{x+1} \approx \tfrac{1}{12}[f(x_0) + 4f(x_1) + 2f(x_2) + 4f(x_3) + f(x_4)] \tag{8}$$

O cálculo da expressão entre colchetes à direita de (8) está ilustrado na Tabela 9.3.3.

**Tabela 9.3.3**

| $i$ | $x_i$ | $f(x_i)$ | $k_i$ | $k_i \cdot f(x_i)$ |
|---|---|---|---|---|
| 0 | 0 | 1,00000 | 1 | 1,00000 |
| 1 | 0,25 | 0,80000 | 4 | 3,20000 |
| 2 | 0,5 | 0,66667 | 2 | 1,33334 |
| 3 | 0,75 | 0,57143 | 4 | 2,28572 |
| 4 | 1 | 0,50000 | 1 | 0,50000 |

$$\sum_{i=0}^4 k_i f(x_i) = 8{,}31906$$

Substituindo a soma da Tabela 9.3.3 em (8) obtemos

$$\int_0^1 \frac{dx}{x+1} \approx \frac{1}{12}(8{,}31906) = 0{,}69325^+$$

Arredondando o resultado para quatro casas decimais temos

$$\int_0^1 \frac{dx}{x+1} \approx 0{,}6933$$

O valor exato desta integral definida é obtido da seguinte forma:

$$\int_0^1 \frac{dx}{x+1} = \ln|x+1|\Big]_0^1 = \ln 2 - \ln 1 = \ln 2$$

De uma tabela de logaritmos naturais, o valor de ln 2 com quatro casas decimais é 0,6931, igual portanto ao nosso resultado até a terceira casa decimal. O erro em nossa aproximação é $-0{,}0002$.

Nas aplicações da regra de Simpson, quanto maior for o valor de $2n$, tanto menor será o valor de $\Delta x$; assim sendo, geometricamente, parece evidente que melhor será também a precisão da aproximação, pois a parábola que passa por três pontos de uma curva, muito próximos uns dos outros, estará bem próxima da curva em todo o subintervalo de amplitude $2\Delta x$.

Para grandes valores de $n$, você necessitará de um computador para efetuar os cálculos. A fórmula seguinte, equivalente à do Teorema 9.3.4, é mais fácil de ser programada em um computador.

$$\int_a^b f(x)\,dx \approx \left([f(a)-f(b)] + \sum_{i=1}^n [4f(x_{2i-1}) + 2f(x_{2i})]\right)\frac{1}{3}\Delta x$$

Um método de determinação do erro na aplicação da regra de Simpson é dado no teorema que segue, cuja demonstração pode ser encontra na análise numérica. O erro é denotado por $\varepsilon_S$.

---

**Teorema 9.3.5** Seja $f$ uma função contínua no intervalo fechado $[a,b]$ e suponhamos que $f'$, $f''$, $f'''$ e $f^{(iv)}$ todas existam em $[a,b]$. Se

$$\varepsilon_S = \int_a^b f(x)\,dx - S$$

onde $S$ é o valor aproximado de $\int_a^b f(x)\,dx$ encontrado pela regra de Simpson, então há um número $\eta$ em $[a,b]$ tal que

$$\varepsilon_S = -\frac{1}{180}(b-a)f^{(iv)}(\eta)(\Delta x)^4 \tag{9}$$

**EXEMPLO 4** Ache as limitações para o erro no Exemplo 3.

**Solução**

$$f(x) = (x+1)^{-1}$$
$$f'(x) = -1(x+1)^{-2}$$
$$f''(x) = 2(x+1)^{-3}$$
$$f'''(x) = -6(x+1)^{-4}$$
$$f^{(iv)}(x) = 24(x+1)^{-5}$$
$$f^{(v)}(x) = -120(x+1)^{-6}$$

Como $f^{(iv)}(x) < 0$ para todo $x$ em $[0, 1]$, $f^{(iv)}$ é decrescente em $[0, 1]$. Assim, o valor mínimo absoluto de $f^{(iv)}$ é o extremo direito 1, e o valor absoluto de $f^{(iv)}$ em $[0, 1]$ é o extremo esquerdo 0.

$$f^{(iv)}(0) = 24 \quad \text{e} \quad f^{(iv)}(1) = \tfrac{3}{4}$$

Substituindo $\eta$ por 0 no segundo membro de (9) obtemos

$$-\tfrac{1}{180}(b-a)f^{(iv)}(0)(\Delta x)^4 = -\tfrac{1}{180}(24)(\tfrac{1}{4})^4 = -\tfrac{1}{1.920} = -0,00052$$

Substituindo $\eta$ por 1 no segundo membro de (9) temos

$$-\frac{1}{180}(b-a)f^{(iv)}(1)(\Delta x)^4 = -\frac{1}{180} \cdot \frac{3}{4}\left(\frac{1}{4}\right)^4 = -\frac{1}{61.440} = -0,00002$$

Assim
$$-0,00052 \leq \varepsilon_S \leq -0,00002 \tag{10}$$

A desigualdade (10) está de acordo com a discussão do Exemplo 3 com relação ao erro na aproximação da integral definida pela regra de Simpson pois $-0,00052 < -0,0002 < -0,00002$.

Se $f(x)$ é um polinômio de grau três ou menos, então $f^{(iv)}(x) \equiv 0$ e, portanto, $\varepsilon_S = 0$. Em outras palavras, a regra de Simpson dá um valor exato para um polinômio de terceiro grau ou menor. Esta afirmação é óbvia do ponto de vista geométrico, se $f(x)$ é do segundo ou do primeiro grau, pois no primeiro caso o gráfico de $y = f(x)$ é uma parábola, e no segundo caso o gráfico é uma reta.

**EXEMPLO 5** Na função densidade de probabilidade normal padrão, determine a probabilidade de que uma escolha ao acaso de $x$ esteja no intervalo $[0, 2]$. Aproxime o valor da integral definida usando (a) a regra do trapézio com $n = 4$ e (b) a regra de Simpson com $2n = 4$.

**Solução** A função densidade de probabilidade normal padrão é dada por

$$N(x) = \frac{1}{\sqrt{2\pi}} e^{-x^2/2}$$

A probabilidade de que uma escolha ao acaso de $x$ esteja no intervalo $[0, 2]$ é $P([0, 2])$, e

$$P([0,2]) = \frac{1}{\sqrt{2\pi}} \int_0^2 e^{-x^2/2} \, dx \tag{11}$$

(a) Vamos aproximar a integral em (11) pela regra do trapézio com $n = 4$. Como $[a, b] = [0, 2]$, $\Delta x = (b - a)/n = (2 - 0)/4 = \frac{1}{2}$. Logo, sendo $f(x) = e^{-x^2/2}$,

$$\int_0^2 e^{-x^2/2}\, dx \approx \tfrac{1}{4}[f(0) + 2f(\tfrac{1}{2}) + 2f(1) + 2f(\tfrac{3}{2}) + f(2)]$$

$$= \tfrac{1}{4}[e^0 + 2e^{-1/8} + 2e^{-1/2} + 2e^{-9/8} + e^{-2}]$$
$$= \tfrac{1}{4}[1 + 2(0{,}8825) + 2(0{,}6065) + 2(0{,}3246) + 0{,}1353]$$
$$= \tfrac{1}{4}(4{,}7625)$$
$$= 1{,}191$$

Assim

$$P([0, 2]) \approx \frac{1}{\sqrt{2\pi}}(1{,}191) = \frac{1{,}191}{2{,}507} = 0{,}475$$

(b) Usando a regra de Simpson com $2n = 4$ para aproximar a integral em (11), temos

$$\int_0^2 e^{-x^2/2}\, dx \approx \tfrac{1}{6}[f(0) + 4f(\tfrac{1}{2}) + 2f(1) + 4f(\tfrac{3}{2}) + f(2)]$$

$$= \tfrac{1}{6}[e^0 + 4e^{-1/8} + 2e^{-1/2} + 4e^{-9/8} + e^{-2}]$$
$$= \tfrac{1}{6}[1 + 4(0{,}8825) + 2(0{,}6065) + 4(0{,}3246) + 0{,}1353]$$
$$= \tfrac{1}{6}(7{,}1767)$$
$$= 1{,}196$$

Logo

$$P([0, 2]) \approx \frac{1}{\sqrt{2\pi}}(1{,}196) = \frac{1{,}196}{2{,}507} = 0{,}477$$

O valor exato de $P([0, 2])$ no Exemplo 5 é a medida da área da região sombreada na Figura 9.3.5. Este valor é menor do que 0,5, porque 0,5 é a metade de 1, que é a medida da área da região limitada pela curva e o eixo $x$ no intervalo $(-\infty, +\infty)$.

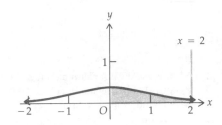

Figura 9.3.5

## Exercícios 9.3

Nos Exercícios de 1 a 10, calcule o valor aproximado da integral definida dada pela regra do trapézio para os valores indicados de $n$. Expresse o resultado com três casas decimais. Nos Exercícios de 1 a 4, ache o valor exato da integral definida, e compare o resultado com a aproximação.

1. $\int_1^2 \dfrac{dx}{x}; n = 5$

2. $\int_2^{10} \dfrac{dx}{1 + x}; n = 8$

3. $\int_0^2 x^3\, dx; n = 4$

4. $\int_0^2 x\sqrt{4 - x^2}\, dx; n = 8$

5. $\int_0^2 \dfrac{dx}{1 + x^2}; n = 8$

6. $\int_0^1 \dfrac{dx}{\sqrt{1 + x^2}}; n = 5$

**412** TÓPICOS EM INTEGRAÇÃO

7. $\int_0^2 e^{-x^2} dx; n = 4$ 
8. $\int_2^3 \ln(1 + x^2) dx; n = 4$ 
9. $\int_0^2 \sqrt{1 + x^4} dx; n = 6$

10. $\int_0^1 \sqrt{1 + x^3} dx; n = 4$

Nos Exercícios de 11 a 16, ache as limitações para o erro nas aproximações dos exercícios indicados.

11. Exercício 1
12. Exercício 2
13. Exercício 3
14. Exercício 4
15. Exercício 7
16. Exercício 8

Nos Exercícios de 17 a 22, aproxime a integral definida pela regra de Simpson, usando o valor indicado para $2n$. Expresse a resposta com três casas decimais. Nos Exercícios de 17 a 20, ache o valor exato da integral definida, e compare o resultado com a aproximação.

17. $\int_0^2 x^3 dx; 2n = 4$ 
18. $\int_0^2 x^2 dx; 2n = 4$ 
19. $\int_{-1}^0 \frac{dx}{1 - x}; 2n = 4$

20. $\int_1^2 \frac{dx}{x + 1}; 2n = 8$ 
21. $\int_0^2 \frac{dx}{1 + x^2}; 2n = 8$ 
22. $\int_0^1 \frac{dx}{x^2 + x + 1}; 2n = 4$

Nos Exercícios de 23 a 26, ache as limitações para o erro nas aproximações dos exercícios indicados.

23. Exercício 17
24. Exercício 18
25. Exercício 19
26. Exercício 20

Cada uma das integrais definidas nos Exercícios de 27 a 30 não pode ser avaliada exatamente em termos de funções elementares. Use a regra de Simpson, com o valor dado de $2n$, para encontrar um valor aproximado da integral definida. Expresse o resultado com três casas decimais.

27. $\int_1^{1.8} \sqrt{1 + x^3} dx; 2n = 4$ 
28. $\int_0^1 \sqrt[3]{1 - x^2} dx; 2n = 4$

29. $\int_0^2 \frac{dx}{\sqrt{1 + x^3}}; 2n = 8$ 
30. $\int_0^2 \sqrt{1 + x^4} dx; 2n = 6$

31. Mostre que o valor exato da integral $\int_0^2 \sqrt{4 - x^2} dx$ é $\pi$, interpretando-a como a medida de um quarto da área de uma região circular. Aproxime a integral definida pela regra do trapézio com $n = 8$. Dê o resultado com três casas decimais e compare-o com o valor exato.
32. Mostre que o valor exato de $4 \int_0^1 \sqrt{1 - x^2} dx$ é $\pi$, interpretando-a como a medida da área de uma região circular. Use a regra de Simpson com $2n = 6$ para obter um valor aproximado da integral definida com três casas decimais. Compare os resultados.
33. Para a função densidade de probabilidade normal padrão determine a probabilidade de que uma escolha de $x$ ao acaso esteja no intervalo [0, 1]. Aproxime o valor da integral definida usando (a) a regra do trapézio com $n = 4$ e (b) a regra de Simpson com $2n = 4$.
34. Para a função densidade de probabilidade normal padrão determine a probabilidade de que uma escolha de $x$ ao acaso esteja no intervalo [−3, 3]. Aproxime o valor da integral definida usando (a) a regra do trapézio com $n = 6$ e (b) a regra de Simpson com $2n = 6$.
35. A equação de demanda de uma mercadoria e $p = 2\sqrt{100 - x^3}$, e o preço de mercado é $12. Ache o excedente do consumidor e faça um esboço mostrando a região cuja área determina o excedente do consumidor. Avalie a integral definida pela regra de Simpson, com $2n = 4$. Expresse o resultado com duas casas decimais.
36. Ache a área da região limitada pelo arco da curva cuja equação é $y^2 = 8x^2 - x^5$. Avalie a integral definida pela regra de Simpson, com $2n = 8$. Expresse o resultado com três casas decimais.

37. Ache o excedente do produtor para uma mercadoria cuja equação de oferta é $p = \sqrt{x^4 + 68}$ e cujo preço de mercado é $ 18. Faça um esboço mostrando a região cuja área determina o excedente do produtor. Avalie a integral definida pela regra de Simpson, com $2n = 4$, e expresse o resultado com duas casas decimais.

38. A função erro, denotada por erf, é definida por

$$\operatorname{erf}(x) = \frac{2}{\sqrt{\pi}} \int_0^x e^{-t^2} dt$$

Ache o valor aproximado de erf(1) com quatro casas decimais, usando a regra de Simpson com $2n = 10$.

39. Para a função definida no Exercício 38, ache um valor aproximado de erf(10) com quatro casas decimais usando a regra de Simpson, com $2n = 10$. *Nota*: $\lim_{x \to +\infty} \operatorname{erf}(x) = 1$, e seu resultado está próximo de 1.

## 9.4 COMO USAR UMA TABELA DE INTEGRAIS

Apresentamos várias técnicas de integração, e você viu como elas são úteis no cálculo de muitas integrais. Há situações, porém, onde esses procedimentos não são suficientes, ou levam a integrações complicadas. Em tais casos você poderá precisar de uma **tabela de integrais**. Em manuais de matemática você encontrará tabelas razoavelmente completas e na maioria dos textos de cálculo aparecem pequenas tabelas. É muito conveniente que você não fique na dependência total de tabelas quando estiver calculando integrais. Um domínio das técnicas de integração é essencial, pois pode ser necessário usar algumas delas para expressar o integrando na forma encontrada na tabela. Assim sendo, você deve tornar-se capaz de decidir qual a técnica a ser usada em uma dada integral. Além disso, o desenvolvimento da habilidade no cálculo é importante em todos os ramos da matemática, e os exercícios de integração fornecem um bom treinamento. Por estas razões é recomendável usar as tabelas de integrais somente depois que você tiver dominado a integração.

No final do livro há uma pequena tabela de integrais. As fórmulas usadas nos exemplos e exercícios desta secção estão lá. Observe que na tabela há vários títulos indicando a forma do integrando. O primeiro deles é *Algumas Formas Elementares*, onde aparecem algumas das fórmulas dadas no início da Secção 9.1. O segundo título é *Formas Racionais Contendo $a + bu$*. O primeiro exemplo utiliza uma dessas fórmulas.

**EXEMPLO 1** Ache

$$\int \frac{x\, dx}{(4 - x)^3}$$

**Solução** A Fórmula 10 da tabela de integrais é

$$\int \frac{u\, du}{(a + bu)^3} = \frac{1}{b^2} \left[ \frac{a}{2(a + bu)^2} - \frac{1}{a + bu} \right] + C$$

Usando esta fórmula com $u = x$, $a = 4$ e $b = -1$ temos

$$\int \frac{x\, dx}{(4 - x)^3} = \frac{1}{(-1)^2} \left[ \frac{4}{2(4 - x)^2} - \frac{1}{4 - x} \right] + C$$

$$= \frac{2}{(4 - x)^2} - \frac{1}{4 - x} + C$$

**EXEMPLO 2** Ache

$$\int \frac{dx}{6 - 2x^2}$$

**Solução** A Fórmula 25 na tabela é

$$\int \frac{du}{a^2 - u^2} = \frac{1}{2a} \ln \left| \frac{u + a}{u - a} \right| + C \qquad (1)$$

Observe que esta fórmula pode ser usada se o coeficiente de $x^2$ na integral dada for 1, e não 2. Assim, escrevemos

$$\int \frac{dx}{6 - 2x^2} = \frac{1}{2} \int \frac{dx}{3 - x^2} \qquad (2)$$

Aplicamos agora a integral do segundo membro de (2) na Fórmula (1) com $u = x$ e $a = \sqrt{3}$, obtendo

$$\int \frac{dx}{6 - 2x^2} = \frac{1}{2} \cdot \frac{1}{2\sqrt{3}} \ln \left| \frac{x + \sqrt{3}}{x - \sqrt{3}} \right| + C$$

$$= \frac{\sqrt{3}}{12} \ln \left| \frac{x + \sqrt{3}}{x - \sqrt{3}} \right| + C$$

**EXEMPLO 3** Ache

$$\int \frac{dx}{8x^2 + 4x}$$

**Solução**

$$\int \frac{dx}{8x^2 + 4x} = \frac{1}{4} \int \frac{dx}{x(2x + 1)} \qquad (3)$$

A integral do segundo membro de (3) é da forma

$$\int \frac{du}{u(a + bu)}$$

onde $u = x$, $a = 1$ e $b = 2$. A Fórmula (11) na tabela é

$$\int \frac{du}{u(a + bu)} = \frac{1}{a} \ln \left| \frac{u}{a + bu} \right| + C$$

Usando esta fórmula obtemos

$$\frac{1}{4} \int \frac{dx}{x(2x + 1)} = \frac{1}{4} \cdot \frac{1}{1} \ln \left| \frac{x}{1 + 2x} \right| + C$$

$$= \frac{1}{4} \ln \left| \frac{x}{2x + 1} \right| + C$$

**EXEMPLO 4** Ache

$$\int \frac{dx}{\sqrt{x^2 + 2x - 3}}$$

**Solução** A Fórmula 27 na tabela é

$$\int \frac{du}{\sqrt{u^2 \pm a^2}} = \ln|u + \sqrt{u^2 \pm a^2}| + C \tag{4}$$

Poderemos aplicar esta fórmula à integral dada se, ao completar o quadrado sob o sinal de raiz, obtivermos uma expressão da forma $u^2 \pm a^2$. Para completarmos o quadrado de $x^2 + 2x$ somamos e subtraímos 1. Assim sendo,

$$x^2 + 2x - 3 = (x^2 + 2x + 1) - 1 - 3 = (x + 1)^2 - 4$$

Logo

$$\int \frac{dx}{\sqrt{x^2 + 2x - 3}} = \int \frac{dx}{\sqrt{(x + 1)^2 - 4}}$$

A integral é da forma

$$\int \frac{du}{\sqrt{u^2 - a^2}}$$

onde $u = x + 1$ e $a = 2$. Logo, de (4),

$$\int \frac{dx}{\sqrt{(x + 1)^2 - 4}} = \ln|(x + 1) + \sqrt{(x + 1)^2 - 4}| + C$$

$$= \ln|x + 1 + \sqrt{x^2 + 2x - 3}| + C$$

**EXEMPLO 5** Ache

$$\int x^2 \sqrt{4x^2 + 1}\, dx$$

**Solução** A Fórmula 29 na tabela, com o sinal +, é

$$\int u^2 \sqrt{u^2 + a^2}\, du = \frac{u}{8}(2u^2 + a^2)\sqrt{u^2 + a^2} - \frac{a^4}{8}\ln|u + \sqrt{u^2 + a^2}| + C \tag{5}$$

Podemos aplicar esta fórmula escrevendo a integral dada da seguinte forma:

$$\int x^2 \sqrt{4x^2 + 1}\, dx = \int x^2 \sqrt{4\left(x^2 + \frac{1}{4}\right)}\, dx$$

$$= 2\int x^2 \sqrt{x^2 + \frac{1}{4}}\, dx$$

De (5), com $u = x$ e $a = \frac{1}{2}$, temos

$$2 \int x^2 \sqrt{x^2 + \frac{1}{4}} \, dx = 2 \left[ \frac{x}{8} \left( 2x^2 + \frac{1}{4} \right) \sqrt{x^2 + \frac{1}{4}} - \frac{\frac{1}{16}}{8} \ln \left| x + \sqrt{x^2 + \frac{1}{4}} \right| \right] + C$$

$$= \frac{x}{16} (8x^2 + 1) \sqrt{x^2 + \frac{1}{4}} - \frac{1}{64} \ln \left| x + \sqrt{x^2 + \frac{1}{4}} \right| + C$$

Algumas das fórmulas na tabela expressam uma integral em termos de outra mais simples. É o caso das Fórmulas 16, 19, 21, 22, 23, 52, 53, 54 e 55. Estas fórmulas são chamadas **fórmulas de redução**. O próximo exemplo mostra como elas são aplicadas.

**EXEMPLO 6** Ache $\int x^3 e^x \, dx$

**Solução** A Fórmula 52 é

$$\int u^n e^u \, du = u^n e^u - n \int u^{n-1} e^u \, du \tag{6}$$

Usando esta fórmula com $u = x$ e $n = 3$ temos que

$$\int x^3 e^x \, dx = x^3 e^x - 3 \int x^2 e^x \, dx \tag{7}$$

Aplicando (6) à integral do segundo membro de (7) com $n = 2$, obtemos

$$\int x^3 e^x \, dx = x^3 e^x - 3 \left[ x^2 e^x - 2 \int x e^x \, dx \right] \tag{8}$$

Podemos continuar a usar (6) na integral do segundo membro de (8) com $n = 1$ ou aplicar a Fórmula 51 da tabela. Temos, em qualquer caso

$$\int x^3 e^x \, dx = x^3 e^x - 3x^2 e^x - 6e^x (x - 1) + C$$

$$= x^3 e^x - 3x^2 e^x - 6x e^x - 6e^x + C$$

Não é necessário o uso de tabelas de integrais no cálculo da integral do Exemplo 6. Ela pode ser calculada através de integração por partes. Na verdade, ela apareceu no Exercício 16 da série de Exercícios 9.1, a secção dedicada à integração por partes.

## Exercícios 9.4

Nos Exercícios de 1 a 22, use a tabela de integrais no final do livro para calcular a integral.

Nos Exercícios de 1 a 4, o integrando é uma expressão racional contendo $a + bu$. Use uma das fórmulas de 6 a 13.

**1.** $\int \dfrac{x \, dx}{2 + 3x}$  **2.** $\int \dfrac{x \, dx}{(5 - 2x)^3}$  **3.** $\int \dfrac{x^2 \, dx}{(6 - x)^2}$  **4.** $\int \dfrac{dx}{x(7 + 3x)}$

Nos Exercícios de 5 a 8, o integrando é uma expressão contendo $\sqrt{a+bu}$. Use uma das fórmulas de 14 a 23.

5. $\int x\sqrt{1+2x}\, dx$
6. $\int x^2\sqrt{1+2x}\, dx$
7. $\int \dfrac{\sqrt{1+2x}}{x}\, dx$
8. $\int \dfrac{dx}{x^2\sqrt{1+2x}}$

Nos Exercícios 9 e 10, o integrando é uma expressão contendo $a^2 \pm u^2$. Use uma das fórmulas de 24 a 26.

9. $\int \dfrac{dx}{4-x^2}$
10. $\int \dfrac{dx}{x^2-25}$

Nos Exercícios de 11 a 14, o integrando é uma expressão contendo $\sqrt{u^2 \pm a^2}$. Use uma das fórmulas de 27 a 38.

11. $\int \dfrac{dx}{\sqrt{x^2+6x}}$
12. $\int \sqrt{4x^2+1}\, dx$
13. $\int \dfrac{\sqrt{9x^2+4}}{x}\, dx$
14. $\int \dfrac{dx}{(x-1)^2\sqrt{x^2-2x-3}}$

Nos Exercícios 15 e 16, o integrando é uma expressão contendo $\sqrt{a^2-u^2}$. Use uma das fórmulas de 39 a 48.

15. $\int \dfrac{\sqrt{9-4x^2}}{x}\, dx$
16. $\int \dfrac{dx}{x^2\sqrt{25-9x^2}}$

Nos Exercícios de 17 a 22, o integrando é uma expressão contendo uma função exponencial ou logarítmica. Use uma das fórmulas de 49 a 58.

17. $\int x^4 e^x\, dx$
18. $\int x^3 2^x\, dx$
19. $\int x^2 e^{4x}\, dx$
20. $\int x^2 \ln x\, dx$
21. $\int x^3 \ln(3x)\, dx$
22. $\int 5x^2 e^{-2x}\, dx$

Nos Exercícios de 23 a 30, use a tabela de integrais no final do livro para calcular a integral definida.

23. $\int_1^2 \dfrac{dx}{x(5-x^2)}$
24. $\int_0^3 \dfrac{x\, dx}{(1+x)^2}$
25. $\int_0^3 \dfrac{x^2\, dx}{\sqrt{x^2+16}}$
26. $\int_0^2 \dfrac{dx}{(9+4x^2)^{3/2}}$
27. $\int_1^2 x^4 \ln x\, dx$
28. $\int_0^1 x^2 e^{-x}\, dx$
29. $\int_3^4 \sqrt{x^2+2x-15}\, dx$
30. $\int_3^5 x^2\sqrt{x^2-9}\, dx$

## 9.5 INTEGRAIS IMPRÓPRIAS

Quando definimos a integral definida $\int_a^b f(x)\, dx$, admitimos que a função $f$ deveria existir no intervalo fechado $[a, b]$. Vamos estender agora a definição de integral definida a um intervalo de integração infinito, e também discutir uma integral definida na qual o integrando tem uma descontinuidade infinita em um intervalo finito e fechado. Em ambos os casos a integral é chamada **integral imprópria**.

Na Secção 8.7 referimo-nos a uma função densidade de probabilidade da forma

$$f(x) = ke^{-kx} \qquad x \geq 0$$

onde $k$ é uma constante. Lá foi indicado que seria verificado nesta secção que a integral definida de $f$ em $[0, +\infty]$ é 1.

Em primeiro lugar, calculamos a integral definida de $f$ no intervalo $[0, b]$. Esta integral definida é a medida da área da região sombreada, ilustrada na Figura 9.5.1.

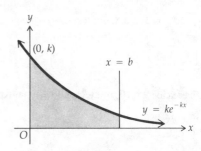

Figura 9.5.1

$$\int_0^b ke^{-kx}\,dx = -\int_0^b e^{-kx}(-k\,dx)$$
$$= -e^{-kx}\Big]_0^b$$
$$= 1 - e^{-kb}$$

Se fazemos agora $b$ crescer ilimitadamente, então

$$\lim_{b\to+\infty}\int_0^b ke^{-kx}\,dx = \lim_{b\to+\infty}(1 - e^{-kb})$$
$$\lim_{b\to+\infty}\int_0^b ke^{-kx}\,dx = 1 \qquad (1)$$

Concluímos de (1) que por maior que seja o valor tomado para $b$, a área da região ilustrada na Figura 9.5.1 será sempre menor do que 1 unidade ao quadrado.

A Equação (1) estabelece que

$$\left|\int_0^b ke^{-kx}\,dx - 1\right|$$

pode ser obtida tão pequena quanto quisermos, tomando $b$ suficientemente grande. Em lugar de (1) escrevemos

$$\int_0^{+\infty} ke^{-kx}\,dx = 1$$

Em geral temos a seguinte definição:

Definição de $\int_a^{+\infty} f(x)\,dx$

---

Se $f$ for contínua para todo $x \ge a$, então
$$\int_a^{+\infty} f(x)\,dx = \lim_{b\to+\infty}\int_a^b f(x)\,dx$$
se o limite existir.

---

Se o limite inferior de integração for infinito, temos a seguinte definição:

Definição de $\int_{-\infty}^{b} f(x)\,dx$

---

Se $f$ for contínua para todo $x \leq b$, então
$$\int_{-\infty}^{b} f(x)\,dx = \lim_{a \to -\infty} \int_{a}^{b} f(x)\,dx$$
se o limite existir.

---

Finalmente, temos o caso onde ambos os limites de integração são infinitos.

Definição de $\int_{-\infty}^{+\infty} f(x)\,dx$

---

Se $f$ for contínua para todos os valores de $x$, e se $c$ for um número real qualquer, então
$$\int_{-\infty}^{+\infty} f(x)\,dx = \lim_{a \to -\infty} \int_{a}^{c} f(x)\,dx + \lim_{b \to +\infty} \int_{c}^{b} f(x)\,dx,$$
se os limites existirem.

---

Nas aplicações desta definição é usual tomar $c$ como sendo 0. Nas três definições, se os limites existirem, dizemos que a integral imprópria é **convergente**. Quando os limites não existirem, dizemos que a integral imprópria é **divergente**.

**EXEMPLO 1** Calcule
$$\int_{-\infty}^{2} \frac{dx}{(4-x)^2}$$
se ela convergir.

**Solução**
$$\int_{-\infty}^{2} \frac{dx}{(4-x)^2} = \lim_{a \to -\infty} \int_{a}^{2} \frac{dx}{(4-x)^2}$$
$$= \lim_{a \to -\infty} \left[ \frac{1}{4-x} \right]_{a}^{2}$$
$$= \lim_{a \to -\infty} \left( \frac{1}{2} - \frac{1}{4-a} \right)$$
$$= \tfrac{1}{2} - 0$$
$$= \tfrac{1}{2}$$

**EXEMPLO 2** Calcule, se existirem:

(a) $\int_{-\infty}^{+\infty} x\, dx$;  (b) $\lim_{r \to +\infty} \int_{-r}^{r} x\, dx$

**Solução** (a) Da definição de $\int_{-\infty}^{+\infty} f(x)\, dx$ com $c = 0$ temos

$$\int_{-\infty}^{+\infty} x\, dx = \lim_{a \to -\infty} \int_{a}^{0} x\, dx + \lim_{b \to +\infty} \int_{0}^{b} x\, dx$$

$$= \lim_{a \to -\infty} \left[\tfrac{1}{2}x^2\right]_{a}^{0} + \lim_{b \to +\infty} \left[\tfrac{1}{2}x^2\right]_{0}^{b}$$

$$= \lim_{a \to -\infty} (-\tfrac{1}{2}a^2) + \lim_{b \to +\infty} \tfrac{1}{2}b^2$$

Como nenhum destes limites existe, a integral imprópria diverge.

(b) $\lim_{r \to +\infty} \int_{-r}^{r} x\, dx = \lim_{r \to +\infty} \left[\tfrac{1}{2}x^2\right]_{-r}^{r}$

$$= \lim_{r \to +\infty} (\tfrac{1}{2}r^2 - \tfrac{1}{2}r^2)$$

$$= \lim_{r \to +\infty} 0$$

$$= 0$$

O Exemplo 2 ilustra por que não usamos o limite dado em (b) para determinar a convergência de uma integral imprópria quando ambos os limites de integração são infinitos. Isto é, a integral imprópria em (a) é divergente, enquanto que o limite em (b) existe e é 0.

Há uma aplicação interessante de integrais impróprias em Economia. Na Secção 8.8 discutimos um fluxo contínuo de renda, a juros compostos continuamente, e a Fórmula (11) daquela secção é

$$V = \int_{0}^{T} f(t)e^{-it}\, dt$$

onde $f(t)$ unidades monetárias anuais é a renda em $t$ anos, $100i\%$ é a taxa anual de juros compostos continuamente, e $V$ unidades monetárias é o valor da quantia percebida em $T$ anos. Se a renda continua indefinidamente, e se $V$ é o valor de toda renda futura,

$$V = \int_{0}^{+\infty} f(t)e^{-it}\, dt \qquad (2)$$

**EXEMPLO 3** Um contrato estabelece um fluxo contínuo de renda que é decrescente no tempo, e em $t$ anos o número de unidades monetárias por ano de renda é $8.000 \cdot 3^{-t}$. Ache o valor atual dessa renda se ela continuar indefinidamente com uma taxa de juros de $12\%$ compostos continuamente.

**Solução** Se $V$ unidades for o valor atual, então de (2), com $f(t) = 8.000 \cdot 3^{-t}$ e $i = 0,12$, temos que

$$V = \int_0^{+\infty} (8.000 \cdot 3^{-t})e^{-0,12t}\, dt$$

$$= 8.000 \lim_{b \to +\infty} \int_0^b (3e^{0,12})^{-t}\, dt$$

$$= 8.000 \lim_{b \to +\infty} \left[ \frac{-(3e^{0,12})^{-t}}{\ln(3e^{0,12})} \right]_0^b$$

$$= 8.000 \lim_{b \to +\infty} \left[ \frac{-(3e^{0,12})^{-b} + 1}{\ln 3 + 0,12} \right]$$

$$= 8.000 \left( \frac{0 + 1}{\ln 3 + 0,12} \right)$$

$$= \frac{8.000}{1,0986 + 0,12}$$

$$= 6.565$$

Assim sendo, o valor atual da renda é $ 6.565.

**EXEMPLO 4** É possível obter um número finito para representar a medida da área da região limitada pelas curvas de equações $y = 1/x$, $y = 0$ e $x = 1$?

**Solução** A região está ilustrada na Figura 9.5.2. Seja $L$ o número que queremos atribuir à medida da área, se possível. Seja $A$ a medida da área da região limitada pelas curvas de equações $y = 1/x$, $y = 0$, $x = 1$ e $x = b$, onde $b > 1$. Então

$$A = \lim_{n \to +\infty} \sum_{i=1}^n \frac{1}{\xi_i} \Delta x = \int_1^b \frac{1}{x}\, dx$$

Assim, seja $L = \lim_{b \to +\infty} A$, se o limite existir. Mas

$$\lim_{b \to +\infty} A = \lim_{b \to +\infty} \int_1^b \frac{1}{x}\, dx$$

$$= \lim_{b \to +\infty} [\ln b - \ln 1]$$

$$= +\infty$$

Portanto, não é possível encontrar um número finito que represente a medida da área da região.

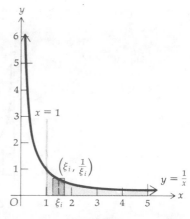

Figura 9.5.2

## 422 TÓPICOS EM INTEGRAÇÃO

A Figura 9.5.3 mostra a região limitada pela curva cuja equação é $y = 1/\sqrt{x}$, o eixo $x$, o eixo $y$ e a reta $x = 4$. Se for possível especificar um número finito para representar a medida da área da região, ele seria dado por

$$\lim_{n \to +\infty} \sum_{i=1}^{n} \frac{1}{\sqrt{\xi_i}} \Delta x$$

Se o limite existir, ele é a integral definida denotada por

$$\int_0^4 \frac{dx}{\sqrt{x}} \tag{3}$$

Contudo, o integrando é descontínuo no limite inferior, zero. Além disso, $\lim_{x \to 0^+} 1/\sqrt{x} = +\infty$ e, portanto, o integrando tem uma descontinuidade infinita no limite inferior. Esta integral é imprópria, e sua existência pode ser determinada pela seguinte definição:

**Definição de integral imprópria quando o integrando tem uma descontinuidade infinita no limite inferior de integração**

> Se $f$ for contínua em todo $x$ do intervalo semi-aberto à esquerda $(a, b]$ e se $\lim_{x \to a^+} f(x) = \pm \infty$, então
> 
> $$\int_a^b f(x)\, dx = \lim_{\epsilon \to 0^+} \int_{a+\epsilon}^b f(x)\, dx$$
> 
> se o limite existir.

• **ILUSTRAÇÃO 1**

Vamos determinar se é possível especificar um número finito para representar a medida da área da região ilustrada na Figura 9.5.3. Da discussão precedente à definição acima, a medida da área da região dada será a integral imprópria (3), se ela existir. Pela definição,

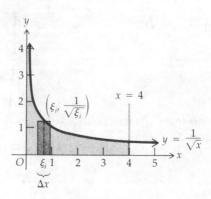

Figura 9.5.3

$$\int_0^4 \frac{dx}{\sqrt{x}} = \lim_{\epsilon \to 0^+} \int_\epsilon^4 \frac{dx}{\sqrt{x}}$$

$$= \lim_{\epsilon \to 0^+} 2x^{1/2} \Big]_\epsilon^4$$

$$= \lim_{\epsilon \to 0^+} [4 - 2\sqrt{\epsilon}]$$

$$= 4 - 0$$

$$= 4$$

Assim sendo, atribuímos 4 à medida da área da região dada. •

Caso o integrando tenha uma descontinuidade infinita no limite superior de integração, usamos a seguinte definição para determinar a existência da integral imprópria:

Definição de uma integral imprópria quando o integrando tem uma descontinuidade infinita no limite superior de integração

---

Se $f$ for contínua em todo $x$ do intervalo semi-aberto à direita $[a, b)$ e se $\lim_{x \to b^-} f(x) = \pm \infty$, então

$$\int_a^b f(x)\, dx = \lim_{\epsilon \to 0^+} \int_a^{b-\epsilon} f(x)\, dx$$

se o limite existir.

---

Se houver uma descontinuidade infinita em um ponto interior do intervalo de integração, a existência da integral imprópria é determinada a partir da seguinte definição:

Definição de uma integral imprópria quando o integrando tem uma descontinuidade infinita em um ponto interior do intervalo de integração

---

Se $f$ for contínua em todo $x$ do intervalo $[a, b]$ exceto $c$, onde $a < c < b$, e se $\lim_{x \to c} |f(x)| = +\infty$, então

$$\int_a^b f(x)\, dx = \lim_{\epsilon \to 0^+} \int_a^{c-\epsilon} f(x)\, dx + \lim_{\delta \to 0^+} \int_{c+\delta}^b f(x)\, dx$$

se os limites existirem.

---

Se $\int_a^b f(x)\, dx$ for uma integral imprópria, ela será convergente se o limite correspondente existir; caso contrário ela será divergente.

**EXEMPLO 5** Calcule

$$\int_0^2 \frac{dx}{(x-1)^2}$$

se ela for convergente.

**Solução** O integrando tem uma descontinuidade infinita em 1. Aplicando a definição temos que

$$\int_0^2 \frac{dx}{(x-1)^2} = \lim_{\epsilon \to 0^+} \int_0^{1-\epsilon} \frac{dx}{(x-1)^2} + \lim_{\delta \to 0^+} \int_{1+\delta}^2 \frac{dx}{(x-1)^2}$$

$$= \lim_{\epsilon \to 0^+} \left[-\frac{1}{x-1}\right]_0^{1-\epsilon} + \lim_{\delta \to 0^+} \left[-\frac{1}{x-1}\right]_{1+\delta}^2$$

$$= \lim_{\epsilon \to 0^+} \left[\frac{1}{\epsilon} - 1\right] + \lim_{\delta \to 0^+} \left[-1 + \frac{1}{\delta}\right]$$

Como nenhum destes limites existe, a integral imprópria é divergente.

• **ILUSTRAÇÃO 2**

Suponha que no cálculo da integral do Exemplo 5 não tivéssemos notado a descontinuidade infinita do integrando em 1. Teríamos então obtido

$$-\frac{1}{x-1}\bigg]_0^2 = -\frac{1}{1} + \frac{1}{-1} = -2$$

Este é um resultado obviamente incorreto. Como o integrando $1/(x-1)^2$ nunca é negativo, a integral de 0 a 2 não poderia jamais ser um número negativo. •

**EXEMPLO 6** Calcule

$$\int_0^{+\infty} \frac{e^{-\sqrt{x}}}{\sqrt{x}} dx$$

se ela for convergente.

**Solução** Para esta integral há um limite superior infinito e uma descontinuidade infinita no limite inferior. Procedemos da seguinte forma:

$$\int_0^{+\infty} \frac{e^{-\sqrt{x}}}{\sqrt{x}} dx = \lim_{\epsilon \to 0^+} \int_\epsilon^1 \frac{e^{-\sqrt{x}}}{\sqrt{x}} dx + \lim_{b \to +\infty} \int_1^b \frac{e^{-\sqrt{x}}}{\sqrt{x}} dx \qquad (4)$$

Para calcular a integral indefinida, seja $u = -\sqrt{x}$; então $du = -dx/2\sqrt{x}$. Temos então

$$\int \frac{e^{-\sqrt{x}}}{\sqrt{x}} dx = -2 \int (e^{-\sqrt{x}}) \left(\frac{-dx}{2\sqrt{x}}\right) = -2 \int e^u \, du$$

$$= -2e^u + C = -2e^{-\sqrt{x}} + C$$

Assim em (4) temos

$$\int_0^{+\infty} \frac{e^{-\sqrt{x}}}{\sqrt{x}} dx = \lim_{\epsilon \to 0^+} \left[-2e^{-\sqrt{x}}\right]_\epsilon^1 + \lim_{b \to +\infty} \left[-2e^{-\sqrt{x}}\right]_1^b$$

$$= \lim_{\epsilon \to 0^+} (-2e^{-1} + 2e^{-\sqrt{\epsilon}}) + \lim_{b \to +\infty} (-2e^{-\sqrt{b}} + 2e^{-1})$$

$$= -2e^{-1} + 2 - 0 + 2e^{-1}$$

$$= 2$$

## Exercícios 9.5

Nos Exercícios de 1 a 22, determine se a integral imprópria é convergente ou divergente. Se for convergente, calcule-a.

1. $\int_{-\infty}^{1} e^x\, dx$
2. $\int_{5}^{+\infty} \dfrac{dx}{\sqrt{x-1}}$
3. $\int_{0}^{+\infty} \dfrac{dx}{\sqrt{e^x}}$
4. $\int_{1}^{+\infty} 2^{-x}\, dx$

5. $\int_{1}^{+\infty} \ln x\, dx$
6. $\int_{0}^{1} \ln x\, dx$
7. $\int_{0}^{1} \dfrac{dx}{\sqrt{1-x}}$
8. $\int_{-2}^{0} \dfrac{dx}{2x+3}$

9. $\int_{0}^{2} \dfrac{dx}{(x-1)^{2/3}}$
10. $\int_{-\infty}^{0} x 5^{-x^2}\, dx$
11. $\int_{e}^{+\infty} \dfrac{dx}{x(\ln x)^2}$
12. $\int_{1}^{e} \dfrac{dx}{x \ln x}$

13. $\int_{-\infty}^{+\infty} x e^{-x^2}\, dx$
14. $\int_{-\infty}^{+\infty} e^{-|x|}\, dx$
15. $\int_{-1}^{1} \dfrac{dx}{x^2}$
16. $\int_{2}^{2} \dfrac{dx}{x^3}$

17. $\int_{-\infty}^{0} \dfrac{dx}{x+3}$
18. $\int_{0}^{+\infty} \dfrac{dx}{x-5}$
19. $\int_{0}^{+\infty} \dfrac{dx}{\sqrt{xe^{nx}}}$
20. $\int_{-\infty}^{0} x^2 e^x\, dx$

21. $\int_{2}^{3} \dfrac{dy}{\sqrt[3]{y-2}}$
22. $\int_{0}^{2} \dfrac{x\, dx}{1-x}$

23. Para a lâmpada do Exercício 6 nos Exercícios 8.7, ache a probabilidade de que uma lâmpada escolhida ao acaso tenha uma vida de 60 horas ou mais.
24. Na cidade do Exercício 8 nos Exercícios 8.7, qual a probabilidade de que a duração de uma chamada telefônica escolhida ao acaso dure 5 min ou mais?
25. Determine se é possível especificar um número finito para representar a medida da área da região limitada pela curva de equação $y = 1/(e^x + e^{-x})$ e o eixo $x$. Se for possível, calcule-o.
26. Determine se é possível especificar um número finito para representar a medida da área da região limitada pelo eixo $x$, pela reta $x = 2$ e a curva cuja equação é $y = 1/(x^2 - 1)$. Se for possível, calcule-o.
27. Determine se é possível especificar um número finito para representar a medida da área da região limitada pela curva cuja equação é $y = 1/\sqrt{x}$, a reta $x = 1$ e os eixos $x$ e $y$. Se for possível, calcule-o.
28. Suponha que o proprietário de um ponto comercial tenha um contrato permanente de locação, recebendo assim o aluguel perenemente. Se o aluguel anual for de $ 12.000 e o dinheiro está valendo 10% compostos continuamente, ache o valor atual de todos os aluguéis futuros.
29. Um fluxo contínuo de renda está decrescendo com o tempo, e em $t$ anos o número de unidades monetárias da renda anual será $1.000 \cdot 2^{-t}$. Ache o valor atual dessa renda se ela continua indefinidamente com uma taxa de juros de 8% compostos continuamente.
30. Os *British Consols* são títulos emitidos pelo governo britânico sem maturidade (isto é, não têm prazo de vencimento) e proporcionam ao portador uma renda anual fixa. Achando o valor atual de um fluxo de pagamentos de $R$ unidades monetárias anuais, e usando a taxa de juros corrente de $100i\%$ compostos continuamente, mostre que o preço justo de venda desses títulos é $R/i$ unidades monetárias.
31. O fluxo contínuo de lucros de uma empresa está crescendo com o tempo, e em $t$ anos o lucro por ano é diretamente proporcional a $t$. Mostre que o valor atual da empresa é inversamente proporcional a $i^2$, onde $100i\%$ é a taxa de juros compostos continuamente. $\bigg($Sugestão: Se $c$ for uma constante positiva, $\lim\limits_{t \to +\infty} \dfrac{t}{e^{ct}} = 0.\bigg)$
32. Mostre que a integral imprópria $\int_{-\infty}^{+\infty} \dfrac{x\, dx}{(1+x^2)^2}$ é convergente e que $\int_{-\infty}^{+\infty} \dfrac{x\, dx}{1+x^2}$ é divergente.
33. Calcule, se existirem

    (a) $\int_{-1}^{1} \dfrac{dx}{x}$
    (b) $\lim\limits_{r \to 0^+} \left[ \int_{-1}^{-r} \dfrac{dx}{x} + \int_{r}^{1} \dfrac{dx}{x} \right]$

**426** TÓPICOS EM INTEGRAÇÃO

**34.** Mostre que a integral imprópria $\int_{1}^{+\infty} \frac{dx}{x^n}$ é convergente, se $n > 1$, e divergente, se $n \leq 1$.

## Exercícios de Recapitulação do Capítulo 9

Nos Exercícios de 1 a 10, calcule a integral indefinida.

1. $\int xe^{-4x}\, dx$
2. $\int x4^x\, dx$
3. $\int \frac{e^x\, dx}{\sqrt{4-e^x}}$
4. $\int x^3 e^{3x}\, dx$

5. $\int \frac{5x^2-3}{x^3-x}\, dx$
6. $\int \frac{x^2+1}{(x-1)^3}\, dx$
7. $\int \frac{2t^3+11t+8}{t^3+4t^2+4t}\, dt$
8. $\int \frac{dw}{w\ln w(\ln w - 1)}$

9. $\int \ln(x+1)\, dx$
10. $\int x^2 \ln x\, dx$

Nos Exercícios de 11 a 18, calcule a integral indefinida.

11. $\int_1^2 (\ln x)^2\, dx$
12. $\int_0^2 \frac{(1-x)\, dx}{x^2+3x+2}$
13. $\int_1^2 \frac{t+2}{(t+1)^2}\, dt$
14. $\int_0^1 \frac{dx}{e^x - e^{-x}}$

15. $\int_0^{16} \sqrt{4-\sqrt{x}}\, dx$
16. $\int_1^{10} \log_{10} \sqrt{ex}\, dx$
17. $\int_1^2 \frac{2x^2+x+4}{x^3+4x^2}\, dx$
18. $\int_0^1 w^3\sqrt{1+w^2}\, dw$

Nos Exercícios de 19 a 26, determine se a integral imprópria é convergente ou divergente. Se for convergente, calcule-a.

19. $\int_{-2}^{0} \frac{dx}{2x+1}$
20. $\int_0^\infty \frac{dx}{\sqrt{e^x}}$
21. $\int_{-\infty}^{0} \frac{dx}{(x-2)^2}$
22. $\int_2^4 \frac{x\, dx}{\sqrt{x-2}}$

23. $\int_0^1 \frac{(\ln x)^2}{x}\, dx$
24. $\int_{-\infty}^{3} 3^t\, dt$
25. $\int_0^{+\infty} \frac{3}{\sqrt{r}}\, dr$
26. $\int_{-\infty}^{+\infty} \frac{dx}{4x^2+4x+1}$

Nos Exercícios 27 e 28, ache um valor aproximado para a integral dada, usando a regra do trapézio com $n = 4$. Expresse o resultado com três casas decimais.

27. $\int_0^2 \sqrt{1+x^2}\, dx$
28. $\int_1^{9.5} \sqrt{1+x^3}\, dx$

**29.** Ache um valor aproximado para a integral do Exercício 27, usando a regra de Simpson com $2n = 4$. Expresse o resultado com três casas decimais.

**30.** Ache um valor aproximado para a integral do Exercício 28, usando a regra de Simpson com $2n = 4$. Expresse o resultado com três casas decimais.

Nos Exercícios de 31 a 34, use a tabela de integrais no final do livro para calcular a integral definida ou indefinida.

31. $\int \sqrt{9x^2+1}\, dx$
32. $\int \frac{dt}{\sqrt{4t^2-9}}$
33. $\int_4^5 w^2\sqrt{w^2-16}\, dw$
34. $\int_0^1 x^3 e^{2x}\, dx$

**35.** Ache até a unidade monetária mais próxima o montante em 4 anos de um investimento contínuo de $300t$ unidades monetárias por ano, onde $t$ é o número de anos a partir de agora, se a taxa de juros é $10\%$ ao ano compostos continuamente. Use a Fórmula (9) da Secção 8.8.

36. Estima-se que a receita produzida por determinado equipamento em 10 anos seja um fluxo contínuo de $4.000 - 50t$ unidades monetárias por ano, onde $t$ é o número de anos a partir de agora. Se a receita for depositada numa conta bancária a juros de 12% ao ano compostos continuamente, ache até a unidade monetária mais próxima o valor atual dessa renda. Use a Fórmula (11) da Secção 8.8.

37. Um lago pode agüentar até no máximo 10.000 peixes, de modo que a taxa de crescimento da população de peixes seja conjuntamente proporcional ao número de peixes presentes e à diferença entre 10.000 e o número de peixes presentes. Inicialmente o lago contém 400 peixes, e 6 semanas mais tarde existem 3.000 peixes. (a) Quantos peixes existem após 8 semanas? (b) Quando a taxa de crescimento é máxima? Isto é, após quantas semanas o lago contém 5.000 peixes?

38. Em uma cidade de 12.000 habitantes a taxa de alastramento de uma epidemia de gripe é conjuntamente proporcional ao número de pessoas que têm a gripe e ao número de pessoas que não ficaram gripadas. Há cinco dias 400 pessoas na cidade estavam com gripe, e hoje 1.000 pessoas estão gripadas. Quantas pessoas devem estar com gripe amanhã? (b) Em quantos dias a partir de agora se espera a maior velocidade de alastramento? Isto é, quando metade da população terá gripe?

39. Duas substâncias químicas $A$ e $B$ reagem para formar a substância $C$, e a taxa de variação da quantidade de $C$ é conjuntamente proporcional às quantidades remanescentes de $A$ e $B$ num dado instante Inicialmente há 60 kg da substância $A$ e 60 kg da substância $B$ e para se formarem 5 kg de $C$ são necessários 3 kg de $A$ e 2 kg de $B$. Após 1 hora, são formados 15 kg de $C$. (a) Se $x$ kg de $C$ forem formados em $t$ horas, ache uma expressão para $x$ em termos de $t$. (b) Ache a quantidade de $C$ após 3 horas.

40. A equação de demanda de uma certa mercadoria é $p = \ln(20 - x)$, onde $x$ unidades são demandadas quando o preço unitário é $p$. Se o preço de mercado é $ 5, ache o excedente do consumidor. Faça um esboço mostrando a curva de demanda e a região cuja área dá o excedente do consumidor.

41. No campus universitário do Exercício 39 dos Exercícios de Recapitulação do Capítulo 8, qual a probabilidade de que a duração de uma chamada telefônica escolhida ao acaso seja de 4 min ou mais?

42. Verifique se é possível determinar um número finito para representar a medida da área da região no primeiro quadrante abaixo da curva cuja equação é $y = e^{-x}$. Se for possível determinar um número finito, calcule-o.

43. Admitindo um fluxo contínuo de lucro em um determinado ramo de negócio, e supondo que em $t$ anos a partir de agora o valor do lucro por ano seja $1.000t - 300$, qual será o valor atual de todo lucro futuro esperado se a taxa de juros for 8% ao ano compostos continuamente? (Veja a sugestão do Exercício 31 nos Exercícios 9.5.)

# CAPÍTULO 10

# CÁLCULO DIFERENCIAL DE FUNÇÕES COM MUITAS VARIÁVEIS

**430** CÁLCULO DIFERENCIAL DE FUNÇÕES COM MUITAS VARIÁVEIS

## 10.1 $R^3$, O ESPAÇO NUMÉRICO TRIDIMENSIONAL

Neste capítulo estamos interessados em funções com mais de uma variável. Em nosso estudo destas funções desejamos tratar de seus gráficos, e para fazer isto precisamos do espaço geométrico tridimensional. Esta secção é dedicada a tal espaço.

No Capítulo 1 introduzimos a reta numérica $R^1$, o espaço numérico unidimensional, e o plano numérico $R^2$, o espaço numérico bidimensional. Identificamos os números reais em $R^1$ com os pontos de um eixo e as duplas reais em $R^2$ com os pontos em um plano geométrico. De modo análogo introduzimos agora o conjunto de todas as triplas ordenadas de números reais.

Definição de $R^3$, o espaço numérico tridimensional

> O conjunto de todas as triplas ordenadas de números reais é chamado o **espaço numérico tridimensional** e é denotado por $R^3$. Cada tripla ordenada $(x, y, z)$ é chamada de *ponto* no espaço numérico tridimensional.

Para representar $R^3$ em um espaço geométrico tridimensional consideramos as distâncias de um ponto a três planos perpendiculares entre si. Os planos são formados considerando-se primeiro três retas perpendiculares entre si que se interceptam em um ponto chamado origem, denotado pela letra $O$. Estas retas, chamadas eixos coordenados, são designadas como o eixo $x$, eixo $y$ e eixo $z$. Usualmente os eixos $x$ e $y$ são tomados num plano horizontal, e o eixo $z$ é vertical. Uma direção positiva é escolhida em cada eixo. Se as direções positivas são escolhidas como na Figura 10.1.1, o sistema de coordenadas é chamado de **destro**. Este nome vem do fato de que se a mão direita for colocada de tal forma que o polegar aponte para a direção positiva do eixo $x$ e o indicador aponte para a direção positiva do eixo $y$, então o dedo médio está apontando para a direção positiva do eixo $z$. Se o dedo médio estiver apontando para a direção negativa do eixo $z$, então o sistema de coordenadas será chamado de **canhoto**. Um sistema canhoto está ilustrado na Figura 10.1.2. Em geral usa-se um sistema destro. Os três eixos determinam os três planos coordenados: o plano $xy$ contendo os eixos $x$ e $y$, o plano $xz$ contendo os eixos $x$ e $z$, e o plano $yz$ contendo os eixos $y$ e $z$.

Uma tripla ordenada de números reais $(x, y, z)$ está associada a cada ponto $P$ em um espaço geométrico tridimensional. A distância de $P$ ao plano $yz$ é chamada de *coordenada x*, a distância de $P$ ao plano $xz$ é chamada de *coordenada y*, e a *coordenada z* é a distância de $P$ ao plano $xy$. Estas três coordenadas são chamadas de **coordenadas cartesianas retangulares** do ponto, e há uma correspondência um a um (trata-se do chamado *sistema de coordenadas cartesianas retan-*

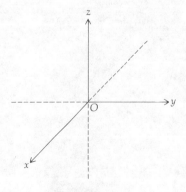

Figura 10.1.1

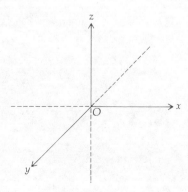

Figura 10.1.2

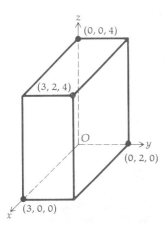

**Figura 10.1.3**                **Figura 10.1.4**

*gulares*) entre todas estas triplas ordenadas de números reais e os pontos de um espaço geométrico tridimensional. Assim, identificamos $R^3$ com o espaço geométrico tridimensional, e chamamos uma tripla ordenada $(x, y, z)$ de ponto. O ponto $(3, 2, 4)$ está ilustrado na Figura 10.1.3 e o ponto $(4, -2, -5)$ é mostrado na Figura 10.1.4. Os três planos coordenados dividem o espaço em oito partes, chamadas **octantes**. O primeiro octante é aquele onde todas as coordenadas são positivas.

Uma reta é paralela a um plano se e somente se a distância de qualquer um de seus pontos ao plano for sempre a mesma.

## ILUSTRAÇÃO 1

Retas paralelas aos planos $yz$, $xz$ e $xy$ aparecem nas Figuras 10.1.5(a), (b) e (c), respectivamente. •

Vamos considerar todas as retas pertencentes a um dado plano como sendo paralelas a ele, e neste caso a distância de qualquer ponto das retas ao plano é zero. O próximo teorema segue imediatamente.

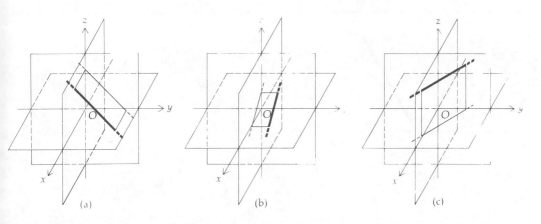

**Figura 10.1.5**

**Teorema 10.1.1**

(i) Uma reta é paralela ao plano $yz$ se e somente se todos os pontos da reta tiverem a mesma coordenada $x$.

(ii) Uma reta é paralela ao plano $xz$ se e somente se todos os pontos da reta tiverem a mesma coordenada $y$.

(iii) Uma reta é paralela ao plano $xy$ se e somente se todos os pontos da reta tiverem a mesma coordenada $z$.

Em um espaço tridimensional, se uma reta é paralela a dois planos que se interceptam, ela será paralela à reta intersecção dos dois planos. Também, se uma dada reta é paralela a uma segunda reta, então a reta dada será paralela a todo plano que contenha a segunda reta. O Teorema 10.1.2 segue destes dois fatos de geometria no espaço e do Teorema 10.1.1.

**Teorema 10.1.2**

(i) Uma reta é paralela ao eixo $x$ se e somente se todos os pontos da reta tiverem a mesma coordenada $y$ e a mesma coordenada $z$.

(ii) Uma reta é paralela ao eixo $y$ se e somente se todos os pontos da reta tiverem a mesma coordenada $x$ e a mesma coordenada $z$.

(iii) Uma reta é paralela ao eixo $z$ se e somente se todos os pontos da reta tiverem a mesma coordenada $x$ e a mesma coordenada $y$.

• **ILUSTRAÇÃO 2**

Retas paralelas aos eixos $x$, $y$ e $z$ estão ilustradas na Figura 10.1.6(a), (b) e (c), respectivamente. •

Definição de gráfico de uma equação em $R^3$

**O gráfico de uma equação em $R^3$** é o conjunto de todos os pontos $(x, y, z)$ cujas coordenadas satisfazem a equação.

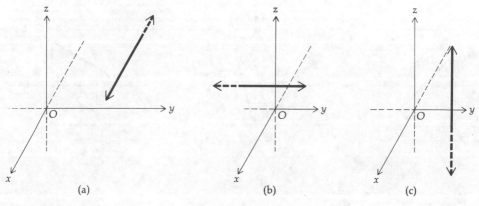

**Figura 10.1.6**

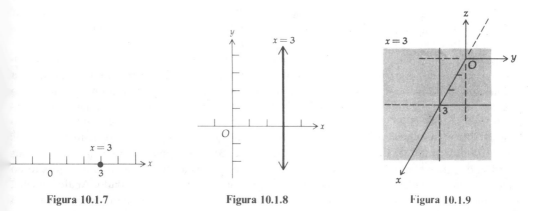

Figura 10.1.7         Figura 10.1.8         Figura 10.1.9

O gráfico de uma equação em $R^3$ é chamado uma **superfície**. Um plano e uma esfera são exemplos de superfícies.

Consideremos a equação $x = 3$. Em $R^1$ esta é a equação de um ponto que está a 3 unidades da origem; em $R^2$ a equação $x = 3$ é uma equação de uma reta que está a 3 unidades à direita do eixo $y$; e em $R^3$ trata-se da equação de um plano perpendicular ao eixo $x$, a 3 unidades do plano $yz$. Veja as Figuras 10.1.7, 10.1.8 e 10.1.9.

Um plano paralelo ao plano $yz$ tem uma equação da forma $x = k$, onde $k$ é uma constante. A Figura 10.1.9 mostra um esboço do plano tendo a equação $x = 3$. Um plano paralelo ao plano $xz$ tem uma equação da forma $y = k$, enquanto que $z = k$ é a forma da equação de um plano paralelo ao plano $xy$. As Figuras 10.1.10 e 10.1.11 mostram esboços dos planos tendo as equações $y = -5$ e $z = 6$, respectivamente.

O Teorema 1.2.1 estabelece que em $R^2$ o gráfico de uma equação genérica do primeiro grau em $x$ e $y$ é uma reta. Embora não seja provado aqui, em $R^3$ o gráfico de uma equação genérica do primeiro grau em $x$, $y$ e $z$, $Ax + By + Cz + D = 0$, é um plano.

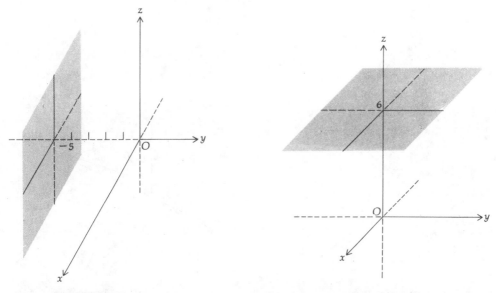

Figura 10.1.10         Figura 10.1.11

Um plano fica determinado por três pontos não alinhados, por uma reta e um ponto fora dela, por duas retas que se interceptam ou por duas retas paralelas. Para fazer um esboço de um plano a partir de sua equação é conveniente achar os pontos onde o plano intercepta cada eixo coordenado. A coordenada $x$ do ponto no qual um plano intercepta o eixo $x$ é chamada de **intercepto $x$** do plano, a coordenada $y$ do ponto no qual um plano intercepta o eixo $y$ é chamada de **intercepto $y$** do plano, e o **intercepto $z$** do plano é a coordenada $z$ do ponto no qual um plano intercepta o eixo $z$. Nos Exemplos 1 e 2 a seguir, queremos um esboço de uma parte do plano no primeiro octante. Para fazer isto traçamos primeiro as retas de intersecção do plano dado com os três planos coordenados. Estas retas são chamadas **traços** do plano dado nos planos coordenados. Para obter os traços podemos primeiro encontrar os interceptos e então nos planos coordenados traçar retas através dos pontos correspondentes ao interceptos. Uma equação do traço no plano $yz$ pode ser achada colocando-se $x = 0$ na equação do plano dado. Analogamente, uma equação do traço no plano $xz$ pode ser encontrada fazendo-se $y = 0$, e uma equação do traço no plano $xy$ é obtida fazendo-se $z = 0$. Observe que $x = 0$, $y = 0$ e $z = 0$ são equações dos planos $yz$, $xz$ e $xy$, respectivamente.

**EXEMPLO 1** Faça um esboço da parte do plano
$$2x + 4y + 3z = 8$$
no primeiro octante.

**Solução** Substituindo $y$ e $z$ na equação dada por zero, obtemos $x = 4$; assim, o intercepto $x$ do plano é 4. De modo análogo, obtemos os interceptos $y$ e $z$, os quais são 2 e $\frac{8}{3}$, respectivamente. Colocando os pontos correspondentes a estes interceptos no esboço e ligando-os com retas temos os traços do plano dado nos planos coordenados. Assim, obtemos o esboço pedido, ilustrado na Figura 10.1.12.

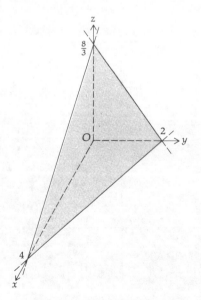

Figura 10.1.12

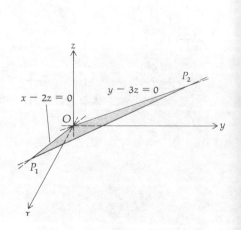

Figura 10.1.13

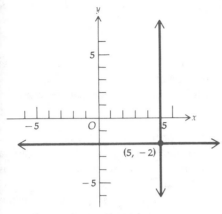

Figura 10.1.14                              Figura 10.1.15

**EXEMPLO 2** Faça um esboço da parte do plano

$$3x + 2y - 6z = 0$$

no primeiro octante.

**Solução** A equação dada admite como solução que $x$, $y$ e $z$ sejam todos iguais a zero, pois o plano intercepta os eixos coordenados na origem. Se $x = 0$ na equação dada, obtemos $y - 3z = 0$, que é o traço do plano dado no plano $yz$. O traço do plano dado no plano $xz$ é obtido se $y = 0$, resultando $x - 2z = 0$. Traçando um esboço de cada um dos dois traços e traçando um segmento de reta ligando os dois traços, obtemos a Figura 10.1.13.

Para representar uma reta em $R^3$ consideramos simultaneamente as equações de dois planos contendo a reta. Um procedimento análogo é usado para se representar um ponto em $R^2$ considerando simultaneamente a equação de duas retas passando por ele. As duas equações simultâneas $x = 5$ e $y = -2$ em $R^2$ representam o ponto $(5, -2)$, que é a intersecção das duas retas, como ilustra a Figura 10.1.14. Contudo, em $R^3$ as mesmas equações representam a reta de intersecção de dois planos, um deles está 5 unidades em frente ao plano $yz$ e o outro está 2 unidades à esquerda do plano $xz$; veja a Figura 10.1.15.

Em $R^2$ uma equação da forma

$$x^2 + y^2 = r^2$$

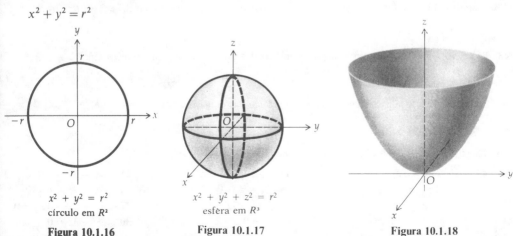

$x^2 + y^2 = r^2$
círculo em $R^2$

$x^2 + y^2 + z^2 = r^2$
esfera em $R^3$

Figura 10.1.16                    Figura 10.1.17                    Figura 10.1.18

é uma equação do círculo com centro na origem e raio $r$. Veja a Figura 10.1.16. Em $R^3$ uma equação da forma

$$x^2 + y^2 + z^2 = r^2$$

é uma equação da esfera com centro na origem e raio $r$. Veja a Figura 10.1.17. Usaremos esta superfície para ilustrar certos resultados em secções subseqüentes.

Uma outra superfície que deverá aparecer mais tarde é aquela definida pela equação

$$z = x^2 + y^2$$

Para obter o gráfico desta equação, determinamos os traços da superfície nos planos coordenados. O traço no plano $xy$ é encontrado usando-se a equação $z = 0$ simultaneamente com a equação da superfície. Obtemos $x^2 + y^2 = 0$, que é a origem. Os traços nos planos $xz$ e $yz$ são encontrados usando-se as equações $y = 0$ e $x = 0$, respectivamente, com a equação $z = x^2 + y^2$. Obtemos as parábolas $z = x^2$ e $z = y^2$. A secção transversal da superfície no plano $z = k$, paralelo ao plano $xy$, é um círculo com seu centro no eixo $z$ e raio $\sqrt{k}$. Com esta informação temos o esboço da superfície ilustrado na Figura 10.1.18. A superfície é chamada um *paraboloide*.

## Exercícios 10.1

Nos Exercícios de 1 a 5, os pontos dados $A$ e $B$ são vértices opostos de um paralelepípedo retangular tendo suas faces paralelas aos planos coordenados. Em cada exercício, (a) faça um esboço da figura; (b) ache as coordenadas dos outros seis vértices.

1. $A(0, 0, 0); B(7, 2, 3)$
2. $A(1, 1, 1); B(3, 4, 2)$
3. $A(-1, 1, 2); B(2, 3, 5)$
4. $A(2, -1, -3); B(4, 0, -1)$
5. $A(1, -1, 0); B(3, 3, 5)$

6. O vértice oposto a um canto de um salão está 18 metros a leste, 15 metros ao sul e 10 metros para cima do primeiro canto. (a) Faça um esboço da figura; (b) ache as coordenadas de todos os oito cantos do salão.
7. Siga as mesmas instruções do Exercício 6 se o vértice oposto a um canto está 14 metros a oeste, 16 metros ao norte e 10 metros para cima do primeiro canto.
8. Siga as mesmas instruções do Exercício 6 se o vértice oposto a um canto de um salão está 12 metros a oeste, 20 metros ao sul e 11 metros abaixo do primeiro canto.

Nos Exercícios de 9 a 12, faça um esboço do gráfico da equação dada em (a) $R^1$, (b) $R^2$, (c) $R^3$.

9. $x = 3$
10. $y = 5$
11. $y = -4$
12. $x = -2$

Nos Exercícios 13 e 14, faça um esboço do gráfico das duas equações simultâneas em (a) $R^2$, (b) $R^3$.

13. $x = 6, y = 3$
14. $x = -3, y = 4$

Nos Exercícios 15 e 16, faça um esboço do gráfico das duas equações simultâneas em $R^3$.

15. $x = 4, z = 6$
16. $y = 5, z = 7$

Nos Exercícios 17 e 18, descreva em palavras o gráfico das equações simultâneas em $R^3$.

17. $x = 0, y = 0$
18. $y = 0, z = 0$

Nos Exercícios de 19 a 30, faça um esboço do plano dado.

19. $4x + 6y + 3z = 12$
20. $5x + 3y + 7z = 15$
21. $3x - 3y - z + 6 = 0$
22. $2x - y + 2z - 6 = 0$
23. $y + 2z - 4 = 0$
24. $3x + 2z - 6 = 0$
25. $5x + 2y - 10 = 0$
26. $4x - 4y - 2z = 9$
27. $4x + 3y - 12z = 0$
28. $z = 5$
29. $x - y = 0$
30. $2y - 3z = 0$

## 10.2 FUNÇÕES DE MAIS DE UMA VARIÁVEL

Nos capítulos anteriores estivemos interessados no cálculo de funções de uma variável. Vamos agora generalizar a noção de função para funções de mais de uma variável independente. Tais funções ocorrem freqüentemente em situações práticas. Por exemplo, o custo de um certo produto pode depender do custo da mão-de-obra, do preço dos materiais e de despesas gerais. O número de unidades vendidas de certa mercadoria pode depender do preço de venda de cada unidade e da quantia despendida em propaganda. A demanda de um produto depende do seu preço, mas também pode ser influenciada pelo preço dos produtos concorrentes, bem como pela renda dos consumidores em potencial. A área aproximada da superfície do corpo de uma pessoa depende do peso e da altura da pessoa. De acordo com a lei dos gases ideais, o volume ocupado por um gás confinado é diretamente proporcional à sua temperatura e inversamente proporcional à sua pressão.

### ILUSTRAÇÃO 1

Uma loja de roupas vende dois tipos de suéteres similares, porém de diferentes fabricantes. O primeiro tipo custa $ 40 para a loja, enquanto que o segundo tipo custa $ 50. A experiência mostra que se $x$ e $y$ forem os preços de venda do primeiro e do segundo tipo, respectivamente, então a quantidade vendida do primeiro tipo, por semana, será $3.200 - 50x + 25y$, enquanto que $400 - 25y + 25x$ serão as vendas do segundo tipo. O lucro bruto na venda de um suéter do primeiro tipo é $(x - 40)$, enquanto que $(y - 50)$ é o lucro bruto na venda do suéter do segundo tipo. Se cada uma destas quantias for multiplicada pelo respectivo número de suéteres vendidos, a soma dos produtos dará o lucro bruto. Assim, se $P$ for o lucro bruto semanal.

$$P = (x - 40)(3.200 - 50x + 25y) + (y - 50)(400 - 25y + 25x)$$
$$P = 50xy - 50x^2 - 25y^2 + 3.950x + 650y - 148.000 \tag{1}$$

A Equação (1) expressa $P$ como uma função de duas variáveis independentes $x$ e $y$. A notação usada para funções de várias variáveis é similar à que foi usada para funções de uma variável. Por exemplo, (1) pode ser escrita como

$$P(x, y) = 50xy - 50x^2 - 25y^2 + 3.950x + 650y - 148.000 \tag{2}$$ •

Um estudo completo das funções de várias variáveis é adequado a um texto mais avançado do que este. Assim sendo, nossa argumentação será mais informal do que o tratamento dado aqui às funções de uma variável.
Uma equação do tipo

$$z = f(x, y) \tag{3}$$

define uma função de duas variáveis independentes, se para cada dupla ordenada $(x, y)$ de números reais no domínio de $f$ há um e somente um número real $z$ na imagem de $f$ satisfazendo a Equação (3). Analogamente, uma equação do tipo

$$w = f(x, y, z)$$

define uma função de três variáveis independentes, e uma equação do tipo

$$u = f(x, y, z, w)$$

define uma função de quatro variáveis independentes. Neste capítulo estamos interessados principalmente em funções de duas variáveis independentes.

## ILUSTRAÇÃO 2

A função $f$ de duas variáveis $x$ e $y$ está definida por

$$f(x, y) = \sqrt{25 - x^2 - y^2}$$

O domínio de $f$ é o conjunto de todas as duplas ordenadas $(x, y)$ para as quais $25 - x^2 - y^2 \geq 0$. Este é o conjunto de todos os pontos no plano $xy$ sobre o círculo $x^2 + y^2 = 25$ e no interior da região limitada pelo círculo. Na Figura 10.2.1 há um esboço destacando com um sombreado o conjunto de pontos no domínio de $f$.

Se $z = f(x, y)$, então podemos escrever

$$z = \sqrt{25 - (x^2 + y^2)}$$

Desta equação vemos que $0 \leq z \leq 5$; logo a imagem de $f$ é o conjunto de todos os números reais no intervalo fechado $[0, 5]$.

## ILUSTRAÇÃO 3

A função $g$ de duas variáveis $x$ e $y$ está definida por

$$g(x, y) = \ln(x^2 - y)$$

O domínio de $g$ é o conjunto de todos os pontos em $R^2$ para os quais $x^2 - y > 0$, isto é, $y < x^2$. Este é o conjunto de todos os pontos do plano $xy$ abaixo da parábola $y = x^2$. Na Figura 10.2.2 temos um esboço destacando com uma região sombreada o conjunto dos pontos no domínio de $g$.

## ILUSTRAÇÃO 4

Se a loja da Ilustração 1 vende suéteres do primeiro e segundo tipo por \$ 90 e \$ 100 respectivamente, então o lucro bruto semanal será $P(90, 100)$, e de (2),

$$P(90, 100) = 50(90)(100) - 50(90)^2 - 25(100)^2 + 3950(90) + 650(100) - 148.000$$
$$= 450.000 - 405.000 - 250.000 + 355.500 + 65.000 - 148.000$$
$$= 67.500$$

## ILUSTRAÇÃO 5

Seja $f$ a função da Ilustração 2; isto é,

$$f(x, y) = \sqrt{25 - x^2 - y^2}$$

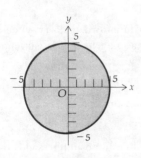

Figura 10.2.1

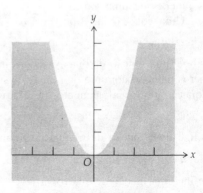

Figura 10.2.2

Então

$$f(3, -4) = \sqrt{25 - (3)^2 - (-4)^2} = \sqrt{25 - 9 - 16} = 0$$
$$f(-2, 1) = \sqrt{25 - (-2)^2 - (1)^2} = \sqrt{25 - 4 - 1} = 2\sqrt{5}$$
$$f(u, 3v) = \sqrt{25 - u^2 - (3v)^2} = \sqrt{25 - u^2 - 9v^2}$$

●

**EXEMPLO 1** A função $g$ está definida por $g(x, y, z) = x^2 - 5xz + yz^2$. Ache (a) $g(1, 4, -2)$; (b) $g(2a, -b, 3c)$; (c) $g(x^2, y^2, z^2)$; (d) $g(y, z, -x)$.

**Solução**

(a) $g(1, 4, -2)\ = 1^2 - 5(1)(-2) + 4(-2)^2 = 1 + 10 + 16 = 27$

(b) $g(2a, -b, 3c) = (2a)^2 - 5(2a)(3c) + (-b)(3c)^2$
$= 4a^2 - 30ac - 9bc^2$

(c) $g(x^2, y^2, z^2)\ = (x^2)^2 - 5(x^2)(z^2) + (y^2)(z^2)^2 = x^4 - 5x^2z^2 + y^2z^4$

(d) $g(y, z, -x)\ = y^2 - 5y(-x) + z(-x)^2 = y^2 + 5xy + x^2z$

Uma **função polinomial** de duas variáveis $x$ e $y$ é uma função $f$ tal que $f(x, y)$ é a soma de termos da forma $cx^n y^m$, onde $c$ é um número real e $n$ e $m$ são inteiros não negativos. O **grau** da função polinomial é dado pelo maior valor obtido da soma dos expoentes de $x$ e $y$. Assim, a função $f$ definida por

$$f(x, y) = 6x^3y^2 - 5xy^3 + 7x^2y - 2x^2 + y$$

é uma função polinomial de grau 5.

Uma **função racional** de duas variáveis é uma função $h$ tal que $h(x, y) = f(x, y)/g(x, y)$, onde $f$ e $g$ são duas funções polinomiais. Por exemplo, a função $f$ definida por

$$f(x, y) = \frac{x^2y^2}{x^2 + y^2}$$

é uma função racional.

O gráfico de uma função $f$ de uma única variável consiste no conjunto de pontos $(x, y)$ em $R^2$ para os quais $y = f(x)$. Analogamente, o *gráfico de uma função de duas variáveis* é um conjunto de pontos em $R^3$.

Definição de gráfico de uma função de duas variáveis

> Se $f$ for uma função de duas variáveis, então o **gráfico** de $f$ será o conjunto dos pontos $(x, y, z)$ em $R^3$ para os quais $(x, y)$ é um ponto no domínio de $f$ e $z = f(x, y)$.

O gráfico de uma função $f$ de duas variáveis é uma superfície, isto é, um conjunto de pontos no espaço tridimensional cujas coordenadas cartesianas são dadas por triplas ordenadas de números reais $(x, y, z)$. Como o domínio de $f$ é um conjunto de pontos no plano $xy$ e como a cada par ordenado $(x, y)$ no domínio de $f$ corresponde um único valor para $z$, nenhuma reta perpendicular ao plano $xy$ pode interceptar o gráfico de $f$ em mais do que um ponto.

• ILUSTRAÇÃO 6

A função da Ilustração 2 é a função $f$ que está definida por

$$f(x, y) = \sqrt{25 - x^2 - y^2}$$

Então, o gráfico de $f$ é o conjunto de todos os pontos $(x, y, z)$ em $R^3$ para os quais

$$z = \sqrt{25 - x^2 - y^2}$$

Logo, o gráfico de $f$ é o hemisfério no plano $xy$ e acima dele, tendo como centro a origem e um raio de 5. Um esboço deste hemisfério está ilustrado na Figura 10.2.3.    •

• ILUSTRAÇÃO 7

Se $g$ for a função definida por

$$g(x, y) = x^2 + y^2$$

o gráfico de $g$ é o conjunto de todos os pontos em $R^3$ para os quais

$$z = x^2 + y^2$$

Esta equação foi discutida no final da Secção 10.1, e seu gráfico é o parabolóide ilustrado na Figura 10.1.18, e repetido aqui como Figura 10.2.4.    •

Um outro método útil para se representar geometricamente uma função de duas variáveis é similar ao de representar uma paisagem tridimensional por um mapa topográfico bidimensional. Suponha que a superfície $z = f(x, y)$ seja interceptada pelo plano $z = k$ e que a curva de intersecção seja projetada sobre o plano $xy$. Esta curva projetada tem $f(x, y) = k$ como equação, e a curva é chamada **curva de nível** (ou **curva de perfil**) da função $f$ em $k$. Cada ponto na curva de nível corresponde a um único ponto na superfície que está $k$ unidades acima, se $k$ for positivo, ou $k$ unidades abaixo, se $k$ for negativo. Considerando diferentes valores para a constante $k$, obtemos um conjunto de curvas de nível chamado de **mapa de perfil.** O conjunto de todos os valores possíveis de $k$ é a imagem da função $f$, e cada curva de nível $f(x, y) = k$ no mapa de perfil consiste dos pontos $(x, y)$ no domínio de $f$ tendo o mesmo valor funcional $k$. Por exemplo, para a função $g$ da Ilustração 7, as curvas de nível são círculos com o centro na origem. As curvas de nível para $z = 1, 2, 3, 4, 5$ e 6 estão ilustradas na Figura 10.2.5.

Um mapa de perfil mostra a variação de $z$ com $x$ e $y$. As curvas de nível são usualmente ilustradas para valores de $z$ em intervalos constantes, e os valores de $z$ estão mudando mais rapidamente quando as curvas de nível estão próximas umas das outras, do que quando estão afastadas;

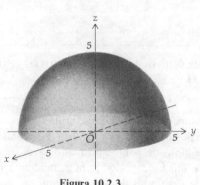

Figura 10.2.3

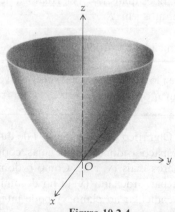

Figura 10.2.4

Funções de mais de uma Variável 441

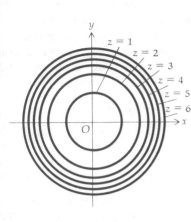

Figura 10.2.5

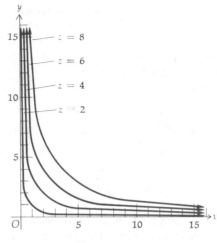

Figura 10.2.6

isto é, quando as curvas de nível estão próximas a superfície é íngreme, e quando as curvas de nível estão afastadas, a elevação da superfície está mudando lentamente. Em um mapa topográfico bidimensional de uma paisagem, a noção geral de sua declividade é obtida considerando o espaçamento entre as curvas de nível. Também em um mapa topográfico, seguindo-se por uma curva de nível, a elevação mantém-se constante.

Para ilustrar o uso de curvas de nível, suponha que a temperatura de uma chapa de metal plana seja dada pela função $f$; isto é, se $t$ graus for a temperatura, então no ponto $(x, y)$, $t = f(x, y)$. Assim, as curvas com equações da forma $f(x, y) = k$, onde $k$ é uma constante, são curvas nas quais a temperatura é constante. Estas são as curvas de nível de $f$ e são chamadas de **isotermas**. Além disso, se $V$ volts dá o potencial elétrico em cada ponto $(x, y)$ do plano $xy$ e $V = f(x, y)$, então as curvas de nível de $f$ são chamadas de **curvas eqüipotenciais**, pois o potencial elétrico em cada ponto de tal curva é o mesmo.

Para uma aplicação das curvas de nível em economia, consideremos a produtividade (ou produção) de uma indústria, a qual depende de vários fatores. Entre estes fatores podemos considerar o número de máquinas usadas na produção, o número de homens-hora disponíveis, o montante do capital de giro disponível, a quantidade de material usado e o terreno disponível. Suponha que a quantidade dos fatores seja dada por $x$ e $y$, a produtividade seja dada por $z$ e $z = f(x, y)$. Tal função é chamada **função de produção** e as curvas de nível de $f$, com equações da forma $f(x, y) = k$, onde $k$ é constante, são chamadas **curvas de produção constante**.

**EXEMPLO 2** Seja $f$ a função de produção para a qual $f(x, y) = 2x^{1/2}y^{1/2}$. Trace um mapa de perfil de $f$ mostrando as curvas de produção constante em 8, 6, 4 e 2.

**Solução** O mapa de perfil consiste das curvas que são a intersecção da superfície

$$z = 2x^{1/2}y^{1/2} \tag{4}$$

com os planos $z = k$, onde $k = 8, 6, 4, 2$ e 1. Substituindo $z = 8$ em (4) obtemos $4 = x^{1/2}y^{1/2}$ ou, analogamente,

$$xy = 16 \quad x > 0 \quad \text{e} \quad y > 0 \tag{5}$$

A curva no plano $xy$ representada por (5) é um ramo de hipérbole que está no primeiro quadrante. Com cada um dos números 6, 4 e 2 também obtemos ramos de hipérbole no primeiro quadrante. Estas são as curvas de produção constante, e estão ilustradas na Figura 10.2.6.

Na Secção 1.6 discutimos a equação de demanda dando a relação entre $x$ e $p$, onde $x$ unidades são demandadas quando $p$ for o preço unitário de uma certa mercadoria. Além do preço da mercadoria, a demanda usualmente também depende dos preços de outras mercadorias relacionadas. Em particular, vamos considerar duas mercadorias relacionadas para as quais $p$ é o preço unitário de $x$ unidades da primeira mercadoria e $q$ é o preço unitário de $y$ unidades da segunda mercadoria. Então, as equações de demanda para estas mercadorias podem ser escritas, respectivamente, como

$$\alpha(x, p, q) = 0 \quad \text{e} \quad \beta(y, p, q) = 0$$

ou, resolvendo a primeira equação em $x$ e a segunda equação em $y$, obtemos

$$x = f(p, q) \tag{6}$$

e

$$y = g(p, q) \tag{7}$$

As funções $f$ e $g$ nas Equações (6) e (7) são funções de demanda, e os gráficos dessas funções são superfícies. Em circunstâncias normais $x$, $y$, $p$ e $q$ são não negativos, e assim as superfícies estão restritas ao primeiro octante. Estas superfícies são chamadas **superfícies de demanda**. Lembrando que $p$ é o preço unitário de $x$ unidades da primeira mercadoria, notamos que se a variável $q$ é mantida constante, então $x$ decresce quando $p$ cresce e $x$ cresce quando $p$ decresce. Isto está ilustrado na Figura 10.2.7, que é um esboço da superfície de demanda para uma equação do tipo (6) em condições normais. O plano $q = b$ intercepta a superfície na secção $RST$. Em qualquer ponto da curva $RT$, $q$ é igual à constante $b$. Observando os pontos $M(p_1, b, x_1)$ e $N(p_2, b, x_2)$, vemos que $x_2 > x_1$ se e somente se $p_2 < p_1$; isto é, $x$ decresce quando $p$ cresce e $x$ cresce quando $p$ decresce.

Quando $q$ é constante, então se $p$ cresce, $x$ decresce; mas $y$ pode ser tanto crescente quanto decrescente. Se $y$ cresce, então um decréscimo na demanda de uma mercadoria, causada por um aumento em seu preço, resulta em um aumento na demanda da outra, e as duas mercadorias são chamadas **concorrentes** (por exemplo, manteiga e margarina). Se, quando $q$ é constante, $y$ decresce enquanto $p$ cresce, então um decréscimo na demanda de uma mercadoria, causado por um aumento em seu preço, resulta em um decréscimo na demanda da outra, e as duas mercadorias são chamadas **complementares** (por exemplo, pneus e gasolina).

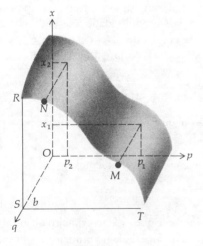

Figura 10.2.7

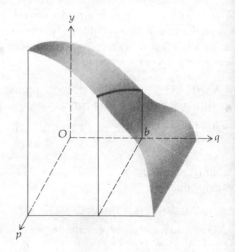

Figura 10.2.8

Funções de mais de uma Variável   443

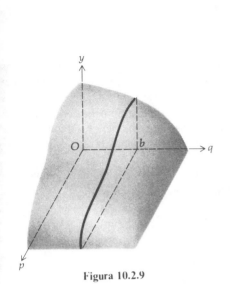

Figura 10.2.9

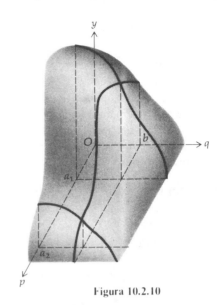

Figura 10.2.10

ILUSTRAÇÃO 8

As Figuras 10.2.8 e 10.2.9 mostram, cada uma, um esboço de uma superfície de demanda para uma equação do tipo (7). Na Figura 10.2.8 vemos que quando $q$ é constante, $y$ cresce à medida que $p$ cresce; assim sendo, as duas mercadorias são concorrentes. Na Figura 10.2.9 as duas mercadorias são complementares, pois sendo $q$ constante, $y$ decresce quando $p$ cresce.   •

Observe que nas Figuras 10.2.7 e 10.2.8, que mostram superfícies de demanda para equações dos tipos (6) e (7), respectivamente, os eixos $p$ e $q$ estão permutados e o eixo vertical na Figura 10.2.7 é chamado de $x$ e na Figura 10.2.8 ele é chamado de $y$.

É possível que para um certo valor fixo de $q$, $y$ possa crescer para alguns valores de $p$ e decrescer para outros. Por exemplo, se a superfície de demanda da Equação (7) é a que está ilustrada na Figura 10.2.10, então para $q = b$, quando $p = a_1$, $y$ é crescente, e quando $p = a_2$, $y$ é decrescente. Naturalmente, isto significa que se o preço da segunda mercadoria for mantido constante, então para alguns preços da primeira mercadoria as duas mercadorias serão concorrentes, e para outros preços elas serão complementares. A estas relações entre as duas mercadorias que são determinadas pela superfície de demanda com equação $y = g(p, q)$ corresponderá uma relação análoga determinada pela superfície de demanda com equação $x = f(p, q)$ para os mesmos valores fixos de $p$ e $q$. Um exemplo em economia poderia ser referente aos investidores que dividem seus recursos entre aplicações no mercado de ações e em bens imóveis. Quando o preço das ações sobe, eles investem em imóveis. Entretanto, quando o preço das ações parece atingir um nível exagerado, os investidores começam a reduzir as compras de imóveis, pois qualquer aumento no preço das ações anteciparia um colapso que afetaria o mercado de imóveis e seus preços.

Se as equações de demanda para as duas mercadorias são dadas por (6) e (7), então, em circunstâncias normais, $f$ e $g$ são tais que é possível resolver as equações em $p$ e $q$ em termos de $x$ e $y$, dando

$$p = F(x, y) \quad \text{e} \quad q = G(x, y) \tag{8}$$

Além disso, se as equações de demanda são dadas pelas Equações (8), deve ser possível encontrarmos as funções $f$ e $g$, de tal forma que possamos escrevê-las na forma das Equações (6) e (7).

Vamos supor que as funções $f$ e $g$, definidas pelas Equações (6) e (7), sejam lineares, isto é, da forma:

$$x = mp + cq + x_0 \quad \text{e} \quad y = nq + dp + y_0$$

onde as constantes $m$ e $n$ são negativas (ou mesmo nulas, num caso trivial) e $x_0$ e $y_0$ são positivas ou nulas. Se as constantes $c$ e $d$ forem ambas positivas, as mercadorias serão concorrentes, uma vez que se $p$ for mantido constante, então um aumento em $q$ causará um aumento em $x$, mas um decréscimo em $y$; por outro lado, se $q$ for uma constante fixa, um aumento em $p$ causará um aumento em $y$, mas um decréscimo em $x$. Por uma análise semelhante, se as constantes $c$ e $d$ forem ambas negativas, veremos que as mercadorias são complementares.

**EXEMPLO 3** Suponha que $x$ unidades de uma mercadoria e $y$ unidades de uma segunda mercadoria sejam demandadas quando os preços por unidade são $p$ e $q$, respectivamente, e as equações de demanda são

$$x = -2p + 3q + 12 \tag{9}$$

e

$$y = -4q + p + 8 \tag{10}$$

Determine se as mercadorias são concorrentes ou complementares, e faça esboços das duas superfícies de demanda.

**Solução** Como o coeficiente de $q$ na Equação (9) é positivo e o coeficiente de $p$ na Equação (10) é positivo, as duas mercadorias são concorrentes. Um esboço da superfície de demanda de (9) está ilustrado na Figura 10.2.11. Para conseguirmos esse esboço, determinamos de ambas as equações os valores permissíveis de $p$ e $q$. Como $x$ e $y$ devem ser positivos ou nulos, então $p$ e $q$ devem satisfazer as desigualdades

$$-2p + 3q + 12 \geq 0 \quad \text{e} \quad 4q + p + 8 \geq 0$$

Também, $p$ e $q$ são não negativos. Assim, os valores de $p$ e $q$ estão restritos ao quadrilátero $AOBC$. A superfície de demanda pedida é, então, a parte do plano definido por (9) no primeiro octante, que está acima de $AOBC$. Este é o quadrilátero sombreado $ADEC$ na figura. Na Figura 10.2.12 há um esboço da superfície de demanda definida por (10). Esta superfície de demanda é o quadrilátero sombreado $BFGC$, o qual é a parte do plano definido por (10) no primeiro octante, que está acima do quadrilátero $AOBC$.

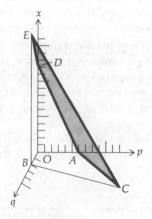

**Figura 10.2.11**

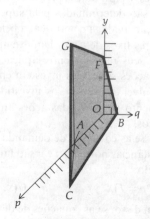

**Figura 10.2.12**

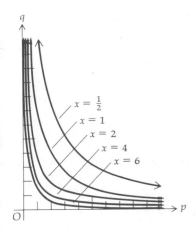

Figura 10.2.13

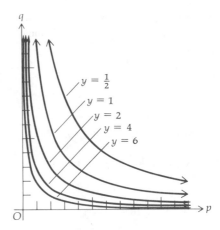

Figura 10.2.14

Para funções de demanda não lineares de duas variáveis, é mais conveniente representá-las geometricamente através dos mapas de perfil do que por superfícies. O exemplo seguinte ilustra este caso.

**EXEMPLO 4** Suponha que $x$ unidades de uma mercadoria e $y$ unidades de uma segunda mercadoria sejam demandadas quando os preços unitários são $p$ e $q$, respectivamente, e as equações de demanda são

$$x = \frac{8}{pq} \quad \text{e} \quad y = \frac{12}{pq}$$

Faça esboços dos mapas de perfil das duas funções de demanda mostrando as curvas de nível de cada função em $6, 4, 2, 1$ e $\frac{1}{2}$. As mercadorias são concorrentes ou complementares?

**Solução** Sejam $f$ e $g$ as duas funções de demanda, então

$$x = f(p, q) = \frac{8}{pq}$$

e

$$y = g(p, q) = \frac{12}{pq}$$

Esboços dos mapas de perfil de $f$ e $g$, mostrando as curvas de nível das funções de acordo com os números pedidos estão nas Figuras 10.1.13 e 10.1.14, respectivamente. Se $q$ é constante, vemos que, à medida que $p$ cresce, tanto $x$ quanto $y$ decrescem e, portanto, as mercadorias são complementares.

## Exercícios 10.2

1. Dada: $f(x,y) = 3x + 2y - 5$. Ache: (a) $f(3, -1)$; (b) $f(-4, 2)$; (c) $f(a+1, b-2)$; (d) $f(x+1, y-2)$; (e) $f(2x, 3y)$; (f) $f(x+h, y) - f(x, y)$; (g) $f(x, y+h) - f(x, y)$.
2. Dada: $g(x, y) = x^2 - 3y + 5$. Ache: (a) $g(-2, 3)$; (b) $g(4, 7)$; (c) $g(4r, 2s)$; (d) $g(4x, 2y)$; (e) $g(x-2, 2-y)$; (f) $g(x+h, y) - g(x, y)$; (g) $g(x, y+h) - g(x, y)$.
3. Dada:

$$f(x, y) = \frac{x+y}{x-y}$$

Ache: (a) $f(-3, 4)$; (b) $f(x^2, y^2)$; (c) $[f(x, y)]^2$; (d) $f(-x, y) - f(x, -y)$; (e) o domínio de $f$.

**446** CÁLCULO DIFERENCIAL DE FUNÇÕES COM MUITAS VARIÁVEIS

4. Dada: $g(x, y) = \sqrt{x^2 + y^2 - 25}$. Ache: (a) $g(-4, 3)$; (b) $g(10, -5)$; (c) $g(x^2, y^2)$; (d) $[g(x, y)]^2$; (e) $g(-x, y) - g(x, -y)$; (f) o domínio de $g$; (g) a imagem de $g$.

5. Dada: $g(x, y, z) = \sqrt{4 - x^2 - y^2 - z^2}$. Ache: (a) $g(1, -1, -1)$; (b) $g(-a, 2b, \frac{1}{2}c)$; (c) $g(y, -x, -y)$; (d) $[g(x, y, z)]^2 - [g(x+2, y+2, z)]^2$; (e) o domínio de $g$; (f) a imagem de $g$.

6. Dada:
$$f(x, y, z) = \frac{x + y + z}{x - y + z}$$
Ache: (a) $f(1, -1, 1)$; (b) $f(-3, 2, -5)$; (c) $f(-y, z, -x)$; (d) $f(r^2, 2rs, s^2)$; (e) o domínio de $f$.

Nos Exercícios de 7 a 14, faça um esboço mostrando como região sombreada em $R^2$ o conjunto de pontos do domínio de $f$.

7. $f(x, y) = \sqrt{16 - x^2 - y^2}$
8. $f(x, y) = \dfrac{\sqrt{16 - x^2 - y^2}}{x}$
9. $f(x, y) = \sqrt{x^2 + y^2 - 16}$
10. $f(x, y) = \dfrac{x^2 - y^2}{x - y}$
11. $f(x, y) = \ln(x^2 - 4y)$
12. $f(x, y) = \ln(4y^2 - x)$
13. $f(x, y) = \ln(xy - 1)$
14. $f(x, y) = \sqrt{x + y}$

Nos Exercícios 15 e 16, determine o domínio e a imagem da função dada

15. $g(x, y, z) = |x|e^{yz}$
16. $h(x, y, z) = \ln(x^2 + y^2 + z^2 - 1)$

Nos Exercícios de 17 a 20, faça um esboço do mapa de perfil da função $f$ mostrando as curvas de nível de $f$ nos números dados.

17. $f(x, y) = 4x^2 + 4y^2$ em 16, 12, 8, 4, 1, 0
18. $f(x, y) = \frac{1}{4}(x^2 + y^2)$ em 5, 4, 3, 2, 1, 0
19. $f(x, y) = 16 - x^2 - y^2$ em 8, 4, 0, -4, -8
20. $f(x, y) = \sqrt{100 - x^2 - y^2}$ em 8, 6, 4, 2, 0

21. Suponha que $f$ seja uma função de produção para a qual $f(x, y) = 6xy$ e $f(x, y)$ unidades são produzidas quando $x$ máquinas e $y$ homens-hora são empregados na produção. Faça um mapa de perfil de $f$ mostrando as curvas de produção constante em 30, 24, 18, 12 e 6.

22. A função de produção $f$ de certa mercadoria tem valores funcionais $f(x, y) = 4x^{1/3}y^{2/3}$, onde $x$ e $y$ são as quantidades de dois insumos. Faça um mapa de perfil de $f$ mostrando as curvas de produção constante em 16, 12, 8, 4 e 2.

23. A temperatura em um ponto $(x, y)$ de uma chapa plana de metal é $t$ graus e $t = 2x^2 + 2y^2$. Trace as isotermas para $t = 12, 8, 4, 2$ e $0$.

24. O potencial elétrico em um ponto $(x, y)$ do plano $xy$ é $V$ volts, e $V = 4\sqrt{9 - x^2 - y^2}$. Trace as curvas eqüipotenciais para $V = 16, 12, 8, 4$ e $2$.

Nos Exercícios de 25 a 30, $x$ unidades de uma mercadoria e $y$ unidades de uma segunda mercadoria são demandadas quando os preços unitários são $p$ e $q$, respectivamente. Das equações de demanda dadas, determine se as mercadorias são concorrentes, complementares ou nenhuma das duas e faça esboços das duas superfícies de demanda.

25. $x = -p - 3q + 6$  e  $y = -2q - p + 8$
26. $x = -4p + 2q + 6$  e  $y = 5p - q + 10$
27. $x = 6 - 3p - 2q$  e  $y = 4 + 2p - q$
28. $x = -7q - p + 7$  e  $y = 18 - 3q - 9p$
29. $x = -3p + 5q + 15$  e  $y = 2p - 4q + 10$
30. $x = 9 - 3p + q$  e  $y = 10 - 2p - 5q$

Nos Exercícios 31 e 32, $x$ unidades de uma mercadoria e $y$ unidades de uma segunda mercadoria são demandadas quando os preços unitários são $p$ e $q$, respectivamente. Das equações de demanda dadas, ache as duas funções de demanda, e trace esboços dos mapas de perfil destas funções, mostrando as curvas de nível de cada função em $5, 4, 3, 2, 1, \frac{1}{2}$ e $\frac{1}{4}$.

**31.** $px = q$  e  $qy = p^2$

**32.** $pqx = 4$  e  $p^2qy = 16$

## 10.3 DERIVADAS PARCIAIS

A análise da diferenciação de funções de muitas variáveis reduz-se ao caso de uma variável tratando-se essas funções como função de uma variável de cada vez e mantendo-se fixas as outras. Isto leva ao conceito de *derivada parcial*. Vamos definir em primeiro lugar a derivada parcial de uma função de duas variáveis.

**Definição de derivada parcial de uma função de duas variáveis**

Seja $f$ uma função de duas variáveis $x$ e $y$. A **derivada parcial de $f$ em relação a $x$** é aquela função, denotada por $D_x f$, tal que seu valor funcional em qualquer ponto $(x, y)$ do domínio de $f$ seja dado por

$$D_x f(x, y) = \lim_{\Delta x \to 0} \frac{f(x + \Delta x, y) - f(x, y)}{\Delta x} \qquad (1)$$

se o limite existir. Analogamente, a **derivada parcial de $f$ em relação a $y$** é aquela função, denotada por $D_y f$, tal que seu valor funcional em qualquer ponto $(x, y)$ do domínio de $f$ seja dado por

$$D_y f(x, y) = \lim_{\Delta y \to 0} \frac{f(x, y + \Delta y) - f(x, y)}{\Delta y} \qquad (2)$$

se o limite existir.

O processo de cálculo de uma derivada parcial é chamado de **diferenciação parcial**.

$D_x f$ é lido como "$D$ sub $x$ de $f$", e isto denota a função derivada parcial. $D_x f(x, y)$ é lido como "$D$ sub $x$ de $f$ de $x$ e $y$", e isto denota o valor da função derivada parcial no ponto $(x, y)$. Outras notações para a função derivada parcial $D_x f$ são $f_x$ e $\partial f/\partial x$. Outras notações para o valor da função derivada parcial $D_x f(x, y)$ são $f_x(x, y)$ e $\partial f(x, y)/\partial x$. Analogamente, outras notações para $D_y f$ são $f_y$ e $\partial f/\partial y$; outras notações para $D_y f(x, y)$ são $f_y(x, y)$ e $\partial f(x, y)/\partial y$. Se $z = f(x, y)$, podemos escrever $\partial z/\partial x$ para $D_x f(x, y)$. Uma derivada parcial não pode ser interpretada como uma razão entre $\partial z$ e $\partial x$, pois nenhum desses símbolos tem um significado em separado. A notação $dy/dx$ pode ser considerada como o quociente de duas diferenciais quando $y$ é uma função de uma única variável $x$, mas não há uma interpretação similar para $\partial z/\partial x$.

**EXEMPLO 1** Dada
$$f(x, y) = 3x^2 - 2xy + y^2$$
ache $D_x f(x, y)$ e $D_y f(x, y)$, aplicando a definição.

**Solução**

$$D_x f(x, y) = \lim_{\Delta x \to 0} \frac{f(x + \Delta x, y) - f(x, y)}{\Delta x}$$

$$= \lim_{\Delta x \to 0} \frac{3(x + \Delta x)^2 - 2(x + \Delta x)y + y^2 - (3x^2 - 2xy + y^2)}{\Delta x}$$

$$= \lim_{\Delta x \to 0} \frac{3x^2 + 6x \Delta x + 3(\Delta x)^2 - 2xy - 2y \Delta x + y^2 - 3x^2 + 2xy - y^2}{\Delta x}$$

$$= \lim_{\Delta x \to 0} \frac{6x \Delta x + 3(\Delta x)^2 - 2y \Delta x}{\Delta x}$$

$$= \lim_{\Delta x \to 0} (6x + 3 \Delta x - 2y)$$

$$= 6x - 2y$$

$$D_y f(x, y) = \lim_{\Delta y \to 0} \frac{f(x, y + \Delta y) - f(x, y)}{\Delta y}$$

$$= \lim_{\Delta y \to 0} \frac{3x^2 - 2x(y + \Delta y) + (y + \Delta y)^2 - (3x^2 - 2xy + y^2)}{\Delta y}$$

$$= \lim_{\Delta y \to 0} \frac{3x^2 - 2xy - 2x \Delta y + y^2 + 2y \Delta y + (\Delta y)^2 - 3x^2 + 2xy - y^2}{\Delta y}$$

$$= \lim_{\Delta y \to 0} \frac{-2x \Delta y + 2y \Delta y + (\Delta y)^2}{\Delta y}$$

$$= \lim_{\Delta y \to 0} (-2x + 2y + \Delta y)$$

$$= -2x + 2y$$

Comparando as definições de derivada parcial e derivada ordinária (na Secção 2.5), vemos que $D_x f(x, y)$ é a derivada ordinária de $f$ se $f$ for considerada como função de uma variável $x$ (isto é, mantendo-se $y$ constante), e $D_y f(x, y)$ é a derivada ordinária de $f$ se $f$ for considerada como função de uma variável $y$ (e $x$ for mantida constante). Assim sendo, os resultados do Exemplo 1 podem ser obtidos com mais facilidade aplicando-se os teoremas de diferenciação ordinária se $y$ for mantido constante quando estivermos calculando $D_x f(x, y)$ e se $x$ for considerado constante quando estivermos calculando $D_y f(x, y)$. O exemplo a seguir ilustra isto.

**EXEMPLO 2** Dada

$$f(x, y) = 3x^3 - 4x^2 y + 3xy^2 + 7x - 8y$$

ache $D_x f(x, y)$ e $D_y f(x, y)$.

**Solução** Tratando $f$ como uma função de $x$ e mantendo $y$ constante, temos

$$D_x f(x, y) = 9x^2 - 8xy + 3y^2 + 7$$

Considerando $f$ como uma função de $y$ e mantendo $x$ constante, temos

$$D_y f(x, y) = -4x^2 + 6xy - 8$$

Interpretações geométricas de derivadas parciais de uma função de duas variáveis são similares às de função de uma variável. O gráfico de uma função $f$ de duas variáveis é uma superfície com equação $z = f(x, y)$. Se $y$ for mantido constante (digamos, $y = y_0$), então $z = f(x, y_0)$ é uma equação do traçado desta superfície no plano $y = y_0$. A curva pode ser representada por duas equações

$$y = y_0 \quad \text{e} \quad z = f(x, y) \tag{3}$$

pois a curva é a intersecção destas duas superfícies.

Então $D_x f(x_0, y_0)$ é a inclinação da reta tangente à curva dada pelas Equações (3) no ponto $P_0(x_0, y_0, f(x_0, y_0))$, no plano $y = y_0$. Do mesmo jeito, $D_y f(x_0, y_0)$ representa a inclinação da reta tangente à curva tendo as equações

$$x = x_0 \quad \text{e} \quad z = f(x, y)$$

no ponto $P_0$, no plano $x = x_0$. As Figuras 10.3.1 (a) e (b) mostram os trechos das curvas e as retas tangentes.

**EXEMPLO 3** Ache a inclinação da reta tangente à curva de intersecção da superfície $z = \frac{1}{2}\sqrt{24 - x^2 - 2y^2}$ com o plano $y = 2$ no ponto $(2, 2, \sqrt{3})$.

**Solução** A inclinação pedida é o valor de $\partial z/\partial x$ em $(2, 2, \sqrt{3})$.

$$\frac{\partial z}{\partial x} = \frac{-x}{2\sqrt{24 - x^2 - 2y^2}}$$

Assim em $(2, 2, \sqrt{3})$

$$\frac{\partial z}{\partial x} = \frac{-2}{2\sqrt{12}} = -\frac{1}{2\sqrt{3}}$$

Como toda derivada é uma medida de uma taxa de variação, uma derivada parcial pode ser interpretada assim. Se $f$ for uma função de duas variáveis $x$ e $y$, a derivada parcial de $f$ em relação a $x$ em $P_0(x_0, y_0)$ fornece a taxa de variação instantânea, em $P_0$, de $f(x, y)$ por unidade de variação em $x$ (só $x$ varia, $y$ é mantido fixo em $y_0$). Analogamente, a derivada parcial de $f$ em relação a $y$ em $P_0$ fornece a taxa de variação, em $P_0$, de $f(x, y)$ por unidade de variação em $y$.

• **ILUSTRAÇÃO 1**

Suponha que o custo de produção de certa mercadoria dependa de duas variáveis: o custo da mão-de-obra e o custo dos materiais. Se $z$ for o custo de produção, $x$ for o custo da mão-de-obra por hora e $y$ o custo por quilo dos materiais, então

$$z = 500 + 40x + 7$$

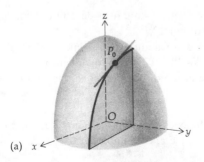
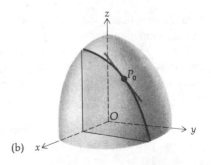

(a)    (b)

**Figura 10.3.1**

Como

$$\frac{\partial z}{\partial x} = 40$$

segue que quando o custo dos materiais permanece fixo, um aumento de $1 no custo por hora da mão-de-obra resulta em um aumento de $40 no custo de produção. Como

$$\frac{\partial z}{\partial y} = 7$$

então, quando o custo da mão-de-obra está fixo, um aumento de $1 no custo por quilo dos materiais causa um aumento de $7 no custo de produção. •

**EXEMPLO 4** Para um certo mercado comprador varejista está determinado que se $x$ for o número diário de comerciais na televisão, $y$ for o número de minutos de duração de cada comercial e $z$ for o número de unidades vendidas diariamente, então

$$z = 2xy^2 + x^2 + 9.000$$

Suponha que no momento presente haja 12 comerciais, cada um com um minuto de duração por dia. (a) Ache a taxa de variação instantânea de $z$ por unidade de variação em $x$ se $y$ permanecer fixo em 1. (b) Use o resultado da parte (a) para aproximar a variação nas vendas diárias, se o número de comerciais com um minuto for aumentado em 25%. (c) Ache a taxa de variação instantânea de $z$ por unidade de variação em $y$ se $x$ permanecer fixo em 12. (d) Use o resultado da parte (c) para aproximar a variação das vendas diárias se a duração de cada um dos 12 comerciais for aumentada em 25%.

**Solução** $z = 2xy^2 + x^2 + 9.000$

(a) $\dfrac{\partial z}{\partial x} = 2y^2 + 2x$

Quando $x = 12$ e $y = 1$, $\partial z/\partial x = 26$, que é a resposta pedida.

(b) Um aumento de 25% de 12 é um aumento de 3. Do resultado da parte (a), quando $x$ é aumentado em 3 (e $y$ permanece constante), um aumento aproximado em $z$ será de $3 \cdot 26 = 78$. Concluímos, então, que se o número de comerciais com 1 min for aumentado de 12 para 15, o aumento nas vendas diárias será de aproximadamente 78.

(c) $\dfrac{\partial z}{\partial y} = 4xy$

Quando $x = 12$ e $y = 1$, $\partial z/\partial y = 48$, que é a taxa de variação instantânea de $z$ por unidade de variação em $y$ sendo $x = 12$, $y = 1$, se $x$ permanecer fixo em 12.

(d) Se $y$ for aumentado em um quarto (25% de 1) e $x$ for mantido fixo, então, do resultado da parte (c), a variação em $z$ será de aproximadamente $\frac{1}{4} \cdot 48 = 12$. Logo, o aumento nas vendas diárias será de aproximadamente 12, se a duração de cada um dos 12 comerciais for aumentada de 1 min para $1\frac{1}{4}$ min.

O conceito de derivada parcial pode ser aplicado a funções de um número qualquer de variáveis. Em particular, se $f$ é uma função de três variáveis $x$, $y$ e $z$, então as derivadas parciais de $f$ serão dadas por

$$D_x f(x, y, z) = \lim_{\Delta x \to 0} \frac{f(x + \Delta x, y, z) - f(x, y, z)}{\Delta x}$$

$$D_y f(x, y, z) = \lim_{\Delta y \to 0} \frac{f(x, y + \Delta y, z) - f(x, y, z)}{\Delta y}$$

e

$$D_z f(x, y, z) = \lim_{\Delta z \to 0} \frac{f(x, y, z + \Delta z) - f(x, y, z)}{\Delta z}$$

se estes limites existirem.

**EXEMPLO 5** Dada
$$f(x, y, z) = x^2 y + yz^2 + z^3$$
verifique que
$$x f_x(x, y, z) + y f_y(x, y, z) + z f_z(x, y, z) = 3f(x, y, z)$$

**Solução** Mantendo $y$ e $z$ constantes, obtemos
$$f_x(x, y, z) = 2xy$$
Mantendo $x$ e $z$ constantes, obtemos
$$f_y(x, y, z) = x^2 + z^2$$
Mantendo $x$ e $y$ constantes, obtemos
$$f_z(x, y, z) = 2yz + 3z^2$$
Logo
$$\begin{aligned}xf_x(x, y, z) + yf_y(x, y, z) + zf_z(x, y, z) &= x(2xy) + y(x^2 + z^2) + z(2yz + 3z^2)\\&= 2x^2y + x^2y + yz^2 + 2yz^2 + 3z^3\\&= 3(x^2y + yz^2 + z^3)\\&= 3f(x, y, z)\end{aligned}$$

Se $f$ for uma função de duas variáveis $x$ e $y$, então em geral $D_x f$ e $D_y f$ são também funções de duas variáveis. Se as derivadas parciais destas funções existirem, elas serão chamadas derivadas parciais segundas de $f$, enquanto que $D_x f$ e $D_y f$ são chamadas derivadas parciais primeiras de $f$. Há quatro derivadas parciais segundas de uma função de duas variáveis. Se $f$ for uma função das variáveis $x$ e $y$, as notações

$$D_{xy}f \qquad f_{xy} \qquad \frac{\partial^2 f}{\partial y\, \partial x}$$

todas denotam a derivada parcial segunda de $f$, que é obtida primeiro diferenciando-se parcialmente $f$ em relação a $x$ e então diferenciando-se parcialmente o resultado em relação a $y$. Observe que na notação em subscrito a ordem da diferenciação parcial é da esquerda para a direita. As notações

$$D_{xx}f \qquad f_{xx} \qquad \frac{\partial^2 f}{\partial x^2}$$

todas indicam a derivada parcial segunda de $f$, que é obtida diferenciando-se parcialmente duas vezes em relação a $x$. As demais derivadas parciais são notadas de forma análoga por

$$D_{yx}f \quad f_{yx} \quad \frac{\partial^2 f}{\partial x \, \partial y}$$

e

$$D_{yy}f \quad f_{yy} \quad \frac{\partial^2 f}{\partial y^2}$$

As notações para derivadas parciais de ordem superior são análogas. Por exemplo,

$$D_{xxy} \quad f_{xxy} \quad \frac{\partial^3 f}{\partial y \, \partial x \, \partial x} \quad \frac{\partial^3 f}{\partial y \partial x^2}$$

indicam a derivada parcial terceira de $f$ que é obtida diferenciando-se parcialmente em relação a $x$ duas vezes e então uma vez em relação a $y$. Novamente observe que quando for usada a notação em subscrito, a ordem da diferenciação parcial é da esquerda para a direita, enquanto que na notação $\partial^3 f/\partial y \partial x \partial x$ a ordem é da direita para a esquerda.

**EXEMPLO 6** Dada

$$f(x, y) = y^2 e^x + \ln xy$$

ache (a) $D_{xx}f(x, y)$; (b) $D_{xy}f(x, y)$; e (c) $\dfrac{\partial^3 f}{\partial x \, \partial y^2}$.

**Solução**

$$D_x f(x, y) = y^2 e^x + \frac{1}{xy}(y) = y^2 e^x + \frac{1}{x}$$

Logo

(a) $D_{xx}f(x, y) = y^2 e^x - \dfrac{1}{x^2}$

e

(b) $D_{xy}f(x, y) = 2y e^x$

(c) Para encontrar $\partial^3 f/\partial x \partial y^2$ diferenciamos parcialmente duas vezes em relação a $x$. Isto resulta

$$\frac{\partial f}{\partial y} = 2y e^x + \frac{1}{y} \qquad \frac{\partial^2 f}{\partial y^2} = 2e^x - \frac{1}{y^2} \qquad \frac{\partial^3 f}{\partial x \, \partial y^2} = 2e^x$$

**EXEMPLO 7** Dada

$$f(x, y, z) = \ln(xy + 2z)$$

ache $D_{xzy}f(x, y, z)$.

Solução

$$D_x f(x, y, z) = \frac{y}{xy + 2z}$$

$$D_{xz} f(x, y, z) = \frac{-2y}{(xy + 2z)^2}$$

$$D_{xzy} f(x, y, z) = \frac{-2}{(xy + 2z)^2} + \frac{4xy}{(xy + 2z)^3}$$

**EXEMPLO 8** Dada

$$f(x, y) = 4x^3 y - 3y e^{xy}$$

ache (a) $D_{xy} f(x, y)$ e (b) $D_{yx} f(x, y)$.

Solução

(a) $D_x f(x, y) = 12x^2 y - 3y^2 e^{xy}$

$D_{xy} f(x, y) = 12x^2 - 6y e^{xy} - 3xy^2 e^{xy}$

(b) $D_y f(x, y) = 4x^3 - 3e^{xy} - 3xy e^{xy}$

$D_{yx} f(x, y) = 12x^2 - 3y e^{xy} - 3y e^{xy} - 3xy^2 e^{xy}$
$= 12x^2 - 6y e^{xy} - 3xy^2 e^{xy}$

Observe dos resultados que para a função do Exemplo 8 as derivadas parciais mistas $D_{xy} f(x, y)$ e $D_{yx} f(x, y)$ são iguais. Logo, para esta função, quando calculamos a derivada parcial segunda em relação a $x$ e $y$, a ordem de diferenciação não importa. Esta condição se verifica para muitas funções e para aproximadamente todas as funções que ocorrem na prática. Ela será válida para todas as funções analisadas neste livro.

## Exercícios 10.3

Nos Exercícios de 1 a 6, aplique somente a definição para calcular a derivada parcial.

1. $f(x, y) = 6x + 3y - 7; D_x f(x, y)$
2. $f(x, y) = 4x^2 - 3xy; D_x f(x, y)$
3. $f(x, y) = 3xy + 6x - y^2; D_y f(x, y)$
4. $f(x, y) = xy^2 - 5y + 6; D_y f(x, y)$
5. $f(x, y) = \sqrt{2x + 3y}; D_x f(x, y)$
6. $f(x, y) = \frac{x + 2y}{x^2 - y}; D_y f(x, y)$

Nos Exercícios de 7 a 22, ache a derivada parcial, mantendo constantes todas as variáveis, exceto uma, e aplicando os teoremas para diferenciação ordinária.

7. $V = \pi r^2 h; \dfrac{\partial V}{\partial r}$
8. $f(x, y) = x^2 y - 3xy^2 + 4x; D_x f(x, y)$
9. $g(x, y) = x^4 - 2x^2 y + 3xy^2 - y^4; D_y g(x, y)$
10. $A = 100(1 + i)^{-t}; \dfrac{\partial A}{\partial t}$
11. $f(s, t) = t + \sqrt{s^2 + t^2}; f_t(s, t)$
12. $g(x, y) = x\sqrt{y^2 - x^2}; g_x(x, y)$

**454** CÁLCULO DIFERENCIAL DE FUNÇÕES COM MUITAS VARIÁVEIS

13. $z = ye^{y/x}; \dfrac{\partial z}{\partial x}$

14. $z = y \ln \dfrac{y}{x}; \dfrac{\partial z}{\partial y}$

15. $f(x, y, z) = x^2 y - 3xy^2 + 2yz; D_y f(x, y, z)$

16. $f(x, y, z) = 4x^2 y^2 - 8xyz + 9x^3 z - z^4; D_x f(x, y, z)$

17. $g(x, y, z) = (x^2 + y^2 + z^2)^{-1/2}; g_z(x, y, z)$

18. $w = xyz + \ln(xyz); \dfrac{\partial w}{\partial z}$

19. $u = e^{rst} + \ln \dfrac{rs}{t}; \dfrac{\partial u}{\partial s}$

20. $g(x, y, z) = \ln \sqrt{x^2 + y^2 + z^2}; g_y(x, y, z)$

21. $f(x, y, z, r, t) = xyr + yzt + yrt + zrt; D_r f(x, y, z, r, t)$

22. $g(r, s, t, u, v, w) = 3r^2 st + st^2 v - 2tuv^2 - tvw + 3uw^2; D_v g(r, s, t, u, v, w)$

23. Dada $u = e^{r/t} + \ln \dfrac{t}{r}$, verifique que $t \dfrac{\partial u}{\partial t} + r \dfrac{\partial u}{\partial r} = 0$.

24. Dada $w = x^2 y + y^2 z + z^2 x$, verifique que $\dfrac{\partial w}{\partial x} + \dfrac{\partial w}{\partial y} + \dfrac{\partial w}{\partial z} = (x + y + z)^2$.

25. Dada $u = x^3 + y^3 + z^3 - 3xyz$, verifique que $x \dfrac{\partial u}{\partial x} + y \dfrac{\partial u}{\partial y} + z \dfrac{\partial u}{\partial z} = 3u$.

26. Dada $u = e^{x/y} + e^{y/z} + e^{z/x}$, verifique que $x \dfrac{\partial u}{\partial x} + y \dfrac{\partial u}{\partial y} + z \dfrac{\partial u}{\partial z} = 0$.

Nos Exercícios de 27 a 32, faça o seguinte: (a) Ache $D_{xx} f(x, y)$; (b) ache $D_{yy} f(x, y)$; (c) mostre que $D_{xy} f(x, y) = D_{yx} f(x, y)$.

27. $f(x, y) = 2x^3 - 3x^2 y + xy^2$

28. $f(x, y) = \dfrac{x^2}{y} - \dfrac{y}{x^2}$

29. $f(x, y) = \dfrac{x + y}{x - y}$

30. $f(x, y) = e^{2x} \ln y$

31. $f(x, y) = x \ln y + y \ln x$

32. $f(x, y) = xe^y - ye^x$

Nos Exercícios de 33 a 36, ache a derivada parcial indicada.

33. $f(x, y, z) = ye^x + ze^y + e^z$; (a) $f_{xz}(x, y, z)$; (b) $f_{yz}(x, y, z)$

34. $g(x, y, z) = \ln(xyz^2)$; (a) $g_{yz}(x, y, z)$; (b) $g_{xy}(x, y, z)$

35. $f(r, s) = r^3 s + r^2 s^2 - rs^3$; (a) $f_{rsr}(r, s)$; (b) $f_{ssr}(r, s)$

36. $g(r, s, t) = \ln(r^2 + s^2 + t^2)$; (a) $g_{rts}(r, s, t)$; (b) $g_{rss}(r, s, t)$

37. Ache a inclinação da reta tangente à curva de intersecção da superfície $z = x^2 + y^2$ com o plano $y = 1$ no ponto $(2, 1, 5)$. *Sugestão*: Consulte a Figura 10.1.18.

38. Ache a inclinação da reta tangente à curva de intersecção da esfera $x^2 + y^2 + z^2 = 9$ com o plano $x = 1$ no ponto $(1, 2, 2)$.

39. Suponha que, em um dia, quando $x$ operários constituem a força de trabalho e são usadas $y$ máquinas, um fabricante produza $f(x, y)$ mesas, onde

$$f(x, y) = x^2 + 4xy + 3y^2$$

com $4 \leq x \leq 25$ e $3 \leq y \leq 10$. (a) Ache o número de mesas produzidas em 1 dia se compareceram 10 operários e foram usadas 5 máquinas. (b) A derivada parcial $D_x f(x, y)$ é chamada *produtividade marginal do trabalho*. Use esta função para determinar o número adicional de mesas que podem ser produzidas em um dia, se o número de operários aumentar de 10 para 11 e o número de máquinas permanecer constante em 5. (c) A derivada parcial $D_y f(x, y)$ é chamada *produtividade marginal da maquinaria*. Use esta função para determinar o número aproximado de mesas adicionais que podem ser produzidas em um dia, se o número de máquinas aumentar de 5 para 6 e o número de operários permanecer fixo em 10.

40. Seja $x$ a quantia em dinheiro ($ milhões) investida no estoque de uma loja, $y$ o número de empregados na loja e $P$ o lucro semanal da loja, e

$$P = 3.000 + 240y + 20y(x - 2y) - 10(x - 12)^2$$

onde $15 \leq x \leq 25$ e $5 \leq y \leq 12$. No momento, o estoque é de $ 180.000 e há 8 empregados. (a) Ache a taxa de variação instantânea de $P$ por unidade de variação em $x$ se $y$ for mantido fixo em 8. (b) Use o resultado da parte (a) para achar a variação aproximada no lucro semanal, se o estoque variar de $ 180.000 para $ 200.000 e o número de empregados permanecer fixo em 8. (c) Ache a taxa de variação instantânea de $P$ por unidade de variação em $y$ se $x$ se mantiver fixo em 8. (d) Use o resultado da parte (c) para encontrar a variação aproximada no lucro semanal, se o número de empregados for aumentado de 8 para 10, com o estoque fixo em $ 180.000.

41. Da Equação (8) na Secção 8.8, sabemos que se $V$ unidades monetárias for o valor atual de uma anuidade ordinária de pagamentos iguais de $ 100 por ano em $t$ anos, a uma taxa de juros de $100i\%$ ao ano, então

$$V = 100 \left[ \frac{1 - (1 + i)^{-t}}{i} \right]$$

(a) Ache a taxa de variação instantânea de $V$ por unidade de variação em $i$ com $t$ fixo em 8. (b) Use o resultado de (a) para encontrar a variação aproximada no valor atual, se a taxa de juros mudar de 10 para 11% e $t$ permanecer fixo em 8 anos. (c) Ache a taxa de variação instantânea de $V$ por unidade de variação em $t$ se $i$ permanecer fixo em 0,10. (d) Use o resultado da parte (c) para encontrar a variação aproximada no valor atual, se o tempo cair de 8 para 7 anos e a taxa de juros permanecer fixa em 10%.

42. De acordo com a *lei dos gases ideais* para um gás confinado, se $P$ for a pressão, $V$ unidades cúbicas o volume, e $T$ graus a temperatura, temos

$$PV = kT$$

onde $k$ é uma constante de proporcionalidade. Suponha que o volume de um gás em certo recipiente seja 100 cm³, a temperatura $T = 90°$ e $k = 8$. (a) Ache a taxa de variação instantânea de $P$ por unidade de variação em $T$, com $V$ fixo em 100. (b) Use o resultado da parte (a) para aproximar a variação na pressão se a temperatura for aumentada para 92°. (c) Ache a taxa de variação instantânea de $V$ por unidade de variação em $P$ se $T$ permanecer fixo em 90°. (d) Suponha que $P$ seja mantido constante. Use o resultado da parte (c) para encontrar a variação aproximada no volume necessário para que se obtenha a mesma variação na pressão obtida na parte (b).

43. A temperatura em qualquer ponto $(x, y)$ de uma placa plana é $T$ graus, e $T = 54 - \frac{2}{3}x^2 - 4y^2$. Se a distância for medida em centímetros, ache no ponto (3, 1) a taxa de variação da temperatura em relação à distância na placa na direção (a) do eixo $x$ positivo e (b) do eixo $y$ positivo.

44. Use a lei dos gases ideais para um gás confinado (veja o Exercício 42), para mostrar que

$$\frac{\partial V}{\partial T} \cdot \frac{\partial T}{\partial P} \cdot \frac{\partial P}{\partial V} = -1$$

45. Se $S$ metros quadrados for a área da superfície do corpo de uma pessoa, então uma fórmula que dá um valor aproximado de $S$ será

$$S = 2W^{0,4}H^{0,7}$$

onde $W$ kg é o peso e $H$ metros a altura da pessoa. Quando $W = 70$ e $H = 1,8$, ache (a) $\partial S/\partial W$ e (b) $\partial S/\partial H$. Interprete os resultados.

## 10.4 ALGUMAS APLICAÇÕES DE DERIVADAS PARCIAIS EM ECONOMIA

Na Secção 10.2 analisamos as funções de demanda de duas mercadorias relacionadas, cujas demandas dependem dos preços de cada bem. Vamos agora usar estas funções para definir *demanda marginal parcial*.

Definição de demanda marginal parcial

> Seja $p$ o preço unitário de $x$ unidades de uma primeira mercadoria e $q$ o preço unitário de $y$ unidades de uma segunda mercadoria. Suponha que $f$ e $g$ sejam respectivamente as funções de demanda para essas mercadorias, de forma que
>
> $$x = f(p, q) \quad \text{e} \quad y = g(p, q)$$
>
> Então
>
> (i) $\dfrac{\partial x}{\partial p}$ fornece a **demanda marginal parcial de $x$ em relação a $p$**;
>
> (ii) $\dfrac{\partial x}{\partial q}$ fornece a **demanda marginal parcial de $x$ em relação a $q$**;
>
> (iii) $\dfrac{\partial y}{\partial p}$ fornece a **demanda marginal parcial de $y$ em relação a $p$**;
>
> (iv) $\dfrac{\partial y}{\partial q}$ fornece a **demanda marginal parcial de $y$ em relação a $q$**.

• ILUSTRAÇÃO 1

As equações de demanda do Exemplo 3 da Secção 10.2 são

$$x = -2p + 3q + 12$$

e

$$y = -4q + p + 8$$

onde $p$ é o preço unitário de $x$ unidades de uma mercadoria e $q$ é o preço unitário de $y$ unidades de uma segunda mercadoria. Da definição, as quatro demandas marginais parciais são dadas por

$$\frac{\partial x}{\partial p} = -2 \quad \frac{\partial x}{\partial q} = 3 \quad \frac{\partial y}{\partial p} = 1 \quad \frac{\partial y}{\partial q} = -4$$

Vamos interpretar estes resultados. Como $\partial x/\partial p = -2$, segue que se $q$ for mantido fixo, então um aumento de \$1 no preço unitário da primeira mercadoria resulta em um decréscimo de 2 unidades na sua demanda. Como $\partial x/\partial q = 3$, então, mantendo-se $p$ fixo, um aumento de \$1 no preço unitário da segunda mercadoria resulta em um aumento de 3 unidades na demanda da primeira mercadoria. Como $\partial y/\partial p = 1$, então se $q$ se mantiver fixo, um aumento de \$1 no preço unitário da primeira marcadoria resulta em um aumento de 1 unidade na demanda da segunda mercadoria. Como $\partial y/\partial q = -4$, então se $p$ permanecer fixo, um aumento de \$1 no preço unitário da segunda mercadoria resultará em um decréscimo de 4 unidades na demanda da segunda mercadoria. •

**EXEMPLO 1** Suponha que $x$ unidades da mercadoria $A$ e $y$ unidades da mercadoria $B$ sejam demandadas quando os preços unitários de $A$ e $B$ são $p$ e $q$, respectivamente. As equações de demanda são

$$x = 4q^2 - 5pq \tag{1}$$

e

$$y = 7p^2 - 3pq \tag{2}$$

Algumas Aplicações de Derivadas Parciais em Economia **457**

(a) Ache as quantidades demandadas de cada mercadoria quando o preço de $A$ é $ 40 e o de $B$ $ 60. (b) Ache as quatro demandas marginais parciais quando $p = $ 40 e $q = $ 60. (c) Use os resultados da parte (b) para determinar como as quantidades demandadas de cada mercadoria são afetadas quando o preço de $A$ é aumentado de $ 40 para $ 41 e o preço de $B$ fica fixo em $ 60. (d) Use os resultados da parte (b) para determinar como as quantidades demandadas de cada mercadoria são afetadas por um aumento no preço de $B$ de $ 60 para $ 61, enquanto que $A$ fica com o preço fixo em $ 40.

**Solução** (a) Nas Equações (1) e (2), seja $p = 40$ e $q = 60$; obtemos então

$$x = 4(60)^2 - 5(40)(60)$$
$$= 14.400 - 12.000$$
$$= 2.400$$

$$y = 7(40)^2 - 3(40)(60)$$
$$= 11.200 - 7.200$$
$$= 4.000$$

Assim, quando o preço de $A$ é $ 40 e o de $B$ $ 60, as quantidades demandadas de $A$ e $B$ são 2.400 e 4.000 unidades, respectivamente.

(b) Para calcular as quatro demandas marginais parciais aplicamos a definição às equações de demanda (1) e (2); então,

$$\frac{\partial x}{\partial p} = -5q \qquad \frac{\partial x}{\partial q} = 8q - 5p$$

$$\frac{\partial y}{\partial p} = 14p - 3q \qquad \frac{\partial y}{\partial q} = -3p$$

Logo, quando $p = 40$ e $q = 60$, temos que

$$\frac{\partial x}{\partial p} = -300 \qquad \frac{\partial x}{\partial q} = 480 - 200$$
$$= 280$$

$$\frac{\partial y}{\partial p} = 560 - 180 \qquad \frac{\partial y}{\partial q} = -120$$
$$= 380$$

(c) Quando o preço de $B$ for mantido fixo em $ 60 e o de $A$ for aumentado de $ 40 para $ 41, então, como $\partial x/\partial p = -300$, a quantidade demandada de $A$ diminui em 300 unidades; além disso, como $\partial y/\partial p = 380$, a quantidade de $B$ aumenta em 380 unidades.

(d) Quando o preço de $A$ fica fixo em $ 40 e o de $B$ aumenta de $ 60 para $ 61, então, como $\partial x/\partial q = 280$ e $\partial y/\partial q = -120$, a quantidade demandada de $A$ aumenta em 280 unidades, enquanto que a de $B$ diminui em 120 unidades.

Consideremos novamente as equações de demanda

$$x = f(p, q) \quad \text{e} \quad y = g(p, q) \tag{3}$$

onde $x$ unidades de uma primeira mercadoria e $y$ de uma segunda são demandadas, se os preços unitários forem $p$ e $q$, respectivamente. Em condições normais, se $q$ permanecer fixo, $x$ decresce quando $p$ cresce e $x$ cresce quando $p$ decresce; logo, concluímos que $\partial x/\partial p$ é negativo. Analogamente, em circunstâncias normais $\partial y/\partial q$ é negativo.

Aprendemos na Secção 10.2 que duas mercadorias são complementares quando um decréscimo na demanda de uma delas, como conseqüência no aumento de seu preço, causa um decréscimo na demanda da outra. Assim, se os bens forem complementares e $q$ se mantiver fixo, então $\partial x/\partial p < 0$ e $\partial y/\partial p < 0$, e quando $p$ é mantido constante, então $\partial x/\partial q < 0$ e $\partial y/\partial q < 0$. Assim sendo, se $\partial x/\partial q$ e $\partial y/\partial p$ forem negativas, podemos concluir que as duas mercadorias são complementares.

Quando um decréscimo na demanda de uma mercadoria em conseqüência de um aumento em seu preço leva a um aumento na demanda de outra mercadoria, aprendemos (também na Secção 10.2) que as mercadorias são concorrentes. Logo, quando as mercadorias são concorrentes, como $\partial x/\partial p$ é sempre negativa, concluímos que $\partial y/\partial p$ é positiva, e como $\partial y/\partial q$ é sempre negativa, segue que $\partial x/\partial q$ é positiva. Conseqüentemente, as duas mercadorias são concorrentes se e somente se $\partial x/\partial q$ e $\partial y/\partial q$ forem ambas positivas.

Se $\partial x/\partial q$ e $\partial y/\partial p$ têm sinais opostos, as mercadorias não são concorrentes, nem complementares. Por exemplo, se $\partial x/\partial q < 0$ e $\partial y/\partial p > 0$ e como $\partial x/\partial p$ e $\partial y/\partial q$ são sempre negativas (em circunstâncias normais), temos que $\partial x/\partial q < 0$ e $\partial y/\partial q < 0$. Assim, um decréscimo no preço da segunda mercadoria causa um aumento na demanda de ambas as mercadorias. Como $\partial x/\partial p < 0$ e $\partial y/\partial q > 0$, um decréscimo no preço da primeira mercadoria causa um aumento na demanda da primeira mercadoria e um decréscimo na demanda da segunda mercadoria.

• ILUSTRAÇÃO 2

As equações de demanda da Ilustração 1 são

$$x = -2p + 3q + 12 \quad \text{e} \quad y = -4q + p + 8$$

Como

$$\frac{\partial x}{\partial q} = 3 > 0 \quad \text{e} \quad \frac{\partial y}{\partial p} = 1 > 0$$

as duas mercadorias são concorrentes.

• ILUSTRAÇÃO 3

As equações de demanda do Exemplo 4 da Secção 10.2 são

$$x = \frac{8}{pq} \quad \text{e} \quad y = \frac{12}{pq}$$

Como

$$\frac{\partial x}{\partial q} = -\frac{8}{pq^2} < 0 \quad \text{e} \quad \frac{\partial y}{\partial p} = -\frac{12}{p^2 q} < 0$$

logo, as duas mercadorias são complementares.

A definição de **elasticidade parcial da demanda**, quando a demanda for uma função de dois preços, é análoga à definição de elasticidade-preço de demanda para uma função de uma variável, analisada na Secção 5.4. Assim, para a equação de demanda (3), a elasticidade parcial de demanda de $x$ em relação a $p$, que iremos denotar por $Ex/Ep$, é a variação relativa de $x$ por unidade de variação relativa em $p$, quando $q$ permanece constante. Assim,

Algumas Aplicações de Derivadas Parciais em Economia 459

$$\frac{Ex}{Ep} = \lim_{\Delta p \to 0} \left[ \frac{f(p + \Delta p, q) - f(p, q)}{f(p, q)} \div \frac{\Delta p}{p} \right]$$

$$= \lim_{\Delta p \to 0} \left[ \frac{p}{f(p, q)} \cdot \frac{f(p + \Delta p, q) - f(p, q)}{\Delta p} \right]$$

$$= \frac{p}{f(p, q)} \lim_{\Delta p \to 0} \frac{f(p + \Delta p, q) - f(p, q)}{\Delta p} = \frac{p}{f(p, q)} f_p(p, q)$$

desde que, naturalmente, $f_p(p, q)$ exista. Substituindo $f(p, q)$ por $x$ e usando a notação $\partial x/\partial p$ em lugar de $f_p(p, q)$, podemos escrever

$$\frac{Ex}{Ep} = \frac{p}{x} \cdot \frac{\partial x}{\partial p} \tag{4}$$

Para as equações de demanda representadas por $x$ e $y$ nas Equações (3), há três outras elasticidades parciais de demanda dadas por

$$\frac{Ex}{Eq} = \frac{q}{x} \cdot \frac{\partial x}{\partial q} \qquad \frac{Ey}{Ep} = \frac{p}{y} \cdot \frac{\partial y}{\partial p} \qquad \frac{Ey}{Eq} = \frac{q}{y} \cdot \frac{\partial y}{\partial q} \tag{5}$$

**EXEMPLO 2** Suponha que $x$ represente a demanda por manteiga, e $y$ a demanda por margarina, quando o preço por quilo de manteiga é $p$ e o de margarina é $q$. Além disso, as equações de demanda são

$$x = p^{-0,2} q^{0,3} \quad \text{e} \quad y = p^{0,5} q^{-1,2}$$

Mostre que manteiga e margarina são bens concorrentes, e ache as quatro elasticidades de demanda. Interprete os resultados.

**Solução**

$$\frac{\partial x}{\partial p} = -0,2 p^{-1,2} q^{0,3} \qquad \frac{\partial x}{\partial q} = 0,3 p^{-0,2} q^{-0,7}$$

$$\frac{\partial y}{\partial p} = 0,5 p^{-0,5} q^{-1,2} \qquad \frac{\partial y}{\partial q} = -1,2 p^{0,5} q^{-2,2}$$

Como $\partial x/\partial q$ e $\partial y/\partial p$ são ambas positivas, manteiga e margarina são bens concorrentes.
Das Equações (4) e (5) temos

$$\frac{Ex}{Ep} = \frac{p}{x} \cdot \frac{\partial x}{\partial p} = \frac{p}{p^{-0,2} q^{0,3}} (-0,2 p^{-1,2} q^{0,3}) = -0,2$$

$$\frac{Ex}{Eq} = \frac{q}{x} \cdot \frac{\partial x}{\partial q} = \frac{q}{p^{-0,2} q^{0,3}} (0,3 p^{-0,2} q^{-0,7}) = 0,3$$

$$\frac{Ey}{Ep} = \frac{p}{y} \cdot \frac{\partial y}{\partial p} = \frac{p}{p^{0,5} q^{-1,2}} (0,5 p^{-0,5} q^{-1,2}) = 0,5$$

$$\frac{Ey}{Eq} = \frac{q}{y} \cdot \frac{\partial y}{\partial q} = \frac{q}{p^{0,5} q^{-1,2}} (-1,2 p^{0,5} q^{-2,2}) = -1,2$$

Dos valores de $Ex/Ep$ e $Ey/Ep$ podemos concluir que, se o preço da margarina permanecer constante e o preço da manteiga for aumentado em 1%, a demanda por manteiga diminuirá em 0,2% e a demanda por margarina aumentará em 0,5%. Analogamente, dos valores de $Ex/Eq$ e $Ey/Eq$, segue que, mantendo-se o preço da manteiga constante, um aumento de 1% no preço da margarina causará um aumento na demanda de manteiga de 0,3% e um decréscimo na demanda de margarina de 1,2%.

## Exercícios 10.4

Nos Exercícios de 1 a 8, são dadas as equações de demanda de dois bens de consumo relacionados. Ache em cada exercício as quatro demandas marginais parciais. Determine se os bens são complementares ou concorrentes.

1. $x = 14 - p - 2q$, $y = 17 - 2p - q$
2. $x = 5 - 2p + q$, $y = 6 + 3p - q$
3. $x = p^{-0,4}q^{0,5}$, $y = p^{0,4}q^{-1,5}$
4. $x = p^{0,5}q^{-1,3}$, $y = p^{-0,6}q^{0,6}$
5. $x = 2^{-p-q}$, $y = 3^{-pq}$
6. $x = 5e^{q-p}$, $y = 3e^{p-q}$
7. $x = \dfrac{q^2}{p}$, $y = \dfrac{p}{q}$
8. $x = \dfrac{1}{pq}$, $y = \dfrac{1}{p^2 q}$

Nos Exercícios 9 e 10, para as equações de demanda dadas, suponha que $x$ unidades de uma mercadoria e $y$ unidades de outra sejam demandadas quando os preços unitários forem $p$ e $q$, respectivamente. Use as demandas marginais parciais para determinar como a quantidade demandada de cada mercadoria é afetada em cada um dos seguintes casos: (a) $q$ permanece fixo e o preço da primeira mercadoria é aumentado em $ 1; (b) $p$ permanece fixo e o preço da segunda mercadoria é aumentado em $ 1; (c) $q$ permanece fixo e o preço da primeira mercadoria decresce em $ 1; (d) $p$ permanece fixo e o preço da segunda mercadoria decresce em $ 1.

9. $x = 12 - 4p - 3q$, $y = 15 - 2p - q$
10. $x = 8 - 2p + q$, $y = 16 + 3p - 5q$

Nos Exercícios de 11 a 18, as equações de demanda de duas mercadorias relacionadas são dadas. Faça cada uma das seguintes questões: (a) ache as quatro elasticidades parciais de demanda: (b) em $p = 1$ e $q = 2$, se $p$ for aumentado em 1% e $q$ for mantido fixo, ache a porcentagem de variação em $x$ e $y$; e (c) em $p = 1$, $q = 2$, se $q$ for aumentado em 1% e $p$ for mantido constante, ache a porcentagem de variação em $x$ e $y$; (d) em $p = 1$ e $q = 2$, se $p$ for diminuído em 1% e $q$ for mantido constante, ache a porcentagem de variação em $x$ e $y$; (e) em $p = 1$ e $q = 2$, se $q$ for diminuído em 1% e $p$ for mantido constante, ache a porcentagem de variação em $x$ e $y$.

11. As equações de demanda do Exercício 1.
12. As equações de demanda do Exercício 2.
13. As equações de demanda do Exercício 3.
14. As equações de demanda do Exercício 4.
15. As equações de demanda do Exercício 5.
16. As equações de demanda do Exercício 6.
17. As equações de demanda do Exercício 7.
18. As equações de demanda do Exercício 8.
19. As equações de demanda de dois bens $A$ e $B$ são

$$x = 5q^2 - 2pq \quad \text{e} \quad y = 7p^2 - 6pq$$

onde $x$ unidades de $A$ e $y$ unidades de $B$ são demandadas quando os preços unitários de $A$ e $B$ são $p$ e $q$, respectivamente. (a) Ache a quantidade demandada de cada mercadoria quando os preços de $A$ e $B$ forem respectivamente $ 10 e $ 8 por unidade. (b) Ache as quatro demandas marginais parciais quando $p = 10$ e $q = 8$. (c) Use os resultados de (b) para determinar como a quantidade demandada de cada mercadoria fica afetada quando o preço de $A$ aumentar de $ 10 para $ 11 e o preço de $B$ for mantido fixo em $ 8. (d) Use os resultados de (b) para determinar como a quantidade de cada mercadoria será afetada quando o preço de $B$ aumentar de $ 8 para $ 9 e o preço de $A$ for mantido fixo em $ 10.
20. Prove que as mercadorias do Exemplo 1 são concorrentes. *Sugestão*: Ache desigualdades envolvendo $p$ e $q$ do fato de que $x \geq 0$ e $y \geq 0$. Use, então, estas desigualdades para provar que $\partial x/\partial q > 0$ e $\partial y/\partial p > 0$.
21. Prove que as mercadorias do Exercício 19 são concorrentes. Veja a sugestão do Exercício 20.
22. Quando o preço de um guarda-chuva é $p$ e o de uma capa é $q$, $x$ guarda-chuvas e $y$ capas são demandados. As respectivas equações de demanda são

$$x = 4e^{-p/100q} \quad \text{e} \quad y = 8e^{-q/200p}$$

(a) Mostre que as mercadorias são concorrentes. (b) Ache as quatro elasticidades parciais de demanda. Suponha que o preço de um guarda-chuva seja $ 10 e o de uma capa seja $ 30. Ache a porcentagem de variação nas demandas se (c) o preço de um guarda-chuva baixar em 1%, e (d) o preço de uma capa baixar em 1%.

23. Suponha que $x$ gravatas sejam demandadas e $y$ camisas sociais sejam demandadas quando os preços unitários são $p$ e $q$, respectivamente. As equações de demanda são

$$x = p^{-0.5} q^{-0.2} \quad \text{e} \quad y = p^{-1.3} q^{-0.8}$$

(a) Mostre que as mercadorias são complementares. (b) Ache as quatro elasticidades parciais de demanda. Ache a porcentagem de variação nas demandas de gravatas e camisas (c) se o preço de uma gravata sobe em 1%, enquanto que o preço da camisa não muda, e (d) se o preço da camisa sobe em 1% e o preço da gravata não muda.

## 10.5 LIMITES, CONTINUIDADE E EXTREMOS DE FUNÇÕES DE DUAS VARIÁVEIS

Na discussão sobre extremos de funções de duas variáveis, precisamos do conceito de continuidade destas funções. Vamos definir primeiro *disco aberto*.

Definição de disco aberto

---
Se $(x_0, y_0)$ é um ponto em $R^2$ e $r$ é um número positivo, então o **disco aberto** $B((x_0, y_0); r)$ consiste de todos os pontos no interior da região limitada pelo círculo com centro em $(x_0, y_0)$ e raio $r$.

---

A Figura 10.5.1 mostra o disco $B((x_0, y_0); r)$. Observe que os pontos da circunferência do círculo estão fora do disco aberto.

Estamos agora em condições de definir o que seja limite de uma função de duas variáveis.

Definição de limite de uma função de duas variáveis

---
Seja $f$ uma função de duas variáveis que está definida em um disco aberto $B((x_0, y_0); r)$ exceto possivelmente no próprio ponto $(x_0, y_0)$. Então, o **limite de $f(x, y)$ quando $(x, y)$ se aproxima de $(x_0, y_0)$** é $L$, escrito como

$$\lim_{(x, y) \to (x_0, y_0)} f(x, y) = L$$

se $|f(x, y) - L|$ puder ser reduzido tanto quanto quisermos, tornando a distância entre os pontos $(x, y)$ e $(x_0, y_0)$ suficientemente pequena, porém maior do que zero.

---

disco aberto $B((x_0, y_0); r)$

**Figura 10.5.1**

## 462 CÁLCULO DIFERENCIAL DE FUNÇÕES COM MUITAS VARIÁVEIS

Uma outra maneira de se estabelecer a última definição dada é a seguinte: os valores funcionais $f(x, y)$ aproximam-se de um limite $L$ quando o ponto $(x, y)$ se aproxima de $(x_0, y_0)$ se o valor absoluto da diferença entre $f(x, y)$ e $L$ pider ser reduzido arbitrariamente tomando-se $(x, y)$ suficientemente próximo de $(x_0, y_0)$, porém não igual a $(x_0, y_0)$. Observe que na definição não se diz nada a respeito do valor da função no ponto $(x_0, y_0)$, isto é, não é necessário a função estar definida em $(x_0, y_0)$ para que exista

$$\lim_{(x,y)\to(x_0,y_0)} f(x, y)$$

Uma interpretação geométrica da definição de limite de uma função de duas variáveis pode ser vista na Figura 10.5.2. Nesta pode ser observada a parte da superfície $z = f(x, y)$ acima do disco aberto $B((x_0, y_0); d)$. Vemos que $f(x, y)$ no eixo $z$ estará entre $L - e$ e $L + e$ (isto é, $f(x, y)$ estará dentro de $e$ unidades de $L$), sempre que o ponto $(x, y)$ no plano $xy$ estiver no disco aberto $B((x_0, y_0); d)$ (isto é, sempre que $(x, y)$ estiver dentro de $d$ unidades de $(x_0, y_0)$). De outra forma $f(x, y)$ no eixo $z$ pode ser restrita a estar entre $L - e$ e $L + e$, restringindo-se o ponto $(x, y)$ no plano $xy$ a estar no disco aberto $B((x_0, y_0); d)$.

Os teoremas de limite do Capítulo 2, com pequenas modificações, aplicam-se a funções de duas variáveis. Vamos usá-los sem reformulações.

• ILUSTRAÇÃO 1

Aplicando os teoremas de limite sobre somas e produtos temos

$$\lim_{(x,y)\to(-2,1)} (x^3 + 2x^2 y - y^2 + 2) = (-2)^3 + 2(-2)^2(1) - (1)^2 + 2$$
$$= 1$$

**EXEMPLO 1** Ache

$$\lim_{(x,y)\to(0,0)} \frac{x^2 y^2 + y^4 - 4x^2 - 4y^2}{x^2 y^2 + x^4 + 2x^2 + 2y^2}$$

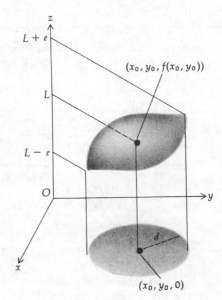

Figura 10.5.2

**Solução**

$$\lim_{(x,y)\to(0,0)} \frac{x^2y^2 + y^4 - 4x^2 - 4y^2}{x^2y^2 + x^4 + 2x^2 + 2y^2} = \lim_{(x,y)\to(0,0)} \frac{y^2(x^2 + y^2) - 4(x^2 + y^2)}{x^2(x^2 + y^2) + 2(x^2 + y^2)}$$

$$= \lim_{(x,y)\to(0,0)} \frac{(x^2 + y^2)(y^2 - 4)}{(x^2 + y^2)(x^2 + 2)}$$

$$= \lim_{(x,y)\to(0,0)} \frac{y^2 - 4}{x^2 + 2}$$

$$= \frac{\lim_{(x,y)\to(0,0)} (y^2 - 4)}{\lim_{(x,y)\to(0,0)} (x^2 + 2)}$$

$$= \frac{-4}{2}$$

$$= -2$$

Definição de uma função de duas variáveis contínua num ponto

> Diz-se que a função $f$ de duas variáveis $x$ e $y$ é **contínua no ponto** $(x_0, y_0)$ se e somente se as três condições que seguem forem satisfeitas:
>
> (i) $f(x_0, y_0)$ existe.
>
> (ii) $\lim_{(x,y)\to(x_0,y_0)} f(x, y)$ existe.
>
> (iii) $\lim_{(x,y)\to(x_0,y_0)} f(x, y) = f(x_0, y_0)$.

Os teoremas sobre continuidade para funções de uma variável podem ser estendidos a funções de duas variáveis.

> **Teorema 10.5.1** Uma função polinomial de duas variáveis é contínua em todo ponto em $R^2$.

**ILUSTRAÇÃO 2**

A função da Ilustração 1, com valores funcionais

$$x^3 + 2x^2y - y^2 + 2$$

é contínua em todo ponto em $R^2$, pois é uma função polinomial.  •

> **Teorema 10.5.2** Uma função racional de duas variáveis é contínua em todo ponto de seu domínio.

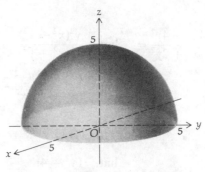

Figura 10.5.3

• ILUSTRAÇÃO 3

A função com valores funcionais

$$\frac{6x^2 + xy - y^2}{9x^2 - y^2}$$

é uma função racional e, portanto, contínua em todo ponto em $R^2$, exceto os que estão sobre as retas $y = 3x$ e $y = -3x$.

Uma aplicação importante da derivada de uma função de uma variável é o estudo dos valores extremos de uma função, o qual leva a uma variedade de problemas envolvendo máximos e mínimos. Isto foi analisado no Capítulo 4, onde tivemos teoremas envolvendo as derivadas primeira e segunda, os quais nos permitiram determinar os valores máximo e mínimo de uma função de uma variável. Ao estender a teoria a funções de duas variáveis, veremos que é similar ao caso de uma variável; contudo, surgem maiores complicações.

Definição de valor máximo relativo de uma função de duas variáveis

> Diz-se que a função $f$ de duas variáveis tem um **valor máximo relativo** no ponto $(x_0, y_0)$ se existir um disco aberto $B((x_0, y_0); r)$ tal que $f(x_0, y_0) \geq f(x, y)$ para todo $(x, y)$ em $B$.

• ILUSTRAÇÃO 4

Na Figura 10.5.3 há o gráfico da função $f$ definida por

$$f(x, y) = \sqrt{25 - x^2 - y^2}$$

Seja $B$ qualquer disco aberto $((0, 0); r)$ onde $r \leq 5$. Da definição acima segue que $f$ tem um valor máximo relativo de 5 no ponto $x = 0$ e $y = 0$.

Definição de valor mínimo relativo de uma função de duas variáveis

> Diz-se que a função $f$ de duas variáveis tem um **valor mínimo relativo** no ponto $(x_0, y_0)$ se existir um disco aberto $B((x_0, y_0); r)$ tal que $f(x_0, y_0) \leq f(x, y)$ para todo $(x, y)$ em $B$.

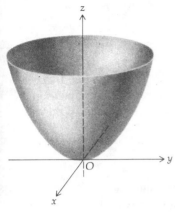

Figura 10.5.4

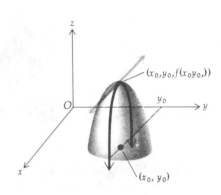

Figura 10.5.5

## ILUSTRAÇÃO 5

Na Figura 10.5.4 temos um esboço do gráfico da função $g$ tal que

$$g(x, y) = x^2 + y^2$$

Seja $B$ qualquer disco aberto $((0, 0); r)$. Então, da definição, $g$ tem um valor mínimo relativo de $0$ na origem. •

Há para funções de duas variáveis um teorema análogo ao Teorema 4.1.1, para funções de uma variável.

**Teorema 10.5.3** Se $f(x, y)$ existe em todos os pontos de um disco aberto $B((x_0, y_0); r)$ e se $f$ tem um extremo relativo em $(x_0, y_0)$, então, se $f_x(x_0, y_0)$ e $f_y(x_0, y_0)$ existem,

$$f_x(x_0, y_0) = f_y(x_0, y_0) = 0$$

A demonstração do Teorema 10.5.3 é muito avançada para este texto. Contudo, vamos dar o seguinte argumento geométrico informal.

Seja $f$ uma função satisfazendo as hipóteses do Teorema 10.5.3, e tal que tenha uma valor máximo relativo em $(x_0, y_0)$. Consideremos a curva de intersecção do plano $y = y_0$ com a superfície $z = f(x, y)$. Veja a Figura 10.5.5. Esta curva é representada pelas equações

$$y = y_0 \quad \text{e} \quad z = f(x, y) \tag{1}$$

Como $f$ tem um valor máximo relativo em $(x_0, y_0)$, segue que a curva com as Equações (1) tem uma reta tangente horizontal no plano $y = y_0$ em $(x_0, y_0, f(x_0, y_0))$. A inclinação desta reta tangente é $f_x(x_0, y_0)$, logo, $f_x(x_0, y_0) = 0$. Da mesma forma, podemos considerar a curva de intersecção do plano $x = x_0$ com a superfície $z = f(x, y)$ e concluir que $f_y(x_0, y_0) = 0$. Uma análise semelhante pode ser feita se $f$ tiver um valor mínimo relativo em $(x_0, y_0)$.

Definição de ponto crítico

Um ponto $(x_0, y_0)$ para o qual ambos $f_x(x_0, y_0) = 0$ e $f_y(x_0, y_0) = 0$ é chamado **ponto crítico**.

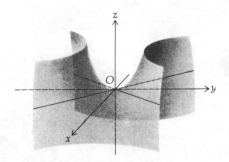

Figura 10.5.6

O Teorema 10.5.3 estabelece que uma condição necessária para uma função de duas variáveis ter um extremo relativo em um ponto, onde existem suas derivadas parciais primeiras, é que ele seja um ponto crítico. É possível para uma função de duas variáveis ter um extremo relativo em um ponto onde as derivadas parciais não existem, mas não iremos considerar este caso aqui. Além disso, o anulamento das derivadas parciais primeiras de uma função de duas variáveis não é uma condição suficiente para a existência de extremo relativo no ponto. Tal situação ocorre num **ponto de sela**.

• ILUSTRAÇÃO 6

Um exemplo simples de uma função que tem um ponto de sela é

$$f(x, y) = y^2 - x^2$$

Para esta função $f_x(x, y) = -2x$ e $f_y(x, y) = 2y$. Ambos $f_x(0, 0)$ e $f_y(0, 0)$ são iguais a zero. Um esboço do gráfico da função está na Figura 10.5.6, onde podemos ver a forma de sela em pontos próximos à origem. É claro que esta função não satisfaz nem a definição de valor máximo relativo, nem a de valor mínimo relativo quando $(x_0, y_0) = (0, 0)$. •

O teste básico na determinação de máximos e mínimos relativos para funções de duas variáveis é o teste da derivada segunda, que será dado no próximo teorema.

Teste da derivada segunda

**Teorema 10.5.4** Seja $f$ uma função de duas variáveis, tal que $f$ e suas derivadas parciais de primeira e segunda ordem sejam contínuas em um disco $B((a, b); r)$. Suponha, além disso, que $f_x(a, b) = f_y(a, b) = 0$. Então

(i) $f$ tem um valor mínimo relativo em $(a, b)$ se

$$f_{xx}(a, b)f_{yy}(a, b) - f_{xy}^2(a, b) > 0 \quad \text{e} \quad f_{xx}(a, b) > 0$$

(ii) $f$ tem um valor máximo relativo em $(a, b)$ se

$$f_{xx}(a, b)f_{yy}(a, b) - f_{xy}^2(a, b) > 0 \quad \text{e} \quad f_{xx}(a, b) < 0$$

(iii) $f(a, b)$ não é um extremo relativo se

$$f_{xx}(a, b)f_{yy}(a, b) - f_{xy}^2(a, b) < 0$$

(iv) Nenhuma conclusão pode ser tirada se

$$f_{xx}(a, b)f_{yy}(a, b) - f_{xy}^2(a, b) = 0$$

Mais uma vez a demonstração deste teorema é muito avançada para este livro. As duas ilustrações que seguem mostram aplicações do teste da derivada segunda a duas funções que já foram consideradas.

## ILUSTRAÇÃO 7

Na Ilustração 5 a função $g$ foi definida por

$$g(x, y) = x^2 + y^2$$

Por diferenciação parcial obtemos

$$g_x(x, y) = 2x \quad \text{e} \quad g_y(x, y) = 2y$$

Tomando $g_x(x, y) = 0$ e $g_y(x, y) = 0$, obtemos $x = 0$ e $y = 0$. Assim, o único ponto crítico de $f$ é $(0, 0)$. Para aplicar o teste da derivada segunda calculamos as derivadas parciais de segunda ordem de $g$, e obtemos

$$g_{xx}(x, y) = 2 \qquad g_{yy}(x, y) = 2 \qquad g_{xy}(x, y) = 0$$

Como

$$g_{xx}(0, 0) = 2 > 0$$

e

$$g_{xx}(0, 0)g_{yy}(0, 0) - g_{xy}{}^2(0, 0) = 2 \cdot 2 - 0 = 4 > 0$$

segue do Teorema 10.5.4(i) que $g$ tem um valor mínimo relativo em $(0, 0)$, o que está de acordo com a conclusão da Ilustração 5. •

## ILUSTRAÇÃO 8

Na Ilustração 6 a função $f$ foi definida por

$$f(x, y) = y^2 - x^2$$

com $f_x(x, y) = -2x$, $f_y(x, y) = 2y$ e $f_x(0, 0) = f_y(0, 0) = 0$. Logo $(0, 0)$ é o único ponto crítico de $f$. Agora calculamos as derivadas parciais segundas de $f$.

$$f_{xx}(x, y) = -2 \qquad f_{yy}(x, y) = 2 \qquad f_{xy}(x, y) = 0$$

Como

$$f_{xx}(0, 0)f_{yy}(0, 0) - f_{xy}{}^2(0, 0) = (-2) \cdot 2 - 0 = -4 < 0$$

segue do Teorema 10.5.4(iii) que $f(0, 0)$ não é extremo relativo. Na Ilustração 6 vimos que a origem é um ponto de sela de $f$. •

**EXEMPLO 2** Se $f(x, y) = 2x^4 + y^2 - x^2 - 2y$, determine os extremos relativos de $f$, se existirem.

**Solução** Para aplicar o teste da derivada segunda encontramos primeiro as derivadas parciais primeiras e segundas de $f$.

$$f(x, y) = 2x^4 + y^2 - x^2 - 2y$$
$$f_x(x, y) = 8x^3 - 2x \qquad f_y(x, y) = 2y - 2$$
$$f_{xx}(x, y) = 24x^2 - 2 \qquad f_{yy}(x, y) = 2 \qquad f_{xy}(x, y) = 0$$

Tomando $f_x(x, y) = 0$ obtemos $x = -\frac{1}{2}$, $x = 0$ e $x = \frac{1}{2}$. Tomando $f_y(x, y) = 0$ obtemos $y = 1$. Logo $f_x$ e $f_y$ são ambas nulas nos pontos $(-\frac{1}{2}, 1)$, $(0, 1)$ e $(\frac{1}{2}, 1)$, que são os pontos críticos de $f$. Os resultados da aplicação do teste da derivada segunda a estes pontos estão resumidos na Tabela 10.5.1.

**Tabela 10.5.1**

| Pontos críticos | $f_{xx}$ | $f_{yy}$ | $f_{xy}$ | $f_{xx}f_{yy} - f_{xy}^2$ | Conclusão |
|---|---|---|---|---|---|
| $(-\frac{1}{2}, 1)$ | 4 | 2 | 0 | 8 | $f$ tem um valor mínimo relativo |
| $(0, 1)$ | $-2$ | 2 | 0 | $-4$ | $f$ não tem extremos relativos |
| $(\frac{1}{2}, 1)$ | 4 | 2 | 0 | 8 | $f$ tem um valor mínimo relativo |

No ponto $(-\frac{1}{2}, 1)$ $f_{xx} > 0$ e $f_{xx}f_{yy} - f_{xy}^2 > 0$; assim, do Teorema 10.5.4(i), $f$ tem um valor mínimo relativo em $(-\frac{1}{2}, 1)$. Em $(0, 1)$, $f_{xx}f_{yy} - f_{xy}^2 < 0$; assim, do Teorema 10.5.4(iii), $f$ não tem extremos relativos em $(0, 1)$. Como $f_{xx} > 0$ e $f_{xx}f_{yy} - f_{xy}^2 > 0$ em $(\frac{1}{2}, 1)$, $f$ tem aí um valor mínimo relativo pelo Teorema 10.5.4(i).

Como $f(-\frac{1}{2}, 1) = -\frac{9}{8}$ e $f(\frac{1}{2}, 1) = -\frac{9}{8}$, concluímos que $f$ tem um valor mínimo relativo de $-\frac{9}{8}$ em cada um dos pontos $(-\frac{1}{2}, 1)$ e $(\frac{1}{2}, 1)$.

Aplicações dos extremos de funções de duas variáveis são dadas na próxima secção.

## Exercícios 10.5

Nos Exercícios de 1 a 14, ache o limite, usando os teoremas de limite.

1. $\lim\limits_{(x,y) \to (3,2)} (3x - 4y)$
2. $\lim\limits_{(x,y) \to (1,4)} (5x - 3y)$
3. $\lim\limits_{(x,y) \to (1,1)} (x^2 + y^2)$
4. $\lim\limits_{(x,y) \to (5,3)} (2x^2 - y^2)$
5. $\lim\limits_{(x,y) \to (-2,-4)} (x^2 + 2x - y)$
6. $\lim\limits_{(x,y) \to (3,-1)} (x^2 + y^2 - 4x + 2y)$
7. $\lim\limits_{(x,y) \to (-2,2)} y\sqrt[3]{x^3 + 4y}$
8. $\lim\limits_{(x,y) \to (5,2)} \sqrt{\dfrac{x^2 + 12y}{x - y^2}}$
9. $\lim\limits_{(x,y) \to (0,0)} \dfrac{x^4 - y^4}{x^2 + y^2}$
10. $\lim\limits_{(x,y) \to (1,e)} \ln \dfrac{y}{x}$
11. $\lim\limits_{(x,y) \to (1,1)} \dfrac{e^x + e^y}{e^{-x} + e^{-y}}$
12. $\lim\limits_{(x,y) \to (0,0)} \dfrac{e^x + e^y}{e^{-x} + e^{-y}}$
13. $\lim\limits_{(x,y) \to (0,0)} \dfrac{y^3 + x^2y + 3x^2 + 3y^2}{x^3 + xy^2 - 3x^2 - 3y^2}$
14. $\lim\limits_{(x,y) \to (0,0)} \dfrac{x^3 + y^3 + x^2y + xy^2}{x^2 + y^2}$

Nos Exercícios de 15 a 20, determine todos os pontos de $R^2$ para os quais a função dada é contínua.

15. $f(x, y) = x^2y^2(x + y)^2$
16. $f(x, y) = (2x - 3)^2(y^2 + 1)^3$
17. $f(x, y) = \dfrac{x^4 - y^4}{x^2 - y^2}$
18. $f(x, y) = \left(\dfrac{1}{x^2 - 9} - \dfrac{1}{y}\right)^{1/3}$
19. $f(x, y) = \ln x - \ln y$
20. $f(x, y) = \ln(9 - x^2 - y^2) + \ln(x^2 + y^2 - 1)$

Aplicações de Extremos de Funções de Duas Variáveis   **469**

Nos Exercícios de 21 a 32, determine, se existirem, os extremos de $f$.

21. $f(x, y) = 2x^2 + y^2 - 8x - 2y + 14$
22. $f(x, y) = x^2 + y^2 - 2x - y + 1$
23. $f(x, y) = x^3 + y^2 - 6x^2 + y - 1$
24. $f(x, y) = x^2 - 4xy + y^3 + 4y$
25. $f(x, y) = \dfrac{1}{x} - \dfrac{64}{y} + xy$
26. $f(x, y) = 18x^2 - 32y^2 - 36x - 128y - 110$
27. $f(x, y) = 4xy^2 - 2x^2y - x$
28. $f(x, y) = x^3 + y^3 - 18xy$
29. $f(x, y) = \dfrac{2}{xy} + x^2 + y^2$
30. $f(x, y) = \dfrac{2x + 2y + 1}{x^2 + y^2 + 1}$
31. $f(x, y) = e^{xy}$
32. $f(x, y) = x^3 + x^2 + y^2 - xy + 8$

## 10.6 APLICAÇÕES DE EXTREMOS DE FUNÇÕES DE DUAS VARIÁVEIS

Antes de apresentar algumas aplicações, vamos definir extremos absolutos de funções de duas variáveis.

**Definição de valor máximo absoluto de uma função de duas variáveis**

> Diz-se que a função $f$ de duas variáveis tem um **valor máximo absoluto** em seu domínio $D$ no plano $xy$ se houver algum ponto $(x_0, y_0)$ em $D$, tal que $f(x_0, y_0) \geq f(x, y)$ para todo $(x, y)$ em $D$. Em tal caso, $f(x_0, y_0)$ é um valor máximo absoluto de $f$ em $D$.

**Definição de valor mínimo absoluto de uma função de duas variáveis**

> Diz-se que a função $f$ de duas variáveis tem um **valor mínimo absoluto** em seu domínio $D$ no plano $xy$ se houver algum ponto $(x_0, y_0)$ em $D$, tal que $f(x_0, y_0) \leq f(x, y)$ para todo $(x, y)$ em $D$. Em tal caso, $f(x_0, y_0)$ é o valor mínimo absoluto de $f$ em $D$.

**ILUSTRAÇÃO 1**

Na Ilustração 1 da Secção 10.2, quando $x$ for o preço de venda do primeiro tipo de suéter, $y$ o preço de venda do segundo tipo e $P(x, y)$, o lucro bruto semanal proveniente das vendas dos dois tipos de suéteres, temos, da Equação 2 da Secção 10.2,

$$P(x, y) = 50xy - 50x^2 - 25y^2 + 3.950x + 650y - 148.000 \tag{1}$$

Cada uma das variáveis $x$ e $y$ está no intervalo $(0, +\infty)$. Para encontrar os valores de $x$ e $y$ para os quais o lucro é máximo, determinamos primeiro os extremos relativos de $P$ pelo teste da derivada segunda. Diferenciando, obtemos

$$\dfrac{\partial P}{\partial x} = 50y - 100x + 3.950 \qquad \dfrac{\partial P}{\partial y} = 50x - 50y + 650$$

$$\dfrac{\partial^2 P}{\partial x^2} = -100 \qquad \dfrac{\partial^2 P}{\partial y \, \partial x} = 50 \qquad \dfrac{\partial^2 P}{\partial y^2} = -50$$

Equacionando $\partial P/\partial x = 0$ e $\partial P/\partial y = 0$ e resolvendo simultaneamente, temos

$-2x + y + 79 = 0$

$x - y + 13 = 0$

de onde obtemos $x = 92$ e $y = 105$. Para todos os valores de $x$ e $y$,

$$\frac{\partial^2 P}{\partial x^2} = -100 < 0$$

e

$$\frac{\partial^2 P}{\partial x^2} \cdot \frac{\partial^2 P}{\partial y^2} - \left(\frac{\partial^2 P}{\partial y\, \partial x}\right)^2 = (-100)(-50) - (50)^2 = 2.500 > 0$$

Do Teorema 10.5.4(ii), $P$ tem um valor máximo relativo quando $x = 92$ e $y = 105$. Além disso, há somente um extremo relativo de $P$. Também, ambos $x$ e $y$ estão no intervalo $(0, +\infty)$ e, da Equação (1), observamos que $P(x, y)$ é negativo quando $x$ e $y$ estão próximos de zero ou quando são muito grandes. Concluímos, então, que o valor máximo relativo de $P$ é um valor máximo absoluto. Quando $x = 92$ e $y = 105$, obtemos, de (1), $P(92, 105) = 67.825$. Assim, o lucro semanal máximo é $ 67.825, quando o preço de venda do primeiro tipo de suéter é $ 92 e o preço de venda do segundo tipo é $ 105. •

**EXEMPLO 1** Quais devem ser as dimensões de uma caixa retangular, sem tampa e tendo um volume de 32 centímetros cúbicos, se a menor quantidade de material deve ser usada em sua fabricação?

**Solução** Sejam $x$ e $y$ centímetros o comprimento e a largura, respectivamente, da base da caixa, $z$ a profundidade e $S$ cm$^2$ a área da superfície da caixa. A Figura 10.6.1 mostra a caixa.

Cada uma das variáveis $x$, $y$ e $z$ está no intervalo $(0, +\infty)$. Temos as equações

$S = xy + 2xz + 2yz$ e $xyz = 32$

Resolvendo a segunda equação em $z$ obtemos $z = 32/xy$, e substituindo este valor na primeira equação obtemos

$$S(x, y) = xy + \frac{64}{y} + \frac{64}{x} \tag{2}$$

Diferenciando, obtemos

$$\frac{\partial S}{\partial x} = y - \frac{64}{x^2} \qquad \frac{\partial S}{\partial y} = x - \frac{64}{y^2}$$

$$\frac{\partial^2 S}{\partial x^2} = \frac{128}{x^3} \qquad \frac{\partial^2 S}{\partial y\, \partial x} = 1 \qquad \frac{\partial^2 S}{\partial y^2} = \frac{128}{y^3}$$

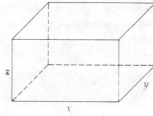

**Figura 10.6.1**

Equacionando $\partial S/\partial x = 0$ e $\partial S/\partial y = 0$ e resolvendo simultaneamente, obtemos

$x^2 y - 64 = 0$

$xy^2 - 64 = 0$

Destas duas equações obtemos $x = 4$ e $y = 4$. Para estes valores de $x$ e $y$,

$$\frac{\partial^2 S}{\partial x^2} = \frac{128}{64} = 2 > 0 \quad \text{e} \quad \frac{\partial^2 S}{\partial x^2} \cdot \frac{\partial^2 S}{\partial y^2} - \left(\frac{\partial^2 S}{\partial y \partial x}\right)^2 = \frac{128}{64} \cdot \frac{128}{64} - 1 = 3 > 0$$

Do Teorema 10.5.4(i) segue que $S$ tem um mínimo relativo quando $x = 4$ e $y = 4$. Lembre que $x$ e $y$ estão ambos no intervalo $(0, +\infty)$ e note na Equação (2) que $S$ é muito grande para valores de $x$ e $y$ próximos de zero ou muito grandes. Além disso, há somente um extremo relativo para $S$. Assim, concluímos que o valor mínimo relativo de $S$ é um valor mínimo absoluto. Quando $x = 4$ e $y = 4$, $z = \frac{32}{16} = 2$. Assim, a caixa deve ter uma base quadrada de 4 cm de lado e uma profundidade de 2 cm.

Para funções de uma única variável tínhamos o seguinte teorema (4.1.2), chamado teorema do valor extremo: Se a função $f$ for contínua no intervalo fechado $[a, b]$, então $f$ tem um valor máximo e um valor mínimo absolutos em $[a, b]$. Aprendemos que um extremo absoluto de uma função contínua no intervalo fechado deve ser um extremo relativo ou o valor da função num ponto extremo do intervalo. Há uma situação correspondente para funções de duas variáveis. No enunciado do teorema do valor extremo para funções de duas variáveis mencionamos uma *região fechada* no plano $xy$. Por uma **região fechada** devemos entender a região que inclui sua **fronteira**. Nas ilustrações seguintes mostraremos algumas regiões fechadas e identificaremos a fronteira de cada região.

## ILUSTRAÇÃO 2

(a) Um disco fechado é um disco aberto junto com a circunferência do disco. Assim, um disco fechado é uma região fechada e a circunferência é a sua fronteira. Veja a Figura 10.6.2(a).

(b) Os lados de um triângulo junto com a região contida pelo triângulo constituem uma região fechada. A fronteira consiste nos lados do triângulo. Veja a Figura 10.6.2(b).

(c) Os lados de um retângulo junto com a região contida pelo retângulo formam uma região fechada. A fronteira consiste nos lados do retângulo. Veja a Figura 10.6.2(c). •

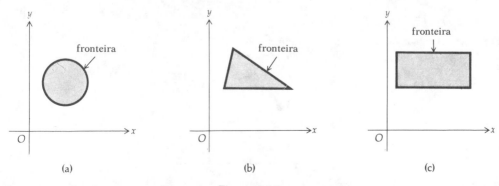

**Figura 10.6.2**

## O teorema do valor extremo para funções de duas variáveis

**Teorema 10.6.1**  Seja $R$ uma região fechada no plano $xy$, e seja $f$ uma função de duas variáveis que é contínua em $R$. Então há em $R$ pelo menos um ponto onde $f$ tem um valor máximo absoluto e pelo menos um ponto onde $f$ tem um valor mínimo absoluto.

A demonstração do Teorema 10.6.1 será omitida, pois está fora do contexto deste livro.

Se $f$ for uma função que satisfaz o Teorema 10.6.1, e se ambas $f_x(x, y)$ e $f_y(x, y)$ existirem em todos os pontos de $R$, então os extremos absolutos de $f$ ocorreram num ponto $(x_0, y_0)$, onde $f_x(x_0, y_0) = f_y(x_0, y_0) = 0$, ou num ponto na fronteira de $R$.

**EXEMPLO 2**  Um fabricante que é um monopolista faz dois tipos de lâmpadas. Por experiência ele sabe que se $x$ lâmpadas do primeiro tipo e $y$ do segundo forem fabricadas, elas poderão ser vendidas por $(100 - 2x)$ e $(125 - 3y)$ unidades monetárias cada, respectivamente. O custo de fabricação de $x$ lâmpadas do primeiro tipo e de $y$ do segundo é $(12x + 11y + 4xy)$. Quantas lâmpadas de cada tipo devem ser produzidas para que se obtenha um lucro máximo e qual será este lucro máximo?

**Solução**  A receita de vendas é $x(100 - 2x)$ para o primeiro tipo e $y(125 - 3y)$ para o segundo. Assim, se $f(x, y)$ for o lucro,

$$f(x, y) = x(100 - 2x) + y(125 - 3y) - (12x + 11y + 4xy)$$

$$f(x, y) = 88x + 114y - 2x^2 - 3y^2 - 4xy \qquad (3)$$

Como $x$ e $y$ representam o número de lâmpadas, vamos exigir que $x \geq 0$ e $y \geq 0$; porém, vamos permitir que eles sejam qualquer número real não negativo. Além disso, $(100 - 2x)$ é o preço de venda das lâmpadas do primeiro tipo. Assim, vamos exigir que $100 - 2x \geq 0$ ou $x \leq 50$. Da mesma forma, como $(125 - 3y)$ é o preço de venda das lâmpadas do segundo tipo, vamos exigir que $y \leq \frac{125}{3}$. Logo, o domínio de $f$ é a região fechada, definida pelo conjunto

$$\{(x, y) \mid 0 \leq x \leq 50 \text{ e } 0 \leq y \leq \tfrac{125}{3}\} \qquad (4)$$

Esta região é retangular e está ilustrada na Figura 10.6.3. A fronteira da região consiste dos lados do retângulo. Como $f$ é uma função polinomial, ela é contínua em toda parte. Logo, $f$ é contínua na região fechada definida pelo conjunto (4); assim, o teorema do valor extremo pode ser aplicado. Os pontos críticos de $f$ são determinados achando-se onde $f_x(x, y) = 0$ e $f_y(x, y) = 0$.

$$f_x(x, y) = 88 - 4x - 4y$$

$$f_y(x, y) = 114 - 6y - 4x$$

Seja $f_x(x, y) = 0$ e $f_y(x, y) = 0$; assim temos

$$x + y = 22$$

$$2x + 3y = 57$$

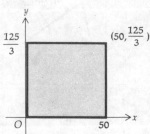

Figura 10.6.3

Resolvendo estas equações simultaneamente obtemos $x = 9$ e $y = 13$. Para aplicar o teste da derivada segunda calculamos

$$f_{xx}(x, y) = -4 \qquad f_{yy}(x, y) = -6 \qquad f_{xy}(x, y) = -4$$

No ponto $(9, 13)$

$$f_{xx}(9, 13) = -4 < 0$$

$$f_{xx}(9, 13)f_{yy}(9, 13) - f_{xy}{}^2(9, 13) = (-4)(-6) - (-4)^2$$
$$= 8 > 0$$

Segue então, pelo Teorema 10.5.4(ii), que $f$ tem um valor máximo relativo em $(9, 13)$.
 De (3),

$$f(x, y) = x(88 - 2x) + y(114 - 3y) - 4xy \qquad (5)$$

Assim

$$f(9, 13) = 9(70) + 13(75) - 468$$
$$= 1.137$$

O valor máximo absoluto de $f$ deverá ocorrer em $(9, 13)$ ou na fronteira do domínio de $f$. Vamos comparar $f(9, 13)$ com os valores funcionais de $f$ na fronteira.

Para a parte da fronteira sobre o eixo $x$, com $x \in [0, 50]$, os valores funcionais calculados de (5) são:

$$f(x, 0) = 88x - 2x^2$$

Seja

$$g(x) = 88x - 2x^2 \qquad x \in [0, 50]$$

Então

$$g'(x) = 88 - 4x \quad \text{e} \quad g''(x) = -4$$

Como $g'(22) = 0$ e $g''(22) < 0$, $g$ tem um valor máximo relativo de 968 em $x = 22$. Além disso, $g(0) = 0$ e $g(50) < 0$. Como $f(9, 13) = 1.137 > 968$, o valor máximo absoluto de $f$ não ocorre sobre o eixo $x$.

Para a parte da fronteira sobre o eixo $y$ com $y \in [0, \frac{125}{3}]$, de (5),

$$f(0, y) = 114y - 3y^2$$

Seja

$$h(y) = 114y - 3y^2 \qquad y \in [0, \frac{125}{3}]$$

Então

$$h'(y) = 114 - 6y \quad \text{e} \quad h''(y) = -6$$

Como $h'(19) = 0$ e $h''(19) < 0$, $h$ tem um valor máximo relativo de 1.083 em $y = 19$. Além disso, $h(0) = 0$ e $h(\frac{125}{3}) < 0$. Como $f(9,13) = 1.137 > 1.083$, o valor máximo absoluto de $f$ não ocorre sobre o eixo $y$.

Vamos considerar agora a parte da fronteira sobre a reta $x = 50$, com $y \in [0, \frac{125}{3}]$. De (5),

$$f(50, y) = y(114 - 3y) - 600 - 200y \qquad (6)$$
$$f(0, y) = y(114 - 3y) \qquad (7)$$

Comparando (6) e (7),

$$f(50, y) < f(0, y) \qquad (8)$$

Como $f(9, 13) > f(0, y)$ para todo $y$ em $[0, \frac{125}{3}]$, então da desigualdade (8)
$f(9, 13) > f(50, y)$ para $y \in [0, \frac{125}{3}]$

Logo, o valor máximo absoluto de $f$ não ocorre sobre a reta $x = 50$.

Finalmente, temos a parte da fronteira sobre a reta $y = \frac{125}{3}$ com $x \in [0, 50]$. De (5)

$$f(x, \tfrac{125}{3}) = x(88 - 2x) - \tfrac{1.375}{3} - \tfrac{500}{3}x \tag{9}$$

$$f(x, 0) = x(88 - 2x) \tag{10}$$

De (9) e (10) segue que $f(x, \frac{125}{3}) < f(x, 0)$. Logo, como $f(9, 13) > f(x, 0)$ para todo $x$ em $[0, 50]$, podemos concluir que ele é também maior do que $f(x, \frac{125}{3})$ para todo $x$ em $[0, 50]$. Portanto, o valor máximo absoluto não pode ocorrer sobre a reta $y = \frac{125}{3}$.

Assim sendo, o valor máximo absoluto de $f$ não está sobre a fronteira e, portanto, está no ponto (9, 13). Logo, 9 lâmpadas do primeiro tipo e 13 lâmpadas do segundo tipo devem ser produzidas para um lucro máximo de $ 1.137.

Se o custo total da produção de $x$ unidades de uma mercadoria e $y$ unidades de outra é dado por $C(x, y)$, então $C$ é chamada **função custo conjunto**. As derivadas parciais de $C$ são chamadas **funções custo marginal**.

Suponha que um monopolista produza duas mercadorias relacionadas, cujas equações de demanda são $x = f(p, q)$ e $y = g(p, q)$ e cuja função custo conjunto é $C$. Como a receita para as duas mercadorias é dada por $px + qy$, então, sendo $S$ o lucro,

$$S = px + qy - C(x, y)$$

Para determinar o lucro máximo que pode ser obtido usamos primeiro as equações de demanda para expressar $S$ em termos de $p$ e $q$ ou então $x$ e $y$. O seguinte exemplo mostra qual o procedimento.

**EXEMPLO 3** Um monopolista produz duas mercadorias que são concorrentes e têm equações de demanda

$$x = 8 - p + q$$

e

$$y = 9 + p - 5q$$

onde $1.000x$ unidades da primeira mercadoria são demandadas se o preço for $p$ por unidade e $1.000y$ unidades da segunda mercadoria são demandadas se o preço for $q$ por unidade. Custa $ 4 para produzir cada unidade da primeira mercadoria e $ 2 para produzir cada unidade da segunda mercadoria. Ache as quantidades que devem ser produzidas e os preços correspondentes para que o monopolista obtenha o lucro total máximo.

**Solução** Quando $1.000x$ unidades da primeira mercadoria e $1.000y$ unidades da segunda mercadoria são produzidas e vendidas, a receita total é $1.000px + 1.000qy$, e o custo total de produção é $4.000x + 2.000y$. Assim, o lucro total é

$$\begin{aligned}
& 1.000px + 1.000qy - (4.000x + 2.000y) \\
&= 1.000p(8 - p + q) + 1.000q(9 + p - 5q) \\
&\quad - 4.000(8 - p + q) - 2.000(9 + p - 5q) \\
&= 1.000(-p^2 + 2pq - 5q^2 + 10p + 15q - 50)
\end{aligned}$$

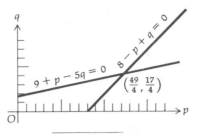

**Figura 10.6.4**

Logo, se $S(p, q)$ é o lucro total,

$$S(p, q) = 1.000(-p^2 + 2pq - 5q^2 + 10p + 15q - 50) \quad (11)$$

Como $x, y, p$ e $q$ devem ser não negativos,

$$8 - p + q \geq 0 \quad 9 + p - 5q \geq 0 \quad p \geq 0 \quad q \geq 0$$

A partir destas desigualdades determinamos que o domínio da função $S$ é a região fechada, sombreada da Figura 10.6.4. Como $S$ é uma função polinomial, ela é contínua em seu domínio. Logo, o teorema do valor extremo pode ser aplicado. Achamos os pontos críticos de $S$ determinando onde $\partial S/\partial p$ e $\partial S/\partial q$ são nulas.

$$\frac{\partial S}{\partial p} = 1.000(-2p + 2q + 10) \quad \frac{\partial S}{\partial q} = 1.000(2p - 10q + 15)$$

Seja $\dfrac{\partial S}{\partial p} = 0$ e $\dfrac{\partial S}{\partial q} = 0$; assim temos

$$-2p + 2q + 10 = 0$$
$$2p - 10q + 15 = 0$$

Destas duas equações obtemos

$$p = \tfrac{65}{8} \quad \text{e} \quad q = \tfrac{25}{8}$$

Logo $(\tfrac{65}{8}, \tfrac{25}{8})$ é um ponto crítico. Como

$$\frac{\partial^2 S}{\partial p^2} = -2.000 \quad \frac{\partial^2 S}{\partial q^2} = -10.000 \quad \frac{\partial^2 S}{\partial q\, \partial p} = 2.000$$

temos

$$\frac{\partial^2 S}{\partial p^2} \cdot \frac{\partial^2 S}{\partial q^2} - \left(\frac{\partial^2 S}{\partial q\, \partial p}\right)^2 = (-2.000)(-10.000) - (2.000)^2 > 0$$

Também, $\partial^2 S/\partial p^2 < 0$; logo, do Teorema 10.5.4(ii), concluímos que $S$ tem um valor máximo relativo em $(\tfrac{65}{8}, \tfrac{25}{8})$. De (11) obtemos $S(\tfrac{65}{8}, \tfrac{25}{8}) = 14.062,50$. O valor máximo absoluto de $S$ deve ocorrer em $(\tfrac{65}{8}, \tfrac{25}{8})$ ou na fronteira de $S$.

Vamos considerar agora a função $S(p, q)$ na fronteira. Para pontos sobre o eixo $p$ temos, de (11),

$$S(p, 0) = -1.000\,(p^2 - 10p + 50) \quad (12)$$

A expressão $p^2 - 10p + 50$ é sempre positiva. Isto pode ser mostrado considerando a função $f$ para a qual $f(p) = p^2 - 10p + 50$. O gráfico de $f$ está sempre acima do eixo $p$. Logo, como $p^2 - 10p + 50 > 0$ para todo $p$, então de (12), $S(p, 0) < 0$ para todo $p$. Logo, o valor máximo absoluto de $S$ não pode ocorrer sobre o eixo $p$.

Para pontos sobre o eixo $q$ temos, de (11)

$$S(0, q) = -5.000(q^2 - 3q + 10)$$

Como a expressão $q^2 - 3q + 10$ é sempre positiva (o gráfico da função $g$, tal que $g(q) = q^2 - 3q + 10$, está sempre acima do eixo $q$) segue que $S(0, q) < 0$ para todo $q$. Assim, o valor máximo absoluto de $S$ não pode ocorrer sobre o eixo $q$.

Encontramos os valores de $S$ para pontos sobre a reta $9 + p - 5q = 0$, substituindo $p = 5q - 9$ no primeiro membro de (11). Obtemos

$$S(5q - 9, q) = 1.000[-(5q - 9)^2 + 2q(5q - 9) - 5q^2 + 10(5q - 9) + 15q - 50]$$

$$S(5q - 9, q) = 1.000(-20q^2 + 137q - 221) \qquad (13)$$

Queremos determinar o maior valor que pode ser obtido pelo segundo membro de (13). Para tanto, consideramos a função $h$ definida por

$$h(q) = -20q^2 + 137q - 221$$

Como

$$h'(q) = -40q + 137 \quad \text{e} \quad h''(q) = -40$$

segue, então, do teste da derivada segunda para funções de uma única variável, que $h$ tem um valor máximo absoluto quando $q = 137/40$. Substituímos este valor de $q$ no segundo membro de (13) e obtemos

$$1.000[-20(\tfrac{137}{40})^2 + 137(\tfrac{137}{40}) - 221] = 13.612,50$$

Logo, $S(5q - 9, \hat{q}) \leq 13.162,50$ para todo $q$. Como $S(\tfrac{65}{8}, \tfrac{25}{8}) = 14.062,50$ e $13.612,50 < 14.062,50$, concluímos que o valor máximo absoluto de $S$ não pode ocorrer sobre a reta $9 + p - 5q = 0$.

Analogamente, podemos mostrar que o valor máximo absoluto de $S$ não pode ocorrer sobre a reta $8 - p + q = 0$. Substituindo $q = p - 8$ no segundo membro de (11), obtemos

$$S(p, p - 8) = 1.000(-4p^2 + 89p - 490)$$

Determinamos que $S(p, p - 8)$ tem seu valor máximo de $5.062,50$ quando $p = 89/8$. Assim, $S(p, p - 8) \leq 5.062,50 < 14.062,50$ para todo $p$.

Temos, portanto, que o valor máximo absoluto de $S$ não pode ocorrer na fronteira de seu domínio. Logo, o valor máximo absoluto de $S$ ocorre no ponto $(\tfrac{65}{8}, \tfrac{25}{8})$. Das equações de demanda verificamos que quando $p = 65/8$ e $q = 25/8$, $x = 3$ e $y = 3/2$.

Assim, o lucro total máximo de \$ 14.062,50 é obtido quando 3.000 unidades da primeira mercadoria são produzidas e vendidas a \$ 8,125 por unidade e 1.500 unidades da segunda mercadoria são produzidas e vendidas a \$ 3,125 por unidade.

• ILUSTRAÇÃO 3

No exemplo precedente, se as equações de demanda forem resolvidas para $p$ e $q$ em termos de $x$ e $y$, obtemos

$$p = \tfrac{1}{4}(49 - 5x - y) \quad \text{e} \quad q = \tfrac{1}{4}(17 - x - y)$$

Como $p$ e $q$ devem ser não negativos, bem como $x$ e $y$, segue que

$$17 - x - y \geq 0 \qquad 49 - 5x - y \geq 0 \qquad x \geq 0 \qquad y \geq 0$$

Destas quatro desigualdades determinamos que os valores permissíveis de $x$ e $y$ ocorrem na região sombreada da Figura 10.6.5. O problema pode ser resolvido considerando-se $x$ e $y$ como variáveis independentes. Será pedido que você faça isto no Exercício 8.

Aplicações de Extremos de Funções de Duas Variáveis    477

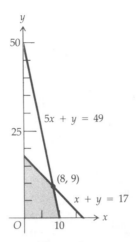

**Figura 10.6.5**

Na Secção 10.2 referimo-nos a uma função de produção cujas variáveis independentes podem ser qualquer um entre vários fatores, tais como o número de máquinas usadas na produção, o número de homens/hora disponíveis, o montante de capital de giro existente, a quantidade de materiais usados e o tamanho do terreno disponível. Considere agora uma função de produção $f$ de duas variáveis, onde as quantidades dos fatores são dadas por $x$ e $y$ e onde $z$ dá a quantidade produzida; então $z = f(x, y)$. Suponha que os preços unitários dos fatores sejam $a$ e $b$, respectivamente, e que o preço final de venda por unidade seja $c$, onde $a$, $b$ e $c$ são constantes. Esta situação poderia ocorrer se houvesse tantos produtores no mercado que uma variação na quantidade produzida de qualquer produtor em particular não afetaria o preço da mercadoria. Tal mercado é chamado **mercado perfeitamente competitivo**. Se $P$ é o lucro total, e como o lucro total é obtido subtraindo-se o custo total da receita total, então

$$P = cz - (ax + by)$$

e como $z = f(x, y)$,

$$P = cf(x, y) - ax - by$$

Deseja-se, naturalmente, maximizar $P$. Isto será ilustrado com um exemplo.

**EXEMPLO 4** Suponha que a produção de uma certa mercadoria dependa de dois fatores. As quantidades destes fatores são dadas por $100x$ e $100y$, cujos preços são, respectivamente, \$ 7 e \$ 4. O volume de produção é dado por $100z$ e o preço por unidade é \$ 9. Além disso, a função de produção $f$ tem os seguintes valores funcionais

$$f(x, y) = \frac{x}{3} + \frac{y}{3} + 5 - \frac{1}{x} - \frac{1}{y}$$

Determine o lucro máximo.

**Solução** Se $P$ é o lucro,

$$P = 9(100z) - 7(100x) - 4(100y) \tag{14}$$

Seja $z = f(x, y)$, então

$$P = 900\left(\frac{x}{3} + \frac{y}{3} + 5 - \frac{1}{x} - \frac{1}{y}\right) - 700x - 400y$$

$$= 4.500 - \frac{900}{x} - \frac{900}{y} - 400x - 100y$$

$x$ e $y$ estão ambos no intervalo $(0, +\infty)$. Logo

$$\frac{\partial P}{\partial x} = \frac{900}{x^2} - 400 \quad \text{e} \quad \frac{\partial P}{\partial y} = \frac{900}{y^2} - 100$$

Também

$$\frac{\partial^2 P}{\partial x^2} = -\frac{1.800}{x^3} \quad \frac{\partial^2 P}{\partial y^2} = -\frac{1.800}{y^3} \quad \frac{\partial^2 P}{\partial y\, \partial x} = 0$$

Equacionando $\partial P/\partial x = 0$ e $\partial P/\partial y = 0$ temos

$$\frac{900}{x^2} - 400 = 0 \quad \text{e} \quad \frac{900}{y^2} - 100 = 0$$

de onde obtemos $x = \frac{3}{2}$ e $y = 3$ (o resultado negativo é rejeitado, pois $x$ e $y$ devem ser positivos). Em $(\frac{3}{2}, 3)$,

$$\frac{\partial^2 P}{\partial x^2} \cdot \frac{\partial^2 P}{\partial y^2} - \left(\frac{\partial^2 P}{\partial y\, \partial x}\right)^2 = \left(-\frac{1.800}{\frac{27}{8}}\right)\left(-\frac{1.800}{27}\right) - (0)^2 > 0$$

Do resultado acima e do fato de que em $(\frac{3}{2}, 3)$, $\partial^2 P/\partial x^2 < 0$, segue do Teorema 10.5.4 (ii) que $P$ tem um valor máximo relativo em $(\frac{3}{2}, 3)$. Como $x$ e $y$ estão ambos no intervalo $(0, +\infty)$ e $P$ é um número negativo quando $x$ e $y$ estão próximos de zero ou são muito grandes, concluímos que o valor máximo relativo de $P$ é um valor máximo absoluto. Como $z = f(x, y)$, o valor de $z$ em $(\frac{3}{2}, 3)$ é $f(\frac{3}{2}, 3) = \frac{1}{2} + 1 + 5 - \frac{2}{3} - \frac{1}{3} = \frac{11}{2}$. Assim, de (14),

$$P_{max} = 900 \cdot \frac{11}{2} - 700 \cdot \frac{3}{2} - 400 \cdot 3 = 2.700$$

Logo, o lucro máximo é $\$ 2.700$.

## Exercícios 10.6

1. Ache os três números positivos cuja soma é 24, tais que seu produto seja o maior possível.
2. Ache os três números positivos cujo produto é 24 e cuja soma seja a menor possível.
3. Suponha que quando a produção de determinada mercadoria requer $x$ máquinas-hora e $y$ homens-hora, o custo de produção seja dado por $f(x, y)$, onde $f(x, y) = 2x^3 - 6xy + y^2 + 500$. Determine o número de máquinas-hora e o número de homens-hora necessários para que a mercadoria tenha um custo mínimo.
4. Uma caixa retangular sem tampa deve ser feita a um custo de $\$ 10$ para o material. O custo do material para a base é $\$ 0,15$ o decímetro quadrado, e o material para os lados custa $\$ 0,30$ o decímetro quadrado. Ache as dimensões da caixa com volume máximo que pode ser feita.

5. Uma caixa retangular, para conter 16 cm³, deve ser feita de três tipos de material. O custo do material para a tampa e a base é $ 0,18 o centímetro quadrado, o custo do material para a frente e fundo é $ 0,16 o centímetro quadrado, e o custo do material para os outros dois lados é $ 0,12 o centímetro quadrado. Ache as dimensões da caixa, tal que o custo do material seja um mínimo.

6. Uma caixa retangular sem tampa deve ser feita com 300 cm² de material. Quais deveriam ser as dimensões da caixa para que tivesse o maior volume possível?

7. As equações de demanda para duas mercadorias que são produzidas por um monopolista são

$$x = 6 - 2p + q \quad \text{e} \quad y = 7 + p - q$$

onde $100x$ é a quantidade da primeira mercadoria demandada, se o preço é $p$ por unidade, e $100y$ é a quantidade da segunda mercadoria demandada se o preço é $q$ por unidade. Mostre que as mercadorias são concorrentes. Se custa $ 2 para produzir cada unidade da primeira mercadoria e $ 3 para produzir cada unidade da segunda mercadoria, ache as quantidades demandadas e os preços das mercadorias, a fim de obter um lucro total máximo. Tome $p$ e $q$ como variáveis independentes.

8. Resolva o Exemplo 3 desta secção, considerando $x$ e $y$ como variáveis independentes.

9. Resolva o Exercício 7, tomando $x$ e $y$ como variáveis independentes.

10. Um monopolista produz grampeadores e grampos tendo por equações de demanda

$$x = \frac{10}{pq} \quad \text{e} \quad y = \frac{20}{pq}$$

onde $1.000x$ grampeadores são demandados, se o preço for $p$ por unidade e $1.000y$ caixas de grampos são demandadas, se o preço por caixa for $q$. Custa $ 2 para produzir cada grampeador e $ 1 para produzir cada caixa de grampos. Determine o preço de cada mercadoria, a fim de que se tenha lucro total máximo.

11. Se as equações de demanda no Exercício 10 são

$$x = 11 - 2p - 2q \quad \text{e} \quad y = 19 - 2p - 3q$$

mostre que, para obter o lucro total máximo, os grampeadores devem ser grátis e os grampos muito caros.

12. Um monopolista produz duas mercadorias $A$ e $B$ cujas equações de demanda são

$$x = 16 - 3p - 2q \quad \text{e} \quad y = 11 - 2p - 2q$$

onde $100x$ unidades de $A$ e $100y$ unidades de $B$ são demandadas quando os preços unitários de $A$ e $B$ são, respectivamente, $p$ e $q$. Mostre que as duas mercadorias são complementares. Se o custo de produção de cada unidade da mercadoria $A$ for $ 1 e se o custo de produção de cada unidade da mercadoria $B$ for $ 3, ache as quantidades demandadas e os preços das mercadorias, a fim de que se tenha um lucro total máximo.

13. A função de produção $f$ de certa mercadoria tem valores funcionais

$$f(x, y) = x + \tfrac{5}{2}y - \tfrac{1}{8}x^2 - \tfrac{1}{4}y^2 - \tfrac{9}{8}$$

As quantidades de dois fatores são dadas por $100x$ e $100y$, cujos preços por unidade são, respectivamente, $ 4 e $ 8, e a quantidade produzida é dada por $100z$, cujo preço por unidade é $ 16. Determine o lucro total máximo.

14. Uma certa mercadoria tem uma função de produção $f$ definida por

$$f(x, y) = 4 - \frac{8}{xy}$$

As quantidades de dois fatores são dadas por $100x$ e $100y$, cujos preços por unidade são, respectivamente, $ 10 e $ 5, e a quantidade do produto é dada por $100z$, cujo preço por unidade é $ 20. Determine o lucro total máximo.

15. Uma fábrica tem duas classificações para seus operários, $A$ e $B$. Os trabalhadores classe $A$ ganham $ 14 por turno, e os trabalhadores classe $B$ ganham $ 13 por turno. Para um certo turno de produção foi determinado que além dos salários dos operários, se $x$ operários classe $A$ e $y$ operários clas-

se $B$ estão trabalhando, o custo do turno seria $y^3 + x^2 - 8xy + 600$. Quantos operários de cada classe devem ser empregados, para que o custo do turno seja mínimo, se pelo menos três operários de cada classe são requeridos para um turno?

16. Suponha que, $t$ horas após a injeção de $x$ mg de adrenalina, a resposta seja $R$ unidades, e

$$R = te^{-t}(c-x)x$$

onde $c$ é uma constante positiva. Que valores de $x$ e $t$ causarão a resposta máxima?

17. Uma injeção de $x$ mg da droga $A$ e $y$ mg da droga $B$ causam uma resposta de $R$ unidades, e

$$R = x^2 y^3 (c - x - y)$$

onde $c$ é uma constante positiva. Que quantidade de cada droga causará uma resposta máxima?

18. Suponha que $t$ graus seja a temperatura em qualquer ponto $(x, y)$ sobre a esfera $x^2 + y^2 + z^2 = 4$ e $t = 100xy^2z$. Ache os pontos sobre a esfera onde a temperatura é máxima e os pontos onde é mínima. Determine as temperaturas nestes pontos.

19. Determine as dimensões relativas de uma caixa retangular, sem tampa, a ser feita com uma certa quantidade de material, a fim de que a caixa tenha o maior volume possível.

20. Determine as dimensões relativas de uma caixa retangular, sem tampa e tendo um volume específico, se a quantidade de material a ser usada em sua confecção deve ser mínima.

## 10.7 MULTIPLICADORES DE LAGRANGE

Na solução do Exemplo 4 na Secção 10.6, maximizamos a função $P$ dada por

$$P(x, y, z) = 900z - 700x - 400y \tag{1}$$

sujeita à condição de que $x, y, z$ satisfaçam a equação

$$z = \frac{x}{3} + \frac{y}{3} + 5 - \frac{1}{x} - \frac{1}{y} \tag{2}$$

Compare isto com o Exemplo 2 na Secção 10.5, onde encontramos os extremos relativos da função $f$ para a qual

$$f(x, y) = 2x^4 + y^2 - x^2 - 2y$$

Essencialmente são dois tipos diferentes de problema, pois no primeiro caso temos uma condição adicional, chamada **restrição** (ou **condição lateral**). Tal problema é chamado de **extremos condicionados**, enquanto que o segundo tipo é conhecido como problema de **extremos livres**.

A solução do Exemplo 4 da Secção 10.6 envolve a obtenção de uma função de duas variáveis $x$ e $y$, substituindo-se $z$ na primeira equação por seu valor na segunda equação. A formulação de um outro método que pode ser usado para resolver este exemplo é atribuída a Joseph Lagrange, e é conhecido por **multiplicadores de Lagrange**. A teoria deste método envolve os teoremas das funções implícitas, estudados em cálculo avançado. Assim sendo, não serão demonstrados aqui. Resumiremos o procedimento que será posteriormente ilustrado com exemplos.

Suponha que desejemos encontrar os pontos críticos de uma função $f$ de três variáveis $x, y$ e $z$, sujeita ao vínculo $g(x, y, z) = 0$. Introduzimos uma nova variável, usualmente denotada por $\lambda$, e formamos uma função auxiliar $F$ dada por

$$F(x, y, z, \lambda) = f(x, y, z) + \lambda g(x, y, z)$$

O problema torna-se, então, o de encontrar os pontos críticos da função $F$ de quatro variáveis $x, y, z$ e $\lambda$. Os valores de $x, y$ e $z$ que dão os extremos de $f$, sujeitos à restrição $g$, estão entre esses pontos críticos.

**EXEMPLO 1** Resolva o Exemplo 1 da Secção 10.6 pelo método dos multiplicadores de Lagrange.

**Solução** Usando as variáveis $x$, $y$, e $z$ como estão definidas na solução do Exemplo 1 da Secção 10.6 temos

$$S = f(x, y, z) = xy + 2xz + 2yz$$

e

$$g(x, y, z) = xyz - 32$$

Queremos minimizar a função $f$ sujeita à restrição

$$g(x, y, z) = 0$$

Seja

$$\begin{aligned}F(x, y, z, \lambda) &= f(x, y, z) + \lambda g(x, y, z) \\ &= xy + 2xz + 2yz + \lambda(xyz - 32)\end{aligned}$$

Determinando as quatro derivadas parciais $F_x$, $F_y$, $F_z$ e $F_\lambda$ e igualando a zero os seus valores funcionais, temos

$$F_x(x, y, z, \lambda) = y + 2z + \lambda yz = 0 \quad (3)$$
$$F_y(x, y, z, \lambda) = x + 2z + \lambda xz = 0 \quad (4)$$
$$F_z(x, y, z, \lambda) = 2x + 2y + \lambda xy = 0 \quad (5)$$
$$F_\lambda(x, y, z, \lambda) = xyz - 32 = 0 \quad (6)$$

Subtraindo de ambos os membros de (4) os de (3) obtemos

$$y - x + \lambda z(y - x) = 0$$
$$(y - x)(1 + \lambda z) = 0$$

resultando as equações

$$y = x \quad (7)$$
$$\lambda = -\frac{1}{z} \quad (8)$$

Substituindo o valor de (8) em (4) obtemos $x + 2z - x = 0$, com $z = 0$, o que é impossível, pois $z$ está no intervalo $(0, +\infty)$. Substituindo (7) em (5) resulta

$$2x + 2x + \lambda x^2 = 0$$
$$x(4 + \lambda x) = 0$$

como $x \neq 0$

$$\lambda = -\frac{4}{x}$$

Se, em (4), $\lambda = -4/x$,

$$x + 2z - \frac{4}{x}(xz) = 0$$

$$x + 2z - 4z = 0$$

$$z = \frac{x}{2} \tag{9}$$

Substituindo (9) e (7) em (6) obtemos $\frac{1}{2}x^3 - 32 = 0$ de onde $x = 4$. De (7) e (9) obtemos $y = 4$ e $z = 2$. Estes resultados estão de acordo com os encontrados na solução do Exemplo 1 da Secção 10.6.

Observe na solução que a equação $F_\lambda(x, y, z, \lambda) = 0$ é a mesma restrição dada pela equação $xyz = 32$.

Uma desvantagem do método dos multiplicadores de Lagrange é que o procedimento fornece somente os pontos críticos da função, sem discriminar se há um valor mínimo ou máximo relativos, ou um dos dois. Contudo, usualmente podemos determinar qual a situação que prevalece com base nas condições do problema.

**EXEMPLO 2**  Resolva o Exemplo 4 da Secção 10.6 pelo método dos multiplicadores de Lagrange.

**Solução**  Queremos maximizar a função $P$ definida por

$$P(x, y, z) = 900z - 700x - 400y$$

sujeita à restrição dada pela equação $z = x/3 + y/3 + 5 - 1/x - 1/y$, que pode ser escrita como

$$g(x, y, z) = \frac{1}{x} + \frac{1}{y} + z - \frac{x}{3} - \frac{y}{3} - 5 = 0$$

Seja

$$F(x, y, z, \lambda) = P(x, y, z) + \lambda g(x, y, z)$$

$$= 900z - 700x - 400y + \lambda\left(\frac{1}{x} + \frac{1}{y} + z - \frac{x}{3} - \frac{y}{3} - 5\right)$$

Achamos as quatro derivadas parciais $F_x$, $F_y$, $F_z$ e $F_\lambda$ e igualamos todas a zero.

$$F_x(x, y, z, \lambda) = -700 - \frac{\lambda}{x^2} - \frac{\lambda}{3} = 0$$

$$F_y(x, y, z, \lambda) = -400 - \frac{\lambda}{y^2} - \frac{\lambda}{3} = 0$$

$$F_z(x, y, z, \lambda) = 900 + \lambda = 0$$

$$F_\lambda(x, y, z, \lambda) = \frac{1}{x} + \frac{1}{y} + z - \frac{x}{3} - \frac{y}{3} - 5 = 0$$

Resolvendo simultaneamente as equações obtemos

$\lambda = -900 \qquad x = \frac{3}{2} \qquad y = 3 \qquad z = \frac{11}{2}$

Os valores de $x$, $y$ e $z$ concordam com os que foram encontrados anteriormente e $P(\frac{3}{2}, 3, \frac{11}{2}) = 2.700$. Mostra-se que $P$ tem um valor máximo absoluto, da mesma forma que anteriormente.

No próximo exemplo há uma situação característica da área econômica envolvendo uma **função utilidade** que mede a satisfação em termos de quantidade de vários bens. Um valor funcional da função utilidade é chamado **índice de utilidade** e descreve numericamente a preferência de um indivíduo pelos bens.

**EXEMPLO 3** Suponha que $U$ seja uma função utilidade para a qual

$$U(x, y, z) = xyz$$

onde $x$, $y$ e $z$ representam o número de unidades das mercadorias $A$, $B$ e $C$, respectivamente, que são consumidas semanalmente por determinada pessoa. Suponha que $2, $3 e $4 sejam os preços unitários de $A$, $B$ e $C$, respectivamente, e que a despesa semanal para as mercadorias está orçada em $90. Quantas unidades de cada mercadoria deveriam ser compradas por semana para maximizar o índice de utilidade do consumidor?

**Solução** Desejamos determinar os valores de $x$, $y$ e $z$ que maximizam $U(x, y, z)$, sujeita à restrição orçamentária.

$$2x + 3y + 4z = 90$$

Cada uma das variáveis $x$, $y$, e $z$ está no intervalo $[0, +\infty)$. Seja

$$g(x, y, z) = 2x + 3y + 4z - 90$$

e

$$\begin{aligned} F(x, y, z, \lambda) &= U(x, y, z) + \lambda g(x, y, z) \\ &= xyz + \lambda(2x + 3y + 4z - 90). \end{aligned}$$

Vamos encontrar $F_x$, $F_y$, $F_z$ e $F_\lambda$ e igualá-las a zero.

$$F_x(x, y, z, \lambda) = yz + 2\lambda = 0 \qquad (10)$$

$$F_y(x, y, z, \lambda) = xz + 3\lambda = 0 \qquad (11)$$

$$F_z(x, y, z, \lambda) = xy + 4\lambda = 0 \qquad (12)$$

$$F_\lambda(x, y, z, \lambda) = 2x + 3y + 4z - 90 = 0 \qquad (13)$$

De (10) e (11)

$$\frac{yz}{xz} = \frac{-2\lambda}{-3\lambda}$$

$$y = \tfrac{2}{3}x \qquad (14)$$

De (10) e (12)

$$\frac{yz}{xy} = \frac{-2\lambda}{-4\lambda}$$

$$z = \tfrac{1}{2}x \qquad (15)$$

Substituímos (14) e (15) em (13), e temos

$$2x + 3(\tfrac{2}{3}x) + 4(\tfrac{1}{2}x) - 90 = 0$$
$$2x + 2x + 2x = 90$$
$$6x = 90$$
$$x = 15$$

Logo $y = \tfrac{2}{3}(15) = 10$ e $z = \tfrac{1}{2}(15) = \tfrac{15}{2}$. Com estes valores de $x$, $y$ e $z$ obtemos

$$U(15, 10, \tfrac{15}{2}) = 15 \cdot 10 \cdot \tfrac{15}{2}$$
$$= 1.125$$

É claro que este é o índice de utilidade máximo. Logo, o número de unidades das três mercadorias que devem ser compradas por semana é 15, 10 e 7,5.

Em algumas aplicações das funções de várias variáveis a problemas em economia, o multiplicador de Lagrange $\lambda$ está relacionado aos conceitos de marginal, em particular custo marginal e utilidade marginal. Para detalhes você deve consultar as referências em matemática aplicada.

Se várias restrições forem impostas, o método dos multiplicadores de Lagrange pode ser aplicado, usando-se vários multiplicadores. Em particular, se queremos achar os pontos críticos da função cujos valores funcionais são $f(x, y, z)$, sujeitos às restrições $g(x, y, z) = 0$ e $h(x, y, z) = 0$, encontramos os pontos críticos da função $F$ de cinco variáveis $x, y, z, \lambda$ e $\mu$ para a qual

$$F(x, y, z, \lambda, \mu) = f(x, y, z) + \lambda g(x, y, z) + \mu h(x, y, z)$$

O seguinte exemplo ilustra o método.

**EXEMPLO 4** Ache os extremos relativos da função $f$ se

$$f(x, y, z) = xz + yz$$

com as duas restrições $x^2 + z^2 = 2$ e $yz = 2$.

**Solução** Vamos formar a função $F$ tal que

$$F(x, y, z, \lambda, \mu) = xz + yz + \lambda(x^2 + z^2 - 2) + \mu(yz - 2)$$

Achando as cinco derivadas parciais e igualando-as a zero temos

$$F_x(x, y, z, \lambda, \mu) = z + 2\lambda x = 0 \tag{16}$$
$$F_y(x, y, z, \lambda, \mu) = z + \mu z = 0 \tag{17}$$
$$F_z(x, y, z, \lambda, \mu) = x + y + 2\lambda z + \mu y = 0 \tag{18}$$
$$F_\lambda(x, y, z, \lambda, \mu) = x^2 + z^2 - 2 = 0 \tag{19}$$
$$F_\mu(x, y, z, \lambda, \mu) = yz - 2 = 0 \tag{20}$$

De (17) obtemos $\mu = -1$ ou $z = 0$. Rejeitamos $z = 0$ pois isto contradiz (20). De (16) obtemos

$$\lambda = -\frac{z}{2x} \tag{21}$$

Substituindo (21) e $\mu = -1$ em (18) obtemos

$$x + y - \frac{z^2}{x} - y = 0$$

e logo

$$x^2 = z^2 \qquad (22)$$

Substituindo (22) em (19) temos $2x^2 - 2 = 0$ ou $x^2 = 1$. Logo, temos dois valores para $x$, ou seja, 1 e $-1$; para cada um destes valores de $x$ obtemos, de (22), dois valores, 1 e $-1$, para $z$. Obtendo os correspondentes valores para $y$ de (20) temos quatro conjuntos de soluções para as cinco Equações de (16) a (20). As soluções são

| | | | | |
|---|---|---|---|---|
| $x = 1$ | $y = 2$ | $z = 1$ | $\lambda = -\frac{1}{2}$ | $\mu = -1$ |
| $x = 1$ | $y = -2$ | $z = -1$ | $\lambda = \frac{1}{2}$ | $\mu = -1$ |
| $x = -1$ | $y = 2$ | $z = 1$ | $\lambda = \frac{1}{2}$ | $\mu = -1$ |
| $x = -1$ | $y = -2$ | $z = -1$ | $\lambda = -\frac{1}{2}$ | $\mu = -1$ |

O primeiro e o quarto conjuntos de soluções dão $f(x, y, z) = 3$, e o segundo e terceiro conjuntos de soluções dão $f(x, y, z) = 1$. Logo, $f$ tem um valor máximo relativo de 3 e um valor mínimo relativo de 1.

## Exercícios 10.7

Nos Exercícios de 1 a 4, use o método dos multiplicadores de Lagrange para encontrar os pontos críticos da função sujeita à restrição dada.

1. $f(x, y) = 25 - x^2 - y^2$ com restrição $x^2 + y^2 - 4y = 0$
2. $f(x, y) = 4x^2 + 2y^2 + 5$ com restrição $x^2 + y^2 - 2y = 0$
3. $f(x, y, z) = x^2 + y^2 + z^2$ com restrição $3x - 2y + z - 4 = 0$
4. $f(x, y, z) = x^2 + y^2 + z^2$ com restrição $y^2 - x^2 = 1$

Nos Exercícios de 5 a 8, use o método dos multiplicadores de Lagrange para encontrar os extremos relativos de $f$ sujeitos à restrição indicada. Ache também os pontos nos quais ocorrem os extremos. Suponha que o extremo relativo exista.

5. $f(x, y) = x^2 + y$ com restrição $x^2 + y^2 = 9$
6. $f(x, y) = x^2 y$ com restrição $x^2 + 8y^2 = 24$
7. $f(x, y, z) = xyz$ com restrição $x^2 + 2y^2 + 4z^2 = 4$
8. $f(x, y, z) = y^3 + xz^2$ com restrição $x^2 + y^2 + z^2 = 1$

Nos Exercícios 9 e 10, ache o valor mínimo de $f$ sujeito à restrição indicada. Suponha que o valor mínimo exista.

9. $f(x, y, z) = x^2 + y^2 + z^2$ com restrição $xyz = 1$  10. $f(x, y, z) = xyz$ com restrição $x^2 + y^2 + z^2 = 1$

Nos Exercícios 11 e 12, ache o valor máximo de $f$ sujeito à restrição indicada. Suponha que o valor máximo exista.

11. $f(x, y, z) = x + y + z$ com restrição $x^2 + y^2 + z^2 = 9$
12. $f(x, y, z) = xyz$ com restrição $2xy + 3xz + yz = 72$

**486** CÁLCULO DIFERENCIAL DE FUNÇÕES COM MUITAS VARIÁVEIS

13. Use o método dos multiplicadores de Lagrange para encontrar um valor mínimo relativo de $f$ se $f(x, y, z) = x^2 + y^2 + z^2$ com as restrições $x + 2y + 32 = 6$ e $x - y - z = -1$.
14. Use o método dos multiplicadores de Lagrange para encontrar um valor mínimo relativo da função $f$ se $f(x, y, z) = x^2 + y^2 + z^2$ com as restrições $x + y + 2z = 1$ e $3x - 2y + z = -4$.
15. Use o método dos multiplicadores de Lagrange para encontrar um valor máximo relativo da função $f$ se $f(x, y, z) = xyz$ com as restrições $x + y + z = 4$ e $x - y - z = 3$.
16. Use o método dos multiplicadores de Lagrange para encontrar um valor máximo relativo da função $f$ se $f(x, y, z) = x^3 + y^3 + z^3$ com as restrições $x + y + z = 1$ e $x + y - z = 0$.

Nos Exercícios de 17 a 24, use o método dos multiplicadores de Lagrange para resolver o exercício dos Exercícios 10.6.

17. Exercício 1     18. Exercício 2     19. Exercício 5     20. Exercício 6
21. Exercício 13    22. Exercício 14    23. Exercício 19    24. Exercício 18

25. Um disco circular é a forma da região limitada pelo círculo $x^2 + y^2 = 1$. Se $T$ graus for a temperatura em qualquer ponto $(x, y)$ do disco e $T = 2x^2 + y^2 - y$, ache os pontos mais frio e mais quente do disco.
26. Ache o valor mínimo da função $f$ para a qual $f(x, y) = x^2 + 4y^2 + 16z^2$ com a restrição (a) $xyz = 1$; (b) $xy = 1$ e (c) $x = 1$.
27. Resolva o Exemplo 3 se $U(x, y, z) = e^{x^2yz}$.
28. Resolva o Exemplo 3 se $U(x, y, z) = x^2y^3z$.
29. No Exemplo 3, suponha que a função utilidade envolva 5 mercadorias $A$, $B$, $C$, $D$ e $E$. Além disso, suponha que $x$ unidades de $A$, $y$ de $B$, $z$ de $C$, $s$ de $D$ e $t$ de $E$ sejam consumidas por semana, e os preços unitários de $A$, $B$, $C$, $D$ e $E$ sejam, respectivamente, $ 2, $ 3, $ 4, $ 1 e $ 5. Se $U(x, y, z, s, t) = xyzst$ e o gasto semanal com as mercadorias for de $ 150, quantas unidades de cada mercadoria devem ser compradas por semana para maximizar o índice de utilidade do consumidor?
30. Uma empresa tem três fábricas produzindo a mesma mercadoria. A fábrica $A$ produz $x$ unidades, a $B$ $y$ unidades, e a $C$ $z$ unidades, e seus custos de produção são $(3x^2 + 200)$, $(y^2 + 400)$ e $(2z^2 + 300)$, respectivamente. Para atender a um pedido de 1.100 unidades, como deve ser distribuída a produção entre as fábricas para minimizar o custo total de produção?

## 10.8 O MÉTODO DOS MÍNIMOS QUADRADOS

Suponha que desejamos encontrar um modelo matemático para alguns dados que consistem num conjunto de pontos $(x_1, y_1)$, $(x_2, y_2)$, ..., $(x_n, y_n)$. Em particular, $y_i$ pode ser o lucro semanal de um fabricante, enquanto que $x_i$ é o número de unidades vendidas por semana, ou $y_i$ poderia ser o total de vendas anuais e $x_i$ o número de anos que se passaram desde que a fábrica começou a funcionar. O número de casos novos de uma doença poderia ser $y_i$ e $x_i$ da o número de dias decorridos desde o início da epidemia. O modelo que se pretende é uma relação envolvendo $x$ e $y$, que possa ser usada para fazer previsões. Tal relação é proporcionada por uma reta que se "ajuste" aos dados.

• ILUSTRAÇÃO 1

A Tabela 10.8.1 dá a receita total anual das vendas de uma fábrica durante os seus 4 primeiros anos de operação, onde $x$ é o número de anos de operação e $y$ é o número de milhões em vendas anuais.

Tabela 10.8.1

| $x$ | 1 | 2 | 3 | 4 |
|---|---|---|---|---|
| $y$ | 5 | 8 | 7 | 12 |

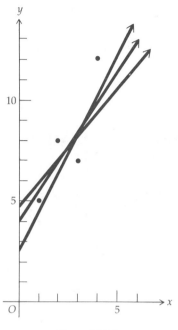

Figura 10.8.1

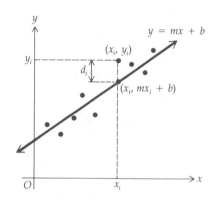

Figura 10.8.2

Suponha que se queira fazer uma previsão da receita do quinto ano a partir destas informações. Os quatro pontos $(x_i, y_i)$ estão no gráfico da Figura 10.8.1. Há várias retas que se ajustam aos quatro pontos, três delas aparecem na figura. Cada reta dá uma estimativa diferente da receita do quinto ano.

Como se observa na Ilustração 1, em geral há várias retas que se "ajustam" a um conjunto de dados. Gostaríamos de obter a reta que fornece o "melhor ajuste". Para chegar a uma definição adequada para tal reta, vamos indicar primeiro a qualidade do ajuste de uma dada reta a um conjunto de pontos medindo as distâncias verticais dos pontos à reta. Por exemplo, na Figura 10.8.2, há $n$ pontos e a reta $y = mx + b$. O ponto $(x_i, y_i)$ é o $i$-ésimo ponto dos dados, e correspondendo a ele sobre a reta está o ponto $(x_i, mx_i + b)$. O **desvio** (ou **erro**) entre o $i$-ésimo ponto dos dados e a reta é definido como $d_i$, onde

$$d_i = y_i - (mx_i + b) \tag{1}$$

Note que $d_i$ é positivo se o ponto $(x_i, y_i)$ estiver acima da reta e negativo se estiver abaixo da reta. Como queremos um bom ajuste, é razoável exigir que

$$d_1 + d_2 + \ldots + d_n$$

seja pequeno. Contudo, tal exigência permitiria que a soma dos desvios fosse pequena nas situações onde os desvios positivos fossem compensados pelos desvios negativos, muito embora os pontos estivessem distantes da reta. Para evitar este tipo de situação iremos considerar a soma dos quadrados dos desvios,

$$d_1^2 + d_2^2 + \ldots + d_n^2 = \sum_{i=1}^{n} d_i^2$$

Observe que $\sum_{i=1}^{n} d_i^2$ não pode ser negativo e é nulo somente quando cada $d_i$ é zero, e neste caso todos os pontos dados estão sobre a reta. Tomaremos como a reta de melhor ajuste aquela para a qual $\sum_{i=1}^{n} d_i^2$ é um mínimo absoluto. Esta reta é chamada **reta de regressão**, e o processo para encontrá-la é chamado **método dos mínimos quadrados**.

• ILUSTRAÇÃO 2

Vamos aplicar o método dos mínimos quadrados para achar a reta de regressão para os pontos da Ilustração 1. Estes pontos são $(1, 5)$, $(2, 8)$, $(3, 7)$ e $(4, 12)$. Seja

$$y = mx + b$$

a equação da reta de regressão. Queremos determinar $m$ e $b$. De (1), os desvios entre os pontos dados e a reta são

$$d_1 = 5 - [m(1) + b] = 5 - m - b$$
$$d_2 = 8 - [m(2) + b] = 8 - 2m - b$$
$$d_3 = 7 - [m(3) + b] = 7 - 3m - b$$
$$d_4 = 12 - [m(4) + b] = 12 - 4m - b$$

Assim

$$\sum_{i=1}^{4} d_i^2 = (5 - m - b)^2 + (8 - 2m - b)^2 + (7 - 3m - b)^2 + (12 - 4m - b)^2$$

Observe que $\sum_{i=1}^{n} d_i^2$ é uma função de $m$ e de $b$. Chamando de $f$ esta função temos

$$f(m, b) = (5 - m - b)^2 + (8 - 2m - b)^2 + (7 - 3m - b)^2 + (12 - 4m - b)^2 \qquad (2)$$

Vamos aplicar o teste da derivada segunda para encontrar os valores de $m$ e $b$ que dão o valor mínimo absoluto de $f$.

$f_m(m, b)$
$$= 2(5 - m - b)(-1) + 2(8 - 2m - b)(-2)$$
$$\qquad + 2(7 - 3m - b)(-3) + 2(12 - 4m - b)(-4)$$
$$= 2(-5 + m + b - 16 + 4m + 2b - 21 + 9m + 3b - 48 + 16m + 4b)$$
$$= 2(-90 + 30m + 10b)$$

$f_b(m, b)$
$$= 2(5 - m - b)(-1) + 2(8 - 2m - b)(-1)$$
$$\qquad + 2(7 - 3m - b)(-1) + 2(12 - 4m - b)(-1)$$
$$= 2(-5 + m + b - 8 + 2m + b - 7 + 3m + b - 12 + 4m + b)$$
$$= 2(-32 + 10m + 4b)$$

$f_{mm}(m, b) = 60 \qquad f_{mb}(m, b) = 20 \qquad f_{bb}(m, b) = 8 \qquad f_{bm}(m, b) = 20$

Seja $f_m(m, b) = 0$ e $f_b(m, b) = 0$; assim temos

$$-9 + 3m + b = 0$$
$$-16 + 5m + 2b = 0$$

Resolvendo simultaneamente as duas equações obtemos $m = 2$ e $b = 3$. Para todos os valores de $m$ e $b$

$$f_{mm}(m, b) = 60 > 0$$

e

$$f_{mm}(m, b) \cdot f_{bb}(m, b) - f_{mb}^2(m, b) = (60)(8) - (20)^2 = 80 > 0$$

Logo, do Teorema 10.5.4(i), $f$ tem um valor mínimo relativo quando $m = 2$ e $b = 3$. Além disso, há somente um extremo relativo para $f$. Também, $m$ e $b$ estão no intervalo $(-\infty, +\infty)$, e de (2) observamos que $f(m, b)$ é grande quando o valor absoluto de $m$ ou o valor absoluto de $b$ é grande. Assim, concluímos que o valor mínimo relativo de $f$ é um valor mínimo absoluto. Logo, a reta de regressão é

$$y = 2x + 3 \qquad (3)$$

A Figura 10.8.3 mostra os quatro pontos e a reta. De (3), quando $x = 5$, $y = 13$. Logo, estima-se que a receita do quinto ano seja de $ 13 milhões. •

Vamos dar agora o procedimento genérico para usar o método dos mínimos quadrados, a fim de encontrar a reta de regressão $y = mx + b$ para um conjunto de $n$ pontos dados $(x_1, y_1)$, $(x_2, y_2), \ldots, (x_n, y_n)$. A soma dos quadrados dos desvios entre os pontos e a reta é

$$\sum_{i=1}^{n} d_i^2 = \sum_{i=1}^{n} [y_i - (mx_i + b)]^2$$

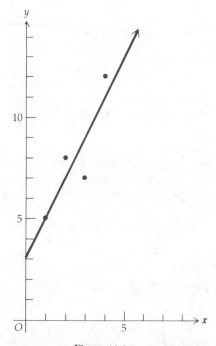

**Figura 10.8.3**

**490** CALCULO DIFERENCIAL DE FUNÇÕES COM MUITAS VARIÁVEIS

Lembrando que $x_i$ e $y_i$ são constantes e $m$ e $b$ são variáveis, temos

$$f(m, b) = \sum_{i=1}^{n} (y_i - mx_i - b)^2$$

Queremos encontrar os valores de $m$ e $b$ que tornam $f(m, b)$ um mínimo absoluto. Primeiro calculamos as derivadas parciais $f_m(m, b)$ e $f_b(m, b)$.

$$f_m(m, b) = \sum_{i=1}^{n} \frac{\partial}{\partial m} [(y_i - mx_i - b)^2]$$

$$= \sum_{i=1}^{n} 2(y_i - mx_i - b)(-x_i)$$

$$= 2 \sum_{i=1}^{n} (-x_i y_i + mx_i^2 + bx_i)$$

$$= 2 \left[ -\sum_{i=1}^{n} x_i y_i + m \sum_{i=1}^{n} x_i^2 + b \sum_{i=1}^{n} x_i \right]$$

$$f_b(m, b) = \sum_{i=1}^{n} \frac{\partial}{\partial b} [(y_i - mx_i - b)^2]$$

$$= \sum_{i=1}^{n} 2(y_i - mx_i - b)(-1)$$

$$= 2 \sum_{i=1}^{n} (-y_i + mx_i + b)$$

$$= 2 \left[ -\sum_{i=1}^{n} y_i + m \sum_{i=1}^{n} x_i + nb \right]$$

Seja $f_m(m, b) = 0$ e $f_b(m, b) = 0$; assim obtemos

$$\left( \sum_{i=1}^{n} x_i^2 \right) m + \left( \sum_{i=1}^{n} x_i \right) b = \sum_{i=1}^{n} x_i y_i \tag{4}$$

$$\left( \sum_{i=1}^{n} x_i \right) m + nb = \sum_{i=1}^{n} y_i \tag{5}$$

As Equações (4) e (5) devem ser resolvidas para $m$ e $b$. Estes valores de $m$ e $b$ fazem $f(m, b)$ um mínimo absoluto. A verificação de que se trata de um valor mínimo absoluto é a mesma que foi dada na Ilustração 2.

Na aplicação do método dos mínimos quadrados, as equações simultâneas (4) e (5) devem ser encontradas. Uma maneira conveniente de calcular os coeficientes destas equações está ilustrada no exemplo a seguir.

**EXEMPLO 1** Ache a reta de regressão para os dados da Tabela 10.8.2

**Tabela 10.8.2**

| $x$ | 1 | 3 | 5 | 7 | 9 | 11 |
|---|---|---|---|---|---|---|
| $y$ | 3 | 5 | 6 | 5 | 7 | 8 |

**Solução** Para encontrar os valores de $m$ e $b$ que dão a reta de regressão $y = mx + b$, obtemos primeiro o par de equações simultâneas (4) e (5). O cálculo dos coeficientes está ilustrado na Tabela 10.8.3. Da tabela,

$$\sum_{i=1}^{6} x_i = 36 \quad \sum_{i=1}^{6} y_i = 34 \quad \sum_{i=1}^{6} x_i^2 = 286 \quad \sum_{i=1}^{6} x_i y_i = 234$$

Substituindo estes valores em (4) e (5) e tomando $n = 6$ temos

$286m + 36b = 234$

$36m + 6b = 34$

ou, equivalentemente,

$143m + 18b = 117$

$108m + 18b = 102$

**Tabela 10.8.3**

| $x_i$ | $y_i$ | $x_i^2$ | $x_i y_i$ |
|---|---|---|---|
| 1 | 3 | 1 | 3 |
| 3 | 5 | 9 | 15 |
| 5 | 6 | 25 | 30 |
| 7 | 5 | 49 | 35 |
| 9 | 7 | 81 | 63 |
| 11 | 8 | 121 | 88 |
| $\sum$ 36 | 34 | 286 | 234 |

Eliminando $b$ obtemos $35m = 15$; assim, $m = \frac{3}{7}$. Substituindo este valor de $m$ em uma das equações obtemos $b = \frac{65}{21}$. Assim, a reta de regressão tem a equação

$$y = \tfrac{3}{7}x + \tfrac{65}{21}$$

$9x - 21y + 65 = 0$

**EXEMPLO 2** Uma antiguidade rara foi comprada em 1965 por \$ 1.200. Seu valor era \$ 1.800 em 1970, \$ 2.500 em 1975, e \$ 3.500 em 1980. Use o método dos mínimos quadrados para estimar o valor da antiguidade em 1990.

**Solução** Para achar a reta de regressão $y = mx + b$, escolhemos $x$ como sendo o número de períodos de 5 anos desde 1965 e seja $y$ o valor da antiguidade $5x$ anos após 1965. Assim, temos os dados fornecidos na Tabela 10.8.4.

Para determinar $m$ e $b$ obtemos primeiro as equações simultâneas (4) e (5) a partir da Tabela 10.8.5. Da tabela,

$$\sum_{i=1}^{4} x_i = 6 \qquad \sum_{i=1}^{4} y_i = 9.000 \qquad \sum_{i=1}^{4} x_i^2 = 14 \qquad \sum_{i=1}^{4} x_i y_i = 17.300$$

Com estes valores e $n = 4$, obtemos de (4) e (5) as equações

$14m + 6b = 17.300$

$6m + 4b = 9.000$

ou, equivalentemente,

$14m + 6b = 17.300$

$9m + 6b = 13.500$

Eliminando $b$ obtemos $5m = 3.800$; logo, $m = 760$. Com este valor de $m$ em uma das equações obtemos $b = 1.110$. Logo, a reta de regressão tem a equação

$y = 760x + 1.110$

Para o ano de 1990, $x = 5$. Para este valor de $x$ temos

$y = 760(5) + 1.110 = 4.910$

Assim, em 1990, estima-se que o valor da antiguidade seja de \$ 4.910.

**Tabela 10.8.4**

| $x$ | 0 | 1 | 2 | 3 |
|---|---|---|---|---|
| $y$ | 1.200 | 1.800 | 2.500 | 3.500 |

**Tabela 10.8.5**

| $x_i$ | $y_i$ | $x_i^2$ | $x_i y_i$ |
|---|---|---|---|
| 0 | 1.200 | 0 | 0 |
| 1 | 1.800 | 1 | 1.800 |
| 2 | 2.500 | 4 | 5.000 |
| 3 | 3.500 | 9 | 10.500 |
| $\sum$ 6 | 9.000 | 14 | 17.300 |

**EXEMPLO 3** Na Tabela 10.8.6, $x$ dias passaram-se desde o aparecimento de certa doença, e $y$ é o número de novos casos da doença no $x$-ésimo dia. (a) Ache a reta de regressão para os pontos dados $(x_i, y_i)$. (b) Use a reta de regressão para estimar o número de novos casos da doença no sexto dia.

**Solução** (a) A reta pedida tem a equação $y = mx + b$. Para determinar $m$ e $b$ encontramos o par de equações simultâneas (4) e (5) através de cálculos na Tabela 10.8.7. Da tabela,

$$\sum_{i=1}^{5} x_i = 15 \quad \sum_{i=1}^{5} y_i = 151 \quad \sum_{i=1}^{5} x_i^2 = 55 \quad \sum_{i=1}^{5} x_i y_i = 508$$

De (4) e (5) com estes valores e $n = 5$, obtemos as equações

$55m + 15b = 508$

$15m + 5b = 151$

ou, equivalentemente,

$55m + 15b = 508$

$45m + 15b = 453$

Subtraindo as equações membro a membro, eliminamos $b$ e obtemos $m = 5,5$. Substituindo este valor de $m$ em uma das equações, obtemos $b = 13,7$. Assim sendo, a reta de regressão tem a equação

$y = 5,5x + 13,7$

(b) Da equação da reta de regressão, quando $x = 6$, então $y = 46,7$. Logo, no sexto dia de epidemia são estimados 47 novos casos.

**EXEMPLO 4** Um monopolista deseja determinar o preço de venda de determinada mercadoria, a fim de maximizar o lucro diário. Uma equação linear de demanda foi obtida testando-se a mercadoria em cinco regiões similares. Os resultados dos testes estão na Tabela 10.8.8, onde $u$ unidades são demandadas por dia, quando $p$ for o preço unitário. Se as despesas gerais diárias do monopolista são $ 1.200 e o custo de fabricação de cada unidade é de $ 1,50, qual deve ser o preço de venda para que se obtenha um lucro diário máximo?

Tabela 10.8.6

| x | 1 | 2 | 3 | 4 | 5 |
|---|---|---|---|---|---|
| y | 20 | 24 | 30 | 35 | 42 |

Tabela 10.8.7

| $x_i$ | $y_i$ | $x_i^2$ | $x_i y_i$ |
|---|---|---|---|
| 1 | 20 | 1 | 20 |
| 2 | 24 | 4 | 48 |
| 3 | 30 | 9 | 90 |
| 4 | 35 | 16 | 140 |
| 5 | 42 | 25 | 210 |
| $\sum$ 15 | 151 | 55 | 508 |

**Tabela 10.8.8**

|   | Região A | Região B | Região C | Região D | Região E |
|---|---|---|---|---|---|
| p | 5,00 | 5,25 | 5,50 | 6,00 | 6,25 |
| u | 920 | 860 | 820 | 730 | 700 |

**Solução** Para determinar a curva de demanda, calculamos a reta de regressão dos dados na Tabela 10.8.8. Para obter uma equação dessa reta, primeiro encontramos as Equações (4) e (5) a partir de cálculos na Tabela 10.8.9.

**Tabela 10.8.9**

| $p_i$ | $u_i$ | $p_i^2$ | $p_i u_i$ |
|---|---|---|---|
| 5,00 | 920 | 25,00 | 4.600 |
| 5,25 | 860 | 27,56 | 4.515 |
| 5,50 | 820 | 30,25 | 4.510 |
| 6,00 | 730 | 36,00 | 4.380 |
| 6,25 | 700 | 39,06 | 4.375 |
| $\sum$ 28,00 | 4.030 | 157,87 | 22.380 |

Da tabela,

$$\sum_{i=1}^{5} p_i = 28,00 \quad \sum_{i=1}^{5} u_i = 4.030 \quad \sum_{i=1}^{5} p_i^2 = 157,87 \quad \sum_{i=1}^{5} p_i u_i = 22.380$$

Assim, as equações simultâneas em $m$ e $b$ são

$$157,87m + 28,00b = 22.380$$
$$28,00m + 5,00b = 4.030$$

Da segunda destas equações obtemos $b = 806 - 5,60\,m$. Substituindo este valor de $b$ na primeira equação temos

$$157,87m + 22.568 - 156,8m = 22.380$$

$$m = -175,7$$

Com este valor de $m$ obtemos $b = 1.790$. Logo, a reta de regressão tem a equação

$$u = -176p + 1.790$$

que tomamos como a equação de demanda para a mercadoria do monopolista. Como a receita total é o produto do preço unitário pelo número de unidades demandadas, então se $R(p)$ for a receita total diária

$$R(p) = p(-176p + 1.790)$$
$$R(p) = -176p^2 + 1.790p \qquad (6)$$

O custo total é a soma das despesas gerais com o custo de fabricação de $u$ unidades. As despesas gerais diárias são de $ 1.200, e o custo para se fabricar cada unidade é $ 1,50. Logo, se $C(p)$ for o custo total diário.

$$C(p) = 1.200 + 1,50(-176p + 1.790)$$
$$C(p) = 3.885 - 264p \qquad (7)$$

Se $S(p)$ for o lucro total diário, $S(p) = R(p) - C(p)$. Assim, de (6) e (7), temos

$$S(p) = -176p^2 + 1.790p - (3.885 - 264p)$$
$$S(p) = -176p^2 + 2.054p - 3.885$$

Desejamos encontrar o valor de $p$ que torna $S(p)$ um máximo absoluto.

$$S'(p) = -352p + 2.054$$
$$S''(p) = -352$$

Equacionando $S'(p) = 0$, obtemos

$$-352p + 2.054 = 0$$
$$p = 5,84$$

Como $S''(5,84) < 0$, segue que $S$ tem um valor máximo relativo quando $p = 5,84$. Este valor é um máximo absoluto pois $S$ é contínua em toda parte e tem somente um extremo relativo. Logo, para obter um lucro diário máximo, o preço de venda deveria ser de $ 5,84 por unidade.

## Exercícios 10.8

Nos Exercícios de 1 a 6 ache a reta de regressão para o conjunto de pontos dados. Faça uma figura mostrando os pontos dados e a reta de regressão.

1. (2, 0), (4, −1), (6, 2)
2. (1, 1), (2, 3), (3, 4)
3. (0, 2), (1, 1), (2, 3), (3, 2)
4. (1, −2), (3, 0), (5, 1), (7, 4)
5. (−2, 6), (−1, 4), (0, 1), (1, −1), (2, −2)
6. (0, 1), (2, 3), (4, 3), (6, 5), (8, 6)
7. Uma pintura abstrata antiga foi vendida pelo artista em 1915 por $ 100. Dada a sua importância histórica, o seu valor cresce a cada ano. Em 1935 o quadro valia $ 4.600, em 1955 seu valor era de $ 11.000 e em 1975 era de $ 20.000. Use o método dos mínimos quadrados para estimar o valor do quadro em 1995.
8. Um carro modelo 1980 foi vendido como carro usado em 1981 por $ 6.800. Em 1982 seu valor era $ 6.200, em 1983 era $ 5.700 e em 1984, $ 5.400. Use o método dos mínimos quadrados para determinar o valor do carro em 1985.
9. Um filme vem sendo exibido no Cinema Um por 5 semanas e a freqüência semanal (aproximada à centena mais próxima) está dada na seguinte tabela

| Número de semanas | 1 | 2 | 3 | 4 | 5 |
|---|---|---|---|---|---|
| Freqüência | 5.000 | 4.500 | 4.100 | 3.900 | 3.500 |

(a) Use a reta de regressão obtida da tabela para determinar a freqüência esperada na sexta semana.
(b) O filme irá para o Cinema Dois, que é menor, quando a freqüência ficar abaixo de 2.250. Quantas semanas espera-se que o filme fique no Cinema Um?

**10.** A tabela abaixo dá a produção mensal de um fabricante e o lucro para os cinco primeiros meses do ano. Na tabela os valores de $x$ representam milhares de unidades produzidas, enquanto que os valores de $y$ representam o lucro obtido em milhões.

|   | Jan. | Fev. | Mar. | Abril | Maio |
|---|------|------|------|-------|------|
| $x$ | 65 | 72 | 82 | 90 | 100 |
| $y$ | 30 | 35 | 42 | 48 | 60 |

Se a produção em junho deve ser de 105.000 unidades, use a reta de regressão para os dados da tabela, a fim de estimar o lucro naquele mês.

**11.** A tabela abaixo dá os dados para cinco pacientes que se submeteram a uma determinada operação cirúrgica em um certo hospital, onde $x$ anos é a idade do paciente e $y$ dias é o período de tempo que ele permaneceu no hospital até recuperar-se da cirurgia.

|   | Paciente A | Paciente B | Paciente C | Paciente D | Paciente E |
|---|------------|------------|------------|------------|------------|
| $x$ | 54 | 46 | 40 | 36 | 30 |
| $y$ | 15 | 12 | 9 | 10 | 8 |

(a) Ache uma equação da reta de regressão para os dados da tabela. (b) Use a reta de regressão para estimar o período de internação no hospital para uma pessoa de 42 anos que se submeteu à cirurgia.

**12.** O número de pontos obtidos no vestibular por um estudante foi usado para predizer sua média final no primeiro ano de universidade. A tabela abaixo nos dá os dados de seis estudantes, onde $x$ é o número de pontos no vestibular e $y$ é a média final do primeiro ano.

|   | Estudante A | Estudante B | Estudante C | Estudante D | Estudante E | Estudante F |
|---|-------------|-------------|-------------|-------------|-------------|-------------|
| $x$ | 92 | 81 | 73 | 98 | 79 | 85 |
| $y$ | 8,4 | 7,7 | 8,1 | 8,8 | 7,2 | 8,0 |

(a) Ache uma equação da reta de regressão para os dados da tabela. (b) Use a reta de regressão para estimar a média final de um estudante que obteve 88 pontos no vestibular.

**13.** Cinco corredores foram examinados para se determinar sua máxima inspiração de oxigênio, uma medida usada para mostrar o bom desempenho do sistema cardiovascular de uma pessoa. Os resultados são mostrados na tabela abaixo, onde $x$ é o melhor tempo em segundos em que o corredor percorreu a milha e $y$ é o número de mililitros por minuto, por quilograma de peso corporal, correspondente à máxima inspiração de oxigênio pelo corredor.

|   | Corredor A | Corredor B | Corredor C | Corredor D | Corredor E |
|---|------------|------------|------------|------------|------------|
| $x$ | 300,5 | 350,6 | 407,3 | 326,2 | 512,8 |
| $y$ | 350,2 | 325,8 | 375,6 | 418,5 | 400,2 |

(a) Ache uma equação da reta de regressão para os dados da tabela. (b) Use a reta de regressão para estimar a inspiração máxima de oxigênio de um corredor cujo melhor tempo para percorrer a milha é 340,4 segundos.

14. Cinco tipos de árvores tiveram sua seiva examinada para se determinar a quantidade de hormônio que causa a queda das folhas. Para as árvores na tabela abaixo, quando são liberados $x$ microgramas de hormônio, $y$ folhas caíram.

|  | Carvalho | Bôrdo | Bétula | Pinheiro | Alfarrobeira |
|---|---|---|---|---|---|
|  | 28 | 57 | 38 | 75 | 82 |
|  | 208 | 350 | 300 | 620 | 719 |

(a) Ache uma equação da reta de regressão para os dados da tabela. (b) Use a reta de regressão para estimar o número de folhas caídas de um outro tipo de árvore cuja seiva apresenta $100\mu g$ de hormônio.

15. No deserto, a água é um fator que nitidamente limita a atividade das plantas. Na seguinte tabela, $x$ é o número de milímetros de precipitação por ano e $y$ é o número de quilogramas por hectare na fotossíntese realizada pelas plantas de seis regiões diferentes.

|  | Região $A$ | Região $B$ | Região $C$ | Região $D$ | Região $E$ | Região $F$ |
|---|---|---|---|---|---|---|
| $x$ | 100 | 200 | 400 | 500 | 600 | 650 |
| $y$ | 1.000 | 1.900 | 3.200 | 4.400 | 5.800 | 6.400 |

(a) Ache uma equação da reta de regressão para os dados da tabela. (b) Use a reta de regressão para estimar a fotossíntese realizada em uma região tendo precipitação anual de 300 mm.

16. Na tabela abaixo, para cinco crianças sadias, $w$ kg é o peso corporal e $y$ mm de mercúrio é a pressão arterial média (a média entre as pressões sistólica e diastólica).

|  | Criança $A$ | Criança $B$ | Criança $C$ | Criança $D$ | Criança $E$ |
|---|---|---|---|---|---|
| $w$ | 20 | 30 | 35 | 40 | 50 |
| $y$ | 70 | 85 | 90 | 96 | 100 |

(a) Uma equação que se "ajusta" aos dados da tabela é
$$y = m(\ln w) + b$$
Para achar tal equação, considere $x = \ln w$, e use o método dos mínimos quadrados para os pontos $(x_i, y_i)$.
(b) Use o resultado da parte (a) para estimar a pressão arterial média de uma criança sadia com um peso de 45 kg.

17. A fim de estabelecer o preço de venda de certo cosmético, um monopolista testa o mercado em quatro cidades do mesmo tamanho, com diferentes preços. A tabela seguinte dá os resultados, onde $u$ unidades são demandadas por dia quando $p$ for o preço unitário.

|  | Cidade $A$ | Cidade $B$ | Cidade $C$ | Cidade $D$ |
|---|---|---|---|---|
| $p$ | 8,50 | 9,00 | 9,50 | 10,00 |
| $u$ | 1.160 | 1.080 | 980 | 740 |

Dos dados na tabela, uma equação linear de demanda foi obtida pelo método dos mínimos quadrados. Se o monopolista precisa pagar $ 5 para produzir cada unidade e as despesas gerais diárias são $ 900, qual deve ser o preço de venda para maximizar o lucro diário?

## Exercícios de Recapitulação do Capítulo 10

1. Faça um esboço do gráfico de $x = 3$ em $R^1$, $R^2$ e $R^3$.
2. Faça um esboço do conjunto de pontos que satisfazem as equações simultâneas $x = 6$ e $y = 3$ em $R^2$ e $R^3$.

Nos Exercícios 3 e 4, faça um esboço do plano dado.

3. $2x + 10y + 5z = 10$      4. $2x + 3y - 12 = 0$

Nos Exercícios de 5 a 7, faça um esboço mostrando o conjunto de pontos no domínio de $f$ como uma região sombreada em $R^2$.

5. $f(x, y) = \sqrt{x^2 + y^2 - 1}$    6. $f(x, y) = \dfrac{\sqrt{4 - x^2 - y^2}}{x}$    7. $f(x, y) = \ln(xy - 4)$

8. Determine o domínio da função $g$, onde $g(x, y, z) = \ln(x^2 + y^2 + z^2 - 4)$.
9. A função de produção de certa mercadoria é $f$, onde $f(x, y) = 4x^{1/2}y$ e $x$ e $y$ dão as quantidades de dois insumos. Faça um mapa de perfil de $f$, mostrando as curvas de produto constante em 16, 8, 4 e 2.
10. A temperatura em um ponto $(x, y)$ de uma chapa plana de metal é $t$ graus, e $t = x^2 + 2y$. Desenhe as isotermas para $t = 0, 2, 4, 6$ e $8$.

Nos Exercícios de 11 a 20, ache as derivadas parciais indicadas.

11. $f(x, y) = 2x^2y - 3xy^2 + 4x - 2y$; (a) $D_x f(x, y)$; (b) $D_y f(x, y)$; (c) $D_{xx} f(x, y)$; (d) $D_{yy} f(x, y)$; (e) $D_{xy} f(x, y)$; (f) $D_{yx} f(x, y)$
12. $f(x, y) = (4x^2 - 2y)^3$; (a) $D_x f(x, y)$; (b) $D_y f(x, y)$; (c) $D_{xx} f(x, y)$; (d) $D_{yy} f(x, y)$; (e) $D_{xy} f(x, y)$; (f) $D_{yx} f(x, y)$
13. $f(r, s) = re^{2rs}$; (a) $D_r f(r, s)$; (b) $D_s f(r, s)$; (c) $D_{rs} f(r, s)$; (d) $D_{sr} f(r, s)$
14. $f(x, y) = e^{x/y} + \ln \dfrac{x}{y}$; (a) $D_x f(x, y)$; (b) $D_y f(x, y)$; (c) $D_{xy} f(x, y)$; (d) $D_{yx} f(x, y)$
15. $f(x, y) = \ln \sqrt{x^2 + y^2}$; (a) $D_x f(x, y)$; (b) $D_{xx} f(x, y)$; (c) $D_{xy} f(x, y)$
16. $f(u, v) = ve^{u^2 v}$; (a) $D_u f(u, v)$; (b) $D_v f(u, v)$; (c) $D_{uv} f(u, v)$; (d) $D_{vu} f(u, v)$
17. $f(x, y, z) = \dfrac{x}{x^2 + y^2 + z}$; (a) $D_x f(x, y, z)$; (b) $D_y f(x, y, z)$; (c) $D_z f(x, y, z)$
18. $f(x, y, z) = \sqrt{x^2 + 3yz - z^2}$; (a) $D_x f(x, y, z)$; (b) $D_y f(x, y, z)$; (c) $D_z f(x, y, z)$
19. $f(r, s, t) = t^2 e^{4rst}$; (a) $f_r(r, s, t)$; (b) $f_{rt}(r, s, t)$; (c) $f_{rts}(r, s, t)$
20. $f(u, v, w) = \ln(u^2 + 4v^2 - 5w^2)$; (a) $f_{uwv}(u, v, w)$; (b) $f_{uvv}(u, v, w)$
21. Dada $u = \ln(x^2 + y^2)$, verifique que $\dfrac{\partial^2 u}{\partial x^2} + \dfrac{\partial^2 u}{\partial y^2} = 0$.
22. Se $w = x^2y - y^2x + y^2z - z^2y + z^2x - x^2z$, mostre que $\dfrac{\partial w}{\partial x} + \dfrac{\partial w}{\partial y} + \dfrac{\partial w}{\partial z} = 0$.
23. Se $u = (x^2 + y^2 + z^2)^{-1/2}$, mostre que $\dfrac{\partial^2 u}{\partial x^2} + \dfrac{\partial^2 u}{\partial y^2} + \dfrac{\partial^2 u}{\partial z^2} = 0$.

Nos Exercícios 24 e 25, ache os limites dados.

24. $\lim\limits_{(x,y) \to (e, 0)} \ln\left(\dfrac{x^2}{y+1}\right)$      25. $\lim\limits_{(x,y) \to (0,0)} \dfrac{e^{2x} - e^{2y}}{e^x - e^y}$

Nos Exercícios 26 e 27, determine todos os pontos em $R^2$ para os quais a função dada é contínua.

26. $f(x, y) = \dfrac{x^2 + 4y^2}{x^2 - 4y^2}$      27. $f(x, y) = \ln\left(\dfrac{x^2 + y^2 - 4}{16 - x^2 - y^2}\right)$

Exercícios de Recapitulação do Capítulo 10    **499**

28. Ache a inclinação da reta tangente à curva de intersecção da superfície $z = 2x^2 + y^2$ com o plano $x = 2$ no ponto $(2, -1, 9)$.

29. Se $f(x, y)$ unidades são produzidas por $x$ trabalhadores e $y$ máquinas, então $D_x f(x, y)$ é chamada *produtividade marginal do trabalho* e $D_y f(x, y)$ é chamada *produtividade marginal das máquinas*. Suponha que

$$f(x, y) = x^2 + 6xy + 3y^2$$

onde $5 \leq x \leq 30$ e $4 \leq y \leq 12$. (a) Ache o número de unidades produzidas em um dia quando a força de trabalho consiste de 15 trabalhadores e 8 máquinas são utilizadas. (b) Use a produtividade marginal do trabalho para determinar o número aproximado de unidades adicionais que podem ser produzidas em 1 dia se a força de trabalho aumenta de 15 para 16 e o número de máquinas se mantém constante e igual a 8. (c) Use a produtividade marginal das máquinas para determinar o número aproximado de unidades adicionais que podem ser produzidas em 1 dia se o número de máquinas for aumentado de 8 para 9, enquanto que o número de trabalhadores é mantido fixo em 15.

30. Para as equações de demanda

$$x = 20 - 5p - 4q \quad \text{e} \quad y = 18 - 3p - q$$

suponha que $x$ unidades da primeira mercadoria e $y$ unidades da segunda sejam demandadas quando os preços unitários são $p$ e $q$, respectivamente. Use a demanda marginal parcial para determinar como a quantidade de cada mercadoria é afetada em cada um dos seguintes casos: (a) $q$ é mantido fixo e o preço da primeira mercadoria é aumentado em $1; (b) $p$ é mantido fixo e o preço da segunda mercadoria é aumentado em $1; (c) $q$ é mantido fixo e o preço da primeira mercadoria é diminuído em $1; (d) $p$ é mantido fixo e o preço da segunda mercadoria é diminuído em $1.

Nos Exercícios 31 e 32 são dadas as equações de demanda de duas mercadorias relacionadas. Em cada exercício, ache as quatro demandas marginais parciais. Determine se as mercadorias são concorrentes ou complementares.

31. $x = 6 - 3p + 2q, y = 2 + 3p - 2q$   32.  $x = \dfrac{2p}{q}, y = \dfrac{3q^2}{p}$

Nos Exercícios 33 e 34, são dadas equações de demanda. Faça o seguinte: (a) ache as quatro elasticidades parciais de demanda; (b) em $p = 3$ e $q = 2$, se $p$ for aumentado em 1% e $q$ for mantido constante, ache as variações percentuais em $x$ e $y$; (c) em $p = 3$ e $q = 2$, se $q$ for aumentado em 1% e $p$ for mantido constante, ache as variações percentuais em $x$ e $y$; (d) em $p = 3$ e $q = 2$, se $p$ for diminuído em 1% e $q$ mantido constante, ache as variações percentuais em $x$ e $y$; (e) em $p = 3$ e $q = 2$, se $q$ for diminuído em 1% e $p$ for mantido constante, ache as variações percentuais em $x$ e $y$.

33. As equações de demanda do Exercício 31.
34. As equações de demanda do Exercício 32.
35. Em uma determinada comunidade, quando o preço do produto $A$ é $p$ e o preço do produto $B$ é $q$, $x$ unidades de $A$ e $y$ unidades de $B$ são demandadas, e as respectivas equações de demanda são:

$$x = 100 e^{-p/10q} \quad \text{e} \quad y = 200 e^{-q/20p}$$

(a) Mostre que os dois produtos são concorrentes. (b) Ache as quatro elasticidades parciais de demanda. Suponha que o preço de $A$ seja $40 e o preço de $B$ seja $30. Ache as variações percentuais na demanda dos dois produtos se (c) o preço de $A$ for diminuído em 1% e o preço de $B$ se mantiver constante e (d) o preço de $B$ for diminuído em 1% enquanto que o de $A$ se mantém fixo.

Nos Exercícios 36 e 37, determine os extremos relativos de $f$, se houver algum.

36. $f(x, y) = 2x^2 - 3xy + 2y^2 + 10x - 11y$
37. $f(x, y) = x^3 + y^3 + 3xy$

Nos Exercícios 38 e 39, use o método dos multiplicadores de Lagrange para achar o(s) ponto(s) crítico(s) da função dada sujeita à restrição indicada. Determine se a função tem um valor máximo relativo ou um valor mínimo relativo em qualquer ponto crítico.

38. $f(x, y) = 5 + x^2 - y^2$ com restrição $x^2 - 2y^2 = 5$

**500** CÁLCULO DIFERENCIAL DE FUNÇÕES COM MUITAS VARIÁVEIS

39. $f(x, y, z) = x^2 + y^2 + z^2$ com restrição $x^2 - y^2 = 1$
40. Ache três números cuja soma é 100 e cuja soma dos quadrados é mínima.
41. Um fabricante produz diariamente $x$ unidades da mercadoria $A$ e $y$ unidades da mercadoria $B$. Se $P(x, y)$ é o lucro diário proveniente da venda de ambas as mercadorias e

$$P(x, y) = 33x + 66y + xy - x^2 - 3y^2$$

quantas unidades de cada mercadoria devem ser produzidas diariamente para que o fabricante obtenha lucro máximo?
42. Uma caixa retangular sem tampa deve ter uma área de superfície de 216 cm². Quais são as dimensões da caixa de volume máximo?
43. Para a caixa do Exercício 42, suponha que ao invés da área de superfície, a soma dos comprimentos das arestas deva ser 216 cm. Quais as dimensões da caixa de volume máximo?
44. A temperatura em qualquer ponto da curva $4x^2 + 12y^2 = 1$ é $t$ graus, onde $t = 4x^2 + 24y^2 - 2x$. Ache os pontos da curva onde a temperatura é máxima e os pontos onde ela é mínima. Ache também a temperatura nesses pontos.
45. Se $f(x, y, z) = xyz$, ache os valores máximo e mínimo de $f$ sujeitos às restrições $y = z$ e $x^2 + y^2 = 1$
46. Ache a reta de regressão para os pontos $(0, 4)$, $(1, 3)$, $(2, 4)$, $(3, -2)$ e $(4, -1)$. Faça um esboço dos pontos dados e da reta de regressão.
47. Na tabela abaixo a pressão sanguínea sistólica de um paciente e o correspondente batimento cardíaco são dados, onde $x$ mm de mercúrio é a pressão sanguínea sistólica e $y$ batidas por minuto é a taxa de batimento cardíaco.

|   | Paciente $A$ | Paciente $B$ | Paciente $C$ | Paciente $D$ | Paciente $E$ | Paciente $F$ |
|---|---|---|---|---|---|---|
| $x$ | 110 | 117 | 133 | 146 | 115 | 127 |
| $y$ | 70 | 74 | 80 | 65 | 60 | 77 |

(a) Ache uma equação da reta de regressão para os pontos dados na tabela. (b) Use a reta de regressão para estimar o batimento cardíaco de um paciente cuja pressão sanguínea sistólica seja 85 mm de mercúrio.
48. O comportamento das vendas de um produto para o café da manhã foi observado em quatro cidades de mesmo tamanho, a diferentes preços; os resultados aparecem na tabela a seguir, onde $x$ foi o preço por caixa e $y$ o número de caixas vendidas por semana.

|   | Cidade $A$ | Cidade $B$ | Cidade $C$ | Cidade $D$ |
|---|---|---|---|---|
| $x$ | 130 | 140 | 150 | 160 |
| $y$ | 100 | 85 | 75 | 63 |

(a) Ache uma equação da reta de regressão para os dados na tabela. Use a reta de regressão da parte (a) como a curva de demanda para estimar as vendas semanais, se o preço por caixa é (b) $ 1,20 e (c) $ 1,70.

# APÊNDICE

# FUNÇÕES TRIGONOMÉTRICAS

## A.1 AS FUNÇÕES SENO E CO-SENO

As funções consideradas neste texto até agora têm sido algébricas, exponenciais ou logarítmicas. As funções trigonométricas são um outro tipo de função; elas são usadas para descrever eventos repetitivos, tais como ciclos dos negócios, movimentos ondulatórios, vibrações e ritmos biológicos. Como estão relacionadas a ângulos e suas medidas, as funções trigonométricas também têm aplicações em física, engenharia, navegação e arquitetura.

Em engenharia define-se **ângulo** como a união de dois raios chamados **lados**, tendo um extremo em comum chamado **vértice**. Todo ângulo é congruente a um outro com vértice na origem e um lado, chamado de **lado inicial**, colocado sobre o eixo $x$. Diz-se que tal ângulo está na **posição padrão**. A Figura A.1.1 mostra um ângulo $AOB$ na posição padrão, com $OA$ como lado inicial. O outro lado, $OB$, é chamado de **lado terminal**. O ângulo $AOB$ pode ser formado girando-se o lado $OA$ até encontrar o lado $OB$, e sob tal rotação o ponto $A$ move-se ao longo da circunferência de um círculo, tendo seu centro em $O$ e raio $|\overline{OA}|$, até o ponto $B$.

Quando se trata de problemas que envolvem ângulos de triângulos, a medida de um ângulo é usualmente dada em graus. Contudo, em cálculo estamos interessados em funções trigonométricas de números reais, e estas funções estão definidas em termos da *medida em radianos*.

O comprimento do arco de um círculo é usado para definir a medida em radianos de um ângulo.

Definição de medida em radianos

---

Seja $AOB$ um ângulo na posição padrão, e $|\overline{OA}| = 1$. Se $s$ unidades for o comprimento do arco do círculo pelo ponto $A$ quando o lado inicial $OA$ é deslocado até o lado terminal $OB$, a **medida em radianos**, $t$, do ângulo $AOB$ será dada por

$t = s$    se a rotação for anti-horária

e

$t = -s$    se a rotação for horária

---

• ILUSTRAÇÃO 1

Do fato de que a medida do comprimento do círculo unitário de circunferência é $2\pi$, as medidas em radianos dos ângulos na Figura A.1.2 (a), (b), (c), (d), (e) e (f) estão determinadas. Elas são $\frac{1}{2}\pi, \frac{1}{4}\pi, -\frac{1}{2}\pi, \frac{3}{2}\pi, -\frac{3}{4}\pi$ e $\frac{7}{4}\pi$, respectivamente. •

Na definição da medida em radianos é possível que haja mais de uma volta completa na rotação de $OA$.

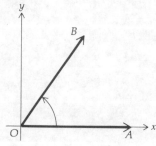

Figura A.1.1

As Funções Seno e Co-Seno  A-3

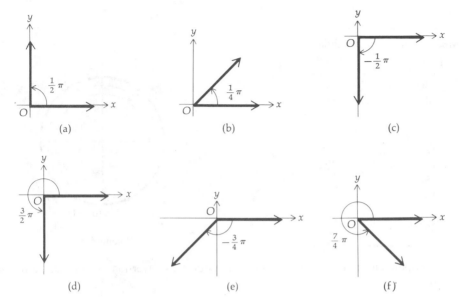

Figura A.1.2

## ILUSTRAÇÃO 2

A Figura A.1.3(a) mostra um ângulo cuja medida em radianos é $\frac{5}{2}\pi$ e a Figura A.1.3(b) mostra um ângulo cuja medida em radianos é $-\frac{13}{4}\pi$.

Um ângulo formado por uma volta completa, de tal forma que $OA$ seja coincidente com $OB$, tem uma medida em graus de 360 e uma medida em radianos de $2\pi$. Logo, há a seguinte correspondência entre a medida em graus e a medida em radianos (onde o símbolo $\sim$ indica que as medidas dadas são para o mesmo ângulo ou para ângulos congruentes):

360 $\sim 2\pi$ rad

180° $\sim \pi$ rad

Disto segue que

$1° \sim \frac{1}{180}\pi$ rad

e

$1 \text{ rad} \sim \frac{180°}{\pi} \approx 57°18'$

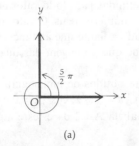   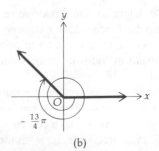

(a)   Figura A.1.3   (b)

## Tabela A.1.1

| Medida em graus | Medida em radianos |
|---|---|
| 30 | $\frac{1}{6}\pi$ |
| 45 | $\frac{1}{4}\pi$ |
| 60 | $\frac{1}{3}\pi$ |
| 90 | $\frac{1}{2}\pi$ |
| 120 | $\frac{2}{3}\pi$ |
| 135 | $\frac{3}{4}\pi$ |
| 150 | $\frac{5}{6}\pi$ |
| 180 | $\pi$ |
| 270 | $\frac{3}{2}\pi$ |
| 360 | $2\pi$ |

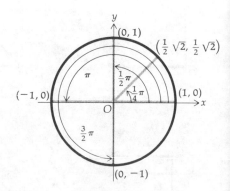

Figura A.1.4

Desta correspondência, a medida de um ângulo pode ser convertida de um sistema de unidades para o outro.

- ILUSTRAÇÃO 3

$162° \sim 162 \cdot \frac{1}{180}\pi$ rad $\qquad \frac{5}{12}\pi$ rad $\sim \frac{5}{12}\pi \cdot \frac{180°}{\pi}$

$162° \sim \frac{9}{10}\pi$ rad $\qquad \frac{5}{12}\pi$ rad $\sim 75°$

A Tabela A.1.1 dá as medidas correspondentes em radianos e graus de certos ângulos. Vamos definir agora as funções *seno* e *co-seno* de qualquer número real.

Definição das funções seno e co-seno

> Suponha que $t$ seja um número real. Coloque um ângulo, tendo como medida $t$ radianos, na posição padrão, e seja $P$ o ponto na intersecção do lado terminal do ângulo com o círculo unitário com centro na origem. Se $P$ é o ponto $(x, y)$, então a **função co-seno** é definida por
>
> $\cos t = x$
>
> e a **função seno** é definida por
>
> $\operatorname{sen} t = y$

Da definição acima pode-se ver que sen $t$ cos $t$ estão definidas para todo valor de $t$. Logo, o domínio das funções seno e co-seno é o conjunto de todos os números reais. O valor máximo que ambas podem ter é 1, e o valor mínimo é $-1$. Será mostrado adiante que as funções seno e co-seno assumem todos os valores entre $-1$ e 1, e disto segue que a imagem das duas funções é $[-1, 1]$.

Para certos valores de $t$, seno e co-seno são facilmente obtidos de uma figura. Da Figura A.1.4 vemos que $\cos 0 = 1$ e sen $0 = 0$, $\cos \frac{1}{4}\pi = \frac{1}{2}\sqrt{2}$ e sen $\frac{1}{4}\pi = \frac{1}{2}\sqrt{2}$, $\cos \frac{1}{2}\pi = 0$ e sen $\frac{1}{2}\pi = 1$, $\cos \pi = -1$ e sen $\pi = 0$, e $\cos \frac{3}{2}\pi = 0$ e sen $\frac{3}{2}\pi = -1$. A Tabela A.1.2 dá estes e alguns outros valores mais freqüentemente usados.

**Tabela A.1.2**

| $x$ | sen $x$ | cos $x$ |
|---|---|---|
| 0 | 0 | 1 |
| $\frac{1}{6}\pi$ | $\frac{1}{2}$ | $\frac{1}{2}\sqrt{3}$ |
| $\frac{1}{4}\pi$ | $\frac{1}{2}\sqrt{2}$ | $\frac{1}{2}\sqrt{2}$ |
| $\frac{1}{3}\pi$ | $\frac{1}{2}\sqrt{3}$ | $\frac{1}{2}$ |
| $\frac{1}{2}\pi$ | 1 | 0 |
| $\frac{2}{3}\pi$ | $\frac{1}{2}\sqrt{3}$ | $-\frac{1}{2}$ |
| $\frac{3}{4}\pi$ | $\frac{1}{2}\sqrt{2}$ | $-\frac{1}{2}\sqrt{2}$ |
| $\frac{5}{6}\pi$ | $\frac{1}{2}$ | $-\frac{1}{2}\sqrt{3}$ |
| $\pi$ | 0 | $-1$ |
| $\frac{3}{2}\pi$ | $-1$ | 0 |
| $2\pi$ | 0 | 1 |

Uma equação do círculo unitário tendo seu centro na origem é $x^2 + y^2 = 1$. Como $x = \cos t$ e $y = \text{sen } t$, segue que

$$\cos^2 t + \text{sen}^2 t = 1 \tag{1}$$

Note que $\cos^2 t$ e $\text{sen}^2 t$ significa $(\cos t)^2$ e $(\text{sen } t)^2$. A Equação (1) é uma identidade, pois é válida para todo número real $t$.

As Figuras A.1.5 e A.1.6 mostram ângulos tendo uma medida em radianos negativa de $-t$ e os ângulos correspondentes, cuja medida em radianos é $t$. Destas figuras observamos que

$$\cos(-t) = \cos t \quad \text{e} \quad \text{sen}(-t) = -\text{sen } t \tag{2}$$

As equações acima são válidas para todo número real $t$, pois os pontos onde os lados terminais dos ângulos (tendo $t$ e $-t$ como medidas em radianos) interceptam o círculo unitário têm as mesmas abscissas e ordenadas, que diferem somente em sinal. Logo, as Equações (2) são identidades.

Da definição de função seno e co-seno obtêm-se as seguintes identidades:

$$\cos(t + 2\pi) = \cos t \quad \text{e} \quad \text{sen}(t + 2\pi) = \text{sen } t \tag{3}$$

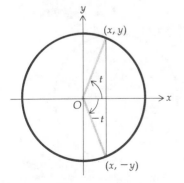

**Figura A.1.5**

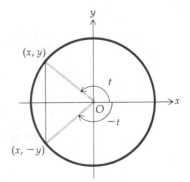

**Figura A.1.6**

A propriedade de seno e co-seno estabelecida pelas Equações (3) é chamada *periodicidade*, que vamos definir a seguir.

Definição de função periódica

> Diz-se que uma função $f$ é **periódica** com período $p \neq 0$ se sempre que $x$ estiver no domínio de $f$, então $x + p$ também estará no domínio de $f$, e
>
> $$\boxed{f(x + p) = f(x)}$$

Da definição acima e das Equações (3), pode-se ver que o seno e o co-seno são funções periódicas com período $2\pi$; isto é, sempre que o valor da variável independente $t$ for acrescido de $2\pi$, o valor de cada função será repetido. É devido à periodicidade do seno e co-seno que estas funções têm importantes aplicações em conexão com fenômenos que se repetem periodicamente.

Quando nos referirmos a funções trigonométricas com um domínio de medidas de ângulos, usaremos a notação $\theta^\circ$ para denotar a medida de um ângulo, se sua medida em graus for $\theta$. Por exemplo, $45^\circ$ é a medida de um ângulo cuja medida em graus é 45 ou, equivalentemente, cuja medida em radianos é $\frac{1}{4}\pi$.

Considere um ângulo de $\theta^\circ$ na posição padrão em um sistema retangular de coordenadas cartesianas. Escolha qualquer ponto $P$ do lado terminal do ângulo, excluindo o vértice, e seja $x$ sua abscissa, $y$ sua ordenada, e $|\overline{OP}| = r$. Veja a Figura A.1.7. As razões $x/y$ e $y/r$ são independentes da escolha de $P$, pois se $P_1$ fosse escolhido em vez de $P$, vemos pela Figura A.1.7 que $x/r = x_1/r_1$ e $y/r = y_1/r_1$. Como a posição do lado terminal depende do ângulo, as duas razões são funções da medida do ângulo, e definimos

$$\cos \theta^\circ = \frac{x}{r} \quad \text{e} \quad \operatorname{sen} \theta^\circ = \frac{y}{r}$$

Como qualquer ponto $P$ (que não a origem) pode ser escolhido no lado terminal, poderíamos escolher o ponto para o qual $r = 1$; este é o ponto onde o lado terminal intercepta o círculo unitário $x^2 + y^2 = 1$ (veja a Figura A.1.8). Então $\cos \theta^\circ$ é a abscissa do ponto e $\operatorname{sen} \theta^\circ$ é a ordenada do ponto. Isto dá a analogia entre senos e co-senos de números reais e aqueles de medidas de ângulos estabelecidos na próxima definição.

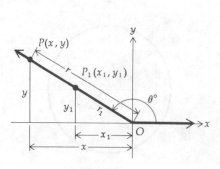

Figura A.1.7

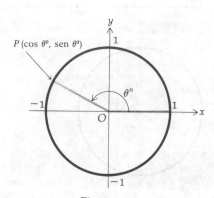

Figura A.1.8

As Funções Seno e Co-Seno **A-7**

**Definição de senos e co-senos de medidas de ângulos**

Se $\alpha$ graus e $x$ radianos são medidas do mesmo ângulo, então

$$\text{sen } \alpha° = \text{sen } x \quad \text{e} \quad \cos \alpha° = \cos x$$

O valor das funções seno e co-seno pode ser encontrado em tabelas como a Tabela 9, no fim do livro, ou em calculadoras manuais com teclas seno e co-seno. Os valores são dados para medidas em graus ou medidas em radianos.

Ao se obter a derivada da função seno, o limite

$$\lim_{t \to 0} \frac{\text{sen } t}{t}$$

aparece, e precisamos saber o seu valor. Observe que se $f(t) = \frac{\text{sen } t}{t}$, $f(0)$ não está definida. Contudo, o seguinte teorema estabelece que $\lim_{t \to 0} f(t)$ existe e é igual a 1.

**Teorema A.1.1**

$$\lim_{t \to 0} \frac{\text{sen } t}{t} = 1$$

A prova deste teorema é muito avançada para este texto. Contudo, sua validade parece plausível analisando-se a Tabela A.1.3.

Há um outro limite necessário para a obtenção da derivada da função seno. Contudo, antes de discutirmos este limite, precisamos provar que as funções seno e co-seno são contínuas em 0.

Para mostrar que a função seno é contínua em 0, vamos testar as três condições para continuidade em um número.

(i) $\text{sen } 0 = 0$

(ii) $\lim_{t \to 0} \text{sen } t = \lim_{t \to 0} \frac{\text{sen } t}{t} \cdot t = \lim_{t \to 0} \frac{\text{sen } t}{t} \cdot \lim_{t \to 0} t = 1 \cdot 0 = 0$

(iii) $\lim_{t \to 0} \text{sen } t = \text{sen } 0$

Logo, a função seno é contínua em 0.

**Tabela A.1.3**

| $\alpha°$ | 4° | 3° | 2° | 1° | −1° | −2° | −3° | −4° |
|---|---|---|---|---|---|---|---|---|
| $x$ radianos | 0,06981 | 0,05236 | 0,03491 | 0,017453 | −0,017453 | −0,03491 | −0,05236 | −0,06981 |
| sen $x$ | 0,06976 | 0,05234 | 0,03490 | 0,017452 | −0,017452 | −0,03490 | −0,05234 | −0,06976 |
| $\frac{\text{sen } x}{x}$ | 0,99928 | 0,99962 | 0,99971 | 0,99994 | 0,99994 | 0,99971 | 0,99962 | 0,99928 |

Vamos agora mostrar que a função co-seno é contínua em 0.

(i) $\cos 0 = 1$

(ii) $\lim_{t \to 0} \cos t = \lim_{t \to 0} \sqrt{1 - \text{sen}^2 t}$

$= \sqrt{\lim_{t \to 0} (1 - \text{sen}^2 t)} = \sqrt{1 - 0} = 1$

*Nota*: Podemos substituir $\cos t$ por $\sqrt{1 - \text{sen}^2 t}$, que segue de (1), uma vez que $\cos t > 0$ quando $0 < t < \frac{1}{2}\pi$ e quando $-\frac{1}{2}\pi < t < 0$.

(iii) $\lim_{t \to 0} \cos t = \cos 0$

Logo, a função co-seno é contínua em 0.

**Teorema A.1.2**

$$\lim_{t \to 0} \frac{1 - \cos t}{t} = 0$$

**Prova**

$\lim_{t \to 0} \frac{1 - \cos t}{t} = \lim_{t \to 0} \frac{(1 - \cos t)(1 + \cos t)}{t(1 + \cos t)}$

$= \lim_{t \to 0} \frac{1 - \cos^2 t}{t(1 + \cos t)}$

$= \lim_{t \to 0} \frac{\text{sen}^2 t}{t(1 + \cos t)}$

$= \lim_{t \to 0} \frac{\text{sen } t}{t} \cdot \lim_{t \to 0} \frac{\text{sen } t}{1 + \cos t}$

Pelo Teorema A.1.1,

$\lim_{t \to 0} \frac{\text{sen } t}{t} = 1$

e como as funções seno e co-seno são contínuas em 0 segue que

$\lim_{t \to 0} \frac{\text{sen } t}{1 + \cos t} = \frac{0}{1 + 1} = 0$

Logo,

$\lim_{t \to 0} \frac{1 - \cos t}{t} = 1 \cdot 0 = 0$ ∎

Para mostrar que a função seno tem uma derivada vamos usar a seguinte fórmula trigonométrica:

$\text{sen}(a + b) = \text{sen } a \cos b + \cos a \, \text{sen } b$ \hfill (4)

e também os Teoremas A.1.1 e A.1.2.

Seja $f$ a função definida por

$$f(x) = \operatorname{sen} x$$

Da definição de derivada

$$f'(x) = \lim_{\Delta x \to 0} \frac{f(x + \Delta x) - f(x)}{\Delta x}$$

$$= \lim_{\Delta x \to 0} \frac{\operatorname{sen}(x + \Delta x) - \operatorname{sen} x}{\Delta x}$$

Usando a Fórmula (4) para $\operatorname{sen}(x + \Delta x)$ obtemos

$$f'(x) = \lim_{\Delta x \to 0} \frac{\operatorname{sen} x \cos(\Delta x) + \cos x \operatorname{sen}(\Delta x) - \operatorname{sen} x}{\Delta x}$$

$$= \lim_{\Delta x \to 0} \frac{\operatorname{sen} x [\cos(\Delta x) - 1]}{\Delta x} + \lim_{\Delta x \to 0} \frac{\cos x \operatorname{sen}(\Delta x)}{\Delta x}$$

$$= -\lim_{\Delta x \to 0} \frac{1 - \cos(\Delta x)}{\Delta x} \left( \lim_{\Delta x \to 0} \operatorname{sen} x \right) + \left( \lim_{\Delta x \to 0} \cos x \right) \lim_{\Delta x \to 0} \frac{\operatorname{sen}(\Delta x)}{\Delta x} \quad (5)$$

Do Teorema A.1.2,

$$\lim_{\Delta x \to 0} \frac{1 - \cos(\Delta x)}{\Delta x} = 0 \quad (6)$$

e do Teorema A.1.1,

$$\lim_{\Delta x \to 0} \frac{\operatorname{sen}(\Delta x)}{\Delta x} = 1 \quad (7)$$

Substituindo (6) e (7) em (5) obtemos

$$f'(x) = -0 \cdot \operatorname{sen} x + \cos x \cdot 1$$

$$= \cos x$$

Deste resultado e da regra da cadeia temos o seguinte teorema.

**Teorema A.1.3** Se $u$ é uma função diferenciável de $x$,

$$\boxed{D_x(\operatorname{sen} u) = \cos u \, D_x u}$$

**EXEMPLO 1** Dada $y = \operatorname{sen} 3x^2$, encontre $\dfrac{dy}{dx}$.

**Solução** Do Teorema A.1.3,

$$\frac{dy}{dx} = (\cos 3x^2) D_x(3x^2)$$

$$= 6x \cos 3x^2$$

De (4), com $a = \frac{1}{2}\pi$ e $b = -x$, obtemos

$$\operatorname{sen}(\tfrac{1}{2}\pi - x) = \operatorname{sen}\tfrac{1}{2}\pi \cos(-x) + \cos\tfrac{1}{2}\pi \operatorname{sen}(-x)$$

De (2), $\cos(-x) = \cos x$ e $\operatorname{sen}(-x) = -\operatorname{sen} x$. Também $\operatorname{sen}\tfrac{1}{2}\pi = 1$ e $\cos\tfrac{1}{2}\pi = 0$. Assim

$$\operatorname{sen}(\tfrac{1}{2}\pi - x) = \cos x \tag{8}$$

Se em (8) $\tfrac{1}{2}\pi - x = t$, então $x = \tfrac{1}{2}\pi - t$ e obtemos

$$\cos(\tfrac{1}{2}\pi - t) = \operatorname{sen} t \tag{9}$$

A derivada da função co-seno é encontrada através das Equações (8) e (9) e do Teorema A.1.3.

$$\begin{aligned}D_x(\cos x) &= D_x[\operatorname{sen}(\tfrac{1}{2}\pi - x)] \\ &= \cos(\tfrac{1}{2}\pi - x) D_x(\tfrac{1}{2}\pi - x) \\ &= (\operatorname{sen} x)(-1) \\ &= -\operatorname{sen} x\end{aligned}$$

Deste resultado e da regra da cadeia temos o seguinte teorema.

---

**Teorema A.1.4** Se $u$ é uma função diferencial de $x$,

$$\boxed{D_x(\cos u) = -\operatorname{sen} u \, D_x u}$$

---

**EXEMPLO 2** Dada $F(t) = \cos e^{2t}$, ache $F'(t)$.

**Solução** Do Teorema A.1.4

$$\begin{aligned}F'(t) &= (-\operatorname{sen} e^{2t}) D_t(e^{2t}) \\ &= -2e^t \operatorname{sen} e^{2t}\end{aligned}$$

**EXEMPLO 3** Dada

$$f(x) = \frac{\operatorname{sen} x}{1 - 2\cos x}$$

ache $f'(x)$.

**Solução**

$$\begin{aligned}f'(x) &= \frac{(1 - 2\cos x) D_x(\operatorname{sen} x) - \operatorname{sen} x \cdot D_x(1 - 2\cos x)}{(1 - 2\cos x)^2} \\ &= \frac{(1 - 2\cos x)(\cos x) - \operatorname{sen} x (2 \operatorname{sen} x)}{(1 - 2\cos x)^2} \\ &= \frac{\cos x - 2(\cos^2 x + \operatorname{sen}^2 x)}{(1 - \cos x)^2} \\ &= \frac{\cos x - 2}{(1 - 2\cos x)^2}\end{aligned}$$

Como $D_x(\text{sen } x) = \cos x$ e $\cos x$ existe para todos os valores de $x$, a função seno é diferenciável em toda parte e, portanto, contínua para todos os valores de $x$. Analogamente, a função co-seno é diferenciável e contínua para todos os valores de $x$. Como o valor máximo e mínimo que ambas podem ter é 1 e $-1$, respectivamente, e como ambas são sempre contínuas, a imagem de cada uma destas funções é $[-1, 1]$.

Vamos discutir agora o gráfico da função seno. Seja

$$f(x) = \text{sen } x$$

Então

$$f'(x) = \cos x$$

Para determinar os extremos relativos, equacionamos $f'(x) = 0$ e obtemos $x = \frac{1}{2}\pi + n\pi$, onde $n = 0, \pm 1, \pm 2, \ldots$ Nestes valores de $x$, o sen $x$ é $+1$ ou $-1$; e estes são o maior e o menor valor que sen $x$ assume. O gráfico intercepta o eixo $x$ nos pontos onde sen $x = 0$, ou seja, nos pontos onde $x = n\pi$ e $n$ é um inteiro qualquer. Com estas informações fazemos um esboço do gráfico da função seno. Ele aparece na Figura A.1.9.

Para o gráfico da função co-seno, usamos a identidade

$$\cos x = \text{sen}(\tfrac{1}{2}\pi + x)$$

que segue de (4). Logo, o gráfico da função co-seno é obtido do gráfico da função seno transladando-se o eixo $y$ $\frac{1}{2}\pi$ unidades para a direita. Veja a Figura A.1.10.

Os teoremas para integral indefinida das funções seno e co-seno seguem imediatamente dos correspondentes teoremas para diferenciação.

**Teorema A.1.5**

$$\int \text{sen } u \, du = -\cos u + C$$

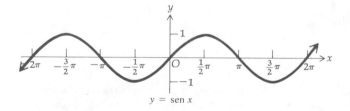

Figura A.1.9

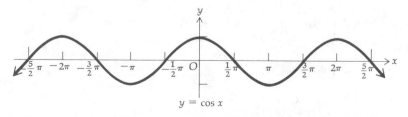

Figura A.1.10

**Prova**

$D_u(-\cos u) = -(-\operatorname{sen} u) = \operatorname{sen} u$

---

**Teorema A.1.6**

$$\int \cos u \, du = \operatorname{sen} u + C$$

---

**Prova**

$D_u(\operatorname{sen} u) = \cos u$

**EXEMPLO 4** Ache $\int 3 \operatorname{sen} 2x \, dx$

**Solução** Seja $u = 2x$. Então, $du = 2dx$. Assim

$$\int 3 \operatorname{sen} 2x \, dx = \frac{3}{2} \int \operatorname{sen} 2x (2 \, dx)$$

$$= \frac{3}{2} \int \operatorname{sen} u \, du$$

$$= \tfrac{3}{2}(-\cos u) + C$$

$$= -\tfrac{3}{2} \cos 2x + C$$

**EXEMPLO 5** Ache

$$\int \frac{\cos \sqrt{x}}{\sqrt{x}} \, dx$$

**Solução** Seja $u = \sqrt{x}$. Então

$$du = \frac{1}{2\sqrt{x}} \, dx$$

Logo,

$$\int \frac{\cos \sqrt{x}}{\sqrt{x}} \, dx = 2 \int \cos \sqrt{x} \left( \frac{1}{2\sqrt{x}} \, dx \right)$$

$$= 2 \int \cos u \, du$$

$$= 2 \operatorname{sen} u + C$$

$$= 2 \operatorname{sen} \sqrt{x} + C$$

**EXEMPLO 6** Ache $\int x \,\text{sen}\, x \, dx$.

**Solução** Usamos integração por partes. Seja $u = x$ e $dv = \text{sen}\, x \, dx$. Então

$$du = dx \quad \text{e} \quad v = -\cos x$$

Logo,

$$\int x \,\text{sen}\, x \, dx = -x \cos x + \int \cos x \, dx$$

$$= -x \cos x + \text{sen}\, x + C$$

No próximo exemplo damos um procedimento que pode ser usado para encontrar a integral indefinida de potências ímpares de seno ou co-seno.

**EXEMPLO 7** Ache $\int \cos^3 x \, dx$

**Solução**

$$\int \cos^3 x \, dx = \int \cos^2 x (\cos x \, dx)$$

De (1), $\cos^2 x = 1 - \text{sen}^2 x$. Logo

$$\int \cos^3 x \, dx = \int (1 - \text{sen}^2 x)(\cos x \, dx)$$

$$= \int \cos x \, dx - \int \text{sen}^2 x (\cos x \, dx)$$

$$= \text{sen}\, x - \tfrac{1}{3} \text{sen}^3 x + C$$

## Exercícios A.1

Nos Exercícios 1 e 2 encontre a medida equivalente em radianos.

1. (a) $60°$; (b) $135°$; (c) $210°$; (d) $-150°$; (e) $20°$; (f) $450°$; (g) $-75°$; (h) $100°$
2. (a) $45°$; (b) $120°$; (c) $240°$; (d) $-225°$; (e) $15°$; (f) $540°$; (g) $-48°$; (h) $2°$

Nos Exercícios 3 e 4 encontre a medida equivalente em graus.

3. (a) $\tfrac{1}{4}\pi$ rad; (b) $\tfrac{2}{3}\pi$ rad; (c) $\tfrac{11}{6}\pi$ rad; (d) $-\tfrac{1}{2}\pi$ rad; (e) $\tfrac{1}{2}$ rad; (f) $3\pi$ rad; (g) $-2$ rad; (h) $\tfrac{1}{12}\pi$ rad
4. (a) $\tfrac{1}{6}\pi$ rad; (b) $\tfrac{4}{3}\pi$ rad; (c) $\tfrac{3}{4}\pi$ rad; (d) $-5\pi$ rad; (e) $\tfrac{1}{3}$ rad; (f) $-5$ rad; (g) $\tfrac{11}{12}\pi$ rad; (h) $0,2$ rad

Nos Exercícios 5 e 6, ache o valor indicado.

5. (a) $\text{sen}\,\tfrac{1}{6}\pi$; (b) $\cos\tfrac{1}{4}\pi$; (c) $\text{sen}(-\tfrac{3}{2}\pi)$; (d) $\cos(-\tfrac{2}{3}\pi)$; (e) $\cos\tfrac{5}{6}\pi$; (f) $\text{sen}(-\tfrac{5}{4}\pi)$; (g) $\cos 3\pi$; (h) $\text{sen}(-5\pi)$
6. (a) $\cos\tfrac{1}{3}\pi$; (b) $\text{sen}\,\tfrac{1}{4}\pi$; (c) $\cos(-\tfrac{1}{2}\pi)$; (d) $\text{sen}(-2\pi)$; (e) $\text{sen}\,\tfrac{4}{3}\pi$; (f) $\cos(-\tfrac{1}{6}\pi)$; (g) $\text{sen}\, 7\pi$; (h) $\cos(-\tfrac{5}{2}\pi)$

Nos Exercícios 7 e 8, ache todos os valores de $t$ no intervalo $[0, 2\pi]$ para os quais a equação dada está satisfeita.

7. (a) $\text{sen}\, t = \tfrac{1}{2}\sqrt{3}$; (b) $\cos t = -\tfrac{1}{2}\sqrt{2}$; (c) $\cos t = 0$; (d) $\text{sen}\, t = -\tfrac{1}{2}$
8. (a) $\cos t = -\tfrac{1}{2}$; (b) $\text{sen}\, t = \tfrac{1}{2}\sqrt{2}$; (c) $\text{sen}\, t = -1$; (d) $\cos t = -\tfrac{1}{2}\sqrt{3}$

# APÊNDICE — FUNÇÕES TRIGONOMÉTRICAS

Nos Exercícios de 9 a 20, ache a derivada da função dada.

9. $f(x) = 3 \operatorname{sen} x$
10. $g(x) = \operatorname{sen} x + \cos x$
11. $g(x) = x \operatorname{sen} x + \cos x$
12. $f(y) = 3 \operatorname{sen} y - y \cos y$
13. $f(x) = 12 \operatorname{sen} 3x \cos 4x$
14. $f(x) = \cos^2 x^2$
15. $f(t) = \dfrac{\operatorname{sen} t}{1 - \cos t}$
16. $f(x) = \dfrac{\operatorname{sen} x - 1}{\cos x + 1}$
17. $f(x) = (\operatorname{sen}^2 x - x^2)^3$
18. $F(x) = 4 \cos (\operatorname{sen} 3x)$
19. $h(y) = \cos \sqrt{y^2 + 1}$
20. $g(x) = \sqrt{x} \operatorname{sen} \sqrt{\dfrac{1}{x}}$

Nos Exercícios de 21 a 24, ache $f'(a)$ para o valor dado de $a$.

21. $f(x) = \dfrac{\cos x}{x}; \; a = \tfrac{1}{2}\pi$
22. $f(x) = x^2 \cos x - \operatorname{sen} x; \; a = 0$
23. $f(x) = \dfrac{2 \cos x - 1}{\operatorname{sen} x}; \; a = \tfrac{2}{3}\pi$
24. $f(x) = \dfrac{\operatorname{sen} x}{\cos x - \operatorname{sen} x}; \; a = \tfrac{3}{4}\pi$

Nos Exercícios de 25 a 36, calcule a integral indefinida.

25. $\displaystyle\int \operatorname{sen} 4x \, dx$
26. $\displaystyle\int \tfrac{1}{2} \cos 6x \, dx$
27. $\displaystyle\int \cos x (2 + \operatorname{sen} x)^3 \, dx$
28. $\displaystyle\int \dfrac{\operatorname{sen} x}{(1 + \cos x)^2} \, dx$
29. $\displaystyle\int 2 \operatorname{sen} x \sqrt[3]{1 + \cos x} \, dx$
30. $\displaystyle\int \dfrac{\tfrac{1}{2} \cos \tfrac{1}{4} x}{\sqrt{\operatorname{sen} \tfrac{1}{4} x}} \, dx$
31. $\displaystyle\int x \cos 2x \, dx$
32. $\displaystyle\int x^2 \operatorname{sen} 3x \, dx$
33. $\displaystyle\int \operatorname{sen}^3 x \, dx$
34. $\displaystyle\int \operatorname{sen}^2 x \cos^3 x \, dx$
35. $\displaystyle\int \sqrt{\cos z} \operatorname{sen}^3 z \, dz$
36. $\displaystyle\int \operatorname{sen}^5 t \, dt$

Nos Exercícios 37 e 38, calcule a integral definida.

37. $\displaystyle\int_0^{\pi/3} \operatorname{sen}^3 t \cos^2 t \, dt$
38. $\displaystyle\int_{-\pi}^{\pi} z^2 \cos 2z \, dz$

39. Ache a área da região limitada por um arco da curva seno.
40. Ache a média dos valores da função co-seno no intervalo fechado $[\tfrac{1}{3}\pi, \tfrac{1}{2}\pi]$.
41. Uma empresa que vende casacos masculinos começa seu exercício fiscal em 1.º de julho. Para os três exercícios fiscais começando em 1.º de julho de 1981 o lucro foi dado aproximadamente por

$$P(t) = 20.000(1 - \cos \tfrac{1}{6}\pi t) \qquad 0 \le t \le 36$$

onde $P(t)$ por mês é o lucro $t$ meses após 1.º de julho de 1981. (a) Faça um esboço do gráfico de $P$. Ache o lucro por mês em (b) 1.º de outubro de 1981; (c) 1.º de janeiro de 1982; (d) 1.º de abril de 1982; (e) 1.º de julho de 1982.

42. Suponha que certo dia numa cidade a temperatura seja $f(t)$ graus Fahrenheit $t$ horas após a meia-noite, onde

$$f(t) = 60 - 15 \operatorname{sen} \tfrac{1}{12}\pi (8 - t) \qquad 0 \le t \le 24$$

(a) Faça um esboço do gráfico de $f$. Ache a temperatura (b) à meia-noite; (c) às 8 horas da manhã; (d) ao meio-dia; (e) às 2 horas da tarde; (f) às 6 horas da tarde.

43. Para a empresa do Exercício 41, determine o lucro total nos três exercícios fiscais começando em 1.º de julho de 1981, encontrando a área da região limitada pelo gráfico de $P$ e o eixo $t$.
44. Em um certo dia na cidade do Exercício 42, encontre a temperatura média entre 8 e 18 horas.

45. Se um corpo com um peso de $W$ kg é arrastado por um piso horizontal através de uma força de magnitude $F$ kg dirigida a um ângulo de $\theta$ radianos com o plano do chão, $F$ é então dada pela equação

$$F = \frac{kW}{k \operatorname{sen} \theta + \cos \theta}$$

onde $k$ é uma constante chamada coeficiente de atrito. Se $k = 0,5$, ache a taxa de variação instantânea de $F$ em relação a $\theta$ quando (a) $\theta = \frac{1}{4}\pi$; (b) $\theta = \frac{1}{2}\pi$.

46. Para o corpo do Exercício 45, ache $\cos \theta$ quando $F$ é mínimo, se $0 \leq \theta \leq \frac{1}{2}\pi$.

47. Se $R$ metros é o alcance de um projétil, então

$$R = \frac{v_0^2 \operatorname{sen} 2\theta}{g} \qquad 0 \leq \theta \leq \frac{1}{2}\pi$$

onde $v_0$ m/s é a velocidade inicial, $g$ m/s² é a aceleração devido à gravidade e $\theta$ é a medida em radianos do ângulo que o revólver faz com a horizontal. Ache o valor de $\theta$ que torna máximo o alcance.

48. A seção transversal de uma calha tem a forma de um triângulo isósceles invertido. Ache o tamanho do ângulo do vértice para o qual a área do triângulo é um máximo, e assim a capacidade da calha é um máximo.

## A.2 AS FUNÇÕES TANGENTES, CO-TANGENTE, SECANTE E CO-SECANTE

Além do seno e co-seno há quatro outras funções trigonométricas. Elas são definidas em termos de seno e co-seno.

Definição das funções tangente, co-tangente, secante e co-secante

---

As funções **tangente** e **secante** são definidas por

$$\operatorname{tg} x = \frac{\operatorname{sen} x}{\cos x} \qquad \sec x = \frac{1}{\cos x}$$

para todos os números reais $x$ para os quais $\cos x \neq 0$.

As funções **co-tangente** e **co-secante** são definidas por

$$\operatorname{ctg} x = \frac{\cos x}{\operatorname{sen} x} \qquad \csc x = \frac{1}{\operatorname{sen} x}$$

para todos os números reais $x$ para os quais $\operatorname{sen} x \neq 0$.

---

As funções tangente e secante não estão definidas quando $\cos x = 0$, o que ocorre quando $x$ é $\frac{1}{2}\pi$, $\frac{3}{2}\pi$ ou $\frac{1}{2}\pi + n\pi$, onde $n$ é um número inteiro positivo, negativo ou nulo. Portanto, o domínio das funções tangente e secante é o conjunto de todos os números reais exceto os números da forma $\frac{1}{2}\pi + n\pi$, onde $n$ é qualquer inteiro. Analogamente, como $\operatorname{ctg} x$ e $\csc x$ não estão definidas quando $\operatorname{sen} x = 0$, o domínio das funções co-tangente e co-secante é o conjunto de todos os números reais exceto aqueles da forma $n\pi$, onde $n$ é qualquer inteiro.

Como as funções seno e co-seno são contínuas em todos os números reais, segue que as funções tangente, co-tangente, secante e co-secante são contínuas em todos os números em seu domínio.

Através da identidade

$$\cos^2 x + \operatorname{sen}^2 x = 1$$

(1)

e das definições que acabamos de dar, obtemos duas outras identidades importantes. Se dividirmos ambos os membros de (1) por $\cos^2 x$ quando $\cos x \neq 0$, obtemos

$$\frac{\cos^2 x}{\cos^2 x} + \frac{\text{sen}^2 x}{\cos^2 x} = \frac{1}{\cos^2 x}$$

e como $\text{sen } x/\cos x = \text{tg } x$ e $1/\cos x = \sec x$, temos a identidade

$$\boxed{1 + \text{tg}^2 x = \sec^2 x} \tag{2}$$

Dividindo ambos os membros de (1) por $\text{sen}^2 x$ quando $\text{sen } x \neq 0$, obtemos a identidade

$$\boxed{\text{ctg}^2 x + 1 = \csc^2 x} \tag{3}$$

Seguem imediatamente da definição três outras identidades importantes

$$\boxed{\text{sen } x \csc x = 1} \tag{4}$$

$$\boxed{\cos x \sec x = 1} \tag{5}$$

e

$$\boxed{\text{tg } x \cdot \text{ctg } x = 1} \tag{6}$$

As derivadas das funções tangente, co-tangente, secante e co-secante são obtidas das derivadas das funções seno e co-seno e dos teoremas sobre diferenciação.

$$D_x(\text{tg } x) = D_x\left(\frac{\text{sen } x}{\cos x}\right) = \frac{\cos x \cdot D_x(\text{sen } x) - \text{sen } x \cdot D_x(\cos x)}{\cos^2 x}$$

$$= \frac{(\cos x)(\cos x) - (\text{sen } x)(-\text{sen } x)}{\cos^2 x}$$

$$= \frac{\cos^2 x + \text{sen}^2 x}{\cos^2 x}$$

$$= \frac{1}{\cos^2 x}$$

$$= \sec^2 x \tag{7}$$

De (7) e da regra da cadeia temos o seguinte teorema.

**Teorema A.2.1** Se $u$ for uma função diferenciável de $x$,

$$\boxed{D_x(\text{tg } u) = \sec^2 u \; D_x u}$$

**EXEMPLO 1** Ache $f'(x)$ se $f(x) = 2 \text{ tg } \frac{1}{2}x - x$.

**Solução** $f'(x) = 2 \sec^2 \frac{1}{2} x (\frac{1}{2}) - 1 = \sec^2 \frac{1}{2} x - 1$. Usando a identidade (2), podemos simplificar para

$$f'(x) = \text{tg}^2 \tfrac{1}{2} x$$

A derivada da função co-tangente é obtida de forma análoga à da função tangente. O resultado é

$$D_x(\text{ctg } x) = -\csc^2 x \tag{8}$$

A obtenção de (8) vai ser deixada como um exercício (veja o Exercício 1). O próximo teorema segue de (8) e da regra da cadeia.

**Teorema A.2.2** Se $u$ é uma função diferenciável de $x$,

$$\boxed{D_x(\text{ctg } u) = -\csc^2 u \; D_x u}$$

Vamos agora obter a derivada da função secante.

$$\begin{aligned}
D_x(\sec x) &= D_x[(\cos x)^{-1}] \\
&= -1(\cos x)^{-2}(-\text{sen } x) \\
&= \frac{1}{\cos^2 x} \cdot \text{sen } x \\
&= \frac{1}{\cos x} \cdot \frac{\text{sen } x}{\cos x} \\
&= \sec x \, \text{tg } x
\end{aligned} \tag{9}$$

Da Fórmula (9) e da regra da cadeia obtemos o seguinte teorema.

**Teorema A.2.3** Se $u$ é uma função diferenciável de $x$,

$$\boxed{D_x(\sec u) = \sec u \, \text{tg } u \; D_x u}$$

**EXEMPLO 2** Ache $f'(x)$ se $f(x) = \sec^4 3x$.

**Solução**

$$\begin{aligned}
f'(x) &= 4 \sec^3 3x \cdot D_x(\sec 3x) \\
&= 4 \sec^3 3x (\sec 3x \, \text{tg } x3)(3) \\
&= 12 \sec^4 3x \, \text{tg } 3x
\end{aligned}$$

De modo análogo ao que foi feito para a secante, a fórmula para a derivada da função co-secante pode ser obtida, e

$$D_x(\csc x) = -\csc x \, \text{ctg } x \tag{10}$$

A obtenção de (10) será deixada como um exercício (veja o Exercício 2). De (10) e da regra da cadeia obtemos o seguinte teorema:

**Teorema A.2.4** Se $u$ for uma função diferenciável de $x$,

$$D_x(\csc u) = -\csc u \, \text{ctg}\, u \, D_x u$$

**EXEMPLO 3** Ache $f'(x)$ se $f(x) = \text{ctg}\, x \csc x$.

**Solução**

$$\begin{aligned} f'(x) &= \text{ctg}\, x \cdot D_x(\csc x) + \csc x \cdot D_x(\text{ctg}\, x) \\ &= \text{ctg}\, x(-\csc x \, \text{ctg}\, x) + \csc x(-\csc^2 x) \\ &= -\csc x \, \text{ctg}^2 x - \csc^3 x \end{aligned}$$

**EXEMPLO 4** Um avião a uma velocidade de 150 m/s voa para oeste a uma altitude de 1.200 m. O avião está em um plano vertical com um holofote no chão. Se a luz for sempre mantida no plano, com que rapidez estará girando o holofote quando o avião estiver exatamente a leste do holofote, a uma distância de 600 m na rota aérea?

**Solução** Consulte a Figura A.2.1. O holofote está num ponto $L$, e em um dado instante o avião está em um ponto $P$.

Seja $t$ o número de segundos no tempo; $x$ o número de metros exatamente a leste, na rota aérea, da distância entre o avião e o holofote em $t$ segundos; e seja $\theta$ o número de radianos no ângulo de elevação do avião em relação ao holofote em $t$ segundos.

Foi-nos dado que $D_t x = -150$, e queremos encontrar $D_t \theta$ quando $x = 600$.

$$\text{tg}\, \theta = \frac{1.200}{x} \tag{11}$$

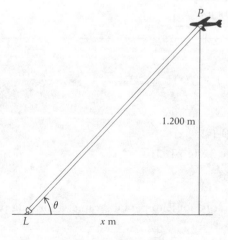

Figura A.2.1

Diferenciando ambos os membros de (11) em relação a $t$, obtemos

$$\sec^2 \theta \, D_t\theta = -\frac{1.200}{x^2} D_t x$$

Substituindo $D_t x = -150$ acima e dividindo por $\sec^2 \theta$, temos

$$D_t \theta = \frac{180.000}{x^2 \sec^2 \theta} \qquad (12)$$

Quando $x = 600$, tg $\theta = 2$. Logo, $\sec^2 \theta = 1 + \text{tg}^2 \theta = 5$. Substituindo estes valores em (12) temos que, quando $x = 600$

$$D_t \theta = \frac{180.000}{360.000(5)} = \frac{1}{10}$$

Concluímos que no instante dado a medida do ângulo está aumentando a uma taxa de $\frac{1}{10}$ rad/s, e esta é a rapidez com que o holofote está girando.

A fórmula para a integral indefinida da função tangente é obtida da maneira indicada abaixo. Como

$$\int \text{tg } u \, du = \int \frac{\text{sen } u}{\cos u} du$$

se $v = \cos u$ e $dv = -\text{sen } u \, du$, obtemos então

$$\int \text{tg } u \, du = -\int \frac{dv}{v} = -\ln|v| + C$$

Logo

$$\int \text{tg } u \, du = -\ln|\cos u| + C$$

Como $-\ln|\cos u| = \ln|(\cos u)^{-1}| = \ln|\sec u|$, temos então o seguinte teorema:

---

**Teorema A.2.5**

$$\int \text{tg } u \, du = \ln|\sec u| + C$$

---

**EXEMPLO 5** Ache $\int \text{tg } 3x \, dx$

**Solução**

$$\int \text{tg } 3x \, dx = \frac{1}{3} \int \text{tg } 3x \, (3 \, dx)$$
$$= \tfrac{1}{3} \ln|\sec 3x| + C$$

O teorema que dá a integral indefinida da função co-tangente é demonstrado da mesma forma que o Teorema A.2.5 (veja o Exercício 27).

**Teorema A.2.6**

$$\int \operatorname{ctg} u \, du = \ln|\operatorname{sen} u| + C$$

Para obter a fórmula para $\int \sec u \, du$, multiplicamos o numerador e o denominador do integrando por $(\sec u + \operatorname{tg} u)$, obtendo

$$\int \sec u \, du = \int \frac{\sec u \, (\sec u + \operatorname{tg} u)}{\sec u + \operatorname{tg} u} \, du = \int \frac{(\sec^2 u + \sec u \operatorname{tg} u)}{\sec u + \operatorname{tg} u} \, du$$

Seja, agora, $v = \sec u + \operatorname{tg} u$. Então, $dv = (\sec u \operatorname{tg} u + \sec^2 u) \, du$; assim, temos que

$$\int \sec u \, du = \int \frac{dv}{v} = \ln|v| + C$$

Provamos o seguinte teorema:

**Teorema A.2.7**

$$\int \sec u \, du = \ln|\sec u + \operatorname{tg} u| + C$$

A fórmula para $\int \csc u \, du$ é obtida multiplicando-se o numerador e o denominador do integrando por $(\csc u - \operatorname{ctg} u)$ e procedendo-se como acima (veja o Exercício 28). A fórmula é dada no próximo teorema.

**Teorema A.2.8**

$$\int \csc u \, du = \ln|\csc u - \operatorname{ctg} u| + C$$

**EXEMPLO 6** Ache

$$\int \frac{dx}{\operatorname{sen} 2x}$$

**Solução**

$$\int \frac{dx}{\operatorname{sen} 2x} = \int \csc 2x \, dx = \frac{1}{2} \int \csc 2x \, (2 \, dx)$$
$$= \tfrac{1}{2} \ln |\csc 2x - \operatorname{ctg} 2x| + C$$

As fórmulas de integrais indefinidas nos dois teoremas seguintes seguem imediatamente das fórmulas correspondentes para diferenciação.

**Teorema A.2.9**

$$\int \sec^2 u \, du = \operatorname{tg} u + C$$

**Teorema A.2.10**

$$\int \sec u \operatorname{tg} u \, du = \sec u + C$$

Há teoremas análogos envolvendo co-tangente e co-secante.

**Teorema A.2.11**

$$\int \csc^2 u \, du = -\operatorname{ctg} u + C$$

**Prova**

$D_u(-\operatorname{ctg} u) = -(-\csc^2 u) = \csc^2 u$ ■

**Teorema A.2.12**

$$\int \csc u \operatorname{ctg} u \, du = -\csc u + C$$

**Prova**

$D_u(-\csc u) = -(-\csc u \operatorname{ctg} u) = \csc u \operatorname{ctg} u$ ■

**EXEMPLO 7** Ache

$$\int \frac{2 + 3 \cos u}{\operatorname{sen}^2 u} \, du$$

**Solução**

$$\int \frac{2+3\cos u}{\operatorname{sen}^2 u}\,du = 2\int \frac{1}{\operatorname{sen}^2 u}\,du + 3\int \frac{1}{\operatorname{sen} u}\cdot \frac{\cos u}{\operatorname{sen} u}\,du$$

$$= 2\int \csc^2 u\,du + 3\int \operatorname{ssc} u \operatorname{ctg} u\,du$$

$$= -2\operatorname{ctg} u - 3\csc u + C$$

## Exercícios A.2

1. Prove que: $D_x(\operatorname{ctg} x) = -\csc^2 x$.　　2. Prove que: $D_x(\csc x) = -\csc x \operatorname{ctg} x$.

Nos Exercícios de 3 a 26, ache a derivada da função dada.

3. $f(x) = \csc 4x$　　　　4. $g(x) = 3\operatorname{ctg} 4x$　　　　5. $h(x) = \operatorname{tg}^2 x$
6. $f(x) = \sqrt{\sec x}$　　　　7. $f(x) = \sec x^2$　　　　8. $g(x) = \ln \csc^2 x$
9. $g(x) = 3\operatorname{ctg} e^x$　　　10. $f(w) = 2\operatorname{tg}(w^2 - 1)$　　11. $F(x) = \ln|\sec 2x|$
12. $h(x) = \ln|\operatorname{ctg} \tfrac{1}{2}x|$　　13. $G(r) = \sqrt{\operatorname{ctg} 3r}$　　14. $f(x) = \operatorname{sen} x \operatorname{tg} x$
15. $g(x) = \sec^2 x \operatorname{tg}^2 x$　　16. $h(t) = \sec^2 2t - \operatorname{tg}^2 2t$　　17. $f(t) = \csc(t^3 + 1)$
18. $f(x) = e^{\sec 5x}$　　　　19. $f(x) = 2^{\csc 3x}$　　　20. $g(t) = 2\sec\sqrt{t}$
21. $H(t) = \operatorname{ctg}^4 t - \csc^4 t$　　22. $F(x) = \dfrac{\operatorname{ctg}^2 2x}{1+x^2}$　　23. $f(x) = \dfrac{\operatorname{tg} x}{\cos x - 4}$
24. $G(x) = (\operatorname{tg} x)^x$; $\operatorname{tg} x > 0$　　25. $F(x) = (\operatorname{sen} x)^{\operatorname{tg} x}$; $\operatorname{sen} x > 0$　　26. $f(x) = \ln|\sec 5x + \operatorname{tg} 5x|$
27. Prove a fórmula $\int \operatorname{ctg} u\,du = \ln|\operatorname{sen} u| + C$.
28. Prove a fórmula $\int \csc u\,du = \ln|\csc u - \operatorname{ctg} u| + C$.

Nos Exercícios de 29 a 42, calcule a integral indefinida.

29. $\displaystyle\int \sec^2 5x\,dx$　　　30. $\displaystyle\int \operatorname{ctg}(3x+1)\,dx$　　　31. $\displaystyle\int \operatorname{tg} 2w\,dw$

32. $\displaystyle\int \csc^2 4t\,dt$　　　33. $\displaystyle\int \csc 3x \operatorname{ctg} 3x\,dx$　　34. $\displaystyle\int \sec 3y\,dy$

35. $\displaystyle\int \csc 10t\,dt$　　　36. $\displaystyle\int e^x \csc^2 e^x\,dx$　　　37. $\displaystyle\int x\csc^2 5x^2\,dx$

38. $\displaystyle\int \frac{\operatorname{tg}\sqrt{x}}{\sqrt{x}}\,dx$　　39. $\displaystyle\int e^t \operatorname{ctg} e^t\,dt$　　　40. $\displaystyle\int \sec x \operatorname{tg} x \operatorname{tg}(\sec x)\,dx$

41. $\displaystyle\int y\sec 3y^2\,dy$　　42. $\displaystyle\int t^2 \sec^2 t^3\,dt$

Nos Exercícios 43 e 44, calcule a integral definida.

43. $\displaystyle\int_{\pi/16}^{\pi/12} \operatorname{tg} 4x\,dx$　　　　44. $\displaystyle\int_{\pi/8}^{\pi/4} 3\csc 2x\,dx$

**45.** Ache o valor médio da função tangente no intervalo fechado $[0, \frac{1}{4}\pi]$.

**46.** Podemos integrar $\int \sec^2 x \, \text{tg } x \, dx$ de duas maneiras:

$$\int \sec^2 x \, \text{tg } x \, dx = \int \text{tg } x \, (\sec^2 x \, dx) = \tfrac{1}{2} \text{tg}^2 x + C$$

e

$$\int \sec^2 x \, \text{tg } x \, dx = \int \sec x \, (\sec x \, \text{tg } x \, dx) = \tfrac{1}{2} \sec^2 x + C$$

Explique a diferença na forma das respostas.

**47.** Um avião está voando a uma velocidade constante e uma altitude de 3.500 m numa reta que irá levá-lo diretamente sobre um observador na Terra. Num dado instante o observador nota que o ângulo de elevação do avião é $\frac{1}{3}\pi$ radianos e está crescendo a uma taxa de $\frac{1}{60}$ rad/s. Ache a velocidade do avião.

**48.** Uma antena de radar está em um navio a 4 km de uma praia reta e está girando a 32 rpm. Qual a rapidez com que o feixe direcional do radar está se movendo ao longo da linha da praia quando o feixe forma um ângulo de 45° com a praia?

# TABELAS

**Tabela 1**
Potências e raízes — **A-26**

**Tabela 2**
Logaritmos comuns — **A-27**

**Tabela 3**
Logaritmos naturais — **A-29**

**Tabela 4**
Funções exponenciais — **A-31**

**Tabela 5**
Montante de $ 1,00, à taxa $j$, pelo prazo $n$: $(1+j)^n$ — **A-38**

**Tabela 6**
Valor atual de $ 1,00, à taxa $j$, pelo prazo $n$: $(1+j)^{-n}$ — **A-39**

**Tabela 7**
Montante, à taxa $j$, de "$n$" anuidades de $ 1,00: $[(1+j)^n - 1]/j$ — **A-40**

**Tabela 8**
Valor atual, à taxa $j$, de "n" anuidades de $ 1,00: $[1-(1+j)^{-n}]/j$ **A-41**

**Tabela 9**
Funções trigonométricas — **A-42**

**Tabela 1** Potências e raízes*

| $n$ | $n^2$ | $\sqrt{n}$ | $n^3$ | $\sqrt[3]{n}$ | $n$ | $n^2$ | $\sqrt{n}$ | $n^3$ | $\sqrt[3]{n}$ |
|---|---|---|---|---|---|---|---|---|---|
| 1 | 1 | 1.000 | 1 | 1.000 | 51 | 2,601 | 7.141 | 132,651 | 3.708 |
| 2 | 4 | 1.414 | 8 | 1.260 | 52 | 2,704 | 7.211 | 140,608 | 3.732 |
| 3 | 9 | 1.732 | 27 | 1.442 | 53 | 2,809 | 7.280 | 148,877 | 3.756 |
| 4 | 16 | 2.000 | 64 | 1.587 | 54 | 2,916 | 7.348 | 157,464 | 3.780 |
| 5 | 25 | 2.236 | 125 | 1.710 | 55 | 3,025 | 7.416 | 166,375 | 3.803 |
| 6 | 36 | 2.449 | 216 | 1.817 | 56 | 3,136 | 7.483 | 175,616 | 3.826 |
| 7 | 49 | 2.646 | 343 | 1.913 | 57 | 3,249 | 7.550 | 185,193 | 3.848 |
| 8 | 64 | 2.828 | 512 | 2.000 | 58 | 3,364 | 7.616 | 195,112 | 3.871 |
| 9 | 81 | 3.000 | 729 | 2.080 | 59 | 3,481 | 7.681 | 205,379 | 3.893 |
| 10 | 100 | 3.162 | 1,000 | 2.154 | 60 | 3,600 | 7.746 | 216,000 | 3.915 |
| 11 | 121 | 3.317 | 1,331 | 2.224 | 61 | 3,721 | 7.810 | 226,981 | 3.936 |
| 12 | 144 | 3.464 | 1,728 | 2.289 | 62 | 3,844 | 7.874 | 238,328 | 3.958 |
| 13 | 169 | 3.606 | 2,197 | 2.351 | 63 | 3,969 | 7.937 | 250,047 | 3.979 |
| 14 | 196 | 3.742 | 2,744 | 2.410 | 64 | 4,096 | 8.000 | 262,144 | 4.000 |
| 15 | 225 | 3.873 | 3,375 | 2.466 | 65 | 4,225 | 8.062 | 274,625 | 4.021 |
| 16 | 256 | 4.000 | 4,096 | 2.520 | 66 | 4,356 | 8.124 | 287,496 | 4.041 |
| 17 | 289 | 4.123 | 4,913 | 2.571 | 67 | 4,489 | 8.185 | 300,763 | 4.062 |
| 18 | 324 | 4.243 | 5,832 | 2.621 | 68 | 4,624 | 8.246 | 314,432 | 4.082 |
| 19 | 361 | 4.359 | 6,859 | 2.668 | 69 | 4,761 | 8.307 | 328,509 | 4.102 |
| 20 | 400 | 4.472 | 8,000 | 2.714 | 70 | 4,900 | 8.367 | 343,000 | 4.121 |
| 21 | 441 | 4.583 | 9,261 | 2.759 | 71 | 5,041 | 8.426 | 357,911 | 4.141 |
| 22 | 484 | 4.690 | 10,648 | 2.802 | 72 | 5,184 | 8.485 | 373,248 | 4.160 |
| 23 | 529 | 4.796 | 12,167 | 2.844 | 73 | 5,329 | 8.544 | 389,017 | 4.179 |
| 24 | 576 | 4.899 | 13,824 | 2.884 | 74 | 5,476 | 8.602 | 405,224 | 4.198 |
| 25 | 625 | 5.000 | 15,625 | 2.924 | 75 | 5,625 | 8.660 | 421,875 | 4.217 |
| 26 | 676 | 5.099 | 17,576 | 2.962 | 76 | 5,776 | 8.718 | 438,976 | 4.236 |
| 27 | 729 | 5.196 | 19,683 | 3.000 | 77 | 5,929 | 8.775 | 456,533 | 4.254 |
| 28 | 784 | 5.291 | 21,952 | 3.037 | 78 | 6,084 | 8.832 | 474,552 | 4.273 |
| 29 | 841 | 5.385 | 24,389 | 3.072 | 79 | 6,241 | 8.888 | 493,039 | 4.291 |
| 30 | 900 | 5.477 | 27,000 | 3.107 | 80 | 6,400 | 8.944 | 512,000 | 4.309 |
| 31 | 961 | 5.568 | 29,791 | 3.141 | 81 | 6,561 | 9.000 | 531,441 | 4.327 |
| 32 | 1,024 | 5.657 | 32,768 | 3.175 | 82 | 6,724 | 9.055 | 551,368 | 4.344 |
| 33 | 1,089 | 5.745 | 35,937 | 3.208 | 83 | 6,889 | 9.110 | 571,787 | 4.362 |
| 34 | 1,156 | 5.831 | 39,304 | 3.240 | 84 | 7,056 | 9.165 | 592,704 | 4.380 |
| 35 | 1,225 | 5.916 | 42,875 | 3.271 | 85 | 7,225 | 9.220 | 614,125 | 4.397 |
| 36 | 1,296 | 6.000 | 46,656 | 3.302 | 86 | 7,396 | 9.274 | 636,056 | 4.414 |
| 37 | 1,369 | 6.083 | 50,653 | 3.332 | 87 | 7,569 | 9.327 | 658,503 | 4.431 |
| 38 | 1,444 | 6.164 | 54,872 | 3.362 | 88 | 7,744 | 9.381 | 681,472 | 4.448 |
| 39 | 1,521 | 6.245 | 59,319 | 3.391 | 89 | 7,921 | 9.434 | 704,969 | 4.465 |
| 40 | 1,600 | 6.325 | 64,000 | 3.420 | 90 | 8,100 | 9.487 | 729,000 | 4.481 |
| 41 | 1,681 | 6.403 | 68,921 | 3.448 | 91 | 8,281 | 9.539 | 753,571 | 4.498 |
| 42 | 1,764 | 6.481 | 74,088 | 3.476 | 92 | 8,464 | 9.592 | 778,688 | 4.514 |
| 43 | 1,849 | 6.557 | 79,507 | 3.503 | 93 | 8,649 | 9.643 | 804,357 | 4.531 |
| 44 | 1,936 | 6.633 | 85,184 | 3.530 | 94 | 8,836 | 9.695 | 830,584 | 4.547 |
| 45 | 2,025 | 6.708 | 91,125 | 3.557 | 95 | 9,025 | 9.747 | 857,375 | 4.563 |
| 46 | 2,116 | 6.782 | 97,336 | 3.583 | 96 | 9,216 | 9.798 | 884,736 | 4.579 |
| 47 | 2,209 | 6.856 | 103,823 | 3.609 | 97 | 9,409 | 9.849 | 912,673 | 4.595 |
| 48 | 2,304 | 6.928 | 110,592 | 3.634 | 98 | 9,604 | 9.899 | 941,192 | 4.610 |
| 49 | 2,401 | 7.000 | 117,649 | 3.659 | 99 | 9,801 | 9.950 | 970,299 | 4.626 |
| 50 | 2,500 | 7.071 | 125,000 | 3.684 | 100 | 10,000 | 10.000 | 1,000,000 | 4.642 |

* Tendo em mente preservar as tabelas da edição original, foram elas reproduzidas neste livro *fotograficamente*, o que implica os seguintes cuidados da parte do leitor:
a) em lugar de *ponto* leia-se *vírgula* e
b) aos números iniciados por ponto acrescente-se um *zero*.

**Tabela 2** Logaritmos comuns

| N | 0 | 1 | 2 | 3 | 4 | 5 | 6 | 7 | 8 | 9 |
|---|---|---|---|---|---|---|---|---|---|---|
| 10 | 0000 | 0043 | 0086 | 0128 | 0170 | 0212 | 0253 | 0294 | 0334 | 0374 |
| 11 | 0414 | 0453 | 0492 | 0531 | 0569 | 0607 | 0645 | 0682 | 0719 | 0755 |
| 12 | 0792 | 0828 | 0864 | 0899 | 0934 | 0969 | 1004 | 1038 | 1072 | 1106 |
| 13 | 1139 | 1173 | 1206 | 1239 | 1271 | 1303 | 1335 | 1367 | 1399 | 1430 |
| 14 | 1461 | 1492 | 1523 | 1553 | 1584 | 1614 | 1644 | 1673 | 1703 | 1732 |
| 15 | 1761 | 1790 | 1818 | 1847 | 1875 | 1903 | 1931 | 1959 | 1987 | 2014 |
| 16 | 2041 | 2068 | 2095 | 2122 | 2148 | 2175 | 2201 | 2227 | 2253 | 2279 |
| 17 | 2304 | 2330 | 2355 | 2380 | 2405 | 2430 | 2455 | 2480 | 2504 | 2529 |
| 18 | 2553 | 2577 | 2601 | 2625 | 2648 | 2672 | 2695 | 2718 | 2742 | 2765 |
| 19 | 2788 | 2810 | 2833 | 2856 | 2878 | 2900 | 2923 | 2945 | 2967 | 2989 |
| 20 | 3010 | 3032 | 3054 | 3075 | 3096 | 3118 | 3139 | 3160 | 3181 | 3201 |
| 21 | 3222 | 3243 | 3263 | 3284 | 3304 | 3324 | 3345 | 3365 | 3385 | 3404 |
| 22 | 3424 | 3444 | 3464 | 3483 | 3502 | 3522 | 3541 | 3560 | 3579 | 3598 |
| 23 | 3617 | 3636 | 3655 | 3674 | 3692 | 3711 | 3729 | 3747 | 3766 | 3784 |
| 24 | 3802 | 3820 | 3838 | 3856 | 3874 | 3892 | 3909 | 3927 | 3945 | 3962 |
| 25 | 3979 | 3997 | 4014 | 4031 | 4048 | 4065 | 4082 | 4099 | 4116 | 4133 |
| 26 | 4150 | 4166 | 4183 | 4200 | 4216 | 4232 | 4249 | 4265 | 4281 | 4298 |
| 27 | 4314 | 4330 | 4346 | 4362 | 4378 | 4393 | 4409 | 4425 | 4440 | 4456 |
| 28 | 4472 | 4487 | 4502 | 4518 | 4533 | 4548 | 4564 | 4579 | 4594 | 4609 |
| 29 | 4624 | 4639 | 4654 | 4669 | 4683 | 4698 | 4713 | 4728 | 4742 | 4757 |
| 30 | 4771 | 4786 | 4800 | 4814 | 4829 | 4843 | 4857 | 4871 | 4886 | 4900 |
| 31 | 4914 | 4928 | 4942 | 4955 | 4969 | 4983 | 4997 | 5011 | 5024 | 5038 |
| 32 | 5051 | 5065 | 5079 | 5092 | 5105 | 5119 | 5132 | 5145 | 5159 | 5172 |
| 33 | 5185 | 5198 | 5211 | 5224 | 5237 | 5250 | 5263 | 5276 | 5289 | 5302 |
| 34 | 5315 | 5328 | 5340 | 5353 | 5366 | 5378 | 5391 | 5403 | 5416 | 5428 |
| 35 | 5441 | 5453 | 5465 | 5478 | 5490 | 5502 | 5514 | 5527 | 5539 | 5551 |
| 36 | 5563 | 5575 | 5587 | 5599 | 5611 | 5623 | 5635 | 5647 | 5658 | 5670 |
| 37 | 5682 | 5694 | 5705 | 5717 | 5729 | 5740 | 5752 | 5763 | 5775 | 5786 |
| 38 | 5798 | 5809 | 5821 | 5832 | 5843 | 5855 | 5866 | 5877 | 5888 | 5899 |
| 39 | 5911 | 5922 | 5933 | 5944 | 5955 | 5966 | 5977 | 5988 | 5999 | 6010 |
| 40 | 6021 | 6031 | 6042 | 6053 | 6064 | 6075 | 6085 | 6096 | 6107 | 6117 |
| 41 | 6128 | 6138 | 6149 | 6160 | 6170 | 6180 | 6191 | 6201 | 6212 | 6222 |
| 42 | 6232 | 6243 | 6253 | 6263 | 6274 | 6284 | 6294 | 6304 | 6314 | 6325 |
| 43 | 6335 | 6345 | 6355 | 6365 | 6375 | 6385 | 6395 | 6405 | 6415 | 6425 |
| 44 | 6435 | 6444 | 6454 | 6464 | 6474 | 6484 | 6493 | 6503 | 6513 | 6522 |
| 45 | 6532 | 6542 | 6551 | 6561 | 6571 | 6580 | 6590 | 6599 | 6609 | 6618 |
| 46 | 6628 | 6637 | 6646 | 6656 | 6665 | 6675 | 6684 | 6693 | 6702 | 6712 |
| 47 | 6721 | 6730 | 6739 | 6749 | 6758 | 6767 | 6776 | 6785 | 6794 | 6803 |
| 48 | 6812 | 6821 | 6830 | 6839 | 6848 | 6857 | 6866 | 6875 | 6884 | 6893 |
| 49 | 6902 | 6911 | 6920 | 6928 | 6937 | 6946 | 6955 | 6964 | 6972 | 6981 |
| 50 | 6990 | 6998 | 7007 | 7016 | 7024 | 7033 | 7042 | 7050 | 7059 | 7067 |
| 51 | 7076 | 7084 | 7093 | 7101 | 7110 | 7118 | 7126 | 7135 | 7143 | 7152 |
| 52 | 7160 | 7168 | 7177 | 7185 | 7193 | 7202 | 7210 | 7218 | 7226 | 7235 |
| 53 | 7243 | 7251 | 7259 | 7267 | 7275 | 7284 | 7292 | 7300 | 7308 | 7316 |
| 54 | 7324 | 7332 | 7340 | 7348 | 7356 | 7364 | 7372 | 7380 | 7388 | 7396 |

**Tabela 2**  (*Continuação*)

| N | 0 | 1 | 2 | 3 | 4 | 5 | 6 | 7 | 8 | 9 |
|---|---|---|---|---|---|---|---|---|---|---|
| 55 | 7404 | 7412 | 7419 | 7427 | 7435 | 7443 | 7451 | 7459 | 7466 | 7474 |
| 56 | 7482 | 7490 | 7497 | 7505 | 7513 | 7520 | 7528 | 7536 | 7543 | 7551 |
| 57 | 7559 | 7566 | 7574 | 7582 | 7589 | 7597 | 7604 | 7612 | 7619 | 7627 |
| 58 | 7634 | 7642 | 7649 | 7657 | 7664 | 7672 | 7679 | 7686 | 7694 | 7701 |
| 59 | 7709 | 7716 | 7723 | 7731 | 7738 | 7745 | 7752 | 7760 | 7767 | 7774 |
| 60 | 7782 | 7789 | 7796 | 7803 | 7810 | 7818 | 7825 | 7832 | 7839 | 7846 |
| 61 | 7853 | 7860 | 7868 | 7875 | 7882 | 7889 | 7896 | 7903 | 7910 | 7917 |
| 62 | 7924 | 7931 | 7938 | 7945 | 7952 | 7959 | 7966 | 7973 | 7980 | 7987 |
| 63 | 7993 | 8000 | 8007 | 8014 | 8021 | 8028 | 8035 | 8041 | 8048 | 8055 |
| 64 | 8062 | 8069 | 8075 | 8082 | 8089 | 8096 | 8102 | 8109 | 8116 | 8122 |
| 65 | 8129 | 8136 | 8142 | 8149 | 8156 | 8162 | 8169 | 8176 | 8182 | 8189 |
| 66 | 8195 | 8202 | 8209 | 8215 | 8222 | 8228 | 8235 | 8241 | 8248 | 8254 |
| 67 | 8261 | 8267 | 8274 | 8280 | 8287 | 8293 | 8299 | 8306 | 8312 | 8319 |
| 68 | 8325 | 8331 | 8338 | 8344 | 8351 | 8357 | 8363 | 8370 | 8376 | 8382 |
| 69 | 8388 | 8395 | 8401 | 8407 | 8414 | 8420 | 8426 | 8432 | 8439 | 8445 |
| 70 | 8451 | 8457 | 8463 | 8470 | 8476 | 8482 | 8488 | 8494 | 8500 | 8506 |
| 71 | 8513 | 8519 | 8525 | 8531 | 8537 | 8543 | 8549 | 8555 | 8561 | 8567 |
| 72 | 8573 | 8579 | 8585 | 8591 | 8597 | 8603 | 8609 | 8615 | 8621 | 8627 |
| 73 | 8633 | 8639 | 8645 | 8651 | 8657 | 8663 | 8669 | 8675 | 8681 | 8686 |
| 74 | 8692 | 8698 | 8704 | 8710 | 8716 | 8722 | 8727 | 8733 | 8739 | 8745 |
| 75 | 8751 | 8756 | 8762 | 8768 | 8774 | 8779 | 8785 | 8791 | 8797 | 8802 |
| 76 | 8808 | 8814 | 8820 | 8825 | 8831 | 8837 | 8842 | 8848 | 8854 | 8859 |
| 77 | 8865 | 8871 | 8876 | 8882 | 8887 | 8893 | 8899 | 8904 | 8910 | 8915 |
| 78 | 8921 | 8927 | 8932 | 8938 | 8943 | 8949 | 8954 | 8960 | 8965 | 8971 |
| 79 | 8976 | 8982 | 8987 | 8993 | 8998 | 9004 | 9009 | 9015 | 9020 | 9025 |
| 80 | 9031 | 9036 | 9042 | 9047 | 9053 | 9058 | 9063 | 9069 | 9074 | 9079 |
| 81 | 9085 | 9090 | 9096 | 9101 | 9106 | 9112 | 9117 | 9122 | 9128 | 9133 |
| 82 | 9138 | 9143 | 9149 | 9154 | 9159 | 9165 | 9170 | 9175 | 9180 | 9186 |
| 83 | 9191 | 9196 | 9201 | 9206 | 9212 | 9217 | 9222 | 9227 | 9232 | 9238 |
| 84 | 9243 | 9248 | 9253 | 9258 | 9263 | 9269 | 9274 | 9279 | 9284 | 9289 |
| 85 | 9294 | 9299 | 9304 | 9309 | 9315 | 9320 | 9325 | 9330 | 9335 | 9340 |
| 86 | 9345 | 9350 | 9355 | 9360 | 9365 | 9370 | 9375 | 9380 | 9385 | 9390 |
| 87 | 9395 | 9400 | 9405 | 9410 | 9415 | 9420 | 9425 | 9430 | 9435 | 9440 |
| 88 | 9445 | 9450 | 9455 | 9460 | 9465 | 9469 | 9474 | 9479 | 9484 | 9489 |
| 89 | 9494 | 9499 | 9504 | 9509 | 9513 | 9518 | 9523 | 9528 | 9533 | 9538 |
| 90 | 9542 | 9547 | 9552 | 9557 | 9562 | 9566 | 9571 | 9576 | 9581 | 9586 |
| 91 | 9590 | 9595 | 9600 | 9605 | 9609 | 9614 | 9619 | 9624 | 9628 | 9633 |
| 92 | 9638 | 9643 | 9647 | 9652 | 9657 | 9661 | 9666 | 9671 | 9675 | 9680 |
| 93 | 9685 | 9689 | 9694 | 9699 | 9703 | 9708 | 9713 | 9717 | 9722 | 9727 |
| 94 | 9731 | 9736 | 9741 | 9745 | 9750 | 9754 | 9759 | 9763 | 9768 | 9773 |
| 95 | 9777 | 9782 | 9786 | 9791 | 9795 | 9800 | 9805 | 9809 | 9814 | 9818 |
| 96 | 9823 | 9827 | 9832 | 9836 | 9841 | 9845 | 9850 | 9854 | 9859 | 9863 |
| 97 | 9868 | 9872 | 9877 | 9881 | 9886 | 9890 | 9894 | 9899 | 9903 | 9908 |
| 98 | 9912 | 9917 | 9921 | 9926 | 9930 | 9934 | 9939 | 9943 | 9948 | 9952 |
| 99 | 9956 | 9961 | 9965 | 9969 | 9974 | 9978 | 9983 | 9987 | 9991 | 9996 |

## Tabela 3  Logaritmos naturais

| N | 0 | 1 | 2 | 3 | 4 | 5 | 6 | 7 | 8 | 9 |
|---|---|---|---|---|---|---|---|---|---|---|
| 1.0 | 0000 | 0100 | 0198 | 0296 | 0392 | 0488 | 0583 | 0677 | 0770 | 0862 |
| 1.1 | 0953 | 1044 | 1133 | 1222 | 1310 | 1398 | 1484 | 1570 | 1655 | 1740 |
| 1.2 | 1823 | 1906 | 1989 | 2070 | 2151 | 2231 | 2311 | 2390 | 2469 | 2546 |
| 1.3 | 2624 | 2700 | 2776 | 2852 | 2927 | 3001 | 3075 | 3148 | 3221 | 3293 |
| 1.4 | 3365 | 3436 | 3507 | 3577 | 3646 | 3716 | 3784 | 3853 | 3920 | 3988 |
| 1.5 | 4055 | 4121 | 4187 | 4253 | 4318 | 4383 | 4447 | 4511 | 4574 | 4637 |
| 1.6 | 4700 | 4762 | 4824 | 4886 | 4947 | 5008 | 5068 | 5128 | 5188 | 5247 |
| 1.7 | 5306 | 5365 | 5423 | 5481 | 5539 | 5596 | 5653 | 5710 | 5766 | 5822 |
| 1.8 | 5878 | 5933 | 5988 | 6043 | 6098 | 6152 | 6206 | 6259 | 6313 | 6366 |
| 1.9 | 6419 | 6471 | 6523 | 6575 | 6627 | 6678 | 6729 | 6780 | 6831 | 6881 |
| 2.0 | 6931 | 6981 | 7031 | 7080 | 7129 | 7178 | 7227 | 7275 | 7324 | 7372 |
| 2.1 | 7419 | 7467 | 7514 | 7561 | 7608 | 7655 | 7701 | 7747 | 7793 | 7839 |
| 2.2 | 7885 | 7930 | 7975 | 8020 | 8065 | 8109 | 8154 | 8198 | 8242 | 8286 |
| 2.3 | 8329 | 8372 | 8416 | 8459 | 8502 | 8544 | 8587 | 8629 | 8671 | 8713 |
| 2.4 | 8755 | 8796 | 8838 | 8879 | 8920 | 8961 | 9002 | 9042 | 9083 | 9123 |
| 2.5 | 9163 | 9203 | 9243 | 9282 | 9322 | 9361 | 9400 | 9439 | 9478 | 9517 |
| 2.6 | 9555 | 9594 | 9632 | 9670 | 9708 | 9746 | 9783 | 9821 | 9858 | 9895 |
| 2.7 | 9933 | 9969 | *0006 | *0043 | *0080 | *0116 | *0152 | *0188 | *0225 | *0260 |
| 2.8 | 1.0296 | 0332 | 0367 | 0403 | 0438 | 0473 | 0508 | 0543 | 0578 | 0613 |
| 2.9 | 0647 | 0682 | 0716 | 0750 | 0784 | 0818 | 0852 | 0886 | 0919 | 0953 |
| 3.0 | 1.0986 | 1019 | 1053 | 1086 | 1119 | 1151 | 1184 | 1217 | 1249 | 1282 |
| 3.1 | 1314 | 1346 | 1378 | 1410 | 1442 | 1474 | 1506 | 1537 | 1569 | 1600 |
| 3.2 | 1632 | 1663 | 1694 | 1725 | 1756 | 1787 | 1817 | 1848 | 1878 | 1909 |
| 3.3 | 1939 | 1969 | 2000 | 2030 | 2060 | 2090 | 2119 | 2149 | 2179 | 2208 |
| 3.4 | 2238 | 2267 | 2296 | 2326 | 2355 | 2384 | 2413 | 2442 | 2470 | 2499 |
| 3.5 | 1.2528 | 2556 | 2585 | 2613 | 2641 | 2669 | 2698 | 2726 | 2754 | 2782 |
| 3.6 | 2809 | 2837 | 2865 | 2892 | 2920 | 2947 | 2975 | 3002 | 3029 | 3056 |
| 3.7 | 3083 | 3110 | 3137 | 3164 | 3191 | 3218 | 3244 | 3271 | 3297 | 3324 |
| 3.8 | 3350 | 3376 | 3403 | 3429 | 3455 | 3481 | 3507 | 3533 | 3558 | 3584 |
| 3.9 | 3610 | 3635 | 3661 | 3686 | 3712 | 3737 | 3762 | 3788 | 3813 | 3838 |
| 4.0 | 1.3863 | 3888 | 3913 | 3938 | 3962 | 3987 | 4012 | 4036 | 4061 | 4085 |
| 4.1 | 4110 | 4134 | 4159 | 4183 | 4207 | 4231 | 4255 | 4279 | 4303 | 4327 |
| 4.2 | 4351 | 4375 | 4398 | 4422 | 4446 | 4469 | 4493 | 4516 | 4540 | 4563 |
| 4.3 | 4586 | 4609 | 4633 | 4656 | 4679 | 4702 | 4725 | 4748 | 4770 | 4793 |
| 4.4 | 4816 | 4839 | 4861 | 4884 | 4907 | 4929 | 4951 | 4974 | 4996 | 5019 |
| 4.5 | 1.5041 | 5063 | 5085 | 5107 | 5129 | 5151 | 5173 | 5195 | 5217 | 5239 |
| 4.6 | 5261 | 5282 | 5304 | 5326 | 5347 | 5369 | 5390 | 5412 | 5433 | 5454 |
| 4.7 | 5476 | 5497 | 5518 | 5539 | 5560 | 5581 | 5602 | 5623 | 5644 | 5665 |
| 4.8 | 5686 | 5707 | 5728 | 5748 | 5769 | 5790 | 5810 | 5831 | 5851 | 5872 |
| 4.9 | 5892 | 5913 | 5933 | 5953 | 5974 | 5994 | 6014 | 6034 | 6054 | 6074 |
| 5.0 | 1.6094 | 6114 | 6134 | 6154 | 6174 | 6194 | 6214 | 6233 | 6253 | 6273 |
| 5.1 | 6292 | 6312 | 6332 | 6351 | 6371 | 6390 | 6409 | 6429 | 6448 | 6467 |
| 5.2 | 6487 | 6506 | 6525 | 6544 | 6563 | 6582 | 6601 | 6620 | 6639 | 6658 |
| 5.3 | 6677 | 6696 | 6715 | 6734 | 6752 | 6771 | 6790 | 6808 | 6827 | 6845 |
| 5.4 | 6864 | 6882 | 6901 | 6919 | 6938 | 6956 | 6974 | 6993 | 7011 | 7029 |

**Tabela 3** (*Continuação*)

| N | 0 | 1 | 2 | 3 | 4 | 5 | 6 | 7 | 8 | 9 |
|---|---|---|---|---|---|---|---|---|---|---|
| 5.5 | 1.7047 | 7066 | 7084 | 7102 | 7120 | 7138 | 7156 | 7174 | 7192 | 7210 |
| 5.6 | 7228 | 7246 | 7263 | 7281 | 7299 | 7317 | 7334 | 7352 | 7370 | 7387 |
| 5.7 | 7405 | 7422 | 7440 | 7457 | 7475 | 7492 | 7509 | 7527 | 7544 | 7561 |
| 5.8 | 7579 | 7596 | 7613 | 7630 | 7647 | 7664 | 7681 | 7699 | 7716 | 7733 |
| 5.9 | 7750 | 7766 | 7783 | 7800 | 7817 | 7834 | 7851 | 7867 | 7884 | 7901 |
| 6.0 | 1.7918 | 7934 | 7951 | 7967 | 7984 | 8001 | 8017 | 8034 | 8050 | 8066 |
| 6.1 | 8083 | 8099 | 8116 | 8132 | 8148 | 8165 | 8181 | 8197 | 8213 | 8229 |
| 6.2 | 8245 | 8262 | 8278 | 8294 | 8310 | 8326 | 8342 | 8358 | 8374 | 8390 |
| 6.3 | 8405 | 8421 | 8437 | 8453 | 8469 | 8485 | 8500 | 8516 | 8532 | 8547 |
| 6.4 | 8563 | 8579 | 8594 | 8610 | 8625 | 8641 | 8656 | 8672 | 8687 | 8703 |
| 6.5 | 1.8718 | 8733 | 8749 | 8764 | 8779 | 8795 | 8810 | 8825 | 8840 | 8856 |
| 6.6 | 8871 | 8886 | 8901 | 8916 | 8931 | 8946 | 8961 | 8976 | 8991 | 9006 |
| 6.7 | 9021 | 9036 | 9051 | 9066 | 9081 | 9095 | 9110 | 9125 | 9140 | 9155 |
| 6.8 | 9169 | 9184 | 9199 | 9213 | 9228 | 9242 | 9257 | 9272 | 9286 | 9301 |
| 6.9 | 9315 | 9330 | 9344 | 9359 | 9373 | 9387 | 9402 | 9416 | 9430 | 9445 |
| 7.0 | 1.9459 | 9473 | 9488 | 9502 | 9516 | 9530 | 9544 | 9559 | 9573 | 9587 |
| 7.1 | 9601 | 9615 | 9629 | 9643 | 9657 | 9671 | 9685 | 9699 | 9713 | 9727 |
| 7.2 | 9741 | 9755 | 9769 | 9782 | 9796 | 9810 | 9824 | 9838 | 9851 | 9865 |
| 7.3 | 9879 | 9892 | 9906 | 9920 | 9933 | 9947 | 9961 | 9974 | 9988 | *0001 |
| 7.4 | 2.0015 | 0028 | 0042 | 0055 | 0069 | 0082 | 0096 | 0109 | 0122 | 0136 |
| 7.5 | 2.0149 | 0162 | 0176 | 0189 | 0202 | 0215 | 0229 | 0242 | 0255 | 0268 |
| 7.6 | 0281 | 0295 | 0308 | 0321 | 0334 | 0347 | 0360 | 0373 | 0386 | 0399 |
| 7.7 | 0412 | 0425 | 0438 | 0451 | 0464 | 0477 | 0490 | 0503 | 0516 | 0528 |
| 7.8 | 0541 | 0554 | 0567 | 0580 | 0592 | 0605 | 0618 | 0630 | 0643 | 0656 |
| 7.9 | 0669 | 0681 | 0694 | 0707 | 0719 | 0732 | 0744 | 0757 | 0769 | 0782 |
| 8.0 | 2.0794 | 0807 | 0819 | 0832 | 0844 | 0857 | 0869 | 0882 | 0894 | 0906 |
| 8.1 | 0919 | 0931 | 0943 | 0956 | 0968 | 0980 | 0992 | 1005 | 1017 | 1029 |
| 8.2 | 1041 | 1054 | 1066 | 1078 | 1090 | 1102 | 1114 | 1126 | 1138 | 1150 |
| 8.3 | 1163 | 1175 | 1187 | 1199 | 1211 | 1223 | 1235 | 1247 | 1258 | 1270 |
| 8.4 | 1282 | 1294 | 1306 | 1318 | 1330 | 1342 | 1353 | 1365 | 1377 | 1389 |
| 8.5 | 2.1401 | 1412 | 1424 | 1436 | 1448 | 1459 | 1471 | 1483 | 1494 | 1506 |
| 8.6 | 1518 | 1529 | 1541 | 1552 | 1564 | 1576 | 1587 | 1599 | 1610 | 1622 |
| 8.7 | 1633 | 1645 | 1656 | 1668 | 1679 | 1691 | 1702 | 1713 | 1725 | 1736 |
| 8.8 | 1748 | 1759 | 1770 | 1782 | 1793 | 1804 | 1815 | 1827 | 1838 | 1849 |
| 8.9 | 1861 | 1872 | 1883 | 1894 | 1905 | 1917 | 1928 | 1939 | 1950 | 1961 |
| 9.0 | 2.1972 | 1983 | 1994 | 2006 | 2017 | 2028 | 2039 | 2050 | 2061 | 2072 |
| 9.1 | 2083 | 2094 | 2105 | 2116 | 2127 | 2138 | 2148 | 2159 | 2170 | 2181 |
| 9.2 | 2192 | 2203 | 2214 | 2225 | 2235 | 2246 | 2257 | 2268 | 2279 | 2289 |
| 9.3 | 2300 | 2311 | 2322 | 2332 | 2343 | 2354 | 2364 | 2375 | 2386 | 2396 |
| 9.4 | 2407 | 2418 | 2428 | 2439 | 2450 | 2460 | 2471 | 2481 | 2492 | 2502 |
| 9.5 | 2.2513 | 2523 | 2534 | 2544 | 2555 | 2565 | 2576 | 2586 | 2597 | 2607 |
| 9.6 | 2618 | 2628 | 2638 | 2649 | 2659 | 2670 | 2680 | 2690 | 2701 | 2711 |
| 9.7 | 2721 | 2732 | 2742 | 2752 | 2762 | 2773 | 2783 | 2793 | 2803 | 2814 |
| 9.8 | 2824 | 2834 | 2844 | 2854 | 2865 | 2875 | 2885 | 2895 | 2905 | 2915 |
| 9.9 | 2925 | 2935 | 2946 | 2956 | 2966 | 2976 | 2986 | 2996 | 3006 | 3016 |

Use $\ln 10 = 2,30259$ para encontrar os logaritmos de números maiores que 10 ou menores que 1. *Exemplo*: $\ln 220 = \ln 2,2 + 2 \ln 10 = 0,7885 + 2(2,30259) = 5,3937$.

## Tabela 4  Funções exponenciais

| $x$ | $e^x$ | $\log_{10}(e^x)$ | $e^{-x}$ | $x$ | $e^x$ | $\log_{10}(e^x)$ | $e^{-x}$ |
|---|---|---|---|---|---|---|---|
| **0.00** | 1.0000 | 0.00000 | 1.000000 | **0.50** | 1.6487 | 0.21715 | 0.606531 |
| 0.01 | 1.0101 | .00434 | 0.990050 | 0.51 | 1.6653 | .22149 | .600496 |
| 0.02 | 1.0202 | .00869 | .980199 | 0.52 | 1.6820 | .22583 | .594521 |
| 0.03 | 1.0305 | .01303 | .970446 | 0.53 | 1.6989 | .23018 | .588605 |
| 0.04 | 1.0408 | .01737 | .960789 | 0.54 | 1.7160 | .23452 | .582748 |
| **0.05** | 1.0513 | 0.02171 | 0.951229 | **0.55** | 1.7333 | 0.23886 | 0.576950 |
| 0.06 | 1.0618 | .02606 | .941765 | 0.56 | 1.7507 | .24320 | .571209 |
| 0.07 | 1.0725 | .03040 | .932394 | 0.57 | 1.7683 | .24755 | .565525 |
| 0.08 | 1.0833 | .03474 | .923116 | 0.58 | 1.7860 | .25189 | .559898 |
| 0.09 | 1.0942 | .03909 | .913931 | 0.59 | 1.8040 | .35623 | .554327 |
| **0.10** | 1.1052 | 0.04343 | 0.904837 | **0.60** | 1.8221 | 0.26058 | 0.548812 |
| 0.11 | 1.1163 | .04777 | .895834 | 0.61 | 1.8404 | .26492 | .543351 |
| 0.12 | 1.1275 | .05212 | .886920 | 0.62 | 1.8589 | .26926 | .537944 |
| 0.13 | 1.1388 | .05646 | .878095 | 0.63 | 1.8776 | .27361 | .532592 |
| 0.14 | 1.1503 | .06080 | .869358 | 0.64 | 1.8965 | .27795 | .527292 |
| **0.15** | 1.1618 | 0.06514 | 0.860708 | **0.65** | 1.9155 | 0.28229 | 0.522046 |
| 0.16 | 1.1735 | .06949 | .852144 | 0.66 | 1.9348 | .28663 | .516851 |
| 0.17 | 1.1853 | .07383 | .843665 | 0.67 | 1.9542 | .29098 | .511709 |
| 0.18 | 1.1972 | .07817 | .835270 | 0.68 | 1.9739 | .29532 | .506617 |
| 0.19 | 1.2092 | .08252 | .826959 | 0.69 | 1.9937 | .29966 | .501576 |
| **0.20** | 1.2214 | 0.08686 | 0.818731 | **0.70** | 2.0138 | 0.30401 | 0.496585 |
| 0.21 | 1.2337 | .09120 | .810584 | 0.71 | 2.0340 | .30835 | .491644 |
| 0.22 | 1.2461 | .09554 | .802519 | 0.72 | 2.0544 | .31269 | .486752 |
| 0.23 | 1.2586 | .09989 | .794534 | 0.73 | 2.0751 | .31703 | .481909 |
| 0.24 | 1.2712 | .10423 | .786628 | 0.74 | 2.0959 | .32138 | .477114 |
| **0.25** | 1.2840 | 0.10857 | 0.778801 | **0.75** | 2.1170 | 0.32572 | 0.472367 |
| 0.26 | 1.2969 | .11292 | .771052 | 0.76 | 2.1383 | .33006 | .467666 |
| 0.27 | 1.3100 | .11726 | .763379 | 0.77 | 2.1598 | .33441 | .463013 |
| 0.28 | 1.3231 | .12160 | .755784 | 0.78 | 2.1815 | .33875 | .458406 |
| 0.29 | 1.3364 | .12595 | .748264 | 0.79 | 2.2034 | .34309 | .453845 |
| **0.30** | 1.3499 | 0.13029 | 0.740818 | **0.80** | 2.2255 | 0.34744 | 0.449329 |
| 0.31 | 1.3634 | .13463 | .733447 | 0.81 | 2.2479 | .35178 | .444858 |
| 0.32 | 1.3771 | .13897 | .726149 | 0.82 | 2.2705 | .35612 | .440432 |
| 0.33 | 1.3910 | .14332 | .718924 | 0.83 | 2.2933 | .36046 | .436049 |
| 0.34 | 1.4049 | .14766 | .711770 | 0.84 | 2.3164 | .36481 | .431711 |
| **0.35** | 1.4191 | 0.15200 | 0.704688 | **0.85** | 2.3396 | 0.36915 | 0.427415 |
| 0.36 | 1.4333 | .15635 | .697676 | 0.86 | 2.3632 | .37349 | .423162 |
| 0.37 | 1.4477 | .16069 | .690734 | 0.87 | 2.3869 | .37784 | .418952 |
| 0.38 | 1.4623 | .16503 | .683861 | 0.88 | 2.4109 | .38218 | .414783 |
| 0.39 | 1.4770 | .16937 | .677057 | 0.89 | 2.4351 | .38652 | .410656 |
| **0.40** | 1.4918 | 0.17372 | 0.670320 | **0.90** | 2.4596 | 0.39087 | 0.406570 |
| 0.41 | 1.5068 | .17806 | .663650 | 0.91 | 2.4843 | .39521 | .402524 |
| 0.42 | 1.5220 | .18240 | .657047 | 0.92 | 2.5093 | .39955 | .398519 |
| 0.43 | 1.5373 | .18675 | .650509 | 0.93 | 2.5345 | .40389 | .394554 |
| 0.44 | 1.5527 | .19109 | .644036 | 0.94 | 2.5600 | .40824 | .390628 |
| **0.45** | 1.5683 | 0.19543 | 0.637628 | **0.95** | 2.5857 | 0.41258 | 0.386741 |
| 0.46 | 1.5841 | .19978 | .631284 | 0.96 | 2.6117 | .41692 | .382893 |
| 0.47 | 1.6000 | .20412 | .625002 | 0.97 | 2.6379 | .42127 | .379083 |
| 0.48 | 1.6161 | .20846 | .618783 | 0.98 | 2.6645 | .42561 | .375311 |
| 0.49 | 1.6323 | .21280 | .612626 | 0.99 | 2.6912 | .42995 | .371577 |
| **0.50** | 1.6487 | 0.21715 | 0.606531 | **1.00** | 2.7183 | 0.43429 | 0.367879 |

**Tabela 4** (*Continuação*)

| $x$ | $e^x$ | $\log_{10}(e^x)$ | $e^{-x}$ | $x$ | $e^x$ | $\log_{10}(e^x)$ | $e^{-x}$ |
|---|---|---|---|---|---|---|---|
| **1.00** | 2.7183 | 0.43429 | 0.367879 | **1.50** | 4.4817 | 0.65144 | 0.223130 |
| 1.01 | 2.7456 | .43864 | .364219 | 1.51 | 4.5267 | .65578 | .220910 |
| 1.02 | 2.7732 | .44298 | .360595 | 1.52 | 4.5722 | .66013 | .218712 |
| 1.03 | 2.8011 | .44732 | .357007 | 1.53 | 4.6182 | .66447 | .216536 |
| 1.04 | 2.8292 | .45167 | .353455 | 1.54 | 4.6646 | .66881 | .214381 |
| **1.05** | 2.8577 | 0.45601 | 0.349938 | **1.55** | 4.7115 | 0.67316 | 0.212248 |
| 1.06 | 2.8864 | .46035 | .346456 | 1.56 | 4.7588 | .67750 | .210136 |
| 1.07 | 2.9154 | .46470 | .343009 | 1.57 | 4.8066 | .68184 | .208045 |
| 1.08 | 2.9447 | .46904 | .339596 | 1.58 | 4.8550 | .68619 | .205975 |
| 1.09 | 2.9743 | .47338 | .336216 | 1.59 | 4.9037 | .69053 | .203926 |
| **1.10** | 3.0042 | 0.47772 | 0.332871 | **1.60** | 4.9530 | 0.69487 | 0.201897 |
| 1.11 | 3.0344 | .48207 | .329559 | 1.61 | 5.0028 | .69921 | .199888 |
| 1.12 | 3.0649 | .48641 | .326280 | 1.62 | 5.0531 | .70356 | .197899 |
| 1.13 | 3.0957 | .49075 | .323033 | 1.63 | 5.1039 | .70790 | .195930 |
| 1.14 | 3.1268 | .49510 | .319819 | 1.64 | 5.1552 | .71224 | .193980 |
| **1.15** | 3.1582 | 0.49944 | 0.316637 | **1.65** | 5.2070 | 0.71659 | 0.192050 |
| 1.16 | 3.1899 | .50378 | .313486 | 1.66 | 5.2593 | .72093 | .190139 |
| 1.17 | 3.2220 | .50812 | .310367 | 1.67 | 5.3122 | .72527 | .188247 |
| 1.18 | 3.2544 | .51247 | .307279 | 1.68 | 5.3656 | .72961 | .186374 |
| 1.19 | 3.2871 | .51681 | .304221 | 1.69 | 5.4195 | .73396 | .184520 |
| **1.20** | 3.3201 | 0.52115 | 0.301194 | **1.70** | 5.4739 | 0.73830 | 0.182684 |
| 1.21 | 3.3535 | .52550 | .298197 | 1.71 | 5.5290 | .74264 | .180866 |
| 1.22 | 3.3872 | .52984 | .295230 | 1.72 | 5.5845 | .74699 | .179066 |
| 1.23 | 3.4212 | .53418 | .292293 | 1.73 | 5.6407 | .75133 | .177284 |
| 1.24 | 3.4556 | .53853 | .289384 | 1.74 | 5.6973 | .75567 | .175520 |
| **1.25** | 3.4903 | 0.54287 | 0.286505 | **1.75** | 5.7546 | 0.76002 | 0.173774 |
| 1.26 | 3.5254 | .54721 | .283654 | 1.76 | 5.8124 | .76436 | .172045 |
| 1.27 | 3.5609 | .55155 | .280832 | 1.77 | 5.8709 | .76870 | .170333 |
| 1.28 | 3.5966 | .55590 | .278037 | 1.78 | 5.9299 | .77304 | .168638 |
| 1.29 | 3.6328 | .56024 | .275271 | 1.79 | 5.9895 | .77739 | .166960 |
| **1.30** | 3.6693 | 0.56458 | 0.272532 | **1.80** | 6.0496 | 0.78173 | 0.165299 |
| 1.31 | 3.7062 | .56893 | .269820 | 1.81 | 6.1104 | .78607 | .163654 |
| 1.32 | 3.7434 | .57327 | .267135 | 1.82 | 6.1719 | .79042 | .162026 |
| 1.33 | 3.7810 | .57761 | .264477 | 1.83 | 6.2339 | .79476 | .160414 |
| 1.34 | 3.8190 | .58195 | .261846 | 1.84 | 6.2965 | .79910 | .158817 |
| **1.35** | 3.8574 | 0.58630 | 0.259240 | **1.85** | 6.3598 | 0.80344 | 0.157237 |
| 1.36 | 3.8962 | .59064 | .256661 | 1.86 | 6.4237 | .80779 | .155673 |
| 1.37 | 3.9354 | .59498 | .254107 | 1.87 | 6.4483 | .81213 | .154124 |
| 1.38 | 3.9749 | .59933 | .251579 | 1.88 | 6.5535 | .81647 | .152590 |
| 1.39 | 4.0149 | .60367 | .249075 | 1.89 | 6.6194 | .82082 | .151072 |
| **1.40** | 4.0552 | 0.60801 | 0.246597 | **1.90** | 6.6859 | 0.82516 | 0.149569 |
| 1.41 | 4.0960 | .61236 | .244143 | 1.91 | 6.7531 | .82950 | .148080 |
| 1.42 | 4.1371 | .61670 | .241714 | 1.92 | 6.8210 | .83385 | .146607 |
| 1.43 | 4.1787 | .62104 | .239309 | 1.93 | 6.8895 | .83819 | .145148 |
| 1.44 | 4.2207 | .62538 | .236928 | 1.94 | 6.9588 | .84253 | .143704 |
| **1.45** | 4.2631 | 0.62973 | 0.234570 | **1.95** | 7.0287 | 0.84687 | 0.142274 |
| 1.46 | 4.3060 | .63407 | .232236 | 1.96 | 7.0993 | .85122 | .140858 |
| 1.47 | 4.3492 | .63841 | .229925 | 1.97 | 7.1707 | .85556 | .139457 |
| 1.48 | 4.3929 | .64276 | .227638 | 1.98 | 7.2427 | .85990 | .138069 |
| 1.49 | 4.4371 | .64710 | .225373 | 1.99 | 7.3155 | .86425 | .136695 |
| **1.50** | 4.4817 | 0.65144 | 0.223130 | **2.00** | 7.3891 | 0.86859 | 0.135335 |

## Tabela 4 (*Continuação*)

| $x$ | $e^x$ | $\log_{10}(e^x)$ | $e^{-x}$ | $x$ | $e^x$ | $\log_{10}(e^x)$ | $e^{-x}$ |
|---|---|---|---|---|---|---|---|
| **2.00** | 7.3891 | 0.86859 | 0.135335 | **2.50** | 12.182 | 1.08574 | 0.082085 |
| 2.01 | 7.4633 | .87293 | .133989 | 2.51 | 12.305 | 1.09008 | .081268 |
| 2.02 | 7.5383 | .87727 | .132655 | 2.52 | 12.429 | 1.09442 | .080460 |
| 2.03 | 7.6141 | .88162 | .131336 | 2.53 | 12.554 | 1.09877 | .079659 |
| 2.04 | 7.6906 | .88596 | .130029 | 2.54 | 12.680 | 1.10311 | .078866 |
| **2.05** | 7.7679 | 0.89030 | 0.128735 | **2.55** | 12.807 | 1.10745 | 0.078082 |
| 2.06 | 7.8460 | .89465 | .127454 | 2.56 | 12.936 | 1.11179 | .077305 |
| 2.07 | 7.9248 | .89899 | .126186 | 2.57 | 13.066 | 1.11614 | .076536 |
| 2.08 | 8.0045 | .90333 | .124930 | 2.58 | 13.197 | 1.12048 | .075774 |
| 2.09 | 8.0849 | .90756 | .123687 | 2.59 | 13.330 | 1.12482 | .075020 |
| **2.10** | 8.1662 | 0.91202 | 0.122456 | **2.60** | 13.464 | 1.12917 | 0.074274 |
| 2.11 | 8.2482 | .91636 | .121238 | 2.61 | 13.599 | 1.13351 | .073535 |
| 2.12 | 8.3311 | .92070 | .120032 | 2.62 | 13.736 | 1.13785 | .072803 |
| 2.13 | 8.4149 | .92505 | .118837 | 2.63 | 13.874 | 1.14219 | .072078 |
| 2.14 | 8.4994 | .92939 | .117655 | 2.64 | 14.013 | 1.14654 | .071361 |
| **2.15** | 8.5849 | 0.93373 | 0.116484 | **2.65** | 14.154 | 1.15088 | 0.070651 |
| 2.16 | 8.6711 | .93808 | .115325 | 2.66 | 14.296 | 1.15522 | .069948 |
| 2.17 | 8.7583 | .94242 | .114178 | 2.67 | 14.440 | 1.15957 | .069252 |
| 2.18 | 8.8463 | .94676 | .113042 | 2.68 | 14.585 | 1.16391 | .068563 |
| 2.19 | 8.9352 | .95110 | .111917 | 2.69 | 14.732 | 1.16825 | .067881 |
| **2.20** | 9.0250 | 0.95545 | 0.110803 | **2.70** | 14.880 | 1.17260 | 0.067206 |
| 2.21 | 9.1157 | .95979 | .109701 | 2.71 | 15.029 | 1.17694 | .066537 |
| 2.22 | 9.2073 | .96413 | .108609 | 2.72 | 15.180 | 1.18128 | .065875 |
| 2.23 | 9.2999 | .96848 | .107528 | 2.73 | 15.333 | 1.18562 | .065219 |
| 2.24 | 9.3933 | .97282 | .106459 | 2.74 | 15.487 | 1.18997 | .064570 |
| **2.25** | 9.4877 | 0.97716 | 0.105399 | **2.75** | 15.643 | 1.19431 | 0.063928 |
| 2.26 | 9.5831 | .98151 | .104350 | 2.76 | 15.800 | 1.19865 | .063292 |
| 2.27 | 9.6794 | .98585 | .103312 | 2.77 | 15.959 | 1.20300 | .062662 |
| 2.28 | 9.7767 | .99019 | .102284 | 2.78 | 16.119 | 1.20734 | .062039 |
| 2.29 | 9.8749 | .99453 | .101266 | 2.79 | 16.281 | 1.21168 | .061421 |
| **2.30** | 9.9742 | 0.99888 | 0.100259 | **2.80** | 16.445 | 1.21602 | 0.060810 |
| 2.31 | 10.074 | 1.00322 | .099261 | 2.81 | 16.610 | 1.22037 | .060205 |
| 2.32 | 10.176 | 1.00756 | .098274 | 2.82 | 16.777 | 1.22471 | .059606 |
| 2.33 | 10.278 | 1.01191 | .097296 | 2.83 | 16.945 | 1.22905 | .059013 |
| 2.34 | 10.381 | 1.01625 | .096328 | 2.84 | 17.116 | 1.23340 | .058426 |
| **2.35** | 10.486 | 1.02059 | 0.095369 | **2.85** | 17.288 | 1.23774 | 0.057844 |
| 2.36 | 10.591 | 1.02493 | .094420 | 2.86 | 17.462 | 1.24208 | .057269 |
| 2.37 | 10.697 | 1.02928 | .093481 | 2.87 | 17.637 | 1.24643 | .056699 |
| 2.38 | 10.805 | 1.03362 | .092551 | 2.88 | 17.814 | 1.25077 | .056135 |
| 2.39 | 10.913 | 1.03796 | .091630 | 2.89 | 17.993 | 1.25511 | .055576 |
| **2.40** | 11.023 | 1.04231 | 0.090718 | **2.90** | 18.174 | 1.25945 | 0.055023 |
| 2.41 | 11.134 | 1.04665 | .089815 | 2.91 | 18.357 | 1.26380 | .054476 |
| 2.42 | 11.246 | 1.05099 | .088922 | 2.92 | 18.541 | 1.26814 | .053934 |
| 2.43 | 11.359 | 1.05534 | .088037 | 2.93 | 18.728 | 1.27248 | .053397 |
| 2.44 | 11.473 | 1.05968 | .087161 | 2.94 | 18.916 | 1.27683 | .052866 |
| **2.45** | 11.588 | 1.06402 | 0.086294 | **2.95** | 19.106 | 1.28117 | 0.052340 |
| 2.46 | 11.705 | 1.06836 | .085435 | 2.96 | 19.298 | 1.28551 | .051819 |
| 2.47 | 11.822 | 1.07271 | .084585 | 2.97 | 19.492 | 1.28985 | .051303 |
| 2.48 | 11.941 | 1.07705 | .083743 | 2.98 | 19.688 | 1.29420 | .050793 |
| 2.49 | 12.061 | 1.08139 | .082910 | 2.99 | 19.886 | 1.29854 | .050287 |
| **2.50** | 12.182 | 1.08574 | 0.082085 | **3.00** | 20.086 | 1.30288 | 0.049787 |

## Tabela 4  (*Continuação*)

| $x$ | $e^x$ | $\log_{10}(e^x)$ | $e^{-x}$ | $x$ | $e^x$ | $\log_{10}(e^x)$ | $e^{-x}$ |
|---|---|---|---|---|---|---|---|
| **3.00** | 20.086 | 1.30288 | 0.049787 | **3.50** | 33.115 | 1.52003 | 0.030197 |
| 3.01 | 20.287 | 1.30723 | .049292 | 3.51 | 33.448 | 1.52437 | .029897 |
| 3.02 | 20.491 | 1.31157 | .048801 | 3.52 | 33.784 | 1.52872 | .029599 |
| 3.03 | 20.697 | 1.31591 | .048316 | 3.53 | 34.124 | 1.53306 | .029305 |
| 3.04 | 20.905 | 1.32026 | .047835 | 3.54 | 34.467 | 1.53740 | .029013 |
| **3.05** | 21.115 | 1.32460 | 0.047359 | **3.55** | 34.813 | 1.54175 | 0.028725 |
| 3.06 | 21.328 | 1.32894 | .046888 | 3.56 | 35.163 | 1.54609 | .028439 |
| 3.07 | 21.542 | 1.33328 | .046421 | 3.57 | 35.517 | 1.55043 | .028156 |
| 3.08 | 21.758 | 1.33763 | .045959 | 3.58 | 35.874 | 1.55477 | .027876 |
| 3.09 | 21.977 | 1.34197 | .045502 | 3.59 | 36.234 | 1.55912 | .027598 |
| **3.10** | 22.198 | 1.34631 | 0.045049 | **3.60** | 36.598 | 1.56346 | 0.027324 |
| 3.11 | 22.421 | 1.35066 | .044601 | 3.61 | 36.966 | 1.56780 | .027052 |
| 3.12 | 22.646 | 1.35500 | .044157 | 3.62 | 37.338 | 1.57215 | .026783 |
| 3.13 | 22.874 | 1.35934 | .043718 | 3.63 | 37.713 | 1.57649 | .026516 |
| 3.14 | 23.104 | 1.36368 | .043283 | 3.64 | 38.092 | 1.58083 | .026252 |
| **3.15** | 23.336 | 1.36803 | 0.042852 | **3.65** | 38.475 | 1.58517 | 0.025991 |
| 3.16 | 23.571 | 1.37237 | .042426 | 3.66 | 38.861 | 1.58952 | .025733 |
| 3.17 | 23.807 | 1.36671 | .042004 | 3.67 | 39.252 | 1.59386 | .025476 |
| 3.18 | 24.047 | 1.38106 | .041586 | 3.68 | 39.646 | 1.59820 | .025223 |
| 3.19 | 24.288 | 1.38540 | .041172 | 3.69 | 40.045 | 1.60255 | .024972 |
| **3.20** | 24.533 | 1.38974 | 0.040764 | **3.70** | 40.447 | 1.60689 | 0.024724 |
| 3.21 | 24.779 | 1.39409 | .040357 | 3.71 | 40.854 | 1.61123 | .024478 |
| 3.22 | 25.028 | 1.39843 | .039955 | 3.72 | 41.264 | 1.61558 | .024234 |
| 3.23 | 25.280 | 1.40277 | .039557 | 3.73 | 41.679 | 1.61992 | .023993 |
| 3.24 | 25.534 | 1.40711 | .039164 | 3.74 | 42.098 | 1.62426 | .023754 |
| **3.25** | 25.790 | 1.41146 | 0.038774 | **3.75** | 42.521 | 1.62860 | 0.023518 |
| 3.26 | 26.050 | 1.41580 | .038388 | 3.76 | 42.948 | 1.63295 | .023284 |
| 3.27 | 26.311 | 1.42014 | .038006 | 3.77 | 43.380 | 1.63729 | .023052 |
| 3.28 | 26.576 | 1.42449 | .037628 | 3.78 | 43.816 | 1.64163 | .022823 |
| 3.29 | 26.843 | 1.42883 | .037254 | 3.79 | 44.256 | 1.64598 | .022596 |
| **3.30** | 27.113 | 1.44317 | 0.036883 | **3.80** | 44.701 | 1.65032 | 0.022371 |
| 3.31 | 27.385 | 1.43751 | .036516 | 3.81 | 45.150 | 1.65466 | .022148 |
| 3.32 | 27.660 | 1.44186 | .036153 | 3.82 | 45.604 | 1.65900 | .021928 |
| 3.33 | 27.938 | 1.44620 | .035793 | 3.83 | 46.063 | 1.66335 | .021710 |
| 3.34 | 28.219 | 1.45054 | .035437 | 3.84 | 46.525 | 1.66769 | .021494 |
| **3.35** | 28.503 | 1.45489 | 0.035084 | **3.85** | 46.993 | 1.67203 | 0.021280 |
| 3.36 | 28.789 | 1.45923 | .034735 | 3.86 | 47.465 | 1.67638 | .021068 |
| 3.37 | 29.079 | 1.46357 | .034390 | 3.87 | 47.942 | 1.68072 | .020858 |
| 3.38 | 29.371 | 1.46792 | .034047 | 3.88 | 48.424 | 1.68506 | .020651 |
| 3.39 | 29.666 | 1.47226 | .033709 | 3.89 | 48.911 | 1.68941 | .020445 |
| **3.40** | 29.964 | 1.47660 | 0.033373 | **3.90** | 49.402 | 1.69375 | 0.020242 |
| 3.41 | 30.265 | 1.48094 | .033041 | 3.91 | 49.899 | 1.69809 | .020041 |
| 3.42 | 30.569 | 1.48529 | .032712 | 3.92 | 50.400 | 1.70243 | .019840 |
| 3.43 | 30.877 | 1.48963 | .032387 | 3.93 | 50.907 | 1.70678 | .019644 |
| 3.44 | 31.187 | 1.49397 | .032065 | 3.94 | 51.419 | 1.71112 | .019448 |
| **3.45** | 31.500 | 1.49832 | 0.031746 | **3.95** | 51.935 | 1.71546 | 0.019255 |
| 3.46 | 31.817 | 1.50266 | .031430 | 3.96 | 52.457 | 1.71981 | .019063 |
| 3.47 | 32.137 | 1.50700 | .031117 | 3.97 | 52.985 | 1.72415 | .018873 |
| 3.48 | 32.460 | 1.51134 | .030807 | 3.98 | 53.517 | 1.72849 | .018686 |
| 3.49 | 32.786 | 1.51569 | .030501 | 3.99 | 54.055 | 1.73283 | .018500 |
| **3.50** | 33.115 | 1.52003 | 0.030197 | **4.00** | 54.598 | 1.73718 | 0.018316 |

## Tabela 4  (*Continuação*)

| $x$ | $e^x$ | $\log_{10}(e^x)$ | $e^{-x}$ | $x$ | $e^x$ | $\log_{10}(e^x)$ | $e^{-x}$ |
|---|---|---|---|---|---|---|---|
| **4.00** | 54.598 | 1.73718 | 0.018316 | **4.50** | 90.017 | 1.95433 | 0.011109 |
| 4.01 | 55.147 | 1.74152 | .018133 | 4.51 | 90.922 | 1.95867 | .010998 |
| 4.02 | 55.701 | 1.74586 | .017953 | 4.52 | 91.836 | 1.96301 | .010889 |
| 4.03 | 56.261 | 1.75021 | .017774 | 4.53 | 92.759 | 1.96735 | .010781 |
| 4.04 | 56.826 | 1.75455 | .017597 | 4.54 | 93.691 | 1.97170 | .010673 |
| **4.05** | 57.397 | 1.75889 | 0.017422 | **4.55** | 94.632 | 1.97604 | 0.010567 |
| 4.06 | 57.974 | 1.76324 | .017249 | 4.56 | 95.583 | 1.98038 | .010462 |
| 4.07 | 58.577 | 1.76758 | .017077 | 4.57 | 96.544 | 1.98473 | .010358 |
| 4.08 | 59.145 | 1.77192 | .016907 | 4.58 | 97.514 | 1.98907 | .010255 |
| 4.09 | 59.740 | 1.77626 | .016739 | 4.59 | 98.494 | 1.99341 | .010153 |
| **4.10** | 60.340 | 1.78061 | 0.016573 | **4.60** | 99.484 | 1.99775 | 0.010052 |
| 4.11 | 60.947 | 1.78495 | .016408 | 4.61 | 100.48 | 2.00210 | .009952 |
| 4.12 | 61.559 | 1.78929 | .016245 | 4.62 | 101.49 | 2.00644 | .009853 |
| 4.13 | 62.178 | 1.79364 | .016083 | 4.63 | 102.51 | 2.01078 | .009755 |
| 4.14 | 62.803 | 1.79798 | .015923 | 4.64 | 103.54 | 2.01513 | .009658 |
| **4.15** | 63.434 | 1.80232 | 0.015764 | **4.65** | 104.58 | 2.01947 | 0.009562 |
| 4.16 | 64.072 | 1.80667 | .015608 | 4.66 | 105.64 | 2.02381 | .009466 |
| 4.17 | 64.715 | 1.81101 | .015452 | 4.67 | 106.70 | 2.02816 | .009372 |
| 4.18 | 65.366 | 1.81535 | .015299 | 4.68 | 107.77 | 2.03250 | .009279 |
| 4.19 | 66.023 | 1.81969 | .015146 | 4.69 | 108.85 | 2.03684 | .009187 |
| **4.20** | 66.686 | 1.82404 | 0.014996 | **4.70** | 109.95 | 2.04118 | 0.009095 |
| 4.21 | 67.357 | 1.82838 | .014846 | 4.71 | 111.05 | 2.04553 | .009005 |
| 4.22 | 68.033 | 1.83272 | .014699 | 4.72 | 112.17 | 2.04987 | .008915 |
| 4.23 | 68.717 | 1.83707 | .014552 | 4.73 | 113.30 | 2.05421 | .008826 |
| 4.24 | 69.408 | 1.84141 | .014408 | 4.74 | 114.43 | 2.05856 | .008739 |
| **4.25** | 70.105 | 1.84575 | 0.014264 | **4.75** | 115.58 | 2.06290 | 0.008652 |
| 4.26 | 70.810 | 1.85009 | .014122 | 4.76 | 116.75 | 2.06724 | .008566 |
| 4.27 | 71.522 | 1.85444 | .013982 | 4.77 | 117.92 | 2.07158 | .008480 |
| 4.28 | 72.240 | 1.85878 | .013843 | 4.78 | 119.10 | 2.07593 | .008396 |
| 4.29 | 72.966 | 1.86312 | .013705 | 4.79 | 120.30 | 2.08027 | .008312 |
| **4.30** | 73.700 | 1.86747 | 0.013569 | **4.80** | 121.51 | 2.08461 | 0.008230 |
| 4.31 | 74.440 | 1.87181 | .013434 | 4.81 | 122.73 | 2.08896 | .008148 |
| 4.32 | 75.189 | 1.87615 | .013300 | 4.82 | 123.97 | 2.09330 | .008067 |
| 4.33 | 75.944 | 1.88050 | .013168 | 4.83 | 125.21 | 2.09764 | .007987 |
| 4.34 | 76.708 | 1.88484 | .013037 | 4.84 | 126.47 | 2.10199 | .007907 |
| **4.35** | 77.478 | 1.88918 | 0.012907 | **4.85** | 127.74 | 2.10633 | 0.007828 |
| 4.36 | 78.257 | 1.89352 | .012778 | 4.86 | 129.02 | 2.11067 | .007750 |
| 4.37 | 79.044 | 1.89787 | .012651 | 4.87 | 130.32 | 2.11501 | .007673 |
| 4.38 | 79.838 | 1.90221 | .012525 | 4.88 | 131.63 | 2.11936 | .007597 |
| 4.39 | 80.640 | 1.90655 | .012401 | 4.89 | 132.95 | 2.12370 | .007521 |
| **4.40** | 81.451 | 1.91090 | 0.012277 | **4.90** | 134.29 | 2.12804 | 0.007477 |
| 4.41 | 82.269 | 1.91524 | .012155 | 4.91 | 135.64 | 2.13239 | .007372 |
| 4.42 | 83.096 | 1.91958 | .012034 | 4.92 | 137.00 | 2.13673 | .007299 |
| 4.43 | 83.931 | 1.92392 | .011914 | 4.93 | 138.38 | 2.14107 | .007227 |
| 4.44 | 84.775 | 1.92827 | .011796 | 4.94 | 139.77 | 2.14541 | .007155 |
| **4.45** | 85.627 | 1.93261 | 0.011679 | **4.95** | 141.17 | 2.14976 | 0.007083 |
| 4.46 | 86.488 | 1.93695 | .011562 | 4.96 | 142.59 | 2.15410 | .007013 |
| 4.47 | 87.357 | 1.94130 | .011447 | 4.97 | 144.03 | 2.15844 | .006943 |
| 4.48 | 88.235 | 1.94564 | .011333 | 4.98 | 145.47 | 2.16279 | .006874 |
| 4.49 | 89.121 | 1.94998 | .011221 | 4.99 | 146.94 | 2.16713 | .006806 |
| **4.50** | 90.017 | 1.95433 | 0.011109 | **5.00** | 148.41 | 2.17147 | 0.006738 |

## Tabela 4  (*Continuação*)

| $x$ | $e^x$ | $\log_{10}(e^x)$ | $e^{-x}$ | $x$ | $e^x$ | $\log_{10}(e^x)$ | $e^{-x}$ |
|---|---|---|---|---|---|---|---|
| **5.00** | 148.41 | 2.17147 | 0.006738 | **5.50** | 244.69 | 2.38862 | 0.0040868 |
| 5.01 | 149.90 | 2.17582 | .006671 | 5.55 | 257.24 | 2.41033 | .0038875 |
| 5.02 | 151.41 | 2.18016 | .006605 | 5.60 | 270.43 | 2.43205 | .0036979 |
| 5.03 | 152.93 | 2.18450 | .006539 | 5.65 | 284.29 | 2.45376 | .0035175 |
| 5.04 | 154.47 | 2.18884 | .006474 | 5.70 | 298.87 | 2.47548 | .0033460 |
| **5.05** | 156.02 | 2.19319 | 0.006409 | **5.75** | 314.19 | 2.49719 | 0.0031828 |
| 5.06 | 157.59 | 2.19753 | .006346 | 5.80 | 330.30 | 2.51891 | .0030276 |
| 5.07 | 159.17 | 2.20187 | .006282 | 5.85 | 347.23 | 2.54062 | .0028799 |
| 5.08 | 160.77 | 2.20622 | .006220 | 5.90 | 365.04 | 2.56234 | .0027394 |
| 5.09 | 162.39 | 2.21056 | .006158 | 5.95 | 383.75 | 2.58405 | .0026058 |
| **5.10** | 164.02 | 2.21490 | 0.006097 | **6.00** | 403.43 | 2.60577 | 0.0024788 |
| 5.11 | 165.67 | 2.21924 | .006036 | 6.05 | 424.11 | 2.62748 | .0023579 |
| 5.12 | 167.34 | 2.22359 | .005976 | 6.10 | 445.86 | 2.64920 | .0022429 |
| 5.13 | 169.02 | 2.22793 | .005917 | 6.15 | 468.72 | 2.67091 | .0021335 |
| 5.14 | 170.72 | 2.23227 | .005858 | 6.20 | 492.75 | 2.69263 | .0020294 |
| **5.15** | 172.43 | 2.23662 | 0.005799 | **6.25** | 518.01 | 2.71434 | 0.0019305 |
| 5.16 | 174.16 | 2.24096 | .005742 | 6.30 | 544.57 | 2.73606 | .0018363 |
| 5.17 | 175.91 | 2.24530 | .005685 | 6.35 | 572.49 | 2.75777 | .0017467 |
| 5.18 | 177.68 | 2.24965 | .005628 | 6.40 | 601.85 | 2.77948 | .0016616 |
| 5.19 | 179.47 | 2.25399 | .005572 | 6.45 | 632.70 | 2.80120 | .0015805 |
| **5.20** | 181.27 | 2.25833 | 0.005517 | **6.50** | 665.14 | 2.82291 | 0.0015034 |
| 5.21 | 183.09 | 2.26267 | .005462 | 6.55 | 699.24 | 2.84463 | .0014301 |
| 5.22 | 184.93 | 2.26702 | .005407 | 6.60 | 735.10 | 2.86634 | .0013604 |
| 5.23 | 186.79 | 2.27136 | .005354 | 6.65 | 772.78 | 2.88806 | .0012940 |
| 5.24 | 188.67 | 2.27570 | .005300 | 6.70 | 812.41 | 2.90977 | .0012309 |
| **5.25** | 190.57 | 2.28005 | 0.005248 | **6.75** | 854.06 | 2.93149 | 0.0011709 |
| 5.26 | 192.48 | 2.28439 | .005195 | 6.80 | 897.85 | 2.95320 | .0011138 |
| 5.27 | 194.42 | 2.28873 | .005144 | 6.85 | 943.88 | 2.97492 | .0010595 |
| 5.28 | 196.37 | 2.29307 | .005092 | 6.90 | 992.27 | 2.99663 | .0010078 |
| 5.29 | 198.34 | 2.29742 | .005042 | 6.95 | 1043.1 | 3.01835 | .0009586 |
| **5.30** | 200.34 | 2.30176 | 0.004992 | **7.00** | 1096.6 | 3.04006 | 0.0009119 |
| 5.31 | 202.35 | 2.30610 | .004942 | 7.05 | 1152.9 | 3.06178 | .0008674 |
| 5.32 | 204.38 | 2.31045 | .004893 | 7.10 | 1212.0 | 3.08349 | .0008251 |
| 5.33 | 206.44 | 2.31479 | .004844 | 7.15 | 1274.1 | 3.10521 | .0007849 |
| 5.34 | 208.51 | 2.31913 | .004796 | 7.20 | 1339.4 | 3.12692 | .0007466 |
| **5.35** | 210.61 | 2.32348 | 0.004748 | **7.25** | 1408.1 | 3.14863 | 0.0007102 |
| 5.36 | 212.72 | 2.32782 | .004701 | 7.30 | 1480.3 | 3.17035 | .0006755 |
| 5.37 | 214.86 | 2.33216 | .004654 | 7.35 | 1556.2 | 3.19206 | .0006426 |
| 5.38 | 217.02 | 2.33650 | .004608 | 7.40 | 1636.0 | 3.21378 | .0006113 |
| 5.39 | 219.20 | 2.34085 | .004562 | 7.45 | 1719.9 | 3.23549 | .0005814 |
| **5.40** | 221.41 | 2.34519 | 0.004517 | **7.50** | 1808.0 | 3.25721 | 0.0005531 |
| 5.41 | 223.63 | 2.34953 | .004472 | 7.55 | 1900.7 | 3.27892 | .0005261 |
| 5.42 | 225.88 | 2.35388 | .004427 | 7.60 | 1998.2 | 3.30064 | .0005005 |
| 5.43 | 228.15 | 2.35822 | .004383 | 7.65 | 2100.6 | 3.32235 | .0004760 |
| 5.44 | 230.44 | 2.36256 | .004339 | 7.70 | 2208.3 | 3.34407 | .0004528 |
| **5.45** | 232.76 | 2.36690 | 0.004296 | **7.75** | 2321.6 | 3.36578 | 0.0004307 |
| 5.46 | 235.10 | 2.37125 | .004254 | 7.80 | 2440.6 | 3.38750 | .0004097 |
| 5.47 | 237.46 | 2.37559 | .004211 | 7.85 | 2565.7 | 3.40921 | .0003898 |
| 5.48 | 239.85 | 2.37993 | .004169 | 7.90 | 2697.3 | 3.43093 | .0003707 |
| 5.49 | 242.26 | 2.38428 | .004128 | 7.95 | 2835.6 | 3.45264 | .0003527 |
| **5.50** | 244.69 | 2.38862 | 0.004087 | **8.00** | 2981.0 | 3.47436 | 0.0003355 |

## Tabela 4  (*Continuação*)

| $x$ | $e^x$ | $\log_{10}(e^x)$ | $e^{-x}$ | $x$ | $e^x$ | $\log_{10}(e^x)$ | $e^{-x}$ |
|---|---|---|---|---|---|---|---|
| **8.00** | 2981.0 | 3.47436 | 0.0003355 | **9.00** | 8103.1 | 3.90865 | 0.0001234 |
| 8.05 | 3133.8 | 3.49607 | .0003191 | 9.05 | 8518.5 | 3.93037 | .0001174 |
| 8.10 | 3294.5 | 3.51779 | .0003035 | 9.10 | 8955.3 | 3.95208 | .0001117 |
| 8.15 | 3463.4 | 3.53950 | .0002887 | 9.15 | 9414.4 | 3.97379 | .0001062 |
| 8.20 | 3641.0 | 3.56121 | .0002747 | 9.20 | 9897.1 | 3.99551 | .0001010 |
| **8.25** | 3827.6 | 3.58293 | 0.0002613 | **9.25** | 10405 | 4.01722 | 0.0000961 |
| 8.30 | 4023.9 | 3.60464 | .0002485 | 9.30 | 10938 | 4.03894 | .0000914 |
| 8.35 | 4230.2 | 3.62636 | .0002364 | 9.35 | 11499 | 4.06065 | .0000870 |
| 8.40 | 4447.1 | 3.64807 | .0002249 | 9.40 | 12088 | 4.08237 | .0000827 |
| 8.45 | 4675.1 | 3.66979 | .0002139 | 9.45 | 12708 | 4.10408 | .0000787 |
| **8.50** | 4914.8 | 3.69150 | 0.0002036 | **9.50** | 13360 | 4.12580 | 0.0000749 |
| 8.55 | 5166.8 | 3.71322 | .0001935 | 9.55 | 14045 | 4.14751 | .0000712 |
| 8.60 | 5431.7 | 3.73493 | .0001841 | 9.60 | 14765 | 4.16923 | .0000677 |
| 8.65 | 5710.0 | 3.75665 | .0001751 | 9.65 | 15522 | 4.19094 | .0000644 |
| 8.70 | 6002.9 | 3.77836 | .0001666 | 9.70 | 16318 | 4.21266 | .0000613 |
| **8.75** | 6310.7 | 3.80008 | 0.0001585 | **9.75** | 17154 | 4.23437 | 0.0000583 |
| 8.80 | 6634.2 | 3.82179 | .0001507 | 9.80 | 18034 | 4.25609 | .0000555 |
| 8.85 | 6974.4 | 3.84351 | .0001434 | 9.85 | 18958 | 4.27780 | .0000527 |
| 8.90 | 7332.0 | 3.86522 | .0001364 | 9.90 | 19930 | 4.29952 | .0000502 |
| 8.95 | 7707.9 | 3.88694 | .0001297 | 9.95 | 20952 | 4.32123 | 0.0000477 |
| **9.00** | 8103.1 | 3.90865 | 0.0001234 | **10.00** | 22026 | 4.34294 | 0.0000454 |

**Tabela 5** Montante de $1,00, à taxa $j$, pelo prazo $n$: $(1+j)^n$

| n | ½% | 1% | 2% | 3% | 4% | 5% | 6% | 8% | 10% |
|---|---|---|---|---|---|---|---|---|---|
| 1 | 1.0050 | 1.0100 | 1.0200 | 1.0300 | 1.0400 | 1.0500 | 1.0600 | 1.0800 | 1.1000 |
| 2 | 1.0100 | 1.0201 | 1.0404 | 1.0609 | 1.0816 | 1.1025 | 1.1236 | 1.1664 | 1.2100 |
| 3 | 1.0151 | 1.0303 | 1.0612 | 1.0927 | 1.1249 | 1.1576 | 1.1910 | 1.2597 | 1.3310 |
| 4 | 1.0201 | 1.0406 | 1.0824 | 1.1255 | 1.1699 | 1.2155 | 1.2625 | 1.3605 | 1.4641 |
| 5 | 1.0253 | 1.0510 | 1.1041 | 1.1593 | 1.2167 | 1.2763 | 1.3382 | 1.4693 | 1.6105 |
| 6 | 1.0304 | 1.0615 | 1.1262. | 1.1941 | 1.2653 | 1.3401 | 1.4185 | 1.5869 | 1.7716 |
| 7 | 1.0355 | 1.0721 | 1.1487 | 1.2299 | 1.3159 | 1.4071 | 1.5036 | 1.7148 | 1.9487 |
| 8 | 1.0407 | 1.0829 | 1.1717 | 1.2668 | 1.3686 | 1.4775 | 1.5938 | 1.8510 | 2.1436 |
| 9 | 1.0459 | 1.0937 | 1.1951 | 1.3048 | 1.4233 | 1.5513 | 1.6895 | 1.9990 | 2.3579 |
| 10 | 1.0511 | 1.1046 | 1.2190 | 1.3439 | 1.4802 | 1.6289 | 1.7908 | 2.1590 | 2.5937 |
| 11 | 1.0564 | 1.1157 | 1.2434 | 1.3842 | 1.5395 | 1.7103 | 1.8983 | 2.3316 | 2.8531 |
| 12 | 1.0617 | 1.1268 | 1.2682 | 1.4258 | 1.6010 | 1.7959 | 2.0122 | 2.5182 | 3.1384 |
| 13 | 1.0670 | 1.1381 | 1.2936 | 1.4685 | 1.6651 | 1.8856 | 2.1329 | 2.7196 | 3.4523 |
| 14 | 1.0723 | 1.1495 | 1.3195 | 1.5126 | 1.7317 | 1.9799 | 2.2609 | 2.9372 | 3.7975 |
| 15 | 1.0777 | 1.1610 | 1.3459 | 1.5580 | 1.8009 | 2.0789 | 2.3966 | 3.1723 | 4.1772 |
| 16 | 1.0831 | 1.1726 | 1.3728 | 1.6047 | 1.8730 | 2.1829 | 2.5404 | 3.4260 | 4.5950 |
| 17 | 1.0885 | 1.1843 | 1.4002 | 1.6528 | 1.9479 | 2.2920 | 2.6928 | 3.7000 | 5.0545 |
| 18 | 1.0939 | 1.1961 | 1.4282 | 1.7024 | 2.0258 | 2.4066 | 2.8543 | 3.9960 | 5.5599 |
| 19 | 1.0994 | 1.2081 | 1.4568 | 1.7535 | 2.1068 | 2.5270 | 3.0256 | 4.3157 | 6.1159 |
| 20 | 1.1049 | 1.2202 | 1.4859 | 1.8061 | 2.1911 | 2.6533 | 3.2071 | 4.6610 | 6.7275 |
| 21 | 1.1104 | 1.2324 | 1.5157 | 1.8603 | 2.2788 | 22.7860 | 3.3996 | 5.8338 | 7.4002 |
| 22 | 1.1160 | 1.2447 | 1.5460 | 1.9161 | 2.3699 | 2.9253 | 3.6035 | 5.4368 | 8.1403 |
| 23 | 1.1216 | 1.2572 | 1.5769 | 1.9736 | 2.4647 | 3.0715 | 3.8197 | 5.8715 | 8.9543 |
| 24 | 1.1272 | 1.2697 | 1.6084 | 2.0328 | 2.5633 | 3.2251 | 4.0489 | 6.3412 | 9.8497 |
| 25 | 1.1328 | 1.2824 | 2.6406 | 2.0938 | 2.6658 | 3.3864 | 4.2919 | 6.8485 | 10.8347 |
| 26 | 1.1385 | 1.2953 | 1.6734 | 2.1566 | 2.7725 | 3.5557 | 4.5494 | 7.3964 | 11.9182 |
| 27 | 1.1442 | 1.3082 | 1.7069 | 2.2213 | 2.8834 | 3.7335 | 4.8223 | 7.9881 | 13.1010 |
| 28 | 1.1499 | 1.3213 | 1.7410 | 2.2879 | 2.9987 | 3.9201 | 5.1117 | 8.6271 | 14.4210 |
| 29 | 1.1556 | 1.3345 | 1.7758 | 2.3566 | 3.1187 | 4.1161 | 5.4184 | 9.3173 | 15.8631 |
| 30 | 1.1614 | 1.3478 | 1.8114 | 2.4273 | 3.2334 | 4.3219 | 5.7435 | 10.0627 | 17.4494 |
| 31 | 1.1672 | 1.3613 | 1.8476 | 2.5001 | 3.3731 | 4.5380 | 6.0881 | 10.8677 | 19.1943 |
| 32 | 1.1730 | 1.3749 | 1.8845 | 2.5751 | 3.5081 | 4.7649 | 6.4534 | 11.7371 | 21.1138 |
| 33 | 1.1789 | 1.3887 | 1.9222 | 2.6523 | 3.6484 | 5.0032 | 6.8406 | 12.6760 | 23.2252 |
| 34 | 1.1848 | 1.4026 | 1.9607 | 2.7319 | 3.7943 | 5.2533 | 7.2510 | 13.6901 | 25.5477 |
| 35 | 1.1907 | 1.4166 | 1.9999 | 2.8139 | 3.9461 | 5.5160 | 7.6861 | 14.7853 | 28.1024 |
| 36 | 1.1967 | 1.4308 | 2.0399 | 2.8983 | 4.1039 | 5.7918 | 8.1473 | 15.9682 | 30.9127 |
| 37 | 1.2027 | 1.4451 | 2.0807 | 2.9852 | 4.2681 | 6.0814 | 8.6361 | 17.2456 | 34.0039 |
| 38 | 1.2087 | 1.4595 | 2.1223 | 3.0748 | 4.4388 | 6.3855 | 9.1543 | 18.6253 | 37.4043 |
| 39 | 1.2147 | 1.4741 | 2.1647 | 3.1670 | 4.6164 | 6.7048 | 9.7035 | 20.1153 | 41.1448 |
| 40 | 1.2208 | 1.4889 | 2.2080 | 3.2620 | 4.8010 | 7.0400 | 10.2857 | 21.7245 | 45.2593 |
| 41 | 1.2269 | 1.5038 | 2.2522 | 3.3599 | 4.9931 | 7.3920 | 10.9029 | 23.4625 | 49.7852 |
| 42 | 1.2330 | 1.5188 | 2.2972 | 3.4607 | 5.1928 | 7.7616 | 11.5570 | 25.3395 | 54.7637 |
| 43 | 1.2392 | 1.5340 | 2.3432 | 3.5645 | 5.4005 | 8.1497 | 12.2505 | 27.3666 | 60.2401 |
| 44 | 1.2454 | 1.5493 | 2.3901 | 3.6715 | 5.6665 | 8.5572 | 12.9855 | 29.5560 | 66.2641 |
| 45 | 1.2516 | 1.5648 | 2.4379 | 3.7816 | 5.8412 | 8.9850 | 13.7647 | 31.9204 | 72.8905 |
| 46 | 1.2579 | 1.5805 | 2.4866 | 3.8950 | 6.0748 | 9.4343 | 14.5905 | 34.4741 | 80.1795 |
| 47 | 1.2642 | 1.5963 | 2.5363 | 4.0119 | 6.3178 | 9.9060 | 15.4659 | 37.2320 | 88.1975 |
| 48 | 1.2705 | 1.6122 | 2.5871 | 4.1323 | 6.5705 | 10.4013 | 16.3938 | 40.2106 | 97.0172 |
| 49 | 1.2768 | 1.6283 | 2.6388 | 4.2562 | 6.8333 | 10.9213 | 17.3775 | 43.4274 | 106.7190 |
| 50 | 1.2832 | 1.6446 | 2.6916 | 4.3839 | 7.1067 | 11.4674 | 18.4202 | 46.9016 | 117.3909 |

**Tabela 6** Valor atual de $ 1,00, à taxa $j$, pelo prazo $n$: $(1+j)^{-n}$

| n | ½% | 1% | 2% | 3% | 4% | 5% | 6% | 8% | 10% |
|---|---|---|---|---|---|---|---|---|---|
| 1 | 0.9950 | 0.9901 | 0.9804 | 0.9709 | 0.9615 | 0.9524 | 0.9434 | 0.9259 | 0.9091 |
| 2 | 0.9901 | 0.9803 | 0.9612 | 0.9226 | 0.9426 | 0.9070 | 0.8900 | 0.8573 | 0.8264 |
| 3 | 0.9851 | 0.9706 | 0.9423 | 0.9151 | 0.8890 | 0.8238 | 0.8396 | 0.7938 | 0.7513 |
| 4 | 0.9802 | 0.9610 | 0.9238 | 0.8885 | 0.8548 | 0.8227 | 0.7921 | 0.7350 | 0.6380 |
| 5 | 0.9754 | 0.9515 | 0.9057 | 0.8626 | 0.8219 | 0.7835 | 0.7473 | 0.6806 | 0.6209 |
| 6 | 0.9705 | 0.9420 | 0.8880 | 0.8375 | 0.7903 | 0.7462 | 0.7050 | 0.6302 | 0.5645 |
| 7 | 0.9657 | 0.9327 | 0.8706 | 0.8131 | 0.7599 | 0.7107 | 0.6651 | 0.5835 | 0.5132 |
| 8 | 0.9609 | 0.9235 | 0.8535 | 0.7894 | 0.7307 | 0.6768 | 0.2674 | 0.5403 | 0.4665 |
| 9 | 0.9561 | 0.9143 | 0.8368 | 0.7664 | 0.7026 | 0.6446 | 0.5919 | 0.5002 | 0.4241 |
| 10 | 0.9513 | 0.9053 | 0.8203 | 0.7441 | 0.6756 | 0.6139 | 0.5584 | 0.4632 | 0.3855 |
| 11 | 0.9466 | 0.8963 | 0.8043 | 0.7224 | 0.6496 | 0.5847 | 0.5268 | 0.4289 | 0.3505 |
| 12 | 0.9419 | 0.8874 | 0.7885 | 0.7014 | 0.6246 | 0.5568 | 0.4970 | 0.3971 | 0.3186 |
| 13 | 0.9372 | 0.8787 | 0.7730 | 0.6810 | 0.6006 | 0.5303 | 0.4688 | 0.3677 | 0.2897 |
| 14 | 0.9326 | 0.8700 | 0.7579 | 0.6611 | 0.5775 | 0.5051 | 0.4423 | 0.3405 | 0.2633 |
| 15 | 0.9279 | 0.8613 | 0.7430 | 0.6419 | 0.5553 | 0.4810 | 0.4173 | 0.3152 | 0.2394 |
| 16 | 0.9233 | 0.8528 | 0.7284 | 0.6232 | 0.5339 | 0.4581 | 0.3936 | 0.2919 | 0.2176 |
| 17 | 0.9187 | 0.8444 | 0.7142 | 0.6050 | 0.5134 | 0.4363 | 0.3714 | 0.2703 | 0.1978 |
| 18 | 0.9141 | 0.8360 | 0.7002 | 0.5874 | 0.4936 | 0.4155 | 0.3503 | 0.2502 | 0.1799 |
| 19 | 0.9096 | 0.8277 | 0.6864 | 0.5703 | 0.4746 | 0.3957 | 0.3305 | 0.2317 | 0.1635 |
| 20 | 0.9051 | 0.8195 | 0.6730 | 0.5537 | 0.4564 | 0.3769 | 0.3118 | 0.2145 | 0.1486 |
| 21 | 0.9006 | 0.8114 | 0.6598 | 0.5375 | 0.4388 | 0.3589 | 0.2942 | 0.1987 | 0.1351 |
| 22 | 0.8961 | 0.8304 | 0.6468 | 0.5219 | 0.4220 | 0.3418 | 0.2775 | 0.1839 | 0.1228 |
| 23 | 0.8916 | 0.7954 | 0.6342 | 0.5067 | 0.4057 | 0.3256 | 0.2618 | 0.1703 | 0.1117 |
| 24 | 0.8872 | 0.7876 | 0.6217 | 0.4919 | 0.3901 | 0.3101 | 0.2470 | 0.1577 | 0.1051 |
| 25 | 0.8828 | 0.7798 | 0.6095 | 0.4776 | 0.3715 | 0.2953 | 0.2330 | 0.1460 | 0.0923 |
| 26 | 0.8784 | 0.7720 | 0.5976 | 0.4637 | 0.3607 | 0.2812 | 0.2198 | 0.1352 | 0.0839 |
| 27 | 0.8740 | 0.7644 | 0.5859 | 0.4502 | 0.3468 | 0.2678 | 0.2074 | 0.1252 | 0.0763 |
| 28 | 0.8697 | 0.7568 | 0.5744 | 0.4371 | 0.3335 | 0.2551 | 0.1956 | 0.1159 | 0.0693 |
| 29 | 0.8653 | 0.7493 | 0.5631 | 0.4243 | 0.3207 | 0.2429 | 0.1846 | 0.1073 | 0.0630 |
| 30 | 0.8610 | 0.7419 | 0.5521 | 0.4120 | 0.3083 | 0.2314 | 0.1741 | 0.0994 | 0.0573 |
| 31 | 0.8567 | 8.7346 | 0.5412 | 0.4000 | 0.2965 | 0.2204 | 0.1643 | 0.0920 | 0.0521 |
| 32 | 0.8525 | 0.7273 | 0.5306 | 0.3883 | 0.2851 | 0.2099 | 0.1880 | 0.0852 | 0.0474 |
| 33 | 0.8482 | 0.7201 | 0.5202 | 0.3770 | 0.2741 | 0.1999 | 0.1462 | 0.0789 | 0.0431 |
| 34 | 0.8440 | 0.7130 | 0.5100 | 0.3660 | 0.2636 | 0.1904 | 0.1397 | 0.0730 | 0.0391 |
| 35 | 0.8398 | 0.7059 | 0.5000 | 0.3554 | 0.2534 | 0.1813 | 0.1301 | 0.0676 | 0.0356 |
| 36 | 0.8356 | 0.6989 | 0.4902 | 0.3450 | 0.2437 | 0.1727 | 0.1227 | 0.0626 | 0.0323 |
| 37 | 0.8315 | 0.6920 | 0.4806 | 0.3350 | 0.2343 | 0.1644 | 0.1158 | 0.0580 | 0.0294 |
| 38 | 0.8274 | 0.6852 | 0.4712 | 0.3252 | 0.2253 | 0.1566 | 0.1092 | 0.0537 | 0.0267 |
| 39 | 0.8232 | 0.6784 | 0.4619 | 0.3158 | 0.2166 | 0.1491 | 0.1031 | 0.0497 | 0.0243 |
| 40 | 0.8191 | 0.6717 | 0.4529 | 0.3066 | 0.2083 | 0.1420 | 0.0972 | 0.0460 | 0.0221 |
| 41 | 0.8151 | 0.6650 | 0.4440 | 0.2976 | 0.2003 | 0.1353 | 0.0912 | 0.0426 | 0.0201 |
| 42 | 0.8110 | 0.6584 | 0.4353 | 0.2890 | 0.1926 | 0.1288 | 0.0865 | 0.0395 | 0.0183 |
| 43 | 0.8070 | 0.6519 | 0.4268 | 0.2805 | 0.1852 | 0.1227 | 0.0816 | 0.0365 | 0.0166 |
| 44 | 0.8030 | 0.6454 | 0.4184 | 0.2724 | 0.1780 | 0.1169 | 0.0770 | 0.0338 | 0.0151 |
| 45 | 0.7990 | 0.6391 | 0.4102 | 0.2644 | 0.1712 | 0.1113 | 0.0727 | 0.0313 | 0.0137 |
| 46 | 0.7950 | 0.6327 | 0.4022 | 0.2567 | 0.1646 | 0.1060 | 0.0685 | 0.0290 | 0.0125 |
| 47 | 0.7910 | 0.6265 | 0.3943 | 0.2493 | 0.1583 | 0.1009 | 0.0647 | 0.0269 | 0.0113 |
| 48 | 0.7871 | 0.6203 | 0.3865 | 0.2420 | 0.1522 | 0.0961 | 0.0610 | 0.0249 | 0.0103 |
| 49 | 0.7832 | 0.6141 | 0.3790 | 0.2350 | 0.1463 | 0.0916 | 0.0575 | 0.0230 | 0.0094 |
| 50 | 0.7793 | 0.6080 | 0.3715 | 0.2281 | 0.1407 | 0.0872 | 0.0543 | 0.0213 | 0.0085 |

**Tabela 7** Montante, à taxa $j$, de "$n$" anuidades de $ 1,00: [(1+j)^n - 1]/j$

| n | ½% | 1% | 2% | 3% | 4% | 5% | 6% | 8% | 10% |
|---|---|---|---|---|---|---|---|---|---|
| 1 | 1.0000 | 1.0000 | 1.0000 | 1.0000 | 1.0000 | 1.0000 | 1.0000 | 1.0000 | 1.0000 |
| 2 | 2.0050 | 2.0100 | 2.0200 | 2.0300 | 2.0400 | 2.0500 | 2.0600 | 2.0800 | 2.1000 |
| 3 | 3.0150 | 3.0301 | 3.0604 | 3.0909 | 3.1216 | 3.1525 | 3.1836 | 3.2464 | 3.3100 |
| 4 | 4.0301 | 4.0604 | 4.1216 | 4.1836 | 4.2465 | 4.3101 | 4.3746 | 4.5061 | 4.6410 |
| 5 | 5.0503 | 5.1010 | 5.2040 | 5.3091 | 5.4163 | 5.5256 | 5.6371 | 5.8666 | 6.1051 |
| 6 | 6.0755 | 6.1520 | 6.3081 | 6.4684 | 6.6330 | 6.8019 | 6.9753 | 7.3359 | 7.7156 |
| 7 | 7.1059 | 7.2135 | 7.4343 | 7.6625 | 7.8983 | 8.1420 | 8.3938 | 8.9228 | 9.4872 |
| 8 | 8.1414 | 8.2857 | 8.5830 | 8.8923 | 9.2142 | 9.5491 | 9.8975 | 10.6366 | 11.4359 |
| 9 | 9.1821 | 9.3685 | 9.7546 | 10.1591 | 10.5828 | 11.0266 | 11.4913 | 12.4876 | 13.5795 |
| 10 | 10.2280 | 10.4622 | 10.9497 | 11.4639 | 12.0061 | 12.5779 | 13.1808 | 14.4855 | 15.9374 |
| 11 | 11.2792 | 11.5668 | 12.1687 | 12.8078 | 13.4864 | 14.2068 | 14.9716 | 16.6455 | 18.5312 |
| 12 | 12.3356 | 12.6825 | 13.4121 | 14.1920 | 15.0258 | 15.9171 | 16.8699 | 18.9771 | 21.3843 |
| 13 | 13.3972 | 13.8093 | 14.6803 | 15.6178 | 16.6268 | 17.7130 | 18.8821 | 21.4953 | 24.5227 |
| 14 | 14.4642 | 14.9474 | 15.9739 | 17.0863 | 18.2919 | 19.5986 | 21.0151 | 24.2149 | 27.9750 |
| 15 | 15.5365 | 16.0969 | 17.2934 | 18.5989 | 20.0236 | 21.5786 | 23.2760 | 27.1521 | 31.7725 |
| 16 | 16.6142 | 17.2579 | 18.6393 | 20.1569 | 21.8245 | 23.6575 | 25.6725 | 30.3243 | 35.9497 |
| 17 | 17.6973 | 18.4304 | 20.0121 | 21.7616 | 23.6975 | 25.8404 | 28.2129 | 33.7502 | 40.5447 |
| 18 | 18.7858 | 19.6147 | 21.4123 | 23.4144 | 25.6454 | 28.1324 | 30.9057 | 37.4502 | 45.5992 |
| 19 | 19.8797 | 20.8109 | 22.8406 | 25.1169 | 27.6712 | 30.5390 | 33.7600 | 41.4463 | 51.1591 |
| 20 | 20.9791 | 22.0190 | 24.2974 | 26.8704 | 29.7781 | 33.0660 | 36.7856 | 45.7620 | 57.2750 |
| 21 | 22.0840 | 23.2392 | 25.7833 | 28.6765 | 31.9692 | 35.7193 | 39.9927 | 50.4229 | 64.0025 |
| 22 | 23.1944 | 24.4716 | 27.2990 | 30.5368 | 34.2480 | 38.5052 | 43.3923 | 55.4568 | 71.4027 |
| 23 | 24.3104 | 25.7163 | 28.8450 | 32.4529 | 36.6179 | 41.4305 | 46.9958 | 60.8933 | 79.5430 |
| 24 | 25.4320 | 26.9735 | 30.4219 | 34.4265 | 39.0826 | 44.5020 | 50.8156 | 66.7648 | 88.4973 |
| 25 | 26.5591 | 28.2432 | 32.0303 | 36.4593 | 41.6459 | 47.7271 | 54.8645 | 73.1059 | 98.3471 |
| 26 | 27.6919 | 29.5256 | 33.6709 | 38.5530 | 44.3117 | 51.1135 | 59.1564 | 79.9544 | 109.1818 |
| 27 | 28.8304 | 30.8209 | 35.3443 | 40.7096 | 47.0842 | 54.6691 | 63.7058 | 87.3508 | 121.0999 |
| 28 | 29.9745 | 32.1291 | 37.0512 | 42.9309 | 49.9676 | 58.4026 | 68.5281 | 95.3388 | 134.2099 |
| 29 | 31.1244 | 33.4504 | 38.7922 | 45.2189 | 52.9663 | 62.3227 | 73.6398 | 103.9659 | 148.6309 |
| 30 | 32.2800 | 34.7849 | 40.5681 | 47.5754 | 56.0849 | 66.4388 | 79.0582 | 113.2832 | 164.4940 |
| 31 | 33.4414 | 36.1327 | 42.3794 | 50.0027 | 59.3283 | 70.7608 | 84.8017 | 123.3459 | 181.9434 |
| 32 | 34.6086 | 37.4941 | 44.2270 | 82.5028 | 62.7015 | 75.2988 | 90.8898 | 134.2135 | 201.1378 |
| 33 | 35.7817 | 38.8690 | 46.1116 | 55.0278 | 66.2095 | 80.0638 | 97.3432 | 145.9506 | 222.2515 |
| 34 | 36.9606 | 40.2577 | 48.0338 | 57.7302 | 69.8579 | 85.0670 | 104.1838 | 158.6267 | 245.4767 |
| 35 | 38.1454 | 41.6603 | 49.9945 | 60.4621 | 73.6522 | 90.3203 | 111.4348 | 172.3168 | 271.0244 |
| 36 | 39.3361 | 43.0769 | 51.9944 | 63.2759 | 77.5983 | 95.8363 | 119.1209 | 187.1021 | 299.1268 |
| 37 | 40.5328 | 44.5076 | 54.0343 | 66.1742 | 81.7022 | 101.6281 | 127.2681 | 203.0703 | 330.0395 |
| 38 | 41.7355 | 45.9527 | 86.1199 | 69.1594 | 85.9703 | 107.7095 | 135.9042 | 220.3159 | 364.0434 |
| 39 | 42.9441 | 47.4123 | 58.2372 | 72.2342 | 90.4091 | 114.0950 | 143.0585 | 238.9412 | 401.4478 |
| 40 | 44.1589 | 48.8864 | 60.4020 | 75.4013 | 95.0255 | 120.7998 | 154.7620 | 259.0565 | 442.5926 |
| 41 | 45.3796 | 50.3752 | 62.6100 | 78.6633 | 99.8265 | 127.8398 | 165.0477 | 280.7810 | 487.8518 |
| 42 | 46.6065 | 51.8790 | 64.8622 | 82.0232 | 104.8196 | 135.2318 | 175.9505 | 304.2435 | 537.6370 |
| 43 | 47.8396 | 53.3978 | 67.1595 | 85.4839 | 110.0124 | 142.9933 | 187.5076 | 329.5830 | 592.4007 |
| 44 | 49.0788 | 54.9318 | 69.5027 | 89.0484 | 115.4129 | 151.1430 | 199.7580 | 356.9496 | 652.6408 |
| 45 | 50.3242 | 56.4811 | 71.8927 | 92.7199 | 121.0294 | 159.7002 | 212.7835 | 386.5056 | 718.9049 |
| 46 | 51.5758 | 58.0459 | 74.3306 | 96.5018 | 126.8706 | 168.6852 | 226.5081 | 418.4261 | 791.7953 |
| 47 | 52.8337 | 59.6263 | 76.8172 | 100.3965 | 132.9454 | 178.1194 | 241.0986 | 452.9002 | 871.9749 |
| 48 | 54.0978 | 61.2226 | 79.3539 | 104.4084 | 139.2632 | 188.0254 | 256.5645 | 490.1322 | 960.1723 |
| 49 | 55.3683 | 62.8348 | 81.9406 | 108.5406 | 145.8337 | 198.4267 | 272.9584 | 530.3427 | 1057.1896 |
| 50 | 56.6452 | 64.4632 | 84.5794 | 112.7969 | 152.6671 | 209.3480 | 290.3359 | 573.7702 | 1163.9085 |

**Tabela 8** Valor atual, à taxa $j$, de "$n$" anuidades de \$ 1,00: $[1 - (1+j)^{-n}]/j$

| n | ½% | 1% | 2% | 3% | 4% | 5% | 6% | 8% | 10% |
|---|---|---|---|---|---|---|---|---|---|
| 1 | 0.9950 | 0.9901 | 0.9804 | 0.9709 | 0.9615 | 0.9524 | 0.9434 | 0.9259 | 0.9091 |
| 2 | 1.9851 | 1.9704 | 1.9416 | 1.9135 | 1.8861 | 1.8594 | 1.8334 | 1.7833 | 1.7355 |
| 3 | 2.9702 | 2.9410 | 2.8839 | 2.8286 | 2.7751 | 2.7232 | 2.6730 | 2.5771 | 2.4869 |
| 4 | 3.9505 | 3.9020 | 3.8077 | 3.7171 | 3.6299 | 3.5460 | 3.4651 | 3.3121 | 3.1699 |
| 5 | 4.9259 | 4.8534 | 4.7135 | 4.4797 | 4.4518 | 4.3295 | 4.2124 | 3.9927 | 3.7908 |
| 6 | 5.8964 | 5.7955 | 5.6014 | 5.4172 | 5.2421 | 5.0757 | 4.9173 | 4.6229 | 4.3553 |
| 7 | 6.8621 | 6.4720 | 6.2303 | 6.2303 | 6.0021 | 5.7864 | 5.5824 | 5.2064 | 4.8684 |
| 8 | 7.8230 | 7.6517 | 7.3255 | 7.0197 | 6.7327 | 6.4632 | 6.2098 | 5.7466 | 5.3349 |
| 9 | 8.7791 | 8.5660 | 8.1622 | 7.7861 | 7.4353 | 7.1078 | 6.8017 | 6.2469 | 5.7590 |
| 10 | 9.7304 | 9.4713 | 8.9826 | 8.5302 | 8.1109 | 7.7217 | 7.3601 | 6.7101 | 6.1446 |
| 11 | 10.6770 | 10.3676 | 9.7868 | 9.2526 | 8.7605 | 8.3064 | 7.8869 | 7.1390 | 6.4951 |
| 12 | 11.6189 | 11.2551 | 10.5753 | 9.9540 | 9.3851 | 8.3838 | 8.3838 | 7.5361 | 6.8137 |
| 13 | 12.5562 | 12.1337 | 11.3484 | 10.6350 | 9.9856 | 9.3936 | 8.8527 | 7.9038 | 7.1034 |
| 14 | 13.4887 | 13.0037 | 12.1062 | 11.2961 | 10.5631 | 9.8986 | 9.2950 | 8.2442 | 7.3667 |
| 15 | 14.4166 | 13.8651 | 12.8493 | 11.9379 | 11.1184 | 10.3797 | 9.7122 | 8.5595 | 7.6061 |
| 16 | 15.3399 | 14.7179 | 13.5777 | 12.5611 | 11.6523 | 10.8378 | 10.1059 | 8.8514 | 7.8237 |
| 17 | 16.2586 | 15.5623 | 14.2919 | 13.1661 | 12.1657 | 11.2741 | 10.4773 | 9.1216 | 8.0216 |
| 18 | 17.1728 | 16.3983 | 14.9920 | 13.7535 | 12.6593 | 11.6896 | 10.8267 | 9.3719 | 8.2014 |
| 19 | 18.0824 | 17.2260 | 15.6785 | 14.3238 | 13.1339 | 12.0853 | 11.1581 | 9.6036 | 8.3649 |
| 20 | 18.9874 | 18.0456 | 16.3514 | 14.8775 | 13.5903 | 12.4622 | 11.4699 | 9.8181 | 8.5136 |
| 21 | 19.8880 | 18.8570 | 17.0112 | 15.4150 | 14.0292 | 12.8212 | 11.7641 | 10.0168 | 8.6487 |
| 22 | 20.7841 | 19.6604 | 17.6580 | 15.9369 | 14.4511 | 13.1630 | 12.0416 | 10.2007 | 8.7715 |
| 23 | 21.6757 | 20.4558 | 18.2922 | 16.4436 | 14.8568 | 13.4886 | 12.3034 | 10.3711 | 8.8832 |
| 24 | 22.5629 | 21.2434 | 18.9139 | 16.9355 | 15.2470 | 13.7986 | 12.5504 | 10.5288 | 8.9847 |
| 25 | 23.4456 | 22.0232 | 19.5235 | 17.4131 | 15.6221 | 14.0939 | 12.7834 | 10.6748 | 9.0770 |
| 26 | 24.3240 | 22.7952 | 20.1201 | 17.8768 | 15.9828 | 14.3752 | 13.0032 | 10.8100 | 9.1609 |
| 27 | 25.1980 | 23.5596 | 20.7069 | 18.3270 | 16.3296 | 14.6430 | 13.2105 | 10.9352 | 9.2372 |
| 28 | 26.0677 | 24.3164 | 21.2813 | 18.7641 | 16.6631 | 14.8981 | 13.4062 | 11.0511 | 9.3066 |
| 29 | 26.9330 | 25.0658 | 21.8444 | 19.1885 | 16.9837 | 15.1411 | 13.5907 | 11.1584 | 9.3696 |
| 30 | 27.7941 | 25.8077 | 22.3965 | 19.6004 | 17.2920 | 15.3725 | 13.7648 | 11.2578 | 9.4269 |
| 31 | 28.6508 | 26.5423 | 22.9377 | 20.0004 | 17.5885 | 15.5928 | 13.9291 | 11.3498 | 9.4790 |
| 32 | 29.5033 | 27.2696 | 23.4683 | 20.3888 | 17.8736 | 15.8027 | 14.0840 | 11.4350 | 9.5264 |
| 33 | 30.3515 | 27.9897 | 23.9886 | 80.7658 | 18.1476 | 16.0025 | 14.2302 | 11.5139 | 9.5694 |
| 34 | 31.1956 | 28.7027 | 24.4986 | 21.1318 | 18.4112 | 16.1929 | 14.3681 | 11.5869 | 9.6086 |
| 35 | 32.0354 | 29.4086 | 24.9986 | 21.4872 | 18.6646 | 16.3742 | 14.4982 | 11.6546 | 9.6442 |
| 36 | 32.8710 | 30.1075 | 25.4888 | 21.8323 | 18.9083 | 16.5469 | 14.6210 | 11.7172 | 9.6765 |
| 37 | 33.7025 | 30.7995 | 25.9695 | 22.1672 | 19.1426 | 16.7113 | 14.7368 | 11.7752 | 9.7059 |
| 38 | 34.5299 | 31.4847 | 26.4406 | 22.4925 | 19.3679 | 16.8679 | 14.8460 | 11.8289 | 9.7327 |
| 39 | 35.3531 | 32.1630 | 26.9026 | 22.8082 | 19.5845 | 17.0170 | 14.9491 | 11.8786 | 9.7570 |
| 40 | 36.1722 | 32.8347 | 27.3555 | 23.1148 | 19.7928 | 17.1591 | 15.0463 | 11.9246 | 9.7791 |
| 41 | 36.9873 | 33.4997 | 27.7995 | 23.4124 | 19.9931 | 17.2944 | 15.1380 | 11.9672 | 9.7991 |
| 42 | 37.7983 | 34.1581 | 28.2348 | 23.7014 | 20.1856 | 17.4232 | 15.2245 | 12.0067 | 9.8174 |
| 43 | 38.6053 | 34.8100 | 28.6616 | 23.9819 | 20.3708 | 17.5459 | 15.3062 | 12.0432 | 9.8340 |
| 44 | 39.4082 | 38.4555 | 29.0800 | 24.2543 | 20.5488 | 17.6628 | 15.3832 | 12.0771 | 9.8491 |
| 45 | 40.2072 | 36.0945 | 29.4902 | 24.5187 | 20.7200 | 17.7741 | 15.4558 | 12.1084 | 9.8628 |
| 46 | 41.0022 | 36.7272 | 29.8923 | 24.7754 | 20.8847 | 17.8801 | 15.5244 | 12.1374 | 9.8753 |
| 47 | 41.7932 | 37.3537 | 30.2866 | 25.0247 | 21.0429 | 17.9810 | 15.5890 | 12.1643 | 9.8866 |
| 48 | 42.5803 | 37.9740 | 30.6731 | 25.2667 | 21.1951 | 18.0772 | 15.6500 | 12.1891 | 9.8969 |
| 49 | 43.3635 | 38.5881 | 31.0521 | 25.5017 | 21.3415 | 18.1687 | 15.7076 | 12.2122 | 9.9063 |
| 50 | 44.1428 | 39.1961 | 31.4236 | 25.7298 | 21.4822 | 18.2559 | 15.7619 | 12.2335 | 9.9148 |

## Tabela 9   Funções trigonométricas

| Graus | Radianos | Sen | Cos | Tg | Ctg | |
|---|---|---|---|---|---|---|
| 0 | 0.0000 | 0.0000 | 1.0000 | 0.0000 | 1.5708 | 90 |
| 1 | 0.0175 | 0.0175 | 0.9998 | 0.0175 | 57.290 | 1.5533 | 89 |
| 2 | 0.0349 | 0.0349 | 0.9994 | 0.0349 | 28.636 | 1.5359 | 88 |
| 3 | 0.0524 | 0.0523 | 0.9986 | 0.0524 | 19.081 | 1.5184 | 87 |
| 4 | 0.0698 | 0.0698 | 0.9976 | 0.0699 | 14.301 | 1.5010 | 86 |
| 5 | 0.0873 | 0.0872 | 0.9962 | 0.0875 | 11.430 | 1.4835 | 85 |
| 6 | 0.1047 | 0.1045 | 0.9945 | 0.1051 | 9.5144 | 1.4661 | 84 |
| 7 | 0.1222 | 0.1219 | 0.9925 | 0.1228 | 8.1443 | 1.4486 | 83 |
| 8 | 0.1396 | 0.1392 | 0.9903 | 0.1405 | 7.1154 | 1.4312 | 82 |
| 9 | 0.1571 | 0.1564 | 0.9877 | 0.1584 | 6.3138 | 1.4137 | 81 |
| 10 | 0.1745 | 0.1736 | 0.9848 | 0.1763 | 5.6713 | 1.3963 | 80 |
| 11 | 0.1920 | 0.1908 | 0.9816 | 0.1944 | 5.1446 | 1.3788 | 79 |
| 12 | 0.2094 | 0.2079 | 0.9781 | 0.2126 | 4.7046 | 1.3614 | 78 |
| 13 | 0.2269 | 0.2250 | 0.9744 | 0.2309 | 4.3315 | 1.3439 | 77 |
| 14 | 0.2443 | 0.2419 | 0.9703 | 0.2493 | 4.0108 | 1.3265 | 76 |
| 15 | 0.2618 | 0.2588 | 0.9659 | 0.2679 | 3.7321 | 1.3090 | 75 |
| 16 | 0.2793 | 0.2756 | 0.9613 | 0.2867 | 3.4874 | 1.2915 | 74 |
| 17 | 0.2967 | 0.2924 | 0.9563 | 0.3057 | 3.2709 | 1.2741 | 73 |
| 18 | 0.3142 | 0.3090 | 0.9511 | 0.3249 | 3.0777 | 1.2566 | 72 |
| 19 | 0.3316 | 0.3256 | 0.9455 | 0.3443 | 2.9042 | 1.2392 | 71 |
| 20 | 0.3491 | 0.3420 | 0.9397 | 0.3640 | 2.7475 | 1.2217 | 70 |
| 21 | 0.3665 | 0.3584 | 0.9336 | 0.3839 | 2.6051 | 1.2043 | 69 |
| 22 | 0.3840 | 0.3746 | 0.9272 | 0.4040 | 2.4751 | 1.1868 | 68 |
| 23 | 0.4014 | 0.3907 | 0.9205 | 0.4245 | 2.3559 | 1.1694 | 67 |
| 24 | 0.4189 | 0.4067 | 0.9135 | 0.4452 | 2.2460 | 1.1519 | 66 |
| 25 | 0.4363 | 0.4226 | 0.9063 | 0.4663 | 2.1445 | 1.1345 | 65 |
| 26 | 0.4538 | 0.4384 | 0.8988 | 0.4877 | 2.0503 | 1.1170 | 64 |
| 27 | 0.4712 | 0.4540 | 0.8910 | 0.5095 | 1.9626 | 1.0996 | 63 |
| 28 | 0.4887 | 0.4695 | 0.8829 | 0.5317 | 1.8807 | 1.0821 | 62 |
| 29 | 0.5061 | 0.4848 | 0.8746 | 0.5543 | 1.8040 | 1.0647 | 61 |
| 30 | 0.5236 | 0.5000 | 0.8660 | 0.5774 | 1.7321 | 1.0472 | 60 |
| 31 | 0.5411 | 0.5150 | 0.8572 | 0.6009 | 1.6643 | 1.0297 | 59 |
| 32 | 0.5585 | 0.5299 | 0.8480 | 0.6249 | 1.6003 | 1.0123 | 58 |
| 33 | 0.5760 | 0.5446 | 0.8387 | 0.6494 | 1.5399 | 0.9948 | 57 |
| 34 | 0.5934 | 0.5592 | 0.8290 | 0.6745 | 1.4826 | 0.9774 | 56 |
| 35 | 0.6109 | 0.5736 | 0.8192 | 0.7002 | 1.4281 | 0.9599 | 55 |
| 36 | 0.6283 | 0.5878 | 0.8090 | 0.7265 | 1.3764 | 0.9425 | 54 |
| 37 | 0.6458 | 0.6018 | 0.7986 | 0.7536 | 1.3270 | 0.9250 | 53 |
| 38 | 0.6632 | 0.6157 | 0.7880 | 0.7813 | 1.2799 | 0.9076 | 52 |
| 39 | 0.6807 | 0.6293 | 0.7771 | 0.8098 | 1.2349 | 0.8901 | 51 |
| 40 | 0.6981 | 0.6428 | 0.7660 | 0.8391 | 1.1918 | 0.8727 | 50 |
| 41 | 0.7156 | 0.6561 | 0.7547 | 0.8693 | 1.1504 | 0.8552 | 49 |
| 42 | 0.7330 | 0.6691 | 0.7431 | 0.9004 | 1.1106 | 0.8378 | 48 |
| 43 | 0.7505 | 0.6820 | 0.7314 | 0.9325 | 1.0724 | 0.8203 | 47 |
| 44 | 0.7679 | 0.6947 | 0.7193 | 0.9657 | 1.0355 | 0.8029 | 46 |
| 45 | 0.7854 | 0.7071 | 0.7071 | 1.0000 | 1.0000 | 0.7854 | 45 |
| | | Cos | Sen | Ctg | Tg | Radianos | Graus |

# ÍNDICE REMISSIVO

Aberto, intervalo, 21
Abscissa, 5
Ângulo, A-2
Antiderivada, 219
Antidiferenciação, 219-228
   regra da cadeia para a, 224
   símbolo para, 221-222
Anuidade devida, 370
Anuidades, 370-376
Área, 254-264
   de uma região em um plano, 285-293
   medida da, 258
Arquimedes, 270

Bernouilli, Johann, 346

Cálculo, teorema fundamental do, 270
Cálculo diferencial de funções com muitas
   variáveis, 430-500
Concorrência perfeita, 203
Condições
   de contorno, 232
   iniciais, 232
Conjuntamente proporcional, 33
Conjunto vazio, 21
Conjuntos iguais, 21
Coordenada
   $x$, 5, 430
   $y$, 5, 430
   $z$, 430
Coordenadas cartesianas retangulares, 5, 430
Constante
   de integração, 271
   derivada de uma, 94
Continuidade
   à direita, 76

   à esquerda, 77
   de uma função, 70-78
      de duas variáveis, 463
   definição de, 70
   e diferenciabilidade, 92
   em um intervalo aberto, 76
   em um intervalo fechado, 77
Controle de estoque, 169
Crescimento
   exponencial, 325
   lei de, 355
   limitado, 327
   logístico, 329
Curva(s), 6
   de aprendizagem, 327
   de custo
      marginal, 107
      médio, 107
      total, 107
   de demanda, 41
   de nível, 440
   de perfil, 440
   de produção constante, 441
   de receita
      marginal, 111
      total, 111
   eqüipotenciais, 441
Custo
   de manter, 169
   de preparar, 169
   elasticidade-, 108
   fixo, 189
   indireto (ou fixo) de fabricação, 189
   marginal, 106
   médio, 106
   total, 106

Decaimento
  exponencial, 326
  lei de, 355
Decimais
  limitadas, 3
  não repetidas ilimitadas, 3
  repetidas ilimitadas, 3
Demanda
  elástica, 199
  elasticidade-preço da, 195-201
  inelástica, 199
  marginal parcial, 455
  unitária, 199
Derivada(s), 86-92
  a $n$-ésima, 159
  como taxa de variação, 113-117
  da soma de duas funções, 96
  de funções
    exponenciais, 349
    logarítmicas, 341
    trigonométricas, A-9, A-10, A-16, A-18
  de uma constante, 94
    vezes uma função, 96
  de uma função potência, 94
  de ordem superior, 159
  definição de, 86
  do produto de duas funções, 98
  do quociente de duas funções, 100
  notação de, 89
  parciais, 447-453
    definição de, 447
    notação para, 451-452
  primeira, 159
  segunda, 159
  terceira, 159
Descartes, René, 4
Desigualdades, 4
  estritas, 4
  não estritas, 4
Desvio (ou erro), 487
Diferenciabilidade e continuidade, 92
Diferenciação, 93
  implícita, 125-129
  logarítmica, 346
  parcial, 447
  técnicas de, 93-101
Diferencial, 212-218
  definição de, 212
Diretamente proporcional, 32
Disco aberto, 461
Domínio de uma função, 22
Dupla ordenada de números reais, 4

$e$ (a base dos logaritmos naturais), 317
Eixos, 3
  coordenados, 5, 430
  $x$, 4
  $y$, 4
Elasticidade
  -custo, 108
  parcial de demanda, 458
  -preço de demanda, 195-201
    definição de, 196
Elementos do conjunto, 20
Equação (ões)
  da reta dada por dois pontos, 14
  de demanda, 41
  de oferta, 43
  de uma reta, 10-19
  diferenciais
    com variáveis separáveis, 229-233
    ordem de, 230
  linear, 17
Equilíbrio de mercado, 44
Espaço numérico tridimensional, 430
  ponto em, 430
Excedente
  do consumidor, 296
  do produtor, 298
Extremos
  absolutos, 142-147, 165-170, 469
    de uma função de duas variáveis, 469
  condicionados, 480
  de uma função de duas variáveis, 464-468
  livres, 480
  relativos, 141, 155, 464-465
    para conjuntos, 21
    para derivada, 89
    para integral, 271
  teste da derivada
    primeira para, 155
    segunda para, 162
      de uma função de duas variáveis, 466

Família
  de funções de dois parâmetros, 232
  de um parâmetro de funções, 230
Forma ponto-inclinação de uma equação da
  reta, 15
Fórmulas de redução, 416
Frações, 3
  parciais e integração de funções
    racionais, 388-399
Fronteira de uma região, 471
Função (ões)
  algébrica, 31

co-secante, A-15
   derivada de, A-18
   integral indefinida de, A-20
co-seno, A-4
   derivada de, A-11
   integral indefinida de, A-12
co-tangente, A-15
   derivada de, A-17
   integral indefinida de, A-19
composta, 29
constante, 30
contínua, 70, 463
   à direita, 76
   à esquerda, 77
continuidade de uma, 70-73, 463
crescente, 154
cúbica, 30
custo, 106
   conjunto, 474
   marginal, 106, 474
   médio, 106
   total, 106
de demanda, 41
de mais de uma variável, 437-445
de produção, 441
decrescente, 154
definição de, 22
densidade de probabilidade, 281
   normal padrão, 401
derivada
   da soma de duas, 96
   de uma constante vezes, 95
   do produto de duas, 98
   do quociente de duas, 100
descontínua, 70
diferenciável, 91
domínio de, 22
exponenciais, 321-330
   com base $b$, 322
   naturais, 325
família
   de dois parâmetros de, 232
   de um parâmetro de, 230
gráfico de uma, 23, 439
identidade, 31
imagem da, 22
integrável, 268
inversas, 335
limite de uma, 50-59, 461
linear, 30
logarítmica(s), 332-339
   na base $b$, 332
   natural, 337

lucro
   marginal, 202
   total, 202
monótona, 154
periódica, A-6
polinomial, 30, 439
preço, 41
quadrática, 30
racional, 31, 439
   integração de, por frações parciais, 388-399
receita
   marginal, 110
   total, 110
secante, A-15
seno, A-4
tangente, A-15
   derivada de, A-16
   integral indefinida de, A-19
transcendentes, 31
trigonométricas, A-1, A-23
utilidade, 483

Grau da função polinomial, 439
Gráfico(s)
   côncavo
     para baixo, 177
     para cima, 176
   de uma equação
     em $R^2$, 6
     em $R^3$, 432
   de uma função, 23
     de duas variáveis, 439

Índice
   de utilidade, 483
   do somatório, 242
Indústria, 44
Infinito
   limites no, 249
   negativo, 22
   positivo, 22
   símbolos para, 22
Integração, 271
   aproximada, 401-411
   constante de, 271
   de funções
     exponenciais, 351
     racionais por frações parciais, 388-399
     trigonométricas, A-11, A-12, A-19, A-20
   indefinida, 271
   por partes, 382-386
Integral(ais)
   definida, 265-273

definição de, 267
impróprias, 417-424
    convergentes, 419
    divergentes, 419
indefinida, 268, 271
    notação para, 271
    sinal de, 268
    tabela de, 413
Integrando, 268
Intercepto
    $x$ do plano, 434
    $y$
        de uma reta, 16
        do plano, 434
    $z$ do plano, 434
Intersecção de conjuntos, 21
Intervalo
    aberto, 21
    de uma função, 22
    fechado, 21
        continuidade num, 77
    semi-aberto
        à direita, 21
        à esquerda, 21
Inversamente proporcional, 32
Isotermas, 441

Juros, 314-320
    compostos, 314
        continuamente, 316
    simples, 314
    taxa
        efetiva de, 315
        nominal de, 315

Lado
    inicial de um ângulo, A-2
    terminal de um ângulo, A-2
Lagrange, Joseph, 480
Lateral, limite, 60
Leibniz, Gottfried Wilhelm, 89
Lei
    de ação de massas, 398
    de crescimento
        e decaimento, 355-361
        natural, 355
    de decaimento natural, 355
Limite(s)
    à direita, 60
    à esquerda, 60
    bilateral, 60
    de uma função, 50-59
        de duas variáveis, 461

definição de, 51
inferior
    da soma, 242
    de uma integral definida, 268
infinito, 62-68
lateral, 60
no infinito, 249
superior
    da soma, 242
    de uma integral definida, 268
Logaritmos comuns, 337
Lucro, 202-207
    marginal, 202
    total, 202

Mapa de perfil, 440
Medida, 258
    em radianos, A-2
Meia-vida, 360
Mercado, 44
    perfeitamente competitivo, 477
Mercadorias complementares, 442
Método dos mínimos quadrados, 486-495
Modelos matemáticos, 36
Monopólio, 204
Monopolista, 204
Multiplicadores de Lagrange, 480-485

Não estritas, desigualdades, 4
Natural
    função
        exponencial, 325
        logarítmica, 337
            integrais dando, 345-347
    lei de
        crescimento, 355
        decaimento, 355
Newton, Sir Isaac, 89
Notação
    formadora de conjuntos, 21
    para
        antidiferenciação, 221
        derivadas, 89
            parciais, 451-452
        integrais, 271
        sigma, 242
Número(s)
    crítico, 142
    inteiros, 3
    irracionais, 3
    não negativo, 7
    racionais, 3
    reais, 3

Octante, 431
Operações inversas, 219
Ordem de uma equação diferencial, 230
Ordenada, 5
 dupla, 4
Ordinária, anuidade, 370
Origem, 3, 5

Parábola, 6
Parabolóide, 436
Plano numérico, 4
 ponto no, 4
Ponto(s)
 colineares, 12
 crítico de uma função de duas variáveis, 465
 de equilíbrio, 44
 de inflexão, 180
 em $R^2$, 4
 em $R^3$, 430
Potências, regra da cadeia para, 122
Preço de equilíbrio, 44
Proporcional
 conjuntamente, 33
 diretamente, 32
 inversamente, 32

Quadrantes, 5
Quantidade de equilíbrio, 44

$R^1$, definição de, 4
$R^2$, definição de, 4
 gráfico de uma equação em, 6
 pontos em, 6
 reta em, 6
$R^3$, definição de, 430
 gráfico de uma equação em, 432
 pontos em, 430
 reta em, 435
Receita marginal, 110
Região fechada, 471
Regra
 da cadeia, 119
  estendida, 123
  para a antidiferenciação, 224
  para potências, 122
 de Simpson, 408
 do trapézio, 403
Restrição, 480
Reta(s)
 de regressão, 488
 em $R^2$, 4
 em $R^3$, 435
 equação da, dada por dois pontos, 14

equações de uma, 10-19
forma
 inclinação-intercepto da equação da, 16
 ponto-inclinação de uma equação da, 15
inclinação da, 10
intercepto $y$ da, 16
real, 4
tangente, 80-85
 definição de, 82

Sistema destro, 430
Solução completa da equação diferencial, 230
Superfícies de demanda, 442

Tabela(s)
 de integrais, 413
  como usar uma, 413-416
 numéricas, A-25-A-42
Tangente inflexional, 182
Taxa(s)
 de variação
  a derivada como, 113-117
  instantânea, 113
  relacionadas, 129-134
 efetiva de juros, 315
 nominal de juros, 315
Teorema
 do valor extremo, 145
  para funções de duas variáveis, 472
 fundamental do cálculo, 270
Teste da derivada primeira para extremos relativos, 155
Traços do plano, 434

União de conjuntos, 21

Valor
 absoluto, 8
 atual de uma quantia no futuro, 319
 máximo
  absoluto, 142
  de uma função de duas variáveis, 469
  relativo de uma função, 140-147, 464
 médio de uma função, 278-279
 mínimo
  absoluto, 142
  de uma função de duas variáveis, 469
  relativo de uma função, 140-147, 464
Variável, 21, 22
 dependente, 22
 independente, 22
Vértice de um ângulo, A-2

GRÁFICA PAYM
Tel. (011) 4392-3344
paym@terra.com.br